京承高速公路(密云沙峪沟—市界段)建设技术论文集

北京市首都公路发展集团有限公司　主编

人民交通出版社

内 容 提 要

本论文集包含三部分内容，分别为勘察设计篇、施工篇和科研篇。该论文集由参加京承高速公路（密云沙峪沟—市界段）的工程建设者所撰写，从不同角度反映了工程建设的全过程，内容丰富，理论联系实际，对类似工程有一定的参考价值。

本书可供从事公路工程勘察设计、施工管理、检测的相关技术人员参考使用。

图书在版编目(CIP)数据

京承高速公路(密云沙峪沟—市界段)建设技术论文集/北京市首都公路发展集团有限公司主编. —北京：人民交通出版社，2010.3

ISBN 978-7-114-08204-7

Ⅰ.京… Ⅱ.北… Ⅲ.高速公路—道路工程—北京市—文集 Ⅳ.U412.36—53

中国版本图书馆 CIP 数据核字(2010)第 017017 号

书　　名：京承高速公路(密云沙峪沟—市界段)建设技术论文集
著 作 者：北京市首都公路发展集团有限公司
责任编辑：韩亚楠
出版发行：人民交通出版社
地　　址：(100011)北京市朝阳区安定门外外馆斜街 3 号
网　　址：http：//www.ccpress.com.cn
销售电话：(010)59757969，59757973
总 经 销：北京中交盛世书刊有限公司
经　　销：各地新华书店、交通书店
印　　刷：北京盛通印刷股份有限公司
开　　本：889×1194　1/16
印　　张：23.75
字　　数：710 千
版　　次：2010 年 3 月　第 1 版
印　　次：2010 年 3 月　第 1 次印刷
书　　号：ISBN 978-7-114-08204-7
定　　价：78.00 元

序
Preface

京承高速公路是北京市通往河北省承德市的高速公路，也是《国家高速公路网规划》中大庆至广州高速公路的重要组成部分，北京段全长130.4公里，自2001年起分三期建设，历时8年。一期工程，四环路—高丽营段，长21.0公里，于2002年建成通车；二期工程，高丽营—沙峪沟段，长46.7公里，于2006年建成通车；三期工程，密云沙峪沟—市界段，长62.7公里，于2009年9月建成通车。

京承高速公路(密云沙峪沟—市界段)于2007年7月开工建设，途经密云县6个乡镇、39个行政村，全长62.7公里。该工程跨越河流、穿越高山，地质状况复杂、施工难度大。广大建设者克服困难、科学组织、勇于拼搏、不断创新，确保了工程建设目标的实现。该工程是交通运输部"勘察设计典型示范工程"，在勘察设计过程中，认真贯彻落实"六个坚持、六个树立"的公路建设新理念，力争做到"安全、环保、舒适、和谐"。在工程实施过程中，广泛应用新技术和节能环保措施，努力建设"资源节约型、环境友好型"高速公路。其中，积极开展了半干旱地区公路岩质边坡生物恢复技术的研究和应用，对北方高速公路景观绿化进行了积极的探索和实践；此外，还应用了地源热泵技术、照明灯具节能技术、温拌沥青技术等。沿线水土保持、环境保护工作与主体工程按"三同时"原则进行，确保了水土保持与环境保护工作的质量。

京承高速公路(密云沙峪沟—市界段)建成通车，实现了京承高速公路的全线贯通，对完善国家及区域高速公路网、优化城市发展空间、促进首都及周边地区社会经济发展具有十分重要的意义。公路建设过程中，交通运输部领导、北京市领导高度关注工程建设情况，给予了许多的关怀和指导；公路行业相关专家学者也给予极大的关心与支持；当地政府与沿线群众也给予了无私的帮助和支持；广大建设人员更是挥洒汗水，赤诚奉献。因此，应该说公路的建成通车，是工程建设者开拓创新，不断突破技术难题、管理难题取得的成就，更是上上下下群策群力的结果。在此，对社会各界给予的支持和帮助表示由衷的感谢！

为记载几年来建设者们的艰辛付出，北京市首都公路发展集团有限公司组织项目建设者，从实际出发，对设计、施工、科研等几个主要方面进行了总结和梳理，汇总颇具代表性的66篇论文，编写整理成集。该论文集凝聚了工程参建者的心血和汗水，真真切切是他们亲身体验并辛勤笔耕之作，再现了当年在崎岖山路上艰辛跋涉的足迹。本论文集既为参与京承高速公路(密云沙峪沟—市界段)工程的建设者留下了值得纪念和回忆的历史印记，也希望为广大公路建设者提供点滴借鉴。

北京市首都公路发展集团有限公司承担着首都北京高速公路建设和运营管理的光荣使命，在市委市政府的领导下，将坚持以科学发展观为指导，努力建设高质量工程，提供高水平服务，通过建设“人文高速、科技高速、绿色高速”，为构建首都现代交通体系和促进社会经济发展作出更大的贡献！

北京市首都公路发展集团有限公司董事长

郭普金

2010年1月于北京

《京承高速公路（密云沙峪沟—市界段）建设技术论文集》

第一部分 领导关怀

通车仪式

北京市市长郭金龙（右二）
视察工地

北京市副市长黄卫（右二）
视察工地

首发集团公司董事长郭普金（右二）
到工地检查工作

首发集团公司总经理王亚忠（左一）
到工地检查工作

首发集团公司副总经理张书芳（右二）
到工地检查工作

首发集团公司总工程师陈国立（左三）
到工地检查工作

第二部分
路基路面施工

路基补充压实

强夯施工

加筋土陡边坡施工

混凝土框架防护边坡

路面基层施工

路面面层施工

第三部分 桥梁施工

方墩柱冬季施工

支架施工

预制梁现场制作

预制梁架设

连续刚构桥施工过程之一

连续刚构桥施工过程之二

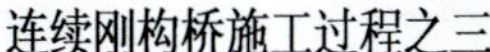

连续刚构桥施工过程之三

第四部分 隧道施工

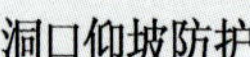

洞口仰坡防护

双连拱隧道施工

衬砌施工

洞门施工

第五部分
绿化工程

常规边坡的绿化

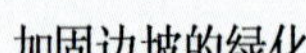

加固边坡的绿化

隧道洞口的绿化

第六部分 完工实景

黑古沿隧道

目录
Contents

京承高速公路(密云沙峪沟—市界段)工程总体情况简介

第一篇 勘察设计

第二篇　施　　工

第三篇 科　　研

SELECTED PAPERS ON CONSTRUCTION TECHNOLOGY OF BEIJING-CHENGDE EXPRESSWAY

京承高速公路(密云沙峪沟—市界段)工程总体情况简介

一、工程概况

(1)建设规模

京承高速公路(密云沙峪沟－市界段)工程是《国家高速公路网规划》中大广线(大庆－广州)的组成部分。工程位于北京市密云县境内,起点为密云县沙峪沟,终点为北京市界,途经穆家峪、巨各庄、大城子、北庄、太师屯、古北口六个乡镇。全长 62.7km,批复概算投资 62.47 亿元。

主要工程量包括填方 817 万 m^3,挖方 678 万 m^3,互通式立交 8 座,桥梁 108 座,隧道 10 处 20 座,涵洞 228 座;路面面积 172 万 m^2,桥梁面积 48 万 m^2,绿化面积 124 万 m^2,桥隧比例 37%。

(2)建设标准

按四车道高速公路标准设计,设计速度为 80～100km/h;整体式路基宽度分别为 24.5m 和 26.0m,分离式路基宽度分别为 12.5m 和 13.0m;桥梁设计荷载为公路－I 级,设计洪水频率 1/100;交通工程及沿线设施等级为 A 级。

二、基本建设程序执行情况

在国务院有关部委和北京市相关部门的大力支持下,严格执行基本建设程序,主要审批情况如下:

(1)《关于京承高速公路(沙峪沟—市界段)规划方案的批复》(市规发[2004]684 号);

(2)《关于京承高速公路北京密云沙峪沟至司马台(京冀界)路段项目建议书的批复》(发改交运[2005]2011 号);

(3)《关于京承高速公路北京密云沙峪沟至司马台(京冀界)段可行性研究报告的批复》(发改交运[2006]2027 号);

(4)《关于京承高速公路沙峪沟至司马台(京冀界)段初步设计的批复》(交公路发[2007]157 号);

(5)《关于京承高速公路(密云沙峪沟—市界段)工程环境影响报告书的批复》(环审[2005]666 号)。

三、参建单位情况

建设单位为北京市首都公路发展集团有限公司;监督单位为北京市道路工程质量监督站;设计、勘察单位 9 家,监理单位 6 家,施工单位 43 家。具体情况如下表:

建设单位	北京市首都公路发展集团有限公司	
监督单位	北京市道路工程质量监督站	
勘察单位	勘察 1 标	北京城建勘测设计研究院有限责任公司
	勘察 2 标	北京市地质工程勘察院
	勘察 3 标	中航勘察设计研究院
	勘察 4 标	北京市勘察设计研究院有限责任公司
设计单位	土建设计 1 标	北京市市政工程设计研究总院
	土建设计 2 标	北京国道通公路设计研究院
	铁路顶进箱涵设计	铁道第五勘察设计院
	机电工程设计	中国公路工程咨询集团有限公司
	绿化工程设计	北京中交国路环境景观园林工程技术有限公司
监理单位	总监办	北京逸群工程咨询有限公司
	第一驻地办	北京华通公路桥梁监理咨询有限公司
	第二驻地办	中国公路工程咨询集团有限公司
	第三驻地办	山东恒建工程监理咨询有限公司
	第四驻地办	北京正宏监理咨询有限公司
	机电工程监理	北京天智恒业科技发展有限公司

续上表

施工单位	土建1标	中铁六局集团有限公司
	土建2标	中交一公局第五工程有限公司
	土建3标	中铁五局(集团)有限公司
	土建4标	北京城建三建设发展有限公司
	土建5标	中交第一公路工程局有限公司
	土建6标	中交一公局第一工程有限公司
	土建7标	中铁二十二局集团有限公司
	土建8标	北京鑫实路桥建设有限公司
	土建9标	北京市政建设集团有限责任公司
	土建10标	北京鑫旺路桥建设有限公司
	土建11标	北京市海龙公路工程公司
	土建12标	中铁二局股份有限公司
	土建13标	中铁五局(集团)有限公司
	土建14标	中铁十八局集团有限公司
	土建15标	中铁十五局集团有限公司
	土建16标	中铁六局集团有限公司
	路面材料1标	北京路星沥青制品有限公司
	路面材料2标	北京路冠沥青制品有限公司
	路面材料3标	北京市政路桥建材集团有限公司
	路面材料4标	北京市政路桥建材集团有限公司
	路面施工1标	北京城建三建设集团有限公司
	路面施工2标	北京鑫旺路桥建设有限公司
	路面施工3标	北京鑫实路桥建设有限公司
	路面施工4标	北京市市政建设工程有限责任公司
	交通工程1标	北京路桥方舟交通科技发展有限公司
	交通工程2标	北京市高速公路交通工程公司
	交通工程3标	北京西门交通设施工程公司
	交通工程4标	北京路桥瑞通养护中心
	交通工程5标	北京市高速公路交通工程公司
	交通工程6标	西安金路交通工程科技发展有限责任公司
	机电工程	北京云星宇交通工程有限公司
	绿化1标	北京京林园林绿化工程有限公司
	绿化2标	北京金五环风景园林工程有限责任公司
	绿化3标	北京路桥海威园林绿化有限公司
	绿化4标	北京市京石园林绿化有限公司
	照明1标	浙江珍琪电器工程有限公司
	照明2标	北京市市政六建设工程有限公司
	声屏障1标	北京路华达环保技术有限公司
	声屏障2标	北京维文特环保技术开发有限公司
	收费大棚1标	开封安利达金属工程有限公司
	收费大棚2标	北京城建三建设集团有限公司
	收费大棚3标	中国航空港建设总公司
	收费大棚4标	北京城建北方建设有限责任公司

四、工程管理目标完成情况

经过参建各方的共同努力，工程圆满地完成了预期的管理目标。

(1)工程质量评分为98.2分，评定等级为合格；

(2)工程于2007年7月19日开工，2009年9月27日交工，按期通车；

(3)工程投资控制符合既定目标；

(4)工程施工现场达到北京市文明安全工地标准，未发生重大责任事故。

五、科研和新技术应用情况

(1)对悬浇法施工桥梁、双连拱隧道进行了科研与技术攻关，为优化设计、改善施工工艺提供了有利支撑，保证工程的安全及质量；

(2)长隧道内沥青路面采用温拌沥青混合料，改善施工作业环境；

(3)开展半干旱地区公路岩质边坡生物恢复技术研究，对北方地区公路景观绿化进行了探索和实践；

(4)采用蓝派补充压实、强夯等方法，提高路基压实度，减少工后沉降；

(5)采用进口挤压生产设备加工小构件，提高构件耐久性；

(6)照明采用LED节能灯具，提高科技含量，节约运营成本。

SELECTED PAPERS ON CONSTRUCTION TECHNOLOGY OF BEIJING-CHENGDE EXPRESSWAY

第一篇　勘察设计

山区高速公路线形设计

薛彦平[1]　陈冬燕[2]

(1.北京市路政局　北京　100031；
2.北京国道通公路设计研究院　北京　100053)

摘　要：目前一些山区高速公路线形设计较注重对照执行标准规范中的相关条文规定，对项目的分段差异和实际情况综合考虑不够，在线形指标的掌握上缺乏灵活性，导致线形设计"合法而不合理"。本文结合京承高速公路(苇子峪—市界段)工程的线形设计，从线形设计方法、平面线形设计、纵面线形设计、平纵线形组合设计和线形与环境的协调五个方面，就如何改进山区高速公路线形设计进行了分析研究。

关键词：山区高速公路　平面线形设计　纵面线形设计　线形组合　环境

0　引言

公路线形是车辆的直接载体，一旦确定，无论优劣，都很难改变，山区高速公路尤其如此。影响线形指标的因素错综复杂，不同地段的影响因素也经常变化，往往不是所有因素都能同时达到要求，或者说很难让整个项目或较长路段均能达到标准规定的条件。目前，一些设计较注重对照执行标准规范的条文，对项目的分段差异和实际情况综合考虑不够，在线形指标的掌握上缺乏灵活性，导致线形设计"合法而不合理"，造成公路大填、大挖，不仅增加工程造价，而且严重影响沿线景观和生态环境，甚至有的形成事故黑点。

京承高速公路(苇子峪—市界段)是京承高速公路(密云沙峪沟—市界段)的一部分。本工程位于北京市密云县东北部山岭区，全长30.66km。其中苇子峪至司马台路基宽26.0m，设计速度为100km/h；司马台至市界路基宽24.5m，设计速度80km/h(该段与河北省已建成段标准一致)。

1　线形设计方法

目前国际上较多采用设计速度和运行速度两种设计方法。我国采用设计速度法，德国、法国、美国、澳大利亚等一些发达国家则广泛采用运行速度法。

1.1　设计速度法

我国从20世纪50年代起引入了设计速度的概念，目前基于设计速度的路线设计方法已被我国大多数设计人员所接受。设计速度法是在选定的设计速度下，结合地形和工程规模，在规定的平、纵指标范围内选定路线设计参数，并在条件许可时，应尽量采用较高的设计指标，以获得公路的最高运输性能。

设计速度对一特定路段而言是一个固定值，而实际汽车在公路上行驶时，驾驶员一般是根据道路的行车条件、车辆动力性能及驾驶员的特性来确定自己的车速。只要条件允许，驾驶员总是倾向于采用较高的速度行驶。因此，驾驶员实际采用的运行速度所需要的线形指标就与设计车速确定的线形指标相脱节。设计速度与运行速度的关系如表1所示。

设计速度与运行速度的关系(km/h)　　表1

设计速度	60	80	100	120
小客车运行速度	80	95	110	120
大货车运行速度	55	65	75	75

1.2 运行速度法

运行速度是单元路段上的实际行驶速度，是一个统计学指标。因不同车辆在行驶过程中可能采用不同的车速，通常按统计学中测定的从高速到低速排列第 85 个百分点对应的车辆行驶速度作为运行速度。

运行速度设计法以运行速度概念为基础，充分考虑公路上绝大多数驾驶员的交通心理需求，以车辆的实际运行速度作为线形设计速度，从而有效地保证了路线所有相关要素（如视距、超高、纵坡、竖曲线半径等指标）与设计速度的合理搭配，可以获得连续、一致的均衡设计。

1.3 运行速度检验

线形设计过程是对驾驶员理想操作情况下汽车行驶轨迹的最大化模拟过程。运行速度设计法可有效地解决线形设计指标与实际行驶速度所要求的线形指标脱节的问题，但由于国内外的交通条件和驾驶员行为差别明显，欲采纳这种设计方法须对我国的运行速度进行深入调查，确定适合我国国情的设计参数值。

对于山区高速公路而言，地形地质条件复杂，线形指标变化较大。因此，在设计之初可按照现行标准和规范进行设计，并根据地形和地质条件参考运行速度选取线形的设计指标，以保证线形整体设计原则的可靠性，然后在优化线形时，计算运行速度，检验线形的连续性和设计车速与运行速度的一致性，最后根据检验结果优化线形指标。

2 平面线形设计

公路平面线形由直线、圆曲线和回旋线等基本要素组成，平面线形应直捷、连续、均衡，并与地形相适应，与周围环境相协调。

2.1 曲线定线的运用

在山区地形条件下，传统的直线定线法确定的线形难以实现线形的连续与均衡设计，不易与地形、地物、景观相协调。曲线定线法是先确定适合地形的圆曲线，准确地控制地形、地物，在不受限制的地方用直线和缓和曲线连接起来，形成以曲线为主，随地形、地势而曲折舒顺的连续线形。曲线定线法不仅能灵活地与公路所经地带的地形、地势、景观相协调，而且能减少工程量，降低工程造价，同时减少对环境的破坏。

本工程松树峪—东庄禾段和横城子—蔡家窝铺段地形起伏较大，路线基本沿山坡布线，为了使路线更好地适应地形变化，减少对环境的影响，定线时采用了曲线定线法，平曲线主要使用了对称和不对称型的 S 形曲线。沙岭沟门—上窝铺段路线沿时令河两侧山坡布线，由于河岸既不顺直也不成单一圆形曲线，线形设计采用双心卵形曲线，既适应了地形变化，又减少了对河道的影响。三段路线通过曲线法设计，线形流畅自然，技术与经济效果均显著。

2.2 直线的运用

2.2.1 直线最小长度

同向圆曲线之间设置较短直线时，容易把中间的直线看成反向弯曲的曲线，即通常所说的断背曲线。反向曲线间插入短直线，若曲线半径不够大，不利于车辆转向，并且线形不美观。同向曲线间最小直线长度以不小于设计速度（以 km/h 计）的 6 倍为宜，反向曲线间最小直线长度以不小于设计速度（以 km/h 计）的 2 倍为宜。本工程同向曲线间最小直线长度为 691m（设计速度 100km/h 段）和 585.4m（设计速度 80km/h 段），反向曲线间最小直线长度为 257m（设计速度 100km/h 段），满足运行车速的要求。

2.2.2 直线最大长度

过长的直线容易使驾驶员感到单调、疲倦，驾驶员一般会加速行驶。如果纵坡坡度大于－3%，则更容易出现超速运行，从而导致交通事故的发生。直线线形大多难于与地形相协调，可能导致大填大挖，破坏生态环境。因此，山区高速公路应尽量避免采用长直线。我国现行规范没有对直线的最大长度做出具体规定，德国和日本规定直线的最大长度为 20 倍的设计速度（以 km/h 计），前苏联为 8km，美国为 120s 行程。本工程线形设计中直线的最大长度以 20 倍的设计速度控制，直线的最大长度为 1 114.519m。

2.3 圆曲线的运用

2.3.1 圆曲线半径的选取

圆曲线应与地形相适应，以采用超高为 2%～4%的圆曲线半径为宜，本工程的圆曲线半径控制在 900～4 500m(100km/h 段)和 700～2 300m(80km/h 段)之间。圆曲线的最小半径应根据运行速度计算确定，应避免采用规范规定的极限最小半径和一般最小半径。本工程根据运行速度计算的圆曲线最小半径值如表 2 所示。

根据运行速度计算圆曲线最小半径值 表 2

项 目	$v_{设计}=80$km/h		$v_{运行}=95$km/h		$v_{设计}=100$km/h		$v_{运行}=110$km/h	
	一般最小	极限最小	一般最小	极限最小	一般最小	极限最小	一般最小	极限最小
横向力系数 μ	0.06	0.12	0.053	0.113	0.05	0.11	0.05	0.105
横坡值 τ(%)	7	8	6.3	8	6	8	6	8
R 计算值(m)	388(400)	252(250)	613(650)	368(400)	716(700)	414(400)	866(900)	515(550)

注：括号内数值为采用值，最小半径的计算公式为 $R=v^2/127(\mu+\tau)$。

2.3.2 平曲线长度控制

平曲线长度不宜过短，应首先满足设置回旋线或超高、加宽过渡的需要，还应保留一段圆曲线，以保证汽车行驶状态的平稳过渡。现行相关规范中并未明确限制最大平曲线长度，但曲线长度较大时，不利于平纵组合设计，也不利于空间线形的连续、美观，实际运用中应根据具体情况，对平曲线长度有所限制。京承三期线形设计时一般平曲线长度控制在 1～2km，最小平曲线长度大于 500m(该段设计速度 100km/h)和 400m(该段设计速度 80km/h)，最大平曲线长度为 2 263.177m。

2.4 回旋线的运用

回旋线的长度应随圆曲线半径的增大而增长。对于山区高速公路应更注重灵活运用回旋线参数 A，这样可以增加线形设计的自由度，使线形更容易与山区地形相适应。回旋线参数宜根据地形条件及线形要求确定，并与半径相协调。

《公路路线设计规范》(JTG D20—2006)规定：回旋线—圆曲线—回旋线的长度以大致接近为宜。关于回旋线—圆曲线—回旋线的长度之比，有文献认为最好设计成 1∶2∶1；也有文献认为往往设计为 1∶1∶1～1∶2∶1，有时甚至用到 1∶3∶1；还有文献建议按 1∶0.5∶1～1∶2.5∶1 控制，并希望圆曲线不短于 3s 行驶长度。对于山区高速公路而言，地形、地质条件复杂，回旋线—圆曲线—回旋线的长度往往很难设计一致，考虑到与地形的适应性和减少对环境破坏的要求，可参考回旋线—圆曲线—回旋线的长度之比为 1∶1∶1～1∶3∶1 进行线形设计。

山区高速公路主线的线形设计应尽量避免采用凸形曲线、C 形曲线和复合曲线。本工程线形设计主要使用了 S 形和卵形曲线。

3 纵面线形设计

纵面线形应平顺、圆滑、视觉连续，并与地形相适应，与周围环境相协调。

3.1 纵面线形指标设计

山区高速公路纵坡一般以平缓为宜，不轻易采用规定值，但应考虑填挖平衡，避免大填大挖，以减少对环境的影响。本工程项目纵坡设计最大纵坡为 3.5%(100km/h 段)和 3.89%(80km/h 段)；填方高度控制不大于 20m，挖方高度控制不大于 25m(挖方边坡高度控制不大于 40m)。

纵面线形的优劣很大程度上取决于竖曲线半径的大小，纵断面设计时应避免插入小半径竖曲线，竖曲线半径宜为平曲线半径的 10～20 倍以上，并满足视距要求。竖曲线长度太短，汽车行驶时驾驶员会感到不适或视觉上存在问题，应采用相关规范规定一般最小值的 1.5～2.0 倍或更大值，避免使用极限值。

3.2 长陡纵坡设计

由于山区高差大，地形、地质条件复杂，自然环境优美，在越岭路段，为了降低工程造价，缩短越岭路线长度，减少对自然环境的破坏，经常采用较大和较长的连续纵坡或组合坡度。但长陡纵坡对高速公路的行车产生了重大的影响，连续上坡段，载重车与小客车速度差增大，影响通行能力，甚至造成交通堵塞，安全性降低；连续下坡路段，使制动器过热，制动效能减弱，更容易发生交通事故。

山区高速公路路线设计时，首先应设法避免出现长陡纵坡，为此，可适当增加工程造价，避免出现长陡纵坡。当受条件限制必须采用连续上、下坡时，必须严格控制平均纵坡，合理运用最大纵坡与最大坡长，并采取必要的措施，改善长陡纵坡设计，这是改进线形的有效方法之一。长陡纵坡设计时主要采取以下措施：尽可能增加布线长度；设置紧急避险车道及停车区；设置爬坡车道和紧急停车带；增设预告标志。

本工程项目松树峪—东庄禾段受地形限制，在纵坡设计时使用了连续上、下坡，如图1所示。

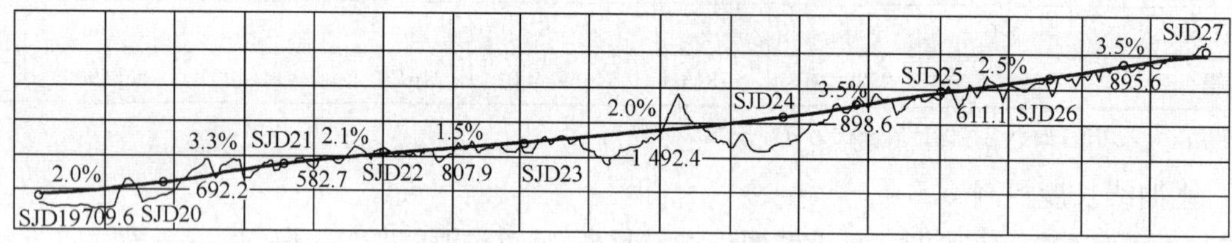

图1　K113＋230～K119＋920纵坡设计

该段连续上、下坡长6.7km，平均纵坡2.37%，最大纵坡3.5%，最小纵坡1.47%。设计时严格控制了平均纵坡，其中最不利的3km段的平均纵坡为2.82%，在不过分增加工程建设费用的前提下，避免了平均纵坡过陡。为增加行车安全性，进行人性化设计，在K115＋200～K115＋420下坡段设置避险车道一处。经对载重汽车的上坡运行速度计算，大于相关规范规定的容许最低速度，因此未设爬坡车道，但考虑到连续上、下坡对行车的影响，在上坡段设置了4处港湾式停车带，下坡段设置了4处港湾式停车带，以供车辆在停车带内加水、降温、检修或休息。

4　平、纵线形组合设计

山区高速公路平纵线形组合设计，不应刻意追求“平包纵”的理想组合设计原则，应根据平、纵指标和地形条件灵活掌握平、纵组合原则。在平、纵指标较高时，线形能保持视觉的连续性，这时不应刻意去满足平纵组合的理想要求，而应进一步从纵坡与坡长组合的合理性与工程经济性方面进行科学设计，特别不能为了达到理想状态而减小竖曲线半径。相反，在坡度与坡长的组合与地形地势吻合较好，工程量减少时，若平纵组合不够理想，可通过增大竖曲线半径或适当调整纵坡组合，来达到改善通视条件，保持视觉连续性，保证行车的安全。

本工程K113＋500～K115＋500段，平曲线为一处S形曲线，地势起伏较大，在平、纵组合设计时很难满足理想的平、纵组合原则。但考虑到平曲线曲线半径较大，坡差小于1.3%，竖曲线半径为16 000～50 000m，平纵组合设计时在每个平曲线内分别包含了两个同向竖曲线，不仅满足视觉连续性，而且适应地形变化。此处平纵组合的灵活设计，使安达木桥桥长减少约100m，太师屯互通立交区主线纵坡满足了2%的要求，而且有效减少了土方数量，避免了2处高边坡。

5　线形与环境的协调

本工程线形设计充分利用地形、自然风景，尽量少改变周围的地貌、地形、天然森林、建筑物等景观，使本工程与自然融为一体，最大限度地保护了环境，具体体现在以下两个方面。

首先，线形设计注重线形连续顺畅，结合地形设置S形和卵形曲线，充分利用地形自然的曲折变化，顺山、沿河布设路线，避免了对山体和河流的破坏，改善了道路自身的景观效果。

其次，本工程主要跨越清水河、安达木河、汤河等河流，沿线有多处生态观光、采摘园，在终点有司马台长城旅游风景区。线形设计时充分结合沿线景观特点，增加路线平面与纵面的变化，让驾乘者可以从不同的视觉和不同的路段欣赏沿途美丽和壮观的景色。

6 结语

山区地形、地质条件复杂多变，公路线形设计困难，任何一个不安全的指标、一个不良的组合都可能形成交通安全隐患。因此，设计者必须重视线形设计的质量，必须认识到路线不仅是几何线形，还是经济线、能源线、环境线，更是生命线。

参 考 文 献

[1] 中华人民共和国行业标准.JTG D20—2006 公路路线设计规范[S].北京:人民交通出版社,2006.
[2] 交通部公路司.新理念公路设计指南[M].北京:人民交通出版社,2005.
[3] 余景顺,林国涛,苏永和.基于运行安全的山区高速公路路线设计及实例[J].公路,2005,01.
[4] 苏孝同.山岭区高等级公路线形设计研究[J].森林工程,2005,01.
[5] 张雨化.道路勘测设计[M].北京:人民交通出版社,1997.
[6] 柯愈明,李洪霞.基本型平曲线设计方法[J].公路交通技术,2003,06.
[7] 廖汉成.高等级公路线形设计有关问题的探讨[J].中南公路工程,1996(2).
[8] 张廷楷.道路线形设计[M].上海:同济大学出版社,1990.
[9] 交通部公路司.降低造价公路设计指南[M].北京:人民交通出版社,2005.

隧道洞口段载体桩地基处理的设计与施工*

刘明高　洪　锦　马　杰

（北京市市政工程设计研究总院　北京　100082）

摘　要：本文结合西圈隧道洞口段地基处理工程实践，通过对CFG桩与载体桩两种处理方案的受力机理及工程量比较，对载体桩这一全新桩基施工技术的设计与施工工艺进行了介绍。同时，该施工技术的成功应用，可为公路隧道地基处理提供借鉴参考。

关键词：公路隧道　地基处理　载体桩　设计　施工工艺

0　前言

近年来，为了满足在土建、交通、水利等方面建设工程中提出的地基处理要求，我国引进、发展了各种地基处理技术（如排水固结法、振密（挤密）法、置换及拌入法、灌浆法、加筋法、桩基础等），积累了相当丰富的经验，地基处理水平也得到了很大的提高。而桩基础因为其设计方法、施工工艺及现场检测等较为成熟，越来越多地被不同工程领域广泛采用。其中，载体桩作为一种全新的桩基础施工技术，逐渐被不同地域的建筑、电力、市政等领域认识和应用，取得了显著的社会效益和经济效益。

本文拟结合京承高速公路西圈隧道进出口段软弱地基处理工程实例，对载体桩这一新桩基技术在公路隧道地基处理的设计与应用作一介绍，并希望为该技术的推广及类似工程处理提供借鉴参考。

1　工程地质概况

拟建西圈隧道隧址区地貌单元为构造剥蚀形成的低山丘陵区。隧道穿越F22断裂和F23断裂之间的低山区，两条断裂走向NNE，倾向100°～120°，倾角60°～85°，长度20km左右，宽度20～30m，均为左行斜冲脆性断裂，结构面较平直。隧道进、出口两侧为清水河古河道，无河水存在，不存在发生洪流、泥石流和其他不良地质问题。受构造影响，隧址区岩体节理裂隙发育，在雨季可能存在少量脉状基岩裂隙水，但因地形较陡，大气降水流失快，对地下水补给作用不强。

地基处理深度内岩土工程特性为：①层为黄色～褐色亚黏土，土内含有磨圆分选很好的砾石，成分以白云岩和灰岩为主。②层为黄色、黄褐色碎石土，砂土充填，结构致密，成为以白云岩为主，粒径一般10～20cm。③～④层由含硅质条带粉～细晶白云岩、藻纹层粉晶白云岩和泥质白云岩组成。岩石原生构造为略等厚的厚层和巨厚层，岩体表层受风化裂隙影响呈散体状结构，下部逐渐过渡为中等风化和微风化；硅质条带粉～细晶白云岩岩石等级为硬质岩石，藻纹层粉晶白云岩和泥质白云岩为软质岩。各地层承载力特征值见表1。隧道洞口内外侧根据相关结构计算要求地基承载力特征值分别不小于350kPa、200kPa。

不同地层承载力特征值　表1

岩土名称	承载力特征值 f_{ak}(kPa)	岩土名称	承载力特征值 f_{ak}(kPa)
亚黏土	120	强风化白云岩	500
碎石土	160	弱风化白云岩	1 000
全—强风化白云岩	350	微风化白云岩	1 600

*本文已在《现代隧道技术》（2008年增刊）发表。

2 两种设计方案及工程量对比

西圈隧道左右线进出口段共四处原设计采用常规 CFG 桩复合地基处理技术。CFG 桩主要利用桩端的地层阻力与桩周土层的摩阻力来支承轴向荷载，因此对地基承载力有较高要求。本工程设计中，根据工程地质剖面及现场钻孔资料显示，CFG 桩需进入强风化白云岩层一定深度后才能满足地基承载力要求，因此设计桩长为 7～13m，桩径 400mm，左右线进出口四处皆采用矩形布桩，共 1 190 根。

后经比较分析，决定采用载体桩设计方案。载体桩是由复合载体与混凝土桩身构成的桩，其中载体由混凝土、填充料和挤密土体三部分构成，如图 1a)所示。从受力特点看，载体桩类似于扩展基础(图 1b)，桩身可以等效为传力的杆件，复合载体等效为传递荷载的扩展基础。上部荷载通过桩身传到复合载体，并最终将荷载扩散到扩展基础底部的持力土层。此时，传递到持力土层的附加应力大大降低，已小于地基土的容许承载力。按此特点，本工程则可选择①层碎石土作为持力层，大大减小单桩的长度，同时桩顶设置褥垫层，有效调节了桩土的应力分配，使桩与土的承载力得到充分发挥，并可对桩间距进行合理调整。两种方案的主要设计参数及工程量对比如表 2 所示。

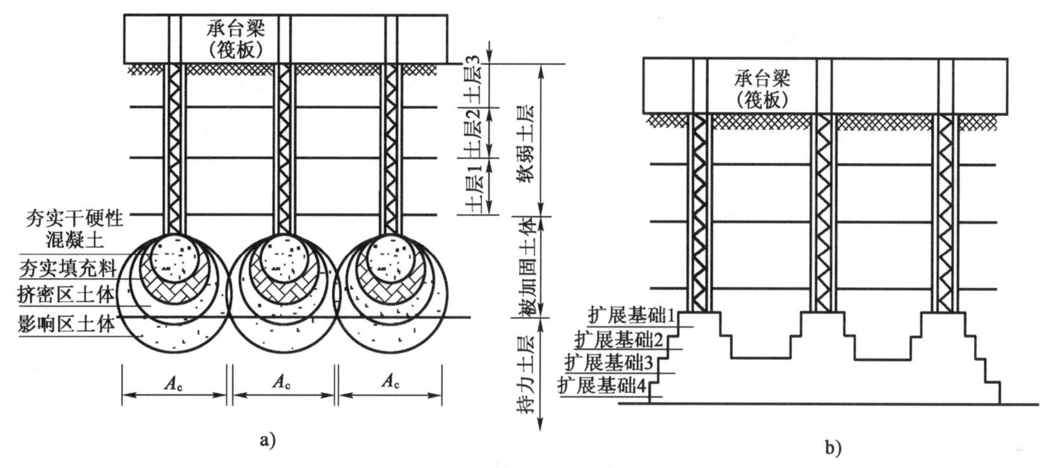

图 1 载体桩受力示意图

a)载体桩构成；b)等效扩展基础

两种方案主要设计参数及工程量对比 表 2

设 计 方 案	桩长(m)	桩径(mm)	布置桩距(m)	桩数(根)	混凝土(m^3)	砂砾褥层(m^3)
CFG 桩	7～13	400	1.2×1.2	1 190	1 226.2	490
载体桩	5.5～8	430	隧道口内侧：1.7×1.7 隧道口外侧：2.0×1.85	550	497.7	490

3 载体桩的设计

依据地质勘察资料，结合施工技术和施工条件，选择层碎石土为持力层。由于篇幅限制，本文仅对西圈隧道左线出洞口段载体桩的设计进行说明。根据该地段地质钻孔情况，初步拟定载体桩长为 6.0m。

3.1 载体桩单桩承载力计算

根据《载体桩设计规程》(JGJ 135—2007)，载体桩单桩竖向承载力特征值计算公式如下：

$$R_a = f_a \cdot A_e$$

式中：f_a——经深度修正后的载体桩持力层地基承载力特征值，kPa；

A_e——载体等效计算面积，m^2。

经计算，单桩承载力特征值取 650kN。

3.2 载体桩桩身强度 f_{cu} 确定

根据《建筑地基处理技术规范》(JGJ 79—2002)，载体桩桩身材料 f_{cu} 不小于3倍桩顶压力，即：

$$f_{cu} \geqslant 3\frac{R_a}{A_p} = 13.45\text{MPa}$$

依据《混凝土结构设计规范》(GB 50010—2002)规定，确定选用C20混凝土作为载体桩材料。

3.3 复合地基承载力标准值 $f_{sp,k}$ 验算

$$f_{sp,k} = m \times \frac{R_a}{A_p} + \alpha \times \beta(1-m) \times f_{s,k}$$

式中：α——桩周土强度提高系数(取1.0)；

β——桩周土承载力折减系数(取0.95)；

$f_{s,k}$——桩间土承载力特征值(取160kPa)；

m——面积置换率。

计算结果为 $m=5.2\%$，$f_{sp,k}=369.3$kPa。

3.4 布桩方式及工程量设计

在分析地质资料的基础上，结合上述承载力与强度验算，并适当考虑工程造价的影响，该处载体桩最后桩长设计为5.5～8.0m。根据面积置换率及复合地基承载力要求，载体桩采用矩形布桩方式，并计算出该段总桩数为195根。

3.5 软弱下卧层承载力验算

西圈隧道四处洞口段载体桩地基处理持力层为层碎石土层，持力层下为强风化白云岩层，其压缩模量较碎石土层压缩模量大，依据《载体桩设计规程》(JGJ 135—2007)相关规定，可不进行软弱下卧层承载力验算。

3.6 载体基础沉降计算

采用《载体桩设计规程》(JGJ 135—2007)桩基沉降计算公式：

$$s=\psi_p p_0 \sum_{i=1}^{n} \frac{z_i \overline{\alpha_i} - z_{i-1}\overline{\alpha_{i-1}}}{E_{si}}$$

式中：s——桩基最终沉降量，m；

ψ_p——沉降计算经验系数；

p_0——对应荷载效应准永久组合时压缩土层顶部的附加压力，kPa；

n——桩基沉降计算范围内所划分的土层数；

z_i、z_{i-1}——载体桩沉降计算面至第 i 层土、第 $i-1$ 层土底面的距离，m；

$\overline{\alpha_i}$、$\overline{\alpha_{i-1}}$——载体桩基础地面计算点至第 i 层、第 $i-1$ 层土底面深度范围内平均附加应力系数；

E_{si}——桩基沉降计算范围内第 i 层土的压缩模量，取土的自重压力至土的自重压力与附加压力之和的压力段计算，MPa。

通过电算程序计算出载体基础总沉降量为10.75mm。

4 载体桩施工工艺及注意事项

4.1 载体桩施工工艺

西圈隧道洞口段载体桩地基处理采用现浇混凝土施工。为有效指导施工，结合一般载体桩成桩工艺、隧道断面特点及洞口场地条件，提出以下施工方案。施工工艺流程图如图2所示。

(1)场地清理与平整。载体桩施工前，应清除或压实表层松散土层。为保证载体桩施工不侵入隧道仰拱开挖轮廓线，场地开挖平整后，顶面高程应不大于隧道仰拱底部高程。

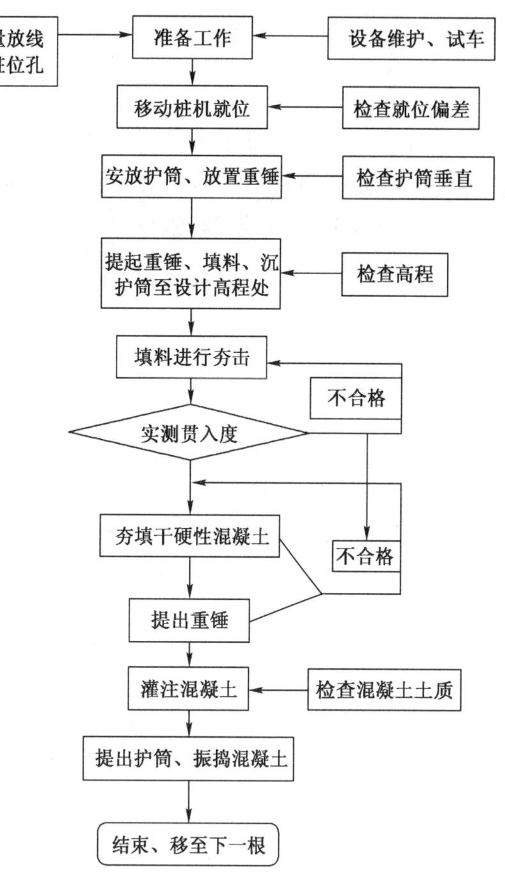

图 2 现浇载体桩施工工艺流程图

(2)测放桩位线。工程技术人员依据规划定点将桩位放线完毕,经检验合格、复测无误后方可进行施工。

(3)移动桩机就位。检查桩机设备工作是否正常,移动桩机就位。

(4)锤击成孔。确定所打桩位护筒中心与桩位中心位对齐。先用细长锤低落至夯击地面,在地面土体中形成一个浅孔,用反压系统将护筒沉至孔底,并调整护筒垂直。如锤击成孔困难,可采用长螺旋钻机引孔。

(5)沉护筒至设计高程。提高细长锤夯击成孔,将护筒沉至孔底,经反复操作后,将护筒沉至设计高程处。当接近桩底高程时,控制重锤落距,准确将护筒沉至设计高程。

(6)填料夯击。护筒沉至设计高程后,提升重锤高出填料口,进行填料,锤做自由落体运动,夯击填充料(填料量以锤底出护筒底 40~60cm 为依据)。

(7)实测三击贯入度。承载体形成密实状态后,在不填料的情况下,令重锤以 6m 落距做自由落体运动。实测三击贯入度,每级贯入度应比前击小或相等,三击贯入度的累计值应满足设计要求;如不满足设计要求,则应继续填料夯击直至满足三击贯入度要求为止。

(8)夯填干硬性混凝土。三击贯入度满足设计要求后,分次夯填 0.3m^3 的干硬性混凝土,继续夯击至锤底出护筒 2~5cm。

(9)浇筑混凝土。从护筒填料口灌入混凝土,连续灌至桩顶高程,并适当进行超灌 30~50cm。

(10)拔护筒。混凝土浇筑完毕后,将护筒拔出,拔护筒时速度要慢,同时注意观察混凝土面是否有上浮。

(11)振捣混凝土。振捣时,一次插至桩底,要快插,并逐渐慢慢上拔至桩顶。

4.2 施工注意事项

由于载体桩采用振动成桩工艺,施工时应注意以下几点:

(1)移桩机就位、调整护筒垂直时,确保其垂直度偏差不大于 1%。

(2)混凝土采用现场搅拌,砂、碎石应严格按混凝土施工配比下料;每盘料搅拌时间不少于 2min,混凝土塌落度控制在 10~12cm。

(3)干硬性混凝土水泥、砂石配比同桩身混凝土配比,适当减少用水量,以手攥成团为宜。

(4)成桩过程中应监测新打桩对流动状态和已结硬的已打桩的影响(用水准仪测桩顶位移),当已结硬的已打桩顶位移偏大(超过 30mm)时,则应采取相应措施。

(5)成桩过程中应随时观察地面隆起,当隆起超出规范要求时(小于 50mm),应立即停止施工,并报技术人员解决。

(6)拔出护筒时速度要慢,防止将护筒内混凝土带起,造成桩身混凝土与干硬混凝土(复合载体)结合不密实。

5 结语

载体桩作为一种全新施工技术,具有单桩承载力高、施工工艺简单、施工质量易控制、施工速度快、减少工程量等优点。文章结合隧道洞口地基处理工程实践,对载体桩这一新施工技术在公路隧道地基处理领域的设计与应用进行了介绍。同时,该方法的成功应用,亦为类似工程提供了解决方案。

参考文献

[1] 曾国熙.桩基工程手册[M].北京:中国建筑工业出版社,1995.
[2] 王继忠.载体桩的受力机理与技术创新[J].建筑结构,2008,38(5):126-127.
[3] 杨启安,王继忠,等.载体桩的设计与施工[J].建筑技术,2006,37(10):765-768.

山区公路岩质边坡的稳定性分析及防治对策

吴言军

（北京市勘察设计研究院有限责任公司　北京　100038）

摘　要：通过京承高速公路山区部分路段岩质边坡的稳定性分析实例，本文认为影响北京山区公路岩质边坡的稳定性因素主要为：地形地貌、地层岩性与岩体结构、地质构造与地震活动、气候条件、人为活动等。由此，根据岩质边坡的失稳模式，本文提出了相应的防治对策和采取综合治理措施的建议。

关键词：北京山区　岩质边坡　失稳模式　防治对策

0　引言

北京山区位于北京平原的西侧（属太行山山脉）、北侧及东北侧（属燕山山脉），山地总面积约 1.04 万平方公里，包括延庆、门头沟、昌平、密云、平谷、房山、怀柔的部分地区。自解放以来，在北京山区先后修筑了 101、108、109、110、111 国道以及连接这些国道的公路干线，为了进一步促进山区、城郊区经济发展，北京市政府加大了山区的交通基础设施的发展力度。目前位于北京北部、西部等山岭和丘陵地区的京承、京包、京平、西六环等项目正在加紧建设中。

在山区公路建设中岩质边坡包括地质历史时期形成的自然边坡和高填深挖而成的人工边坡。岩质边坡一般指具有倾斜坡面的岩体，在重力或其他外力作用下有向下滑动的趋势，一旦受触发因素的影响，易发生失稳破坏。近年来北京山区的 108、109、110 国道等多处路段均曾发生过不同规模的岩质边坡失稳破坏，影响了公路交通的正常运行，给人民的生命和财产带来了损失。本文试从正在建设中的京承高速公路山区部分路段（K126＋000～K131＋430）岩质边坡的稳定性影响因素展开论述，分析岩质边坡的失稳模式和防治对策。

1　工程简介

K126＋000～K131＋430 路段工程主要位于北京东北部的燕山山脉的延伸地带，地形起伏中等，地形地貌条件、地层岩性及地质构造均较为复杂。本路段公路施工以填方、挖方及半填半挖等形式为主，最大挖方深度达 22.0m 左右，最大填方高度达 13.0m 左右。

2　公路岩质边坡的稳定性影响因素

根据工程地质调查和勘察结果分析，本段公路边坡的稳定性主要受地形地貌、地层岩性与岩体结构、地质构造与地震活动、气候条件及人工活动等因素影响。

2.1　地形地貌

本段公路整体上为构造剥蚀低山、丘陵地貌，主要由山间盆地的褶皱和断块山构成，山脉及沟谷的走向多呈东西走向。山体海拔高度一般为 240～340m，最高山峰海拔为 425m，最大相对高差在 120m 左右，切割较深，山间“V”形侵蚀冲沟和构造河谷发育。山体斜坡坡度一般在 20°～50°之间，局部路段公路边坡近于直立，岩质边坡高度一般在 20～40m 之间，坡体风化层较厚，风化程度较深，岩体破碎。

本路段岩质边坡的稳定性受坡长、坡度和边坡植被发育情况的影响较为明显。陡长的岩质边坡的坡顶部位一般均存在较大的张应力，可导致坡顶岩体拉裂破碎，产生拉张裂缝；同时坡底部位应力集中，大的剪切应力会使坡脚岩体强度降低，引发坡体发生剪切破坏。本路段大部分岩质边坡前缘位于小汤河及汤河支流沟谷处，岩石层面倾向与坡向相近，坡体结构多为顺倾层状结构，一旦坡体开挖或河水侵蚀前缘，改变坡体的

力学平衡状态，就会引发边坡发生变形破坏；另外本段公路多位于山坡阳坡的中上部位，山坡植被发育一般，树木多为灌木，裸露岩体易于遭受雨水侵蚀或风化剥蚀，导致强度降低、岩体碎裂，不利于边坡的稳定。

2.2 地层岩性与岩体结构

本段公路岩质边坡的地层岩性主要为侏罗系上统后城组沉积岩层、中元古界长城系串岭沟组、团山子组沉积岩层和中元古界岩浆侵入岩体。边坡岩体的物理力学性质、工程地质性能决定着边坡的稳定性和破坏模式。各地层岩石的主要物理力学性质如表 1 所示。

岩石主要物理力学性质统计表 表 1

地层岩性	风化程度	综合统计指标	天然含水率	密度		吸水率	单轴抗压强度		软化系数	抗剪断强度		抗拉强度	岩石(室内试样)	
				饱和	原状		天然	饱和		黏聚力	内摩擦角	饱和	压缩波速 v_P	剪切波速 v_S
			%	g/cm³	g/cm³	%	MPa	MPa		MPa	°	MPa	m/s	m/s
粉砂岩	强风化	平均值	0.93	2.56	2.55	3.07	21.63	10.67	0.44			2.13	3 145	1 766
		最小值	0.42	2.51	2.49	1.68	18.40	5.10	0.35			1.80		
		最大值	1.40	2.66	2.62	3.79	26.40	15.50	0.53			2.40		
	弱风化	平均值	1.31	2.59	2.59	3.22	30.10	13.70	0.56	2.00	41.00	1.77	2 809	1 612
		最小值	0.43	2.43	2.53	1.32	16.70	7.40	0.35			1.00	2 423	1 372
		最大值	3.67	2.67	2.65	5.50	45.40	20.30	0.83			2.95	3 097	1 737
砂岩	强风化	平均值	1.06	2.59		2.58	26.40						4 652	2 461
		最小值	0.78	2.54	2.29	1.95		19.70	0.55			2.33		
		最大值	1.34	2.64	2.60	3.36		20.00	0.75			2.35		
	弱风化	平均值	1.44	2.58	2.56	2.46		20.40		2.60	38.00			
		最小值	1.03	2.55	2.56	1.24	31.00	16.70	0.41			1.90		
		最大值	1.86	2.60	2.57	3.58	63.30	25.90	0.59			2.20		
砾岩	强风化	平均值	0.28	2.68		1.06		29.90						
	弱风化	平均值	0.35	2.73	2.71	1.19	56.89	46.97	0.71			4.37	4 600	2 645
		最小值	0.19	2.67	2.65	0.62	34.50	24.70	0.46	6.20	38.50	2.63		
		最大值	0.65	2.78	2.75	3.03	88.10	69.60	0.85	7.60	42.00	5.40		
	微风化	平均值		2.75	2.73	0.94	64.29	49.05	0.83			5.10		
		最小值	0.38	2.73	2.72	0.57	60.27	37.70	0.79	9.60	44.20		5 432	2 927
		最大值	0.69	2.77	2.74	1.42	69.10	57.55	0.86	10.20	44.20		5 786	3 201
花岗岩	强风化	平均值	0.30	2.64	2.62	1.16						3.93	4 962	2 842
	弱风化	平均值	0.43	2.63	2.64	0.87	60.20	38.20	0.58	11.40	46.30	5.40		
		最小值	0.19	2.60	2.62	0.44	42.30	29.30	0.50			3.20	4 613	2 513
		最大值	1.03	2.68	2.67	1.49	77.10	50.10	0.74			7.47	5 677	3 276

2.2.1 侏罗系上统后城组(J_{3h})——沉积岩层

本组为一套褐红色～灰色等杂色砾岩、砂岩、粉砂岩互层地层，其岩屑成分复杂，含有一定数量的火山碎屑物，单向斜层理发育，属快速堆积的河流相沉积。

粉砂岩、砂岩主要分布于 K126＋000～K126＋950 路段、K127＋600～K130＋120 路段及 K130＋420～K131＋050 路段，局部夹砾岩薄层。

粉砂岩：黄褐色～褐红(灰)色，细粒结构，层状构造，岩体为碎裂状～裂隙块状结构，节理、裂隙发育～较发育，多数裂隙以高倾角为主(一般 60°～80°)，结构面结合程度差，结构面间充填有氧化铁锈蚀物、泥化软层或充填脉状粗晶方解石脉，矿物成分以石英、黏土矿物为主，含少量铁质及方解石细脉，黏土类矿物占 70%～80%。

砂岩：黄褐色～红褐色～灰色～灰绿色，细粒结构，层状构造，岩体为碎裂状～裂隙块状结构，节理、裂隙发育～较发育，多数裂隙以高倾角为主(一般 45°～70°)，结构面结合程度较差，局部层面有氧化铁锈蚀物或充填脉状粗晶方解石脉，矿物成分以石英为主，石英含量 70%～80%，颗粒差异较大，分选不好。

砾岩主要分布于 K126＋950～K127＋760 及 K130＋120～K130＋420 路段，灰白色～杂，碎屑结构，块状构造，凝灰质或钙质胶结，胶结程度较好，节理、裂隙发育一般～不发育，局部裂隙表面有方解石脉或裂隙间充填黏性土，以张性裂隙为主，裂隙倾角在 45°左右。岩体呈现为碎裂状、裂隙块状、块状结构。砾石主要为碳酸盐岩块、方解石晶粒，少量石英和黏土质岩块，有方解石细脉及铁质充填的裂纹。

据野外地质调查综合统计，该组沉积岩层主要产状为倾向 NE18°～47°∠40°～70°。节理、裂隙主要可划分为 3 组，产状分别为：第 I 组倾向 108°～145°∠64°～88°；第 II 组倾向 5°～25°∠52°～81°；第 III 组倾向 310°～325°∠55°～80°。节理裂隙间一般充填有褐黑色的铁质氧化物薄膜及方解石脉，胶结力较差，易沿软弱结构面风化、开裂或破坏。

2.2.2 中元古界长城系串岭沟组、团山子组(P_{t2}－Chcl＋t)——沉积岩层

该组仅在局部路段(K131＋050～K131＋100 附近)出露，主要由串岭沟组灰黑色页岩及团山子组白云岩组成，其中串岭沟组为滨海—浅海相沉积岩层，团山子组为潮坪相沉积岩层。

页岩：灰黑色，泥状结构，页状层理构造发育，富含有机质。受地质构造的挤压作用影响，岩体破碎，易于遭受风化剥蚀。

白云岩：灰白色，隐晶结构，块状构造，岩体为裂隙块状结构，节理、裂隙较发育。矿物成分以碳酸盐为主，占 80%～90%，有微量石英和黏土矿物，裂纹中充填铁质、高岭土及石英脉。

2.2.3 中元古界(P_{t2}L)——岩浆侵入岩体

该组在 K131＋100～K131＋430 路段及北部区域广泛出露，为一套褐红色～肉红色为主的花岗岩地层，在该岩体中穿插有规模不等的后期脉体。

花岗岩：肉红色～褐红色～灰绿色，不等粒(中粗粒～中细粒为主)花岗结构，块状构造，节理、裂隙发育～较发育，结构面结合程度差～一般，局部层面有氧化铁锈蚀物、石英脉及挤压泥化软层，裂隙倾角为 60°～80°。岩体以块状结构～裂隙块状结构为主。主要矿物成分为碱性长石、石英和斜长石，含少量次生方解石。碱性长石总含量 50%～60%，晶体较大，均为不规则外形；石英含量 10%～20%；斜长石 20%～30%，为钠长石、少量锆石和铁质。部分矿物裂纹中充填碳酸盐或黏土。

该岩体中主要发育有 4 组节理，第 I 组：317°～328°∠56°～70°；第 II 组：260°～273°∠57°～65°；第 III 组：170°～180°∠70°～82°；第 IV 组：38°～50°∠53°～63°。节理裂隙间一般无充填物，节理面光滑，带有明显擦痕，以压扭性为主；部分裂隙间充填有铁锰质氧化物薄膜、少量黏性土及碎屑，以张性为主。

岩体是岩石及结构面的组合体，岩体的力学性质取决于结构面的发育程度和组合形式。因此在设计参数取值时应考虑岩体结构面的发育程度和组合形式，综合各种因素后选择数值。

2.3 地质构造与地震活动

本工程区域上位于中朝准台地北部内蒙古地轴南缘与燕山台褶带北缘两者交汇部位，大地构造为滦平断陷盆地。地质构造较为发育，主要以东西向、北东向、北东向褶皱、断裂构造体系为主，多集中成带状分布，其中以北东向和近东西向断裂构造变形最为强烈。

北京地区为华北地震活动区，自公元 438 年以来，发生有记载的地震 168 次，其中，4 级以上 29 次，5.5 级以上地震 9 次，历史上发生过最大的一次地震是在 1679 年 4 月 22 日，三河—平谷一带的三河地震。根据《中国地震动参数区划图》(GB 18306—2001)之附录 A(中国地震动峰值加速度区划图)，京承高速公路所在地区抗震设防烈度为Ⅷ度，地震动峰值加速度值为 0.10～0.15g。

据调查，拟建公路主要跨越两个区域性断裂，沙岭沟断裂(K131＋080 附近)和司马台断裂(K127＋780 附近)，受其影响，断裂带附近区域内山坡岩体切割破碎严重，岩层褶皱变形强烈，局部岩层呈现为“S”形及背斜褶皱形式，次生小型断裂构造比较发育，其中以压扭性质为主，构成了褶皱构造破碎带，在皱核部等部位岩层弯曲现象明显，坡体结构呈现碎裂状结构，有利于岩质边坡崩塌、滑坡现象的发生。地震效应常引起边

坡岩体强度的降低和裂隙水压力的增加，导致边坡形态和地下水条件发生变化，同时地震产生的水平地震附加力对边坡岩体的稳定性也有着严重影响。

2.4 气候条件

工程场区属于暖温带季风型大陆性半干旱气候，全年四季分明，春季干旱多风、夏季炎热多雨、秋季天高气爽、冬季干燥寒冷。多年平均气温 8～10℃，极端最高气温＋40.7℃，极端最低气温－18.9℃；温差较大，昼夜温差范围 13℃；12 月上旬地面始冻，2 月下旬解冻，冻土深度 49～73cm；多年平均降水量 648mm，年蒸发量 1 134mm ，降雨分配不均，76％集中在夏季，日最大降水量可达 164.7mm。

该区气候的频繁变化可引起岩体的干湿变化、收缩膨胀、冻结融化，导致强度降低。其中季节性的暴雨或长期的降雨对岩质边坡的影响较为显著。首先是水对岩体具有软化效应，岩体的强度随含水量的增加而降低；其次是地下水静水压力效应，在增加岩土体自重的同时，又降低了岩体结构面的抗剪强度；再者就是地下水的动水压力效应，高陡的岩质边坡中一般存在着较大的水力梯度，地下水在破碎或裂隙岩体中渗流会形成动水压力，增加沿渗流方向的滑动力，不利于岩质边坡的稳定。另外该区较大的温差增大了风化作用的影响程度，使岩体的抗剪强度减弱、裂缝发育、破碎，改变岩质边坡的坡形和坡度，影响坡体的稳定性。

2.5 人类活动

本路段主要位于北京的北部山区，毗邻司马台长城风景旅游区，人类工程活动频繁。坡体开挖、削坡、坡顶加载等工程活动将不可避免地对当地山体的工程地质环境造成影响，尤其是在设计不合理或工程防护措施不当时，会改变滑坡体的自然稳定状态，进一步恶化坡体的稳定状态，导致坡体失稳破坏。

山区公路岩质边坡的失稳是多种因素的共同作用的结果，地形地貌、地层岩性及岩体结构、地质构造及地震活动是影响岩质边坡稳定性的内在因素；气候条件、人类活动是影响岩质边坡稳定性的外在因素，地震、暴雨或长期的降雨及人类活动则是岩质边坡变形破坏的触发因素，决定着岩质边坡的变形特征和失稳模式，而其中的人类对岩质边坡的活动方式和改造程度是影响京承高速公路岩质边坡整体稳定性和局部变形加剧的重要因素。

3 失稳破坏模式分析

3.1 落石

落石是岩质边坡坡面上危岩或孤石个体失稳后在重力作用下向下滚动的一种现象，是山区公路岩质边坡岩体失稳的一种常见的形式，有人也称作“滚石”、“坠石”，具有广泛性、突发性、随机性的特点。本段公路岩质边坡陡长，岩体风化作用强烈，节理裂隙发育，岩体完整性较差，为落石提供了脱离母体的势能条件和边界条件。

根据调查结果分析，本段公路岩质边坡落石现象广泛分布，主要分布花岗岩、砂岩、砾岩等高陡裂隙块状或碎裂状结构坡体的中上部位以及软硬相间岩质边坡的顶部，尤其在 K127＋830、K128＋150～K128＋350、K130＋150～K130＋450、K131＋050～K131＋150、K131＋340～K131＋360 等路段存在或潜在较多的边坡落石现象。

3.2 崩塌

崩塌（岩崩），即斜坡上的岩体在重力作用下，突然向下崩落的现象，一般垂直运动距离远大于水平运动距离，运动轨迹无规律，具有分带性、突发性、随机性、危害性大的特点，会因地震、降雨、风化和人类的活动而随机发生，规模较大者称“山崩”，较小者称“塌方”。本段公路区域地质构造发育，断裂及次生断裂广泛分布，岩体破碎，易于崩塌现象的发生，多以乱石堆（锥）的形式堆积边坡脚或公路两侧。

本段公路岩质边坡崩塌现象分布点较多，多形成于坡度位于 40°～70°之间的花岗岩、砂岩、砾岩等碎裂状或裂隙块状结构坡体的中上部地带。崩塌规模以小型塌方为主，仅局部地段（K128＋730～K128＋850、K131＋080～K131＋100 段）分布有中型崩塌危岩体。

3.3 岩质滑坡

岩质滑坡一般山体斜坡上的岩体在重力作用下沿一定的软弱结构面(带)整体向下滑动的现象,主要分为工程滑坡和自然边坡滑坡。工程滑坡指由于山体开挖引起的滑坡,自然岩质边坡滑坡为自然地质条件改变引发的滑坡。根据工程地质条件分析,公路沿线自然边坡稳定性较好,但对于外界因素的影响较为敏感,一旦公路边坡设计或施工不合理,破坏边坡的自然平衡状态,则可能引发新滑坡或使老滑坡复活。如在K128+620附近存在一小型顺层滑坡,滑体厚度10m左右,前缘凸向沟谷,后缘滑壁明显,体积约15 000m^3,目前环境下滑坡处于基本稳定状态。

4 稳定性综合分析

根据对上述影响岩质边坡稳定性的不利因素和失稳模式综合分析,按照里程桩号将本段线路定性划分为以下几个路段,具体参见表2。

京承高速公路山区部分路段岩质边坡分段稳定性分析简表 表2

项目 分段	坡体特征描述及现状稳定性分析	岩石类别	失稳模式
K126+670～K126+950	本段最大开挖深度约12.0m,上部以冲洪积之亚黏土为主,局部有碎石类土及湿陷性土,下伏粉砂岩。地下水赋存于土岩接触面附近,坡体整体稳定性一般	较软岩	滑塌、滑坡
K127+500～K127+760	本段最大开挖深度约8.4m,边坡岩性以砾岩为主,表层为较薄的坡洪积和残坡积层。风化层较薄,岩体节理裂隙发育一般,完整性较好,地下水埋藏深,坡体结构为块状结构,整体稳定性好。其中桩号K127+700附近存在一小型滑坡体,K127+750附近存在一危岩体	较硬岩～坚硬岩	落石、崩塌
K127+760～K127+830	本段最大开挖深度约10.6m,边坡岩性以粉砂岩、砂岩为主,风化层较厚,岩体节理裂隙发育,完整性差,坡体结构为碎裂状结构,整体稳定性较差	较软岩～较硬岩	崩塌、滑坡
K128+130～K129+300	本段最大开挖深度约12.4m,最大填方高度约11.4m,边坡岩性以粉砂岩、砂岩为主,风化层较厚,岩体节理裂隙发育,坡体结构为碎裂状结构,整体稳定性差。其中K128+730～K128+850段岩层软硬相间,风化程度差异明显,局部已临空。K128+620附近存在一滑坡体	较软岩～较硬岩	落石、崩塌、滑坡
K129+300～K130+100	本段最大开挖深度约22.0m,最大填方高度约13.2m,边坡岩性以粉砂岩、砂岩为主,风化层较厚,岩体节理裂隙发育,完整性差,坡体结构为碎裂状结构,整体稳定性差	较软岩～较硬岩	崩塌、滑坡
K130+100～K130+400	本段最大开挖深度约8.4m,边坡岩性以砾岩为主,风化层较薄,岩体节理裂隙发育一般,完整性较好,地下水埋藏深,坡体结构为块状结构,整体稳定性好。其中桩号K130+150附近存在一危岩体	较硬岩～坚硬岩	落石、崩塌
K130+470～K131+050	本段最大开挖深度约8.8m,最大填方高度约11.7m,边坡岩性以粉砂岩、砂岩为主,风化层较厚,岩体节理裂隙发育,完整性差,坡体结构为碎裂状结构,整体稳定性差	较软岩～较硬岩	崩塌、滑坡
K131+050～K131+100	本段边坡岩性以白云岩为主,岩体节理发育,完整性好,坡体结构为块状结构,整体稳定性较好,但由于其西侧的山体陡高,易于崩塌、滑落	较硬岩	落石、崩塌
K131+100～K131+430	本段边坡岩性以花岗岩为主,岩体节理裂隙发育,风化破碎,完整性较差,边坡陡立,多为高边坡,坡体结构为裂隙块状结构,整体稳定性较差	较软岩～较硬岩	落石、崩塌

5 防治对策

北京山区公路场地一般地质条件复杂，地质环境脆弱，一旦遭受破坏，将对拟建公路附近区域的地质环境和生态环境造成严重影响，短期难以恢复，因此对山区公路岩质边坡的治理应针对具体边坡失稳模式采取“环保优先，安全为主”的防治对策，须根据国家地质环境和生态环境保护要求并结合当地实际工程环境条件制订科学合理的设计措施及施工方法，加强设计、施工工程管理和防灾预案的制订工作，避免形成次生地质环境灾害或诱发新的环境问题，影响岩质边坡的整体稳定性和安全运营。

对于规模较小或分布密度小的落石路段，建议采取清除或刷坡的方法；规模较大或分布密度大的落石路段，建议采取拦石防护网、拦石墙、落石槽等措施进行防护。对于规模较小的崩塌路段，建议采取削方、危岩清除、填充灌浆或支撑等措施；对于规模较大崩塌体，采取预应力锚索、格构锚固或表面喷射混凝土等措施进行加固治理。对于规模较小的滑坡路段，建议采取抗滑挡墙、预应力锚索措施；对于规模较大崩塌体，采取抗滑桩工程措施进行防治。受地下水及地表水影响较为严重的岩质边坡还需做好坡面及坡体的排水工程，减少水对岩质边坡稳定的影响。对于易风化路段边坡可采用植草、砌石、混凝土预制板、喷射混凝土或其他有机材料等护坡措施加以保护。

山区公路岩质边坡施工过程中以及公路运行期间的监测是掌握岩体失稳机理、进行稳定性分析及紧急抢险救治的重要手段和依据之一，在防治工程设计时应加强对中大型整体稳定性较差的岩质边坡监测工程的设计优化工作。在治理工程施工过程中进行跟踪监测、超前预报，及时测定和预报岩质边坡的位移、应力等变化情况，确保施工期间变形区施工人员、居民生命财产安全；工程竣工后的公路运行期间宜采取人工定期巡视、群测群防与专业监测等相结合的监测方案，对危险岩质边坡进行长期动态监测。

6 结语

(1)山区公路岩质边坡防治工程是一个复杂的系统工程，涉及多个方面和学科，防治工程设计应综合考虑具体路段的地形地貌条件、地质构造及地层岩性等因素，可借鉴当地的工程防治和施工经验，但不能照搬照抄别的工程设计模式。

(2)山区公路岩质边坡开挖须根据具体边坡地段地层岩性、岩体结构、坡体结构、风化程度及失稳模式的特点设计开挖坡率、坡高和开挖方式，当挖方边坡较高时，可根据不同的土、石类别和稳定要求开挖成折线式或台阶式边坡，并在台阶式边坡中部设置平台及排水沟。

(3)对于地质条件复杂的中、大型岩质边坡，应进行专项地质灾害评估工作，选择定性和定量方法进行稳定性分析和计算，根据分析计算结果，采取适宜的边坡加固、支护(防护)措施，以保证边坡稳定和公路安全。

(4)山区公路岩质边坡的防治应充分考虑环境保护，注重景观设计，工程竣工后及时按要求进行植被恢复，以避免造成次生地质灾害及给公路的后期运营带来安全隐患。

(5)北京山区地质条件复杂多变，应加强边坡施工过程中的动态设计和稳定性监测、预报工作，及时验证相关设计数据，利用动态信息法进行施工，减小岩质边坡失稳的发生概率。

参考文献

[1] 中华人民共和国国家标准. GB 50011—2001 建筑抗震设计规范[S]. 北京：中国建筑工业出版社，2001.

[2] 张路青，杨志法，许兵. 滚石与滚石灾害[J]. 工程地质学报，2004，12(3)：226-230.

[3] 赵明阶，何光春，王多垠. 边坡工程处治技术[M]. 北京：人民交通出版社，2003：1-3.

浅析山区公路隧道的工程地质勘察方法

吴言军　陈爱新

（北京市勘察设计研究院有限责任公司　北京　100038）

摘　要： 近年来，北京地区高等级公路正向山区不断伸展，能否全面查清山区公路隧道工程复杂的工程地质环境及条件、选择合理的工程地质勘察方法，对保证设计、施工安全至关重要。本文以京承高速公路司马台隧道工程地质勘察为例，浅析山区公路隧道的工程地质勘察方法，为北京山区公路隧道工程地质勘察积累经验。

关键词： 山区公路隧道　工程地质勘察方法　地球物理勘探

0　引言

为保障和促进北京社会发展和城市发展提供充分的交通条件，近年来北京在加大对城区交通基础设施建设投入的同时，便于郊区发展及加强与周边地区联系的京承、京包、京平、西六环等高速公路项目正在加紧建设。尤其北京西部、北部山岭和丘陵地区的公路建设中，山区公路隧道方案以具有缩短公路里程、提高公路等级、保障行车安全、保护自然景观、减少水土流失等优点将得到广泛采纳应用。北京山区的地质环境及施工条件较为复杂，不科学、合理的工程地质勘察方法往往给公路隧道的建设、设计及施工带来一系列的问题，给后期运营安全埋下隐患，因此研究山区公路隧道工程地质勘察方法有着重要意义。

1　工程简介

京承高速公路司马台隧道位于北京市密云县古北口镇司马台村与河北省承德地区分界处，设计为双洞单向行驶高速公路隧道，两洞相距24.8～33.5m，以司马台长城为界分为北京段及河北段。司马台隧道（北京段）单洞全长1 131.16m，宽12.25m，高8.07m，设计洞底高程为328～352m，自北京至河北省承德界方向逐渐升高，坡度约2.1％，设计洞顶至现状自然地面垂直高度一般为50～200m。隧道结构设计断面如图1所示。

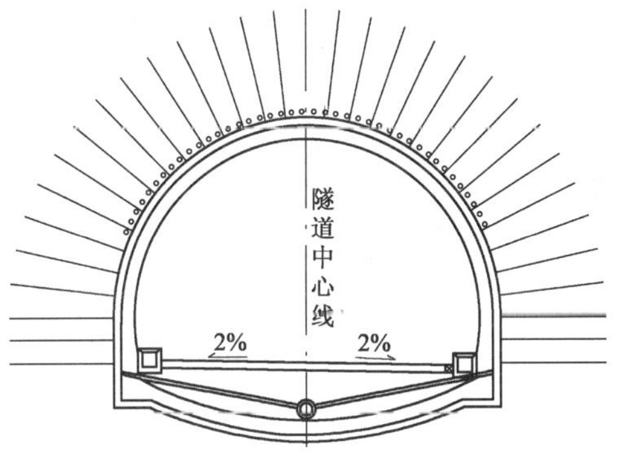

图1　司马台隧道结构横断面示意图

2　工程地质勘察方法

山区公路隧道一般属于地下隐蔽性工程，为了达到查明山区公路隧道场区的地质条件，对场区内的各种地质问题进行综合分析、评价，预测在工程活动作用下地质条件可能出现的变化和不良作用，并提出解决地质问题的工程措施，以保证隧道的合理设计、顺利施工及正常使用的目的，制订一套行之有效的勘察方法是十分必要的。常规的工程地质勘察方法一般难以准确判定围岩的类型及查明地质条件，往往需要结合大量的工程地质调查及地球物理勘探方法来完成。针对场区地质环境条件及设计条件，司马台隧道（北京段）工程地质勘察主要采用了工程地质背景资料收集、工程地质调查、工程地质勘探、地球物理勘探及岩石（体）试验等方法。

2.1　工程地质背景资料收集

资料收集的目的是了解和掌握拟建山区公路隧道工程所在地区的区域地质背景或条件，为工程地质调查做好准备。一般可通过向当地地震、地质、水利、气象部门收集，也可通过收集区域地质、构造、地震及遥感图件或附近已有工程资料等方法获取，应尽可能全面了解公路隧道所处区域的工程地质环境背景。在收集和分析已有工程资料的基础上，提出工程地质调查方案。

2.2 工程地质调查

工程地质调查是为了进一步掌握山区公路隧道场地内及附近区域岩体或地层的分布、地质年代、风化程度、地质构造等工程地质条件而进行的调查。工程地质调查一般主要包括地面调查与工程测绘。地面调查的主要内容是山区公路隧道区的地形地貌、地层岩性、地质构造、水文地质特征及不良地质作用的类型和规模，并初步评价其对隧道工程的影响；工程测绘的重点对象是山区公路隧道轴线及临近区域的地貌、地质单元分界线、地质构造线、地层岩性变化边界、地下水出露点及不良地质作用的分布范围，应绘制典型地质手剖面图或地质构造素描图。工程地质调查的特点是经济、快速、高效，是其他勘察工作的基础和依据，也是定性评价场区内工程地质条件的重要方法。

工程地质调查的方法一般包括穿越法及追踪法。穿越法是沿垂直岩层走向进行调查，可以穿越全部岩层并了解其接触关系、产状、出露厚度及新老地层的分布特征；追踪法是沿着地质边界、地质构造线(带)或异常地质岩层延伸方向进行观察，以了解岩层出露范围、构造带延伸长度及地层覆盖关系等情况。工程地质调查的范围应是拟建山区公路隧道所穿越的全部地段，当地形地貌或地层岩性变化较大时，应适当扩大调查范围。隧道进、出口及隧桥结合地段一般是隧道、桥梁工程地质勘察的薄弱段，也是容易出现工程地质问题的部位，应对其加强工程地质调查与分析。

野外工程地质调查的数据、图件、标本数目繁多且离散，容易混乱、遗漏或丢失，在司马台隧道(北京段)工程地质调查中设计了用不同种类的表格或卡片进行地质记录或编录的方法，一般可分类为地貌点、构造地质点、水文地质点、不良地质点、地层岩性点及筑路材料点等卡片式记录表，易于现场携带、记录及室内整理、统计和分析。

根据对搜集资料及工程地质调查成果的研究分析，司马台隧道(北京段)在区域上位于燕山山脉的延伸地带，为构造剥蚀低山地貌，海拔为310～580m，最大相对高差150～200m，整体地形呈东北向西南逐渐降低趋势。地质构造较为发育，主要以东西向、北东向、北北东向褶皱、断裂构造体系为主，其中以北东向和近东西向断裂构造变形最为强烈。勘察场地内没有大规模的褶皱和断裂构造分布，但局部存在小规模的断层及破碎带。

区域内出露的地层主要有第四系堆积层、上侏罗系后城组火山—沉积岩层及中元古代侵入岩层。隧道洞身范围及洞口附近的岩体岩性较为单一，主要由中元古代侵入花岗岩及条带状岩脉组成。

司马台隧道(北京段)所处流域为潮河水系，场区内主要分布有小汤河的支流后川沟和沙岭沟，均为山溪季节性河流。场区内地下水主要为松散岩类孔隙水和基岩裂隙水两种类型。松散岩类孔隙水一般分布于沟谷或山间洼地处，赋存在第四系松散堆积层内及局部强风化岩顶部；基岩裂隙水主要分布在山体内破碎岩体的裂隙带中，其水量、分布受地形地貌、地质构造、地层岩性、风化程度等条件控制。

隧道的出洞口处沟谷两侧斜坡处岩体破碎，且破碎带范围较大，影响较深，局部有发生小规模崩塌的可能性。除此以外拟建场区不存在其他影响场地整体稳定性的不良地质作用。

2.3 工程地质勘探

工程地质勘探及原位测试是对工程地质调查成果的进一步诊断，主要任务是探明场地地面下地质情况，深部岩石取样及测试岩石风化程度、围岩质量。公路隧道工程场地多分布在高陡山地，交通条件差，钻探机械、设备及所需材料难以就位，钻探难度大，成本较高，不宜进行大规模勘探工作。为了提高钻探的目的性、针对性和有效性，应结合工程地质调查成果及场地条件，合理布置勘探钻孔及工作内容，并满足有关规范及设计的要求。

工程地质勘探布线方法一般是垂直地貌单元(如山地、丘陵等)、地质构造和地层界限或沿隧洞轴线布置勘探线；钻孔一般是沿洞轴线及在地势相对低平、覆盖层厚度大、岩性变化或岩体破碎处布置。孔深须满足规范或设计要求，一般应达到隧道底板设计高程以下不少于2m，当隧道底板设计高程以下存在软弱岩层、破碎带或影响隧道稳定的其他不良地质作用时，一般应适当加大钻孔深度至隧道底板设计高程下5～10m。

另外，坑(槽)探也是了解山区隧道洞口附近地表松散覆盖层、风化岩层厚度及追踪地质构造的有效方法，可结合工程地质调查成果进行。

司马台隧道(北京段)勘察共布置了4个钻孔，孔深27.0～130.0m，达到洞底高程以下3～5m，采用XY-100、200型旋转钻机双管单动钻进，钻探过程中进行了岩芯RQD量测、水文地质观测、钻孔波速测试及钻进速度、漏水、漏浆现象等的地质编录工作。根据工程地质调查成果和钻孔钻探地质编录的分析，沿线场区隧道洞室围岩内节理裂隙发育，以压扭性、张性为主，地表出现的破碎岩体(破碎带)主要表现在花岗岩内后期侵入、穿插的脉体接触带附近，破碎带一般延伸较长、宽度较大，内部有挤压的小型断裂，总体走向与隧道轴线近垂直或大角度斜交，局部存在发生小规模坍塌的可能。在山体内部花岗岩岩体与脉体接触附近的破碎带及局部小型断裂带位置会成为基岩裂隙水的汇集区域，为易透水、渗水的地段，由于裂隙之间的贯通性不太好，一般不会出现长时间大量涌水现象，但在受到较完整岩体及泥化夹层的阻隔下，挖掘中会有小量涌水及渗水、滴水问题。

由于山地地形地质条件复杂，地质环境脆弱，在地质勘探过程中应注意对山区环境的保护，工程结束后及时按要求进行植被恢复和封孔工作，以避免造成次生地质灾害及给公路隧道的后期运营带来安全隐患。

2.4 地球物理勘探

在山区公路隧洞工程地质勘察中，地球物理勘探有着广泛用途，其常与一般的工程地质勘察方法相结合，对工程地质调查、地质勘探成果进行验证和补充。地球物理勘探一般具有设备轻便、工作快捷、经济实惠的特点，能够比较有效地查明隧道沿线基岩埋藏深度、岩体结构、构造破碎带及基岩风化带的位置及其空间分布规律，可提高工程地质勘察的效率和精度。地球物理勘探方法一般因地(隧)选择不同的勘探方法和设备。

司马台隧道(北京段)勘察工作中采用了二维浅层地震反射方法和音频大地电测深(AMT)技术方法进行综合探测。地震勘探采用中间放炮、48道接收、道间距4m、炮间距为16m、6次覆盖的观测系统及R48型数字地震仪；音频大地电磁测深法(AMT)野外数据采集选用的仪器为MTU-5A型仪器。根据地球物理勘探的反演结果并与工程地质调查及地质勘探成果的对照分析，基岩风化层面深度与钻孔地层划分深度基本吻合，构造破碎带位置与地质勘探量测的位置也基本一致，如图2、图3所示，实现了不同勘察方法的互相验证。

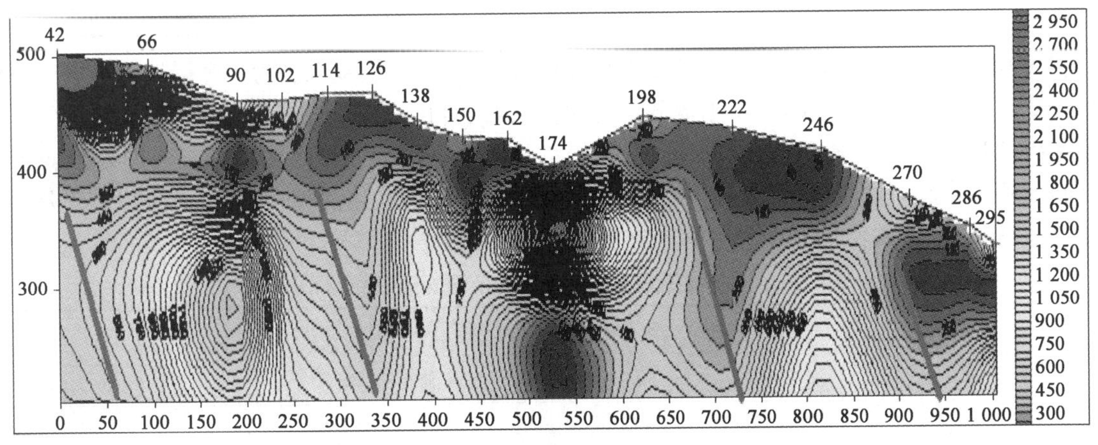

图2 反演的电阻率断面图

2.5 岩石(体)试验

山区公路隧道工程地质勘察的岩石(体)试验是定量评价隧道围岩质量的重要手段，一般包括室内岩石试验和现场岩体原位试验。室内岩石试验一般包括岩石的物理性质指标、力学性质指标测试及矿物分析；现场岩体原位试验一般包括岩体的剪切波速、压缩波速、超声波、透水性、应力状态测试及原位直剪试验。实际试验项目、试验方法、试验内容应根据公路隧道类型、岩质特性及设计、规范要求等因素综合确定，目的是满足工程评价及设计、施工的需要。

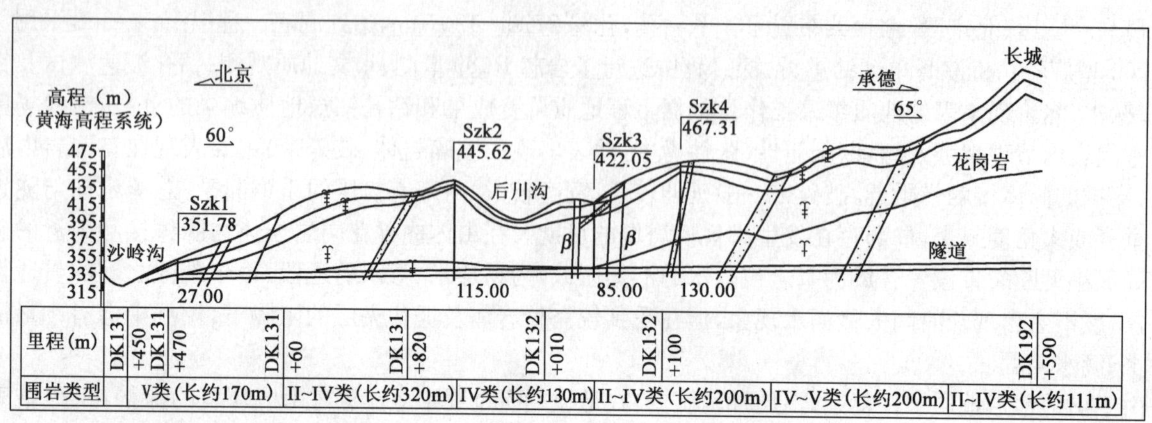

图3　工程地质纵断面示意图

本次勘察所揭露的司马台隧道(北京段)围岩为中元古代褐红色～灰绿色花岗岩岩体，岩体较完整～较破碎。本次勘察共取岩样32组，地质勘探过程中对岩体进行了钻孔波速测试，有关岩石(体)试验统计结果如表1所示。

花岗岩岩石(体)试验成果统计表

表1

岩石风化程度	综合统计指标	天然含水率(%)	密度(g/cm³)		吸水率(%)	单轴抗压强度		软化系数	抗拉强度	岩石(室内试样)		岩体(钻孔波速)	
			饱和	原状		天然(MPa)	饱和(MPa)		饱和(MPa)	压缩波速 v_P(m/s)	动泊松比 u	压缩波速 v_p(m/s)	剪切波速 v_s(m/s)
强风化	最小值	0.50	2.51	2.56	1.24	27.6	16.1	0.50		3 578	0.24	999	468
	最大值	0.52	2.57	2.65	1.99	39.3	19.6	0.58		4 836	0.24	1 993	898
弱风化	最小值	0.11	2.51	2.46	0.26	21.0	13.2	0.37	2.21	2 855	0.24	2 125	660
	最大值	1.95	2.65	2.60	1.90	42.7	44.2	0.80	6.83	5920	0.29	3 997	2 499
微风化	最小值	0.19	2.53	2.53	0.36	29.5	16.5	0.52	1.80	4151	0.24	4 000	1 998
	最大值	0.65	2.63	2.89	2.35	55.9	50.7	0.79	4.80	5 249	0.28	4 545	2 999

根据工程地质调查成果、岩石(体)试验及矿物分析可知，中元古代侵入岩为一套褐红色～肉红色为主的花岗岩地层，不等粒结构，块状构造，矿物成分主要为正长石、斜长石、石英、黑云母，出露地表部分全风化～强风化，呈砾砂状或碎块状；除隧道出洞口附近(围岩以强风化岩石为主)外，大部分隧道围岩为弱风化～微风化花岗岩，整体为较坚硬岩，局部为较软岩(不包括破碎带)；岩石软化性较强，工程地质性质较差。隧道围岩质量指标及围岩分级如表2所示。

各钻孔段围岩质量指标及围岩分级

表2

项　目	完整性指标	围岩质量		围岩级别
		BQ	修正值[BQ]	
Szk 1	0.35～0.41	225～251	85～131	V
Szk 2	0.91～0.92	420～472	320～402	III～IV
Szk 3	0.71～0.85	385～406	305～326	IV
Szk 4	0.78～0.83	407～480	327～410	III～IV

2.6 超前地质预报

山区公路隧道围岩地质条件复杂多变，同一隧道的不同地段、不同施工时段，围岩分级、地下水条件都可能有较大变化。目前常规的勘察阶段尚难以全面、如实揭示山体内地质构造变化及围岩特征，常常需要在隧道施工过程中对围岩分级、地下水、地质构造、岩脉、地应力等进行超前地质预报，指导动态设计。

目前隧道超前地质预报工作常用的方法主要为工程地质调查法、地质雷达法、反射地震和地震 CT 等。在隧道施工中应加强地质调查和现场监控，结合隧道具体的设计条件、地质条件及开挖方法采取超前地质预报方法或设备，地质条件复杂时应采取多种超前地质预报相结合的方式进行，以便较准确地了解下一步需要施工的围岩地质情况，为隧道施工和及时调整支护参数提供依据，从而确保施工顺利及隧道安全。

3 工程地质勘察成果

山区公路隧道的勘察成果一般以工程地质勘察报告和工程地质图的形式提交，是隧道设计和施工的重要地质资料和依据。

工程地质勘察报告是按照设计要求及勘察任务书要求而编写的文字成果。针对不同的山区公路隧道项目、不同的勘察阶段，报告反映的内容和侧重点有所不同，工程地质勘察报告没有标准的编写格式，因此要求工程地质勘察人员必须具有地质学、岩石学、构造地质学、地貌学和物探学等专业知识及过硬的工程地质综合判断能力，才能把握住山区公路隧道工程的第一手原始资料的质量，才能达到高质量勘察报告的编制要求。在解译物探资料时，须结合工程地质调查及钻探成果，把物理图像转换成工程地质文字说明，便于设计使用。

工程地质勘察报告应简明扼要、针对具体工程地质问题进行分析评价，论据应充足，前后要吻合、统一，不能是地质条件的简单描述或勘探资料的文字堆砌。山区公路隧道工程地质勘察报告应结合隧道设计条件阐明山区公路隧道工程地区的工程地质条件，进行工程地质问题分析工作以及工程地质单元的划分，分区段进行工程地质评价；着重论述的内容应是针对洞室围岩分级及稳定性、隧道出洞口段工程地质问题、隧道施工可能发生的不良地质问题、隧道建设对环境的影响，并对山区公路隧道工程设计和施工的提出建议。

工程地质图是以地质测绘资料为基础，综合地质勘探、测试成果编制而成的，基本能反映出整个场区的所有工程地质条件。工程地质图以工程地质平面图、工程地质分区图、工程地质纵或横断面图为主，配以钻孔柱状图或探坑(槽)示意图等图件。当场地地质条件复杂、存在重大地质灾害可能或设计有特殊要求时，应编制专门地质环境评价报告。

4 结语

(1)山区公路隧道多属于地下工程，在山体中埋置深度差异很大，围岩地质条件的不可预见性或隐蔽性是公路隧道勘察中的难点。

(2)针对不同的地质环境及隧道设计条件，应采用适宜的工程地质勘察方法。

(3)采取施工中的超前地质预报，实现用信息化指导设计和施工，是工程地质勘察工作的重要内容。

参考文献

[1] 中华人民共和国行业标准.JTJ 064—98 公路工程地质勘察规范[S].北京：人民交通出版社，1999.

[2] 中华人民共和国行业标准.JTG D70—2004 公路隧道设计规范[S].北京：人民交通出版社，2004.

[3] 李智毅，杨裕云.工程地质学概论[M].武汉：中国地质大学出版社，1994：197-201.

公路隧道内装饰材料的应用与选择*

刘明高　马　杰　洪　锦

（北京市市政工程设计研究总院　北京　100082）

摘　要：隧道内饰景观是改善隧道内行车环境、提升隧道景观效应的有利措施之一。本文归纳分析了作为隧道内景设计重要组成部分的内装饰材料的应用现状，并对内装饰材料的选用标准与要求进行了研究分析，提出了适合国内隧道内装饰的优选材料，可为隧道工程相关设计提供借鉴参考。

关键词：公路隧道　内饰景观　装饰材料　选择标准

0　前言

随着经济和社会的发展、科学技术的进步与创新、对自然规律认识的深化以及环境意识与审美观的提高，我国高速公路的景观设计越来越受到重视。隧道作为高等级公路的重要组成部分，其洞内外景观设计也不容忽视，特别是隧道内饰景观，作为改善隧道内行车环境、提升隧道景观效应的有利措施之一，在国内隧道建设中未得到足够的重视和有效的解决。而随着高等级公路上隧道数量的不断增加，单个隧道长度的不断加长，如何利用隧道内饰的方式使隧道内行车环境得到有效的改善，行车风险能最大限度地降低，是隧道工程设计技术人员需要思考和解决的问题。一般而言，隧道内行车的视觉环境主要是由隧道内的光和色彩两个因素构成，因此隧道内需保证照明的正常和科学配置，且通过隧道内饰改变隧道内壁的色彩和质感来获得好的行车视觉效果。本文结合京承高速公路（密云沙峪沟—市界段）前期隧道工程内装饰的相关调查研究与分析工作，对国内隧道内装饰材料的应用进行综述，并从装饰材料使用要求、隧道的使用功能及使用环境等方面，对隧道内装饰材料的选择进行探讨，希望以此为隧道工程相关设计提供借鉴参考。

1　公路隧道内装饰材料的应用

随着我国公路隧道工程建设规模的逐步扩大以及“以人为本”设计理念的深入贯彻，隧道内装饰材料由原来单一的混凝土、涂料等简单的装饰逐渐向功能化、多样化、人性化的方向发展，出现了多种装饰材料（图1～图4），发展至今大致可以归为以下6类：（1）混凝土（即保持混凝土本色，未装饰）、（2）涂料、（3）面砖（瓷砖）、（4）带涂层的纤维混凝土板（如维特拉板、卡索板）、（5）复合材料的铝板（如氟碳铝板、烤瓷铝板）、（6）搪瓷钢板，其主要性能比较如表1。上述装饰材料因其不同特性及适用范围，在我国不同区域的隧道工程中均有应用。

图1　瓷砖＋混凝土

图2　纤维混凝土板＋涂料

*本文已在《地下空间与工程学报》（2009年第1期）发表。

图 3　复合铝板+涂料

图 4　搪瓷钢板

隧道内装饰材料性能比较　　表 1

性能 \ 材料类型	混凝土	涂　料	面砖(瓷砖)	复合材料铝板	纤维混凝土板	搪瓷钢板
表面涂层	无表面涂层	表面粗糙	无表面涂层,表面光滑	表面喷涂氧化膜或喷塑处理,表面光滑	多种材料合成,表面光滑	优质钢板与非金属材料合成,表面光滑
颜色选择	混凝土本色	颜色单一	浅色	较丰富	较丰富	丰富
光反射性	光面有眩光,毛面无光	光泽暗淡	漫反射	光泽中到高	漫反射,有哑光效果	光泽较高,有一定眩光效应
降噪声性能	差	好	差	不好	不好	一般
抗腐蚀性	好	差	一般	一般	性能优异	性能优异
耐火性	不燃	不燃或阻燃,燃烧时不产生有害气体	不燃	高温下变软熔化,会产生炭化烟雾	不燃,燃烧时不产生有害气体	不燃
抗冲击性能	高	一般	差	较差,易变形	一般	优异
防潮防水性能	好	一般	一般	不好	好	较好
使用寿命	20 年以上	20 年以上	5 年以上	10 年以上	20 年以上	30 年以上
安装是否方便	不方便,笨重,可现场切割	方便,可直接涂刷	安装较方便,可现场拼接	材料轻便,安装容易,可现场切割	不方便,较笨重,可现场切割	安装复杂,工厂加工成型,现场无法切割
拆卸、更换	难以拆卸	易重新涂刷	容易拆卸	容易拆卸	容易拆卸	不易拆卸
维护养护	不易污染,易清洗	不易污染,易清洗	易污染,不易清洗	易污染,清洗时易变形	不易污染,易清洗	不易污染,易清洗
价格		低	中等	稍高	高	极高
性价比		高	高	中等	中等	低

2　国外公路隧道内装饰材料选择要求

当前世界上一些发达国家十分重视对隧道景观的设计,其高速公路建设时必须通过环境、生态及景观等方面的可行性论证。通过多年的探索和发展,在隧道内景观设计及内装材料选择方面都值得我们学习和借鉴,如图 5~图 8 所示。

图5　隧道景观(一)

图6　隧道景观(二)

图7　隧道景观(三)

图8　隧道景观(四)

目前,国际上先进隧道内装饰系统一般需要满足以下要求:

(1)改善隧道内行车环境,使洞内外景观相协调。

(2)降低隧道内噪声,降低隧道洞口处噪声对周围环境的影响。

(3)隧道装饰应能形成一个漫反射表面,使之成为改善和协助隧道内光照效果的一个组成部分,并且有足够的技术保证洞口与洞内光线逐渐过渡。

(4)系统应具有良好的耐污性,并具有抗静电性能,使之不易沾污。

(5)使隧道内部光滑流畅,便于采用机械化手段进行清洗、保洁。

(6)经久耐用,避免因经常维护、更换而降低隧道的利用率。

(7)为内装系统背后容纳的各种管线设备提供空间,使维修人员容易拆卸内装进行管线维修。

(8)装饰材料应耐火、耐潮、耐腐蚀。

3　国内公路隧道内装饰材料选择的要求

相比国外公路隧道的先进成熟经验,我国公路隧道在建筑装修方面,尚处在摸索学习阶段,有待进一步的研究、实践与提高。同时,经过多年的工程实践,并结合我国建筑工业、经济及公路隧道修建技术等实际情况,隧道工程界对内装修材料也提出了一些具体的指标要求,可归纳为以下几点:

(1)内装材料必须具有不怕水、耐各种酸碱及氯化物的腐蚀、耐老化等特性,使整个内装系统的耐久性(即使用寿命)达到20年以上。

(2)内装材料必须具有足够的耐火性,并在高温的情况下不会分解出大量有毒气体及烟雾。

(3)内装用墙面材料的正面必须具有高度的光漫反射能力(反射系数大于70%,但无镜面反射),表面要平整、光滑,不易沾污、积灰,容易清洁,耐刷洗。

(4)内装材料必须具有良好而耐久的装饰性,材料要平整,色彩要淡雅,不生锈、不褪色、不发霉、不变形,而且材料幅面尺寸宜大。

(5)内装材料必须具有一定的抗弯强度及刚度,要轻质,占用空间少,容易加工安装,调换方便,价格低廉。

上述5条要求表明，国内内装饰材料选择标准主要集中在满足使用功能和使用环境（隧道内）两点上，而对使用内装饰材料后的整体景观性、与洞内外结构的和谐性等方面还没有足够的认识与重视。为更方便对今后隧道工程类似问题的借鉴参考，下文主要从使用功能与使用环境两方面对内装饰材料选择作一总结说明。

4 隧道内装饰材料的使用功能要求

隧道的使用功能是修建隧道的根本目的，也是隧道建设中考虑一切问题的出发点。因此对于隧道内装饰材料的选择，首先须满足隧道使用功能上的各种要求，其中主要是耐久性和安全性的要求。

4.1 耐久性

隧道是一种重要而又是永久性的交通设施，它不仅耗资巨大，而且一旦建成投入使用后，就很难进行改建或大修，因此隧道的设计和施工都必须从百年大计考虑，使它具有相当的耐久性。根据国外隧道的建设经验，隧道内装的使用寿命应该在20年以上。这就要求内装材料必须具有很好的耐久性，能长期保持材料功能特性，其中包括耐潮湿、耐腐蚀、耐老化、耐冲击等性能指标。

4.2 安全性

由于隧道是一种较长的管状建筑物，加之隧道内有效空间相对狭小，易堵塞，因此一旦发生安全交通事故，尤其是发生火灾时，很难进行消防救护工作。与此同时，现代公路隧道设计采用了较多的照明、通信及电力等配套设施，由此也带来了电器防火、电线电缆防火、发生火灾时的报警和扑救等一系列防火问题，因此隧道的安全问题不能不引起足够的注意。要确保隧道使用上的安全性，必须采取包括隧道断面设计、交通监控、消防设施等措施，其中也包括内装饰材料必须选用不燃材料（或采用少量阻燃型的自燃性材料），而且要求这些材料在火灾高温下不分解出大量的有毒气体和烟雾。同时，当内装背后设有各种电缆设备时，该内装材料不仅要选用不燃材料，而且要做成复合型隔热板，以确保火灾时能隔断高温，使电缆不致破坏。

5 隧道内装饰材料的使用对环境的要求

隧道作为永久性地下建筑物，有其特殊的使用环境，如洞内光线照明相对较暗、气温相对稳定、湿度相对较大、空气污染相对严重等。这些特殊使用环境的限制，对隧道内装饰材料的质量提出了严格的要求。其中由气温、湿度、污染等带来的内装饰材料耐老化、耐潮湿、耐腐蚀等性能要求皆可属于耐久性范畴，而对隧道内装饰材料的光学性要求，则属于严格意义上的使用环境要求。

要确保隧道的正常安全使用，须创造一个舒适而明亮的行车环境。一般而言，获得隧道内明亮的行车环境，除对照明光源及路面材料的反光性进行专门设计外，通过利用隧道内装饰材料来改善行车环境也是较为有效的方法。众多工程实践表明，侧墙部位的内装饰材料应采用浅色，使隧道有限的空间显得宽敞，而且表面光滑的浅色材料反射系数高，不仅能起到反射灯光、提高路面照度的作用，而且能加强车辆与侧墙之间在亮度上的反差，使驾驶员能看清前方来往车辆或其他障碍物的轮廓，从而确保行车的安全；顶部内装饰材料宜采用深色，将排风机、灯具、管道等杂乱的设施统一，使隧道美观、整体化，而且顶部由于通风的原因，污染较严重，采用深色材料也易被清洗。另一方面，隧道内装饰材料除达到照明的要求外，也需考虑不同视觉景观带来的舒适感。从行车舒适及人身安全的角度讲，隧道内装饰设计时应该采用平光或哑光材料，尽可能消除眩光的产生。

6 公路隧道内装饰材料推荐意见

隧道内装饰具体选用何种材料、何种方案，需视装饰标准、装饰目的、公路隧道等级或地理位置、材料来源及工程造价等具体条件选定。以装饰目的为例，装饰的目的一般可大致归纳为三点：(1)提高照明效果，保持良好的隧道内视觉环境；(2)统一和美化隧道墙面；(3)吸收隧道内的噪声，因此若内装饰主要为改善洞内视觉环境，则可选用光反射性较好的纤维混凝土板或搪瓷钢板，若主要为减弱隧道内噪声，则选用各种涂料效果较佳。又如以公路隧道等级或地理位置为出发点，则山岭公路隧道可选用防火性能较好、造价相对较低的涂料作为内装饰材料，而城市交通公路隧道多需与洞外建筑景观相协调且更多强调人性化，则可选用色彩较丰富的各种铝板、纤维混凝土板或搪瓷钢板；三四级公路上隧道工程可保持混凝土本色而不进行专门内装饰设计等。

根据前文国内外隧道内装饰材料选用基本要求，并结合我国建筑工业基本国情，通过相关的调查研究与分析，笔者认为以下三种材料（或其组合）在国内隧道内装饰中使用较多，类似隧道工程内装饰设计可优先考虑，而当在工程资金充足、景观要求高时则可考虑工艺相对复杂、装饰质量相对较高的纤维混凝土板、搪瓷钢板等其他装饰材料。

6.1 瓷砖

瓷砖虽是一种传统的建筑贴面材料，但由于它具有良好的耐酸碱腐蚀性能及不怕水、不怕火、表面光滑、容易清洁及装饰性好等优点，因此长时间以来一直被广泛用于建筑装修。对隧道内装饰而言，虽然瓷砖块面小，施工比较麻烦，施工不当易脱落，吸声性能较差，但由于其特性较适合隧道内装的要求，而且价格相对便宜，货源又充足，因此是较为理想的隧道内装饰材料。

6.2 防火隔热涂料

防火隔热涂料一般具有不怕火、不怕水、耐高温、耐老化等特性，并具有良好的吸声作用。隧道内喷涂一定厚度的防火涂料后，类似形成相应的保护涂层，当遇火、高温时，防火涂料能发生脱水成炭反应和熔融覆盖作用，隔绝空气，使有机物中的化学层避免氧化放热反应发生，从而使结构受力系统免遭破坏，也减轻了灾后的维修费用，缩短了工程维修时间。从建筑装饰角度而言，隧道顶部悬吊设备较多，同时也是作消声处理的理想位置。因此在隧道顶部喷涂深色的防火涂料，不仅能起到防火及消除噪声的作用，也能起到一定的装饰作用。

6.3 复合材料的铝板

从性能上讲，铝合金材质具有较好的耐腐蚀性，只需在其表面制作一定厚度的氧化膜或喷塑处理，即可在隧道环境中保持较长时间的耐久性，而且铝合金经过处理后，表面光滑，不易沾污易清洁，具有足够的抗弯强度，属于轻质材料。从原料和加工上讲，我国铝资源丰富，价格较为低廉，各种铝型材料加工工艺成熟，因此利用铝合金板材开发一些适合隧道内装饰用的防火复合板是切实可行的。

参 考 文 献

[1] 交通部公路司. 新理念公路设计指南[M]. 北京：人民交通出版社，2005.

[2] 胡晓红. 浅谈高等级公路隧道内饰景观[J]. 公路环境保护，2004(3)：150-153.

[3] 欧卫东. 隧道内装饰工程[J]. 公路，1994(9)：52-54.

[4] 刑禄坚. 公路隧道围壁装饰材料[J]. 地下工程与隧道，2006(2)：58-59.

[5] 倪建春，归小平，等. 浅谈防火涂料在隧道等地下工程中的应用[J]. 涂料工业，2003，33(5)：42-44.

混凝土曲线梁桥结构分析与设计

袁旭斌　王志亮　蔡晓明

（北京国道通公路设计研究院　北京　100053）

摘　要：近年来，随着高等级公路和城市立交桥的建设，曲线梁桥结构被广泛采用，尤其是在立交的匝道桥设计中应用最广，但由于设计不当导致施工和使用中发生问题也屡屡发生。本文结合京承高速公路某立交匝道上曲线梁桥的设计工作，对独柱式曲线梁桥的受力特性和设计中的主要问题进行了分析和论述。

关键词：曲线梁桥　支承类型　预偏心　预应力

0　引言

近年来，随着高等级公路和城市立交桥的建设，曲线梁桥结构被广泛采用，尤其是在立交的匝道桥设计中应用最广。受地形、线形等因素的限制，立交匝道桥多为宽度较窄的小半径曲线梁桥，桥墩一般采用独柱支承。这种桥梁结构形式在国内已十分普遍，但由于设计不当，导致施工和使用中问题也屡屡发生。本文结合京承高速公路某立交匝道上曲线梁桥的设计工作，对独柱式曲线梁桥的受力特性和设计中的主要问题进行了分析论述。

1　曲线梁桥计算理论

曲线梁桥的力学特性可以用符拉索夫微分方程表示：

$$\frac{EI_{\omega}}{R}w^{\mathrm{IV}}-\frac{EI_{x}+GI_{d}}{R}w''+EI_{\omega}\varphi''+\frac{EI_{x}}{R^{2}}\varphi=m_{z} \tag{1}$$

$$\left(EI_{x}+\frac{EI_{\omega}}{R^{2}}\right)w^{\mathrm{IV}}-\frac{GI_{d}}{R^{2}}w''+\frac{EI_{\omega}}{R}\varphi^{\mathrm{IV}}-\left(\frac{EI_{x}+GI_{d}}{R}\right)\varphi''=q+\frac{\partial m_{x}}{\partial z} \tag{2}$$

$$EI_{y}\left(v^{\mathrm{V}}+\frac{2}{R^{2}}v'''+\frac{1}{R^{4}}v'\right)=\frac{\partial q_{x}}{\partial z}-\frac{q_{z}}{R}-\frac{\partial^{2}m_{y}}{\partial z^{2}}-\frac{m_{y}}{R^{2}} \tag{3}$$

式中，仅横向位移 v 可由式(3)独立求解，而竖向位移 w 与扭转变位 φ 必须联立求解式(1)和式(2)才能得出，这就是曲线梁桥的“弯－扭”耦合作用。形象地解释，就是曲线梁在竖向力荷载作用下，梁截面内产生“弯矩”的同时必然伴随着产生扭矩，在产生扭矩的同时也伴随着产生弯矩，而竖向挠曲变形与扭转变形也相应地产生耦合效应。

2　混凝土曲线梁桥力学特性

基于“弯－扭耦合效应”，实际的混凝土曲线梁桥具有很多与直梁桥不同的力学特性。下面着重就设计中的几个主要问题进行讨论。

2.1　自重作用下的受力特点

由于“弯－扭”耦合效应，在自重这一分布竖向荷载作用下，曲线梁桥主梁内同时产生竖向弯矩和扭矩，其中扭矩使主梁向曲线外侧扭转。当主梁受径向多点支承时，外侧支反力增大，而内侧支反力减小甚至可能支承脱空。另外，曲线梁桥恒载分布一般总是在曲线外侧大于曲线内侧，尤其当主梁曲率半径较小时差别更大，这增大了曲线梁向外侧扭转的趋势。

2.2 纵向预应力的作用

曲线梁桥中纵向预应力的次内力效应不可忽视。所谓次内力是相对于主内力而言，次内力是由主内力引起的结构变形在结构多余约束处产生的约束力引起的结构附加内力。

在直梁桥中，预应力一般为对称布置，预应力主内力仅为轴向力和预应力绕截面重心轴产生的弯矩。而对于曲线梁桥，预应力主内力除轴力和竖向弯矩外，还有预应力径向力绕主梁截面剪切中心引起的扭矩（图1）。由于纵向预应力束的配置首先是为满足竖弯的要求，相应的预应力束位于主梁底部的区段远大于位于主梁顶部的区段，因此混凝土曲线梁中预应力产生的总扭矩使主梁向曲线外侧翻转的趋势进一步加大。

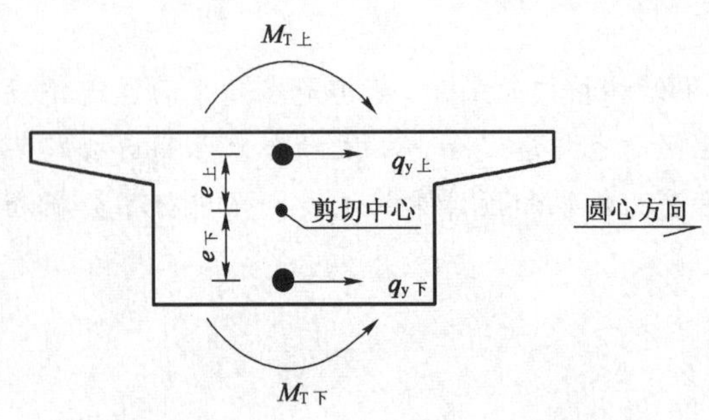

图1 预应力径向力对主梁产生扭矩示意图

预应力的次内力与结构的约束条件密切相关。对多跨连续曲线梁桥，预应力的次内力与墩台对主梁的支承形式有关。比如，当墩梁间铰接时，墩顶对主梁水平变位的约束在主梁内产生较大的横向弯矩次内力；当墩梁固接时，桥墩对主梁扭转的约束还将产生扭矩次内力，在桥台处一般设置多支座抗扭支承的情况下，扭矩次内力显然又引起支反力发生变化。支承刚度对预应力次内力的影响十分显著，桥墩越矮，截面尺寸越大，预应力次内力越大。

2.3 支承布置

支承形式对曲线梁桥受力具有显著的影响，由于支承体系选择不当造成曲线桥破坏的事故时有发生。曲线梁桥的支承布置主要考虑自重、预应力和活载偏载等因素产生的组合扭矩作用，并能够有效限制箱梁的温度爬移现象。根据结构受力特点划分，曲线梁桥采用的支承方式一般有：

(1)桥台或墩盖梁处采用两点或多点支座支承，这种支承方式可有效地提高主梁的横向抗扭性能，保证其横向稳定性。

(2)在曲线梁桥的中墩支承处可采用的支承形式很多，应根据其结构形式、曲率半径、跨径布置、墩柱刚度及预应力钢束作用力的不同来合理选用支承方式：

①对于曲率半径较小的窄幅曲线梁桥(约桥宽 $B\leqslant12$m)，上部采用抗扭刚度较大的箱梁结构时，中间支承一般采用独柱墩。当墩顶与主梁间采用铰接时，即为图2a)表示的模式。这种布置形式中间墩仅对主梁其竖向起到支承作用，上部结构的全长即为受扭跨度，这将在大跨度小半径的曲线梁内造成过大扭矩，甚至控制配筋设计。为了达到梁内扭矩重分布，比较有效的方法是通过将中间墩设置为抗扭支承(如双柱墩或Y形墩)以缩短扭跨(图2b)，达到扭矩重分布的目的。另一种常见的方法是使中间支承向曲线梁外侧偏移一定距离(图2d))，相当于偏心支承对主梁施加一集中扭矩，使扭矩峰值降低。

②对于较宽的曲线梁桥(约桥宽 $B>12$m)，中墩一般采用多柱式或宽柱上多点支承，这种支承形式对主梁可提供较大的扭转约束(图2c)。当独柱墩较高较柔时，也可采用墩梁固接形式，此时墩柱对主梁扭转变形有一定约束，其支承布置形式也属于图2c)表示的模式。

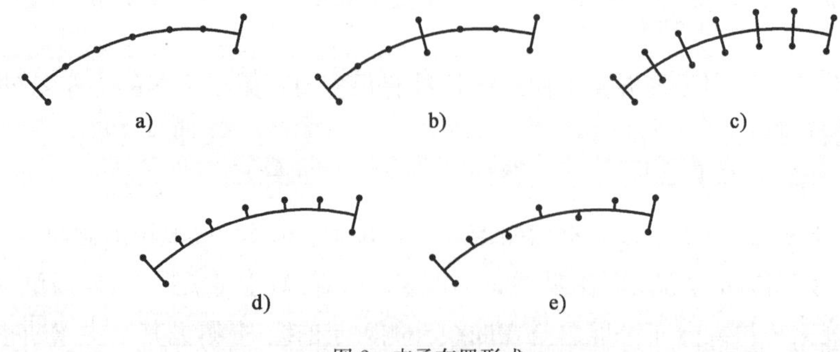

图2 支承布置形式

③当温度变化引起的支座处水平约束力超过支座极限摩阻力时，即发生箱梁相对支座的滑移，同时温变约束力得以部分释放。在温度反复变化下，箱梁相对于支座的滑移不断累积，对结构受力和安全极为不利。支撑形式对箱梁的温度爬移现象有很大影响，概括来说，墩柱对箱梁的变形约束越大，支撑处的温度约束力越大，则发生温度爬移的可能性越大。为减小和避免温度爬移，梁端部支撑可放松纵桥向约束，且墩柱刚度也不宜过大。若温变约束力仍超过支座摩阻力，还可采用固定支座或墩梁固接等形式。

2.4 墩柱偏心的设置

为了减小独柱式曲线梁桥的主梁扭矩峰值，往往采用设置墩柱偏心的方法。相关文献提出最小偏心法和一致偏心法计算偏心值，但最小偏心法所构造泛函的理论依据值得商榷，而一致偏心法对所有墩柱取同样的偏心值也不尽合理。目前，偏心值的设计仍主要通过空间程序试算和依靠经验。需要注意的是，偏心值的设置是以减小各因素产生的总扭矩的峰值为目标。因此，计算偏心值时应依据扭矩包络图取值。前面已经提到，纵向预应力在曲线梁中产生很大的扭矩，进而对确定偏心值有很大影响，而墩柱偏心对主梁竖弯影响可以忽略，因此设计时应先根据主梁竖弯需要布置好纵桥向预应力后再调整墩柱偏心。

3 某立交匝道桥受力分析

3.1 工程概况

北庄立交B匝道桥为预应力混凝土连续箱梁桥，梁高1.6m，梁宽8.2m，为单箱单室截面，跨径布置为(20+27+27+20+20)m(图3)。全桥处于缓和曲线上，曲率半径最小仅为60m，最大为150m，全桥偏转角为72.8°。

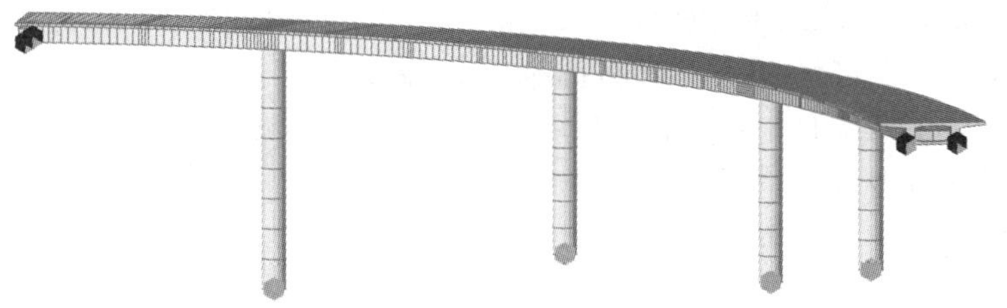

图3 北庄立交B匝道桥结构模型

由于主梁较窄，因此下部采用圆截面独柱墩，桥台处设双支座抗扭支承。为避免梁体相对墩柱支承的爬移导致扭转累积变形难以恢复，设计时考虑采用墩梁固接或设置固定支座。本桥墩高8.7～15.5m，在较高桥墩处采用墩梁固接形式较为适宜，而在较矮一侧桥墩处则会导致较大的约束次内力，于墩梁受力都不利。为统一构造形式，最后选择设置固定盆式支座。

3.2 受力分析

3.2.1 主梁竖弯与预应力束配置

德国学者莱昂哈特研究指出，当曲线梁桥单跨圆心桥在50°以下时，截面的纵向弯矩可足够精确地取跨径为$L=R\cdot\varphi_0$的直线梁进行计算。本桥单跨对应圆心角最大为20.58°，因此采用了平面杆系有限元程序设计纵向预应力束，并采用空间有限元程序进行了校核。

3.2.2 主梁扭转与墩柱偏心设置

采用空间有限元分析了该桥在自重、预应力等荷载作用下的扭矩和扭转。当不设墩柱偏心时，自重作用下主梁的扭转变形使桥台处双支座反力产生一定偏差，内侧支反力偏小，外侧支反力偏大。而施加预应力更加大了主梁扭转和桥台支反力的不平衡，分析表明0号台内侧支座甚至已经脱空。因此，采用设置墩柱偏心的方法改善主梁扭矩和桥台支反力。本桥中采用试算的方法调整墩柱偏心值，由于墩柱偏心主要对其相邻两跨内的扭矩值影响较大，因此反复试算几次即可达到较合理的偏心值。由于本桥处于缓和曲线段，各中墩的偏心值也随着曲率半径的增大而逐渐减小。计算表明1～4号墩偏心值分别取40cm、38cm、25cm、18cm时，主梁内扭矩达到较理想的正负交替分布，且峰值达到最小。在成桥状态下，两侧桥台支反力分配较平均，且在最不利荷载组合下，0号台内侧支座最小保持27t压力。各工况下设置墩柱偏心与否的支反力比较见表1。当然，墩柱偏心值过大也对结构安全带来不利，本桥最后采用的1～4号墩偏心值为30cm、30cm、25cm、12cm，并在2号桥墩上设置双支座抗扭支承以减小梁内扭矩。

设置墩柱偏心与否的支反力比较(单位:kN) 表1

			自　重	张拉预应力	加二期恒载
不设偏心	0号台	内侧	487.5	−219.3	0.3
		外侧	530.3	1626.5	1799.6
	5号台	内侧	556.0	71.7	319.4
		外侧	571.5	1395.9	1588.6
设置偏心	0号台	内侧	1003.8	1196.8	727.5
		外侧	69.0	263.5	1143.7
	5号台	内侧	943.6	446.3	875.2
		外侧	202.9	1043.1	1059.6

3.2.3 温度、预应力次内力

由于本桥各中间墩都采用固定盆式支座，在温度、预应力等的作用下，桥墩对主梁变形的约束必然引起次内力。次内力的大小与墩柱刚度和墩梁连接形式有很大关系。以横向弯矩次内力为例，假设各中间墩对主梁仅有竖向支承，墩梁在水平方向无约束(模拟双向滑动支座)，则横向弯矩次内力为零。若直接对主梁各支承点施加铰支承(模拟固定盆式支座但忽略桥墩)，则计算出的横向弯矩次内力过大。对本桥的分析是以包括墩梁的空间有限元模型上进行的，计算表明，整体升降温30℃产生的横向弯曲应力达0.7MPa，而预应力的横向弯矩次内力导致主梁截面内外侧压应力差达0.4MPa，配置预应力束并进行抗裂性验算时，应当考虑因此引起的主梁内外侧应力差别。

4 结语

本文对曲线梁桥设计中的几个主要问题进行了分析。混凝土曲线梁由于弯—扭耦合效应在自重作用下同时具有竖向弯矩和扭矩，扭矩使主梁有向外侧翻转的趋势，而纵向预应力产生的扭矩更增大了这一趋势。对独柱式中间墩的曲线梁可设置墩柱偏心值予以调整扭矩分布和抗扭支承处反力。曲线梁计算分析应恰当地模拟墩柱支承，才能较准确地分析温度力、预应力次内力等与约束条件有密切关系的荷载效应。总之，曲线梁桥由于其结构受力的特殊性，较同等跨径的直梁桥要复杂得多，因此在进行设计和计算时应引起足够的重视。

参考文献

[1] 邵容光，夏淦. 混凝土弯梁桥[M]. 北京：人民交通出版社，1996.
[2] 范立础. 桥梁工程[M]. 北京：人民交通出版社，1996.
[3] 何维利. 独柱支承的曲线梁桥设计[M]. 中国土木工程学会桥梁及结构工程分会第十四届年会论文集，2007.
[4] 黄剑源，谢旭. 城市高架桥的结构理论与计算方法[M]. 北京：科学出版社，2001.
[5] 苏继宏，周军生. 曲线梁桥支座偏心计算浅析[J]. 公路，2006.08.

连续刚构桥底板防崩问题分析

李健刚　张俊波

（北京市市政工程设计研究总院　北京　100082）

摘　要：本文通过对连续刚构桥底板预应力束设置防崩钢筋的对比分析，初步探讨了防崩钢筋的作用及其影响因素，为曲线预应力钢束的局部防崩问题设计提出了建议和参考。

关键词：连续刚构桥　曲线预应力束　防崩钢筋

1　工程概述

对于曲线预应力，防崩问题是一个不易被忽视的问题。对于桥梁结构而言，特别是对于变截面桥梁和曲线桥梁，防崩问题比较突出。由于曲率的存在，钢束曲线内侧会产生一定的径向力，而这个径向力也正是我们通常需要注意的防崩问题的原因所在。

先看看径向力的计算公式：

$$Q=\frac{P}{R}-\frac{P\times h''/r}{R+h} \tag{1}$$

式中：Q——径向力；

P——端部张拉力；

r——曲率半径；

h——横截面重心至钢束中心的径向距离。

一般情况下，第二项的值相对都比较小，可以忽略，则径向力的计算就可以简化为：

$$Q=P/R \tag{2}$$

从径向力的近似计算公式来看，要减小径向力，无非是减小张拉力和增大曲率半径。但是，在多数情况下，如变截面连梁或是曲线梁桥，其曲率半径一般会因路线及梁高等各种因素而事先已经确定；而对于张拉力，钢束的丝数确定后，其张拉力也成为了定值。如果在径向力作用下混凝土保护层足够厚，基本上不会出现混凝土崩裂的情况。如果混凝土保护层不够厚，且防崩处理做得不够充分的话，钢束曲线内侧的混凝土就很有可能在径向力的作用下产生崩裂。在实际工程中，由于钢束径向力作用而发生崩裂的情况也时有发生。如何有效地防止此类问题，还需要工程人员不断进行总结分析。

在设计中经常会遇到变截面悬浇结构，其底板一般取抛物线线形，这就存在一定的曲率。同时对于悬臂浇筑这种情况，由于每个节段的底部模板一般都是采用直线连接的，而底板钢束也都是贴着底板底部进行布置的，故底板束在连接段折点处的曲率半径又会有所减小，在某些特殊情况下还可能出现折点的情况，这样就会给接缝处底板钢束的防崩问题带来麻烦。因此，对于变截面悬浇结构而言，其分段长度在折点处对曲率半径的控制有一定的影响，设计时应综合考虑各种因素后，合理划分节段长度。

2　工程实例分析

京承高速公路（密云沙峪沟—市界段）某刚构桥跨径为（75＋120＋75）m，其悬浇节段长度划分为 3～3.5m，合拢段长度为 2m，底板束采用的是 15-Φ^{s}15.24 的高强度低松弛钢绞线，底板厚度由跨中的 25cm 变化到根部的 90cm，底板钢束横向间距为 20cm，钢束离底板底缘为 12cm，张拉控制应力取值为 1 302MPa。

现对如下几种情况作简要分析:

(1)在底板钢束作用下,在没有防崩钢筋和有防崩钢筋作用时混凝土受力的差异情况;

(2)在有防崩钢筋作用时,在不同厚度的保护层下,混凝土及钢筋的受力情况差异;

(3)跨中附近截面底板在全部底板束径向力作用下的受力情况。

对于钢束的防崩问题,实际上是一个局部问题分析。对于情况(1)和情况(2),先将模型简化为仅在单束钢束作用下,构件局部应力情况。根据截面尺寸,取底板厚25cm,横向宽度在比较后按2m考虑,两端固接。对于情况(3),考虑钢束整体效应,梁底按结构实际尺寸建模,仅在腹板中部固接。

相对而言,底板曲线曲率半径都较大,但是在节段相接处其曲率半径将会有所减小,现根据底板曲线在离跨中截面1m处的曲率半径约为140m,即理论上最小半径可能发生点进行分析。对于情况(1)和情况(2),为了将单束效应反映得比较明显,并综合各项因素考虑后,将节段连接处的底板钢束曲率半径调小到10m计算。忽略主梁轴力的影响,钢束的局部受力可以近似简化为平面应变问题来求解。

情况(1)下的计算模型如图1所示。

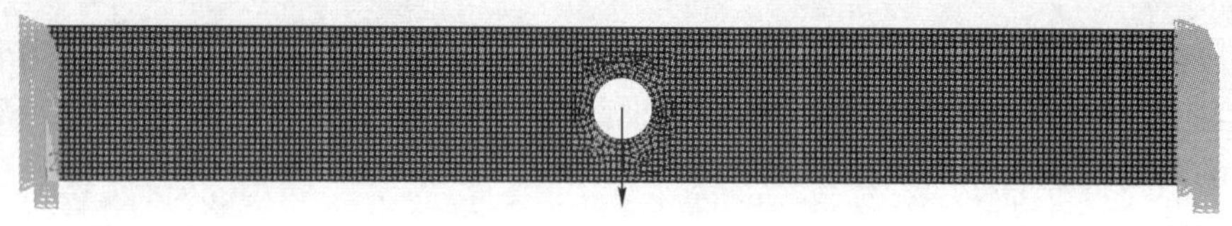

图1 计算模型

径向力由近似公式(2)可以计算得到271.47kN/m,钢束中心至底板底缘为12cm。在没有防崩钢筋作用时的局部计算结果如图2、图3所示。

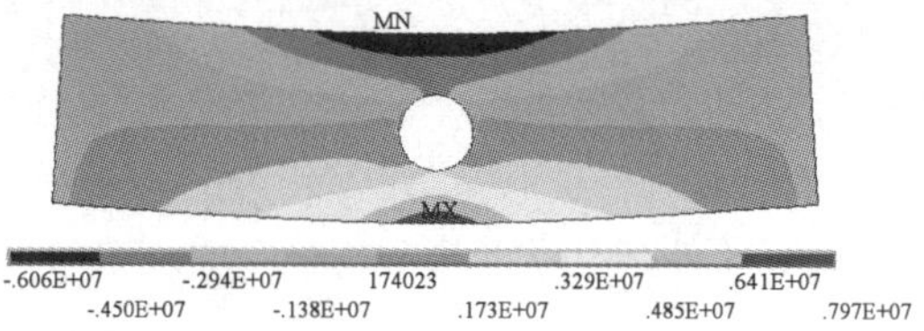

图2 X轴方向应力(单位:Pa)

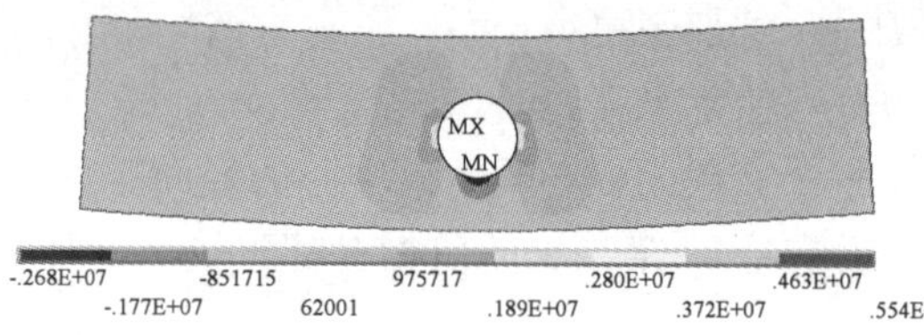

图3 Y轴方向应力(单位:Pa)

从图2、图3素混凝土模型计算结果可以看出:在钢束径向力作用下,混凝土下表面X轴方向拉应力达到了7.97MPa;同时,从Y轴方向应力情况可以看出,在孔道两侧的拉应力也达到了5.54MPa,说明钢束孔道两侧在该拉应力作用下,会产生裂缝。正是这些裂缝可以将钢束的径向力传递给防崩钢筋,缓解了混凝土下表面的拉应力,进而增强结构的耐久性。

当有防崩钢筋作用时,防崩钢筋在计算时按每延米4根的量计算,即8支,钢筋直径取12mm,即每延米防崩钢筋面积为904.8mm^2。

当有防崩钢筋作用时,为了使防崩钢筋充分受力,同时根据素混凝土结果,特在钢束孔道两侧模拟一定长度的裂缝。其计算结果如图4、图5所示。

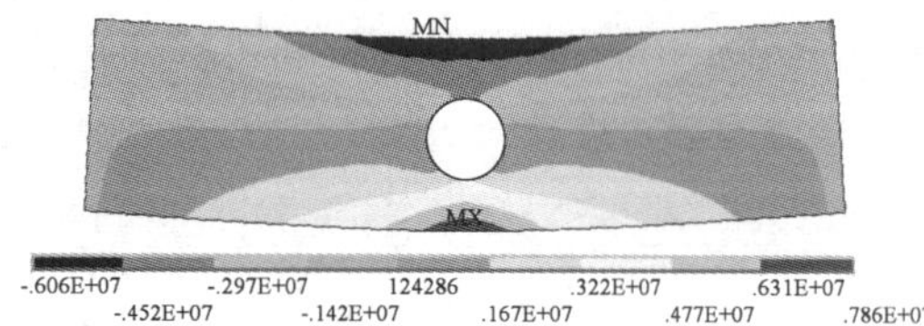

图4 X方向应力(单位:Pa)

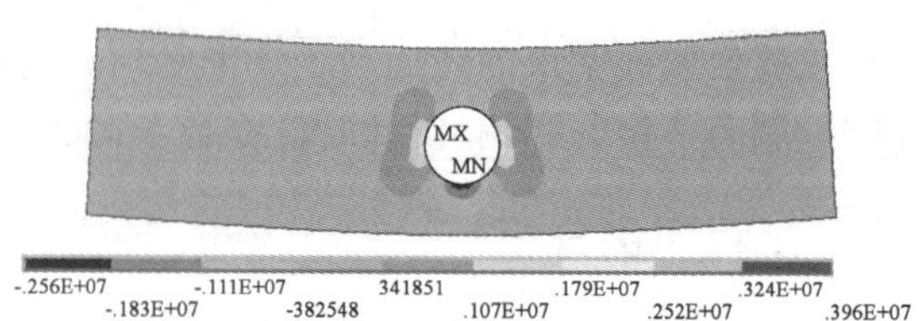

图5 Y方向应力(单位:Pa)

对于情况(2),将曲线内侧保护层厚度减少或增大3cm来与情况(1)的计算结果进行对比,其对比结果详见表1。

应力结果对比表 表 1

	素混凝土模型	带防崩钢筋模型		
钢束中心距底缘	12cm	9cm	12cm	15cm
顶部顶缘应力	−6.060	−5.85	−6.060	−8.870
底部底缘应力	7.970	9.32	7.860	7.240
钢束孔道两侧应力	5.540	5.27	3.960	3.410
防崩钢筋应力	—	30.3	21.700	19.400

注:负号表示压应力,正号表示拉应力,应力单位为 MPa。

从表 1 中可以看出,由于没有完全模拟混凝土拉应力超过极限抗拉强度所产生的裂缝,防崩钢筋计算应力均不是很大。在实际情况中,钢筋混凝土结构是带裂缝工作的,防崩钢筋在孔道两侧的应力将会随着裂缝的发展情况而变化。同时,混凝土保护层厚度对钢束曲线内侧底缘和孔道两侧的拉应力影响较大,当混凝土保护层厚度很小时,钢束孔道两侧及底缘应力会明显增大。所以,保证钢束曲线内侧混凝土保护层厚度,对改善局部受力非常关键。

对于情况(3),由于底板钢束较多,钢束在底板的曲率半径对于底板横向受力影响较大,考虑施工误差等原因造成的曲率半径变小及其曲率半径不均匀等因素的影响,现将曲率半径按 50m 进行计算(图 6),则此时的每束径向力近似计算为 54.3kN/m。

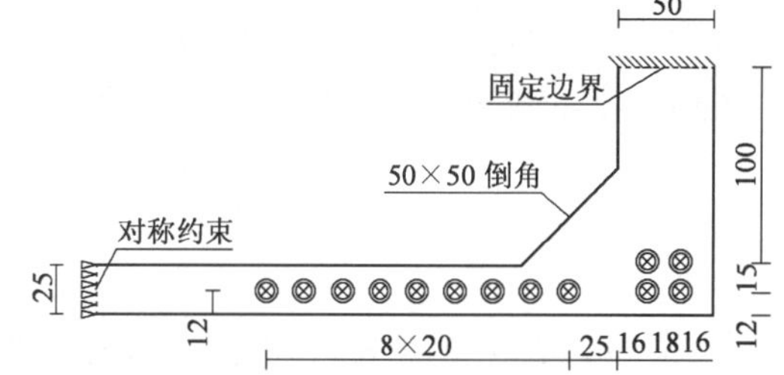

图 6 模型尺寸及其边界简化(尺寸单位:cm)

横向及竖向应力云图如图 7 所示。

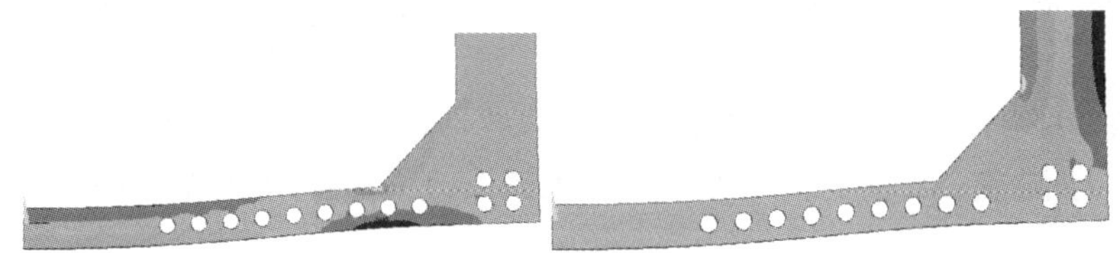
图 7 横向及竖向应力云图

底板底缘应力如图 8 所示。

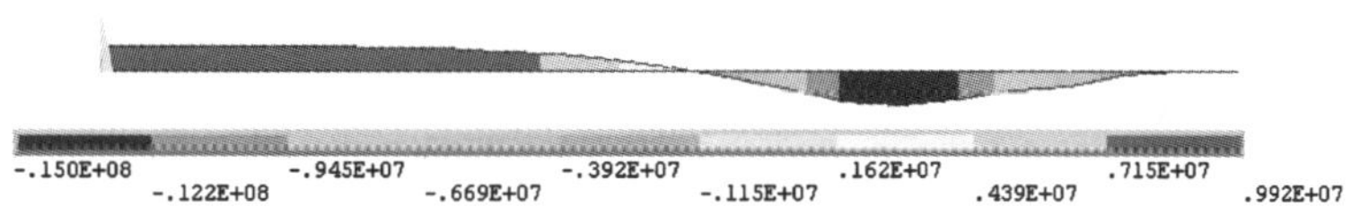

图 8 底板底缘应力图

从图中可以看出,在底板钢束作用下,倒角处出现了比较明显的应力集中现象,故倒角钢筋在设计时,应该适当加强。从底板底缘应力图可以看出,箱梁底板受力跟框架受力类似,跨中受正弯矩,靠近腹板处受负弯矩作用。故箱梁在底板钢束作用下的拉应力就基本上集中在了三个地方,分别在倒角处、底板横向跨中下缘和钢束孔道两侧壁中部。但是这三处拉应力情况也各有特点,在倒角处的应力集中明显,区域小,扩散快;孔道两侧拉应力与前面结果一致;而底板横向应力却没有像先前的模型结果一样,而更多地是表现出了结构的整体性。所以在底板部束时,应该尽量将钢束布置在靠近腹板的地方,从而可以有效地缓解底板跨中下缘的应力。通过上述结果验算配筋,满足要求。

3 结语

从上述分析可以看出,对于小半径曲线钢束,在曲线内侧保护层不够厚的情况下,设置防崩钢筋是十分有必要的;但是仅靠防崩钢筋并不能完全解决混凝土局部崩裂问题,防崩钢筋仅能有效限制钢束孔道两侧混凝土裂缝开展，防止钢束曲线内侧混凝土剥离而破坏，同时少量缓解钢束曲线内侧边缘混凝土的拉应力。

在设置防崩钢筋时，如下问题也值得注意：

(1)对于曲线钢束内侧混凝土保护层厚度，在施工时一定要保证。

(2)防崩钢筋在曲线钢束内侧一定要贴合紧密，同时其锚固端一定要有合理的锚固长度，防止防崩效果不佳。

(3)对于变截面梁底板这类结构，由于结构较薄，其底板钢束存在径向力问题，通过防崩钢筋与勾筋结合使用来解决是很有必要的，因为勾筋能够更好地让结构顶、底面钢筋网共同作用，对于防崩裂问题也是很有帮助的。

(4)底板钢束应该尽量靠近腹板布置，这样既可以减小倒角处的应力集中情况，又可以减小底板横向跨中下缘的拉应力。

(5)对于曲线梁和变截面梁，适当增加中横隔板，可以增强横向刚度，改善钢束的防崩效果。

(6)应尽量减小合拢时的高差，防止跨中钢束出现折点。

(7)在施工方面，还应该严格按照设计要求进行钢束曲线半径设置，防止钢束出现折点；同时在张拉钢束时，也应保证混凝土强度满足要求，防止混凝土强度不够就进行钢束的张拉等。

参考文献

[1] 孙广华.曲线梁桥计算[M].北京：人民交通出版社，1997.

[2] 邵容光.混凝土弯梁桥[M].北京：人民交通出版社，1994.

[3] 姚玲森.曲线梁[M].北京：人民交通出版社，1989.

[4] 朱汉华，陈孟冲，袁迎捷.预应力混凝土连续箱梁桥裂缝分析与防治[M].北京：人民交通出版社，2006.

[5] 包立新，杨广来，杨文军.对连续刚构桥底板开裂问题的探讨[J].公路，2004(8)：39-41.

[6] 潘钻峰，吕志涛.大跨度连续刚构桥主跨底板合龙预应力束的空间效应研究[J].世界桥梁，2006(4)：36-39.

[7] 王波，谢肖礼，徐丰，张海龙.连续刚构桥中跨箱梁底板混凝土局部崩裂分析与加固[J].施工技术，2007(8)：48-50.

山区桥梁基础的设计与研究

王 航

（北京市市政工程设计研究总院 北京 100082）

摘 要：本文就山区桥梁常常需要在山坡上设置墩台的情况，详细论述了如何对不利的地理地质条件进行有效避让、如何选择与地理地质、水文条件相适应的基础形式，对山区桥梁经常遇到的地质地理条件提出了相应的基础解决方案和设计注意事项。

关键词：山区桥梁 山坡上设置墩台 扩大基础 桩基础

山区桥梁最重要的特点在于基础条件的复杂，在山坡上设置墩台是必不可免的。设计中应对山坡承受墩台后是否会引起山坡下滑危及墩台稳定的可能性、周围的水文地质情况是否会引起山体滑坡等均需作仔细的分析研究。

在山坡上设置墩台是桥梁设计的一大难题，切勿轻视。2004 年 9 月成温邛公路三渡水大桥垮塌，就是由于河床变迁、墩台基础埋置深度不足等原因最终造成三跨新、旧桥梁全面垮塌。2001 年建成的火宣复线跨越麻风圩的竹丝港特大桥，2002 年秋检时发现 17 号墩纵移 9cm，这种纵移就是由于墩位周围土体的改变而发生的土体改变使得 17 号墩桩基周围土体连带桩基一起发生纵向偏移，幸好发现及时，没有造成事故。由于地基失效造成桥梁失败的例子举不胜举，因此基础的设计不仅要考虑所在基底山坡的土质状况、墩台荷载的大小，而且还与周围地质构造、基底以下坡体和基底以上墩台身侧面山坡的稳定性、当地降雨量的多少以及墩台施工方法是否会扰动山坡现状等因素密切相关。

1 墩台基础位置的确定和形式的选择

要想确定墩台基础的合理位置，在桥梁分孔时就要充分考虑基础位置处的地质、边坡和水文条件是否适合，若能通过改变桥梁分孔躲开不利的地质，使墩台位置远离山坡坡面是设计中应该首选的方案。仅当特殊困难、迫不得已时，方可考虑在山坡上设置墩台。

目前由于人们越来越重视环境的因素，山区公路在高填方段，即使没有被交物的限制，也往往选择设置桥梁。在这种情况下桥梁选择统一的标准跨径应该无可非议，但是山区中复杂的地质、水文条件就成为制约桥梁分孔的一个重要因素。笔者设计的京承高速公路山区清水河 1 号桥右线，7～23 号墩段，没有被交物的限制，在初设阶段选择了 13×30m 的标准跨径。但当施工图阶段，桥位处的详勘报告显示，14、15 号墩位处岩体节理很发育，完整性很差，需要首先清除上部开裂不稳的岩体，对下部较大的裂隙进行灌浆处理，而且对东侧下部岩体进行预应力锚索加固处理。针对这种地质情况，将原标准跨径修改为 3×35＋(40＋55＋40)＋3×35。虽然新的跨径增加了上部结构的工作量和投资，但是与处理 14、15 号墩处的基础所花费的代价和所承担的风险却是非常值得的。

山区桥梁的基础仍然有扩大基础和桩基两种形式。山区一般地质情况较好，采用扩大基础的情况相对较多。通常情况下若在地基土一定深度内地基承载力满足设计要求，往往采用扩大基础。但是扩大基础的缺点在于开挖面较大，不利于环境保护的要求；同时由于山区地面纵横向坡度往往较陡，如采用扩大基础，两侧基础埋深相差很大，易引起基底受力不均匀。因此，从施工难易程度、结构安全性、工程造价和环境保护等方面综合考虑，可采用桩基础。

2 扩大基础的位置和形式

2.1 基础位置

(1)墩台基础置于砂土、碎石土山坡上时的安全位置：

墩台基础置于砂土、碎石土山坡上时，基础底面前缘靠近山坡坡面的安全位置 a 可按图 1 确定。

自山坡低凹点 O 处作一根水平线和一根与该水平线构成夹角为 ϕ 的斜线 O-O，（ϕ 为由地质情况决定的基坑边坡开挖稳定角度，也就是说 O-O 线以上的土体是不稳定的），基础底面的水平线与 O-O 线交于 P 点处，基础底面前缘至 P 点的距离应不小于 a，通常 a 取 2～3m，视基础底面压应力的大小而定，同时基底最大压应力需要满足 $\sigma_{max} \leqslant [\sigma]$ 的条件，其中 $[\sigma]$ 为基础底面处的地基容许承载力。

墩台基础置于黏性土山坡上时，除应满足上列要求外还应检算土坡的滑动稳定性。

不论墩台基础是置于砂土、碎石土山坡上还是置于黏性土山坡上，均应慎重对待，最好先对山坡设置挡土墙（图 2），然后设置墩台，并对山坡坡面采取浆砌片石铺面，保证安全。

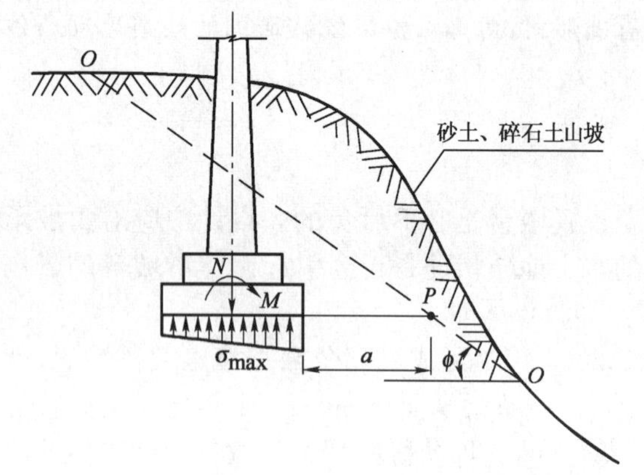

图 1　土质山坡基础底面前缘的安全距离

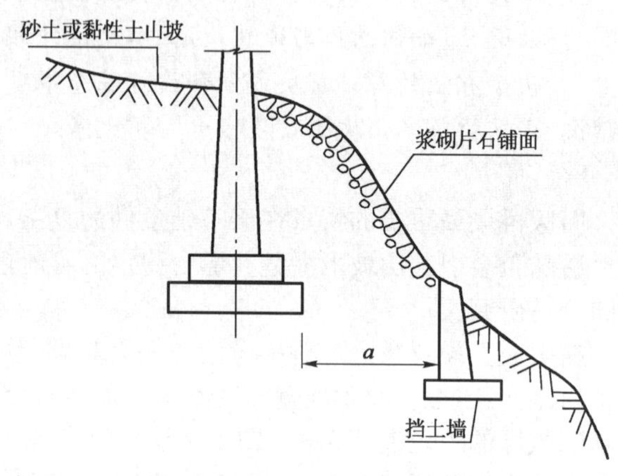

图 2　山坡护砌

(2)墩台基础嵌于岩石山坡的新鲜基岩内时的安全位置：

墩台基础嵌于岩石山坡的新鲜基岩内时，基础底面前缘靠近山坡的安全位置可根据图 3 所示基础底面前缘至山坡岩面的水平距离 a 确定：当山坡为软质岩时，a 不得小于 2～3.5m；当山坡为硬质岩时，a 不得小于 1～2m。a 值随节理发育程度、岩石饱和单轴抗压极限强度、岩层走向而定。

值得注意的是，当墩台基础置于岩石山坡上时，应详尽了解山坡岩石层理的倾斜方向，只有对于图 3 所示的岩石层理倾斜方向的山坡，墩台基础底面前缘至山坡岩面的水平距离 a 方可参考上面所述的值来确定，而对于图 4 所示的岩石层理倾斜方向的山坡，墩台基础底面不宜置于此岩石山坡上，以防山坡的岩层由于承受较大的竖向压力，沿岩石层理倾斜方向发生向前的剪切滑动，从而导致墩台基础不稳定。迫不得已时应根据具体情况（基础底面竖向压应力的大小、山坡岩石层理倾斜坡度的大小、岩石的类别、构造和强度等）详细计算，采取有效措施，比如加大墩台基础底面前缘至山坡岩面的距离 a，且加大基础底面的面积，以降低基础底面的竖向压应力；或者对基础周围足够范围内的岩石植入一定间距的锚筋，以提高岩层和基础的稳定性。

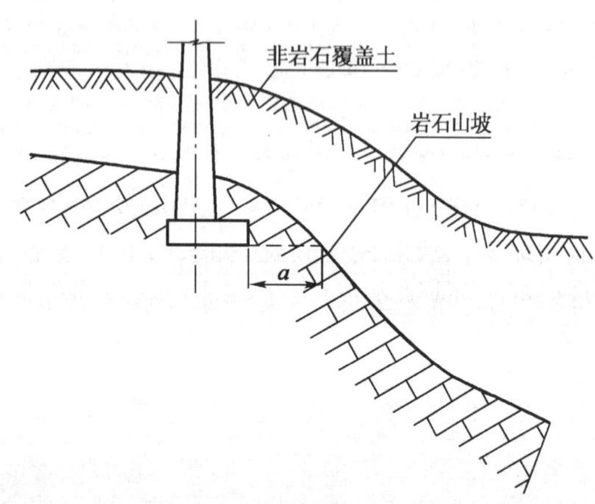

图 3　岩石山坡基础前缘的安全距离

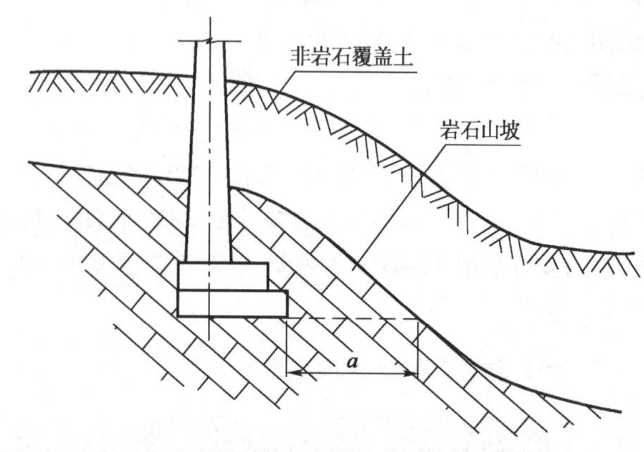

图 4　需要采取处理措施的岩石基础

(3)墩台基础置于山坡的风化岩上时的安全位置：

墩台基础置于山坡的风化岩上时，应根据岩层的风化程度，参照前面所述基础置于非岩石土山坡情况，确定基础底面前缘距离山坡面的安全位置。

2.2 基础形式

对于基础建于岩石陡坡上时，在验算承载力满足要求的情况下应考虑扩大基础，且宜采用分离式扩大基础。因为分离式扩大基础适应地形横坡。扩大基础可以依照所在的地势采用台阶型，具体要求为：

(1)一般梁式桥的墩台建于节理不发育或节理较发育的硬质岩石陡坡上时，为了减少岩石开挖量和节省墩台材料，可将墩台身的底面做成台阶形，不设基础。注意墩台身底面每一台阶的长度应不小于1m，高度不大于1m。

(2)一般梁式桥的墩台建于节理较发育的软质岩石陡坡上时，为了减少岩石开挖量，可将墩台身的底面做成台阶形，并设置台阶形扩大基础，以降低岩石承受的压应力。注意基础底面每一台阶的长度应不小于1.5m，高度不大于1m。

有时基础处于纵桥向和横桥向双向倾斜的硬质基岩上，可考虑纵横向均设置台阶形基础底面，但是这样会给施工带来一些困难。笔者在进行京承高速公路三期设计的过程中就遇到过这样的情况，为了减少施工的难度，尽量在纵横向之间取更合适的一个方向设置台阶。

3 桩基础的形式

山区桥梁的桩基础大多与通常情况下桥梁的桩基础相同，可采用摩擦桩和端承桩，其特殊性在于所在地形地势的高低起伏，这就决定了山区桥梁桩基础还具有以下特点：

(1)多用高桩承台。当桩基础不可避免的位于山坡上，如图5所示，为了减少开挖，往往采用高桩承台。

(2)承台半倚半支的基础形式，如图6所示，桩基承台板的一部分置放在岩石上，另一部分支承于柱桩上。应该说这不是一种很好的桩基形式。若因地形所限，必须采用这种形式的桩基时，其承台板与岩石的接触处，如何处理很难把握：若用钢筋连接起来，会使承台板和岩石之间形成钢性连接，约束了承台板的转动，对承台板受力不利；若两者间采用铰连接，又会使其连接的构造复杂起来，而且连接处的防水也比较困难。总之，这种结构体系的受力不是很明确，在采用这种桩基时特别要注意桩基截面不宜太小，桩长不宜太长，尽可能地降低桩与岩石地基的刚度差值。

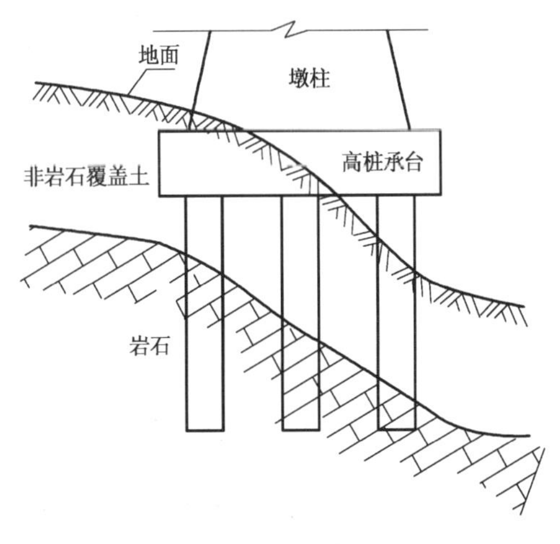

图5 高桩承台

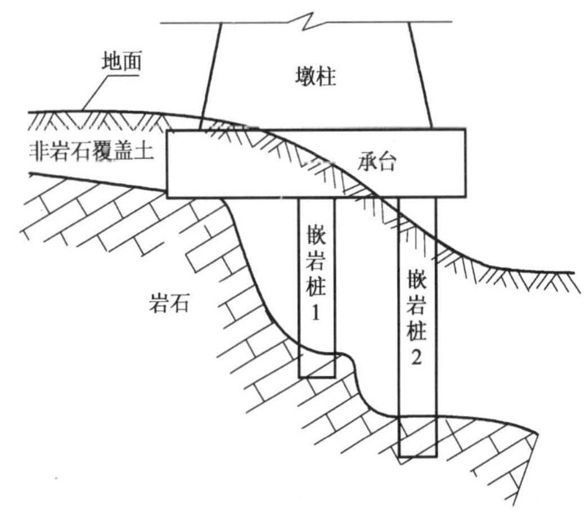

图6 半倚半支的基础形式

(3)同一基础各桩不等长。《公路桥涵地基与基础设计规范》(JTG D63—2007)5.1.5条规定同一桩基中，除特殊设计外，不宜采用端承深度相差过大的桩。但是山区桥梁常常由于基础位置处岩层高低起伏较大，有时不得不采用同一承台下不等长桩，应将它与通常的桩基形式进行技术上和经济上的全面比较，权衡利弊，慎重选择。

4 设计注意事项

(1)同一断面处要整体考虑。对于左右墩柱高差大的桥墩,应保证相同高程处墩柱截面尺寸的一致,其余部分加大截面尺寸,以平衡墩柱刚度差别大给上部构造带来的变形不协调影响。如果一联内既有扩大基础又有桩基础,为控制墩台的不均匀沉降,要求扩大基础置于强度在弱风化以上的岩石上。

(2)对于整幅的横断面、基础左右分做的情况,左右两个基础存在相互干扰的问题,若两侧存在过大的高差,一侧的开挖会造成另一侧基础落空,是设计中需要避免的。

(3)底面台阶式扩大基础底面需清理干净并保持表面粗糙,适当做出倒坡,并在基岩中植入锚筋,保证基础与持力层岩层之间连接完好,不会发生滑动。

(4)下述几种情况不适合做台阶型基础:

①基础底面下为极软岩(饱和单轴抗压极限强度小于 5MPa)或风化严重者;

②岩层具有可能引起顺层滑动的节理;

③基础下附近存在裂缝、断层、溶洞等不良地质构造;

④墩台承受顺台阶的下降方向较大水平推力,如台后填土较高的埋式桥台。

(5)山区桥梁常遇桥隧相接的情况,而且往往接合处居于陡峭的山坡上,在这种位置设置桥台面临很大的困难,同时面临桥梁边墩与隧道洞门如何相接的问题。此时可将桥台与洞门做成一体,若地基为较好的岩层,可考虑将桥台做成一个枕梁,既有利于结构受力,又有利于地基处理,事半功倍。

(6)对于山区桥梁的地勘需要提出更高的要求。除了通常桥梁地勘的要求外,另需提供扩大基础四个边的断面图以及岩石的节理方向和稳定程度,还有所在山坡的坡度、水文等情况,都将直接影响到桥梁墩位的选择和桥梁的寿命。

山区公路建设中废弃矿坑的勘察与治理

赵金勇 陈爱新 朱志刚 张金成

(北京市勘察设计研究院有限责任公司 北京 100038)

摘 要:本文通过介绍京承高速公路建设中对废弃矿坑的勘察与治理过程,探讨了废弃矿坑有效治理方法的合理选择,以期为类似工程问题提供一些解决思路。

关键词:山区公路 矿坑 地基处理 强夯

1 工程概况

建设中的京承高速公路(密云沙峪沟—市界段)工程位于北京市密云县北部山区,道路NNE走向。该工程里程K114+440～K114+620段路基处于一个多年乱采形成的废弃矿坑范围内。矿坑长约180m、宽5～30m,坑底距山坡地表5～35m。矿坑平面形状不规则,现状坑底地面起伏很大,如图1所示。

初步调查,矿坑大部分范围内有堆积物,堆填的弃渣厚度及粒径变化较大、无规律性,且堆填时间不详。

该段高速公路路基的两端设计有两个下穿的排水盖板涵,涵洞长41～61m,净高4.8m,宽3.5m,上覆土厚2～8m,设计要求地基承载力不小于400kPa。

该段高速公路路基、涵洞基础所处的废弃矿坑地形变化大,地质条件相当复杂,同时高速公路设计要求的地基承载力、路基沉降及差异沉降要求都很高,这给路基处理施工带来了很大难度。建设单位和设计、施工单位多次开会探讨,均感觉地质情况不明,矿坑处理难以进行,因此委托我单位进行矿坑的详细工程地质勘察工作,并要求提供适宜、可行的地基处理方案。

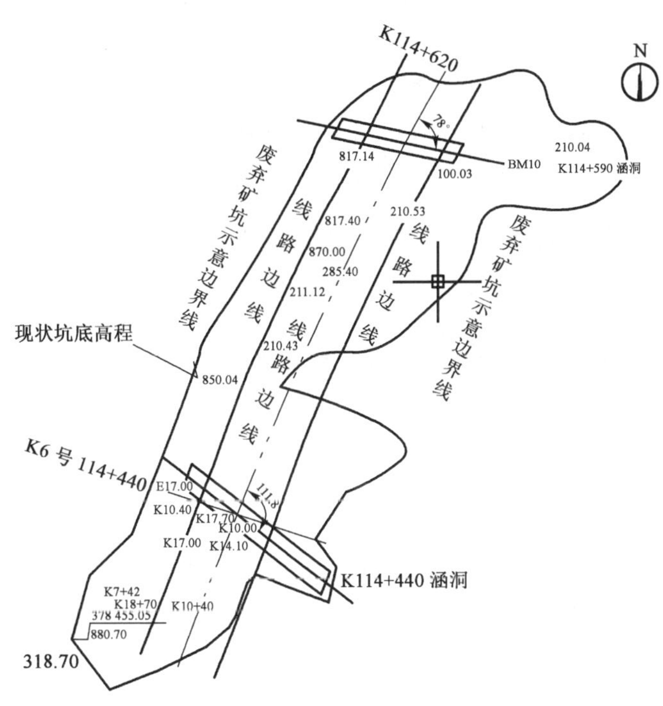

图1 废弃矿坑与公路线位示意图

2 工程地质条件

2.1 地质构造

区域上工程场区位于中朝准台地北部内蒙古地轴南缘与燕山台褶带北缘两者交汇部位,大地构造为滦平凹断束的滦平断陷盆地。地质构造较为发育,主要以东西向、北东向、北北东向褶皱、断裂构造体系为主,多集中成带状分布,其中以北东向和近东西向断裂构造变形最为强烈。拟建场区附近分布有黑古沿—东庄禾断裂,该断裂西北盘为中太古代密云群沙厂片麻岩,东南盘自南向北依次为中远古代长城系常州沟组、串岭沟组、团山子组、高于庄组,以灰岩、白云岩、石英砂岩为主。受构造作用影响,工程场地岩体较破碎～破碎,岩石风化程度较高。

2.2 地形地貌

工程场地处于燕山山脉的延伸地带，为构造剥蚀低山地貌，地形起伏中等。矿坑位于山体斜坡的下部。

2.3 地层岩性

经过对废弃矿坑的现场调查，该矿坑开采矿区位于太古代片麻岩体内，矿产种类为铁矿，大致于20世纪90年代后期开始开采，近期关闭后矿坑内堆填有废弃矿渣，因此矿坑具体的开挖范围、深度等情况不明。因此我们针对性地策划了勘察方案，在加强现场地质调查、测绘的同时，布置了勘探钻孔，并在钻孔中进行标准贯入和重型动力触探原位测试。

根据勘察结果，矿坑内已堆填的矿渣厚度一般为0.7～21.0m，物质成分主要为碎石混中砂状碎屑填土，局部不均匀混杂有黏质粉土填土。碎石混中砂状碎屑填土主要为废弃矿渣，钻探揭示的强风化碎石一般粒径为3～5cm，最大粒径10～15cm，原岩成分为片麻岩，碎石状矿渣内充填有岩石粉碎后及风化后形成的中砂状碎屑，砂状碎屑含量可达30%～50%；黏质粉土填土局部分布，是由原山坡上残坡积物挖方后回填到坑内形成。堆填土物质成分总地说来相对较均匀，但由于堆填时间、方法及厚度不一，密实度具有一定差异，一般为稍密，局部浅层及坑边部土体结构松散。

矿坑四壁及底部基岩为强风化片麻岩。片麻岩为等粒变晶结构，片麻状构造，岩体为碎裂状结构，片麻理、劈理发育，节理、裂隙很发育，结构面一般为高倾角，裂面有氧化铁膜，局部裂隙间充填有构造挤压泥化薄层，矿物成分以石英、长石及黑云母为主。

2.4 地下水情况

勘探时发现矿坑内堆积物中分布有地下水，分布不均匀，水位距坑底0.5～2.0m，为大气降水入渗及周围地面流入汇集而成，属滞水，水量随季节具有较大变化。

3 勘察建议的地基处理方案

3.1 场地整平

场区地形变化大，为便于机械施工，缩短工期，降低造价，勘察建议先进行场地的整平工作，以为下一步地基处理工作打好基础。填方整平的地面应根据设计路面高程并结合现状地形回填整平(需要在回填过程中进行初步压实)至涵洞基础底面以下一定高度，在此基础上再进行下一步的路基及涵洞基底下地基加固处理工作。

根据勘察结果，场区周围堆积的废弃矿渣母岩成分为全风化～强风化片麻岩，多呈中砂状或碎石状、碎屑状，不含有机质、水浸后强度降低不明显。因此，在场地整平过程中，对于矿坑深部已堆填的稍密矿渣可做初步振动压实处理，然后对尚未回填的部分可采用炮渣石或级配砂石分层回填并初步压实。

3.2 地基处理方案及技术建议

场地整平后，考虑到目前已堆填矿渣以砂状、碎屑状为主，颗粒相对较均匀，整体上含水量较低。勘察报告中提出以下三种路基及涵洞基础的处理措施及技术建议，以供设计、施工比选。

3.2.1 方案1——强夯法+浆砌片石回填

路基范围内及涵洞位置的整平面高程以下全部采用强夯法，将矿坑内堆填物质夯实，路基部分再采用级配砂石分层填筑至设计路面结构层及路床下；涵洞基底下施以厚度不少于2m的C20浆砌片石。

①强夯处理平面范围及方案的设计、施工须严格按有关规范执行，确保强夯处理后的地基能够满足高速公路设计关于地基容许承载力、变形及地基稳定性等方面的要求。

②强夯施工前须对目前矿坑区域内表层已杂乱堆积的松软土、杂物及树木等进行清除，做好整平工作。

③由于场地内矿坑深浅不一，堆填物质密度具有一定差异，在设计有效加固深度、单位夯击能基础上，结合场地地层条件，合理设计夯点布置、夯击方法及夯击次数。

④建议在施工现场选择代表性场地作为试验区进行试夯或试验性施工，根据预计加固处理效果，选择适

宜的施工机械，在现场试夯时，要根据夯沉量或地面隆起情况、起锤难度等及时调整夯点布局及夯击次数，局部坑深、土质松软处，可适当加大夯击遍数。施工过程中要实行动态检测，及时调整设计方案。

⑤强夯施工过程中的质量控制及加固效果检测等均须严格按照国家及行业现行的有关规范执行。

3.2.2 方案2——复合载体夯扩桩法

在初步场区整平基础上(整平高程可至设计涵洞底高程附近及路床以下)采用复合载体夯扩桩对矿坑内回填物质进行加固处理，夯扩桩孔内回填材料可考虑采用碎石或级配砂石。处理深度可结合施工过程及检验情况至基岩顶板，对于地基承载力要求较高的涵洞基础下可考虑夯扩成孔后在竖向增强体内插入钢筋笼措施。

①经加固处理以后的复合地基须满足设计对地基承载力、地基变形及稳定性控制的要求。复合地基承载力标准值须根据复合地基的载荷试验等原位测试结果，结合地基处理的设计、施工经验综合确定。

②具体复合地基加固处理方案可根据本工程建筑设计条件、地基土层分布特点，结合地基处理的设计、施工经验综合确定。

③应按相关规范的规定，加强对复合地基施工质量控制及加固效果的检测工作。

3.2.3 方案3——对于涵洞基础亦可以考虑大直径(扩底)灌注桩方案

当上述建议地基处理方案难以实施、施工质量难以控制，且无法达到设计要求的安全可靠条件时，可在涵洞场地回填整平至基底附近后，采用人工挖孔大直径(扩底)灌注桩方法。

①桩端应进入坑底下强风化片麻岩内不少于1m，坑底形态陡变的斜坡处可适当加大桩端嵌岩深度，建议不考虑侧摩阻力，桩端片麻岩的饱和单轴抗压强度标准值可按5MPa考虑，岩石按破碎考虑。

②桩端局部矿坑深度较大处，有可能分布滞水，需妥善排除。

③须采用安全、可靠的护壁方法，保证成孔、施工安全。

④成桩前桩端虚土或碎屑应清除，桩端岩性检验发现有不利于基坑稳定的软弱岩石时应清除。

4 强夯处理方案的实施及效果

4.1 强夯方案的选择

该场区的主要特点是地形高差悬殊，坑底基岩面起伏不平，回填整平后土质相对疏松。若采用夯扩桩处理，由于基岩面起伏不平，桩长很难控制，长短不一的桩长也使处理效果很难保证；若采用大直径扩底灌注桩方案，则由于土质较疏松，局部分布有滞水，挖桩时容易塌孔，安全隐患大。考虑到上述两种方案均工程造价较高，施工工期相对较长，因此本工程地基处理选择强夯法。

本工程场地需要处理的地基主要是全风化～强风化片麻岩质的中砂状或碎石状、碎屑状矿渣堆填物。根据工程经验，砂性土等粗粒土地基经强夯处理后，其承载能力可提高2～5倍，压缩性可降低1/5～9/10。对于本工程场地可以通过调整夯击能(夯锤重量与提升高度)对回填材料分层夯实，目前3 000kN·m夯击能以内的设备应用较为普遍，这一能级内的强夯施工效率高、成本低。回填材料可充分利用场区已有的大量弃渣，既满足了施工用料需要，同时也解决了渣土的消纳问题，可谓一举两得。在工期上可以根据回填材料的方量及工程进度要求，调整施工设备。因此，无论从技术上、经济上及工期上，分层强夯法都更为适合本工程场地的地基加固处理。另外对于承载力要求较高的涵洞基础可考虑在分层强夯处理至设计基底后反挖涵洞基槽，涵洞基底下施以厚度不小于2m的C20浆砌片石以加强基础刚度，在满足设计承载力的同时调整差异沉降。

建设单位和设计单位在经过认真权衡对比后决定采用更为经济、高效的分层强夯法＋浆砌片石回填方案。

4.2 设计原理

强夯法又名动力固结法或动力压实法，这种方法是反复将夯锤(一般为圆形，质量10～40t)提到一定的高度使其自由落下(落距一般为10～40m)，给地基以冲击和振动能量，从而提高地基的承载力，降低地基压缩性，改善地基性能。其加固原理基于动力压密理论，冲击型动力荷载瞬间使土体中孔隙体积缩小，土体密实，承载力提高。非饱和土夯实变形主要是由于土颗粒相对位移重新排列而引起，亦是土中孔隙中气相(空气)被排出的过程，经强夯处理后，土体达到最密实状态。

4.3 强夯施工

(1)夯击能

针对填土情况、现有设备及施工经验，主夯：2 000～3 000kN·m，满夯：2 000kN·m。

(2)分层厚度

每层虚铺5～6m，经推土机初步压实后再进行强夯作业，整体上需铺3层。

(3)施工机械

采用25t履带式吊车，夯锤为直径2.5m左右的铸铁锤(18～20t)，带自动脱钩装置。

4.4 强夯处理效果检测

从已完成的处理效果检测结果来看，处理效果良好，能够满足设计要求。

5 结语

(1)对于山区复杂场地的工程建设，通过勘察查明地质情况对于治理工作的设计与施工至关重要。勘察阶段应充分搜集已有资料，运用多种勘察手段查明地层空间变化、岩土物理力学性质及场区不良地质作用。由于目前的地基处理方法五花八门，每种方法都有其优缺点，因此经济、合理、高效的地基处理方案应该在详细的勘察结果基础上比选、优化。

(2)北京山区公路建设方兴未艾，在建和待建的高等级公路还有多条。但在山区分布有较多的废弃矿山(多形成于20世纪90年代末)，生态环境亟需要逐步恢复，地质灾害及不良地基条件需要进行详细评估或评价，这样才能保证工程建设的安全。希望本篇文章所阐述的勘察、设计、治理思路能为类似建设工程中岩土工程问题的合理解决起到抛砖引玉的作用。

参考文献

[1] 中华人民共和国行业标准.JGJ 79—2002 建筑地基处理技术规范[S].北京：中国建筑工业出版社，2005.

[2] 王铁宏.新编全国重大工程项目地基处理工程实录[M].北京：中国建筑工业出版社，2005.

[3] 北京市勘察设计研究院有限公司.京承高速公路K114+440～K114+620段矿坑处理工程地质勘察报告[R].北京：北京市勘察设计研究院有限公司，2008.

半干旱地区山区高速公路路堑边坡植被恢复设计

戴泉玉[1] 刘 峰[2] 姜东明[2] 汪伟刚[1]

(1.交通运输部公路科学研究院 北京 100088；
2.北京市首都公路发展集团有限公司 北京 100078)

摘 要：高速公路岩体边坡既没有可供植物生长的土壤、水分、养分环境，而且工程建设的岩石边坡坡度较大，雨水极易冲刷坡面，其植被恢复与重建存在很大的困难，故岩石边坡的生态恢复技术是高速公路边坡绿化的一个重要研究热点及难点。本文以北京市京承高速公路(密云沙峪沟—市界段)为例，探讨了半干旱地区山区公路边坡植被恢复设计中应注意的若干问题。

关键词：半干旱 山区 高速公路 边坡 植被恢复

0 引言

山区高速公路建设过程中，不可避免地会遇到大量深挖高填路基工作，尽管山区高速公路的建设越来越注重环境保护，尽量避免深填高挖，但路基作为公路的主要结构，其边坡稳定和破坏后的生态恢复等问题仍不可避免。

高速公路岩体边坡既缺乏可供植物正常生长所需的土壤、水分、养分环境，而且工程建设的岩石边坡坡度较大，雨水极易冲刷坡面，其植被恢复与重建存在很大的困难，故岩石边坡的生态恢复技术成为高速公路边坡绿化的一个重要研究热点及难点，如不同坡度、岩体黏结剂配比、生物种群结构配置工艺创新与机械配套等均需要试验研究。过去在不追求生态建设要求的情况下，为了稳定边坡，保证公路安全运营，常采用单纯的工程措施，这种护坡方式一次性投资大、工程量大，最主要的是不利于生态环境的保护，景观单调生硬，与周边的环境不协调，与目前注重生态环境保护的发展趋势相违背，逐渐被工程与生物相结合的护坡方式所替代。

我国幅员辽阔，自然环境条件复杂。以往的高速公路路域生态恢复工程和相关技术研究，大多局限于湿润和半湿润地区，而对于北方半干旱和干旱地区的高速公路路域生态恢复工程和技术研究却较少涉及。原因有两方面，一是半干旱和干旱地区自然环境恶劣，可用于路域生态恢复的植物物种少，建植困难，存活率低，养护成本高；二是有关适用于半干旱和干旱地区路域生态恢复的技术较少，可以借鉴的成功工程案例较少。

本文通过对京承高速公路(密云沙峪沟—市界段)边坡的植被恢复和防护设计，探讨了半干旱地区山区公路边坡绿化设计中应注意的问题。

1 工程概况

京承高速公路(密云沙峪沟—市界段)工程属于北京市域范围内较典型的山区高速公路，公路边坡(含路堑及路基边坡)总面积约 7.22 万 m^2。

项目所在区域属大陆季风气候区，全年四季分明，春季多风沙，夏季炎热多雨，冬季干燥寒冷，昼夜温差大，年平均气温 11.4℃，具有“冬冷夏凉”的山地气候特征。年均降水量 600～700mm，76%集中在夏季，日最大降水量 164.7mm；年平均降雪日 8 天，最深积雪 22cm。

公路沿线所经地区主要为河谷阶地河漫滩积平原区以及河谷两侧分布的缓坡丘陵和低矮山地为主的两种地貌类型。河漫滩及平原区主要植被类型以人工植被为主；缓坡丘陵和低矮山地则以灌草为主，其中缓坡丘陵地段分布有经济林和次生针叶林，低矮山地除阴坡有零星的次生针叶林分布以外多以灌草为主，部分地区有岩石裸露出现。项目沿线土地类型以灌木灌草混杂林地为主，所占比例达 93.13%，其他土地类型主要为林地。

2 植被恢复设计原则及植物选择

结合本项目环境和工程特点，确定了“安全、环保、协调、经济、示范”的原则，即功能安全、环保生态、景观协调和经济合理。

在遵循乡土化原则、物种多样性原则、抗性物种优先原则、群落稳定性原则、系统性原则和经济性原则的基础上进行适宜的边坡植被种类选择是工程实施的前提。

结合道路沿线边坡的植物调查及北京周边其他地区道路边坡的植被调查情况，最终确定边坡植被恢复植物种类：乔木包括侧柏、椿树、榆树、桑树、刺槐等，灌木包括荆条、柠条、紫穗槐、胡枝子、酸枣、黄栌等；草本植物包括紫花苜蓿、高羊茅、白三叶、波斯菊、沙打旺、野菊花等；藤本植物包括三叶地锦和五叶地锦等。

3 植被恢复技术方案

边坡植被恢复的目的主要在于保护坡面，稳定路基，减少水土流失，同时丰富公路景观。通过前期现场踏勘调查了解，依据设计原则，针对坡的不同地质和已有的工程防护形式采用相应的植被恢复技术方案。各方案分述如下。

3.1 客土喷播技术

对于强风化（含中强度风化）及坡度≤1∶1的无工程防护的路堑边坡，采用客土喷播技术对坡面进行植被恢复，其中植生基质中基材与壤土的体积比为3∶7，喷附厚度为10cm。在喷播时，预留种植穴栽植紫穗槐等乡土灌木以改善坡面的整体效果。

植物配置方案以乡土灌草为主，同时辅以增加景观效果的地被和低矮乔木，具体植物配置方案见表1。

客土喷播植物配置与用量表 表1

植物形态	植物名称	用量	物种选用
草本	沙打旺	2g/m^2	必选
	紫花苜蓿	2g/m^2	
	小冠花	2g/m^2	
	多年生黑麦草	2g/m^2	
	高羊茅	2g/m^2	
	野菊花	0.5g/m^2	
灌木	胡枝子	5g/m^2	选择3种
	紫穗槐	5g/m^2	
	马棘	5g/m^2	
	锦鸡儿	5g/m^2	
	柠条	5g/m^2	
	荆条	5g/m^2	
落叶乔木	刺槐	3g/m^2	选择3种
	榆树	3g/m^2	
	臭椿	3g/m^2	

为增加灌木的竞争力，在基质喷附时预留灌木种植穴，在喷附完毕待坡面较为干燥具备施工条件后栽植紫穗槐（根据工程实际情况，可酌情考虑榆树、刺槐等其他物种），灌木不可裸苗栽植，应利用营养钵苗或其他形式移栽。

3.2 厚层基质喷附技术

对于弱风化及边坡陡于1∶1的无工程防护的路堑边坡，采用厚层基质喷附技术对坡面进行植被恢复。该方案设计为双层喷附，即分底层和上层两部分实施，底层喷附时基材与壤土的体积比为1∶1，喷附厚度不小于 7cm;上层喷附时基材与壤土的体积比为 7∶3,喷附厚度不小于 8cm。厚层基质总喷附厚度应不小于 15cm,并在喷附时预留种植穴栽植紫穗槐等以改善坡面的整体效果。

植物配置方案及坡面栽植灌木方案同客土喷播技术方案。

3.3 植生袋技术

对于主体工程采用锚杆框架防护的挖方边坡,主要采用了在框架内垒砌植生袋的方式进行绿化。植生袋内填充混有一定数量植物种子的种植土进行绿化,植生袋的规格为 20cm×40cm×60cm,植物种子配比为:沙打旺 $5g/m^2$,小冠花 $5g/m^2$,多年生黑麦草 $5g/m^2$,高羊茅 $5g/m^2$,野菊花 $2g/m^2$。同时,在植生袋上点植紫穗槐等乡土灌木进行绿化。

3.4 边坡平台

对于多级边坡,主要考虑在主体工程设计预留的平台种植槽内栽植攀援植物五叶地锦的方式进行绿化。

4 植被恢复应注意的问题

本次工程的边坡绿化设计是在资料收集整理、沿线调查及示范工程经验总结的基础上完成的,在此针对半干旱区山区高速公路边坡植被恢复提出以下应注意的问题。

4.1 根据边坡立地条件确定边坡防护方式

边坡在开挖出来后首先要考虑其稳定情况,不稳定边坡应在采取工程防护措施使其稳定后才可考虑植被恢复措施。稳定边坡首先要分析坡面的岩性条件,强度或中度风化、节理发育好的坡面,有利于植物根系的伸入,在植被绿化 3～5 年后,植物能够覆盖坡面,可以考虑进行植被恢复;对于弱风化或无风化、节理不发育的坡面,植物根系很难扎入坡体内,即使初期植被建植成功,但在 3～5 年后退化严重,该类坡体进行植被恢复的意义不大,建议不采用任何防护措施。

该项目边坡中不稳定的挖方边坡大多均采用了锚杆框架梁和预应力锚杆框架梁的工程防护措施,根据其工程特点,推荐采用了框架内回填植生袋的设计方案。经现场考察,尚未发现节理不发育的弱风化坡面,挖方边坡坡体基本为强(中度)风化的片麻岩、弱风化的云母岩等,且岩体节理较发育,利于植物根系的生长,因此,全线稳定边坡均推荐采用植被恢复技术。

4.2 根据边坡坡率确定植被建植群落

边坡的坡率是影响植被生长重要因素,从而决定了植被建植群落。根据以往的工程实践经验总结为:①缓于1∶1.7(30°以下)的边坡,可以恢复以乔木为主的植物群落。周边的本地种容易侵入,植物生长容易,形成植被覆盖层的话,边坡表面几乎不发生土壤侵蚀。②1∶1.7～1∶1.4(30°～35°)的边坡,如果不做植物防护,周边植物的自然入侵可以形成植物群落。③1∶1.4～1∶1.1(35°～45°)的边坡,可以建造以草本覆盖地表,以中、低高度乔木为主的植物群落。④1∶1～1∶0.8(45°～50°)的边坡,可以建造由低矮乔木、灌木和草本构成的植物群落。种植高大乔木的话,会带来坡面不稳定。⑤陡于 1∶0.8(50°以上)的边坡,可以建造以草本为主、辅以藤本植物的植被群落。进行植被建植时必须结合加固坡面的工程措施。

本次工程的挖方边坡坡率基本在 1∶1～1∶0.75(45°～53°)之间,因此,植被恢复设计为建造由低矮乔木、灌木和草本构成的植物群落。

4.3 确定以灌木为主的植被建植思路

我国半干旱地区的地带性植被为典型草原或森林草原,因此在半干旱地区高速公路边坡实施植被恢复工程,边坡植被设计的基本目标应该确定为草原型或草本与灌木结合型。由于植被对边坡的防护更多地是体现在植物枝叶对侵蚀(水蚀、风蚀)的防御作用和植物根系对边坡土壤的加固作用,因此以高低覆盖相间、深浅根系搭配为特征的草本与灌木结合型的植被设计,更能符合半干旱地区的边坡防护要求。根据以往的工程实践,在干旱、半干旱区进行草、灌混喷的植被恢复工程中,由于草本种子发芽快、生长迅速,可在 2～3 个月内将灌木的幼苗完全遮盖住,而得不到光照的灌木幼苗往往发育不良,或最终被淘汰。而覆盖边坡的草本植物在3～5年的时间内退化严重，且其根系较浅，不能伸入到岩体中，起不到稳定坡体的作用。为了避免灌木退出竞争、草本植物完全覆盖坡面，保证坡面生态恢复的长期的效果及坡体的稳定，必须对草本植物的生长进行控制，加大灌木植物的竞争力，以确保坡面生态恢复最终达到与周围植被环境相一致的效果。因此，半干旱地区边坡植被应为草本与灌木相结合，以灌木为主的综合型设计。

4.4 针对环境特点进行植被建植技术的调整

近年来我国引进了不少新型路域植被建植技术，如液压喷播、客土喷播、三维网、植生带等。在全国各地的公路建设中得到了不同程度的应用。我国地域辽阔，自然环境复杂，区域分异明显，一种技术要根据具体情况进行相应调整才可以应对我国公路生态建设中的各种复杂问题，因此在应用过程中既有成功的经验，又有失败的教训。

针对客土喷播和厚层基质喷附技术而言，相比南方的湿润气候，北方的半干旱、干旱的气候条件容易使其植生基质干裂、酥松、受雨蚀和风蚀作用而流失。为了避免植生基质失水较快而引起上述不良现象，本次工程对客土喷播和厚层基质喷附技术进行了相应的调整：调整植生基质的配比，增大基材中无机质的含量，以增加其保水性能；而为了更好地让灌木根系生长，也增大了基质的喷附厚度，甚至调整了厚层基质喷附方式——采用双层喷附来解决基质均匀喷附问题。

4.5 确保在适宜的施工季节组织施工

不同于南方气候湿润年降水量比较平均的特点，北方半干旱区的年降水量绝大多数集中在夏季，且以暴雨的形式出现。对于客土喷播等机械建植技术，在湿润地区可以分为春季和秋季两个施工季节，只需避免在暴雨季节施工即可。而在北方半干旱区，降水量季节分配不均匀，通常集中在夏季，因此，建议最好在春季组织施工、夏季植物生长发育、秋季进行养护，使植物能够有一个良好的生长季，以提高植物的存活率。

4.6 协调绿化施工与工程土建施工的关系

由于气候特点，在北方半干旱区内，公路建设中的土建工程在冬季将部分停工，相比南方地区，土建工程存在工期压缩的问题，也就导致了绿化与土建交叉施工的可能。在绿化设计中，应时刻关注土建工程的进度，若交叉施工不可避免，应提前通知业主，尽量协调好各家施工单位之间的工作面冲突等问题，以确保植被绿化工程能够在最佳施工季节中保质保量完成。

京承高速公路土建工程进度由于北京奥运会的召开有所延误，势必导致2009年土建工程与绿化的交叉施工，建议加快土建工程的建设，确保在明年春季之前能够开展绿化施工；若土建工程与绿化施工同时进行，要解决好工程交叉影响的问题。

另外，在绿化设计的全线考察过程中，发现沿线众多1∶0.75路堑边坡在开挖完成后的一段时间内，由于没有任何防护措施，经过雨水的侵蚀及风化作用的影响，部分坡面开裂严重，并有部分坡体出现塌方的现象，造成了坡体的不稳定，同时也给边坡生态恢复增加了很大的难度，建议针对于容易受到侵蚀的一些坡体在开挖成型后进行必要的初期防护。

因此，在植被恢复施工中，应时刻关注公路土建工程的现状，尽量提前处理好影响坡面生态恢复的问题，这样才能够保证坡面绿化施工的顺利开展。

5 结语

客观而言，本文对工程方案设计的基本情况进行了概述，并讨论半干旱区山区高速公路挖方边坡绿化设计中应注意的一些问题，方案设计尚存在诸多不足，期待着各界同仁的指正。

参考文献

[1] 张飞. 高速公路边坡生态防护与加固研究分析[D]. 武汉理工大学硕士学位论文，2005.

[2] 顾卫，江源，等. 厚层基质喷附技术在半干旱地区高速公路生态恢复与重建中的应用研究[J]. 公路交通科技(应用技术版)，2006(09):157-159.

横系梁对双肢薄壁高墩刚构桥稳定性的影响分析

李健刚　杜玉东　魏燕玲　张俊波

(北京市市政工程设计研究总院　北京　100082)

摘　要:高墩的稳定性一直是影响桥梁安全的一个关键因素,如何提高高墩的稳定性是工程技术人员一直在探讨的问题。本文以清水河 2 号桥为工程背景,对双肢薄壁高墩刚构桥进行了稳定性分析,对比分析了在有无横系梁的情况下最大悬臂施工阶段和成桥阶段的稳定性,得出了横系梁对双肢薄壁高墩稳定性的影响,为双肢薄壁高墩刚构桥梁的设计提供一定的依据。

关键词:双肢薄壁高墩　刚构桥　横系梁　稳定

1　工程概况

京承高速公路(密云沙峪沟—市界段)清水河 2 号桥主桥为(75+120+75)m 的连续刚构桥,桥面宽 13m,分离式双幅桥,是本工程项目中的一座重要桥梁。图 1 为该桥右幅桥桥型布置图。

2　计算模型

清水河 2 号桥属于双薄壁高墩结构,最高墩墩高达到 50m,故墩的稳定性成为检算结构安全性的一个重要方面。为了使结构设计更加合理,进行高墩稳定分析,进而了解和掌握面内和面外稳定性是十分有必要的。

为了对该桥的空间稳定性进行比较合理和全面的分析,采用空间分析软件 SPA2000,建立了空间杆件元模型分析(其模型如图 2、图 3 所示),对该桥高墩的最大悬臂状态和成桥阶段的稳定性分别进行了对比分析,为设计提供参考依据。

3　施工最大悬臂阶段稳定分析

本桥每墩两侧各 17 个悬浇段,在合拢前的最大悬臂状态时,仅考虑对称自重荷载作用下的前两阶线性屈曲模态(图 4、图 5),其对应的特征值屈曲系数为 13.745 和 40.219。

从上面的分析可以看出,最大悬臂状态下,桥梁在顺桥向的稳定性低于横桥向的稳定性,故下面以顺桥向稳定性为主,分析最大悬臂状态下的稳定情况。在最不利情况,除自重以外,还会有风荷载、不对称挂篮自重等荷载的作用。除自重外的其余各项荷载取值如下:

(1)主梁风荷载(单边作用):

$$Q_1 = 6.5\text{kN/m}$$

(2)由于浇注不均引起的恒载不平衡重(反对称加载),按 5%计:

$$Q_2 = 0.05 \times 600/3.5 = 8.5\text{kN/m}$$

(3)墩柱风荷载:

$$Q_3 = 10.8\text{kN/m}$$

(4)挂篮非正常工作引起的不对称受力(考虑冲击放大系数 2):

$$P_1 = 500 \times 2 = 1\,000\text{kN}, M_1 = P_1 \times 2 = 2\,000\text{kN/m}$$

(5)同时在挂篮非正常工作的基础上考虑最后梁段 30%的混凝土自重,采用不对称受力:

$$P_2 = 600 \times 0.3 = 180\text{kN}, M_2 = P_2 \times 2 = 360\text{kN/m}$$

各项荷载作用位置如图 6 所示。

在上述荷载作用下,失稳分析结果如表 1 所示。

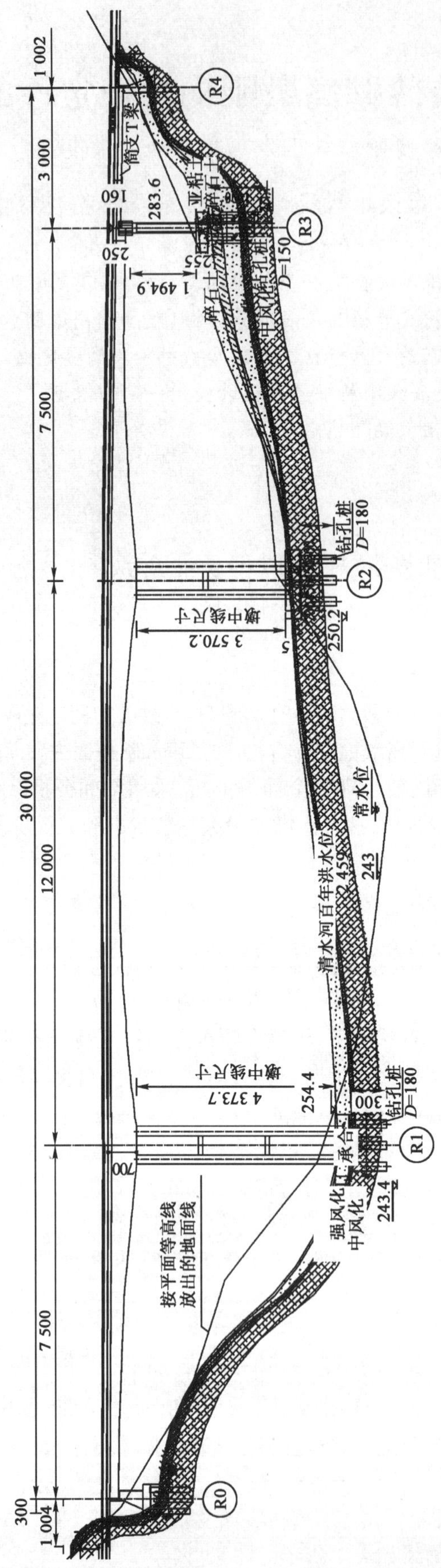

图1 清水河2号桥右幅桥型布置图（尺寸单位：mm，高程单位m）

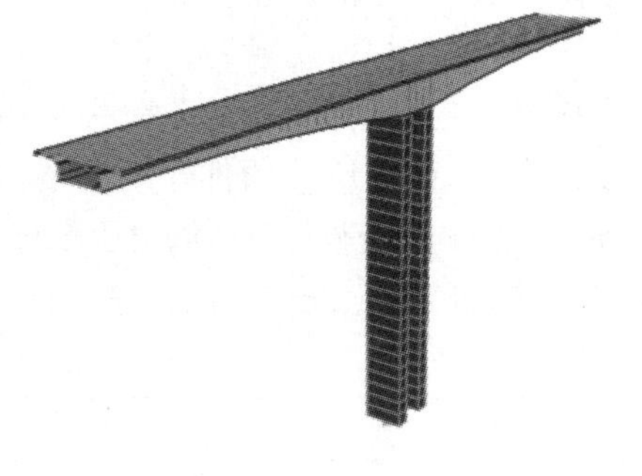

图 2 最大施工悬臂状态模型

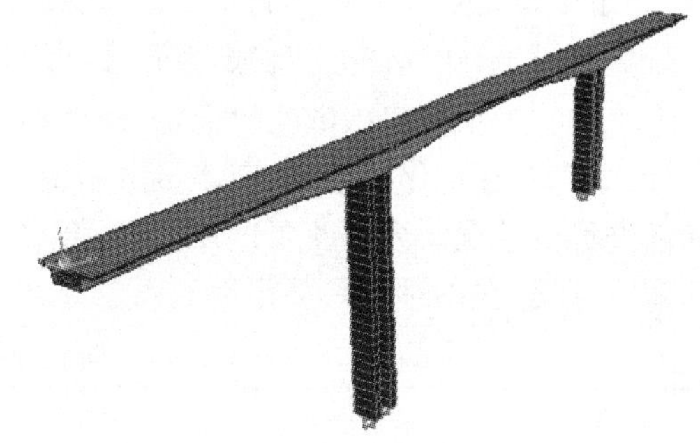

图 3 成桥状态模型

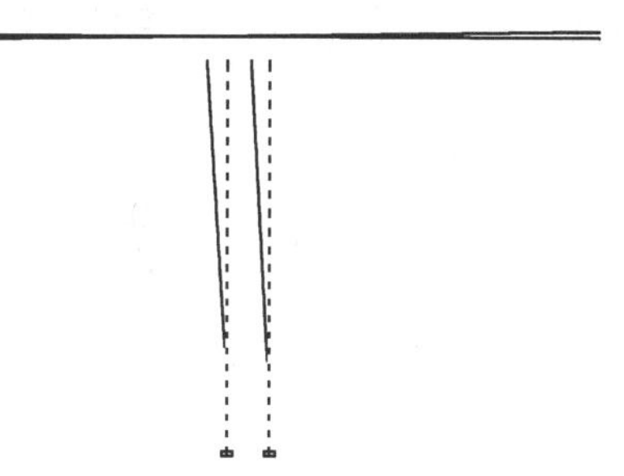

图 4 一阶失稳模态:顺桥向失稳

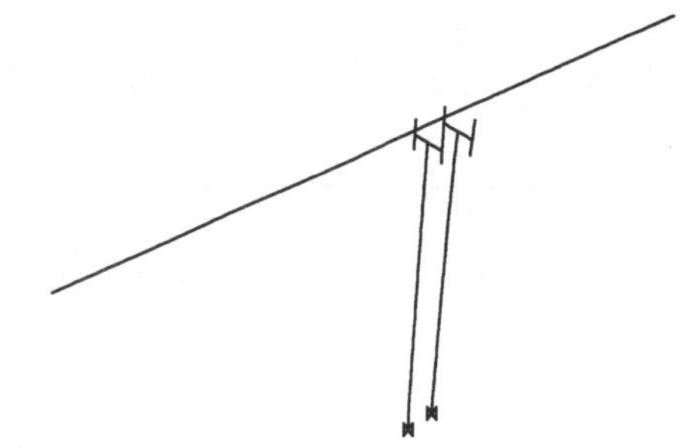

图 5 二阶失稳模态:横桥向失稳

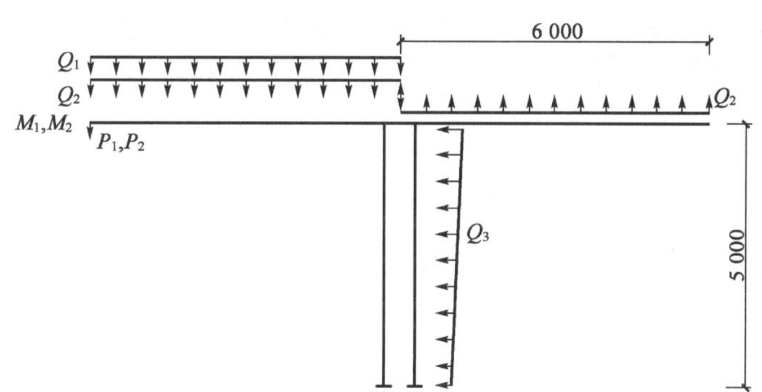

图 6 荷载作用位置示意图(尺寸单位:cm)

前五阶失稳模态结果(无墩间横系梁) 表 1

模态阶次	特征值系数	考虑几何非线性	失稳模态
1	13.349	10.757	顺桥向失稳
2	34.634	30.816	左侧立柱顺桥向一阶失稳
3	38.234	35.489	横桥向失稳
4	75.329	70.467	左侧立柱顺桥向二阶失稳
5	129.736	125.399	墩柱顺桥向失稳

从表 1 可以看出,考虑几何非线性对结构的稳定性有明显的影响。但是其稳定系数仍然大于 10,说明稳定安全储备是足够的,故没有进一步引入材料非线性进行分析。在后面的分析中也均只对特征值稳定系数进行对比分析,没有再引入非线性因素的影响。

在不对称荷载作用下,结构的失稳模态阶次与对称恒载作用下的结果有所改变,其失稳特征值系数也有所降低。第一阶顺桥向失稳,因为是表现在结构的整体顺桥向稳定方面,双墩柱整体作用,故其特征值稳定系数降低最小;而由于不对称荷载的作用,左侧立柱在不对称荷载及自重的作用下,其一阶失稳模态较对称荷载作用下有所提前,调整到横向失稳模态的前面,同时特征值稳定系数也下降较大;横向失稳模态随之后调一阶，但是由于是其双柱整体协调作用，故其失稳特征值系数也下降不大；后面的失稳模态均参与了左侧立柱的高阶失稳模态，故其特征值稳定系数降低均较大。

虽然最小的特征值稳定系数比较稳定，但是相对而言，墩柱的失稳模态提前（如上述第二阶失稳模态）。这对于设计而言，存在优化的空间，应该尽量是结构整体作用效应发生在前，而不应让构件在结构整体失稳前出现局部失稳的情况。为了改善这种情况，将双薄壁高墩间加一定数量的横系梁。表 2 给出了 50m 高墩间匀布几道横系梁，在不对称荷载作用下稳定计算的对比结果。横系梁截面为 1×3m 截面（高度方向 1m）。

一阶失稳模态结果对比表 表 2

横系梁(道)	无	1	2	3
顺桥向一阶失稳特征值系数	13.349	18.932	22.811	25.707

从表 2 中可以看出，加了横系梁之后，纵向一阶失稳的稳定系数增加较大。在考虑了结构的美观等因素的前提下，表 3 给出了匀加两道横梁的前 5 阶稳定系数。

前五阶失稳模态结果(2 道横系梁) 表 3

模态阶次	特征值系数	失 稳 模 态	模态阶次	特征值系数	失 稳 模 态
1	22.811	顺桥向一阶失稳	4	114.905	墩柱顺桥向(高阶)失稳
2	38.242	横桥向失稳	5	138.137	墩柱顺桥向(高阶)失稳
3	60.154	顺桥向二阶失稳			

从上面结果可以看出，加了两道横系梁之后，结构顺桥向特征值稳定系数均有提高，而横向稳定基本上没有影响。单个墩柱的稳定提高最多，在前面出现的在偏载作用下单个墩柱的一阶失稳模态已经被双柱的整体稳定所取代，即横系梁起到了使双薄壁柱在顺桥向整体作用的效果，同时不改变桥梁横向稳定的效应。

4 成桥状态下稳定分析

成桥状态下，相比最大悬臂状态而言，桥梁的整体刚度会有所增加，故其稳定性也会有相应的提高，但是在成桥后可能承担破坏性动力荷载的可能性增大，如地震荷载等，在合理的范围内提高桥梁的稳定性是有必要的。

在成桥状态下，除一期自重外，还增加二期恒载如下：

(1)二期铺装：(0.08＋0.11) ×(13－0.5×2) ×25＝57kN/m。

(2)防撞栏杆：7.5×2＝15kN/m。

(3)二期恒载合计：57＋15＝72kN/m。

(4)对于活载现仅考虑汽车活载作用，并且其取值为(两车道)：

均布载：10.5×2＝21kN/m；

竖向集中载：360×2＝720kN；

制动力：(21×270＋360×2)×0.1＝639kN。

此外，集中载按作用在最高桥墩墩顶处理。

无墩间横系梁的成桥状态下的模型如图 7 所示。

表 4 给出了无横系梁的成桥状态下的稳定计算结果。

成桥状态前五阶失稳模态结果(无横系梁) 表 4

模态阶次	特征值系数	失 稳 模 态	模态阶次	特征值系数	失 稳 模 态
1	19.789	顺桥向失稳	4	72.640	矮墩单侧立柱顺桥向一阶失稳
2	36.536	高墩单侧立柱顺桥向一阶失稳	5	75.476	高墩单侧立柱顺桥向(高阶)失稳
3	55.634	横桥向失稳			

从上面结果可以看出，成桥状态下的失稳模态发生阶次没有改变，但是其稳定系数均有所增大。跟最大悬臂状态下的失稳模态分析思路一致，表中高墩单侧立柱的失稳模态发生在横桥向一阶失稳模态之前，这就可以考虑进一步优化。同最大悬臂阶段分析，在高墩双薄壁墩柱间增加两道横系梁，在较矮的墩中间加 1 道横系梁后再进行分析，其模型如图 8 所示。

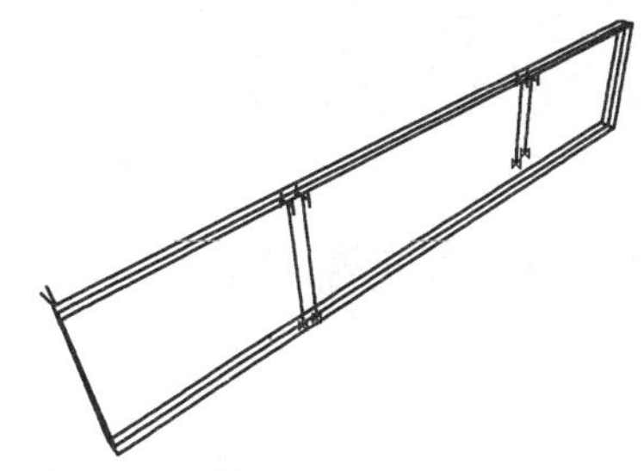

图 7　成桥状态下模型(无墩间横系梁)

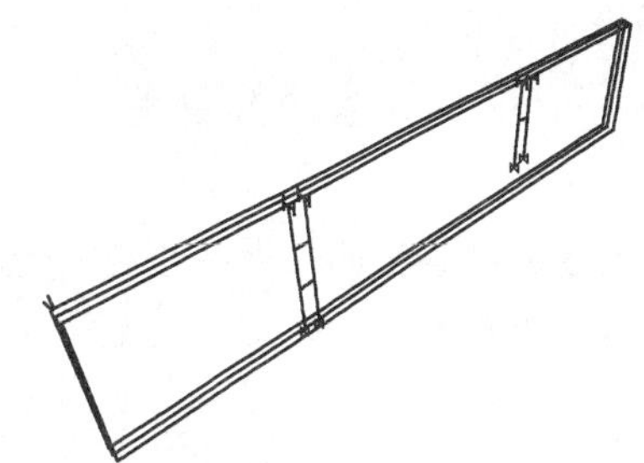

图 8　成桥状态下模型(加横系梁)

表 5 给出了部分计算结果。

成桥状态前五阶失稳模态结果(加横系梁)　表 5

模态阶次	特征值系数	失 稳 模 态	模态阶次	特征值系数	失 稳 模 态
1	28.806	顺桥向失稳	4	98.941	矮墩顺桥向失稳
2	55.584	横桥向一阶对称失稳	5	103.991	高墩顺桥向(高阶)失稳
3	56.045	高墩顺桥向失稳			

加了横系梁之后，前六阶中的单侧墩柱失稳模态消失，墩柱顺桥向整体稳定性加强，而横桥向的稳定性影响不大。

5　结语

几何非线性和材料非线性及其初始缺陷等因素对于稳定计算的影响不容忽视，但特征值稳定系数可以反应出结构的稳定性能及其优劣。文章给出墩间横梁对高墩稳定的影响，为设计提供一定的参考。

(1)从最大悬臂施工阶段和成桥阶段的特征值稳定性分析可以看出，在不加横系梁的情况下，桥梁的最小特征值稳定系数均大于 13，稳定性可行，但是存在优化的空间。

(2)加了墩间横系梁之后，无论是最大悬臂施工阶段，还是成桥阶段，桥梁的稳定性均有较大的改善，主要体现在顺桥向的稳定性方面，而对于桥梁的横向稳定性基本上没有影响。

(3)加了横系梁之后，桥梁顺桥向的水平抗推刚度也随之有所增大，但是增大比例不大。对于跨径较大的桥梁，小幅度的水平抗推刚度增大对上部主梁的计算结果影响不大，故增加横系梁来改善桥梁的整体稳定性是可行的。

参 考 文 献

[1]　项海帆. 高等桥梁结构理论[M]. 北京：人民交通出版社，2002.

[2]　龙驭球，包世华. 结构力学[M]. 北京：高等教育出版社，2000.

[3]　李国豪. 桥梁结构稳定与振动[M]. 北京：中国铁道出版社，2002.

[4]　北京金土木软件技术有限公司. SAP2000 中文版使用指南[M]. 北京：人民交通出版社，2006.

[5]　李衡山，于大涛，廖朝华. 石马河特大桥高墩稳定性分析[J]. 中外公路，2006(12)：71-73.

[6]　刘进. 高墩大跨连续刚构桥桥墩稳定性分析[J]. 铁道建筑，2006(10)：10-12.

基础验槽的若干问题探讨

邢立军　刘永勤　何翠香

（北京城建勘测设计研究院有限责任公司　北京　100101）

摘　要：本文通过对验槽过程中一些问题的现场处理过程，总结了一般验槽的方法、经验。

关键词：验槽　地基处理　风化层判定

0　引言

随着近些年来工程建设逐年增加，比较凸显的一个问题就是经验丰富的勘察设计技术人员短缺，尤其在发展较快的企业中技术人员年轻化导致的青黄不接现象更加明显。工程地质勘察是一个重视经验积累的行业，由工程地质引起的工程事故时有发生，轻则延误工期，重则危及生命，而目前的地质勘测手段又只能在一项工程的基面范围上选到若干点。在勘测图上相邻两个点位是有一定距离的，不能够完全反映出其间全部土质变化，施工验槽中常常发现局部土质与设计不符，如局部回填土，局部地段出现的坑、沟、墓穴等，如何正确处理未预测到的地质情况，对施工的安全以及工程完成后的建筑物安全起到决定性的作用。

1　验槽的方式分类

(1)根据验证手段不同可分为现场直接目测法和借用工具验证法。直接目测法，主要针对可直接观测的基槽，主要注意侧壁的地层变化情况和基底的土质均匀情况；借用工具法比较复杂，一般现场可以利用的主要工具有铁锹、轻型动力触探、物探手段（主要针对桩基、复核地基）以及细钢筋等。一般情况下，一个验槽过程要多种手段并用才能得出比较客观的结果。

(2)根据基槽的埋深不同可以分为浅基础验槽和深基础槽验槽。

(3)根据基础的形式不同可分为多基面（独立基础）、单基面（整体筏板基础）和桩基础验槽。

(4)根据工程性质不同可分为市政道路、管线、房建、地铁等基础验槽。

(5)根据基槽土层的形成方式可分为天然基槽和复合地基基槽。

2　验槽的流程

2.1　验槽的一般流程

(1)施工单位按正常程序提出报验，建设单位组织勘探、设计、质监、监理、施工、建设方有关负责人员及技术人员到场共同进行验槽。

(2)熟悉该工程详勘阶段的岩土工程勘察报告和附有基础平面和结构总说明的施工图阶段的结构图。

(3)根据图纸检查基槽的开挖平面位置、尺寸、高程、边坡是否符合设计要求。

(4)检查核实分析勘探资料，对存在的异常点位进行复核检查。

(5)观察槽壁、槽底土质类型、均匀程度和有关异常土质是否存在，核对基底土质及地下水情况是否与勘察报告相符，是否已挖至地基持力层。

(6)检查基槽内是否有旧建筑物基础、古井、墓穴、洞穴、地下掩埋物及地下人防工程等。

(7)针对发现的地基问题提出处理建议，并同业主、设计、监理、施工等五方协商出最佳方案形成书面文件备案。

2.2 推迟验槽

(1)设计所使用承载力和持力层与勘察报告所提供的不符。

(2)场地内有软弱下卧层而设计方未说明相应的原因。

(3)场地为不均匀场地，勘察方需要进行地基处理而设计方未进行处理。

(4)基槽底面与设计高程相差太大。

(5)现场没有详勘阶段的岩土工程勘察报告或附有结构设计总说明的施工图阶段的图纸。

如果发现有以上情况时应推迟验槽，并积极同设计单位联系查明原因。

3 各种基槽的特点

一般验槽是以地勘单位的勘察报告为主，根据基础的工程性质、埋深以及基础的形式不同，验槽过程中的侧重点也不同。针对不同的基槽可以分为以下几种。

3.1 独立柱基、条基(埋深一般小于5m的浅基础)

该种基槽的复杂程度最高，多个基础之间差异较大，对变性的要求也较高，对基槽产生影响的土层主要有人工填土、新近沉积层以及软土等。除了本身土层的不均匀问题，地下水对基槽的影响也比较明显。由于基础埋置较浅，大部分情况下采用开挖后明排，地下水的抽排不及时以及天气(雨、雪、暴晒等)对基槽的影响也很明显。

在验槽过程中应重点观察场地内是否有填土、新近沉积土和软土等特殊土；槽壁、槽底岩土的颜色与周围土质颜色不同或有深浅变化；局部含水量与其他部位有差异；场地内是否有条带状、圆形、弧形(槽壁)异常带；是否有因地下水、雨、雪、天寒、暴晒等情况使基底岩土的性质发生了变化；场地内是否有被扰动的岩土。

3.2 整体筏板基础(适用于浅基础和深基础)

该种基础的复杂程度较低，基槽一般都远远低于人工填土层。影响该种基槽的主要因素为新近沉积层和地下水的影响。

无论是浅基础还是深基础，都需要注意的是开挖过程中的人为扰动，是否有超挖回填的虚土、地下水对基础的影响(泡槽、砂土层的流失等)以及天气(雨、雪、寒、暴晒)等原因对基槽的破坏。

3.3 复合地基(人工地基)的验槽

复合地基是指采用人工处理后的，基础不与地基土发生直接作用或仅发生部分直接作用的地基，与天然地基相对应。主要有换土垫层、强夯法、各种预压法(先期固结)、灌浆法、振冲桩法、挤密桩法等方法处理。复合地基的验槽，应在地基处理之前或之间、之后进行，主要有压实填土地基和各种复合桩基。该种基槽的验槽工作应分两个步骤，首先对处理前、中、后的基槽按深基础和浅基础等情况进行验槽，同时对于复合桩基采用物探等手段进行检验。

3.4 桩基的验槽

对桩基的验槽主要是判明桩端是否进入预定的桩端持力层以及进入持力层的长度。对于水位较深可以直接观测到侧壁及孔底情况时按深基础验槽的方式即可。对于钻孔灌注桩的检验，尤其是基岩地区的桩尖持力层的判定是比较难的，应按以下几点进行判定：

(1)参考该桩的地勘报告，了解基岩埋置深度；

(2)调查施工日志，对钻机的钻进速度针对该地区岩性总结一般规律；

(3)对钻孔中返上来的岩渣总结其变化规律；

(4)对钻孔返上来的岩渣同基岩的颜色进行对比，观察其颜色变化规律。

3.5 市政管线(雨污水)、道路的验槽

市政管线、道路工程验槽一般属于浅基础验槽，这里将它单列出来，主要是由于其工程的特殊性。市政管线(雨污水)和道路的基础对地基承载力的要求不大，所以主要考虑因素为基础土层的均匀性，即使是在填土内，如果填土足够均匀也可进行人工压实后使用。

4 常见特殊土的辨识以及一般处理方法

4.1 填土的识别

(1)土内无杂物，但也无节理面、层理、孔隙等原状结构。

(2)局部土体颜色与槽内其他部位不同，有可能是在颜色较浅部位的填土颜色较深，也可能是深色部位填土的颜色较浅。

(3)包含物与其他部位不同，以黏性土为主的素填土主要表现在钙质结核的含量与其他部位的明显差异上。

(4)土内含有木炭屑、煤渣、砖瓦陶瓷碎片、碎石屑等人类活动遗迹(尤其是木炭屑应仔细辨认)。

(5)土内含有孔隙、白色菌丝体等原生产物，仿佛是原状土，但孔隙大而乱，排列无规则，土质松散。

(6)以粗粒土为主要场地，主要表现在矿物成分与其他部位有所差异、粒径差异明显、充填物的不同等。

(7)所含钙质结核是否光洁，是否为次生或再搬运所致。

产生人工填土的原因可能是在工程施工以前，也可能是在工程施工过程中。在工程施工以前的人工填土可能是老建筑的基础及肥槽，垃圾处理坑，废弃的水井，暗埋的塘、滨、沟、坑、穴等。在施工过程中产生的人工填土主要是由于超挖回填的填土、由于机械碾压产生的橡皮土、冬季施工未进行有效防冻措施的表层被破坏的土以及对地下水的引排工作滞后导致的泡槽等。

对于人工填土，由于其欠压实，且不均匀性较大，不能满足一般工程设计的需要，应进行处理。如果填土较薄时可以采取换填天然级配砂石或用一定比例的灰土进行分层回填压实。如果是素填土也可以对其掺灰土进行分层压实。对于当填土面积、厚度较大时，一般不建议用灰土进行局部处理，尤其是周围岩土的力学性质较差时，因灰土的力学性质与周围岩土的力学性质差异太大，极易引起建筑物的不均匀沉降而对建筑物造成损坏(具体情况可根据与灰土垫层处于同一位置的岩土的压缩特性、建筑物的抗变形能力等通过计算沉降量确定。灰土的压缩模量可取 $E_s=30$MPa)。此时，宜用砂石、碎石垫层等柔性垫层或素填土进行处理；或在局部用灰土处理后，再全部作 300～500cm 厚的相同材料的垫层进行处理。

4.2 新近沉积土的识别

新近沉积土具有承载力低、变形大、有湿陷性等特点(在大部分情况下，其力学性质不如沉积时间 10 年以上的素填土)，可能会产生较大的不均匀沉降，对建筑物有较大的危害。但在勘察工作中，由于孔内取土的限制，有时不能全部辨认出，在基础验槽时应特别注意。

(1)堆积环境：主要存在于土、岩丘的坡脚和斜坡后缘，冲沟两侧及沟口处的洪积扇和山前坡积地带，河道拐弯处的内侧，河漫滩及低阶地，山间凹地的表部，平原上被淹埋的池沼洼地和冲沟内。

(2)颜色：一般表现为灰黄、黄褐、棕褐，常相杂或相间。

(3)结构：土质不均、松散，大孔排列杂乱。常混有岩性不一的土块，多虫孔和植物根孔。锹挖容易。

(4)包含物：常含有机质，斑状或条带状氧化铁；有的混砂、砾或岩石碎屑；有的混有砖瓦、陶瓷碎片或朽木片等人类活动的遗物，在大孔壁上常有白色钙质粉末。在深色土中，白色物呈菌丝状或条纹状分布；在浅色土中，白色物呈星点状分布，有时混钙质结核，呈零星分布。

对于新近沉积层，由于其沉积时间较短，固结程度较低，应针对工程的重要性以及对基础的沉降要求进行处理。一般采用复合地基方案。

4.3 软土的识别

软土是指天然孔隙比大于或等于 1.0，且含水量大于液限的细粒土，包括淤泥、淤泥质土、泥炭、泥炭质土等。存在软土的基槽应该普遍进行轻型动力触探试验。

对于存在软土的天然地基应该进行地基沉降量计算，如果不满足设计要求，应该采用复合地基方案。

5 工程实例

京承高速公路(密云沙峪沟—市界段)第一标段金鼎湖立交桥工程拟建工程位于北京市密云县邓家湾村,上部为人工填土、第四纪卵石层,其下为太古代片麻岩。该桥桩采用钻孔灌注桩,泥浆护壁,因此无法进行直观判断是否进入预计桩尖持力层。如何判定基岩的风化程度是最大的难点。判定方法如下:

(1)首先参考该工程的地勘报告,了解该工程需要验证的基岩埋置深度;弱风化片麻岩埋置深度为11.6m,微风化片麻岩的埋置深度为14.0m。

(2)调查施工日志,对钻机的钻进速度针对该地区岩性总结一般规律。

第一个台班(12h)进尺为10.6m,平均每小时0.83m;第二个台班(12h)的进尺为4.0m,平均每小时进尺0.33m;第三个台班(12h)进尺为1.8m,平均每小时进尺0.15m……

(3)对钻孔中返上来的岩渣进行颗分总结其变化规律:0~10m以内的岩渣粒径一般>6mm;10~14.0m的岩渣粒径一般为4~6mm;14m以下的岩渣粒径一般为2~4mm。

(4)对钻孔返上来的岩渣同基岩的颜色进行对比,观察其颜色变化规律:0~10m以内的岩渣无主色,呈杂色;10~14m的主色比较明显,远观成灰绿色,近观感觉有些暗,颜色不是特殊的鲜艳;14m以下颜色十分鲜艳。

综合以上几点特点,我们就可以很容易地判别出已经进入微风化层的深度。由于本次参考的钻孔桩资料较少,对于密云地区的太古代片麻岩的判定未能给出一个定量的评定,但是基于此方法对风化层的判定其精度可以得到最大的保证。

6 结语

验槽是提升地质分析能力,解决复杂地质工程问题最直接,最有效的方式。同时验槽过程中需同业主、设计、监理、施工各方的交流,这是培养复合型人才不可多得的机会。只有掌握了相关学科的知识,才能应对在前期的勘察过程中针对可能发生的事情,进行精确的预测并得出最佳的解决方案。

路堑高边坡勘察方法探讨

李春荣　宋　炜　周　磊

（北京市地质工程勘察院　北京　100037）

摘　要：京承高速公路（密云沙峪沟—市界段）K86＋300～K100＋300 地处构造剥蚀形成的低山丘陵区，属于典型的山区高速公路。受特殊地形限制，桥隧工程比例高，路基工程多为深挖高填路段，路基开挖后，挖方边坡的稳定性问题十分突出。在施工阶段采用工程地质测绘、勘探、及现场试验等动态勘察手段，运用工程岩体质量 RMR 分类法和赤平极射投影法，评价坡体的稳定性，为道路施工及边坡加固方案确定提供合理化建议。现场施工实践证明，效果良好。

关键词：高边坡　RMR 分类法　赤平极射投影法　稳定性评价

0　引言

京承高速公路（密云沙峪沟—市界段）K86＋300～K100＋300 地处构造剥蚀形成的低山丘陵区，属于典型的山区高速公路，地形、地质条件复杂。受特殊地形限制，全线桥隧工程比例高，路基工程多为深挖高填路段，若采用以往平原区以钻探为主的单一勘察手段，不仅工程地质勘察难度大，而且很难满足高速公路勘察技术要求。为此，在施工阶段采用工程地质测绘，勘探、及现场试验等动态勘察手段配合道路施工，较为经济、全面、准确地获得了沿线地质资料，为道路施工及边坡加固方案的确定提供了翔实完整的地质依据。现场施工实践证明，勘察效果良好，节约了大量建设资金。本文列举 K88＋240～K88＋420 段高边坡稳定性问题的勘察案例，阐述岩质边坡稳定性的评估方法，希望为高速公路高边坡地质勘察提供一套可行的方法，为今后山区高速公路的地质勘察工作提供新的思路。

1　边坡概况

1.1　坡体概况

该坡处道路 K88＋240～K88＋420 段路基北侧，在地貌单元上为构造剥蚀形成的低山丘陵区，为人工开挖后形成的三级边坡，以每 8.0m 高划分为一级坡，自路基基底至坡顶依次编号为一、二、三级坡，中间设置平台，平台宽度 2.0m。现场实测第一、二级坡坡率 1∶0.5，坡度 62°，第三级坡坡率 1∶1，坡度 45°，坡长 180.0m，坡高 25m 左右。该坡开挖完成后坡面出现了滑塌和掉块现象，且坡面分布有楔形体。

1.2　区域构造

工作区在区域构造上主要受印支期褶皱和燕山晚期断裂活动控制；印支期密怀穹隆为区域主体褶皱，工作区位于沙厂背斜轴部北侧，此背斜为轴面近直立褶皱，长度大于 30km，走向近东西，向东倾伏，该部为太古界片麻岩，翼部为中元古界长城系、蓟县系地层，翼部地层走向近东西，相背而倾，倾角 30°～40°。燕山晚期断裂活动在区域上以北北东向左行平推断层为主，燕山晚期形成的霍各庄—大城子断裂位于拟建场区南侧约 250m。该断裂走向北东 30°，倾向北西，倾角 60°，局部直立，长度约 20km，宽 30～40m，断距大于 100m，结构面比较平直，为逆冲断层。根据现场调查结果，拟建场地未发现明显的不良构造破碎带。

1.3　地层岩性

根据现状边坡开挖面揭露的地层情况，拟建场区地地层岩性主要为太古代片麻岩：表层为全风化片麻岩层，褐黄—褐灰色，岩体风化成土状、小碎块状；其下为强风化片麻岩：褐黄—褐灰色，岩体节理裂隙发育，成碎块状、块状，锤击声哑；以下为中等风化片麻岩：青灰色，节理发育，岩石坚硬，如图 1 所示。

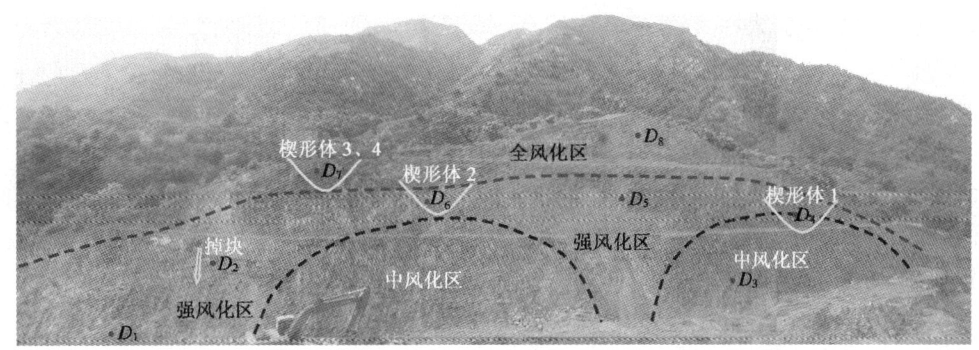

图1 K88+240～K88+420段北侧边坡立面照片(镜向NNW335°)

1.4 边坡破坏模式

该边坡按设计坡比开挖后，出现了滑塌和掉块现象。该边坡的破坏模式可以概化为表层强风化岩体小规模滑塌及强风化～中风化破碎岩体楔形体滑动两种。

1.5 边坡稳定性影响因素

(1)基本物质条件：区内受多期构造变动及岩浆侵入，岩体揉褶，节理裂隙发育，规律性较差，岩体破碎，差异风化现象明显。

(2)人工开挖边坡：现场实测一、二级坡坡面倾角约62°，三级坡坡面倾角约45°，坡总高度约25m，因开挖侧向卸载，并形成陡倾临空面，触发了边坡失稳。

(3)降雨作用：地表水顺坡面岩体裂隙下渗，结构面软化，抗剪强度指标下降，同时裂隙充水还将形成裂隙水压力，共同加剧了坡面岩体下滑失稳。

2 边坡岩体质量评价

2.1 工程岩体特征

该段边坡坡顶及两侧主要为全风化岩体，其平均厚度2～5m，主要分布于三级边坡，坡面大多表现为类土质特征；全风化岩体以下为强风化岩体厚度5～8m，并在左右两侧向下延伸，岩体破碎，裂隙微张～张，局部见厚2～5cm的泥化夹层；一级坡主要为强、中风化岩体，受节理裂隙切割，岩体破碎；边坡顶部的侵入岩脉岩体全风化。坡体岩石风化程度差异较人。

现场在边坡不同位置进行了节理裂隙产状测量，绘制为如图2所示的玫瑰节理图。可以看出优势节理面分布在倾向为145°附近，83%的节理倾向分布在125°～145°。边坡倾向为155°，节理倾向同边坡倾向基本一致，易形成滑动面，配合其他不规则的节理面切割，岩体可能形成大量楔形体和不稳定块体。

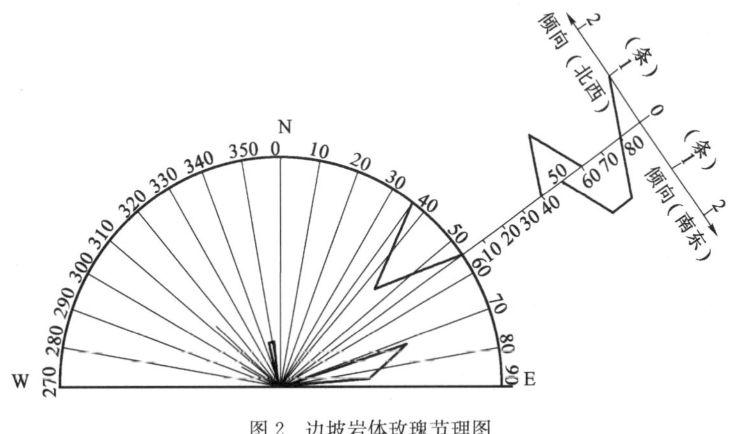

图2 边坡岩体玫瑰节理图

2.2 工程岩体质量分级

采用工程岩体质量 RMR 分类方法对 K88＋240～K88＋420 段北侧边坡岩体的质量进行分析评价。

RMR 分类是一种定量与定性相结合的多参数综合分类法，该方法主要考虑了岩石强度、岩体完整程度、岩体结构面状态、地下水状态以及结构面产状与工程的几何关系。

岩石强度以岩石单轴饱和抗压强度或点荷载抗压强度为量化指标，其值定义为 R_1；岩体完整程度以岩石质量指标 RQD 值为量化指标，其值定义为 R_2；结构面的影响以节理间距和结构面存在状态为量化指标，其值分别定义为 R_3 和 R_4；地下水的影响以节理水压力和每 10m 的水流量为量化指标，其值定义为 R_5；结构面产状与工程轴线的关系量化值定义为 R_6。岩体的 RMR 值为各个值的总和，按式(1)计算，岩体分级标准如表 1 所示。

$$\mathrm{RMR}=R_1+R_2+R_3+R_4+R_5+R_6 \tag{1}$$

岩体质量 RMR 分类分级标准 表 1

RMR 值	100～81	80～61	60～41	40～21	≤20
分级	Ⅰ	Ⅱ	Ⅲ	Ⅳ	Ⅴ
质量描述	很好	好	一般	差	很差
岩体内聚力(kPa)	＞400	400～300	300～200	200～100	＜100
岩体内摩擦角(°)	＞45	45～35	35～25	25～15	＜15

野外调查过程中分别在 D_1、D_5、D_6 点分别进行了节理裂隙统计调查和结构面回弹试验，根据野外调查及试验数据查表可得 R_1～R_6 分值。通过式(1)可以得出 D_1 点的 RMR 值为 38 分，D_5 点的 RMR 值为 32 分，D_6 点的 RMR 值均为 37 分，结合表 1 可以确定该边坡 D_1、D_5、D_6 点处的岩体质量为Ⅳ级，属岩体质量差级。

2.3 边坡岩体结构特征

本次现场调查现场共选取了 15 个地质观测点，对其中有代表性的 8 个地质观测点进行节理产状统计，测点编号为 D_1～D_8，各测点的位置如图 1 所示。根据测量统计结果，42％的节理倾向在 125°～185°，倾角在 35°～67°，坡体开挖面倾向 155°，倾角 62°，结构面倾向与坡面倾向基本一致，并以小角度斜交顺向坡居多。结构面产状对边坡工程岩体稳定性的作用评价标准如表 2 所示。

结构面产状对边坡工程岩体稳定性的作用评价标准 表 2

结构面产状对岩体稳定性的作用	非常有利	有利	一般	不利	非常不利
结构面产状与边坡的交切关系	反向坡；大倾角顺向坡，$\alpha>\beta$	斜交反向坡	大倾角斜交顺向坡，$\alpha'>\beta'$	小倾角斜交顺向坡，$\alpha'<\beta$	小倾角顺向坡，$\alpha<\beta$

分析表明该边坡结构面产状与边坡的交切关系以“小倾角斜交顺向坡”居多，故岩体中的结构面产状对岩体稳定性不利，边坡可能发生较大规模的楔形体滑动。

3 边坡稳定性评价

3.1 边坡总体稳定性评价

赤平极射投影方法是岩质边坡(包括自然边坡和人工边坡)稳定性研究中的一个重要方法，它既可以确定边坡上的结构面(包括边坡临空面)的空间组合关系，给出边坡上可能不稳定结构体的几何形态、规模大小以及它们的空间位置和分布，也可以确定不稳定结构体的可能变形位移方向，做出边坡稳定条件的分析和稳定状态的初步评价。

利用理正软件对 K88＋240～K88＋420 段北侧边坡地质点 D_4、D_6、D_7 位置存在的楔形体进行赤平投影分析。

3.1.1 D_4 地质点位置楔形体 1 赤平投影分析(图 3)

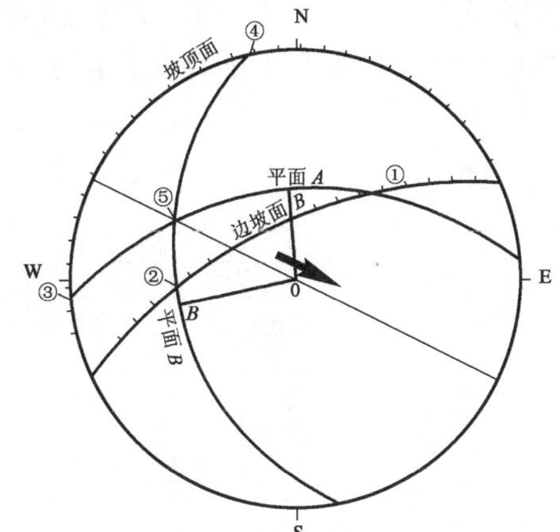

产状 结构面	倾向（°）	倾角（°）
坡顶面	155.00	0.00
边坡面	155.00	62.00
平面 *A*	175.00	47.00
平面 *B*	78.00	35.00
交线①	42.21	36.07
交线②	266.60	34.70
交线③	265.00	0.00
交线④	348.00	0.00
交线⑤	295.98	28.90

判定岩体稳定性：
1. 滑动方向：沿交线 *C* 方向滑动；
2. 稳定类型：可能滑动；
3. 安全系数：K_s=1.773。

图 3 D_4 点边坡楔形体 1 赤平投影分析

从图 3 中可看出：赤平投影图上两结构面的交点在坡内，不利于结构体的稳定，可能发生沿箭头方向的滑动，天然状态下安全系数 K_s=1.773 满足规范要求，但裂隙面的存在及雨水下渗将降低楔形体的安全系数，影响其稳定性，并可能发生下滑失稳。

3.1.2 D_6 地质点位置楔形体 2 赤平投影分析(图 4)

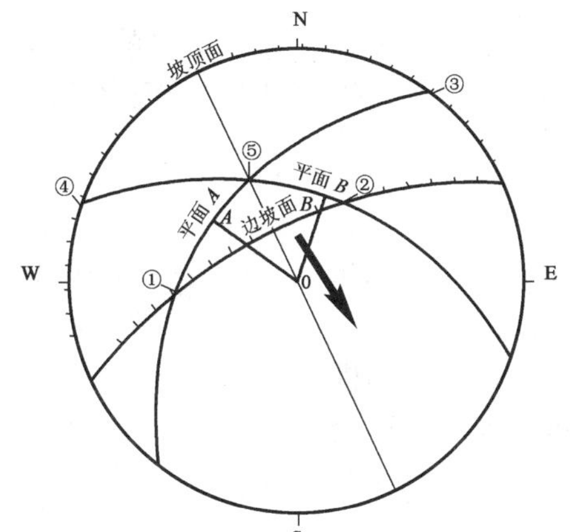

产状 结构面	倾向（°）	倾角（°）
坡顶面	155.00	0.00
边坡面	155.00	62.00
平面 *A*	126.00	41.00
平面 *B*	199.00	47.00
交线①	265.61	33.51
交线②	31.12	46.36
交线③	36.00	0.00
交线④	289.00	0.00
交线⑤	334.45	37.39

判定岩体稳定性：
1. 滑动方向：沿交线 *C* 方向滑动；
2. 稳定类型：可能滑动；
3. 安全系数：K_s=1.343。

图 4 D_6 点边坡楔形体 2 赤平投影分析

从图 4 中可看出：赤平投影图上两结构面的交点在坡内，不利于结构体的稳定，可能发生沿箭头方向的滑动，天然状态下安全系数 K_s=1.343 满足规范要求，但裂隙面的存在及雨水下渗将降低楔形体的安全系数，影响其稳定性，并可能发生下滑失稳。

3.1.3 D_7 地质点位置楔形体 3 赤平投影分析(图 5)

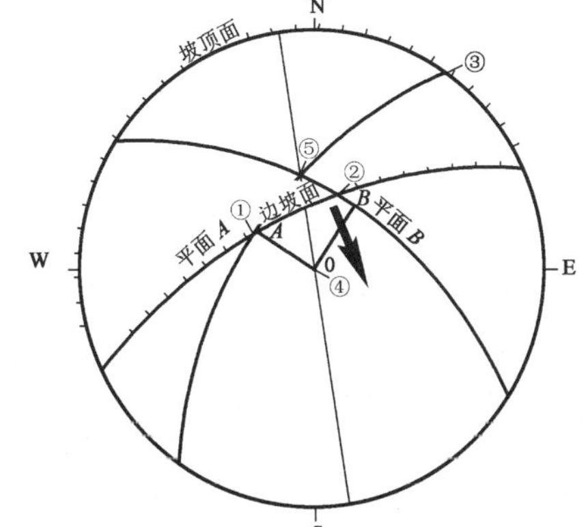

产状 结构面	倾向（°）	倾角（°）
坡顶面	155.00	0.00
边坡面	155.00	62.00
平面 *A*	125.00	57.00
平面 *B*	213.00	55.00
交线①	299.60	56.88
交线②	17.86	54.04
交线③	35.00	0.00
交线④	90.00	90.00
交线⑤	361.23	46.81

判定岩体稳定性：
1. 滑动方向：沿交线 *C* 方向滑动
2. 稳定类型：可能滑动；
3. 安全系数：K_s=1.606。

图 5 D_7 点边坡楔形体 3 赤平投影分析

从图 5 中可看出：赤平投影图上两结构面的交点在坡内，不利于结构体的稳定，可能发生沿箭头方向的滑动，天然状态下安全系数 K_s=1.606 满足相关规范要求，但裂隙面的存在及雨水下渗将降低楔形体的安全系数，影响其稳定性，并可能发生下滑失稳。

3.1.4　D_7 地质点位置楔形体 4 赤平投影分析(图 6)

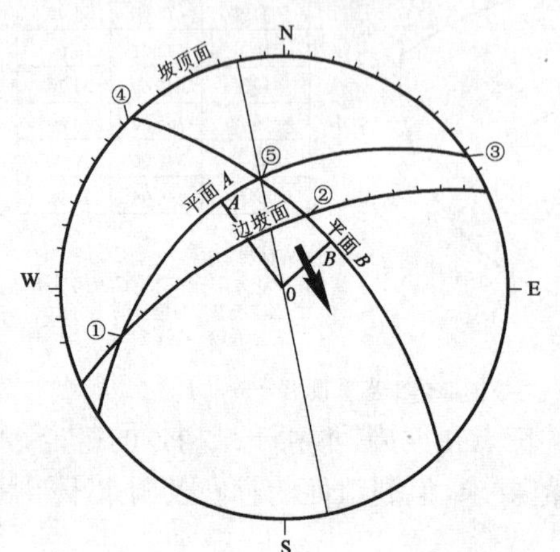

结构面＼产状	倾向（°）	倾角（°）
坡顶面	155.00	0.00
边坡面	155.00	62.00
平面 *A*	145.00	42.00
平面 *B*	226.00	57.00
交线①	253.94	16.29
交线②	18.45	53.78
交线③	55.00	0.00
交线④	316.00	0.00
交线⑤	348.44	39.56

判定岩体稳定性：
1. 滑动方向：沿交线 *C* 方向滑动；
2. 稳定类型：可能滑动；
3. 安全系数：K_s=4.545。

图 6　D_7 点边坡楔形体 4 赤平投影分析

从图 6 中可看出：赤平投影图上两结构面的交点在坡内，不利于结构体的稳定，可能发生沿箭头方向的滑动，天然状态下安全系数 K_s=4.545 满足规范要求，但裂隙面的存在及雨水下渗将降低楔形体的安全系数，影响其稳定性，并可能发生下滑失稳。

3.2　边坡稳定性定量评价

现场调查表明，该边坡的破坏模式可以概化为表层强风化岩体滑塌及强风化～中风化破碎岩体楔形体滑动两种。

楔形体破坏是岩质边坡的一个主要失稳模式，本节利用极限平衡分析方法对边坡楔形体进行稳定性分析。楔形体稳定分析示意图如图 7 所示。

采用理正岩土计算软件机型楔形体稳定性分析，D_4、D_6、D_7 地质点位置楔形体稳定性评价计算结果如表 3 所示。

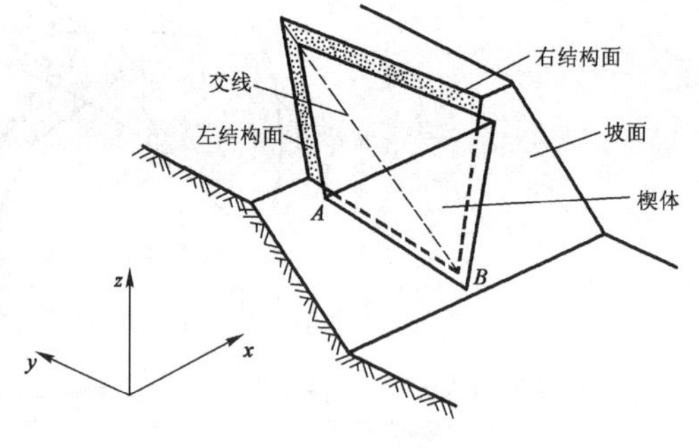

图 7　楔形体稳定分析示意图

楔形体计算结果　　表 3

楔形体位置	平面 *A* 面积(m²)	平面 *B* 面积(m²)	裂隙面面积(m²)	楔体的重量(MN)	平面 *A* 的法向压力(MN)	平面 *B* 的法向压力(MN)	下滑力 *S*(MN)	抗滑力 *Q*(MN)	安全系数 *F*
D_4 点 1 号	15.466	8.073	9.363	0.4	0	0.2	0.2	0.2	0.933
D_6 点 2 号	8.002	3.853	5.544	0.2	0	0	0.1	0.2	1.191
D_7 点 3 号	5.908	2.852	1.76	0.1	0	0	0.1	0.1	0.977
D_7 点 4 号	36.937	5.975	5.65	0.7	0.3	0.1	0.4	1	2.341

依据《建筑边坡工程技术规范》(GB 50330—2002)，该边坡防治工程等级为Ⅰ级，滑坡稳定性安全系数按表 4 取值。

《建筑边坡工程技术规范》(GB 50330—2002)规定的安全系数　　表 4

边坡工程等级	1	2	3
平面滑动法　折线滑动法	1.35	1.30	1.25
圆弧滑动法	1.30	1.25	1.20

从表中可能看出 D_4 点 1 号、D_6 点 2 号、D_7 点 3 号楔形体在降雨的影响下安全系数分别为 0.933、1.191、0.977，均低于表 4 规范要求的允许安全系数，安全储备不足。根据现场调查结果，滑裂深度 3m 左右，建议进行针对性喷锚支护。

4 结语

(1)该边坡岩土主要为太古界变质岩，边坡顶部三级坡位置及两侧为全风化岩层，以下为强风化岩层；边坡一、二级坡中部为强风化～中风化岩层，并见多期岩浆侵入现象，侵入岩体强风化。

(2)该边坡岩体破碎，节理发育，节理优势倾向为 145°，节理倾向同边坡倾向基本一致，并以小度倾角斜交顺向坡居多，对坡体稳定性不利，岩体质量总体属 IV 类岩体，岩体质量差。

(3)调查期间边坡已发生局部失稳破坏，破坏模式为中～强风化岩体区的岩体松动溃落，并将可能发生楔形体滑移，局部强风化类土质区发生近似圆弧的滑动。

(4)经边坡稳定性定性和定量分析表明，边坡在天然状况下处于基本稳定～稳定状态；在降雨的影响下，边坡可能处于不稳定状态，为保证高速公路运营期的稳定，需进行针对性加固处理。

参考文献

[1] 中华人民共和国行业标准. JTJ 064—98 公路工程地质勘察规范[S]. 北京：人民交通出版社，1999.

[2] 中华人民共和国国家标准. GB 50330—2002 建筑边坡工程技术规范[S]. 北京：中国建筑工业出版社，2002.

[3] 中华人民共和国国家标准. GB 50021—2001 岩土工程勘察规范[S]. 北京：中国建筑工业出版社，2001.

[4] 中华人民共和国国家标准. GB 50218—94 工程岩体分级标准[S]. 北京：中国计划出版社，1995.

[5] 中华人民共和国国家标准. GB/T 50266—99 工程岩体试验方法标准[S]. 北京：中国计划出版社，1999.

[6] 常士骠，张苏民. 工程地质手册(第四版)[M]. 北京：中国建筑工业出版社，2007.

通信管道工程设计特点分析

崔　瑾　黄轼琼　陈　峰

（中国公路工程咨询有限公司　北京　100083）

摘　要：本文结合京承高速公路主体特点，根据工程通信管道的设计情况，对其特点进行了分析。

关键词：京承高速　通信管道　设计

通信管道作为高速公路附属设施，在功能上属通信系统范畴，在设计与施工上又需与公路主体工程同步。因此，通信管道设计质量直接影响高速公路主体工程质量与通信系统质量。为保证京承高速公路（密云沙峪沟—市界段）按时通车，本文总结国内几条山区高速公路通信管道设计的成功经验与失败教训，结合京承高速主体工程特点，根据京承高速监控、收费、通信系统及供配电照明系统设计，完成了京承高速公路（密云沙峪沟—市界段）通信管道设计。京承高速公路（密云沙峪沟—市界段）通信管道设计有以下特点。

1　合理选用管材及技术，提高通信管道质量

国内近几年建成和在建高速公路通信管道管材主要有双壁波纹管及硅芯管。两种管材在施工工艺、穿缆技术及工程造价上有较大差异。

双壁波纹管同硅芯管相比，有以下特点：

(1)双壁波纹管单根长度一般为6m，接口密度较高。由于接口多，而且接口配件质量差，无法保持气密封、水密封，容易导致管道内渗水、淤泥等，抗沉降和剪切的能力相对差，易错位。

(2)需要反复抽取光缆时（如增容或排修），施工麻烦且极易损坏光缆，且施工中需在管内穿放置子管，然后对接口处进行包封处理。

(3)每150m左右就须设置一个人孔，成本高，牵引法一次最长极限距离约200m，遇复杂地形路段将更困难。当光缆扩容时，要打开每隔150m左右的人井，然后逐段牵引，这样费时、费力，日后维护工作量大，租赁或销售时商业价值受影响。

而硅芯管相对于双壁波纹管，则有以下优点：

(1)硅芯管在抗张、抗压、弯曲半径、应力开裂等强度方面优于HDPE双壁波纹管，每根2km或更长，气密封端头膨胀塞、气密封接口件和气密封护塞，自始至终保证了管道内的清洁干爽，接口少，材质强，抗沉降和剪切的能力相对强，错位对缆线的消极影响不大。

(2)硅芯管内壁的硅芯层是永久的固体润滑剂，可对光缆反复抽取，而且采用气吹法敷缆，对光缆无任何损伤，无须大口径管保护，一次性直接敷设管道，且不受地形起伏变化和弯道的限制。

(3)每1km左右设置一个手孔，节省成本，气吹法单机一次可穿缆1km以上，省时、省力，空管内直接气吹敷缆，一步到位，施工简便灵活，日后维护需求少，租赁或销售时商业价值充分发挥。

京承高速公路（密云沙峪沟—市界段）通信管道采用了硅芯管及气吹法，使通信管道的施工工期大大缩短，同时也降低了通信管道的造价，为后期工程的顺利进行创造了有利的条件。

2　合理选择容量及孔径，提高管道利用率

通信管道的总容量由两部分构成：一是根据本项目各系统传输信息所需的管孔数、后期维护以及为远期系统扩展而备用的管孔数；另一部分管孔数作为公路部门的资源是将来计划出租或出售给电信、联通等部门

的管道容量。

高速公路通信网络的通信线缆主要为光缆，一般直径在10～20mm，小对数电缆直径一般也在20mm左右，如管道孔径选择不当，不但会增加通信管道造价，也直接会影响到后续通信系统的质量。

根据北京相关路网情况及京承高速公路(密云沙峪沟—市界段)与河北省路网相接情况，管孔数选定为24孔硅芯管，孔径根据本项目光电缆线径及气吹法吹缆要求，选用外径为40mm、内径为33mm的硅芯管。

3 采用混凝土人手孔，增强管道防水性

高速公路通信管道一般采用砖砌人手孔和混凝土人手孔两种，砖砌人手孔较混凝土人手孔材料单一，单个人手孔施工时间短，但是防水性能差，尤其是设在地势较低处的砖砌人手孔内，积水严重，电缆长期浸泡在水中，安全隐患很多。

京承高速公路(密云沙峪沟—市界段)采用钢筋混凝土人手孔就解决了这个问题，人手孔采用现场浇注施工，基坑开挖好之后，先将基底夯实再铺10cm厚C15混凝土垫层，钢筋混凝土四壁外部采用防水土工布包裹，管道进人手孔处用沥青土工布和沥青麻丝作防水处理，且在人孔底设置积水罐，在少量积水时，可通过自然蒸发排除积水。在路肩填土高度大于人孔深度的路段，采用在人孔内设置排水管的方式排除人孔内的积水。

4 结合山区高速特点，因地制宜选择路由

京承高速公路(密云沙峪沟—市界段)地处密云县东北部山区，地形复杂，对通信管道设计的路由选择带来很大困难，设计人员经多次现场勘查，针对不同的复杂地形进行逐一细化。

例如沙厂2号隧道起点处地形条件比较复杂，无法设置隧道洞口的横穿过路钢管及人手孔，而沙厂1号隧道终点距沙厂2号隧道起点距离只有300m，所以沙厂2号隧道洞口不设置横穿过路钢管，使其与沙厂1号隧道公用一组隧道洞口横穿，两隧道外侧电缆沟内的干线管道直接沿两隧道间左右幅外侧路肩连通。

塔洼1号隧道与塔洼2号隧道之间形成了桥隧相接的情况，塔洼1号隧道起点仍为桥隧相接的情况，隧道的起终点洞口均无法设置横穿过路钢管及人手孔，于是将塔洼1号隧道终点与塔洼2号隧道起点公用一组横穿过路钢管，将塔洼1号隧道起点洞口横穿过路钢管设置在起点之前的桥头处，干线管道在桥头处就分成两组沿桥梁的左右幅外侧外挂铺设，依次通过塔洼1号隧道、塔洼2号隧道两外侧电缆沟。

经过细致的对通信管道路由的布设，逐一解决了山区高速中管道通过桥隧相接路段、石方路段的问题，保证了后期光电缆的通过性，又节省了施工中的不必要开支。

5 配合路线主体设计，管道种类设置齐全

京承高速公路(密云沙峪沟—市界段)通信管道包括铺设于道路中央分隔带内的主线管道、从主线沿匝道土路肩铺设至收费站的支线管道、沟通服务区左右区之间的通信和供电横穿过路管道、设置在隧道洞口的主线管道过路及隧道内监控系统成环的横穿管道、为供电照明系统铺设的隧道洞口横穿过路管道、沟通隧道左右洞口的管道、为监控外场设备横穿过路用的管道以及布设间距在1km内的为远期设备和预留考虑的横穿过路钢管等，而且在设计时仔细做好上述各种管道与路面工程、桥梁防撞护栏、交通安全设施工程、绿化工程之间的埋设位置及施工工序等方面的考虑。

如在桥梁防撞护栏上铺设通信管道时，需在防撞护栏上设置通信管道支架，为方便桥梁护栏施工，将管道支架分体设计，在防撞护栏内埋设预埋钢板，后期将支架与预埋钢板焊接，这样既不破坏防撞护栏模板，后期焊接支架又能达到整齐美观的效果。

在通信管道接入隧道洞口部分，向隧道设计提出将隧道电缆沟向隧道外侧，垂直隧道内电缆沟外延至排水沟外，使通信管道能够顺直接入隧道外侧电缆沟内，与隧道内电缆沟连通，这样既保证了后期光电缆能够顺直接入隧道内，又使隧道洞口整齐美观，避免了隧道电缆沟直接外露。

京承高速公路(密云沙峪沟—市界段)地处山区地段,石方路段和加筋土陡坡地段非常多,设计人员多次到现场实地勘察,专门针对监控外场设备落在石方路段和加筋土陡坡地段范围内的情况,和互通匝道上存在加筋土陡坡路段,结合主题路线设计逐一排查,采用以人手孔壁带排水沟沟壁的方法,来解决部分挖方路段碎落台较窄的问题,将监控外场设备及部分支线管道避开加筋土陡坡地段,既保证了通信管道的完备性和功能性,又保证了路线主体结构的稳定安全。

通信管道管道种类设置齐全,与路线主体设计衔接缜密,为后续工程的进行提供了完善的基础设施。

6 结语

通信管道在高速公路建设中虽然所占造价比重不大,但是其在高速公路后期使用中的作用是不容小视的。通信管道是高速公路运营及智能化交通运输系统中的重要环节,齐全完备的通信管道将为未来的信息化高速网络提供更快捷、更方便的传输通道。

金鼎湖立交选型设计

胡瑛瑾

(北京市市政工程设计研究总院　北京　100082)

摘　要: 本文结合立交周边区域的现况及其规划,通过交通量预测分析、路网功能分析,在考虑到合理用地、各项技术指标符合标准的基础上,对金鼎湖互通式立交进行选型设计;并通过对立交的技术、社会、经济、资源环境四大指标进行分类评价,来确定最佳方案。

关键词: 京承高速公路　金鼎湖互通式立交　水辛路　选型设计　方案比选

0　引言

金鼎湖互通式立交为京承高速公路(密云沙峪沟—市界段)工程中第二个互通式立交。该立交的设置主要为方便京沈路、金鼎湖旅游区和沙厂水库与京承高速的联系。

立体交叉形式的选择是本立交建设中重要的前期工作,立体交叉的布局形式选择的不同及设计的合理与否,对提高交叉口通行能力、交通安全、节省行驶时间和提高道路功能均有很大影响。

1　区域现况及规划

1.1　区域现况

金鼎湖互通式立交位于密云县邓家湾西南、潮河南岸、红门川河西岸。公路与现况水辛路相交,京承高速公路主线上跨水辛路(南北向四级公路),其北侧约 1.35km 为京沈公路(101 国道)。用地范围内基本为平原地形,包含多处鱼塘和果树林,东南侧、南侧靠山区。

周边道路:立交上跨水辛路,北侧约 1.35km 为京沈公路(101 国道)。

周边河流:立交处在潮河南岸、红门川河西岸。

周边铁路:立交南侧为京承铁路,但距离较远。

周边民用地:立交西北侧即潮河北岸为穆家峪镇,东北侧即红门川河东岸为邓家湾。立交用地范围内包含多处鱼塘及果树林。

1.2　规划

金鼎湖立交的建立为与京沈公路间交通量转换达到平衡,需规划改造现况水辛路并将其部分路段为水辛路联络线与现况京沈公路相接。京沈公路(101 国道)现况为山区二级公路,规划为一级公路;水辛路现况为四级路,规划改造为三级公路,部分改线;金鼎湖立交与京沈公路间原水辛路部分改造为水辛路联络线与现况京沈公路相交并规划为二级公路;为分流 101 国道货运交通及部分客运交通,在京承高速 K75+228.45 处设置金鼎湖互通立交,并设置联络线与 101 国道相接。规划采用全互通式立交,设立收费站,转弯匝道齐全。立交用地范围主要为东北、西南、西北象限地域。

2　立交选型设计原则

基本原则为线形简单、便捷、正常;运转顺适流畅;行驶安全;总体经济;构造美观。

(1)立交的选型应与整体路网格局一致,满足交通功能需求,同时服务于地方。

(2)对节点进行定性、定量分析，区分主次要交通流向，保证主要方向的交通顺畅，体现“快”与“快”相交的特点。

(3)紧密结合区域规划条件、地形地物特点，因地制宜、机动灵活、合理地安排立交形式，使匝道布置紧凑，节约用地，减少拆迁。

(4)满足规范、标准要求。

(5)从匝道布局、竖向安排、拆迁占地、生态环保等方面进行综合分析比较，控制工程规模、节省工程投资。

3 节点功能分析

3.1 路网分析

金鼎湖互通式立交地处京承高速公路与水辛路相交处，从路网分析上来看，该立交北侧 1.35km 处为京沈公路(101 国道)，中间需设置水辛路联络线将京承高速路与 101 国道相连通，此外为配合金鼎湖立交预期在京沈公路与水辛路联络线处修建京沈互通式立交或设置平交。金鼎湖立交的主要功能是分流部分京沈公路进京的客、货运交通，加强达岩地区、沙厂水库区域与北京方向交通联系，是密云新城东部各镇与市区交通联系、转换的节点，是京承高速公路上的一般性立交。此节点设计应按照全互通式立交考虑，才能满足其预期功能得以实现，具体选型还应按照立交选型原则逐步分析比较进行。如图 1、图 2 分别为现况水辛路与京沈公路。

图 1　现况水辛路

图 2　京沈公路(101 国道)

3.2 预测交通量分析

根据远景年(2027 年)交通量预测，金鼎湖立交节点转向交通流量如表 1 所示。

金鼎湖立交节点预测交通量转向流量表

表 1

节点及预测特征年	右　转	辆/日	左　转	辆/日
金鼎湖互通立交 2027 年	北向西	1 806	北向东	935
	西向北	1 709	西向南	2 242
	南向西	2 320	南向东	1 519
	东向北	728	东向南	1 468

根据路网情况及交通量数据分析(图 3)，东向北及北向东方向交通转换量最小，对这两个方向应采用环行匝道。其他方向宜采用定向匝道连接；东西主线交通量远大于水辛路南北向交通量，所以在匝道布设时宜用主线上跨水辛路方式。

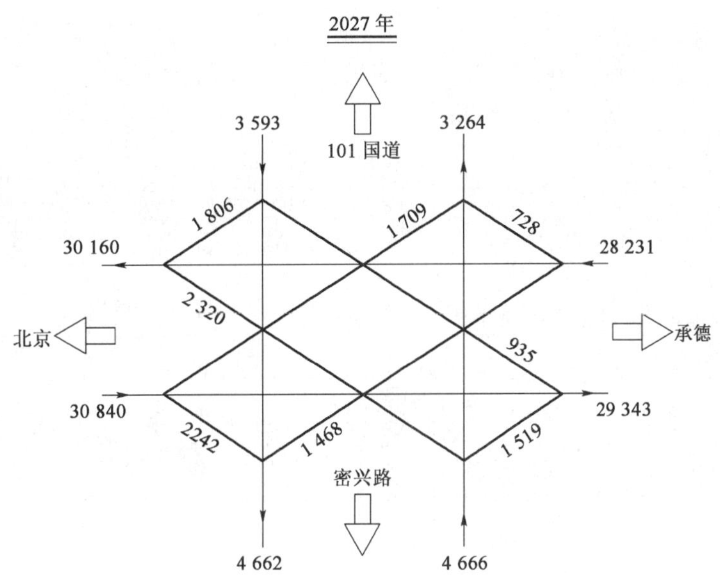

图 3 金鼎湖立交节点预测交通量转向流量图

4 立交布局

4.1 立交控制条件

金鼎湖互通式立交选型的主要控制条件有现况水辛路、北侧的京沈公路(101 国道)、潮河、红门川河。此外,立交用地范围内包含多处鱼塘及果树林,南侧靠山,如图 4 所示。

图 4 金鼎湖立交用地范围内取景

4.2 立交选型设计

4.2.1 方案一:AB 式半苜蓿叶型立交

方案一为 AB 式半苜蓿叶环形匝道两层四肢全互通式立交,立交匝道布设于西南、西北两个象限内,京承主线上跨水辛路,南向北方向右转需先左转进入环形匝道后进而右转实现。整个立交分为主路、匝道及地方道路三个层次,与水辛路交通转换采用平交灯控路口,共设两处平交路口。设收费站两处,分别设收费车道 6 条,为 2 入 4 出。如图 5 所示为 AB 式半苜蓿叶型立交系统。

4.2.2 方案二:A 式半苜蓿叶型立交

方案二为 A 式半苜蓿叶环形匝道两层四肢全互通式立交,立交匝道布设于西南、东北两个象限内,京承主线上跨水辛路,南向北、北向南方向右转需先左转进入环形匝道后进而右转实现。整个立交分为主路、匝道及地方道路三个层次,与水辛路交通转换采用平交灯控路口,共设两处平交路口。设收费站两处,分别设收费车道 6 条,为 2 入 4 出。如图 6 所示为 A 式半苜蓿叶型立交系统。

4.2.3 方案三:单喇叭型立交

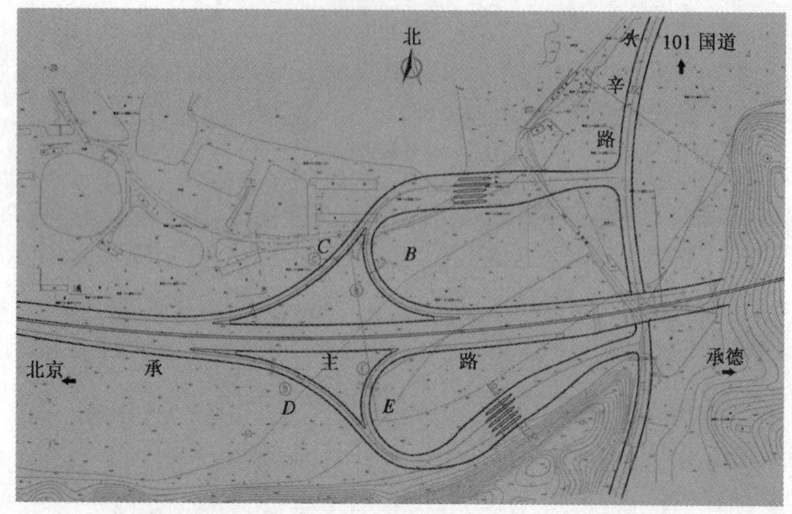

图5　AB式半苜蓿叶型立交系统

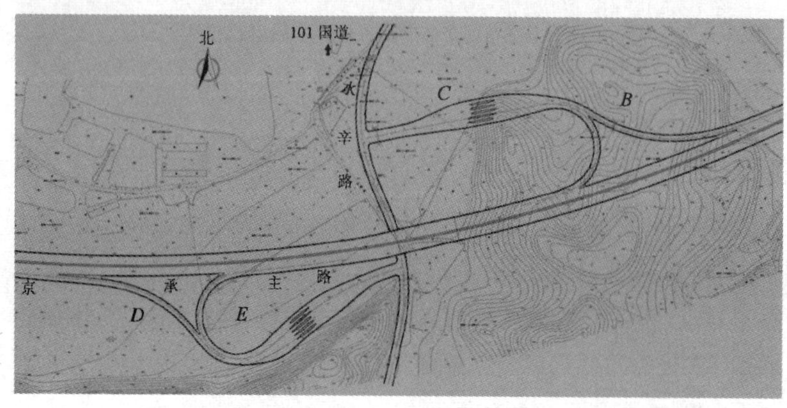

图6　A式半苜蓿叶型立交系统

单喇叭型单环形匝道两层三肢全互通式立交，立交主体向西偏移，立交匝道布设于西南、西北、东北三个象限内，主路上跨水辛路，在西北象限设置立交匝道及收费站广场。整个立交分为主路、匝道及地方道路三个层次。改造现况水辛路，以通道形式使其下穿京承主线及其东北象限匝道。与水辛路交通转换采用平交灯控路口。设收费站一处，分别设收费车道8条，为3入5出。如图7所示为单喇叭型立交系统。

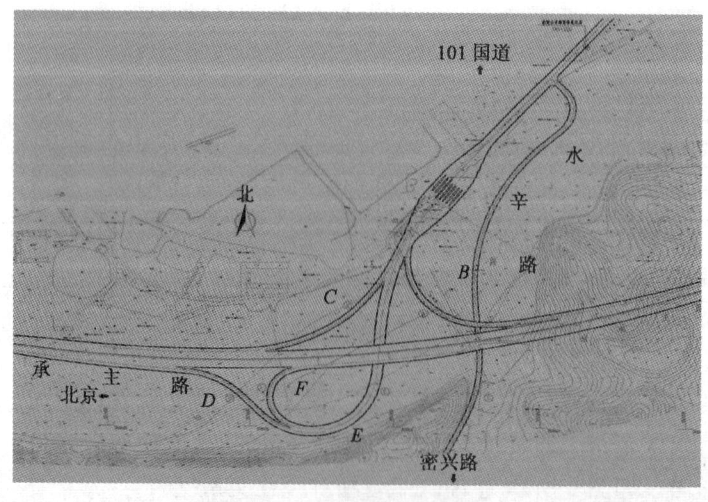

图7　单喇叭型立交系统

4.3 立交方案比选

4.3.1 技术指标评价(表 2、表 3)

主 线 技 术 指 标

表 2

<table>
<tr><th colspan="3">项 目</th><th>数 值</th><th>方 案 一</th><th>方 案 二</th><th>方 案 三</th></tr>
<tr><td colspan="3">设计速度(km/h)</td><td>100</td><td></td><td>100</td><td>100</td></tr>
<tr><td colspan="2" rowspan="2">最小平曲线半径
(m)</td><td>一般值</td><td>1 500</td><td rowspan="2">1 800</td><td rowspan="2">2 000</td><td rowspan="2">2 000</td></tr>
<tr><td>最小值</td><td>1 000</td></tr>
<tr><td rowspan="4">最小竖曲线半径
(m)</td><td rowspan="2">凸形</td><td>一般值</td><td>25 000</td><td rowspan="2">17 000</td><td rowspan="2">17 000</td><td rowspan="2">17 000</td></tr>
<tr><td>最小值</td><td>15 000</td></tr>
<tr><td rowspan="2">凹形</td><td>一般值</td><td>12 000</td><td rowspan="2">12 000</td><td rowspan="2">12 000</td><td rowspan="2">12 000</td></tr>
<tr><td>最小值</td><td>8 000</td></tr>
<tr><td colspan="2" rowspan="2">最大纵坡(%)</td><td>一般值</td><td>2</td><td rowspan="2">2</td><td rowspan="2">2</td><td rowspan="2">2</td></tr>
<tr><td>最大值</td><td>2</td></tr>
</table>

匝道主要技术指标

表 3

	方 案 一	方 案 二	方 案 三
最小设计速度(km/h)	40	40	35
最小平曲线半径(m)	53	55	45
最大纵坡(%)	2.6	4.3	4.5
全长(m)	1 750	1 175	1 516

方案一 AB 式半苜蓿叶型立交、方案二 A 式半苜蓿叶型立交、方案三单喇叭型立交均为主线上跨匝道或者被交路。

方案一工程规模较小,需设置收费站两处、平交路口两处。但在规范中规定不是特别受限的地方尽量少采用 AB 式半苜蓿叶型立交,且本方案部分匝道为减少挖方,使得匝道与被交路平面交叉和主线与被交路交叉点距离太近,平交口交角小,其一侧靠近跨线桥,一侧靠近山坡,视距较差,存在一定安全隐患。而且,从土石方上看为填缺。

方案二为适当增加挖方,尽量少占农田,使互通立交布置尽量舒展,立交匝道尽量向山上靠,使得半苜蓿叶两平面交叉间距满足两个左转车道长度要求,设计为 A 式半苜蓿叶型立交。但仍存在南侧平交口交角小,视距较差,存在安全隐患的问题。

方案一、方案二苜蓿叶型立交均把京承主交通流吸引至水辛路,向水辛路两端进行分流,但又只对水辛路局部(金鼎湖立交—京沈公路)段改造,水辛路(起点—金鼎湖立交)仍为 4m 宽乡级公路,交通转换不匹配。

方案三单喇叭型立交,适当改造水辛路与匝道形成一处平交路口,交通组织简单,只设置一处收费站,把京承主交通流直接通过改造后二级公路标准的水辛路与京沈公路交通流进行转换,不吸引交通流至现况水辛路。互通设置与主交通流方向匹配。

4.3.2 社会指标评价(立交对所在区域的社会影响)

这次方案比选的社会指标以立交对所在区域的社会影响作为评估内容,也就是说进行社会指标评价,实际上就是进行立交对所在区域的社会影响的评估工作。依据立交对其地域居民生活,地区产业等诸多方面的影响将其分为有利、较有利、无明显影响、较不利、不利五个等级,来为之后的系统综合评价提供数据条件。立交定线尽量利用旱地,保留了经济林,因此减少了拆迁。其建立达到了区域交通转换的目的,缓解了区域交通压力,从侧面缓解了此区域的社会压力。拟建项目对节点区域及其道路沿线的经济结构产生影响,并将引起就业结构发生变化，由于地域交通将更加便利，原有的果园及鱼塘的农业型和养殖业型就业结构将变为多元化。三方案立交交通安全性大致良好，但AB式方案匝道为减少挖方使得匝道与被交路平面交叉点和主线与被交路交叉点距离太近，存在一定安全隐患，可能会对区域内交通的安全性产生一些不利影响。A式距离则相对合理。喇叭式半定向运行稳定，自由流式运行也使其通行能力较高，无交叉交织，安全性较高。

经评估得以下结果：三方案的设计对区域内的社会影响整体良好，但不能说完全无负面影响。虽然AB式对区域安全存在一定安全隐患，但由于合理运用了平交灯控进行控制，限制了此安全隐患处于理论阶段，所以三方案的社会指标均评定为“较有利”。

4.3.3 经济指标评价

方案一AB式半苜蓿叶型立交工程规模小，建安费为5 915万元。方案二A式半苜蓿叶型立交建安费为11 354万元，方案三单喇叭型立交建安费为10 123万元。

方案一在建安费上的优势明显。

4.3.4 环境资源指标评价(对周边生活和生态影响及对资源影响评估)

这次方案比选的环境资源指标需要从多方面入手分析，大体以立交对所在区域周边生活和生态影响及对资源影响作为评估内容，也就是说进行环境资源指标评价，实际上就是进行立交对周边生活和生态影响及对资源影响的评估工作。依然对这些影响将分为有利、较有利、无明显影响、较不利、不利五个等级，来为之后的系统综合评价提供数据条件。由于本地居民密度小，空气流通性强，施工噪声及废物排放对区域居民的生活环境质量影响不大。本项目实施后的绿化工程会对原有植被的破坏起到一定的补偿作用，使得本项目的绿化程度大于对植被的破坏程度，从而起到带动该区域自然环境建设的作用。土地资源是不可再生的，本项目的实施将使农民的经济及居住用地减少，对其征用时可能会有一定困难。此外，三个方案的涉及区域均未见矿产资源及地上文物古迹，在项目实施时如果发现，可以进行抢救性发掘保护。

经评估得以下结果：三方案的设计对区域内的环境资源未造成大的破坏，未见明显正面或负面作用。因此，三方案的环境资源指标均评定为“无明显影响”。

4.3.5 确定推荐方案

通过对立交的技术、社会、经济、资源环境四大指标对三个立交方案进行分类评价，单喇叭型方案的优点可以总结为交通组织清晰明了，转向交通顺畅，收费站设置集中，便于管理，建安费用适中，联络线与现况水辛路主次关系明确，主流方向交通通行能力较高。

因此，推荐方案定为方案三单喇叭型方案全互通式立交。

4.4 金鼎湖立交选型设计收尾工作

4.4.1 竖向设计

推荐方案即喇叭形立交的竖向要求均满足规范、符合标准，方案完善合理。

4.4.2 地方道路改造与完善

现况水辛路在立交区范围内改造为三级公路，新建水辛路联络线与101国道(京—沈公路)连接，规划为山区二级公路。并在水辛路联络线与京沈公路相交处，由原分离式立交改造为半互通立交，设置两条与河北方向连接的匝道。完成京承高速与101国道的快速交通转换。

5 结语

针对这次选型设计，总结出了一些结论和经验：立交系统层次分明；匝道进出口设置得以优化；利用立交主体向西偏移，妥善处理了立交匝道与改造水辛路的相交方式合理性问题；竖向安排合理；对地方道路进行了改造和完善，形成层次分明、功能齐全的交通节点枢纽转换系统。

通过设计，还得到了如下经验：高速公路建成后，围绕许多立交枢纽可能会建立许多新的工业企业，形成许多新的城镇，大大改变当地的经济面貌，促进经济的繁荣。金鼎湖立交区域范围内亦是如此。因此，在对一座拟建立交进行选型设计时，要做到瞻前顾后、全面分析、实事求是、精确细致，切忌片面、模棱两可、编造数据和只顾眼前利益，总体设计还是要有利于该立交区域内今后的发展。

参 考 文 献

[1] 乔翔，蔺惠如. 公路立交规划与设计实务[M]. 北京：人民交通出版社，2001.
[2] 高速公路丛书编委会. 高速公路立交工程[M]. 北京：人民交通出版社，2001.
[3] 李嘉. 公路设计百问[M]. 北京：人民交通出版社，2003.

公路观景台设计技术初探

杨 帆 孟 强

（交通运输部公路科学研究院 北京 100088）

摘 要：公路观景台作为我国公路建设中的新事物，对于提升公路服务水平、体现以人为本的建设新理念，具有积极的促进作用，但是其设计、建设及运营管理等方面都还处于探索阶段。本文通过对公路观景台概念、特点、分类及设计技术的分析，提出了公路观景台设计的若干要点，并通过具体案例进行了阐述，同时提出若干值得思考讨论的问题和建议。

关键词：公路 观景台 景观设计

0 引言

近年来，随着我国公路建设理念和建设水平的不断提高，如何为驾乘人员提供更加舒适便捷的服务成为公路建设的重要目标，并越来越受到重视，一些借鉴国外发达国家公路建设经验的新技术和新措施不断涌现，公路观景台即是其中最有代表性的措施之一。但是，观景台对于国内公路建设行业而言还是一种新事物，对其认识和理解还处于探索阶段，尤其是还未形成一个较统一、被大家普遍接受的概念，相关技术标准也不完善，工程实践中更是存在不少的误区，这些都制约了公路观景台应有功能的发挥，进而影响了公路服务功能的效果。

1 产生及概念

国内公路观景台的产生与发展借鉴了发达国家的成功经验，如美国不少低等级公路在景观优美或有特定历史意义的路段路侧设置了取名为“scenic view”及“view point”的场地，供公路使用者临时停车欣赏沿途景观或了解当地独特的人文历史等；在高速公路上往往结合路侧安全休息区（Safety Roadside Rest Area）的设置在其内部置了特定的观景区，提供驾乘人员休息的同时满足他们的赏景需要，提高了休息的质量。

在我国，较早见诸报道的公路观景台案例是广东省京珠北高速公路上设置的 6 处观景台。该项目于 2003 年 4 月建成通车，2003 年 9 月建成通车的原交通运输部示范路——四川省川九路设置的观景台也是较早出现的案例之一，其后公路观景台便不断出现，尤其是原交通部于 2004 年推出公路勘察设计典型示范工程之后，设置观景台来提升公路服务水平、展示公路景观更是在行业内形成普遍共识，无论是高速公路还是低等级公路都把设置观景台作为一件“时髦”的事来做。就笔者所了解，目前国内比较有影响、较成功的公路观景台案例有云南思小高速公路野象谷观景台、北京 109 国道门头沟段若干观景台、北京 111 国道怀柔段若干观景台、川藏公路西藏林芝鲁朗段若干观景台及湖北神宜生态旅游路上设置的若干观景台等。这些观景台无不成为上述项目的景观亮点，给人留下深刻印象。

国内对于公路观景台还未形成较统一的概念，参照国外经验并结合国内案例实践，笔者认为公路观景台可以做如下定义：公路观景台是以满足驾乘人员在公路使用过程中的景观欣赏、临时休息并获取相关信息等需求的公路路侧附属功能区。由此可见，公路观景台具有两点基本属性：其一，它是附属于公路的一种路侧临时场地设施；其二，它以满足观景、休息及信息提供功能为主要目的。

2 观景台的类型

通过对国内外公路观景台的大量案例进行归纳分析，可以把观景台依照不同标准划分若干类型，以便于对其研究和设计，常用的分类标准主要有观景类型和规模两种。

2.1 按观景类型分

观景台的主要功能是提供观赏沿途景观，因此公路沿线所要观赏的景观类型决定了设置公路观景台的性质和内容。公路沿途景观要素主要包括自然景观和人文景观两种，因此相应的公路观景台可以分为自然景观型、人文景观型和复合型三大类。

自然型，即以观赏自然风景为主的观景台，一般设置在公路两侧有较高景观价值且视域范围良好的地方；人文型，即以观赏人文历史资源为主的观景台，一般设置在公路路侧蕴藏历史遗迹、保护文物遗址的地方；复合型，即该处既能观赏自然风景，同时又拥有历史人文资源背景。

2.2 按占地规模分

观景台作为一种路侧临时观景、休息场地，其设置很大程度上受制于允许提供给观景台使用的场地的大小，也就是观景台的规模，因此，公路观景台按规模可分为简易型、基本型和综合型三类。

简易型，仅满足路侧停车和简单的景观观赏功能，规模相当于公路的港湾式停车带。

基本型，可以满足较简单的停车、临时休息及观景等功能，停车区与主路之间一般有隔离区域，且三种功能区之间有较明显的划分。

综合型，可以满足较完善的停车、综合休息及观景等功能。如停车功能包括大小车的分区停放；综合休息功能包括卫生间、休息观景凉亭、座椅等；观景区有明确的信息提示牌等。

3 公路观景台设计要点

观景台的设置不仅涉及景观、绿化及工程结构等内容，而且关系交通安全，因此在观景台的选址、具体布局、设计时应给与综合考虑。具体设计时应注意以下问题。

3.1 选址要有代表性

由于相对规模较小，且观景的功能目的明确，所以观景台的选址应注重体现灵活的布设原则。观景台的位置选择应经过合理论证，既要满足观景需要，尽量不设置观赏景观雷同的观景区，同时又应考虑这些临时场地在全线的合理布局、相互之间的间距等，不宜数量过多，以免造成交通安全的隐患，同时不宜像服务区一样强求沿主线对称布设。

设计时应首先对项目沿线已开发利用及潜在的景观资源进行调查、分析，结合路线方案寻找合适的位置设置观景台。同时观景台的设置应充分结合旧路改造中产生的废弃老路或公路建设中产生的路侧取弃土场等进行灵活布设，在满足赏景要求的前提下，尽可能节约土地资源。

3.2 功能分区应明确

观景台虽占地规模不大，但对其进行功能分区却十分必要。案例分析显示，观景台应基本包括停车区、休息区、观景区和过渡隔离区等几个基本功能区。当然，不同规模和需求的观景台所包含功能区的数量和规模也是不同的。

3.3 交通组织须合理

在对观景台进行功能分区的前提下，应充分考虑管理和交通安全需要，可以通过设置交通标志控制大型货车进入观景区(针对国内现状非常有必要)；观景台停车区与公路主线之间可以通过不同高程场地或设置不同材质的隔离带(如卵石铺装、施画色彩亮丽的标线)来分隔，停车区与观景区之间可以通过不同高程和不同材质的铺装来区分或通过绿化隔离区进行分隔，保证合理的交通流线，满足交通安全的需要。

3.4 设计内容宜简洁

景观设计应符合公路使用环境的特殊要求，尽量以自然、朴实、维护费用低的设计为主，不宜搞大规模的土方工程，对于场地内能保留的自然地形和植被应尽量保留，尤其对于场地和公路之间的自然土丘和植被更应加以合理利用，将高速公路与停车观景区自然分隔开来，形成较佳的景观环境。

观景台设计的主要内容包括停车设施、观景设施、休息设施、安全防护设施、信息系统和绿化工程等。为满足驾乘人员休息需要，停车观景区内宜结合场地情况设置简单的休息设施，如座凳、垃圾桶等。从管理和环保角度看，不宜设置公厕等设施。观景区内应结合周围环境景观的特点，设置简单美观的介绍环境景观特色的信息指示牌，如对附近植被分布特色、珍贵动物物种分布、民族特色、旅游资源及人文历史特色等方面的信息，提高观景区的科技及信息含量，最大限度地满足游客的需要。

4 案例分析

4.1 项目概况

京承高速公路(密云沙峪沟—市界段)是北京通往著名旅游胜地——承德的快速通道，具有明显的旅游公路功能。该项目于2004年被原交通部列为首批12个公路勘察设计典型示范工程之一。

本项目所经地区自然景观优美、人文景观资源独特。本项目所处的密云县作为北京市生态功能区划中重要的"生态涵养区"，不仅是全国农业生态试点县，还是全国绿化先进县，享有"北京山水大观，首都郊野公园"的美誉，林木覆盖率高达56%，生态环境洁净，拥有秀丽的自然风光和清新的空气，被海内外朋友誉为净水净土的绿色乐园。同时位于项目终点处的古北口及司马台长城不仅是闻名于世的旅游胜地，更是世界遗产的组成部分，被长城专家称为"中国长城之最"，有着重要的历史文化价值和旅游价值。

为充分展现项目沿线丰富独特的自然与人文景观资源，提升公路服务水平，突出旅游公路特点，设计阶段便明确了设置观景台的目标，通过现场调研选择了两处观景台，分别位于项目K102+600(中心桩号，下同)处右侧和K125+935处右侧，前者侧重观赏优美的自然景观，后者则专门用于观赏司马台独特的长城景观。

4.2 观景台的选址

K102+600处观景台所处路段地处自然山体上部，地势较高，可观赏远处的连绵群山、秀美山石、山上苍翠的植被等山野风光，同时可以俯视山下优美的田园村庄风光。观景台附近还建有一座抗日纪念碑，自然资源与人文景观资源兼具。K125+935处观景台，地势较为平坦，周围群山环抱，前方视野开阔，雄伟的司马台长城、秀美的山野风光，尽在观景台视线范围之内。两处观景台所处的位置先天环境条件绝佳，抗日纪念碑和司马台长城又为其营造了浓郁的文化氛围。从历史人文的精神层面赋予此选址当代人文魅力。

两处观景台相距约23km，间距适当，且都考虑了对原有场地地形的利用，较好地体现了观景台选址的要求。

4.3 功能分区

结合两处观景台性质定位及设计原则，分别将其划分为停车区、休息区、观景区和植物栽植区四个主要功能区，具体如下：

(1)停车区：采用港湾式停车带，停车区考虑了大小车分区停放的要求，大客车停车位靠近主线，小客车停车位靠近观景区，其间用车道进行分隔，驶入、驶出车道与主线间采用2～3m宽的绿化带予以隔离，种植高大遮阴乔木，给观景台营造相对安全、宁静的空间。

(2)休息区：设置于场地远离主线的内侧，与停车区之间通过园路连接，沿路设置供人休息的简单设施，并结合植物栽植措施形成从停车区到观景区的中间过渡区，提供一片相对安静的场所。

(3)观景区：观景台的最佳观赏区，设置于能最直接眺望周边自然及人文景观的位置，同时通过不同高程场地的细节处理，使观景区成为一个相对独立的区域，提高观赏景观的效果。

(4)植物栽植区：除停车区、休息区和观景区外，在其他区域通过层次鲜明的植物栽植措施，形成若干绿化隔离空间，植物的形态及季相变化较好地丰富了观景台环境效果。

4.4 设施及种植设计

观景台的设施设计包括停车设施、休息设施、观景设施、安全设施等，设计内容应充分体现观景台的特色，形成独有的风格。如大型停车区和小型停车区之间的车道就应用了彩色沥青路面，大大活跃了区域的气氛，给停车休息的驾乘人员带来耳目一新的感觉，创造了全新的景观亮点；景观信息提示牌设计外观采用橘红色的暖色调，介绍景观资源的文字信息部分采用不锈钢板上蚀刻文字；条石坐凳、仿木外观的垃圾箱等小设施外饰面的选材都充分考虑与环境的融合；抽取特有人文景观的符号作为景观设计的元素，赋予景观以个性，如将长城化为设计元素，变形为观景台外侧城垛式(块石干砌)的安全护栏等。

植物种植设计充分体现植物的生态性和景观观赏功能，选用白蜡、刺槐、千头椿等高大乡土乔木作为停车场绿化隔离区的主要树种，同时适当点植在休息区休息设施处，高大冠幅的乔木夏天能起到遮荫效果，园路周边合理配植开花灌木，使观景台四季有景，达到春赏连翘、黄刺梅、红王子锦带，夏观丁香、珍珠梅，秋品黄栌，冬览油松、沙地柏的效果。

5 问题与建议

5.1 观景台的适用性问题

(1)高等级公路和干线公路不宜设置观景台。从交通安全和使用维护角度考虑，在高等级公路上设置观景台时应慎重考虑。高等级公路和干线公路一般具有行车速度快、交通量大、车型混杂等特点，这些特点决定了观景台使用中存在较大的交通安全隐患，同时，高等级公路管理上一般采用为控制出入方式，给观景台的日常维护带来较多困难，如不设专门的管理人员往往又会带来观景台设施破坏、卫生环境得不到保障等诸多问题，因此高等级公路应该慎重设置观景台。借鉴国外经验，可以考虑把观景功能融合到服务区中，如江苏宁杭高速的天目湖服务区中就专门设置了观景区。同时，鉴于目前国内高等级公路的停车区使用效率不高的现状，建议修订有关规范，可以参考美国公路路侧休息区的模式进行设计，适当弱化加油及车辆维修等功能，强化休息观景功能。

(2)低等级公路及旅游公路宜尽可能多地设置各种规模观景台。低等级公路，尤其是低等级旅游公路往往沿途景色优美，往来驾乘人员也多是以观光为主要目的，且要求行车速度也比较低，因此从观景和安全角度考虑都比较适宜设置观景台来满足驾乘人员的需求，可最大限度地开发和利用其风景资源和满足观光游客的需要。同时在一些山区低等级公路或旅游公路由于受用地条件限制，路面宽度往往无法充分满足双向车辆行驶的需求，这对这样的低等级公路或旅游公路可以充分利用路侧的空间灵活设置港湾式的观景台，在提供观景的同时还可以为对向行驶的车辆提供临时错车空间，可谓一箭双雕。

5.2 处理好观景和景观的关系

正确处理观景台的“观景”和“景观”功能关系。观景台的选择既要考虑满足人们观景的要求，同时也应考虑其自身也是被观赏的“景观”的特性，不能因为设置观景台而造成对周围环境的破坏。应充分利用公路沿线场地条件灵活布设，尽可能少地产生新的填挖方，减少对周围环境的破坏，如充分利用公路路侧取弃土场等设置观景台，或利用公路改造中废弃的老路路基、公路道班、弃渣场、取土场等面积集中的场地合理设置观景台等，最大限度地挖掘场地的潜在价值，塑造独具特色的公路景观。

5.3 尽快完善制订相关设计标准规范

公路观景台是体现公路建设新理念及促进公路沿线旅游资源开发的重要附属设施，但目前国内尚未制定有关设计标准和规范，同时在工程实践中也存在不少认识误区，如凡路必设观景台而不考虑是否需要、采取大填大挖的方式设置观景台、按照服务区的形式和内容来设计观景台等等，而解决上述问题的关键在于从设计上明确观景台设置的要求，必须尽快制定相应的设计标准或规范来统一认识。

6 结语

观景台的设计有其自身的特点和难点，只有在设计建设过程中处理好与自然资源利用和环境保护之间的关系，顺应公路景观可持续发展的要求，并在设计和建造过程中制订相应的保护、利用的技术措施，贯穿“以人为本”、“尊重自然”及“节约资源”的设计新理念，才能在满足当代人需求的同时，创造新的景观亮点，同时体现与周边景观特征的一致性。

参考文献

[1] 交通部公路司.新理念公路设计指南[M].北京:人民交通出版社,2005.
[2] 孟强,李薇,尚丽丽,王丹.融入自然的观景与景观[J].公路交通科技,2006.02.
[3] 孟强,沈毅,王丹.用新理念提升公路景观绿化设计水平[J].公路交通科技,2006.02.

全光视频综合接入系统在高速公路中的应用

黄开业

（北京云星宇交通工程有限公司　北京　100070）

摘　要：本文结合京承高速公路（密云沙峪沟—市界段）的工程实际，介绍了全光视频综合接入系统的解决方案，并总结了全光视频综合接入系统的优势，为其推广应用提供了支持和参考。

关键词：全光视频综合接入系统　高速公路

随着高速公路的迅猛发展，人们对高速公路管理信息的需求已不再是简单的话音或单向视频，而是要求速度更快、内容更丰富、交互式的宽带多媒体业务，提供数据、语音、图像业务的公路交通信息网络，以及出行参考信息和紧急救援等、智能道路疏通等需求，包括运管理办公自动化、VOD视频点播、视频会议、INTRANET企业网、监控图像、收费数据和图像、业务电话、E-MAIL邮件服务、对公众的信息发布等。

1　全光视频综合接入系统方案介绍

京承高速公路（密云沙峪沟—市界段）收费图像、收费车道报警、收费车道监听、道路监控图像以及隧道监控图像采用全光视频综合接入系统解决方案。全光视频综合接入系统主要包括：远端综合接入设备ONU-R1000、ONU-R1000S、本地节点接入设备ONU-L1000、视频监控存储服务器RH2280、视频存储设备OceanStor V1500、视频网管软件vManager2000（ONU管理软件平台系统、ONU客户端管理软件、ONU存储系统软件和ONU发布系统软件）。

本次工程视频传输方式采用ITU-TH.264数字压缩技术，图像清晰度高。本地节点接入设备ONU-L1000采用高速总线技术，可实现数据交换功能，同时支持电信号和光信号输入/输出，无需二次压缩。设备采用双码流设计，对每路视频双流压缩，高速率码流用于广播级图像监控，低速率视频码流则应用于视频存储和OA办公网发布。同时系统具有三层以太网交换功能，超强的数据处理能力，可根据网络状况弹性调整数据流量，使网络运行达到最佳状态。集中处理视频、音频、低速率数据、报警信号等多种业务的接入，确保数字视频信号的交换和传输质量。

收费站每个收费亭内报警传输信号采用远端接入传输设备ONU-R1000进行数字压缩，与收费亭视频信号、语音监听传输采用同一台远端接入传输设备ONU-R1000。ONU-R1000对报警开关量信号进行直接接入，与收费站本地节点光传输设备ONU-L1000组成单纤自愈保护环。提供了开关量的报警输出接口供报警主机使用。监控中心端配置综合智能视频网管客户端软件（数字软矩阵），使用网口连接到本地节点设备ONU-L1000上，对收费站管辖内的报警信息进行管理、配置和调度。

监控中心视频服务器提供网络数字编解码器的网管功能，通过视频服务器的监控软件，将对分布在远端接入设备的报警信号封装进TCP/IP协议数据包，通过传输系统，对分布在不同监控点的脚踏报警信号进行采集和处理。

在隧道、外场的立交区遥控摄像机、服务区广场摄像机下架设有远端综合接入设备ONU-R1000/ONU-R1000S，外场监控摄像机视频信号和云台控制信号直接接入远端综合接入设备ONU-R1000/ONU-R1000S的BNC视频接口和RS-232/422/485控制口，在通过远端接入设备ONU-R1000/ONU-R1000S以H.264的协议编码成数字信号，通过单模光纤组成的自愈环网或者链型网传输至就近通信站，与站端的本地节点接入设备ONU-L1000的光口相连。

经本地节点式接入设备ONU-L1000将所有外场监控图像上传至监控分中心进行统一的监视与管理。

监控传输设备提供子速率接口，用于摄像机云台的控制。外场图像接入到ONU-R1000/ONU-R1000S，被编码成高、低两种双码流压缩传输至收费站ONU-L1000设备，高码流格式压缩的图像用于实时监视，低码流格式压缩的图像用于存储。

本系统对于京承高速公路(密云沙峪沟—市界段)的组网方式是将分为以太师屯分中心的4个链路网，包括：

东坝头—辛沙路—程各庄—太师屯—分中心；

金鼎湖—大城子—北庄—分中心；

司马台收费站—分中心；

金山岭隧道管理所—分中心。

2 H.264标准的主要特点

H.264标准是由JVT(Joint Video Team，视频联合工作组)组织提出的新一代数字视频编码标准。以实现视频的高压缩比、高图像质量、良好的网络适应性等目标H.264标准。

(1)更高的编码效率：能够平均节省大于50%的码率。

(2)高质量的视频画面：H.264能够在低码率情况下提供高质量的视频图像，在较低带宽上提供高质量的图像传输是H.264的应用亮点。

(3)提高网络适应能力：H.264可以工作在实时通信应用(如视频会议)低延时模式下，也可以工作在没有延时的视频存储或视频流服务器中。

(4)采用混合编码结构：H.264采用DCT变换编码加DPCM的差分编码的混合编码结构，还增加了如多模式运动估计、帧内预测、多帧预测、基于内容的变长编码、4×4二维整数变换等新的编码方式，提高了编码效率。

(5)H.264的编码选项较少：降低了编码时复杂度。

(6)H.264可以应用在不同场合：H.264可以根据不同的环境使用不同的传输和播放速率，并且提供了丰富的错误处理工具，可以很好地控制或消除丢包和误码。

(7)错误恢复功能：H.264提供了解决网络传输包丢失的问题的工具，适用于在高误码率传输的无线网络中传输视频数据。

(8)H.264最大的优势是具有很高的数据压缩比率，在同等图像质量的条件下，H.264的压缩比是MPEG-2的2倍以上，是MPEG-4的1.5～2倍。

3 提高存储可靠性、安全性

存储系统采用IP—SAN的方式存储数据，利用RAID0、1、5、10等技术，易于存储空间的扩充，可有效节省网络带宽及储存空间；数据存储安全等级最高，数据安全可靠，备份方便；数据读写速度很快。

通过vManager M2000综合智能监控系统管理平台和IPSAN存储技术来实现高速公路监控系统的视音频存储。视频音频存储部分包括华为公司的RH2280视频存储服务器和OceanStorV1500IPSAN存储设备，主要功能是接收ONU设备发送过来的低速率视频数据流，并存储起来；向PC客户端点播视频流数据流和视频数据下载服务；接受数据管理服务器DM的管理等。

存储方案与DVR方案的比较如表1所示。

方案比较表　　表1

比较项目	存储方案	DVR方案
应用模式	适合集中式组网/分布式集中存储	适合分布式存储
备份技术	有效实现灾备	D2D拷贝
ILM支持	根据视频数据生命周期分级存储	无

续上表

比较项目	存储方案	DVR方案
磁盘保护技术	利用RAID进行硬盘保护	无
总线	先进PCI—E总线结构	采用PCI插槽
接口	采用FC/SCSI接口,磁盘读写性能高	采用IDE接口
性能	条带化技术,提升磁盘性能	无
可靠性保障	采用控制器、电源、风扇、RAID等多重可靠性技术	无法实现多控制器和磁盘冗余技术
系统架构	电信级系统架构,稳定性高	工控机、PC架构,稳定性低
技术标准	采用标准通用技术	标准统一
扩展性	系统功能/容量扩展性强	系统扩展性差

4 全光视频综合接入系统的优势

4.1 全数字解决方案

对监控点视音频直接采用H.264编码技术,通过光纤进行传输。具有交换功能的编解码设备,可以集中处理来自不同网络大量的标准压缩数字视音频信号及其他数据,并以其高质量的图像,可靠的传输、极强的网络适应性以及全面的业务支撑能力,为用户提供完善的数字视频监控解决方案。

4.2 便于多级联网

视频信号在网络上应是数据流方式传输的,易于在各级监控中心处理视频信号,不必在使用二次编码;路段所有图像采用国际标准的编解码技术,不需要硬件矩阵切换,任何一级管理机构都可以调看图像,应解决总监控中心—(区域中心)—路段分中心—通信站的各级级联限制。

4.3 编码设备和解码设备可以不对称

解码设备的数量可以少于编码设备,通过后台软件控制解码设备解压任意一个编码设备的图像,实现一点对多点。在监控中心监视墙数量有限的情况下,采取解码设备少于编码设备的组网方式,监控中心可以使用图像轮巡功能调看需要监控的图像。

4.4 可实现监控到桌面

通过软件可在计算机上解压观看实时图像,采用组播等技术不管是在监控中心、总中心,还是在领导的桌面上,都可以随意调看实时的路段监控和收费图像。传统的图像传输模式都是把图像传输到监控室,领导想要看到路段情况必须到监控室去调看监控图像。全数字解决方案应满足领导可以利用在自己办公桌上电脑终端任意调看路段监控图像,方便领导决策。

4.5 全软件切换

操作方便,可根据用户要求设定各种操作界面;取消了矩阵控制,完全由图像控制终端操作图像的各种功能,应解决矩阵控制和级联的局限性。总监控中心可以任意调看路段所有监控图像。数字软矩阵可以控制传统的硬件矩阵,简化操作、管理和维护;方便省监控中心到路段的各级级联。

4.6 全部图像上传

数字IP数据网络可以实现所有视频图像上传各级监控中心;随着信息技术的发展,高速公路对路段监控的要求也越来越高,即将实现全程监控,将有大量的图像全部上传分中心,并能实时监控。新方案中所有图像应转化为可操作的数据流,依托稳定可靠的传输系统传输到分中心,并可以实现全部图像上传分中心或总中心。

4.7 图像轮巡功能

在分中心可以轮巡看到所有收费站的图像,既可以在所有监视器上轮巡所有监控图像,也可以在一个显示器上轮巡所有收费站的监控图像；在分中心监视器数量有限的情况下，要看到所有监控图像，需要在监视器上按不同（时间间隔、屏幕数量等）要求轮巡地调看图像，数字化的图像应能便捷、快速、稳定、可靠地传输和切换。

4.8 组播功能

在分中心、总中心所有的网络内设备均可以调看下面各站的监控图像，高权限的高管局监控中心可以对图像进行切换、控制；其他监控终端为次高级别或较低级别的控制权限，方便领导在办公室根据需要随意调看下面各站的情况。

4.9 报警联动

收费站如有报警信息，报警信息上传到分中心，报警画面立即显示到控制中心的大显示屏上，并同时发出声光报警；报警信息可以室内脚踏报警或者是闯杆报警，当收到报警时，报警图像马上切换到指定的监视器上，同时发出声光报警，监控人员同时就可以把和报警图像有关的图像信息全部调看，包括收费亭图像、车道图像和广场图像等，一个立体、直观的报警现场马上展示在监视墙上，方便领导迅速、及时、准确的处理事故。

4.10 视频存储

采用磁盘阵列的存储方式。收费图像和监控图像经过压缩后以数据流的方式传输，既可以在收费站进行分散式录像，也可以在中心集中录像。同时也可以采用中心和收费站分级、备份存储的高安全性存储方案。收费图像作为业务收入的重要监控手段，采用专业存储设备，利用 RAID、multipath 等技术长期保存；道路监控图像属于实时监控存储系统，是道路事故监控和安全缉查的重要手段，其图像数据安全可通过视频图像的水印技术来防范图像篡改。

4.11 在线信息查询系统

通过授权的高速各级领导及相关管理人员、可以通过广域网或者 OA 办公网或者 3G 网络在任何地方（如办公室、外地、领导家里等）都可以利用电脑以多种显示方式实时监视高速全线权限内的视频图像，随时掌握高速公路沿线发生的各种突发事件。同时可根据实际业务管理的需要，对社会公众有选择性的开放部分或者全部视频图像，广域网上的社会公众用户可以使用 PC 机实时监视到高速公路的部分图像，为公众的出行提供方便。

传统视频传输方式和新型视频传输方式比较如表 2 所示。

视频传输方式比较表　　表 2

比较项目	传统视频传输方式	新型视频传输方式
采用设备	光端机＋矩阵＋编解码器＋以太网交换机＋SDH	远端综合接入设备＋本地节点接入设备＋SDH
图像压缩	收费站到分中心、采用点对点形式需经过二次压缩	编码系统仅需一次压缩
光纤资源	外场采用点对点方式，浪费光纤资源	外场采用环式或链式结构，节省光纤资源
组网特点	组网复杂，设备连接环节多	组网简单，连接结构简单
扩展性	扩展费用高，需要增加整体设备，施工不方便	可根据用户要求灵活进行功能变更，系统的升级更新只需要增加相应板卡
网管系统	对编解码器有网管，而前端光端机无网管	全网设备统一网管，分布式技术，流媒体技术，配合软件功能丰富
视频存储	需要还原成模拟视频，在 DVR 压缩存储	支持双码流技术，高码流用于广播级图像监控，低速率视频码流则可应用于视频存储
维护成本	高（设备故障判断繁琐）	低（设备故障判断简单）

续上表

比 较 项 目	传统视频传输方式	新型视频传输方式
运营成本	高	低
安全性	通道没有保护,设备节点多,安全隐患较多	采用双纤自愈保护和1+1备份保护
技术发展趋势	非标准,不利于全省联网,不能向未来公网、数字电视网和3G网发布	标准协议,与今后全省联网无缝联接,顺应高速公路数字化、智能化的发展,面向3G网、数字电视网或因特网等媒体发布

加筋土边坡在京承高速公路中的应用

张肇潜[1]　王金忠[2]

（1.北京国道通公路设计研究院　北京　100053；
2.坦萨土工合成材料（中国）有限公司　武汉　430072）

摘　要：加筋土结构在我国高速公路中的应用十分广泛，京承高速公路项目结合实际情况和山区地质条件，在施工中因地制宜地采用各种加筋土结构形式，实现了安全、经济和环保的综合目标，丰富了我国高速公路加筋土结构的设计和施工经验，为大规模推广加筋土结构提供了借鉴和参考。

关键词：加筋土　陡边坡　高速公路　应用

1　工程概况

京承高速公路（密云沙峪沟—市界段）为四车道高速公路，设计时速80～100km/h。项目位于北京市东北部，属燕山山地与华北平原交接地，穿越多个生态保护区，对土地资源和环境保护的要求极高。为实现"安全"、"环境优美"、"节约资源"、"质量优良"、"系统最优"的目标，结合山区的地质条件，本项目因地制宜地采用了多种形式加筋土结构，合理有效地解决了工程建设与环境、资源的矛盾，将公路发展与环境和谐、资源利用较好地结合在了一起。

2　加筋边坡在京承高速公路中的应用

2.1　用途和分类

考虑到填方费用、公路占地限制和生态环保的要求，公路施工中常常选择经济、环保且安全的加筋土边坡结构。因此，加筋土边坡的实际工程中应用十分广泛，主要分为新建边坡、道路加宽和滑坡修复三大类，如图1所示。

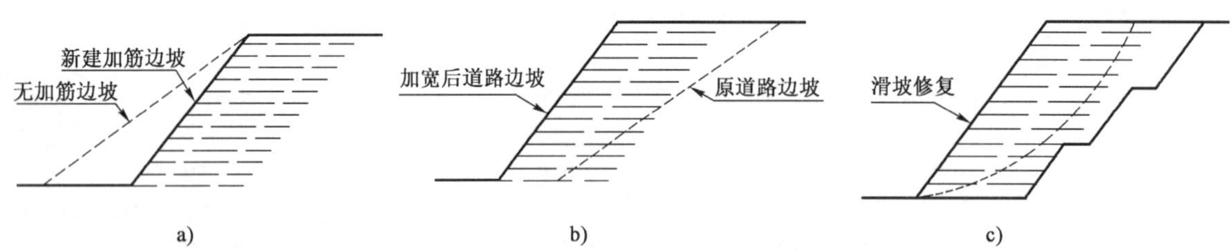

图1　加筋土边坡的用途
a）新建边坡；b）道路加宽；c）滑坡修复

目前，国际上一般根据坡度将加筋结构分为：

（1）加筋挡墙：墙面倾角大于和等于70°的加筋土结构；

（2）加筋陡边坡：坡度介于45°～70°的加筋土结构；

（3）加筋缓边坡：坡度不大于45°的加筋土结构。

2.2　应用形式

京承高速公路（密云沙峪沟—市界段）综合考虑环保、占地、节能减排和造价等因素，并结合现场实际地质条件，因地制宜地采用了各种典型加筋土结构。

2.2.1　路堤式加筋陡边坡

部分路基原地面坡度较缓，若采用传统路堤式挡土墙结构，则填方高度较大，对地基承载力要求较高，造价也偏高，因此根据现有的征地红线，为最大程度利用征地，采用了路堤式加筋陡边坡结构，这将有效降低工程对造价和占地的要求，坡面后期还可进行绿化处理，与周围环境协调，如图 2 所示。

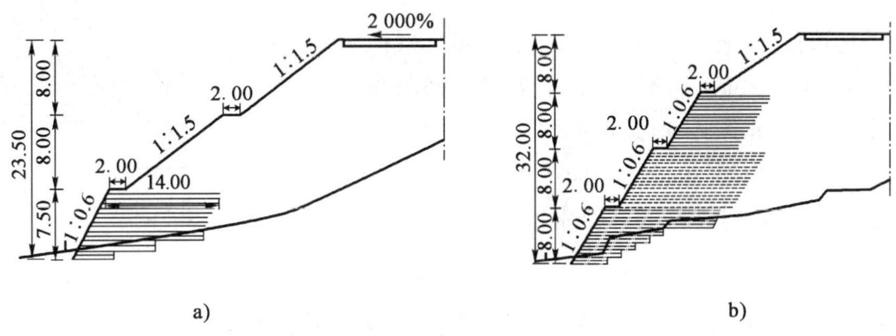

a) b)

图 2 路堤式加筋陡边坡(尺寸单位：m)

2.2.2 路肩式加筋陡边坡

部分路基原地面坡度较陡，若采用传统路堤式挡土墙，挡土墙的体积很大，对地基承载力要求高，导致开挖和回填的方量大。若放坡处理，坡体无法落在稳定地基上，也不可行。因此，采用路肩式加筋陡边坡，边坡坡度为 1∶0.6，可有效减少占地和填方，综合造价也最为经济，如图 3 所示。

2.2.3 加筋缓边坡

由于部分路段路基填料为土质，边坡高度较大，最高达到 22m，为充分利用现场开挖土料，减少弃方，故对边坡浅层进行加筋处理为缓边坡。处理后的边坡不仅提高了稳定性，同时也提高了坡表的可压实性和稳定性，如图 4 所示。

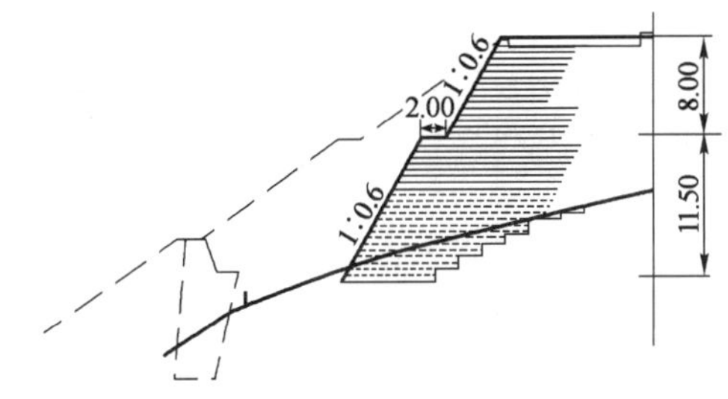

图 3 路肩式加筋陡边坡(尺寸单位：m)

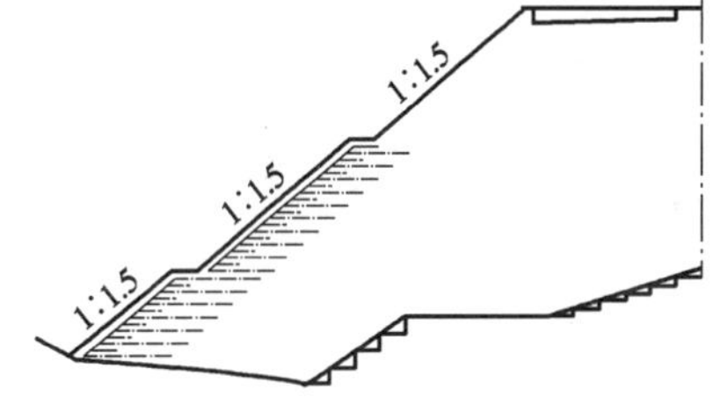

图 4 加筋缓边坡

2.2.4 复合式加筋边坡

综合考虑地质条件、占地、造价和环保等因素，设计中采用了复合式的加筋土边坡结构形式，这样既减少了占地和填方，又避免了地基处理的高昂费用，总体造价十分经济，如图 5 所示。

2.2.5 复杂地形的加筋陡边坡

高速公路进入山区后，地形条件复杂多变，根据现场的地质地形条件进行动态的加筋土边坡设计，优化设计，这样在保证路基安全的前提下，又可使经济性更好，如图 6 所示。

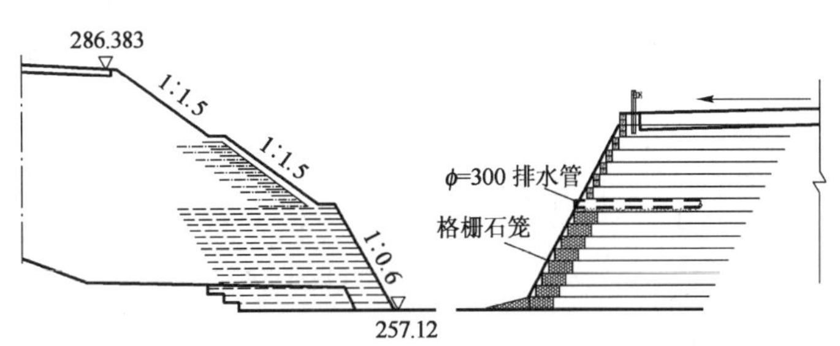

图 5 复合式加筋边坡(尺寸单位：m)

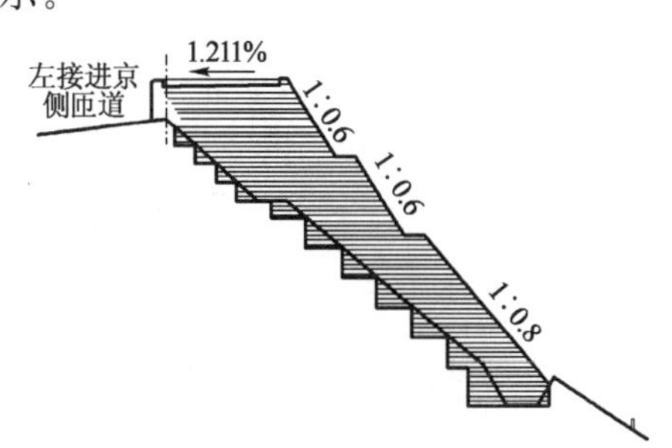

图 6 复杂地形的加筋边坡

3 加筋土边坡的设计

3.1 破坏形式

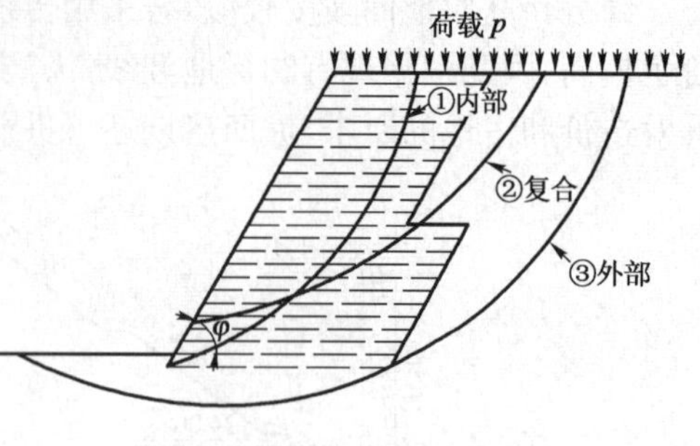

图7 加筋边坡的破坏形式

加筋土边坡的破坏形式可分为三种：(1)内部破坏：破坏面全部穿过加筋材料；(2)复合式破坏：破坏面分穿过加筋材料；(3)外部破坏：破坏面不穿过加筋材料，详见图7。

设计时，需分别对这些破坏模式进行相应的验算，保证所有的潜在滑动面的最小安全系数均满足设计要求。

3.2 边坡的稳定分析

目前，主要用条分法对边坡进行极限平衡稳定分析。条分法可分为不计条块间作用力和计条块间作用力两类，也可按滑动面形状分圆弧法和折线法(非圆弧)两种。较常用的计算方法有瑞典圆弧法、简化 Bishop 法和 Spencer 法、Morgenstern-Price 法和陆军工程兵团法等。

若滑动面为圆弧时，传统的瑞典圆弧法不计条间力，计算简单，但理论上有一定缺陷，计算结果上有些不准确，而简化的 Bishop 法和 Janbu 普遍条分法都是较精确的计算方法，Janbu 普遍条分法还常用于非圆弧滑动面的稳定计算。稳定分析的各种方法如表1所示。

稳定分析的各种方法比较 表1

方法	对平衡条件的简化				对滑裂面形状的假定			对土条侧向作用力的假定
	力矩平衡		力平衡					
	满足	不满足	全部满足	部分满足	圆弧	折线	任意形状	
楔形体法		√	√			√		$\beta=(\alpha+\gamma)/2$
瑞典法	√				√			忽略侧向力
Bishop 法	√			√	√			$\beta=0$
Janbu 法	√		√				√	$\beta=0$
Spencer 法	√		√				√	$\beta=$常数
陆军工程兵团法		√	√				√	$\beta=$平均坝坡
Morgenstern-Price 法	√		√				√	$\tan\alpha=\lambda f(x)$

本项目中的加筋边坡坡度为1∶0.6，对于坡度不大于60°的加筋边坡，一般采用常规圆弧滑动面的简化 Bishop 法，对于复杂条件的情况可同时采用非圆弧滑动面的 Janbu 法进行验算。坡度大于70°的加筋边坡可将其视为加筋挡墙，按挡墙的设计方法进行设计。本次加筋边坡采用坦萨公司的 TensarSlope 程序进行验算。

采用 TensarSlope 程序进行简化 Bishop 法进行验算时，土条极限平衡分析见图8；对于非圆弧滑动面的极限平衡分析见图9。边坡潜在滑动面上土体被分成50个等宽的土条，此法需进行反复迭代。考虑到格栅加筋作用，滑动面安全系数 F 为：

$$F=\frac{\sum_{j=1}^{j=n}\left[c'b_j+(W_j-ub_j)\tan\varphi'\right]\dfrac{\sec\alpha_j}{\left[1+\dfrac{\tan\varphi'\tan\alpha_j}{F}\right]}+\sum_{i=1}^{m}T_ih_i}{\sum_{j=1}^{n}W_j\sin\alpha_j}$$

3.3 设计参数的选取

边坡设计时，土体采用有效应力条件下的抗剪强度参数，填料强度参数见表2。

设计参数 表2

填　料	重度 γ(kN/m³)	黏聚力 c(kPa)	内摩擦角 ϕ(°)	活载 p(kPa)	水平地震加速度 a(m/s²)
碎石土	20	0	35	20	0.15g

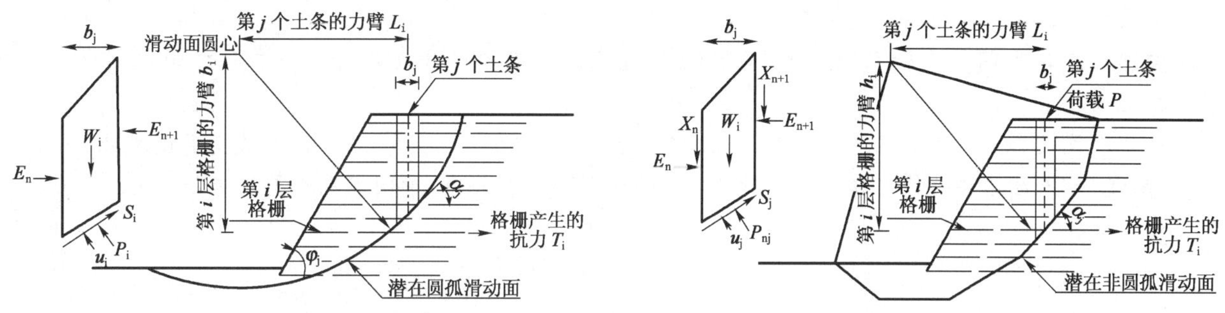

图8　圆弧滑动面极限平衡分析　　　　图9　非圆弧滑动面极限平衡分析

施工中应根据不同的条件，采用不同类型的格栅进行加筋处理。本工程中的加筋材料采用坦萨公司的UXB、UXC和UXD型单向格栅，以及SSA型双向格栅。单向格栅原材料为高密度聚乙烯(HDPE)原生料，HDPE在耐酸碱、耐腐蚀和耐生物侵蚀方面性能佳，在pH=2～12范围内的土体中不受影响。同时，设计中要求格栅炭黑的含量不小于2%，且均匀分布，以抵抗紫外线的影响，提高抗老化能力。

根据《土工合成材料　塑料土工格栅》(GB/T 17689—2008)和《塑料土工格栅蠕变试验和评价方法》(GB/T 2854—2007)的规定，为确定土工格栅的设计强度，蠕变测试的实测时间应不小于设计年限的10%，当设计年限大于10年时，蠕变实测时间至少为10 000h。格栅的设计强度并非简单采用质控强度除以假定的几个相关折减系数，而是依据蠕试验实测的蠕变强度值，再考虑相应的数据外推、施工损伤、生产因素和环境影响等因素相关折减系数后得到的强度。

4　结语

京承高速公路(密云沙峪沟—市界段)的施工中，充分利用了加筋土结构的优势，因地制宜地以多种形式的加筋土边坡，有效合理地解决了工程建设与环境和资源的突出矛盾，将公路发展与环境和谐、资源利用较好地进行了结合。

(1)有效节约了土地，特别是对沿途经过的村镇土地占用少，很好地处理了施工与土地资源占用之间的矛盾；

(2)加筋土边坡为生态防护结构，与沿途生态保护区的环境协调，减少了对环境的破坏；

(3)对地基承载力要求较低，综合经济效益明显；

(4)加筋土边坡为柔性结构，能有效吸收地震荷载，抗震效果佳；

(5)施工工艺简单，劳动强度低，进度快，无需特殊机械，施工场地适应性强。

参考文献

[1]　原交通部公路司.新理念公路设计指南[M].北京:人民交通出版社,2005.

[2]　FHWA. Mechanically stabilized earth walls and reinforced soil slopes design and construction guidelines,1997.

[3]　BS8006. Code of practices for strength/reinforced soils and other fills,1995.

[4]　Geotechnical Engineering Office Civil Engineering Department (Hong Kong). Guide to reinforced fill structure and slope design,2002.

[5] 王钊.国外土工合成材料的应用研究[M].香港:现代知识出版社,2002.

[6] 中华人民共和国国家标准.GB/T 17689—2008 土工合成材料 塑料土工格栅[S].北京:中国标准出版社,2008.

[7] 中华人民共和国国家标准.GB/T 2854—2007 塑料土工格栅蠕变试验和评价方法[S].北京:中国标准出版社,2008.

[8] 中华人民共和国行业标准.SL 274—2001 碾压式土石坝设计规范[S].北京:中国水利水电出版社,2002.

[9] 中华人民共和国行业标准.JTG D30—2004 公路路基设计规范[S].北京:人民交通出版社,2005.

[10] 陈祖煜.土质边坡的稳定分析——原理、方法和程序[M].北京:中国水利水电出版社,2003.

LED灯在隧道照明中的应用

贾志伟　黄轼琼　李广平

（中国公路工程咨询有限公司　北京　100083）

摘　要：本文以京承高速公路（密云沙峪沟—市界段）工程中的黑古沿隧道和横城子隧道为例，对隧道照明光源由高压钠灯更换为LED灯后，对隧道照明系统在照明标准、光源的选择、电缆截面的选择、灯具的安装的影响等进行简单分析。

关键词：LED灯　隧道照明

0 引言

京承高速公路（密云沙峪沟—市界段）设置互通立交8座，隧道10处20座，收费站8处，分别设置有互通高杆灯照明、隧道照明、收费广场照明。如此多的照明设备，不仅在建设期对建设成本所占比重较大，通车后的系统运行费用所占高速公路的运营成本的比重更大。

为解决高速公路"建设与运营"、"安全与节能"的矛盾，京承高速公路（密云沙峪沟—市界段）的照明系统用新型光源LED灯代替传统的高压钠灯。对LED灯如此大规模的应用，既体现了首发集团"节能减排"的决心，又为LED灯的应用做出了成功的案例。本文以京承高速公路（密云沙峪沟—市界段）中的黑古沿隧道和横城子隧道为例，对隧道照明光源由高压钠灯更换为LED灯后，对隧道照明系统在照明标准、光源的选择、电缆截面的选择、灯具安装的影响等进行简单分析。

1 照明标准的制定

现行的高速公路照明主要依据是《公路照明技术条件》（JT/T 367—1997）和《公路隧道通风照明设计规范》（JTJ 026.1—1999）。但设计单位对现行技术标准把握不一，导致同一条高速公路上不同隧道的照明设计标准和结果存在较大差异，特别是隧道照明问题，运营管理单位普遍反映隧道照明运营费用过高。

现行设计规范所规定的亮度标准主要是依据高压钠灯制订的，高压钠灯的应用已经相当成熟，其光效高，所发出的黄光穿透力强，且单灯的功率比较大，如果采用白色光源的LED灯进行隧道照明时，想要达到照明规范中高压钠灯的照度指标，就比较困难。首先，由于LED灯为新型光源，受技术限制，单灯的功率较小，如果LED灯要达到高压钠灯的照度效果，在灯具的数量可能是高压钠灯的数倍；其次，新型光源由于前期技术投入比较大，灯具成本比较高，一盏100W的LED灯价格是一盏400W高压钠灯价格的5倍以上。

所以，当使用LED灯进行隧道照明时，考虑到LED灯白光光源显色性好，建议隧道各区段照明设计亮度可适当降低，京承高速公路（密云沙峪沟—市界段）项目的隧道照明指标在现行设计规范所规定的亮度标准基础上取了0.8～0.85的系数。这个方法在业内同行也基本得到了认可。

2 LED灯与高压钠灯

2.1 高压钠气灯

高压钠气灯发出的光线主要在可见光谱内，色温明显较好，以光效每瓦130流明而言，其色温约为2 000K。

高压钠气灯在点火时需要大约5min的预热时间才能达到完全的光度输出。若出现电力中断或电压过低的情况，高压钠气灯会产生消离子作用，并需要3～4min才能达到完全的光度输出。高压钠气灯的光度输出会跟随电流波形变化而改变，因而会出现闪烁的情况。因此，若使用高压钠气灯作隧道照明，应以三相供电，并以相邻高压钠气灯接至相邻相。

高压钠气灯以每次开关运作10h计算，其寿命约为24 000小时，而其光通度会减退至原来的73%。高压钠气灯的光效率高，寿命长，适用于道路、高架桥、隧道和交叉路口等高能见度和显色性要求不高的地方。

2.2 LED灯

LED是一种半导体发光二极管，利用固体半导体芯片作为发光材料，当两端加上正向电压，半导体中的载流子发生复合发出过剩的能量，从而引起光子发射产生可见光。辐射颜色为多元化色彩，寿命达数万小时。

2.2.1 LED灯具的特点

(1)比采用镇流器的高压钠灯节电10%左右；

(2)通过电子开关器件控制灯的数量；

(3)采用冷光源，比较环保。

(4)维护比较方便。

(5)采用恒流源的方式供电，与电压的波动无关。

(6)防止了灯具的椭圆叠加，因此没有光斑。

2.2.2 影响LED灯具质量的主要因素

①最大弱点就是发光材料的热敏性差，达到一定温度就会大大降低LED的发光亮度，使得亮度快速衰减，从而缩短寿命。因此厂家对LED的散热处理是决定LED灯具品质的重要因素。

②对LED器件的选择。LED器件的好坏直接影响灯具的寿命，目前功率型白光LED的技术难度较高，只有少数国际公司掌握了该技术且品质较好。

③驱动电源的可靠性。驱动电源目前普遍的寿命和可靠性要低于LED的寿命，而且驱动电源的故障将直接导致灯具的彻底关闭，因此要求厂家对LED的驱动具有较高的工程应用经验。

2.3 高压钠灯与LED灯性能对比(表1)

高压钠灯与LED灯的参数比较 表1

指　　标	高 压 钠 灯	LED灯
光源功率	100W/250W/400W	40W/120W/180W
工作环境	－25～＋45℃	－30～＋50℃
使用电源	AC220V	AC220/DC12～24V
色温	2 000～2 500K	3 500～6 500K
光效	120Lm/W	100Lm/W
利用系数	65%	80%
显像指数	30	60～70
发热性	热光源	冷光源
光衰	10%/千小时	2%/3千小时
启动	5～10min	即开即起
平均无故障时间	8 000	20 000
寿命	24 000	理论50 000小时
成本	1 200～2 000元	6 000～9 000元

2.4 高压钠灯和LED灯的经济比较

结合京承高速公路(密云沙峪沟—市界段)黑古沿隧道和横城子隧道实施后的工程量，采用高压钠灯和LED灯对整个照明系统的比较如表2所示。

高压钠灯和LED灯的经济比较 表2

费 用 (万元)		高 压 钠 灯	LED灯	备 注
工程建设阶段	灯具	91.32万元 (400W+250W+150W+100W组合)	465.36万元 (30W+50W+105W组合)	高压钠灯和LED灯在隧道内照度相同,数量按设计实际工程量计
	照明配电电缆	36.7万元 (共10 780m)	27.2万元 (共13 443m)	数量按设计实际工程量计
	照明供电电缆	39.7万元 (共10 880m)	28.7万元 (共10 910m)	LED灯规格比高压钠灯较小,数量按设计实际工程量计
	变压器	40万元 (照明容量168.4kW)	38万元 (照明容量127.1kW)	由于是短隧道,箱变容量可以降一挡
	合计	207.7万元	559.26万元	增加351.56万元
工程使用阶段 (6年)	用电费用	总功率168.4×1.2=202.08kW; 6年电费202.08×12×1.5×1.5×365×6/10 000=1 194.90万元	总功率127.1kW; 6年电费127.1×12×1.5×1.5×365×6/10 000=751.54万元	高压钠灯的镇流器具有20%的功率; 按照照明控制方案,一半灯具24h开通,一半灯具12h开通,电费按照1.5元/kWh
	维护费用	760×1.5×150=17.1万元	LED期望寿命为50 000h,理想情况下6年基本免维护,维护费按2万元计	高压钠灯按照寿命240000h,使用24h寿命2.5年,使用12h寿命5年,6年更换总数的1.5倍左右; 灯管费用100每次更换费用按照50元计算
	合计	1 212.0万元	753.54万元	减少458.46万元
6年各种费用合计		1 419.7万元	1 312.8万元	6年节省106.9万元

注:1.以上设备对比仅为设备费用,不含施工费用。

2.设备价格可能会随着市场波动。

2.5 高压钠灯和LED灯的综合比较

通过表1和表2的比较可以看出:

(1)系统建设及运营成本方面:对于本项目,由高压钠灯和LED灯的经济比较表可以看出,LED的建设费用大概是高压钠灯的2.7倍,但综合考虑6年电费用后的运营成本后,LED灯又比高压钠灯少了106.9万元,且随着LED灯具技术的不断成熟,其灯具的价格下降空间比较大。

(2)安全运营与维护方面:正常的设备维护是必需的,但是频繁的封道维修对运营单位和社会都是很大的负担。高压钠灯的平均无故障时间较低,照明的维护工作量很大,而LED灯具寿命长、可靠性高,将大大缓解上述问题,对道路的安全运营和维护起到有益的促进。

(3)环保方面:高压钠灯中含有汞等化学性污染物,而LED光源不含化学污染性物质,是绿色、环保的光源。

(4)其他方面:LED灯不含紫外线,具有驱虫性;高压钠灯光线中含有紫外线,容易吸引昆虫,容易导致灯具表面污染,影响灯具效率。LED灯的启动电压范围很宽,可降低对电网的要求及降低电缆成本。

综合以上比较,LED灯的照明方案要优于传统的高压钠灯。

3 LED灯对隧道照明电缆的影响

3.1 隧道照明的供电电缆

照明电缆截面的选择须考虑电压降、电缆载流量以及断路器整定电流与线路的配合等因素。由于隧道照明负荷线路较长，而高压钠灯对电压降非常敏感，当电压降下降5%时其光通量可能下降30%～40%，当电压下降10%时高压钠灯就可能熄灭并不能重新启动。一般来讲，电压降是该类负荷电缆截面选择的控制因素。现行规范对一般照明负荷要求电压偏差不超过±5%，对视觉要求较高的场所为+5%和-2.5%。

LED灯对电压的适应性较好，一般可以在AC100～250V范围内工作，对于同一隧道，如果采用LED灯光源，由于灯具的总功率下降较多，流过每根供电电缆的电流减小也较明显。和高压钠灯相比，如要保证相同的电压降，LED灯的供电电缆基本能比高压钠灯减小1个型号。如黑古沿隧道和横城子隧道，如果要使用高压钠灯光源，所选用的供电电缆最大线径要选择YJV—4X35，而实际使用LED灯后，所选用的供电电缆最大线径为YJV—4X16。

3.2 隧道照明的配电电缆

由于隧道照明的配电电缆一般供电半径比较小，光源的变化对其截面影响不大，如果把黑古沿隧道和横城子隧道的光源换成高压钠灯，配电电缆不更换，也能满足照明系统的功能需要。

4 LED灯对灯具安装的影响

高压钠灯在隧道应用已经很成熟，其灯具和光源都已做成相对比较独立的模块，如果光源发生损坏，只需打开灯壳前段的面罩，仅仅更换光源即可，更换成本和人工较低。

LED灯的光源是集成的，无法和灯罩分离，如若损坏，需更换整个灯具，更换成本较高。但随着技术的发展，LED灯越来越成熟的趋势还是比较明朗的，和相关厂家咨询的过程中，他们已介绍正在考虑灯具的安装因素，计划把LED灯的光源、散热器及电源做成分离式，以弥补LED灯在灯具安装方面的不足。

5 结语

将LED用于隧道照明这个领域，京承高速公路(密云沙峪沟—市界段)走在了全国的前列。京承高速公路(密云沙峪沟—市界段)实施过程中的研究数据和现场测试参数必将为工程实施和LED推广提供有价值的第一手资料。我们将进一步跟踪项目运营后LED灯的实际照明效果，为LED灯的应用积累经验，使新技术、新型节能产品能被积极、慎重地应用到项目中，为隧道照明节能降耗，实现绿色照明取得双赢。

SELECTED PAPERS ON CONSTRUCTION TECHNOLOGY OF BEIJING-CHENGDE EXPRESSWAY

第二篇　施　　工

浅析变截面箱梁支架现浇施工

武幼波[1]　梁乃斌[2]

(1.中交一公局桥隧公司　高碑店　074000;
2.北京市首都公路发展集团有限公司　北京　100078)

摘　要:本文结合京承高速公路(密云沙峪沟—市界段)的施工实践,对山区变截面箱梁支架现浇施工中的地基处理,支架、模板设计,支架预压,模板、拉杆制作及安装,混凝土浇筑等进行了详细阐述。

关键词:山区　变截面箱梁　支架现浇施工

0　引言

京承高速公路(密云沙峪沟—市界段)1K91+337.48 主线桥为变截面箱梁桥,跨径为 50m+70m+50m=170m,宽 26m,墩高 17.4~27.9m;箱梁混凝土 4 400m^3。1 号墩与箱梁刚性固结,2 号墩与箱梁活动支座连接。

该桥处山区地形陡峭,地势复杂,无现成的施工便道,必须从 0 号台或 3 号台修建至谷底的便道,纵坡极大,特别是第一跨,水平距离 50m,高程相差近 30m,给排架施工地基处理和混凝土浇筑材料运输造成极度困难,如图 1 所示。

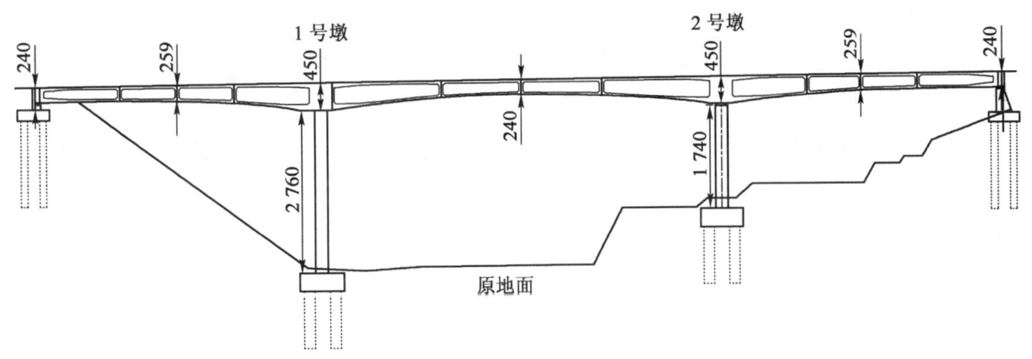

图 1　1K91+337.48 主线桥桥梁布置图(尺寸单位:mm)

由于箱梁混凝土方量过大(单幅 2 200m^3),受施工环境、便道的影响,单幅全断面一次浇筑的混凝土运输组织极度困难,管理人员、施工人员会因极度疲劳而无法保证施工质量。若采用全桥单幅整体分层(分层不分段)浇筑,受大方量混凝土的温度应力作用,势必产生腹板、底板、顶板的横向温度裂缝,且因桥体过长,在浇筑过程中势必不断移动混凝土输送泵车,影响时间过长,易产生较多的混凝土温度裂缝,影响桥梁外观。

本桥采取“分段不分层”的施工方案,可有效解决上述问题。即整体施工方案以“对称、平衡”为原则考虑,在第二跨设置施工缝,先行全断面浇筑一个墩上的 T 构,再全断面浇筑另一个墩上的 T 构。施工缝处的钢筋及预应力钢束均不断开。

1　地基处理

根据地形条件和工程周转材料组织供应情况,选用材料组织容易、供应量大的成型碗扣支架作为基本类型。本桥梁跨越两山之间的沟谷,地势变化较大。为保证支架的整体稳定性,用台阶方式来消除陡坡,第一跨地基采用门式支架,即以碗扣支架为支撑,工字钢为过梁的门式支架形式设置,门式支架上搭设碗扣支架。

第二、三跨采用开挖(回填)台阶的方式消除陡坡,在台阶上搭设碗扣支架。

1.1 陡峭山势地基处理

由0号桥台开始,纵桥向(陡峭山势范围)为门式支架,门式支架基础为片石混凝土条形基础,混凝土条形基础上搭设碗扣支架,支架上搭方木及纵桥向工字钢,在工字钢上搭设整体碗扣支架,工字钢横向间距与碗扣支架横距相同。

门式支架工字钢上方及两侧横向及水平方向均设加密剪刀撑,纵向水平杆将门洞立杆扣支架扣与两侧碗扣连接。

1.2 平缓地形地基处理

现浇箱梁第二、第三跨地势较第一跨平缓,采用开挖(回填)台阶方式,在台阶上搭设碗扣支架。

1.3 地基防水

台阶为回填形式的在其顶面浇筑混凝土,保证地基承载力,防止地基被雨水冲刷及浸泡。台阶两侧开挖排水沟,保证雨水能够顺利排入沟谷。

1.4 桥墩处地基处理

对于墩柱周围由于施工承台时的开挖,降低了地基的承载力,而且这部分箱梁重量最大,地基处理时分层回填压路机无法靠近墩柱压实,采用小夯机夯实,填筑结束后上面浇筑混凝土,提高此范围内地基承载力,并防止雨水及养生水沿墩柱浸入地基。

2 支架、模板设计

2.1 支架、模板总体设计

支架横距、纵距为0.6m或0.9m,横杆采用0.6m或0.9m两种规格,立杆上配主龙骨方木及次龙骨,上面铺大板,面板为竹胶板。

步距设计:由于墩柱上方纵向4m范围内箱梁高度最大,几乎为实心混凝土,特将墩柱周围支架6m范围的步距为0.6m,提高立杆的承载力及支架的稳定性。其余部分步距全部为1.2m。

2.2 剪刀撑设计

由于桥墩较高,为保证高支架的稳定及消除变截面箱梁混凝土施工带来的水平推力,特采取设置纵向剪刀撑、横向剪刀撑、水平剪刀撑、墩柱加强管箍、梁底加强斜撑等5项措施。

3 支架预压

3.1 预压目的

为了检查基础承载力,检查支架刚度、强度以及整体稳定性是否符合要求,消除现浇支架不可恢复的变形并测量其弹性变形量,以便在箱梁立模时预留,保证施工质量,在浇筑箱梁前必须对现浇支架进行预压。

3.2 支架预压设计

在大板上进行支架预压,预压结束后铺竹胶板。

支架预压采用110%~120%箱梁重量预压,以消除支架体系的非弹性变形、地基沉降等。若用相当于浇筑段箱梁重量的砂(土)袋。墩柱上方4m范围内由于箱梁高度为4.5m,砂(土)袋进行预压高度会达到6~7m,高度过高不安全。所以采用钢筋+砂袋预压,可减小预压堆载高度。现场钢筋重量可用吊车称重或根据钢筋长度及规格计算出。待非弹性变形稳定后即撤除预压,并在卸除预压荷载时测出弹性变形值,绘出弹性变形曲线作为调整底模板高程的依据。

3.3　加载方式及顺序

全桥共分为 3 次进行预压，首先预压第三孔，然后预压第二孔，最后预压第一孔，需要 2 000m^3 砂(土)、500t 钢筋。

加载顺序与浇筑顺序一致，由墩柱顶部进行加载，在墩柱一侧 5.9m 范围内先放置 2m 高砂袋，再放置钢筋。

腹板处砂袋适当加高，尽量模拟出与箱梁实际浇筑时相同的受力状态。

3.4　测点布置

为确定支架及地基非弹性变形值，对沉降进行观测，测点布置在底模板上侧，纵桥向布置 5 排测点，分别在$\frac{L}{8}$、$\frac{L}{4}$、$\frac{L}{2}$、$\frac{3L}{4}$、$\frac{7L}{8}$处设置，L 为跨径，每排 3 个测点，见图 2。

预压时分阶段进行沉降值测量，利用最后一次观测的数据与预压前观测数据对比得出支架及基础的沉降量。分阶段卸载时再对各点进行测量，得出支架卸载后的回弹量。对两次测量值进行比较，得出弹性变形值。预压时每孔支架之间不要完全连接，待预压结束后连接相邻支架。

3.5　预压前预拱度设置

根据梁的挠度和支架的变形所计算出来的预拱度之和，为预拱度的最高值，应设置在梁跨中点。其他各点的预拱度，应以中间点为最高值，以梁的两端为零，按抛物线进行分配。

预拱度主要考虑五部分：地基沉降、支架承受荷载的弹性变形、结构物重力引起梁的挠度、接缝处非弹性变形、由于混凝土收缩和所产生的竖向挠度。

在预压前为底模安全估算一个预拱度，预压后再根据实测值进行调整，预压期根据沉降观测而定。

在考虑弹性变形的情况下预拱度取以上值之和的预拱度，见图 3。

图 2　预压测点布置图　　　　图 3　预拱度设置

根据二次抛物线分配方程 $y=4f_{拱}\,x(L-x)/L/2$ 进行分配。预压后根据实际测量数据调整支架高程。

3.6　预压过程观测

开始预压后每隔 6h 观测一次，对数据要记录详尽。支架预压的时间，要压至沉降基本稳定，当 12h 地基累计沉降量小于 1mm 后，卸载。

3.7　卸载顺序

首先卸载钢筋，然后将砂袋用吊车转移到下一孔需要预压的支架上，全部三孔预压结束后将砂袋卸下。

3.8　预压后预拱度设置

预压前高程为 A，预压结束卸载前高程为 B，预压卸载后高程为 C，可推出弹性变形值为 $C-B=D$，箱梁底板浇筑前高程为设计高程$+D+$现浇箱梁设计预拱度(50m 跨径为 3cm，70m 跨径为 5cm)。

4　模板、拉杆制作及安装

4.1　芯模模板

芯模采用竹胶板，竖向、横向背楞为木枋，腹板采用拉杆加钢管背楞，箱室内用钢管搭设小型排架，与模板撑紧，保证模板稳固。

墩柱两侧 6m 范围内为保证背楞能更有效的提供支撑，将钢管背楞换成 $H=12\text{cm}$ 的槽钢。

4.2 腹板拉杆布设

腹板选用直径 16mm 的拉杆，经计算，拉杆布置纵桥向间距不超过 1m，横桥向间距不超过 1m。实际施工按间距 1m 设置。

底板架立钢筋采用直径 25mm 的螺纹钢，底板垫水泥垫块后将架立钢筋放上，与底板钢筋焊接牢固。

5 混凝土浇筑

5.1 施工缝设置

考虑到此桥 1 号墩为固结，2 号墩上有支座设置，因后浇 T 构的温度应力大于先浇 T 构的温度应力，决定先浇筑 2 号墩处的 T 构，再浇筑 1 号墩的 T 构。以适应二次浇筑的混凝土温度应力影响。

实际施工的方案为：施工缝设置在距 2 号墩 23m 处（约 1/4 位置）第一次浇筑东侧 73m，第二次浇筑剩余 97m。第一次浇筑前在断开位置设置堵头模板，第二次浇筑前采用人工将混凝土凿毛。第一次浇筑 T 构，混凝土用量为 950m^3 左右；第二次浇筑 T 构，混凝土用量为 1 250m^3 左右。第一个 T 构浇筑完成后 24h 内浇筑第二个 T 构，全部浇筑完成后待混凝土强度达到设计要求立即进行钢绞线张拉，第一次浇筑到张拉钢绞线时间 12d。

堵头模板安装后，模板外侧用短钢筋横桥向焊接在纵桥向钢筋上固定模板，模板内侧用定位钢筋焊接支撑，堵头模板支撑牢固后用土工布将缝隙密封。如施工中水泥浆流出应立即擦拭干净。为保证浇筑线形，在断开处通缝设置 2cm 木条，见图 4。

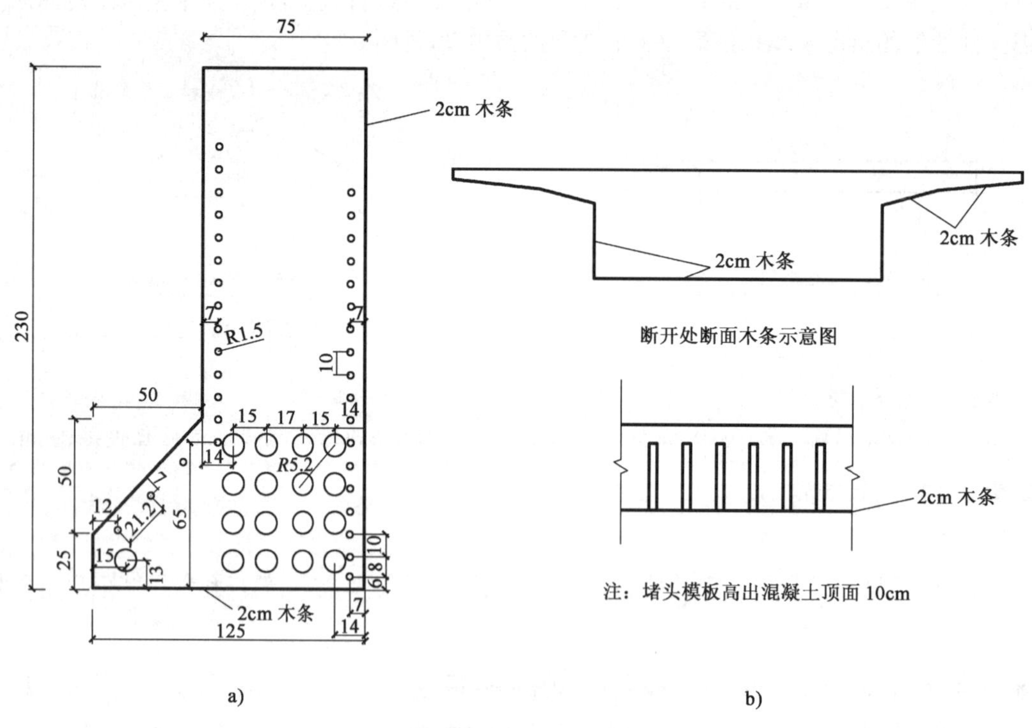

图 4 堵头模板示意图（尺寸单位：cm）

a）腹板堵头模板示意图；b）顶板、底板堵头模板示意图

5.2 钢绞线穿束

本桥预应力钢绞线外曲线腹板钢绞线全长 175m，每道腹板 16 束，每束 15 根，采用内径为 9cm 的塑料波纹管。因波纹管道长度长，竖向高差大，并且在曲线处摩阻大，实际施工中以钢绞线作为牵引绳，用装载机牵引，钢绞线与牵引索用焊接整束一次穿束的方案，用此方案穿束，15 根一束长 175m 的钢束，仅用 9 分半钟

即可完成，大大缩短了穿束时间，节约了穿束成本。

5.3　现场浇筑场地、泵车位置

第一次浇筑2号墩T构，泵车在1、2、3浇筑点进行浇筑，第二次浇筑1号墩T构，泵车在4、5、6浇筑点进行浇筑。浇筑过程如果因泵车泵管长度不够，可以适当调整泵车位置，如图5所示。

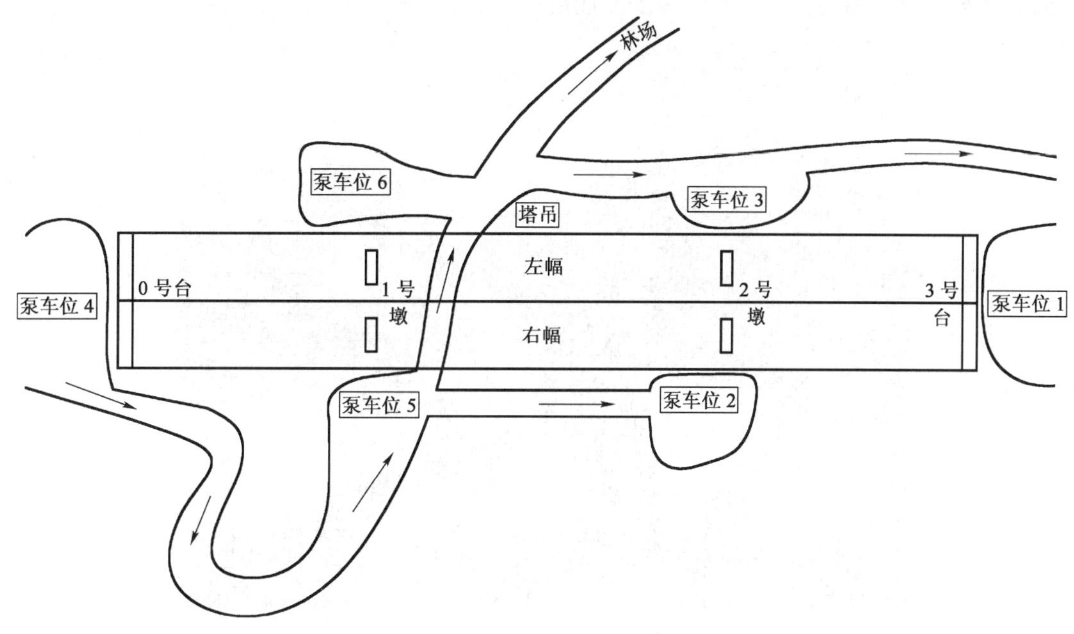

图5　箱梁浇筑现场平面布置图

5.4　混凝土质量要求

箱梁混凝土采用商品混凝土，配合比已经总监办审批合格，采取缓凝20h，控制混凝土坍落度在20cm±2cm，控制混凝土扩展度在55cm±3cm的措施保证现浇箱梁混凝土施工的质量。

5.5　波纹管漏浆检查

在浇筑过程中用空压机向波纹管内冲入空气，在波纹管另一端如果有空气吹出说明波纹管没有被堵塞。如果没有空气吹出，人工逐根抽动钢绞线，保证钢绞线可以顺利抽动。如果人工抽不动钢绞线可采用装载机配合钢丝绳拉动钢绞线。每2h检查钢绞线一次。

5.6　浇筑过程中的支架检查

浇筑过程中每2h检查一次支架的沉降和垂直度，具体方法是用水平仪检查沉降值，用垂球检查垂直度。检查值不能大于预压值，检查人员将检查结果报总工程师。由总工程师提出解决方案。实际施工中检查值符合要求。

5.7　张拉控制及混凝土外观

张拉工序严格按照设计要求进行，设计没有指明的，按照先纵后横、对称张拉的原则张拉，实际施工中，开始浇筑到主梁张拉时间间隔11d，主梁张拉起拱3.5cm，梁体张拉回缩5.5cm。桥梁线形符合设计要求，梁体底板、腹板、面板未出现温度裂缝，施工缝处无裂缝产生。

6　结语

整个施工方案及混凝土浇筑过程中，应特别注意以下几点：消除陡峭山势的门式支架的设置，门式支架与普通支架的连接方式，门式支架基础处理，剪刀撑的设置，借助已完成的墩柱克服变截面施工产生的水平推力，地基防水处理，支架预压要完全模拟实际施工，腹板拉杆的设置，施工缝的设置位置，利用大型机械穿束超长钢束，有效的施工人员及机械设备组织，混凝土浇筑顺序，混凝土振捣，波纹管漏浆检查，混凝土浇筑过程中沉降及位移观测，张拉时间控制，张拉起拱值观测，梁体回缩量测量，支架拆除步骤及安全控制。

实践证明，山区现浇变截面满堂支架桥梁施工，采用门式支架消除陡峭地形；采取有效措施消除变截面施工中的水平推力；在不断开钢束及连接钢筋前提下，于1/4跨处设置施工缝；采取“分段不分层”全断面一次浇筑的施工方案是可行的。图6所示为施工完成后的1K91＋337.48主线桥照片。

图6　1K91＋337.48主线桥为变截面箱梁桥

钢管柱与碗扣支架相结合的支架体系在现浇箱梁施工中的应用

唐智勇　靳鑫鹏

（中铁二局股份有限公司　成都　610032）

摘　要：本文结合松曹路分离式立交桥现浇连续箱梁施工，介绍钢管柱与碗扣支架相结合的支架体系在施工中的应用，重点介绍了支架施工的施工工艺以及施工过程的现场控制技术。

关键词：钢管柱　碗扣支架　现浇箱梁　施工工艺　过程控制

随着我国桥梁设计、施工的发展，预应力混凝土连续箱梁以其结构整体性好、大跨度，减少桥面伸缩缝个数使行车变得舒适，而在高速公路和城市快速路工程中得到广泛应用。预应力混凝土连续箱梁的施工在我国都一般采取满堂式碗扣支架体系进行施工。但由于其支架体系对地形条件（地基的平整、压实度、承载力）、自身搭设高度（一般不允许超过 20m，超过 20m 的满堂支架由于其弹性、非弹性变形量大，引起支架不均匀沉降，从而造成梁体开裂）等因素的限制往往又不能满足施工质量的要求。特别是在山区（地势不平）、高净空的现浇箱梁施工的要求。本文结合京承高速（密云沙峪沟—市界段）松曹路分离式立交桥现浇连续箱梁施工，介绍了钢管柱与碗扣支架相结合的支架体系的施工工艺以及过程控制措施。

1　支架体系介绍

钢管柱的基础采用 C20 钢筋混凝土，对于地势平坦位置采用条形基础（10.0m×1.2m×0.6m），对于地势较陡的地方采用独立基础（2.1m×2.1m×0.6m）。钢管柱采用格构形式，ϕ630mm（壁厚 11mm）钢管用作支撑墩。格构体系的纵向上最大跨距不超过 8.25m，横向上跨距分别为 3.6m、4.0m。6 根钢管柱构成一个格构体系，纵向间距 3.0m、横向间距 4.0m。采用 I20 工字钢、[16 号槽钢与钢管柱焊接成连接系，连接系的净距（竖直方向）控制在 10m 以内（根据稳定性验算结果）。钢管柱上面的横梁使用 3I45 工字钢（采用钢板连接成整体）。纵梁采用 I56 工字钢，横向布置距离根据上部箱梁结构形式分别为 45cm（腹板处）、80～100cm（底板处）、150cm（翼缘板处）。在 I56 工字钢上铺设 I20 工字钢，工字钢的布置纵向布置距离即为上层满堂式碗扣支架的布置距离。在 I20 工字钢上方满铺 1 层安全网（防止上层碗扣支架的人员及各种构件掉落到下方引起安全事故）。在安全网上面搭设满堂式碗扣支架，支架横向布置：在腹板处为 30cm、在底板处为 60cm、在翼缘板处为 90cm，支架纵向布置：在横隔板处为 60cm、在墩顶箱梁变截面处为 60cm、其他位置处为 90cm。满堂碗扣支架上纵向设置 12cm×14cm 的承重方木，其横向间距与碗扣支架的横向间距一致。承重方木上方布置 10cm×10cm 的肋木，纵向间距为 25cm。肋木上即可以进行箱梁模板以及箱梁钢筋、混凝土等工序的施工。支架具体布置形式见图 1（钢管柱碗扣支架体系布置图）。

2　施工工艺及过程控制

2.1　钢管柱地基处理

钢管柱基础是整个支架体系的关键所在，所有支架的验算都是在钢管柱基础承载力满足要求的设计之上。如果在钢管柱基础施工中由于各种原因导致其承载力能力不满足要求，轻则由于其承载力不够导致支架不均匀沉降而引起梁体开裂、重则会导致整个支架体系坍塌而造成重大安全质量事故。因此，钢管柱基础的过程施工必须严格控制。

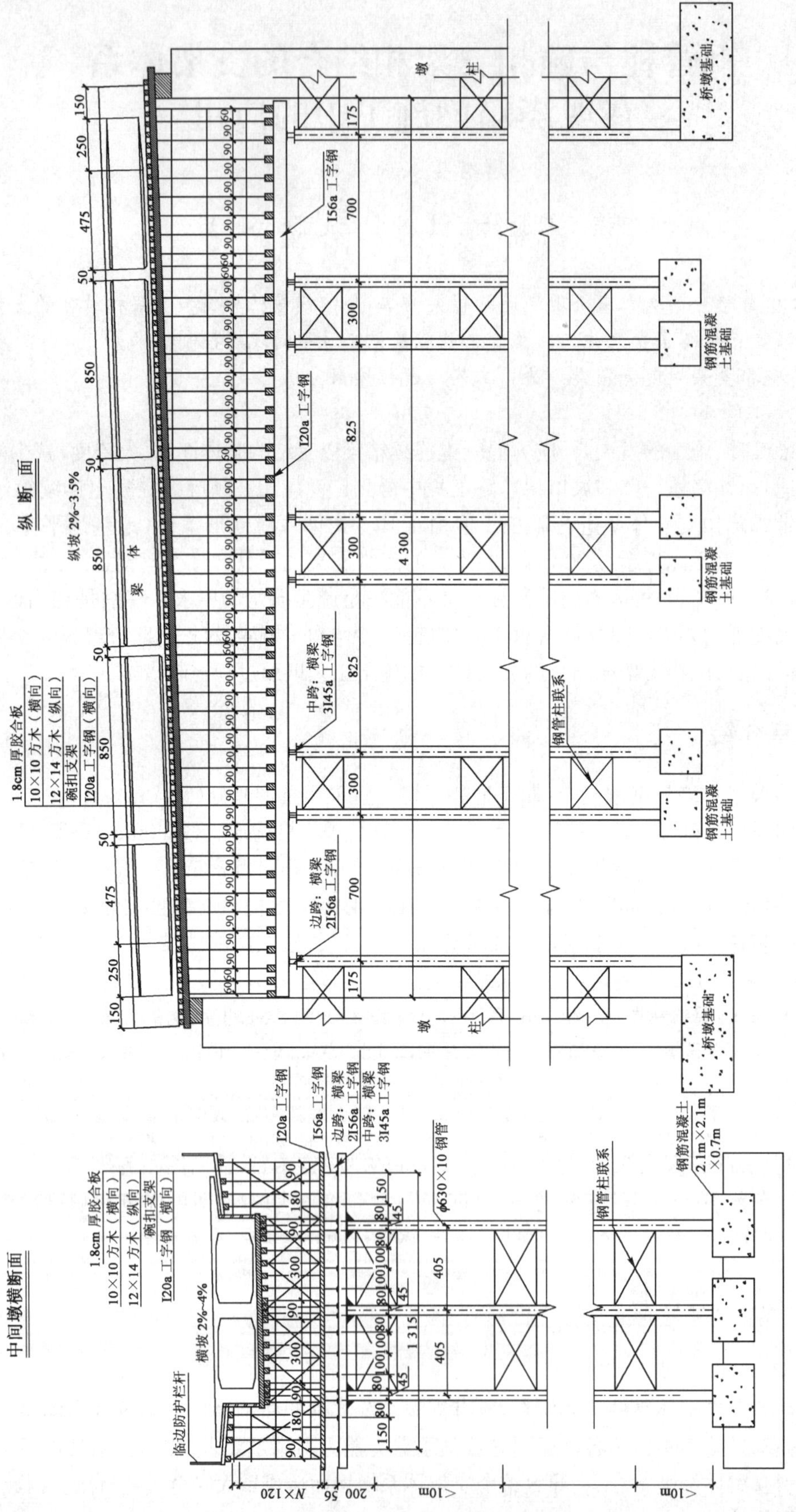

图 1 钢管柱碗扣支架体系布置图（尺寸单位：cm）

(1)钢管柱基础基槽开挖完成以后,必须进行地基承载力检测,其承载力必须满足支架方案设计要求,否则必须对其进行处理。

(2)当钢管柱基础基槽开挖好以后(挖至原状土以后),经过试验室检测基底承载力无法满足设计要求,可以采取换填1m厚(松铺)的炮渣石或砂砾石。分三层压实(每层松铺厚度30cm),采用18t压路机振动压实(6~8遍)。

(3)钢管柱基础的钢筋布置必须按照相关设计要求进行安装,混凝土施工必须满足《公路桥涵施工技术规范》(JTJ 041—2000)的要求,若在冬季进行施工,必须采取必要的冬季施工措施。

(4)支撑墩的冬季施工地基处理措施:

①钢管柱基础的开挖与换填必须及时,不能让基底土层受冻。开挖前,必须将填料及机械准备好,对地基承载力不满足要求的及时进行换填。防止基坑受冻、基底土层无法挤密,从而影响整个支撑墩的承载能力。

②钢管柱基础混凝土施工必须在正温条件下进行,环境温度必须≥0℃。

③钢管柱基础的养护严格按照墩柱的养护措施进行养护,养护时做好测温记录(养护的内部温度必须≥10℃),养护时间不少于7d。

(5)钢管柱基础的施工一定要注意钢管柱预埋法兰盘的安装,其平面位置及高程必须满足设计要求,特别是在横向上必须保证其同轴性(防止钢管柱上层荷载偏压)。

2.2 钢管柱支架的连接、安装

(1)钢管柱支架体系的布置一定要科学合理,必须通过严格的力学检算,留置必要的安全保证系数(一般取1.5~2.0),并采用不同的验算方法对结果进行佐证。

(2)在钢管柱的安装施工中,必须保证每排(横向)钢管柱在同一轴线上,防止由于偏压而引起支架体系失稳。

(3)立钢管柱时,必须搭设支架进行钢管柱上连接系焊接等施工项目,搭设的支架的防护及安全措施必须严格按照要求规范进行。

(4)钢管柱的连接方式一般有两种:法兰盘连接,直接采用对焊(外加抱箍),钢管柱的垂直度控制在0.5H%范围内(H为钢管柱的高度),采用线锤或经纬仪进行垂直度量测。

(5)钢管柱连接系施工时,严禁直接在钢管柱上进行焊接(防止焊接损坏钢管柱的自身受力),连接系的焊接必须在钢管柱上先焊接抱箍。I20工字钢(水平弦杆)与钢管柱上的结点板之间必须进行双面焊接,结点板与[16槽钢(斜杆)必须进行围焊,所有焊缝高度必须>10mm。如图2(钢管柱支架格构体系连接系构造图)所示。

(6)钢管柱上的横梁(3I45工字钢)的施工必须严格按照设计图纸进行施工,根据施工经验,一般在钢管柱顶设置加劲肋板(采用[16槽钢)。连接形式如图3所示(钢管柱顶横梁连接图)。

2.3 碗扣支架

(1)支架安装必须按施工阶段荷载验算其强度、刚度及稳定性,现场施工严格按图纸进行搭设。

(2)支架安装可从箱梁一端开始向另一端推进,也可从中间开始向两端推进,工作面不宜开设过多且不宜从两端开始向中间推进,应从纵横两个方向同时进行,以免支架失稳。

(3)用于支撑的所有杆件,必须经检验合格后方可使用。

(4)碗扣式支架的底层组架最为关键,其组装质量直接影响支架整体质量,要严格控制组装质量;在安装完最下两层水平杆后,首先检查并调整水平框架的方正和纵向直顺度(对曲线布置的支架应保证立杆的正确位置);其次应检查水平杆的水平度,并通过调整立杆可调底座使水平杆的水平偏差小于$L/400$(L为水平杆长度);同时应逐个检查立杆底脚,并确保所有立杆都不悬空或松动;当底层架子符合搭设要求后,检查所有碗扣接头并锁紧,在搭设过程中应随时注意检查上述内容,并予以调整。

(5)当箱梁为曲线梁时,通过调整纵向水平杆长度而使支架成曲线形布置。

(6)支架搭设严格控制立杆垂直度和水平杆水平度，支架垂直度偏差不得大于 $h/500$(h 为立杆高度)，但最大不超过 100mm；水平杆水平度符合本款(5)项的规定；对于直线布置的支架，其纵向直线度应小于$L/200$(L 为纵向水平杆总长)。

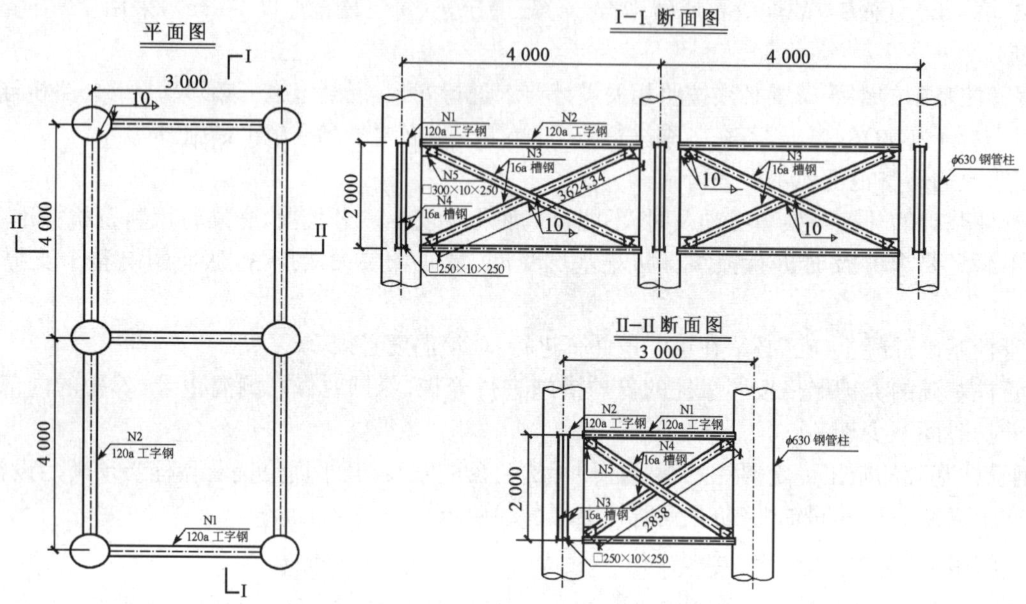

图 2 钢管柱支架格构体系连接系构造图(尺寸单位:cm)

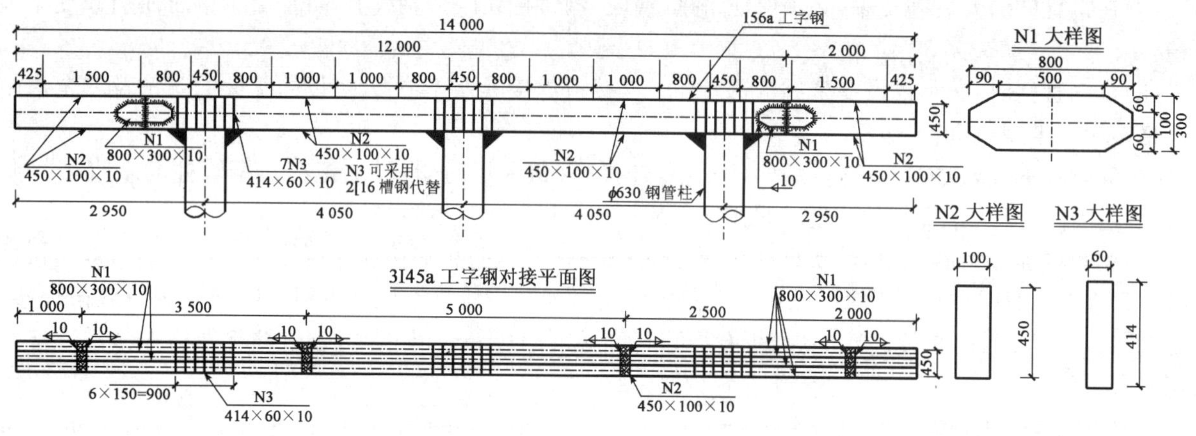

图 3 钢管柱顶横梁连接图(尺寸单位:cm)

(7)顶排水平杆至底模距离不宜大于 500mm，天地托的伸长量不能超过其本身长度的 1/3。

(8)剪刀撑在纵向上布置 5 道：支架外侧各 1 道、3 道腹板下各一道；横向上每 5 排布置 1 道剪刀撑。由于梁体高度较高，为有效防止腹板及翼缘板胀模，现场支架搭设采取下列措施：

①立杆接头不应设置在箱梁底板下，第一道横杆以上的位置；

②在距离顶板以下 1m 位置处，在支架外侧设置纵向钢管，每排立杆用钢管斜插自底板后与纵向钢管紧锁。

(9)碗扣支架的搭设高度应控制在 5m(根据验算结果)范围以内。

3 安全技术控制措施

(1)安全组织机构健全，人员到位。成立专职安全领导小组，由分管领导具体抓安全工作。另外，项目经理部设专职安全员、兼职安全员，并做到人员到位，上班要佩戴胸章和袖标。

(2)健全安全教育制度。新工人要进行"三级教育"和"三工"教育，单项工程开工要对员工进行一次安全教育。项目经理部每周召开一次安全总结分析会，每月对员工进行一次安全教育，安全教育要做到人员、时间、教材和内容有保证，记录清楚。

(3)在钢管柱支架施工前，要对担负施工的员工进行一次全面的安全教育及安全技术交底，明确交代安全注意事项，使员工做到心中有数。

(4)凡从事高空作业的人员必须佩戴好防护用品(安全帽、安全绳、安全带、防滑鞋等)。

(5)施工场所设有安全标志，危险部位有安全警示牌，夜间设有红色警示灯。

(6)施工人员严禁穿拖鞋、高跟鞋、易滑的硬底鞋上班和酒后上班。严禁嬉笑打闹。

(7)施工道路平整、排水畅通。机械设备停放有序，材料堆放整齐，标志清楚，并保证安全距离。

(8)高处作业的规定(凡是离地面 2m 以上)：

①作业人员必须定期进行身体检查，对不适宜高处作业的人员，如患有精神病、高血压、严重贫血、颠痫、眩晕、心脏病等人员，不得从事此项工作。

②作业人员上下脚架要安设爬梯，不得攀登脚手架上下，更不允许乘坐非乘人的升降设备上下。

③脚手架临空处应设置栏杆或挂安全网等防护设施。

④安全网在使用前，应按规定进行试验，合格后方准使用。

⑤高处作业区的风力达到五级(包括五级)以上时禁止高空作业。在攀登和高处等作业中，必须佩戴安全带并有牢靠的挂钩设施，严禁在腰间佩戴安全带，而不在固定的设施拴挂钩环。

4　结语

通过在松曹路分离式立交桥约 30 000m^3 现浇箱梁的施工，钢管柱与碗扣支架结合的支架体系获得了成功。此支架体系与军用梁支架、圆盘支架等支架体系在成本、施工周期等方面相比都有其优越性。它在山区(地质、地形条件复杂的地方)、跨越既有线、高净空现浇桥梁等工程施工中值得广泛推广应用。

由于支架本身是两种支架体系的结合，在施工过程中如何抓好每个安全质量关口、如何强化作业人员的安全质量意识、避免出现安全质量事故，值得我们进一步研究和讨论。

参 考 文 献

[1]　中华人民共和国行业标准. JTJ 041—2000 公路桥涵施工技术规范[S]. 北京：人民交通出版社，2000.

[2]　周水兴，何兆益，邹毅松. 路桥施工计算手册[M]. 北京：人民交通出版社，2001.

[3]　交通部第一公路工程总公司. 公路施工手册　桥涵[M]. 北京：人民交通出版社，1999.

真空压浆技术在工程中的应用

王学颖

（北京市道路工程质量监督站　北京　100076）

摘　要：本文从后张法预应力混凝土结构工程特点出发，阐述了后张法预应力体系真空压浆施工需要控制的要点。

关键词：后张法　预应力　压浆

0　引言

预应力结构由于利用高性能材料，与非预应力结构相比，不仅具有跨越能力大、受力性能好、使用性能优越、耐久性高、轻巧美观的特点，而且较为经济、节材、节能。使预应力混凝土结构在土木工程的各个领域得到广泛的应用。尤其现代设计理论和先进施工工艺的逐步发展和完善，产生了一系列新型预应力混凝土结构，比如后张法超静定预应力混凝土结构、无黏结环形预应力结构、斜拉桥索塔后张大曲率U形预应力结构、三向预应力桥梁等。

在后张预应力混凝土桥梁施工中，预应力钢绞线张拉到规定的张拉力后，必须对孔道进行灌浆。对孔道灌浆的主要目的是防止预应力钢绞线锈蚀，并通过凝固后的水泥净浆将预应力更为均匀地传递到混凝土结构中。在国内普遍使用的方法是：在结构混凝土内部预埋金属波纹管，在一定的压力下，用压浆机将水泥浆压入预应力孔道。这种传统的施工工艺容易使压入预应力孔道的水泥浆产生泌水、离析，凝固后干缩，出现空隙，使浆体不够饱满、不够密实。另外，空隙中滞留的水分也会使预应力钢绞线发生氧化锈蚀，直接影响到混凝土桥梁的安全性和耐久性。

通过长久施工在本文中重点阐述真空辅助压浆工艺。

1　真空辅助压浆工艺的优点

与传统的工艺压浆技术相比，该技术具有很多的优点：首先，消除了传统工艺所引起的气泡、空隙，增强了浆体的密实度和饱满度。其次，浆体中的泡沫和浆体在真空负压环境下率先流入负压容器，孔道中的浆体稠度能够保持一致，使浆体的密实度和强度得到保证，特别是对于高低弯曲的空间孔道更能体现该施工技术的优越性。最后，真空吸浆技术施工连续、迅速，缩短了灌浆时间，同时也保证了孔道的密封。

2　真空辅助压浆原理及必备条件

2.1　真空辅助压浆工艺原理

VSL真空辅助压浆工艺是在传统压浆的基础上将原有的金属波纹管改进成VSL PT—PLUS塑料波纹管，将孔道系统密封；一端用抽真空机将孔道内80%以上的空气抽出，并保证孔道真空度在80%左右，同时压浆端压入水灰比为0.35～0.45的水泥浆。当水泥浆从真空端流出且稠度与压浆端基本相同，再经过特定位置的排浆（排水及微末浆）、保压，以保证孔道内水泥浆体饱满。

2.2　VSL真空压浆技术的优越性

(1)可以消除普通压浆法引起的气泡，同时，孔道内残留的水珠在接近真空的情况下被气化，随同空气一起被抽出，增强了浆体的密实度。

(2)消除混在浆体中的气泡。这样就避免了有害水积聚在预应力筋附近的可能性，防止预应力筋的腐蚀。

(3)浆体中的微沫浆及稀浆在真空负压下率先流入负压容器，待稠浆流出后，孔道中浆体的稠度即能保持一致，使浆体密实度和强度得到保证。

(4)孔道在真空状态下，减小了由于孔道高低弯曲而使浆体自身形成的压头差，便于浆体充盈整个孔道，尤其是一些异形关键部位。对于弯型、U型，竖向预应力筋更能体现出真空灌浆的优越性。

(5)作为一种全面的技术，真空辅助压浆要求施工现场具有高水平的质量，包括高水平的管理人员和操作队伍。这样，由于这种方法本身的性质决定了它具有高水平的质量控制。

采用正确的工艺是使用此项技术的前提条件是采用配套的预应力锚具组装件、成孔性能良好的塑料波纹管，使用专用设备、专用浆体外加剂、标准化的施工规范流程以及专业施工人员都是保证工艺得以正确实施必不可少的条件。

2.3　真空辅助压浆体系的组成

(1)真空辅助压浆施工工艺；

(2)能自身提供密闭体系的锚具组装件；

(3)塑料波纹管；

(4)浆体专用助剂(复合型外加剂)；

(5)SK—15型水环式真空泵、压浆设备；

(6)成熟、先进的工艺流程及熟练的施工技术人员。

3　施工必备条件

3.1　真空吸浆的工艺规范必须确保下列目标的实现

(1)在孔道内正确完成和营造真空；

(2)在导管和大气之间或导管和导管之间无裂缝；

(3)浆体中无空气；

(4)导管中无水。

为达到以上目的，必须有正确的成孔材料、浆体水泥浆设计和设备。在真空吸浆开始前，标准、特定的工艺规范必须制定出来，由有经验的受过操作人员正确执行。

3.2　设备及辅具必须具备以下条件

除了通常的灌浆设备以外，还须以下设备：

(1)真空泵，有真空压力表和控制刻度盘；

(2)压力容器，作为一个屏障，阻止浆体进入真空泵损坏它；

(3)加筋的干净软管，能承受负压；

(4)进口、出口、排气口的截止阀；

(5)预应力两端的盖帽。

3.3　工艺规范

典型的真空吸浆工艺包括以下几步。

(1)准备：所有的入口、通风孔、排水口、出口配置空气阀。清除管道里的水和杂物。

(2)第一步：除了真空泵进气阀外、关闭其他通风孔，开启真空泵抽管内空气，−0.08MPa的压力表明导管密封良好。作为一个方案，正压力0.3MPa也可以采用。两个方案都不满足，表明导管密封不严。也许在邻近管道的交叉口有裂缝，在此情况下，将一簇导管一起灌浆是一个成功的解决办法。

(3)第二步：在负压力下，浆体流入管道(或一簇管道)。通过观察浆体在透明的通风管中出现表示灌浆工作正在进行，直到浆体进入压力容器。此时，关闭阀门，浆体进入一个废的容器中，直到流出的浆体无摆动，并有良好的稠度。

(4)第三步：按次序，打开阀和通气孔，所有盖帽和通气孔在正压力下，关闭阀门。

(5)第四步:孔道加压至0.04MPa;关闭进口阀之前保持一段时间。正如通常的灌浆操作一样必须做好所有的工作和预防措施,确保施工的成功。

3.4 浆体

浆体的组成:水泥、水、专用剂组成,其混合体应达到下列指标:

(1)水灰比为:0.35～0.45,一般控制在0.4左右。

(2)浆体泌水率:水泥浆泌水率应不大于2%,且泌水应在24h内被浆体完全吸收。

(3)稠度:14～18s,在45min内,浆体的稠度变化不应大于2s。

(4)抗压强度:强度应不小于设计强度,当设计无规定时应不小于30MPa,

满足以上浆体性能的压浆浆体,才为合格的压浆浆体。

4 浆体的技术要求

(1)浆体除了具有足够的抗压强度和黏结强度,还必须保证有良好的防腐性能和稠度,不离析、析水,硬化后孔隙率低、渗透性小,不收缩或低收缩。对浆体大体要求如下:

①水灰比:0.35～0.45。

②流动度:拌和好后的流动度<30s;在管道出口处流动度>15s。

③泌水性:小于浆体初始体积的2%,四次连续测试结果的平均值小于1%。

④初凝时间:3～4h。

⑤稠度:14～18s;在45min内,浆体的稠度变化不应大于2s。

⑥强度:按设计要求。

(2)对具体材料的要求

①水灰比:采用普通硅酸盐水泥,强度等级按设计要求。

②水:应不含有对预应力筋或水泥有害的成分,每升水不得含500mg以上的氯化物离子,可采用清洁的饮用水。

③外加剂:应不含有对预应力筋或水泥有害的成分。

5 真空辅助压浆施工

5.1 准备工作

(1)张拉施工完成后,要切除外露的钢绞线(注意钢绞线的外露量不小于30mm),进行封锚。

(2)在压浆施工前将锚垫板表面清理,保证平整,在保护罩底面与橡胶密封圈表面均涂一层玻璃胶,装上橡胶密封圈,将保护罩与锚垫板上的安装孔对正,用螺栓拧紧。

(3)清理锚垫板上的压浆孔,保证压浆通道通畅。

(4)确认浆体配比。

(5)检查材料、设备、附件的型号或规格、数量等是否符合要求。

(6)按设备原理图进行各单元体的密封连接,确保密封罩、管路各接头的密封性。

5.2 试抽真空

关闭阀门1、3、4,打开阀门2和5,启动真空泵,观察真空压力表的读数,应能达到负压力0.07～0.1MPa。当孔道内的真空度保持稳定时(真空度越高越好),停泵1min,若压力降低小于0.02MPa即可认为孔道能基本达到并维持真空。如未能满足此数据则表示孔道未能完全密封,需在压浆前进行检查及更正工作。

5.3 拌浆

(1)拌浆前先加水空转数分钟,使搅拌机内壁充分湿润,将积水倒干净。

(2)将称量好的水(扣除用于溶化固态外加剂的那部分水)倒入搅拌机,之后边搅拌边倒入水泥,在搅拌3～5min直至均匀。

(3)将溶于水的外加剂和其他液态外加剂倒入搅拌机，再搅拌5～15min，然后倒入盛浆浆桶。

(4)倒入盛浆桶的浆体应尽量马上泵送，否则要不停地搅拌。

5.4　压浆(图1)

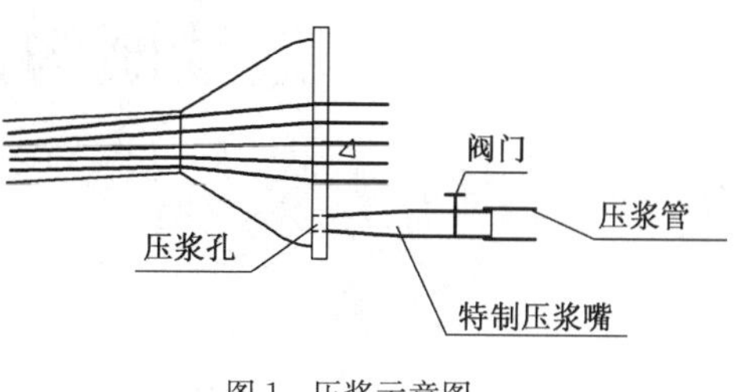

图1　压浆示意图

(1)启动真空泵，当真空度达到并维持在负压0.08 MPa左右时，打开阀门1，启动压浆泵，开始压浆。

(2)当浆体经过透明高压管并准备到达三通接头1时，打开阀门3并关闭阀门5，关闭真空泵；注意透明高压管应超过10m长以便控制。

(3)观察废浆桶处的出浆情况，当出浆流畅、稳定且稠度与盛浆桶体基本一样时，并关闭压浆泵，关闭阀门2。

(4)启动压浆泵使压浆泵压力达到0.4MPa左右，最后关掉压浆泵，关闭阀门1。

(5)接通水，打开阀门3、4清洗，再拆下阀门处的透明高压管，关闭阀门3清洗。

6　真空辅助压浆注意事项

(1)保护罩若作为工具罩使用，在浆体初凝后可拆除。

(2)在压浆前若发现管道内残留有水分或赃物的话，则须考虑使用空压机先行将残留在管道中的水分或赃物排除，确保真空辅助压浆工作能够顺利进行。

(3)整个连通管路的气密性必须认真检查，合格后方能进入下一道工序。

(4)浆体搅拌时，水、水泥和外加剂的用量都必须严格控制。

(5)必须严格控制用水量，对为及时使用而降低了流动性的水泥浆，严禁采用增加水的办法来增加其流动性。

(6)搅拌好的浆体每次应全部卸尽，在浆体全部卸出之前，不得投入未拌和的材料，更不能采取边出料边进料的方法。

(7)向搅拌机送入任何一种外加剂，均需在浆体搅拌一定时间后送入。

(8)安装在压浆端及出浆端的阀门和接头，应在灌浆后1h内拆除并清洗干净。

7　结语

在后张有黏结预应力混凝土结构中，预应力筋和混凝土之间的共同工作以及预应力筋的防腐蚀是通过在预埋孔道中灌满水泥浆来实现的；另外，在预应力状态下为防止预应力筋发生滑丝及长期放置发生预应力筋腐蚀，在一批预应力筋张拉完毕后，也要求立即对孔道灌浆。众所周知，传统的做法是采用压浆法来灌浆，即在压力下，将水泥浆压入孔道。这种做法容易发生水泥浆离析、析水、干硬后收缩，产生孔隙，留下隐患。国内外灌浆的工程实践和经验教训，使人们一直担忧传统压力灌浆的效果。后张预应力混凝土结构中，预应力筋的腐蚀大部分是由于施工工艺和浆体混合料配制不好造成的。传统压力灌浆中，浆体本身和施工工艺带有一定的局限性，主要表现为：灌入的浆体中常会含有气泡，当混合料硬化后，存集气泡会变为孔隙，成为自由水的聚集地。这些水可能含有有害成分，易造成预应力筋及构件的腐蚀；在北方严寒的地区，由于温度低，这些水会结成冰，可能会胀裂管道、形成裂缝，造成严重的后果；另外水泥浆容易离析，析水、干硬后收缩，析水后会产生孔隙，致使浆体强度不够，黏结不好，为工程留下了隐患。

为此有必要将传统压浆工艺进行改进，将真空辅助压浆工艺等技术应用于预应力孔道施工中，使灌浆工艺更加完善合理。其基本原理为：在压浆之前，首先采用真空泵抽吸预应力孔道中的空气，使孔道内的真空度达到80%以上，使之产生－0.06～0.1MPa的真空度，然后用灌浆泵将优化后的水泥浆从孔道的另一端灌入，并加以≥0.7MPa的正压力。由于孔道内只有极少的空气，很难形成气泡；同时，由于孔道与压浆机之间的正负压力差，大大提高了孔道压浆的饱满度和密实度。减小了水灰比，添加了专用的添加剂，提高了水泥浆的流动度，减小了水泥浆的收缩，从而保证了浆体的可施工性、充盈孔道的密实性和提高硬化浆体的强度。因此真空压浆工艺是提高后张预应力混凝土结构安全度和耐久性的有效措施。

连续刚构桥0号～1号块托架设计

宋　伟

（中交一公局第一工程有限公司　北京　100024）

摘　要：清水河1号桥为混凝土连续刚构桥，该桥0号～1号块位于40余米的高墩上，通过理论和实际经验计算，采取三角托架作为支撑进行施工是安全、便利、高效的施工方案，本文对此进行分析介绍。

关键词：连续刚构0号～1号块　托架　设计

1　工程概况

京承高速（密云沙峪沟—市界段）工程第六合同段位于密云县大城子镇，路线起终点桩号为K93+750～K96+865，全长3.115km，其中清水河1号桥跨越清水河部位（左线L6号～L9号轴；右线R23号～R26号轴）采用T型连续刚构主梁形式，跨径为45m+75m+45m。

T型连续刚构箱梁为直腹板的单箱单室结构，采用三向预应力混凝土结构。箱梁采用C50混凝土，主梁悬臂浇筑梁段划分为10块，依次长度为3m（0号）+2×3.5m+7×4m，合龙段长度2m，边跨现浇段长6.42m。箱梁顶面横坡与路线横坡一致，梁高为2～4.5m。箱梁顶板宽度为12.76m，底板宽度为6.5m。合龙段梁高2.8m，墩顶根部梁高4.5m，其余主梁梁高变化采用1.8次抛物线。墩顶底板根部厚度130cm，1号块厚度由130cm变成60cm，2号块～5号块厚度变化采用1.8次抛物线，由60～25cm，其余块底板厚度25cm。箱梁腹板0号块为100cm，1号块厚度由100cm变成90cm，2号块～5号块厚度由90～60cm，变化采用线性变化。1号～2号块顶板厚度从50cm变至30cm，其余顶板厚度统一为30cm。

本桥左、右幅起点段均位于平曲线上（左线R=2 394.5m，右线R=4 005.5m）。箱梁底板和顶板形成桥面横坡2%，两侧腹板垂直于地面。中孔跨中设预拱度为5cm，边孔跨中设预拱度为3cm，预拱度均按1.8次抛物线设置。

主梁0号、1号块是主梁混凝土浇筑方量最多的部位，方量为60.79m^3，各种预埋件、钢筋、三向预应力钢束及其孔道、锚具密集交错，钢筋最复杂，外形尺寸要求最严，梁面有纵横坡度，端面与待浇梁段密切相连。其受力也是最复杂，本桥0号～1号块需要同时施工，悬臂长度较长，为3.5m，是连续刚构施工的关键部位之一。

2　0号～1号块支架方案的选择

本工程0号～1号块相应的墩柱均为高墩柱，最高为43.286m，最低34.06m，不适合采用钢管支架施工，故选择托架施工方案。目前的托架形式多种多样，从支撑形式可分为扇形托架、高墩托架、墩顶预埋牛腿托架等，所使用的材料包括万能杆件、贝雷桁架、型钢等几种，根据工程实际特点和施工经验，我们选择了墩顶预埋牛腿托架，选择工字钢作为牛腿结构，分配梁充分利用了挂篮所配置的杆件。

2.1　托架设计要点

（1）托架作为结构受力主要支撑，保证足够的强度是首要前提，在设计前借鉴了具有成功经验的案例，取其长处对本工程进行合理设计，方便安装和拆除，并要进行准确的力学计算进行复核。

（2）混凝土浇注过程中由于混凝土龄期较短，其抗剪强度较低，随着混凝土的浇筑，支架逐渐产生变形，底模发生不均匀沉降，造成下部已初凝的混凝土内部产生剪应力，当剪应力超过其抗剪强度时，即产生竖向裂缝，影响结构的强度和使用安全，因此要求托架除具有足够的强度外还必须保证有较大的刚度和稳定性，并尽量减轻自重。

(3)预埋件的作用是将托架承受的施工荷载传递到墩身,是整个支撑结构的关键部位。预埋件的形式既要保证结构受力安全,又要考虑工地施工条件,避免加工质量不稳定而降低结构的安全度。预埋件与主桁架的连接形式考虑焊接和拴接两种,前者具有施工操作简单的优势,但焊接质量取决于焊工的操作水平,具有较大的离散性,焊缝的受力强度有一定的不明确性;后者受力较为明确,但操作具有一定困难。根据施工队伍特点和主桁架重量,项目部对采取拴接施工存在一定顾虑,所以选择了焊接方式,出于安全考虑并通过检测部门检测确定焊缝等级。

2.2　本工程托架设计方案

本桥托架设计为三角托架,每个墩顶设置 10 个,纵向每侧设置 4 个,横向每侧设置 1 个,三角托架为 2 根 36a 工字钢焊接成三角形,之后焊接于墩柱预埋的钢板,考虑到减少自重,在竖向未设置竖向杆件。三角架为等边直角三角形,横向、竖向尺寸均为 3.5m。

托架顶部设置三根分配梁,利用挂篮下横梁(双拼 36a 工字钢),分配梁上布置底篮的纵梁(双拼 25b 工字钢),具体见图 1、图 2。

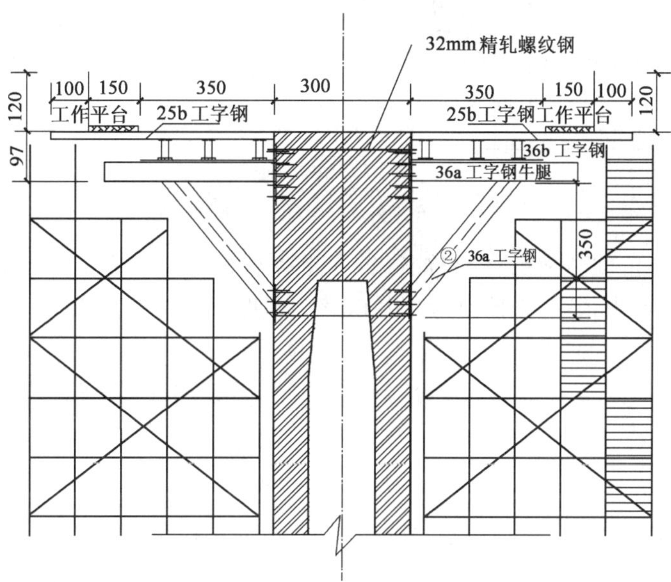

图 1　0 号、1 号块托架支撑立面图(尺寸单位:cm)

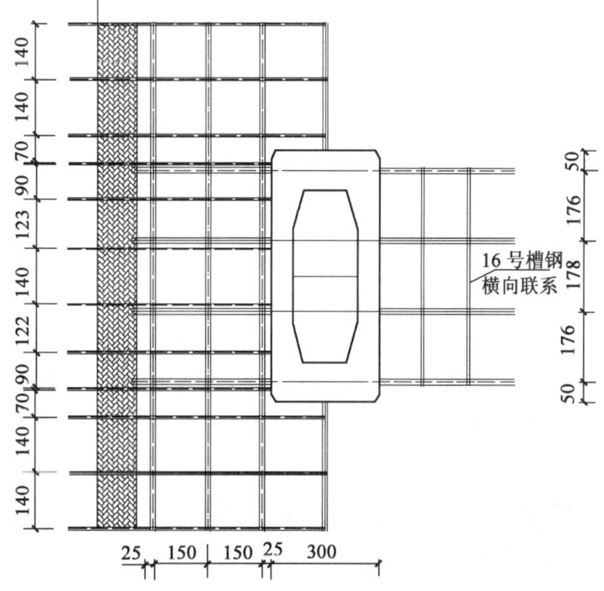

图 2　0 号、1 号块托架支撑平面图(尺寸单位:cm)

墩柱预埋钢板采用 20mm 钢板，上预埋件呈受拉状态，钢板尺寸设计为 500mm×700mm，并在背后设置 5 根 500mm 长的 U 形钢筋（ϕ25mm），下预埋件呈受压状态，钢板尺寸设计为 300mm×500mm，背后设置 3 根 300mm 长的 U 形钢筋（ϕ25mm）。U 形钢筋需要与钢板满焊，起弯点弧度半径大于 10d（钢筋直径）。预埋板的位置预埋要准确无误，钢板后的混凝土必须保证密实，下预埋板另加设两层 10mm×10mm 的 ϕ8mm 钢筋网片，以增强局部承压能力（图 3）。

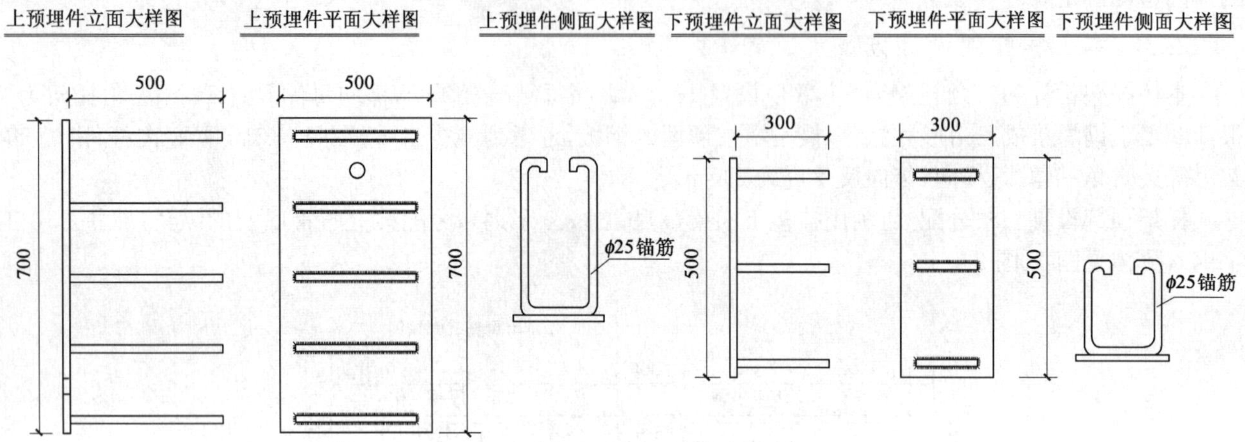

图 3　墩柱预埋件大样图（尺寸单位：mm）

从安全角度考虑，为防止预埋板出现异常事故，在上预埋板上部预留 35mm 孔道，安装完成之后穿入 32mm 精轧螺纹钢，纵向进行预张拉，张拉力为 25t（抵消预埋件所受拉力为 22.2t，详见下节计算），横向预应力旋紧即可，约有 5t 压力。

3　托架设计计算

3.1　荷载确定

由于 0 号块全部位于墩柱之上，对托架不产生作用力，故计算将仅考虑 1 号块的重力，根据设计图知，1 号块重力为 60.79m^3×26＝1 580.54kN；1 号块模板重力：150kN；托架自重：137.28kN。

荷载确定如表 1。

荷载确定表　　表 1

序　号	荷　载	重力（kN）	分配系数	最终重力（kN）
1	模板及支架	288	1.2	346
2	混凝土	1 580.54	1.2	1 896.65
3	人员、机具	20	1.4	28
4	振捣产生的荷载	12	1.4	16.8
5	其他荷载	30	1	30
合计				2 317.45

荷载取值为 2 318kN，每片三脚架受力 2 318/4＝579.5kN≈580kN

3.2　计算模型

托架采用上为 3 个双工字钢，设受力为 P，托架受力长度均为 3.5m，由于施工采用焊接固定，固支点按刚性连接考虑，计算按照“力法”来计算（图 4、图 5）。

托架共有六个约束反力，为三度超静定系统。取消三个约束，代以 X_1、X_2、X_3，建立力法方程。

$$\begin{cases}\delta_{11}X_1+\delta_{12}X_2+\delta_{13}X_3+\Delta_{1P}=0\\ \delta_{21}X_1+\delta_{22}X_2+\delta_{23}X_3+\Delta_{2P}=0\\ \delta_{31}X_1+\delta_{32}X_2+\delta_{33}X_3+\Delta_{3P}=0\end{cases}$$

基本力受力模型如图 5 所示。

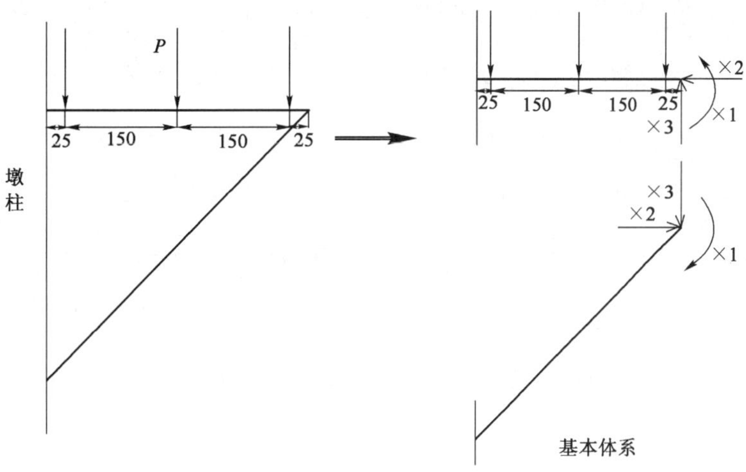

图 4　托架力法图(尺寸单位:cm)

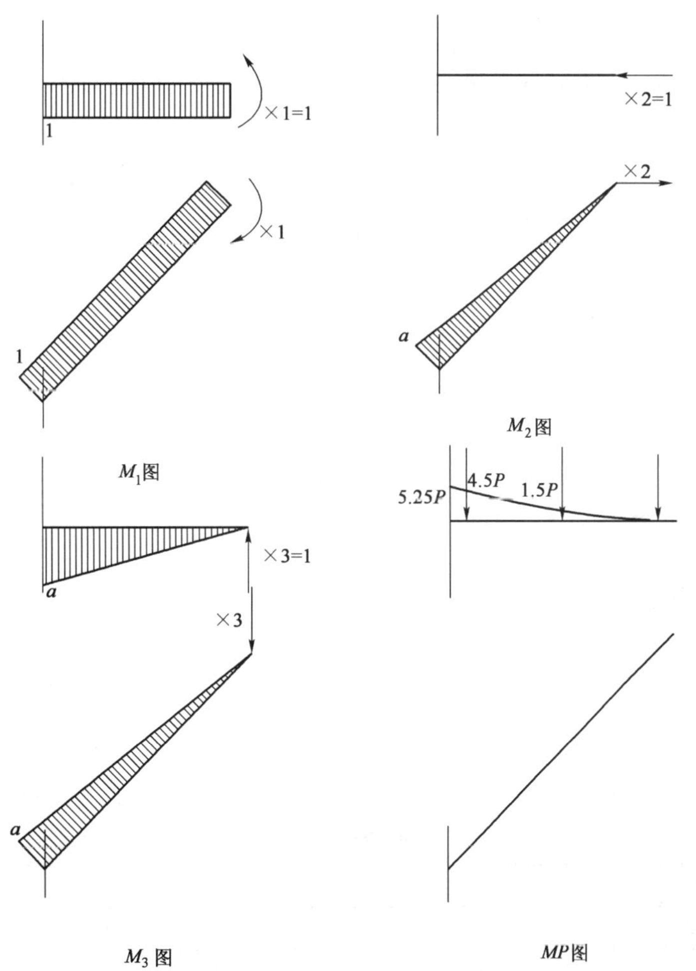

图 5　基本力受力模型

计算系数 δ_{ij} 和自由项 Δ_{iP}：

$$\delta_{11}=\int(M_1^2 ds/EI)=1/EI(a\times1\times1)+1/EI(\sqrt{2a\times1\times1})$$
$$=(1+\sqrt{2})a/EI$$

$$\delta_{22}=\int(M_2^2 ds/EI)=0+1/EI(a\times\sqrt{2}a\times1/2)\times(a\times2/3)=\sqrt{2}a^3/3EI$$

$$\delta_{33}=\int(M_3^2 ds/EI)=1/EI(a\times a\times(1/2)\times(2a/3))+$$
$$1/EI(\sqrt{2}a\times a/\times1/2)\times(a\times2/3)=(1+\sqrt{2})a^3/3EI$$

$$\delta_{12}=\delta_{21}=\int(M_1M_2 ds/EI)=1/EI(\mathrm{a}\times\sqrt{2}a\times1/2\times1)=\sqrt{2}a^2/2EI$$

$$\delta_{23}=\delta_{32}=\int(M_2M_3 ds/EI)=1/EI(a\times\sqrt{2}a\times1/2\times a\times2/3)$$
$$=\sqrt{2}a^3/3EI$$

$$\delta_{13}=\delta_{31}=\int(M_1M_3 ds/EI)=1/EI(a\times a\times1/2\times1)+1/EI(a\times\sqrt{2}a\times1/2\times1)$$
$$=(1+\sqrt{2})a^2/2EI$$

$$\Delta_{1P}=\int(M_1M_P ds/EI)=-1/EI(a\times1\times1.5P)=-1.5Pa/EI$$

$$\Delta_{2P}=\int(M_2M_P ds/EI)=0$$

$$\Delta_{3P}=\int(M_3M_P ds/EI)=-1/EI(a\times a\times(1/2)\times(8/3)P)=-(4/3)Pa^2/EI$$

代入力法方程计算得出(图 6)：

$X_1=-0.829P$(↻)

$X_2=-1.143P$(→)

$X_3=1.498P$(↑)

$P=580\text{kN}/3=194\text{kN}$

$X_1=-161\text{kN}\cdot\text{m}$(↻)

$X_2=-222\text{kN}$(→)

$X_3=291\text{kN}$(↑)

最终可知：

①横杆承受的最大弯矩为 161kN·m，最大内力为 222kN(受拉)。

②斜杆承受的最大弯矩为 243.9kN·m，最大内力为 362.7kN(受压)。

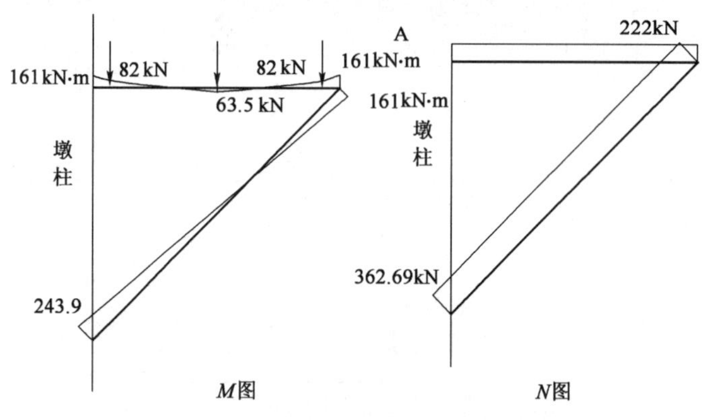

图 6 M 图及 N 图

3.3 托架受力验算

3.3.1 横杆验算(受拉)

36a 工字钢材料要素如表 2 所示。

工字钢材料要素表 表 2

惯性矩 I	截面面积 A	抵抗矩 W_x、W_y		回转半径 i_x、i_y	
15 760cm^4	76.3cm^2	W_x=875cm^3	W_y=81.2cm^3	i_x=14.4cm^4	i_y=2.69cm^4

$b/h=136/360=0.378<8$；

(1)轴心抗拉强度验算

$$\sigma=N/A=222\ 000/7\ 630=29.1\text{MPa}<[f]=215\text{MPa}$$

强度满足要求。

(2)轴心抗拉刚度验算　　$\lambda_x=l_{0x}/i_x=350/14.4=24<[\lambda]=250$

$$\lambda_y=l_{0y}/i_y=350/2.69=130<[\lambda]=250$$

式中:[λ]——拉杆的容许长细比,受拉杆件取250。

刚度满足要求。

(3)抗弯强度验算

横杆承受的最大弯矩为　　$M_{max}=161\text{kN}\cdot\text{m}$

$$\sigma=M_{max}/W=161\times10^3\times10^3/875\times10^4=18.4\text{MPa}<215\text{MPa}$$

强度满足要求。

(4)挠度计算(利用图乘法计算 A 点位移)

$$F_{max}=33\ 090\ 969.03\times10^6/(2.06\times10^5\times15\ 760\times10^4)=1.02\text{mm}$$

满足要求。

3.3.2　斜杆验算(受压)

将斜杆上的作用力 X_1、X_2 转化为垂直斜杆的力 X_y 和杆件轴心压力 X_x,X_1、X_2 与 X_x、X_y 夹角均为45°。

故

$$X_y=(291-222)\times0.707=48.78\text{kN};$$

$$X_x=(291+222)\times0.707=362.69\text{kN}$$

(1)轴心抗压刚度验算

$$\lambda_x=l_{0x}/i_x=500/14.4=34.7<[\lambda]=150$$

$$\lambda_y=l_{0y}/i_y=500/2.69=185.9>[\lambda]=150$$

式中:[λ]——压杆的容许长细比,受压杆件取150。

由 λ_y 可以看出,在 y 轴方向长细比不满足要求,压杆必须设置横向联系,以减小长细比,本斜杆将设置两根横向联系。

故

$$\lambda_y=l_{0y}/i_y=167/2.69=62.1<[\lambda]=150$$

刚度满足要求。

根据 λ_y 得出稳定系数

$$\phi=0.797$$

(2)轴心抗压强度度验算

$$\sigma=N/\phi A=362\ 691/7\ 630/0.797=59.6\text{MPa}<[f]=215\text{MPa}$$

强度满足要求。

(3)抗弯强度验算

斜杆承受的最大弯矩为　　$M_{max}=244\text{kN}\cdot\text{m}$

$$\sigma=M_{max}/W=244\times10^3\times10^3/1\ 090\times10^4=22.4\text{MPa}<[f]=215\text{MPa}$$

强度满足要求。

3.3.3　预埋件验算

(1)下预埋件焊缝验算

36a工字钢焊缝厚度为10mm,焊缝长度为136×2+360×2/0.707=1 290mm,考虑到焊缝两端不易焊透,每端头扣除10mm,即剩余1270mm。

$$\tau_f=N/h_e l_w=291\times10^3/0.7\times10\times1\ 270=32.8\text{MPa}<[f]=160\text{MPa}$$

$$\sigma_f=N/h_e l_w=222\times10^3/0.7\times10\times1\ 270=25\text{MPa}<[f]=160\text{MPa}$$

$$\sqrt{\sigma_f^2+\tau_f^2}=\sqrt{25^2+32.8^2}=41.2\text{MPa}<[f]=160\text{MPa}$$

式中：$[f]$——经检测所检测，所施焊焊缝达到二级焊缝要求，故取160MPa。

焊缝强度满足要求。

(2)上预埋件焊缝计算

36a工字钢焊缝厚度为10mm，焊缝长度为136×2+360×2=992m，考虑到焊缝两端不易焊透，剩余972mm。

$$\sigma_f=N/h_e l_w=222\times10^3/0.7\times10\times972=32.6\text{MPa}<160\text{MPa}$$

$$\tau_f=N/h_e l_w=291\times10^3/0.7\times10\times972=42.8\text{MPa}<160\text{MPa}$$

$$\sqrt{\sigma_f^2+\tau_2^2}=\sqrt{32.6^2+42.8^2}=53.8\text{MPa}<160\text{MPa}$$

焊缝强度满足要求。

(3)上预埋件锚筋拉拔力验算

锚筋所受应力 $\tau=F/(n\pi dl)=222\,000/(10\times3.14\times25\times500)$

$=0.57\text{MPa}<[\tau]=1.5\text{MPa}$

抗拉拔力满足要求。

式中：n——锚筋根数，取10；

d——锚筋直径，取25mm；

l——锚筋长度，取500mm；

$[\tau]$——光圆钢筋黏结强度，我国试验结果一般取1.5～3.5MPa。

(4)下预埋件位置墩柱混凝土局部承压验算

由于该情况涉及主体工程，需要设计单位同意，故委托设计单位协助验算，验算合格，但建议加设2层钢筋网片。

4 结语

0号、1号块是悬臂浇注连续刚构的重要部位，它的支架关系到施工安全和整体线形的初始控制，故其托架设计凸显尤为重要。通过实际预压和施工，该托架胜利完成使命，说明本设计具有可行性和参考性的，但笔者认为有几点需要改进：

(1)牛腿与预埋件的焊接不可预见性大，故在本设计中焊缝长度和高度都取了较高数值。如果采取拴接，并且将拴接截面进入墩柱一部分尺寸以依靠混凝土来抵抗剪力，可能会更安全。

(2)本设计通过钢筋锚筋来保证钢板与混凝土的固定，但受施工人为因素影响较大，如焊接质量不过关、锚筋损坏、混凝土不密实等。我项目部利用施加预应力的精轧螺纹钢来对钢板进一步固定，但在今后施工可将精轧螺纹钢作为主要固定手段，但设置位置需要调整，锚筋将主要进行抗剪。

(3)三角架尽量采取闭合的三角形，一旦稳定性出现问题可以通过内力的传递减小风险。

参考文献

[1] 徐伟，吕凤梧. 施工结构计算方法与设计手册[M]. 北京：中国建筑工业出版社，2000.

[2] 叶见曙. 结构设计原理[M]. 北京：人民交通出版社，2005.

[3] 交通部第一公路工程总公司. 公路施工手册 桥涵[M]. 北京：人民交通出版社，2000.

浅谈高墩柱翻模施工工艺

高　飞　王海瑞

（北京市政建设集团有限责任公司　北京　100048）

摘　要：本文以京承高速公路工程大南沟桥为例，介绍了高墩柱翻模方案的选择；墩柱模板的设计，翻模施工工艺以及控制要点等几方面内容，为类似工程提供参考。

关键词：高墩柱　翻模　施工工艺

由于我国交通基础设施建设的快速发展，桥梁的形式日趋多样，对于施工技术的要求也越来越高，特别是高墩柱在桥梁中的逐步应用，在增加了桥梁实用与美观的同时，也大大增加了施工难度，如何确保高墩工程的快速安全施工，做到资源配置合理，施工组织得当，是桥梁施工必须要解决的问题，本文通过京承高速公路（密云沙峪沟—市界段）工程大南沟桥的高墩施工实例，总结了高墩柱施工组织和实施过程中的一些心得，供同行参考、交流。

桥墩施工中，矮墩（高度 $h \leqslant 20$ m）施工多采取搭设支架平台一次立模浇筑完成；而对于高墩（高度 $h >$ 20 m）则无法一次浇筑成型，施工时，一般采用翻模或滑模施工工艺。翻模与滑模施工工艺的主要区别在于模板提升系统的设计不同，相对而言，吊车翻模因其模板一次性投入较少，吊车使用灵活，施工费用低廉而被广泛采用。

1　工程概况

京承高速公路（密云沙峪沟—市界段）工程大南沟桥位于北京市东北部，桥梁中心桩号 K102＋970，全长 396m，桥宽 26m，上部结构为先简支后连续预应力混凝土箱梁，墩柱为 C30 混凝土现浇矩形实心板式墩，桥墩横桥向宽 7m、厚度 1.6m，四角采用大抹角。全桥共有实心板式墩柱 24 根，总长 218m。其中高度大于 20m 的墩柱共有 13 根。该桥因墩柱高、截面尺寸大，场地狭小，工期紧，施工难度大，是本标段控制性工程之一。

2　施工方案的确定

大南沟桥墩柱高且为等截面尺寸，故确定该桥桥墩采取翻模施工工艺：通过多次分层浇筑混凝土，来完成整体墩身的施工，其工艺流程：翻模的设计与制作—承台基顶放样定位—钢筋的加工与安装—翻模组装—立模—模板校正、测量校核—泵送浇筑混凝土—拆除模板—清模刷脱模剂（同时养生）—吊车翻模—施工缝处理（循环上升至墩顶封闭段）—完成墩身施工。

3　翻模的设计

根据大南沟桥的墩柱特点，我们根据安全可靠、易操作的原则设计了墩柱模板，作为翻模施工技术的关键所在。模板在尺寸选定、结构设计等方面经过严格验算。

3.1　模板尺寸的选定

综合考虑了工期要求、墩身结构尺寸、钢筋及混凝土配料等情况后，确定每个施工浇筑层为 6m，每节模板高度为 2 m，共做 3 层模板，水平每层分为 4 块，如图 1 所示。

3.2　模板结构设计

为确保模板刚度、强度和周转次数满足施工要求，模板面板采用 6mm 厚冷扎钢板制作。模板竖肋采用 10 号槽钢，间距为 400mm，大横肋采用 2 根 10 号槽钢背对背焊接成，间距为 1 200mm，大横肋采用 M24 的螺栓拉杆对称连接，拉杆竖向间距为 600mm，水平间距为 800mm。模板四周连接法兰盘采用∠50mm×5mm 角钢，连接孔间距为 200mm，上下层模板均采用企口缝配法兰盘连接。

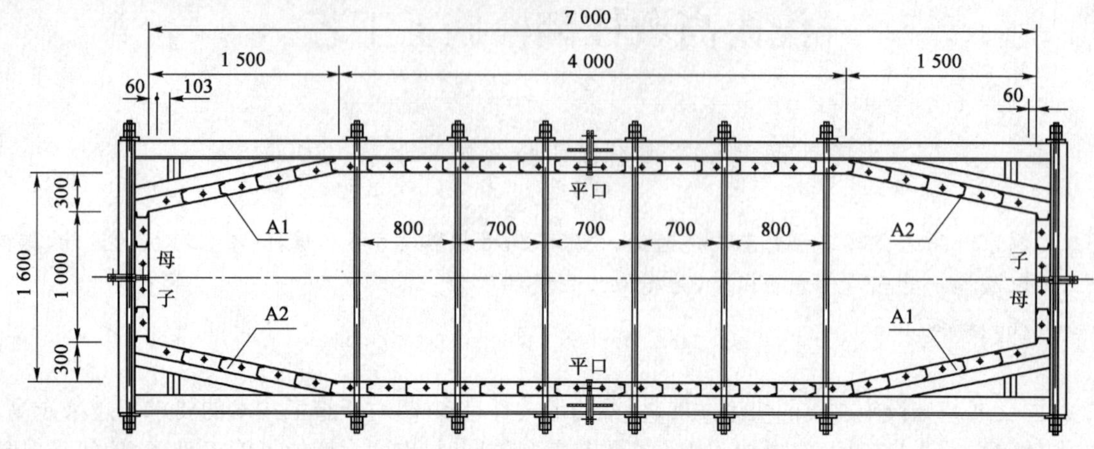

图 1　7 000×1 600 模板组拼图(尺寸单位:mm)

3.3　模板受力验算

按最不利荷载计算原则，以 7.0m×1.6m 尺寸为控制进行验算。

墩模板面板采用 δ6mm，竖肋用[10 间隔 400mm，背楞采用 2－[10，间距为 1200mm，拉杆 ϕ24 横向为间距 800，模板连接螺栓采用 M20mm×60mm。

(1)荷载(图 2)

混凝土的浇筑速度为 $v=30/[2\times(2+1)+3\times2]=2.5\text{m/h}$，坍落度约 160，浇筑温度为 $T=15°$，初凝时间 $t_0=3\text{h}$，采用泵送，不加缓凝剂，混凝土的密度 $\gamma_c=25\text{kN/m}^3$。

侧压力为：

$$P_1=0.22\gamma_c t_0\beta_1\beta_2 v^{1/2}$$
$$=0.22\times25\times3\times1\times1.15\times2.5^{1/2}$$
$$=30\text{kN/m}^2$$

式中：β_1——外加剂影响修正系数，不加时，$\beta_1=1$；加缓凝外加剂时，$\beta_1=1.2$；

β_2——坍落度影响修正系数，坍落度 0～60，$\beta_2=0.8$；坍落度 60～120，$\beta_2=1$；坍落度 120～200，$\beta_2=1.15$。

模板实际最大侧压力为：　　$P=26.8\text{kN/m}^2$

振动产生的侧压力：　　$P_{振}=4\text{kN/m}^2$

用导管直接流出时倾倒产生的侧压力：$P_{振}=2\text{kN/m}^2$

组合荷载：

$$\sum P=30\times1.2+1.4\times(4+2)$$
$$=44.4\text{kN/m}^2$$

振动荷载：

$$P=30\times1.2+2\times1.4=38.8\text{kN/m}^2$$

均布荷载

$$\sum q=44.4\times1=44.4\text{kN/m}$$
$$q=38.8\times1=38.8\text{kN/m}$$

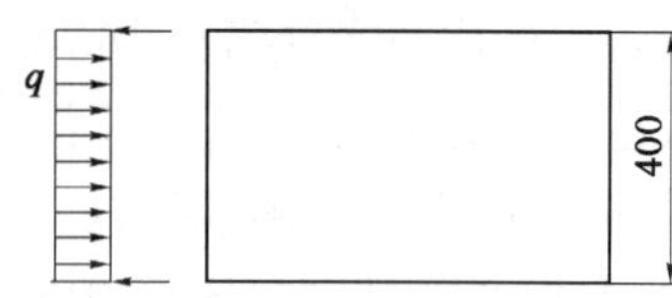

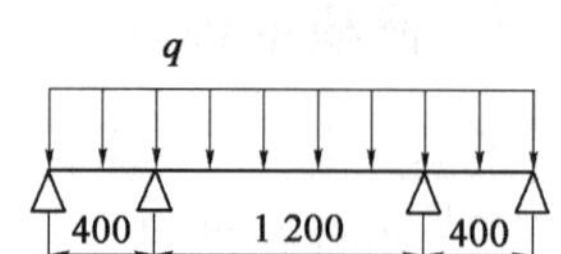

图 2　荷载计算图式(尺寸单位:mm)

(2)面板的校核

模板面板为单面的支撑，空间为 400，

取 1 000 计算其弯矩：

$$W=1\times6^2\times10^{-6}/6=6\times10^{-6}\text{m}^3$$

$$I=W\times3\times10^{-3}=18\times10^{-9}\text{m}^4$$

$$M=\frac{ql^2}{8}=44.4\times0.40^2/8=888\text{N}\cdot\text{m}$$

弯曲应力：

$$\sigma=M/W=888/6=148\text{MPa}<205\text{MPa}$$

挠度：

$$f=\frac{ql^2}{384EI}=\frac{38.8\times10^3\times0.4^4}{384\times205\times10^9\times18\times10^{-9}}=0.0007\text{m}$$
$$=0.7\text{mm}<400/500=0.8\text{mm}$$

面板的强度、刚度满足要求。

(3)竖肋的校核

平模板的竖肋用[10，支撑间距最大为 1 200mm，

其强度校核：

$$I=198.3\times10^{-8}\text{m}^4,W=39.7\times10^{-6}\text{m}^3$$

弯矩：

$$M=c\,\frac{ql^2}{8}=0.4\times44.4\times10^3\times1.2^2/8=3\,196\text{N}\cdot\text{m}$$

弯曲应力：

$$\sigma=M/W=3\,196/39.7\times10^{-6}$$
$$=80.5\text{MPa}<205\text{MPa}$$

挠度：

$$f=0.677\,\frac{cql^4}{100EI}=\frac{0.677\times0.4\times38.8\times1.2^4\times10^3}{100\times205\times10^9\times198.3\times10^{-8}}$$
$$=0.000\,54\text{m}=0.5\text{mm}<1\,200/400=3\text{mm}$$

竖肋的强度和刚度满足要求。

(4)背楞的强度校核

背楞采用 2—[10，间隔 1 200mm，拉杆横向间距为 800mm，[10 的 $I=198.3\times10^{-8}\text{m}^4$，$W=39.7\times10^{-6}\text{m}^3$

弯矩：

$$M=c0.08ql^2=1.2\times0.08\times44.4\times10^3\times0.8^2=2\,727\text{N}\cdot\text{m}$$

弯曲应力：

$$\sigma=M/W=2\,727/(2\times39.7\times10^{-6})$$
$$=34\text{MPa}<205\text{MPa}$$

挠度：

$$f=0.677\,\frac{cql^4}{100EI}=\frac{0.677\times1.2\times28.76\times0.8^4\times10^3}{100\times205\times10^9\times2\times198.3\times10^{-8}}$$
$$=0.000\,12\text{m}=0.12\text{mm}\leqslant800/1\,000=0.8\text{mm}$$

背楞的强度、刚度均满足要求。

(5)组合刚度

$$\sum f=0.7+0.54+0.12=1.36\text{mm}<800/400=2\text{mm}$$

满足要求。

(6)拉杆的强度校核

拉杆采用 45 钢 M24，其净面积 $S_1=316.5\text{mm}^2$，拉杆承受拉力最大面积为 $800\times1\,200\text{mm}^2$。

拉杆所受的力：

$$F=qs=43.6\times10^3\times0.8\times1.2=41\,856\text{N}$$

组合应力为：

$$\sigma = F/S = \frac{41\,856}{316.5} = 132\text{MPa} < 140\text{MPa}$$

M24 拉杆可满足其强度要求。

经过验算以上指标基本满足要求，故模板结构基本满足使用要求。

4 翻模施工工序

在浇筑完成混凝土 24h 且强度达到 2.5MPa，并绑扎完钢筋后，组织吊车进行翻模施工。翻模时，保留顶层模板作为翻模的持力部分，然后拆除最下层模板开始逐一撤出；安装上层模板施工时，将拼装好的模板吊装放置于下节墩柱的顶层模板上，通过模板的企口缝和法兰盘与上下层及周边模板相连接。重复以上操作至墩身浇筑完成，见图 3。

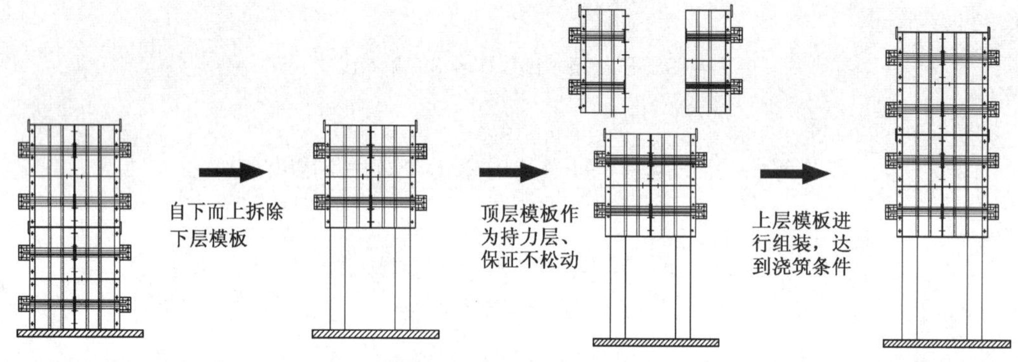

图 3 翻模施工工序图

5 关键工艺的控制措施

5.1 钢筋的加工与安装

纵向钢筋采用了剥肋滚丝、套筒连接技术。施工时，墩身纵向主筋（28mm）按每根 6m 长在加工场下料、直螺纹滚丝机进行钢筋剥肋滚轧加工后运至现场套筒连接安装，钢筋接长时，在同一断面内钢筋接头截面积不能超过钢筋总截面积的 50%。墩身第一段纵向主筋需在承台浇筑前预埋，第一段混凝土浇筑后，继续连接安装第二段钢筋并安装第二节模板，如此循环。钢筋安装完成后，在钢筋骨架外挂等强度塑料垫块，立模板时，将模板贴紧垫块，穿上拉杆并拧紧，以确保模板的结构尺寸。

5.2 模板安装与翻升

钢筋绑扎完毕检验合格后进行模板的安装，模板拼装之前先将模板磨光清除干净，涂抹脱模剂，涂刷时要轻、薄、均匀，以保证混凝土表面颜色一致。模板安装完后对模板进行检查，及时穿入对拉杆进行加固，对其轴线位置、水平高程，各部分尺寸，垂直度进行校合。其次检查模板的接缝及错台，模板的接缝控制在 1mm 以内，模板的错台控制在 2mm 以内；用钢尺检查模板的几何尺寸，拉线检查模板的顺直度，用铅锤仪校正模板的垂直度。施工中严格控制轴线偏位在 1cm 以内。模板起吊控制时，在模板重心位置挂钩起吊，避免起吊时翻转倾斜或碰撞其他模板，造成危险。

5.3 混凝土的浇筑

浇筑混凝土前，先将墩身内杂物清理干净，混凝土接头润湿。混凝土的振捣采用插入式振动器，振动器的移动距离不应超过振捣器工作半径的 1.5 倍，与侧模保持 5～10cm，振捣上层时振捣器插入下层 5～10cm；每一处振捣完毕后边振捣边徐徐提升振捣棒。每浇筑一层，振捣一层（30～50cm），操作上要求“快插慢拔”，尽量避免碰撞钢筋模板。振捣顺序为：先振捣四周，再向中间振捣，振捣时间控制在 20s 左右，以混凝土不再下沉、不再冒气泡、表面泛浆为准。为防止墩柱松顶，进行二次振捣或浇到墩柱顶端时，将浮浆清除干净，彻底更换。浇筑混凝土过程中，派专人检查模板稳固情况，当发现有松动、变形、位移时，及时处理。

5.4　施工缝的处理

由于翻模施工为分节段浇筑混凝土，在浇筑下一节段时，上一节段混凝土已硬化收缩，与模板间产生一定的缝隙，为了保证上下两节段混凝土的良好结合，避免产生节段错台，影响外观质量。在实际施工中，做到了以下几点：

(1)在混凝土强度达到 2.5MPa 后，先用人工凿除表面的水泥浮浆和软弱层，凿除深度为 1～2cm，以露出石子为准。

(2)凿除后用压力水冲洗、清扫干净，并在翻模后及时用水清洗掉黏附在墩身上的水泥残浆。

(3)在浇筑下层混凝土前，铺设一层厚 5～10cm 的 1∶2 水泥砂浆封堵，并紧固模板拉杆、养生。

5.5　高墩柱的养生控制

(1)夏季养生：采用洒水养护或覆膜养护，养护期不少于 7d。

(2)冬季养生：因大南沟桥高墩柱施工贯穿冬季，因此必须重视高墩柱的冬期施工的保温工作。在施工中主要采取了综合蓄热法：综合蓄热法是对混凝土的原材料进行加热，以提高混凝土的入模温度，成型后对其表面进行覆盖保温，同时可利用水泥的水化热和掺外加剂的方法，使混凝土在受冻前达到抗冻临界强度，转入负温后，强度继续增长。综合蓄热法养护具有工艺简单、费用低的特点。

①模板的保温采用模板外镶嵌 2 层 5cm 厚泡沫板，外裹一层电热毯，两层岩棉被，并沿四周挂上一层挡风的编织布，将施工完的柱顶用棉被覆盖，以提高养护温度。

②混凝土强度等级提高一级，水泥优先选用硅酸盐水泥，混凝土中添加减水剂、早强剂及防冻剂等。

③混凝土的外露面覆盖保温，并在墙体上设测温孔，定时进行测温，以观察混凝土的温度变化。

④混凝土强度在达到 75%后拆模，拆模后采用内缠一层塑料布、外用岩棉被以及挡风苫布包裹的方式进行养护作业。

6　实施效果

由于采用翻模施工技术，从施工进度方面来看，墩身施工比原计划提前 30d 完成；从质量控制方面来看，外观平整顺直，接缝少，总体质量获得监理及业主的好评。

7　结语

翻模施工技术在高墩桥梁建设中已渐趋于成熟，但由于受到桥型设计、墩柱高度、施工环境和设备配置等因素变化的影响，每座桥梁又有不同的特点。在对南沟桥高墩施工中，通过对桥型、施工环境、施工方案及设备等方面的分析，采取翻模施工技术，并对其关键工艺的控制进行了应用研究。实践证明，该施工工艺提高了桥墩施工质量，加快了施工进度，保障了施工安全，取得了较好的施工效果，可为同类桥梁高墩施工提供参考价值。

参考文献

[1]　中华人民共和国行业标准. JTJ 041—2000 公路桥涵施工技术规范[S]. 北京：人民交通出社，2000.

[2]　阮建凑. 高板大桥高墩翻模施工技术的应用[J]. 福建：厦门理工学院学报，2008.6(2)：20-23.

[3]　万成. 高墩柱施工质量管理[J]. 江苏：西部探矿工程，2007(11)：219-222.

[4]　交通部第一公路工程总公司. 公路施工手册　桥涵(下册)[M]. 北京：人民交通出版社，2000：22-32.

高墩盖梁支撑结构及钢模板的设计与施工技术

郑明伟　丁岩松

（中铁十五局集团有限公司　洛阳　471013）

摘　要：在高墩盖梁的施工中，因其处于高空，采取在墩柱上预埋钢棒的办法以支撑上部支架，本文结合施工实例，通过盖梁钢模板及钢棒支撑结构的受力检算，为高墩盖梁的施工提供了简便的施工方法及相应的理论依据。

关键词：高墩盖梁　钢模板　支撑结构　设计与施工技术

0　引言

在墩高较低时施工盖梁，一般可采取搭设腕扣式落地支架的办法支撑上部结构，进行现浇施工。但对于墩高达38m的高墩盖梁施工，由于其处于高空，采用上述方法搭设支架，施工人员材料都需要较大的投入，且支架稳定性不易保证，存在较大安全隐患。针对高墩盖梁的施工，采取在墩柱上预埋钢棒以支撑上部结构，较好地解决了这个问题，且省工省时，取得了较好的效果。

另外，对于盖梁模板的选取，可以采用木模板或钢模板。由于木模板的重复利用率少，且拆模后混凝土的外观质量不易保证，一般采用定型制作的钢模板能够保证混凝土的外观质量，且施工较为方便，利于高空作业。

1　工程概况

1.1　工程概况

京承高速公路（密云沙峪沟—市界段）第十五合同段汤河桥全长480m，分四联共计12跨，上部结构为预应力混凝土连续箱梁，下部结构为实心八角板墩接承台，柱桩式桥台，接钻孔灌注桩基础。本桥在共用墩处设桥墩盖梁，全桥共有6个，且均为高墩盖梁，最大高度为38m，施工难度较大。

1.2　盖梁支撑结构的选定

对于桥墩盖梁的支撑结构，以下就腕扣式支架与钢棒工字钢支架从受力、安全性能、施工难易程度等方面进行比较。两者比较见表1，依据各种施工技术性能及经济比选，最后选择钢棒工字钢作为盖梁的支撑体系。

腕扣式支架与钢棒工字钢支架的比较　　表1

	腕扣式支架	钢棒工字钢支架
受力情况	受力情况简单，受力分析简单	受力分析传递明确
安全性能	整体稳定性差，尤其侧向稳定性差，由于支架有可能存在不均匀沉降，导致失稳形成整体垮塌，且高空作业多，作业面小，易造成安全事故	钢棒工字钢结合使用，安装简便，结构安全性较高，抗变形能力较强
经济性能比较	需搭设专门的腕扣式支架，并可能需要进行必要的基础处理，占用劳力多，施工速度慢	材料投入少，人员需求量少，施工速度快，经济性能较高
施工难度	高空作业多，人员上下需另搭设马道，施工难度适中	施工简便，钢棒、工字钢吊装可一次到位
机械设备及使用程度	搭设支架时吊车占用时间长	大吨位吊车，使用时间短

经过施工技术、经济及安全性比较，可以看出：钢棒工字钢组合成的盖梁支架结构具有各方面的优越性，可达到快速、安全的施工效果，因此选择钢棒加工字钢作为支撑体系。

2 施工方法

盖梁施工采取在墩柱上预埋钢棒的办法以支撑上部支架，钢棒设置在距墩身中轴线 2.7m 处，每边一个，钢棒直径 200mm，长 3m。施工时，在墩身适当高度预埋直径为 220mm 的 PVC 管，采用吊车配合人工将钢棒穿入。在墩柱两侧钢棒上每边铺设 1 根 40a 军用工字钢梁，梁长 10m，两侧钢梁用 ϕ22mm 螺杆对拉，固定牢固；在墩柱两侧钢梁上顺桥向再铺设两根 40a 工字钢，在其上铺设方木形成工作平台，在平台上安装盖梁模板。盖梁底模采用 15mm 厚胶合板，底模肋木采用 15cm×15cm 方木，间距取 30cm。

桥墩盖梁模板采用定型制作的组合钢模板，面板厚度 6mm，在专门生产厂家加工制作，使面板具有足够的强度、刚度、抗弯、抗扭及抗变形能力。模板采用 ϕ24mm 对拉螺杆拉紧，拉杆通过 PVC 套管实施对拉，以便拆模时取出，拉杆横向间距 1m，竖向间距 0.75m，最大间距为 1.1m。模板缝夹双面胶带，上好紧固螺钉，内面采用铁腻子填缝并打磨平整。

3 盖梁支架受力检算

3.1 计算用参数说明

(1)钢棒材质为 Q235 钢。

弯曲应力 $[\sigma]=140\text{MPa}$

剪应力 $[\tau]=80\text{MPa}$

弹性模量 $E=210\text{GPa}$

重度 $\gamma=78.5\text{kN/m}^3$

(2)工字钢材质为 16Mn 钢。

弯曲应力 $[\sigma]=210\text{MPa}$

剪应力 $[\tau]=120\text{MPa}$

弹性模量 $E=210\text{GPa}$

重度 $\gamma=78.5\text{kN/m}^3$

3.2 荷载说明

盖梁钢模板质量共计 12t，支撑底梁采用 40a 工字钢，长度共计 3m×4＋10m×2＝32m，共重：32m×67.6kg/m＝2.16t。盖梁设计混凝土总计 66.23m^3，悬出墩柱部分的混凝土为：66.23m^3－6.7m^2×3.4m－6.7m^2×3.0m＝23.35m^3。考虑混凝土浇筑时的振捣及其他施工荷载，取增大系数为 1.2。

则所有荷载共计：

$$Q=(23.35\times2.6+12)\times1.2+2.16=89.41\text{t}$$

3.3 钢棒计算

由于钢棒支撑点为 4 个点(图 1)，且为对称布置，取各个钢棒支撑的荷载相同，即：

$$Q_1=\frac{89.41}{4}=22.353\text{t}$$

钢棒材质为 Q235 钢，直径 200mm，悬臂长度为 400mm，所以钢棒根部所受荷载为：

竖向荷载 $V=223\,530\text{N}$

弯矩 $M=223\,530\times400=8\,941\,200\text{N}\cdot\text{mm}$

$$\tau=\frac{V}{A}=\frac{223\,530}{\pi\times100^2}=7.12\text{MPa}<[\tau]=80\text{MPa}$$

$$\sigma=\frac{M}{W}=\frac{89\,412\,000}{\pi\times200^3/32}=113.8\text{MPa}<[\sigma]=140\text{MPa}$$

折算应力 $\sigma' = \sqrt{\sigma^2 + 3\tau^2} = \sqrt{113.8^2 + 3 \times 7.12^2} = 114.5\text{MPa} < [\sigma] = 140\text{MPa}$

所以钢棒满足强度要求。

3.4 工字钢计算

(1)模板共计长度约 16m,则每米重 12×1.2/16=0.9t,端部模板长约 1m,则荷载为 0.9t。

(2)盖梁四周悬出墩身部分混凝土质量为:

$$23.35-5.4-(1.2\times0.3\times2/2\times3.4+1.2\times0.3\times2/2\times3.0)=15.66\text{m}^3$$

$$15.66\times2.6=40.716\text{t}$$

分配到单个工字钢上每端的端部混凝土 $G_1=40.716\div4=10.179\text{t}$

(3)侧面混凝土每米重为:

侧面混凝土总量为:

$$\left[(8.79+7.2)\times\frac{1.5}{2}+8.79\times1.9\right]\times0.1+\left[(8.79+7.2)\times\frac{1.5}{2}+8.79\times1.5\right]\times0.1=5.4\text{m}^3$$

每米重为:

$$5.4\times2.6\times1.2/(2\times8\text{m})=1.053\text{t}$$

模板在单侧工字钢悬臂处荷载为 0.9t/2=0.45t,作用点到支撑点(钢棒)取 1.695m,端部混凝土重取 $G_1\times1.2=12.215\text{t}$,作用点到支撑点取 0.8+(0.1+0.795)/2=1.248m,侧面模板及混凝土按均布荷载 $q=0.9+1.053=1.953\text{t/m}$,同时在端部设置两根 3m 长的 40a 工字钢,距支撑点分别为 2 100mm 和 1 300mm。

计算简化模型如图 1 所示。

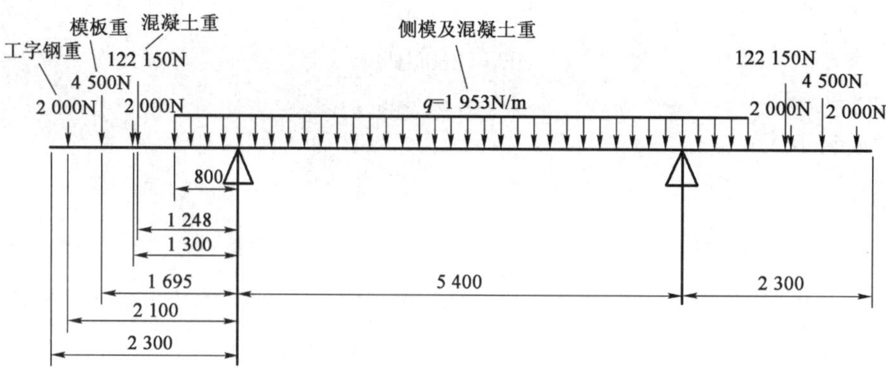

图 1 计算简化模型(尺寸单位:mm)

悬臂处最大弯矩为:

$$M=4\,500\times1\,695+2\,000\times2\,100+2\,000\times1\,300+122\,150\times1\,248+1\,953\times0.8\times800/2+676\times2.3\times2\,300/2=169\,283\,680\text{N}\cdot\text{mm}$$

剪力为:

$$V=2\,000\times2+4\,500+122\,150+1\,953\times0.8+676\times2.3=133\,767.2\text{N}$$

40a 工字钢的有关参数为:截面积 $A=8\,607\text{mm}^2$,截面抵抗矩 $W=1\,085\,700\text{mm}^4$

$$\tau=\frac{V}{A}=\frac{133\,767.2}{8\,607}=15.54\text{MPa}<[\tau]=80\text{MPa}$$

$$\sigma=\frac{M}{W}=\frac{169\,283\,680}{1\,085\,700}=155.9\text{MPa}\leqslant[\sigma]=210\text{MPa}$$

折算应力 $\sigma' = \sqrt{\sigma^2 + 3\tau^2} = \sqrt{155.9^2 + 3 \times 15.54^2} = 158.2\text{MPa} \leqslant [\sigma] = 210\text{MPa}$

结论:悬臂处工字钢满足强度要求。

两钢棒支撑点跨内最大弯矩 $M=1\,953\times5.4\times\frac{5\,400}{8}-169\,283\,680=-162\,164\,995\text{N}\cdot\text{mm}$,即上侧受拉,且弯矩小于悬臂弯矩,所以也能满足强度要求。

结论：支撑结构能够满足要求。

盖梁现浇支架如图 2 所示。

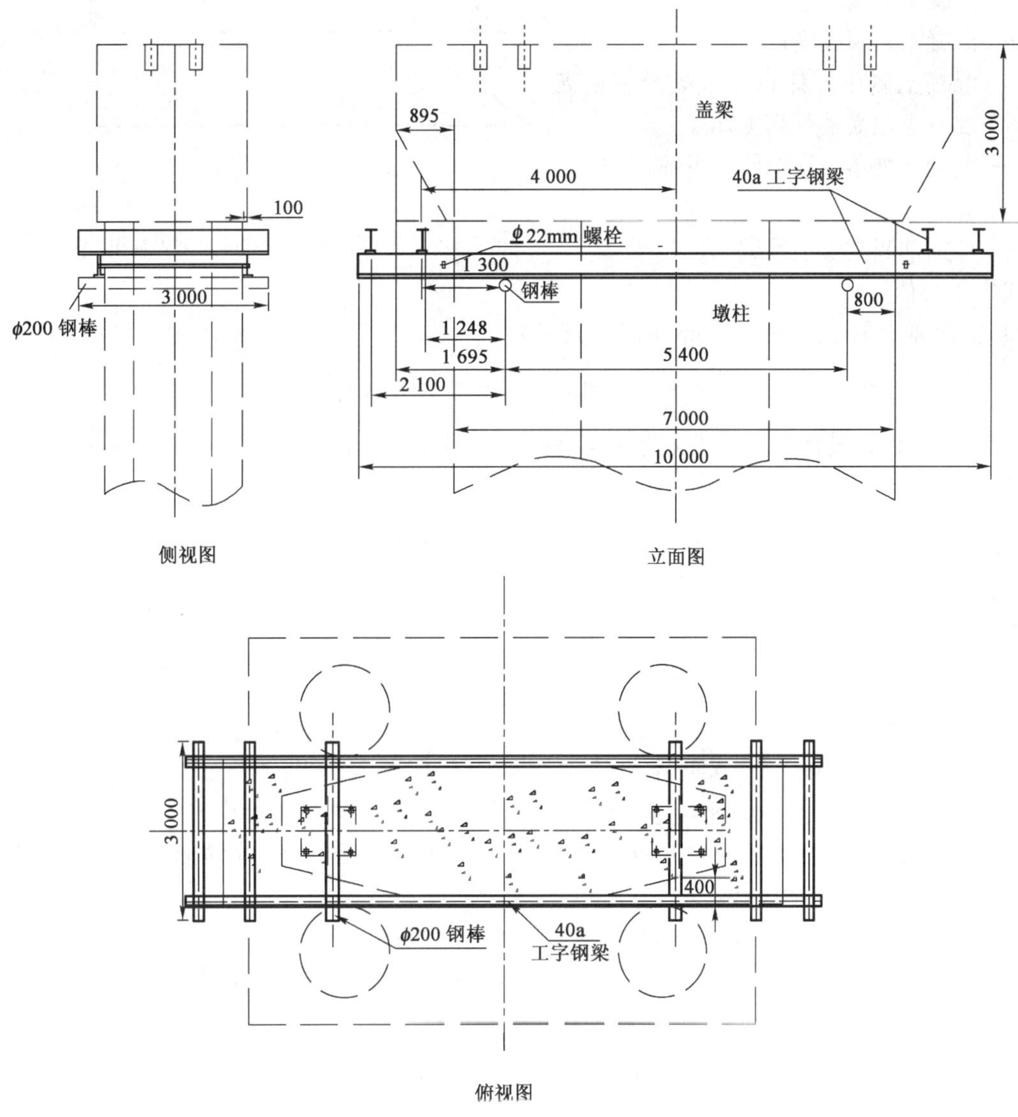

图 2　桥墩盖梁现浇支架示意图(尺寸单位:mm)

4　盖梁钢模板的设计与检算

4.1　盖梁模板的选择及相关参数

盖梁钢模板采用 6mm 的热轧钢板作为面板，为保证模板的强度在面板的外侧采用[10 号热轧槽钢做竖肋，间距 400mm，双[14b 号槽钢做背楞，并相互焊接成整体。模板采用直径 24mm 的对拉丝加固，间距最大为 1.1m。钢板和槽钢的弹性模量取 $E=200\text{GPa}$。

4.2　模板截面(图 3)

4.3　盖梁侧模荷载计算

(1)新浇筑混凝土对模板的压力：

$$P_m=0.4+150K_sK_wV^{1/3}/(T+30) \tag{1}$$

$$P_m = 2.5H \quad (2)$$

式中：P_m——新浇筑混凝土的最大侧压力；

v——混凝土的浇筑速度；

T——混凝土入模温度；

H——混凝土侧压力计算位置处至新浇筑混凝土顶面的总高度，m。

K_s——混凝土坍落度影响修正系数，取 $K_s = 1.0$；

K_w——外加剂影响修正系数，取 $K_w = 1.0$。

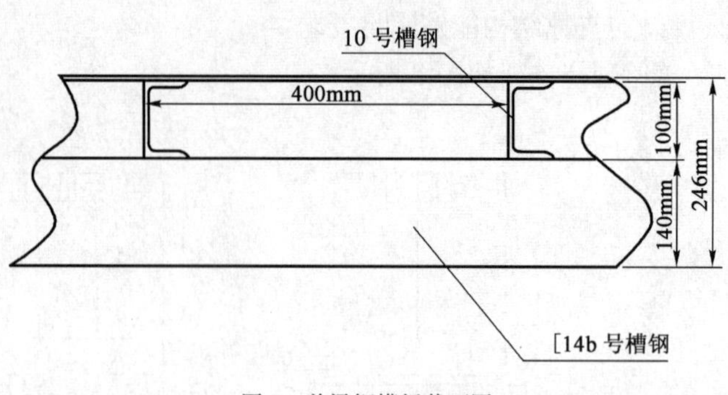

图 3　盖梁钢模板截面图

取两式中较小值。

由式(1)得混凝土侧压力(取 $v=6\text{m/h}$，$T=15℃$)：

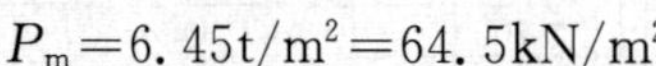

$$P_m = 6.45\text{t/m}^2 = 64.5\text{kN/m}^2$$

(2)振捣混凝土时对模板产生的压力为：4.0kPa 即 4.0kN/m^2。

即总侧压力为：

$$64.5 + 4 = 68.5\text{kN/m}^2，\text{模板宽度为 } 0.75\text{m}$$

则平均线荷载：

$$q = 68.5\text{kN/m}^2 \times 0.75\text{m} = 51.375\text{kN/m}$$

4.4　整体承载力的计算

[14b 号槽钢的有关参数如下：截面积 $A=21.316\text{cm}^2$，惯性矩 $I_x=609\text{cm}^4$

截面面积　　　　　$A = 0.6\text{cm}\times100\text{cm} + 2\times21.316\text{cm}^2 = 102.632\text{cm}^2$

截面形心位置 $y = [0.6\text{cm}\times100\text{cm}\times0.3\text{cm} + 2\times21.316\text{cm}^2\times(7\text{cm}+10\text{cm}+0.6\text{cm})]/102.632\text{cm}^2 = 7.49\text{cm}$

惯性矩 $I = 100\text{cm}\times(0.6\text{cm})^3/12 + 0.6\text{cm}\times100\text{cm}\times(7.49\text{cm}-0.3\text{cm})^2 + 2\times[609\text{cm}^4 + 21.316\text{cm}^2\times(10\text{cm}+7\text{cm}+0.6\text{cm}-7.49\text{cm})^2] = 1.8 + 3101.766 + 2\times(609+2178.75) = 8\,679.07\text{cm}^4$

整体最大挠度：

$f = 5\times q\times l^4/(384\times EI) = 5\times51.375\text{kN/m}\times1.1^4\text{m}^4/(384\times200\text{GPa}\times8\,679.07\text{cm}^4) = 5.71\times10^{-5}\text{ m} < 1/1\,000\text{m}$

4.5　面板承载能力计算

[10 号槽钢的间距为 0.4m，故面板中心挠度：

$f = c_3\times q\times b^4/Eh^3$

$= 0.0241\times51.375\text{kN/m}\times0.4^4\text{m}^4/200\text{GPa}\times(0.006\text{m})^3 = 0.738\times10^{-3}\text{m} < 1.0\times10^{-3}\text{m}$

4.6　对拉丝杆校核

所布置对拉丝杆的最大距离为 1m×0.75m。

则：

$$F = 68.5\text{kN/m}^2\times1\text{m}\times0.75\text{m} = 51.375\text{kN}$$

所以：

$$\sigma = F/A = 51.375\text{kN}/(3.14\times12^2\times10^{-6}\text{m}^2) = 113.6\text{MPa} < 165\text{MPa}$$

故：对拉丝杆符合允许应力要求，所以设计模板指标符合要求。

5 结语

本文通过对盖梁模板及支撑结构的设计与检算，总结了高墩盖梁施工的一种简便方法，旨在为类似的工程提供有意义的参考。

参 考 文 献

[1] 周水兴，何兆益，邹毅松，等. 路桥施工计算手册[M]. 北京：人民交通出版社，2005.

[2] 中华人民共和国行业标准. JTJ 041—2000 公路桥涵施工技术规范[S]. 北京：人民交通出版社，2000.

关于复合桥面铺装质量控制措施的探讨

姜东明

（北京市首都公路发展集团有限公司　北京　100078）

摘　要：本文重点就复合桥面的水泥混凝土桥面铺装施工前基面处理及桥面铺装的质量控制、防水层施工前基面处理及施工的新工艺、沥青混凝土桥面铺装质量控制及层间排水问题，进行了质量控制方面的分析与研究，介绍了在北京高速公路中首次采用国际上先进的抛丸施工工艺对水泥混凝土铺装层顶面进行处理的应用情况。这些内容对提高桥梁耐久性具有很重要的指导意义，值得我们继续深入研究并广泛推广。

关键词：复合桥面　铺装　质量控制　措施

0　引言

桥面铺装是桥梁上部结构的重要组成部分，它的作用是实现桥梁整体化，防止车轮直接与混凝土桥面接触使行车道板受到磨损，并分布车轮压力以减少荷载对桥面板的作用力。同时还具有间接保护主梁免受雨水侵蚀、避免钢筋腐蚀，为行车提供平整、舒适的行车道面，增加桥梁整体美观的作用。桥面铺装的破坏将影响到行车的稳定性、舒适性及桥梁的美观，同时有可能降低桥梁的使用寿命，甚至改变桥梁的受力状态并直接对桥梁的安全性造成影响。

桥面铺装层的种类主要有水泥混凝土、沥青混凝土、水泥混凝土＋沥青混凝土复合桥面三种类型。目前北京地区采用较多的是复合桥面。如京承高速公路(密云沙峪沟—市界段)工程的桥面铺装就是复合桥面，即上层为 11cm 厚沥青混凝土(其中，5cm 厚 SMA-16 沥青混凝土、6cm 厚 AC-20I 沥青混凝土)，下层为 10cm 厚抗折混凝土，水泥混凝土与沥青混凝土之间铺设防水层。

1　水泥混凝土桥面铺装的基面处理

现行公路桥梁施工技术规范中铺装前对桥面的检查要求是：桥面应平整、粗糙、干燥整洁。除此之外没有其他描述。

从现场控制情况来看，施工单位及预制梁厂为了满足表面粗糙的要求，往往是对梁顶或现浇部分采用拉毛的方法进行处理(处理效果见图 1)。从图中不难看出：拉毛虽然形成了一定的表面粗糙效果，但是表面混凝土明显不密实，且存在大量浮渣。在这样的“粗糙”表面上浇筑桥面铺装混凝土，由于薄弱层的存在，势必造成桥面铺装与梁结合较差，甚至形成“空鼓”，结果桥面铺装层形成一薄层单独作用。这样的桥面铺装根本就不能承受车辆荷载作用下所产生的内力，往往容易形成早期破坏。

为了彻底解决这一问题，我们专门要求施工单位对所有桥面进行凿毛处理，处理效果以露出新鲜、坚实混凝土基面为准(处理效果见图 2)。如果单纯以上面提到的处理效果来要求，由于没有量化指标，现场很难进行质量控制。为此，我们根据图 2 的效果对凿毛点数进行了统计，最后要求以 1 500 点/m^2 进行控制，处理后完全可以达到图中效果。

2　水泥混凝土桥面铺装的质量控制

水泥混凝土桥面铺装层应重点控制厚度、平整度、横坡，并应尽量避免钢筋网片位置不准确、铺装层表面开裂、施工带分缝处产生薄弱带等。

(1)由于桥梁上拱的存在,桥面水泥混凝土铺装层的施工厚度往往达不到设计厚度,最薄的只有5~6cm,且薄厚不一。这将直接导致铺装层刚度降低,在车轮荷载作用下产生裂缝。

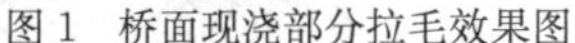

图1　桥面现浇部分拉毛效果图

图2　桥面凿毛效果图

为解决该问题,首先应对张拉时梁的上拱进行控制,可采用设置反拱、两次张拉的办法,另外在铺装层施工前,全面测量桥面高程,测量结果经设计人员核算,必要时进行局部处理或由设计人员对桥面高程进行调整,以保证桥面铺装的厚度。本工程桥面铺装混凝土厚度为10cm,我们要求最薄处厚度不得少于8cm,且平均厚度不低于10cm。

(2)横坡、平整度控制,首先要严格控制施工带高程控制线,只有高程控制线准确,才能保证全桥的横坡、平整度。其次施工机具的选择将最终影响每个施工带的平整度、横坡。移动式振捣梁可以有效保证桥面混凝土的平整度。

(3)钢筋网片位置不准、保护层厚度不足或过大,直接造成钢筋网片不能起到应有的作用,致使桥面铺装很容易破坏。钢筋网片位置不准确的主要原因是施工过程中控制不严格,钢筋网片固定不牢固,导致网片上浮或下沉。

图3　以植筋代替垫块

为解决该问题,现场控制可以用植筋代替垫块(图3),所植钢筋与网片焊接在一起。由于植筋的长度可以有效控制,因此保护层的厚度非常准确。同时加大现场控制力度,严格控制植筋数量以固定钢筋网片,植筋间距1.5m,呈梅花形布置即可避免施工过程中网片局部下沉。

(4)确保桥面铺装层的厚度可以有效减少裂缝的出现,同时还应采取以下措施避免裂缝出现。

①加强混凝土配合比控制,尽量采用较小的水灰比,以免产生收缩裂缝。

②由于桥面铺装混凝土为大面积施工,且本工程的桥面铺装混凝土多在春末夏初施工,混凝土表面容易失水,因此应及时养生,控制收缩裂缝。

③另外,为控制原生裂缝的出现,本工程在桥面铺装混凝土中加入聚丙烯纤维,掺量为每立方米混凝土中加入0.9kg,纤维的抗拉强度大于400MPa,断裂延伸率大于8%,添加聚丙烯纤维后的混凝土其韧性指数不小于3。从施工效果来看,比较令人满意。

(5)施工带分缝处相对全桥铺装层比较薄弱,主要是因为分块浇筑时对先前浇筑遗留的高程带处理不彻底,因此应重点检查这些部位,剔除全部砂浆带。同时,为避免车轮线正好落在纵向施工缝处,造成铺装层早期破坏,要求施工单位在方案编制时即要考虑将纵向施工缝避开车轮线。

3　防水层施工前的基面处理

现行相关公路桥涵施工技术规范对复合桥面混凝土铺装所列出的实测项目有混凝土强度、厚度、平整度、横坡四项指标。从目前施工状况和近几年桥面铺装存在的问题来看,应该至少再增加两个项目,其一是外观鉴定应没有浮浆；其二是表面粗糙度。

之所以考虑到桥面铺装存在浮浆的问题，主要是因为在以往的工程管理过程中，虽然非常重视桥面防水的施工，但是效果并不理想，经常会出现原本黏结很牢固的防水卷材，在拉拔的时候卷材黏着浮浆一起被拉下来。目前的处理措施主要有人工凿毛、磨光、钢丝滚刷毛等，但是效果普遍不佳。其主要原因是目前普遍采用的桥面铺装拉毛(拉毛处理的效果如图4)处理不能满足防水层施工的要求。

笔者认为，为满足桥面防水层剪切强度的要求，桥面铺装应该有一定的粗糙度。传统的桥面铺装拉毛工艺其实也是为了解决这一问题:通过一定的拉毛深度来提高防水层和沥青混凝土铺装层、水泥混凝土铺装层界面的嵌锁力。但是，如果要去除水泥混凝土桥面铺装层的浮浆，拉毛深度也会随之被去除。

为解决上述问题，我们采用了桥面抛丸处理工艺。抛丸工艺在机械制造行业应用十分普遍，它是将金属或非金属表面的杂质、氧化皮去除并增加物件粗糙度。该工艺已经很早就进入了欧美等发达国家的公路养护和桥梁施工领域，但是，我国在此方面应用较晚，尤其在高速公路施工中几乎是一个空白。本工程中采用了抛丸工艺对水泥混凝土铺装层顶面进行处理(处理设备见图5)。

图4　桥面铺装拉毛

图5　桥面抛丸处理设备

所谓抛丸处理是指通过机械的方法将钢丸以很高的速度和一定的角度抛射到铺装层表面，让钢丸冲击铺装层表面，然后在机器内部通过配套的吸尘器气流清洗，让钢丸和清洗下来的杂质分别回收，并使钢丸再次利用的技术。该工艺既高效，又环保。能将混凝土表面的浮浆、杂质全部清除干净，同时对混凝土表面进行“打毛”处理，使其表面均匀粗糙，将大大提高防水层和混凝土桥面铺装的黏结强度、剪切强度。可以有效避免传统工艺施作的桥梁随交通量而产生桥面推移的病害，充分延长桥梁的使用寿命。

采用抛丸处理一般会有两种效果:一是，全部去掉桥面浮浆但不打毛(图6)；二是，在去掉浮浆的基础上进行打毛使其产生一定的粗糙度(图7)。我们参考《公路路基路面现场测试规程》中抗滑性能的测试方法，用铺砂法对拉毛处理后的桥面铺装混凝土进行了现场检测，通过检测我们发现图4中经过拉毛处理的桥面铺装层其构造深度(构造深度是粗糙度的重要指标)普遍在0.5mm以下，而图6中只去浮浆不打毛，其构造深度也在0.5mm左右；图7中在去除浮浆的基础上进行打毛，其构造深度则在1.0mm左右。现行公路桥涵施工技术规范对复合桥面的该项指标没有明确规定，只对水泥混凝土桥面提出了拉毛深度1～2mm的要求。参考德国的有关资料，我们发现，德国标准要求粗糙度1.5mm。考虑到我国目前普遍采用的防水卷材与目前德国的防水卷材仍存在一定差别，主要表现在德国一般采用5mm厚的卷材，其卷材下表面涂盖层沥青较厚。因此，我们决定将抛丸处理后的桥面铺装混凝土的构造深度按照0.8～1.0mm进行验收。根据这一指标要求，厂家通过调整钢丸大小、钢丸抛射量、设备行走速度后对桥面铺装进行了处理，经现场检测，结果完全满足要求，普遍可以达到图7中显示的处理效果。

由于抛丸处理在北京属于首次应用，目前的处理效果还没有经过实践检验。但是，近期有许多专家及工程管理人员相继到现场看了我们处理的防水基面，普遍认为该处理工艺必将大大提高防水层和混凝土桥面铺装的黏结强度及防水层和沥青混凝土铺装层、水泥混凝土铺装层界面的嵌锁力。这对提高桥梁耐久性具有很重要的意义，值得我们继续深入研究并广泛推广。

图6　抛丸处理效果一：去掉浮浆但不打毛

图7　抛丸处理效果二：去掉浮浆并打毛

4　防水层施工的质量控制

桥面防水材料应有以下几个方面的特点：具有良好的不透水性；具有良好的黏结性，既能与水泥混凝土铺装层结合紧密、牢固，又能和碾压后的沥青混凝土结合牢固；具有良好的延展性，能够在一定程度上抵抗混凝土开裂的影响；具有良好的温度稳定性，高温不破坏、低温不断裂；在施工车辆碾压下，不产生破坏。

防水层的质量控制首先要解决防水材料的选择问题。防水卷材和防水涂料可以说各有利弊。卷材类防水材料自身防水效果的确比较好，但与水泥混凝土基层的黏结性相对较差，层间抗剪问题较难解决；涂料类防水材料黏结性能较好，可以解决层间抗剪问题，但抗刺破性能差的问题比较突出[1]。我们委托专业的咨询机构依据《道桥用防水卷材》、《道桥用防水涂料》规范对目前市场上的防水卷材和防水涂料进行比选。从检测结果看，卷材的合格率明显高于涂料，而涂料不合格指标主要是热碾压后的抗渗性。因此，就材料本身而言，卷材优于涂料。

针对卷材与基层的黏结性较差，层间抗剪问题较难解决，前面提到的抛丸处理工艺可以提供既没有浮浆表面，又有一定的粗糙度的基面，在一定程度上可以有效避免卷材的这一问题。

防水卷材施工是费时、费力的细活，影响其质量的因素非常多。基面处理完成后，为保证其含水率低于9%（以往一般是用1m^2卷材空覆于基层静置2h，揭开检查无水印即可），我们要求所有桥面铺装完成20d以内不得进行防水卷材施工。

冷底油应涂刷均匀、不露底、不堆积，并应保证黏结牢固。当其干燥不黏手时，方可进行卷材铺贴。

卷材铺设应从低到高，搭接时应充分考虑水流方向和行车方向，当两者发生矛盾时应以水流方向为准。

卷材烘烤时最好采用排灯施工。加热设备与卷材间距始终保持一致，以保证烘烤均匀，但不得过分加热或烧穿卷材。搭接处以溢出热熔的沥青为度，以保证下涂层沥青完全填满基面的凹凸部分。

卷材铺放速度应均匀，避免卷入空气及异物，紧跟钢压辊进行反复碾压。

卷材应达到满黏效果，无空鼓、褶皱、翘边现象。

由于本工程沥青混凝土中面层采用改性沥青，摊铺到卷材上的沥青混合料温度在170℃左右。而卷材的耐热度在140℃以上，因此卷材表面的沥青可以融化并与沥青混凝土完全黏在一起。

5　沥青混凝土桥面铺装的质量控制

沥青混凝土桥面铺装如果大量透水，水在车轮荷载的反复作用下会形成强大的"泵吸"、"泵压"现象，这种动水冲刷不仅严重破坏沥青混凝土材料与结构层间的结合力，而且使防水层处于十分恶劣的工作环境。长此以往，即使再好的防水层也会遭到破坏。

控制沥青混凝土铺装层过量透水可采取以下措施：

(1)加强沥青混凝土原材料控制，确保碎石有良好的级配。

(2)严格沥青混凝土材料控制，确保沥青用量。

(3)加强拌和、运输、摊铺、碾压过程控制，避免材料离析。

(4)避免过分追求平整度而忽略压实度，确保压实度达到相关规范要求指标，以使剩余空隙率符合密级配沥青混凝土要求。

6 层间排水

因目前沥青混凝土还很难做到完全不透水。水渗透到防水层表面就会形成层间水。若层间水排除不畅，随时间推移，越积越多，就会对防水层、铺装层造成严重影响，并有可能进一步损坏桥梁结构。因此，桥面防水就要考虑防、排结合，要能防水，又要考虑一旦有水如何排除，从而做到不积水、不渗漏。

排除层间水，从设计到施工都容易被忽略。本工程很好地解决了这一问题。

(1)桥梁防撞护栏根部设置纵向无砂混凝土盲沟，防水层设置在盲沟底部。

(2)盲沟与泄水口连接，泄水口相应位置设置开口(图8)，为层间水留下出路。

图8 泄水口相应位置设置开口

7 结语

(1)在进行水泥混凝土桥面铺装施工前，应彻底清理基面，以保证铺装与主梁良好结合。

(2)水泥混凝土桥面铺装层应重点控制厚度、平整度、横坡。

(3)防水层施作前，应对水泥混凝土铺装的清洁度、粗糙度予以关注，事实证明，采用抛丸技术进行基面处理，可以大大提高防水层和混凝土桥面铺装的黏结强度及防水层和沥青混凝土铺装层、水泥混凝土铺装层界面的嵌锁力。

(4)防水层质量应从材料自身质量和施工工艺两方面加以控制。

(5)解决层间排水问题，可以有效避免铺装层早期破坏。

参考文献

[1] 刘峰.系统性防水理念在桥面防水设计中的应用[J].北京公路，2006，3(27).

[2] 王春雷.桥面铺装破损原因及对策[J].辽宁交通科技，2002(3).

[3] 田秀艳，王莹.谈高速公路桥面铺装层沥青混凝土产生的病害及防治[J].森林工程，2003(1).

[4] 翟根旺，岳学军.水泥混凝土桥面防水与沥青铺装层[J].中国市政工程，2002(9).

军用墩、梁支架在高墩大跨现浇箱梁上的应用

梁要武

（中铁十五局集团有限公司　洛阳　471013）

摘　要:在高墩大跨现浇箱梁施工中，采用八三墩、六五墩及军用梁作为支架，避免大面积处理地基。本文结合支架施工实例，采用军用墩、军用梁组成的支架体系在高墩大跨现浇箱梁中的应用情况进行设计验算。

关键词:现浇箱梁　军用墩　军用梁　支架

0　引言

在现浇箱梁施工时，一般的施工方法是采用满堂支架进行施工，对于地势陡峭或跨河、墩身高达 40m 的现浇预应力混凝土箱梁，采用满堂支架施工时地基处理较难，同时安全性较低，施工的材料、人员都需要较大的投入。针对高墩大跨提出用军用墩、梁支架体系组织施工，取得了较好的效果。

1　工程概况及水文地质情况

1.1　工程概况

汤河桥全幅宽度均为 24.5m，汤河桥桥长 477m（进京）、486m（出京），所经地段地形地貌复杂、地势陡峭、起伏大。本桥上部结构为 C50 预应力混凝土现浇箱梁，第 1 联（进京侧）梁长为：34.94m＋35m＋34.94m，第 1 联（出京侧）梁长为：37.94m＋38m＋37.94m，第 2～3 联梁长为：38.44m＋38.5m＋38.44m，梁高 1.80m；第 4 联梁长为 44.94m＋45m＋44.94m，梁高 2.2m；半幅横断面为单箱双室，顶板宽 12.09m、厚 0.25m，底板宽 8.09m，厚 0.20m，跨径 45m 的箱梁腹板宽 0.74m，其余跨径腹板宽 0.68m。全桥箱梁混凝土 8 879.8m^3，其中第 1 跨箱梁混凝土 633m^3，第 12 跨箱梁混凝土 924 m^3。本桥最高墩为 38.63m，最低墩为 13.56m。承台顶面宽横桥向 8.5m，顺桥向 6.5m。

1.2　水文地质情况

桥位范围内地层分为人工堆积层、第四纪沉积层及侏罗纪沉积岩层 3 类。小汤河与桥大角度斜交，河床宽 25m，水深 1.5m，流量 200m^3/h，常年有水。地下水类型主要为松散岩类孔隙水和基岩裂隙水。

1.3　现浇支架的选定

现浇支架常规使用的主要为碗扣式满堂支架。下面就满堂支架与军用梁支架从受力、安全性能、地基处理情况、施工难易程度及经济比选等若干方面进行比较。两者比较见表 1，两种支架各有优缺点。根据施工现场实际情况，依据施工技术性能及经济比选，最后选择军用墩、梁作为现浇箱梁的支撑体系。

满堂支架与军用墩、梁支架的比较　　表 1

	碗扣式满堂支架	军用墩、梁支架
受力情况	受力情况简单，受力分析简单	受力分析传递明确
安全性能	高度高，稳定性差，地质情况复杂，尤其整体稳定性差，尤其第 9～10 孔下方有河水流过，地基处理工程量非常大，同时不均匀沉降太大影响整体安全性，易发生安全事故，部分失稳易形成整体垮塌	构件大，容易组装，结构安全性较高，抗变形能力较强
地形情况影响	由于孔跨之间有河流流过，山势陡峭，岩体全部做成台阶状，地基处理难度非常大，处理起来花费的工期非常长，受地形影响非常大	地形影响比较小

续上表

	碗扣式满堂支架	军用墩、梁支架
施工难度	临时地基基础处理难度很大，支架搭设容易，拆除容易	构件大组装吊装难度大，拆除比较难
经济性能比较	基础处理费用非常高，成本比较高，经济性低，人员数量需求多，机械设备投入少	基础处理费用低，材料投入少，人员少，机械设备投入较大，需要专业化人员，支架总体经济性高

经过施工技术、经济及安全性比较，可以看出：

(1)由于桥下方有河水流过，河道宽30m，流速200 m^3/s，水深2m，且河水不宜改道，如采用碗扣式满堂支架，临时基础几乎不可能实施，进行河道处理，不均匀沉降较大，且不可控制，箱室质量不宜控制，影响巨大。

(2)支架高度在35m以上，已经超过了常规碗扣式支架搭设的极限高度，常规条件下，墩高20m以下适合采用满堂支架，超过20m的支架安全性降低，风险较大，一般情况下不使用。

(3)采用大量人工作业效率低，搭设时间较长。

(4)采用军用墩梁可从各铁建单位直接租借到，因此，综合技术经济安全等多方面因素，选择采用军用墩梁支架作为支撑体系。

2 支架的设计及检算

2.1 支架总体方案图

2.1.1 45m跨径军用梁及临时墩布置

45m跨径军用梁为临时墩，布置见图1(取计算跨径为26m)。

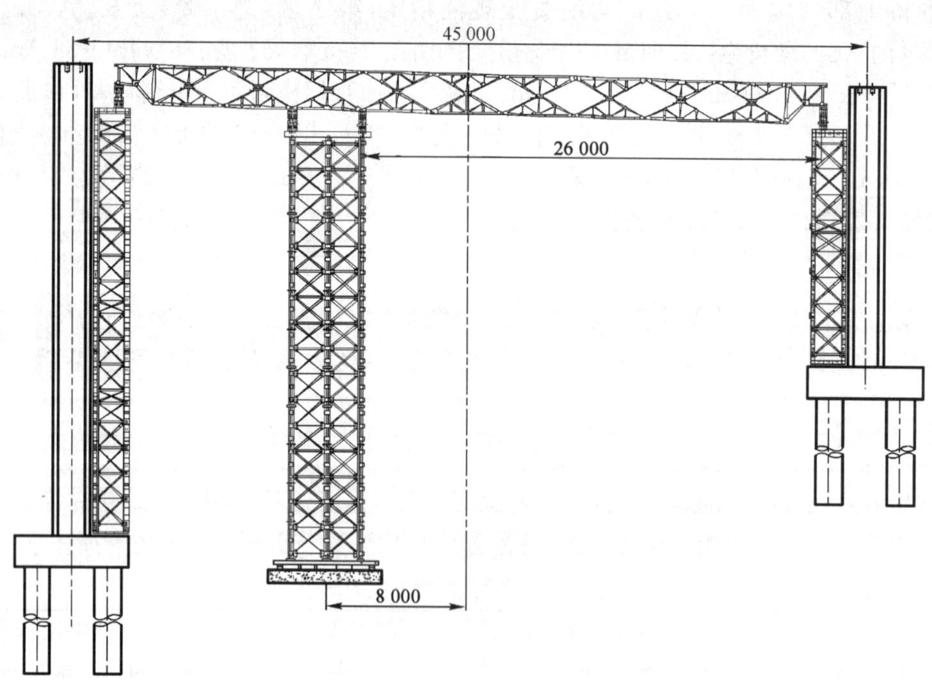

图1 45m跨径军用梁及临时布置(尺寸单位：mm)

2.1.2 支架方案设计

军用墩梁支架体系由八三式军用墩、六五式军用墩、六四式军用梁及混凝土基础等组成。采用铁路八三式军用墩，支墩通过垫梁支撑于已经制好的承台上，支墩之间设置连接撑杆。支墩墩顶设置垫梁，垫梁上放置砂筒，砂筒顶设置垫梁，垫梁支撑铁路六四式军用梁，砂筒作为卸架设备便于军用梁的落架。在军用梁或支架上面布置方木、木板和木模板形成整个现浇支架。六五式军用墩支撑到临时基础上，基础宽 6m，长 12.5m，为 C20 片石混凝土。军用梁的布置见图 2。

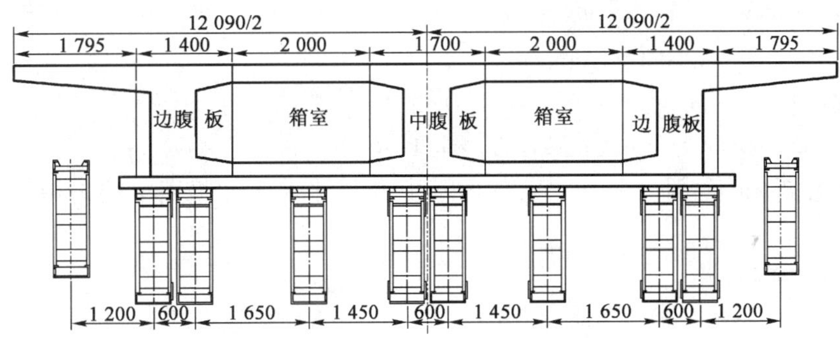

图 2　横桥向 10 片六四式军用梁布置图(尺寸单位:mm)

2.2　军用梁计算

2.2.1　荷载

根据规范规定，对于支架系统采用容许应力法计算。

木模板自重：0.375kN/m^2；

施工人员及机具荷载：2.5kN/m^2；

内模系统荷载：每室内模系统考虑总重 10t(内模也按木模板考虑)，内模系统主要集中于箱梁中部，如箱梁中部宽度按 3.0m 考虑，故 1.1kN/m^2；

方木自重(方木间距 0.8m 布置，按均布荷载计算)：0.14kN/m^2；

双层六四式军用梁自重：2.5kN/m^2。

如图 2 所示为横桥向布置 10 片双层六四式军用梁，不同区域荷载不同。

(1)边腹板区(单侧 1.4m 范围内)

该部分混凝土截面面积　1.96m^2，1.96×26=51kN/m。

木底模模板　0.375kN/m^2，0.375×1.4=0.525kN/m。

施工人员及机具荷载　2.5×1.4=3.5kN/m。

内模系统荷载，按靠近边腹板内侧 0.5m 区域有内模考虑　1.1×0.5=0.55kN/m。

方木可按均布荷载考虑　0.14×1.4=0.196kN/m。

两片六四式军用梁自重　2.5×2=5kN/m。

则该区域荷载分布为：

$$q=51+0.525+3.5+0.55+0.196+5=60.77\text{kN/m}$$

(2)箱室区(单侧 2m 范围内)

该部分混凝土截面面积　0.9m^2，0.9×26=23.4kN/m。

木底模模板　0.375kN/m^2，0.375×2=0.75kN/m。

施工人员及机具荷载　2.5×2=5kN/m。

内模系统自重荷载　1.1×2=2.2kN/m。

方木按均布荷载考虑　0.14×2=0.28kN/m。

单片六四式军用梁自重　2.5kN/m。

则该区域荷载线分布为：

$$q=23.4+0.75+5+2.2+0.28+2.5=34.13\text{kN/m}$$

(3)中腹板区(单侧 1.7m 范围内)

该部分混凝土截面面积　2.16m^2，2.16×26=56.2kN/m。

木底模模板　0.375kN/m^2，0.375×1.7=0.64kN/m。

施工人员及机具荷载　2.5×1.7=4.25kN/m。

内模系统荷载，按靠近中腹板左右两侧0.5m区域有内模考虑　1.1×1=1.1kN/m。

方木可按均布荷载考虑　0.14×1.7=0.24kN/m。

两片六四式军用梁自重　2.5×2=5kN/m。

则该区域荷载分布：

$$q=56.2+0.64+4.25+1.1+0.24+5=67.43\text{kN/m}$$

(4)假设箱梁中心8.5m范围内的全部荷载由其中的8片六四式军用梁均匀承受，则该范围内的荷载为：

该部分混凝土截面面积：

$$1.96\times2+0.9\times2+2.16=7.88\text{m}^2, 7.88\times26=204.88\text{kN/m}$$

木底模模板　0.375kN/m²，0.375×8.5=3.19kN/m。

施工人员及机具荷载　2.5×8.5=21.25kN/m。

内模系统自重荷载　200÷30=6.67kN/m。

方木可按均布荷载考虑　0.14×8.5=1.19kN/m。

8片六四式军用梁自重　2.5×8=20kN/m。

则该区域荷载线分布：

$$q=204.88+3.19+21.25+6.67+1.19+20=257.18\text{kN/m}$$

2.2.2　强度和挠度

(1)强度

从以上荷载分析可知，箱室区单片六四式军用梁所受荷载最大，故以此荷载验算六四式军用梁的强度。

边跨腹板区下的六四式军用梁轴力如图3所示。从图中可以看出弦杆所受最大轴力为934 411N，未超过六四式军用梁弦杆的承载能力，其余各杆件的轴力也未超过六四式军用梁各杆件的承载能力（根据《六四式铁路军用梁检算参考资料》）。

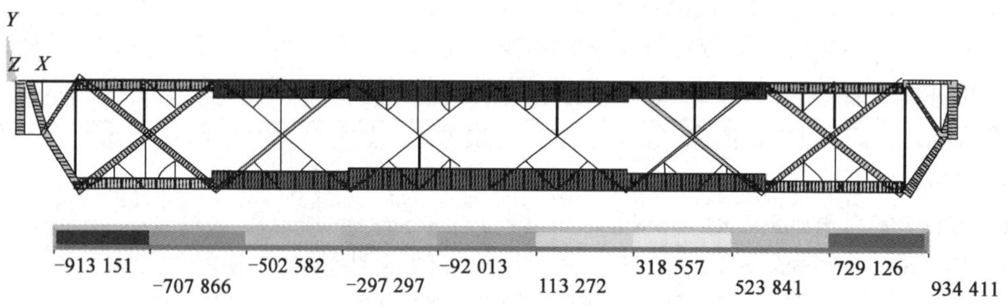

图3　箱室区六四式军用梁轴力图（单位：N）

(2)挠度

以上荷载分析，也验算箱室区单片六四式军用梁的挠度，其总荷载挠度如图4所示。

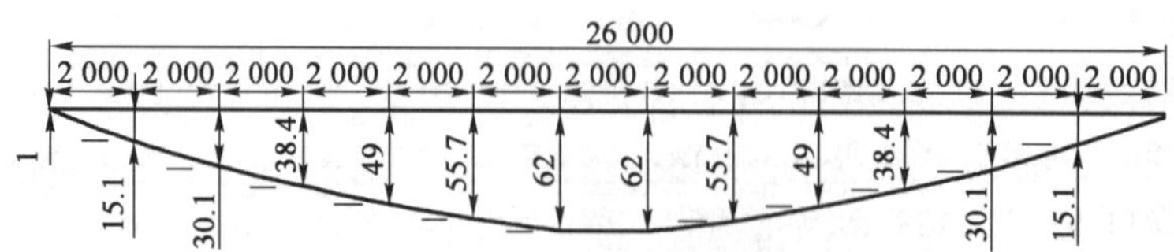

图4　箱室区六四式军用梁全部荷载引起的挠度图（尺寸单位：mm）

从图4中可以看出，荷载引起的挠度小于$L/400=65\text{mm}$。

为使混凝土箱梁底模及支撑方木有一定的刚度，起到变形协调作用，可以假设混凝土箱梁底模下的8片六四式军用梁挠度相同。混凝土重量作为活载引起的挠度如图5所示。

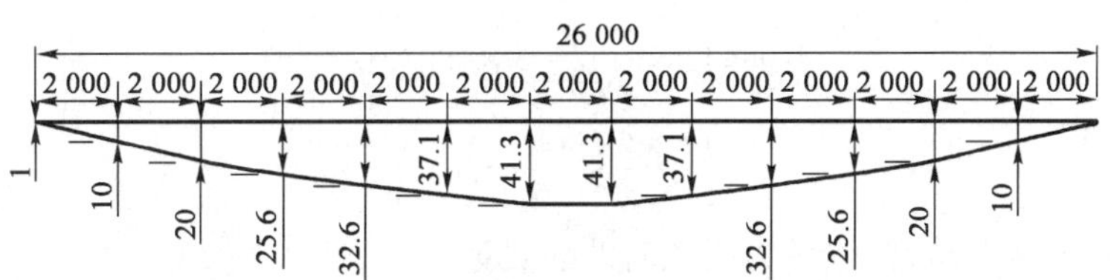

图 5 底模下六四式军用梁混凝土重量引起的挠度图(尺寸单位:mm)

从图 5 中可以看出,活载(混凝土重量)引起的挠度小于 $L/400=65\text{mm}$。

结论:根据上述计算,六四式军用梁满足要求。

2.3 军用墩的验算

八三式军用墩的计算分析

八三式军用墩为格构式偏心受压构件,所以按《钢结构设计规范》(GB 50017—2003)的压弯构件验算。因为《钢结构设计规范》是按极限状态法计算的,所以支墩的验算也必须用极限状态法。

2.3.1 荷载

考虑墩顶多层垫梁对荷载的重分布,按 8 排、2 列八三式军用墩均匀承受全部荷载计算。荷载包括恒载和活载,恒载主要指模板、方木、军用梁、垫梁和砂筒等自重,活载指现浇混凝土重量,用求出的恒载和活载验算军用墩的强度和稳定性。

混凝土主梁所受荷载:

木模板自重:

$$30\times8.5\times0.375=95.63\text{kN}$$

施工人员及机具荷载:

$$30\times12.09\times1=362.7\text{kN}$$

内模系统荷载:200kN。

上方木自重(设 0.8m 间距布置的方木每根长 9m):

$$9\times0.11\times\frac{30}{0.8}=37.13\text{kN}$$

六四式军用梁自重:

$$27\times2.5\times10=675\text{kN}$$

砂筒自重:

$$2.405\times10=24.05\text{kN}$$

垫梁自重(每侧支墩处垫梁共有 16 根①号杆,8 根②号杆,4 根③号杆):

$$2\times(16\times2.53+8\times1.5+4\times1.16)=114.24\text{kN}$$

混凝土自重:

$$\frac{2\,589}{2\times5}\times26=6\,731.4\text{kN}$$

$$F_{恒}=95.63+362.7+200+37.13+675+24.05+114.24=1\,508.74\text{kN}$$

$$F_{活}=6\,731.4\text{kN}$$

2.3.2 强度

因为在横桥向 6 排八三式军用墩全部联结起来其横向刚度很大,故只验算顺桥向两列支墩的强度和稳定性。荷载经过多层横桥向垫梁的分配传递到军用墩顶时,在横桥向的荷载按 8 排八三式军用墩均匀承受。在进行支墩强度检算时,按顺桥向两个用缀条连接的八三式军用墩承受 1/6 的荷载计算。因为顺桥向六四式军用梁支点未在两列支墩中心,而是有很大的偏心,故这里按偏心受压柱验算支墩。

支墩最大高度:

$$l=23\,500\text{mm};A=7\,656\times2=15\,312\text{mm}^2;I_x=11\,900\,327\,744\text{mm}^4$$

$$\mu=1;i_x=\sqrt{\frac{l_x}{A}}=881.6\text{mm}$$

$$\lambda_x=\frac{\mu l}{i_x}=\frac{23\,500}{881.6}=26.7$$

该支墩计算采用四肢组合构件，缀件为缀条时的公式为：

$$\lambda_{0x}=\sqrt{\lambda_x^2+27\frac{A}{A_{1x}}}$$

式中：λ_x——整个构件对 x 轴的长细比；

A——构件的毛截面面积；

A_{1x}——构件截面中垂直于 x 轴的各斜缀条毛截面面积之和。

$$A_{1x}=1\,513\text{mm}^2$$

$$\lambda_{0x_1}=\sqrt{26.7^2+27\frac{15\,312}{1\,513}}=31.4;\ \lambda_{0x_2}\sqrt{\frac{345}{235}}=38$$

查表得：

$$\varphi_x=0.906$$

支墩强度验算：

$$\frac{N}{A}+\frac{M_x}{\gamma_x W_x}\leqslant f$$

$$N=\frac{(1.2F_{恒}+1.4F_{活})}{2\times6}=\frac{1.2\times1\,508.74+1.4\times6\,731.4}{2\times6}=\frac{11\,234.4}{12}=936.2\text{kN}$$

$$M=Nl=936.2\times0.5=468.1\text{kN}\cdot\text{m}(按最大偏心\ l=0.5\text{m}\ 考虑)$$

$$\frac{N}{A}+\frac{M_x}{\gamma_x W_x}=\frac{936.24\times10^3}{15\,312\times10^{-6}}+\frac{468.1\times10^3\times0.875}{1\times11\,900\,327\,744\times10^{-12}}=95.6\text{MPa}\leqslant f=251\text{MPa}$$

2.3.3 支墩稳定性验算

$$\frac{N}{\varphi_x A}+\frac{\beta_{mx}M_x}{W_x\left(1-\varphi_x\frac{N}{N'_{Ex}}\right)}\leqslant f$$

式中：N——计算构件的轴心压力；

N'_{Ex}——参数，$N'_{Ex}=\pi^2EA/(1.1\lambda_x^2)$；

φ_x——弯矩作用平面内的轴心受压构件稳定系数；

M_x——所计算构件范围内的最大弯矩；

W_x——在弯矩作用平面内对较大受压纤维的毛截面模量；

β_{mx}——等效弯矩系数，这里取 $\beta_{mx}=1$。

$$N'_{Ex}=\pi^2EA/(1.1\lambda_x^2)=3.14^2\times210\times10^9\times15\,312\times10^{-6}/(1.1\times26.7^2)=40\,429\text{kN}$$

$$\frac{N}{\varphi_x A}+\frac{\beta_{mx}M_x}{W_{1x}\left(1-\varphi_x\frac{N}{N'_{Ex}}\right)}=\frac{936.2\times10^3}{0.906\times15\,312\times10^{-6}}+\frac{1\times468.1\times10^3}{\frac{11\,900\,327\,744\times10^{-12}}{0.875}\left(1-0.906\frac{936.2}{40\,429}\right)}$$

$$=102.6\text{MPa}\leqslant f$$

结论：从以上的计算可以看出，八三式军用墩满足强度和稳定性要求。

六五式军用墩的杆件承受的极限荷载远大于八三墩，这里不一一计算。

3 支架的预压

3.1 采用逐跨预压或逐联预压方式进行浇筑前的支架预压

箱梁底模成型之后，采用与箱梁混凝土重加施工荷载(施工人员、设备、冲击荷载等)同等重量的砂袋(或水箱，可以加 50%～60%加载总重量的砂袋后再加水箱)进行全断面预压，砂袋用吊车吊卸。雨季预压时，应随时注意天气变化，准备足够的防雨用品（如塑料布等），避免雨淋致使砂袋超重。

通过预压，一方面检查支架的安全性，确保施工安全；另一方面消除非弹性变形值 δ_1（地基非弹性变形、支架非弹性变形及混凝土收缩、徐变而引起的挠度）的影响，确定支架系统的弹性变形值 δ_2，有利于合理设置支架预提高度，正确控制施工高程和桥面线形。支架下沉量在正式施工前完成，预压时间拟定为 6d（以支架稳定不再变化时为准）。

3.2　观测

支架预压前在底模及地面分别固定对立设置垂直标尺，并在加载前做好标记，进行观测（每跨纵向在支点、1/4 跨、跨中和 3/4 跨处 5 个断面，横向布设 6～7 个点，每跨共计 30～35 个观测点）。测量底模顶高程 H_0；卸载前测量原测点底模顶高程 H_1；卸载后测量原测点底模顶高程 H_2。基础、支架、模板弹性、非弹性变形值计算如下。

基础、支架、模板非弹性变形值：

$$\delta_1 = H_0 - H_2$$

基础、支架、模板弹性变形值：

$$\delta_2 = H_2 - H_1$$

一般设置方法如下：考虑混凝土收缩徐变引起的挠度以及连续箱梁浇筑进行水平分层（下层为底板、腹板；上层为顶板、翼板）的实际具体施工过程，将连续箱梁施工高程在设计高程的基础上，每个墩顶位置箱梁的预提高度为弹性变形值 δ_2，每跨跨中预提高度为弹性变形值 δ_2+10mm；其余位置的预提高度均为每跨墩顶预提高度为最小值，跨中预提高度为最大值按直线比例分配。

3.3　预压过程注意事项

在预压前、卸载前、卸载后和预压过程中，定期用仪器观测每跨控制点的变形情况，并检查支架各扣件的受力情况，沉降稳定后开始卸载（卸载前安排专人逐个检查顶托的受力情况，若有个别顶托未受力，人工通过调节杆调整，保证支架各顶托受力一致）。根据观测数据计算支架的弹性和非弹性值，通过 U 形可调托座调整底模高程（设计高程＋弹性变形值）。

在预压过程中没有发现支架有不可恢复的变形，支架基础没有发生大的沉降、开裂、塌陷，即证明支架及基础承载力满足设计要求。

混凝土浇筑时在每跨跨中和 1/4 跨处支架顶部设置沉降观测标，观测标横桥方向设三道，即腹板位置和箱梁中心位置。观测标由吊锤和地标组成，浇筑前用钢尺测量吊锤和地标之间的距离，浇筑过程中随时进行复核，直至混凝土浇筑完成。观测数据如有差异，立即暂停浇筑，待查明原因并做相应处理后方可继续施工，但暂停时间不可过长，防止施工冷缝的产生。

4　支架的安装与拆除

首先用全站仪对临时墩基础的平面控制点进行精确放样，开挖后进行临时墩混凝土基础的施工。实施时注意地基情况承载力的确定。

采用八三式军用墩和六四式军用梁，军用墩落于已施工好的承台上和临时混凝土基础上。不同之处：由于该桥每跨度均大于 30m，故在每跨适当位置增设一个临时支墩（六五式军用墩）。经对临时支墩最不利位置进行受力分析，要求地基承载力不小于 180kPa。临时支墩基础采用 C20 片石浇筑，宽 6.0m、长 12.5m、高 0.7m。基底松软处采用开山石进行换填处理并压实，再浇筑混凝土；若基底为岩层，则凿至硬质岩层后再做混凝土基础。临时墩基础上布置分配垫梁，其与混凝土面紧贴，稳妥后再安装六五墩。

横向及斜向联系各螺栓连接须用扭力扳手检验。

4.1　军用梁的安装

在施工现场采用汽车吊与塔式起重机配合组装，把双层军用梁先分节组装，然后按照单跨长度吊装拼接，组装后逐跨采用大吨位汽车吊进行吊装一次就位。为施工吊装方便，先吊装最外边军用梁并进行临时固定，然后按设计进行逐榀吊装，吊装上两榀后就开始用槽钢、U形卡进行连接，作为横向联系以防倾覆，增强其横向刚度。支架结构的搭建要稳固，杆件连接要牢靠。

军用墩的拼装：拼装前要检查承台或临时墩顶面平整度，其误差不大于3mm。为减少高空作业量，拼装立柱前即上满接头板，立柱安装过程中随时检查立柱的垂直、方正与水平，立柱安装完毕后紧接着上拉撑。

吊装作业要有专人指挥。

4.2 支架的拆除

当箱梁混凝土强度达到设计强度及规范要求后，进行落架和模板拆除。

卸落支架应按拟定的卸落程序进行，分几个循环卸完，卸落量开始宜小，以后逐渐增大。在纵向应对称均衡卸落，在横向应同时一起卸落。连续梁宜从跨中向支座依次循环卸落。

通过砂箱进行落架，先吊装下箱梁翼板下的军用梁，底板下的军用梁每两榀联系在一块，不拆除这两榀的横向联系，通过水平千斤顶向翼板下方横移，横移到边后，用汽车吊吊下。

军用墩的拆除：军用墩杆件的拆除顺序与杆件搭设的顺序相反，即后装的先拆，先装的后拆。一步一清，不得采用踏步式拆除，不准上下同时作业。如遇强风、雨、雪等气候，不能进行外架拆除。

5 结语

通过采用军用墩梁支撑体系解决了高墩大跨现浇箱梁支架的难题，但也有待改进。若设计成可以移动的支架，可大量节省人力、机械，会更经济，技术安全性会更好。

桩基爆破施工浅析

李臣良

（北京市政建设集团有限责任公司　北京　100048）

摘　要：由于京承高速公路（密云沙峪沟—市界段）工程第九合同段工程位于山区，受地形地质情况的影响决定对桥梁部分桩基采用爆破配合人工挖孔。施工时，通过对施工工艺、安全、环保等各环节采取相应的控制措施，使施工质量和安全均达到既定要求。

关键词：高速公路　桩基　爆破

1　工程概况

1.1　工程简介

京承高速公路（密云沙峪沟—市界段）工程第九合同段，道路起止桩号为 K102＋600～K105＋500，全长 2.90km。途经密云县北庄镇大南沟村、南庄村以及坑子地村；设有大南沟桥、南庄 1～3 号桥、坑子地 1 号桥等 5 座桥梁，桥梁总长 1 126.68m。上部为预制预应力小箱梁，基础为桩基础。

1.2　地形地质特征

根据地勘报告分析，地层从上到下依次为：素填土、亚黏土、碎石、全风化片麻岩、强风化片麻岩、弱风化片麻岩，沟谷处地下水位较高，地表初见水位 1.3～16.4m，地下水主要为岩间隙水。

对于部分桩基进入弱风化岩深度大于 6m，有一部分桩基位于较陡的山头没有机械施工平台，还有部分位于深山沟内，施工时泥浆容易造成环境污染。结合实际情况，我标段计划将位于较陡山坡上山沟内、进入弱风化岩大于 6m 的桩基采用人工挖孔。

1.3　周边环境

我合同段石方爆破施工沿线主要有村庄、供水管线、埋地电缆等，爆破施工地点距村庄最近距离在100～220m。

在靠近村庄或管线附近进行爆破作业过程中，采取有效的防治和控制措施，以确保周围设施、各类建（构）筑物以及居民的安全。

1.4　主要爆破工程量

桥梁桩基采用人工挖孔施工，共计 112 棵。桩径分别为 1.2m、1.5m、2.0m 三种。

2　桩基爆破施工方案

2.1　施工工艺

桩基爆破作业施工主要程序为：施爆区管线调查→孔位设计及设计审批→配备专业施爆人员→用机械或人工清除施爆区覆盖层及强风化岩石→钻孔→爆破器材检查与试验→炮孔检查与废渣清除→装药并安装起爆器材→布置安全岗和施爆区安全员→炮孔堵塞→撤离施爆区飞石、地震波影响范围的人、畜等→起爆→清除盲炮→解除警戒→观测爆破效果。

2.2　桩基爆破施工特点

（1）爆破设计原则

按桩径尺寸在岩层中钻孔爆破，直至设计深度。为了保护桩孔和护壁不受破坏，减少超爆或欠爆，保持周边围岩的完整性,施工时应采用严格控制周边轮廓的爆破方法。使用毫秒延迟雷管,限制最大一段装药量,以确保邻桩及附近建筑物的安全。

由于桩径小,爆破夹制作用大,根据经验,一次钻孔深度以 $L=0.8\sim1.0$m 为宜,炮孔直径 $d=40$mm 左右,药卷直径为 ϕ32mm。由于该地区大多数桩基可能都有不同程度的渗水现象,爆破选用防水乳化炸药。起爆选用非电毫秒雷管,一般采用大把抓的方式集结成束(约 16~20 根),用电雷管激发,高能起爆器起爆。起爆顺序为:先爆掏槽孔,后爆辅助孔,最后起爆周边孔。

(2)爆破设计参数

①孔位布置

桩基钻孔一般分为掏槽孔、辅助孔和周边孔,炮孔布置及作用如图 1 所示。掏槽孔一般呈锥形布置,孔深比辅助孔和周边孔深 10~20cm;辅助孔为直孔;周边孔向外倾斜,其孔底一般到达开挖边线(软岩)或超过开挖边线 10cm 左右(硬岩)。

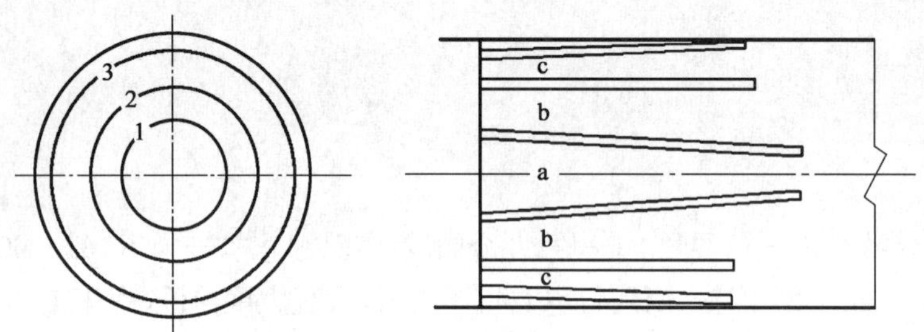

图 1　炮孔位置及其作用范围示意图

a-掏槽;b-扩槽;c-形成孔桩规格断面;1-掏槽孔;2-辅助孔;3-周边孔

循环进尺初步设计为 1m,炮孔利用率按75%~85%考虑。

②装药及堵塞设计

桩基爆破,选用 ϕ32mm 乳化炸药;单位耗药量 q 控制在 1.5~3.0kg/m^3,q 值与桩径大小、岩石可爆性等密切有关,通过现场试爆确定。单孔装药量设计:掏槽孔装药最多,辅助孔次之,周边孔最少,其比例取 8∶6∶5;为提高炮孔利用率,掏槽孔采用耦合装药;为控制地震效应和保证邻桩及本桩上部衬砌的安全,辅助孔和周边孔采用不耦合装药结构。

③扩大桩头爆破

桩井底部如需要扩挖桩头,扩挖时采用浅孔爆破,在井底设计的桩头扩挖区钻 1~3 圈浅孔,间排距与孔深相等,单耗取 0.5~1.0 kg/m^3,爆后用风镐剔成整齐的桩头。不同直径桩井爆破设计参数可参考表 1 选取,桩井炮孔布置参见图 2。

桩井爆破设计参数表　　表 1

桩径(m)	掏槽孔			辅助孔			周边孔			雷管个数(发)	总装药量(kg)	炸药单耗(kg/m^3)	循环进尺(m)
	孔号	单孔药量(kg/孔)	雷管段数	孔号	单孔药量(kg/孔)	雷管段数	孔号	单孔药量(kg/孔)	雷管段数				
1.2	1~5	0.4	2	5~12	0.3	6~8	6~15	0.25	6~8	15	4.5	3.3	0.75
1.5	1~4	0.4	2	5~14	0.3	6~8	13~36	0.25	10~12	26	7.5	3.2	0.80
2.0	1~4	0.4	2	6~17	0.3	6~8	15~30	0.25	10~12	30	8.6	2.5	0.80

(3)爆破钻孔

首先按照设计的孔距和排距布孔。钻孔时要根据设计要求,确保孔位、方向、倾斜角和孔深。每孔钻完后,首先将岩石粉吹干净,然后从孔中把钻杆提升到孔口。

对于完整的岩面，先吹净浮渣，给小风不加压，慢慢冲击岩面。当钻头进孔后，逐渐加大风量至全风全压，快速凿岩状态。

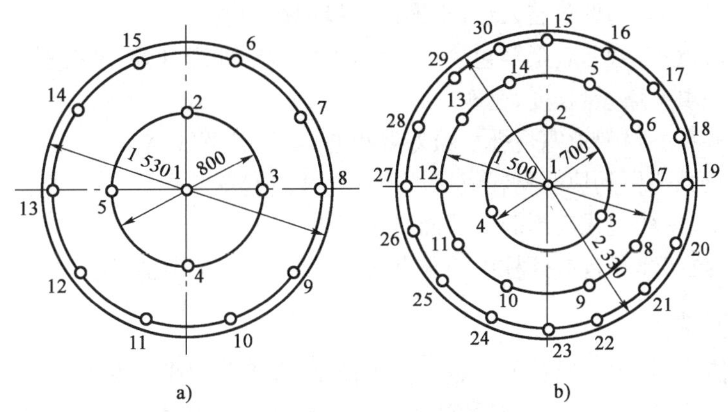

图 2　炮孔布置平面图(尺寸单位:mm)

a)桩井内径 ϕ1 200mm 爆破直径 ϕ1 530mm；b)桩井内径 ϕ2 000mm 爆破直径 ϕ2 330mm

对于表面有风化的碎石层或上次爆破留下的表面裂隙，若开口不当会形成喇叭口，碎石随时可能掉进孔内，造成卡孔和堵孔，且不光滑的孔壁也会出现装药时卡孔现象，这时需要采用黄泥护孔。

(4)装药和堵塞

装药之前，一是测量孔深，对过浅和过深的炮孔，要调整装药量；二是孔中水尽量排除干净。装药时用炮棍缓缓将药卷送入抛孔底部，不得用力过猛，防止药卷变形而卡在炮孔中，造成装药量不足或药包位置偏差。

回填堵塞的材料宜选取一定湿度的黏土。为防止卡孔，要分多次回填，边回填边捣固，捣固时要保护好孔中的导爆管。

(5)网络连接和安全警戒

使用导爆管非电起爆网络系统进行孔内外微差控制爆破时，连线要注意孔外连接四通或引爆雷管，不要脚踩磕碰。

放炮之前，人员及机械设备撤离至安全区域，设立安全警戒点。警戒点之间保证通信畅通。

(6)安全防护

当爆破危险区域范围内有电线电缆或各类设施时，为控制个别爆破飞石对其的危害，则需要在孔口加压沙袋，部分地带还需要在爆破岩石表面覆盖 1～2 层荆芭并加压沙袋。

(7)安全检查

爆破之后，不要立即解除警戒。待检查确认没有哑炮后才能解除警戒；发现哑炮要及时处理。

3　爆破施工安全控制措施

3.1　装药前的准备

(1)成立爆破安全领导小组，小组成员必须经过专门培训，持证上岗。

(2)装药前必须进行验收，验收的误差标准：孔距、排距为±0.3m。

(3)验收炮孔时，如发现孔深不够、孔数不足、堵孔和透孔，必须进行补钻、补孔、清孔和填塞孔。

(4)装药前应在爆破作业场地附近设炸药临时堆放场地，并设专人警卫。该场地应标以醒目的标志，场地要清除一切妨碍运药的作业人员通行的障碍物。

(5)雷管与炸药不准放在一起。

3.2　装药与堵塞

(1)人力搬运炸药时，每人每次搬运量不得超过一箱，搬运工人行进中，应保持 1m 以上的间距，上下坡时应保持 5m 的间距。

(2)运送炸药时,不准与雷管同时混合运送。

(3)装药时应有专人负责,记录装入各药室的炸药数量,并与设计数量核对无误后,再装药。

(4)严禁将炸药向下投掷,起爆包装入后,不准向下投掷炸药卷。

(5)装药发生卡塞时,在雷管和起爆药包放入以前,可用竹竿处理,但严禁强烈冲击炸药。

(6)装药后必须保证填塞质量、长度、密实。

(7)禁止使用石块和易燃材料填塞炮孔。填塞要小心,不得破坏线路。

(8)禁止捣固直接接触药包的填塞材料或用填塞材料冲击起爆药包。

(9)填塞时,不准在起爆药包或起爆药柱后面直接填入木楔。

(10)禁止拎出或硬拉起炸药包或药柱中的导爆索、导爆管或电雷管脚线。

3.3 起爆网路检查

(1)起爆网路的检查,必须由有经验的爆破人员担任,检查组不得少于两人。

(2)必须仔细检查各段导爆索和导爆管的外观是否在敷设过程中受到损坏,接头是否符合规定。

(3)检查无误后,在爆破工作领导人下达准备起爆命令后,才准向主起爆线上连接起爆雷管。

3.4 起爆与警戒信号

(1)爆破工作开始前必须确定危险区边界,并设置明显的标志。所有人员(除点炮的爆破员)都退到危险区外,并设专人看守,禁止人员入内。

(2)起爆前,必须同时发出音响和视觉信号,使危险区内人员都能清楚地听到或看到。

(3)第一次信号——预告信号。所有与爆破无关人员应立即撤到危险区以外或指定的安全地点,并向危险区边界派出警戒人员。

(4)第二次信号——起爆信号。确认人员、设备全部撤离危险区,具备安全起爆条件时,方准发出起爆信号,该信号发出后准许起爆人员起爆。

(5)第三次信号——解除警报信号。未发出解除警报信号前,岗哨应坚守岗位,除爆破人员批准的检查人员以外,不准任何人进入危险区。经检查确认安全后,方准发出解除警戒信号。

3.5 爆破后的检查与处理

(1)爆破后,至少经过 15min,才允许爆破作业人员进入爆破作业地点检查。检查有无危石、滚石,边坡是否稳定,有无滑坡征兆;有无盲炮等现象。

(2)在确认爆破地点安全,经爆破组长同意,方准人员进入爆破地点。

(3)每次爆破后,爆破员应认真填写爆破记录。

(4)发现盲炮必须按下列规定处理:

①发现盲炮或怀疑有盲炮,应立即报告并及时处理。若不能及时处理,应在附近设明显标志,并采取相应的安全措施。

②处理盲炮时,无关人员不准在场,应在危险区边界设警戒,危险区内禁止进行其他作业。

③禁止拉出或掏出起爆药包。

④盲炮处理后,应仔细检查爆堆,将残留的爆破器材收集起来。

⑤爆破网路未受破坏,且最小抵抗线无变化者,可重新连线起爆;最小抵抗线有变化者,应验算安全距离,并加大警戒范围后,再连线起爆。

⑥在距盲炮孔口不小于 10 倍炮孔直径处另打平行孔装药起爆,爆破参数由爆破技术人员确定。

3.6 爆破后有毒气体检测

孔内爆破后需用空压机压风管深入孔底通风,通风时间不少于 30min,下孔前,用有害气体检测器对在施桩孔内空气进行测试,无有害气体后方可下孔,当桩孔挖至地面 10m 以下时每次工作前 30min 都应向在施桩孔送风，且施工中送风不得间断。孔下作业人员如有头晕、腿软、憋气、恶心等不适感绝对要立即撤到孔外，经再次通风检测无毒后方可下孔，必要时配备氧气瓶或氧气袋。

参考文献

[1] 中华人民共和国国家标准. GB 6722—2003 爆破安全规程[S]. 北京：中国建筑工业出版社，2003.

[2] 中华人民共和国国家标准. GB 50089—2007 民用爆破器材工程设计安全规范[S]. 北京：中国标准出版社，2007.

[3] 中华人民共和国行业标准. JTS 204—2008 水运工程爆破技术规范[S]. 北京：人民交通出版社，2008.

连续刚构桥菱形挂篮设计及施工

马　涛　张志强

(中国公路工程咨询集团有限公司　北京　100097)

摘　要:以清水河1号桥工程为例,介绍了菱形挂篮的设计原则、构造、拼装及挂篮的预压,同时对挂篮施工中的主要施工工艺进行了阐述。

关键词:挂篮　施工　连续刚构　设计

1　工程概况

清水河1号桥位于京承高速公路(密云沙峪沟—市界段)第六合同段,属于密云水库库东果牧生态区。清水河1号桥起讫桩号为:1K95+716.446～1K96+645.671,主桥为三跨预应力混凝土T形连续刚构桥型结构(分幅式),采用菱形挂篮逐段悬臂浇筑法施工。

主桥上部构造采用45m+75m+45m变截面预应力混凝土连续梁,单幅箱梁为单箱单室截面(图1),梁底按1.8次抛物线变化,箱梁由顶板形成单向2%的横坡。因本桥位于线路竖曲线上,还设有2.5%的纵坡。主桥上部结构施工采用挂篮悬臂浇筑。本桥设有0号块4个,长度为3m;悬浇块件36个,长度为3.5m和4m;支架现浇梁段4个,长度为6.5m;合龙段6个,长度为2m(图2)。

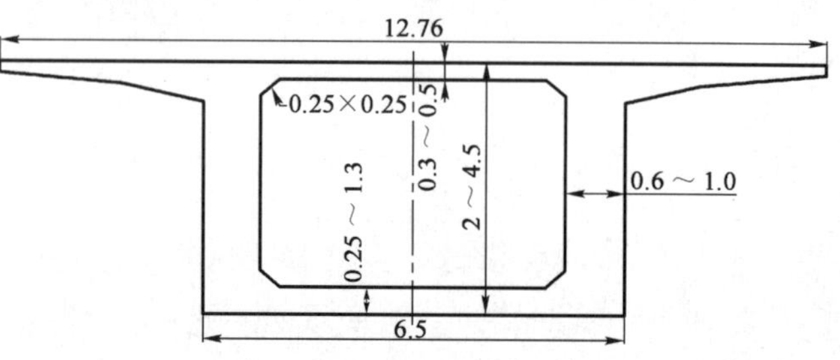

图1　T型刚构悬浇段断面图(尺寸单位:m)

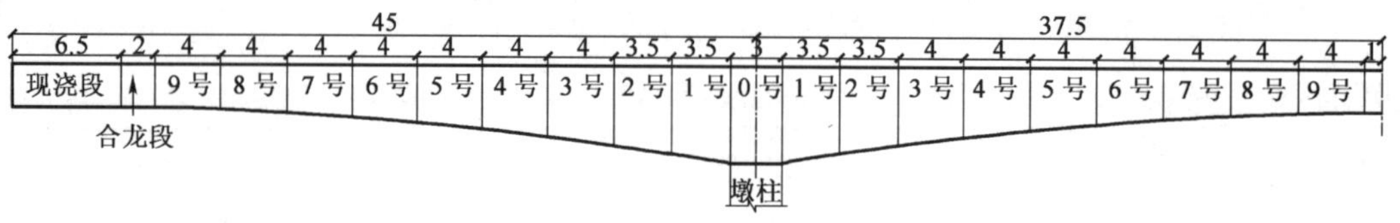

图2　T形刚构立面图(尺寸单位:m)

箱梁采用纵、横、竖3向预应力体系:纵向预应力钢束采用平、竖弯加腹板下弯束相结合的方式布置,两端张拉;横向预应力钢束以直线、竖弯形式布置于顶板上缘,一端采用固定锚预埋于翼缘板,在另一端张拉;竖向预应力钢束以直线形式布置于腹板中心,下端预埋,在箱梁顶面张拉。纵向和横向预应力钢束采用$\Phi^{S}15.2$钢绞线,竖向采用JL32精轧螺纹钢筋。孔道压浆均采用真空辅助压浆工艺。

2　挂篮设计

2.1　挂篮设计原则

考虑到刚构箱梁悬浇节段质量大,施工周期短,挂篮设计应遵循以下原则:

①自重轻;

②结构简单,受力明确;

③便于拆装,运行方便;

④坚固稳定,安全可靠。

2.2　菱形挂篮构造(图3)

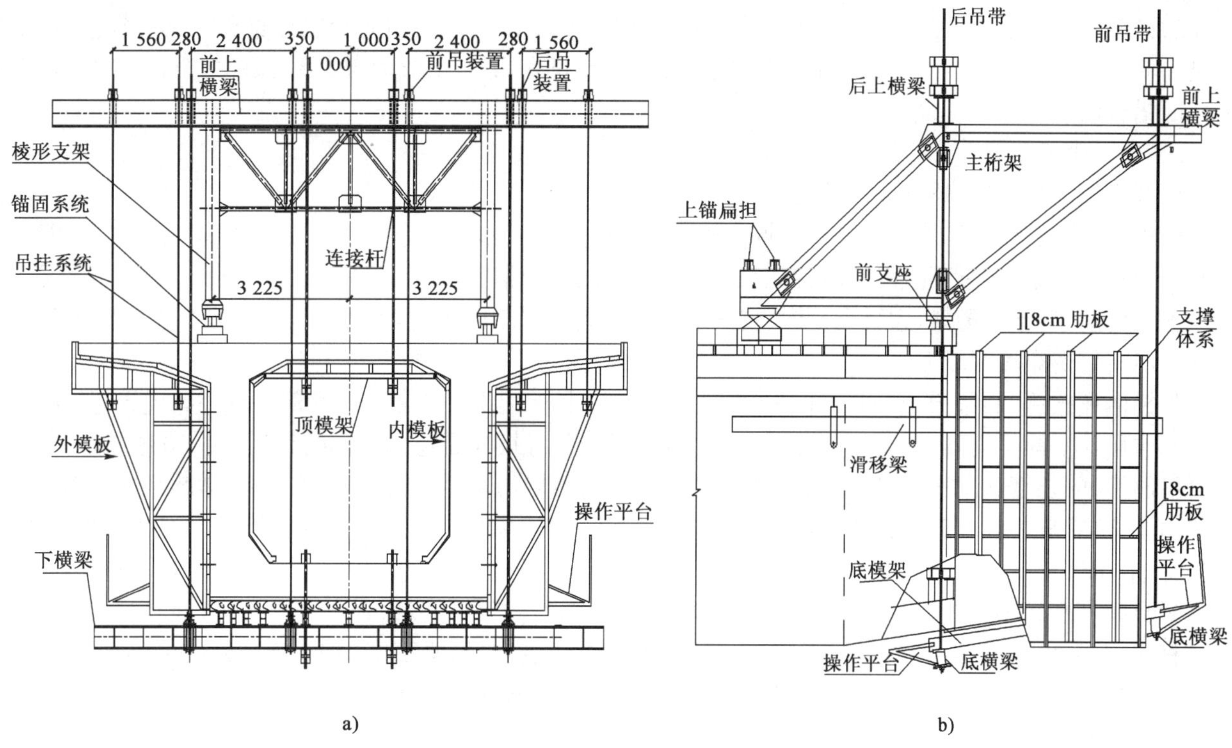

图3　菱形挂篮构造示意图(尺寸单位:mm)

a)正面图;b)侧面图

2.2.1　主桁架系统

主桁架为菱形支架,是挂篮的主要承重结构。主桁架竖放于箱梁腹板位置,其间由横向设置的前、后横梁及连杆连接(图3)。

主桁架和前、后横梁及连杆杆件均采用"II"或"[]"截面,由型钢和钢板组焊而成。前上横梁由II45工字钢组焊而成,联结于主桁前端的节点处,将两片主桁连成整体,上布10个吊点,通过吊带悬吊底模和内外模板。后上横梁由II40工字钢组焊而成,联结于主桁后端的节点处,上布2个吊点。

内外纵梁、内外滑梁、前后托梁均采用"II"或"[]"截面的型钢。主桁架、横梁及其他部位采用焊接。

挂篮主桁架尺寸选取原则主要基于以下三点:

(1)满足悬臂浇筑的要求,能够适合不同长度的浇筑梁段;

(2)满足施工工作面的要求,使施工人员有作业空间;

(3)各个杆件受力基本相等,即按等强度设计,这样可以优化结构,节约钢材及制造费用。

2.2.2　吊带系统

挂篮吊带系统由扁担梁、前后吊带、内外吊杆及千斤顶等组成(图3)。

吊带系统是挂篮的升降系统,位于挂篮的前部。其作用是悬吊和升降底模、侧模及工作平台,以适应悬臂梁段高度的变化。本挂篮的吊带采用PSB785级JL32精轧螺纹钢筋,与主桥竖向预应力筋规格相同,且有配套连接器及YGM锚,便于取材。经过验算,吊杆的强度、刚度均满足要求。

后锚吊带均用千斤顶施加一定的预应力,将模板与混凝土压紧,保证块段接头处的接缝平整。

2.2.3　走行及后锚系统

挂篮走行系统由轨道、圆钢和后勾装置组成。

轨道由钢板组焊成II形断面结构,并由竖向精轧螺纹钢筋锚固在梁体上。后勾装置由厚钢板和滚轮组焊而成。后勾装置反勾扣在滑道上以平衡挂篮空载迁移时的倾覆力。

挂篮行走时,前支座下垫 ϕ20 圆钢,变滑动为滚动摩擦。挂篮后支座通过反扣轮沿轨道顶板翼缘下沿滚动,取消传统形式的挂篮的尾部配重。

后锚系统是主桁架的自锚平衡装置,通过扁担梁和 JL32 精轧螺纹钢筋与梁体锚固。本挂篮后锚系统内侧利用竖向预应力筋锚固。本桥在腹板中按纵向 50cm 间距布置 JL32 精轧螺纹预应力筋,为本桥挂篮主桁架后锚提供了便利。

2.2.4 模板系统

模板系统包括底模、外模、内模等。

模板系统中底模和梁外侧模采用钢制大模板。内模分顶模和内侧模。顶模由[8 槽钢组焊成的顶模架和 6mm 钢板组成。内模顶板的宽度变化由顶模架横肋的活动销实现。

底模由前、后下横梁、纵梁组成,纵梁支承于前后下横梁上,而前后下横梁分别通过吊带悬吊于前后上横梁和已浇筑好的梁段底板上。

外模由侧模板、翼板模板、对拉杆和外模支架组成。骨架边缘外采用[10 槽钢焊成一体固定,其相互连接的部位用 ϕ16 螺栓连接,保证骨架的刚度。外侧模板和翼缘模板是连成一体的钢模,用[10 槽钢加固成整体,保证骨架的强度和刚度。翼缘板上的加固槽钢下安装有导向轮,导向轮行走在[]28 槽钢组成的轨道上。主梁由 JL32 精轧螺纹钢筋与轨道连接悬挂,达到翼缘板和底模板后端纵向移动的目的。安装模板时采用横向平铺,保证接缝平顺、密实且全部在同一条直线上,保证混凝土浇筑后表面的混凝土质量。对穿拉杆分尚不对穿拉杆和箱梁腹板部对穿拉杆,上部对穿拉杆分别通过骨架上安装的[10 槽钢进行固定。腹板部对穿拉杆采用 JL32 精轧螺纹钢筋和 YGM 螺母连接。另外,在底篮纵梁下用 JL32 精轧螺纹钢筋和 YGM 螺母对侧模进行对拉固定,保证模板下部不漏浆、不走模。端头模板采用 6mm 钢板,制作安装时保证预应力孔道位置准确。

2.2.5 操作平台

模板边缘设有工作平台,用角钢和钢管组拼而成,其上铺有木板,靠近悬空侧设有围栏,保障施工人员的安全。张拉操作平台通过钢丝绳悬吊在菱形桁架的前端小悬臂梁上,用角钢和钢筋组成,平台平面铺以木板供作业人员站立行走,可用手动葫芦调整其高度。

2.3 挂篮计算

本挂篮的验算通过对在施工阶段前吊点及后锚点的安全性以及在行走过程中后支点的反力来验算稳定性。

2.3.1 施工阶段的验算

施工中需验算荷载作用下前吊点的安全性及后锚点的反力。取 2 号块的质量 160t 进行验算,参见图 4。

(1)计算后锚 F 的作用力

参见图 4,以挂篮前支点 O 为作用点,后锚 8 根 JL32 精轧螺纹钢筋的安全系数计算结果如下。

挂篮自重 G 为:33t。

现浇混凝土、模板及其他荷载重量(系数取 1.3)为:

$$F_{合}=(160+10+1+3)\times1.3=226.2\text{t}$$

由 $4.5F+0.8G=2.15F_{合}$,得后锚力 F 为:

$$F=(226.2\times2.15-0.8\times33)/4.5=102.2\text{t}$$

后锚采用 8 根 JL32 精轧螺纹钢筋锚固在梁体上,每根 JL32 精轧螺纹钢筋强度按 50t 计算,后锚点最大容许拉力为 400t,远大于后拉力 102.2t,安全系数超过 2。

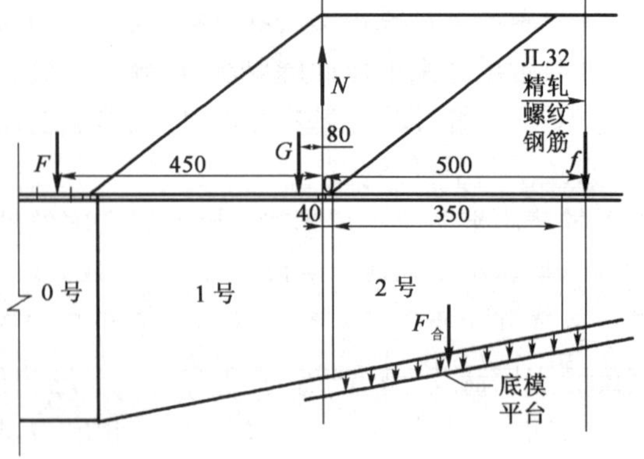

图 4 挂篮计算简图(尺寸单位:cm)

F-后锚作用力;f-前吊点作用力;G-挂篮自重;$F_{合}$-合力,包括混凝土自重、模板自重、施工人群荷载及其他荷载;N-支撑反力

(2)计算前吊点 f 的作用力及吊带的变形量

前吊点 $f=226.2\text{t}/2=113.1\text{t}$;

每根受力为 $n_1=f/10$，远小于其屈服值 63.1t；

吊杆长度为 8.5m 和 4.5m；

弹性模量　　　　　　　　$E=2\times10^5$MPa；

截面积　　　　　　　　　$A=804.25\text{mm}^2$；

$$\Delta L=FL/EA=(11.3\times1\,000\times9.8\times8\,500)/(2\times10^5\times804.25)=5.85\text{mm}。$$

吊杆的变形量可通过调节底模的高程来抵消。

2.3.2　行走阶段的验算

参照图 5，以挂篮前支点 O 为作用点，计算后锚 F 的作用力，验算挂篮在行走的极限状态下是否会倾覆。

挂篮自重 G 为：33t。

模板及其他荷载重量(荷载系数取 1.3)为：

$$F_{合}=(10+1+3)\times1.3=18.2\text{t}$$

由 $4F+1.0G=2.3F_{合}$ 得后支点的作用力 F 为：

$$F=(18.2\times2.3-33\times1.0)/3.8=2.3\text{t}$$

计算结果表明，在行走极限状态下，后支撑点滑轮将沿轨道上口行走，表明挂篮安全。

3　挂篮施工

3.1　菱形挂篮预压

挂篮制作完成后，对集中受力的重要部分，如钢带和销子，先要进行应力测试，然后试拼。这样既可以发现加工中存在的问题和隐患，也能使操作工人熟悉拼装工艺，及时发现问题。

3.1.1　预压目的

预压既保证质量又能保证施工安全，能消除非弹性变形，确定菱形支架弹性变形的正确数值。

3.1.2　加载方法

整个工作场地要求平整，将一套挂篮的两片主桁架平躺对称安装，前支点中间加垫板并用螺栓固定，后端用扁担梁锚固，在前端节点处拼装扁担梁，扁担梁用 JL32 精轧螺纹钢筋连接，利用千斤顶压扁担梁，其作用力通过精轧螺纹钢筋传递给挂篮的主桁架，从而达到预压的目的。实践表明当几次预压的结果十分接近时，就达到了预压的效果，具体预压方案见图 6。

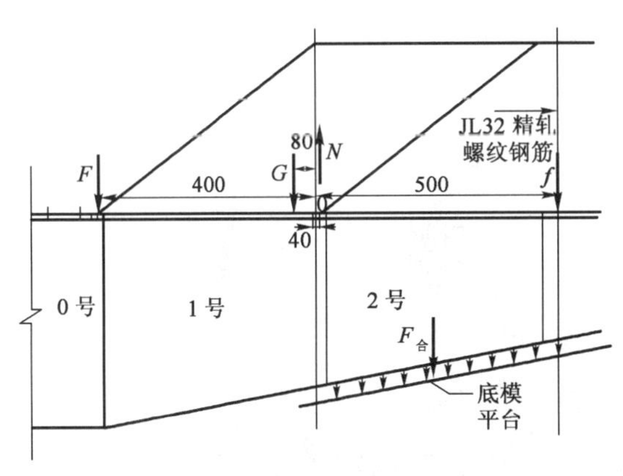

图 5　挂篮行走计算简图

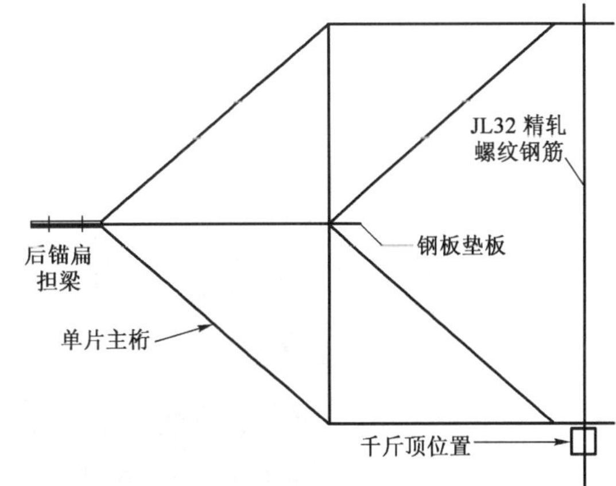

图 6　主桁菱形架预压方案图

3.1.3　加载顺序

预压量不小于 1.2 倍的结构物自重，本桥挂篮施工最大梁段重为 160t，考虑模板重量和施工荷载，预压量为 220t。菱形支架前端受力为 1/4，故最大加载荷重为 550kN。预压前，设置变形观测点，作好标志。第一次进行初始数据的测量记录，然后逐级进行施压(按 0.3 倍、0.5 倍、0.7 倍、0.9 倍、1.2 倍结构物自重)，并进行连续测量。待测量数值无明显变化后准备卸载。卸载时以加载时的逆顺序进行，并做好测量记录。待压重全部卸载后，进行测量。挂篮菱形支架预压数据如表1所示。

3.1.4　数据分析

对各次量测数据进行分析整理，经线性回归分析得出荷载x与挂篮竖向位移y之间的关系。以R24中弹性变形值最大的一组数据为例(表2)，得回归公式：$y=0.0326x+4$(其中非弹性变形值4mm)，其变形图见图7。根据该公式可算出挂篮在每个节段的施工竖向位移，以便合理运用预抛高值成功控制本桥线形。在开始的几个节段施工时，按此预测值调整立模高程，并通过前几段挂篮变形的实测值修正回归曲线，然后对下一段进行预测。

挂篮菱形支架弹性变形值　　表1

墩　号	R24	R25	L7	L8
最大弹性变形值(mm)	17	16	15	16
	15	16	15	15
	16	15	15	15
	16	15	16	16

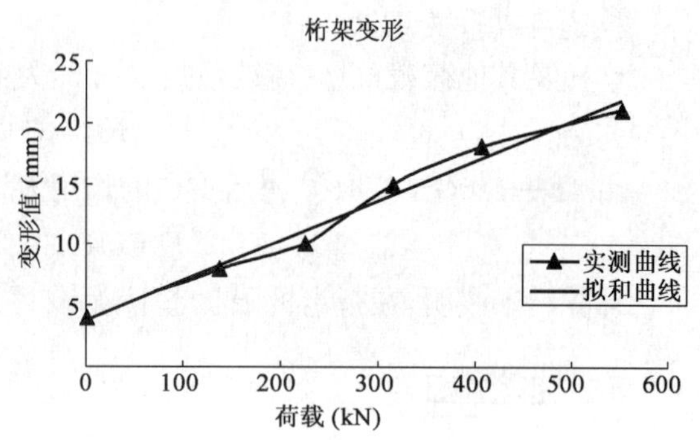

图7　菱形支架变形曲线

R24挂篮菱形桁架预压数据(单位：mm)　　表2

	0	0.3t	0.5t	0.7t	0.9t	1.2t	持荷2h后
GL1-1加载	4 337	4 329	4 326	4 323	4 320	4 317	4 316
GL1-2加载	4 325	4 318	4 314	4 311	4 309	4 307	4 307
GL1-1卸载	4 333	4 329	4 327	4 322	4 319	4 316	
GL1-2卸载	4 322	4 319	4 315	4 312	4 309	4 307	

3.2　挂篮拼装

各T形刚构的0号、1号(1′号)块施工结束后，首先将箱梁顶面清理，并将轨道部位找平，然后按顺序对称拼装挂篮，挂篮采用后锚式结构：铺设钢枕—安装固定轨道梁—安装前后支座—吊装并连接固定菱形桁架—吊装上横梁—安装后吊带—吊装下横梁－吊装底板纵梁及底板模板—安装外侧模板，见图8。

a)

b)

图8　挂篮拼装施工图

a)拼装好的挂篮正面图；b)挂篮侧面图

拼装时需仔细检查挂篮各部件，确保各部件的完整性及其连接的稳固性。保证施工的安全。

3.3　挂篮施工工艺

3.3.1　调整模板轴线及高程

挂篮安装就位后，用水准仪将底模立模高程调整好，预留预抛值，包括挂篮菱形架及吊带的弹性变形和预拱度。然后用全站仪调整底模的中线，调整好之后用千斤顶将后锚顶紧，使底模后部与箱梁底面压紧，上紧螺帽，底模调整完毕。

外模的调整就位：先将外模前后吊杆同时提起至翼缘板，后端贴紧箱梁下翼缘板面，前端达到立模高程后，上紧吊杆的螺帽。

3.3.2　绑扎底腹板钢筋，安装底腹板预应力管道

钢筋在钢筋加工场地先加工成半成品，然后用塔吊吊至桥面。按照规范要求，在底模上进行绑扎。

在底腹板钢筋绑扎到一定程度，可进行波纹管及锚垫板的固定安装。波纹管的各处接头用防水胶带密封，以免混凝土浇筑时，管道内进浆。竖向预应力管道布设时还需按图纸要求设置出气孔和压浆孔。

3.3.3　安装内模

内模的调整就位：待梁段的底腹板钢筋安装完毕，将内模顺内滑梁推出与已就位的外模齐平；将内模托起至顶板，调整内模宽度至设计宽，后部压紧，端部达到立模高程，上紧吊杆螺帽；安装内侧模，上好对拉杆。

3.3.4　绑扎顶板钢筋，安装顶板预应力管道

按图纸和规范要求绑扎顶板钢筋，固定安装顶板波纹管及锚垫板。另外，还需准确布置挂篮的预埋孔。

3.3.5　混凝土浇筑

采用泵车两侧对称浇筑，最大施工偏载严格控制在5t以内，可以通过混凝土输送泵来控制，在施工中安排专人负责混凝土的计量工作。浇筑中应严格分层(不超过50cm)，底板和顶板从端部开始浇筑，最后浇筑根部，控制好混凝土振捣的时间和部位，确保混凝土外观及质量。

3.3.6　混凝土养护、拆模及凿毛

对浇筑好的混凝土安排专人负责养护工作，及时覆盖，确保混凝土表面湿润。待强度达到2.5MPa时拆除端模板，进行凿毛，并用水清除灰渣。

3.3.7　张拉

待混凝土强度达到设计强度的100%时方可张拉。张拉时，按图纸给出的顺序对称进行。采用控制应力和伸长量双控法张拉。

3.3.8　压浆

张拉结束后，用水泥净浆拌制超快硬化剂，堵塞钢绞线间孔隙，待达到一定强度后尽快压浆，压浆应饱满，不得漏压或管道内留有空隙。压浆后，用砂轮切割机切除锚后多余钢绞线及精轧螺纹钢筋，严禁用氧炔焰或者电焊切割。

3.3.9　挂篮前移

步骤如下进行：

(1)拆除底篮后锚，放松吊杆(脱模)，拆除内模。

(2)在前方梁段找平桥面并放出固定轨道。

(3)用千斤顶顶起桁架，放入轨道圆钢。

(4)用手拉葫芦拖移桁架，将底篮前移至下一梁段浇筑位置，抽出圆钢，并在其前后端设置止动块，以确保挂篮浇筑混凝土过程中的安全。移动时注意两边速度和位置一致。

(5)调整好底篮中线、高程后，锁紧底篮后锚，安装模板，收紧吊杆，完成一个循环。

挂篮前移时应注意以下三点：第一，挂篮行走时，必须匀速同步平移，保证挂篮的中线与箱梁的中线保持一致，可采用吊垂球或者经纬仪定线的方法。第二，每次挂篮行走前，应全面检查各个锚点、吊点、支

撑点、各个部件的连接处等关键部位是否紧固牢靠，有无受损情况，并根据具体情况作必要的加强措施。第三，挂篮前移必须确保着力点符合设计要求，同时应及时配备后防护倒链，为确保安全，须安排专人负责指挥。

挂篮施工各工序时间如表3所示。

挂篮施工各工序施工时间表

表3

序号	工　序	时间(h)	序号	工　序	时间(h)
1	菱形挂篮行走	2～4	6	浇筑混凝土准备工作、浇筑混凝土	5～9
2	安装底模、外侧模、调整中心线及高程	4	7	混凝土养护、拆模、凿毛、穿束	72～96
3	绑扎底腹板钢筋、安装管道	8～12	8	预应力束张拉	8～12
4	安装内模	4～7	9	压浆	4～6
5	绑扎顶板钢筋、安装顶板管道	8～12	10	总计	125～162

3.3.10　改进措施

(1)在悬挂篮施工过程中，每一节段端头的预应力孔道和钢筋布置均不一样，本工程采用钢制端模板。这种模板的优点在于便于加工，可根据每一节段纵向预应力孔道和钢筋的布置灵活钻孔、开槽，多余孔洞直接用钢板补齐即可，有效地减少了模板用量。

(2)在拆除端模过程中，端头波纹管很容易发生断裂，严重影响接头质量，处理不好将会在混凝土浇筑过程中造成接头漏浆而出现堵管现象。为此，在每一节段波纹管端头套接大一号的接头波纹管，其端头露出端模10cm。安装下一节段波纹管时，将波纹管直接旋进套管，然后用密封胶带包裹严实。

4　结语

根据桥梁的结构特点及自身的施工经验和能力，设计出适应施工和自身特色的挂篮。通过该工程的施工实践，对菱形挂篮的施工特点有了深刻的认识。与各式挂篮比较，采用的菱形挂篮有以下主要优点：

(1)外形美观，结构简单，杆件受力明确，计算简便，便于加工。

(2)作业空间开阔，便于材料与机具从两片桁架中间通过，运至要施工的部位，加快梁段施工速度。

(3)无平衡配重，移动操作方便，走行平稳，就位准确。外模、底模随桁架一次移动到位。移动一次只需2～4h。

(4)菱形挂篮自重轻，利用系数(梁段最大重力/菱形挂篮重力)可达3.7。

(5)大悬臂，综合技术指高程。

本桥挂篮的设计和施工过程中，严格进行过程控制，确保了高精度、高质量安装，使得全部安装精度均满足设计要求。通过对本桥挂篮的施工控制，掌握了挂篮的结构和施工工艺，同时也为以后同类工程的施工和控制提供宝贵的实践经验。

参考文献

[1]　中华人民共和国行业标准.JTJ 041—2000 公路桥涵施工技术规范[S].北京：人民交通出版社，2000.

[2]　中交第一公路工程局有限公司.公路工程施工工艺标准[M].北京：人民交通出版社，2007.

模块式脚手架在高支撑中的运用

郭建才[1]　丁岩松[2]

(1. 北京市首都公路发展集团有限公司　北京　100078;
2. 中铁十五局集团有限公司　洛阳　471013)

摘　要:本文结合工程实例,简要介绍模块脚手架的设计方案、搭设要求及质量控制标准,以及拆除时一些安全注意事项;重点对此种脚手架结构的受力状况进行了科学的分析和计算。通过分析可知,该支架稳定性好、刚度大、跨度大,能适应山区地形复杂、净空较高的箱梁支架施工。

关键词:模块脚手架　搭设　箱梁

1　工程概况

京承高速公路(密云沙峪沟—市界段)工程蔡家窝铺桥为单箱双室等截面预应力混凝土连续箱梁,半幅宽度为12.09m,梁高为1.6m,跨径为5×30m,架体搭设最大高度为27m左右。顶板厚度为25～35cm,腹板厚度为68cm,底板厚度为20～30cm。根据现场实际情况,中间三跨(1号～4号墩)地势较平,两边跨(0号～1号、4号～5号)地势较陡,风化岩层较浅,地形较为复杂。采用普通的碗扣支架,承载力满足要求,但支架的长细比不满足要求,立杆有变形、失稳;采用军用梁支架,则承载力和挠度均满足要求,但由于市场上该类型支架紧缺,租赁不到。为了方便施工,经技术经济分析,采用ADG公司生产的CRAB模块式脚手架产品。该种支架稳定性好、刚度大、跨度大,施工简捷。

根据现场实际地形,中间地势平坦、箱梁较高的三跨采用满堂支架方式进行支撑;地势较陡、高度较低的边跨采用大跨径(5m)方式进行支撑。1号～2号跨设一门洞,门洞距2号墩5m左右,宽度为5m(同边跨支架方案)门洞高度为6m。蔡家窝铺桥示意图如图1所示。

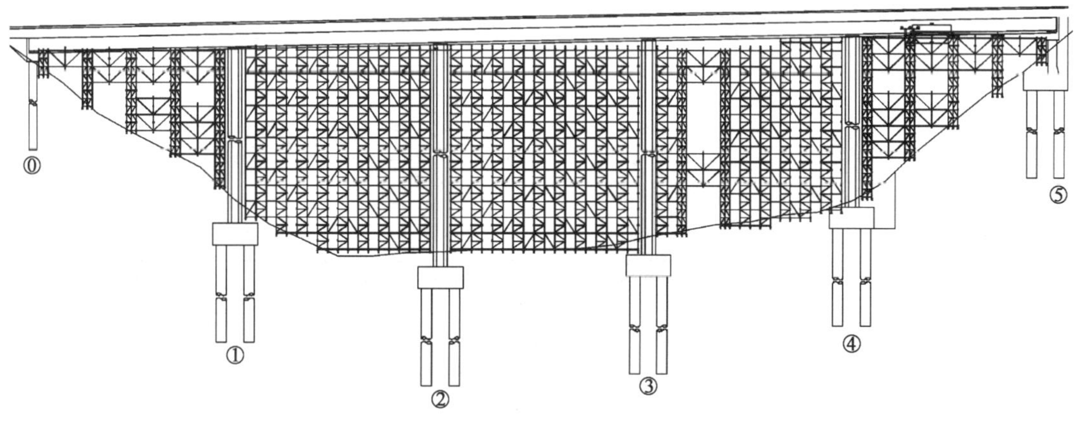

图1　蔡家窝铺桥示意图

2　方案介绍

2.1　材料选用

箱梁施工中使用的脚手架是由北京安德固脚手架工程有限公司提供的ADG60系列的承重三角架和60系列的承重立杆进行搭设。该脚手架是为引进的法国ENTREPOSE脚手架公司的系列模块脚手架。选用以承重0.7m、1.5m规格塔架和60系列承重立杆为主支撑,配合其他构件组成整体稳定支撑结构。

2.2 ADG 脚手架的构件说明

该工程支撑架的主要承重杆件直径为 ϕ60mm，材质为低碳合金钢 Q345B，屈服强度大于等于 345MPa，延伸率大于等于 21%，且经过热镀锌处理，承载能力比一般脚手架钢管高，由塔架和立杆组成的支撑体系，稳定性好，强度高。主要配件为 U 形卡和卡钩，其材料用 WL510，机械性能指标：屈服强度为 355～475MPa，抗拉强度为 420～560MPa，延伸率最小值为 24%。楔型扣件、锁销采用 45 号钢材质，通过热模锻压成型。架体单杆的允许承载能力达到 12t 以上。架体连接形式均采用横杆上的 C 形卡件紧扣立杆上的 U 形卡件然后用楔型销锁死，安装速度快，精度高，见图 2。

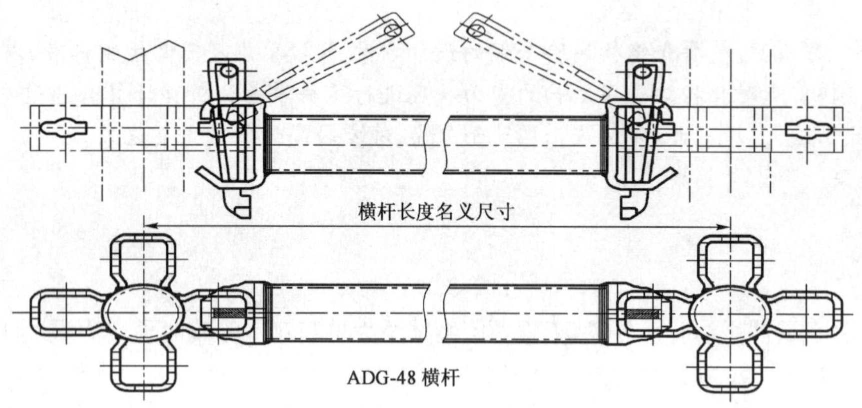

图 2 Crab 横立杆连接图

2.3 方案设计

第 2、3、4 跨采用塔架和立杆由横杆和斜拉杆连接成稳定的满堂架结构，塔架步距为 1m，60 系列立杆步距为 2m，无塔架设置斜拉杆保证整体稳定性，每 4m 高度塔架格构柱内设置水平斜拉杆，架体顺桥向为 1.5m塔架配合 1.5m 横杆及立杆搭设，横桥向为 700 塔架配合 2m、1.5m 横杆及 60 立杆搭设。脚手架底部采用可调底座，以调节基础平面高差，保证架体的安装精度。底座下铺设宽 250mm、厚 50mm、长 4m 的木板。脚手架顶部配有可调顶托，箱梁底部净高变化由调节立杆（0.3m、0.5m、0.75m）和可调底座、顶托进行调节。顶托上纵向铺设通长 18 号工字钢，工字钢上横向铺设间距为 30cm 的 10cm×15cm 的方木，如图 3 所示。

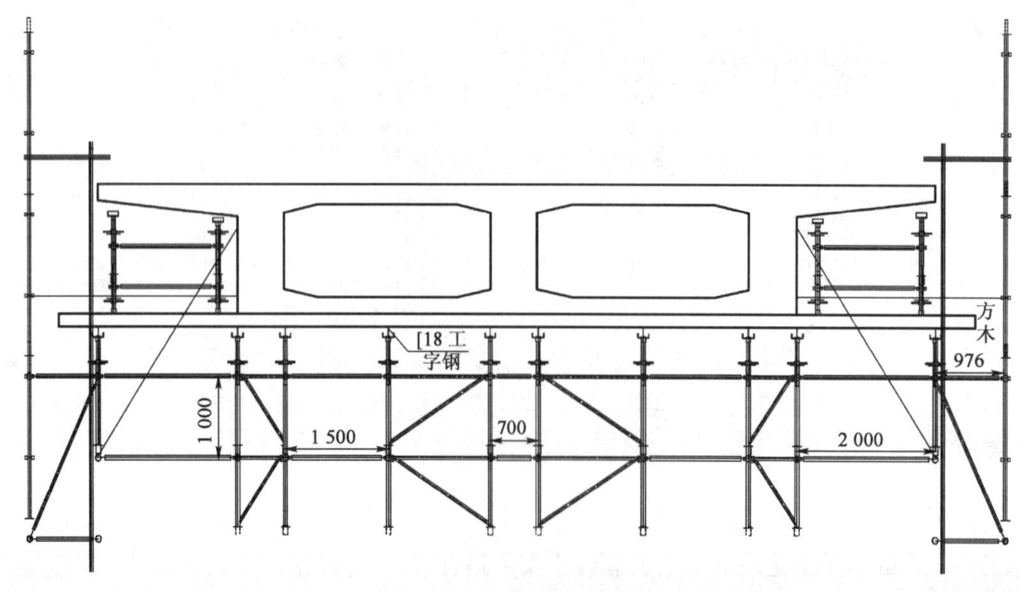

图 3 第 2、3、4 跨设计示意图（尺寸单位：mm）

第1、5跨架体采用2.5m横杆及48立杆配合连接，连接共2道，每6m左右一道，每道连接架体共3层步距为2m，并按设计图设置斜拉杆及水平拉杆。脚手架底部采用可调底座，以调节基础平面高差，保证架体的安装精度。脚手架顶部配有可调顶托，箱梁底部净高变化由调节立杆(0.3m、0.5m、0.75m)和可调底座、顶托进行调节。顶托上纵向铺设18号工字钢，工字钢上横向铺设不小于桥梁宽度的18号工字钢，18号工字钢上的40号工字钢为主梁，且三层工字钢要求点焊固定，主梁上横向铺设间距为30cm的10cm×15cm方木，如图4所示。

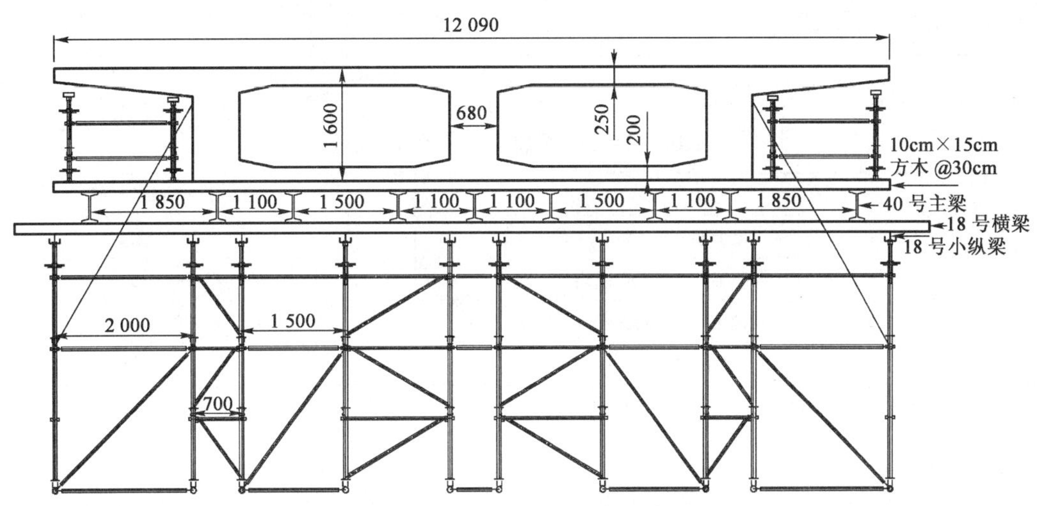

图4 第1、5跨设计示意图(尺寸单位:mm)

翼板及侧模支撑:翼板支撑采用60立杆及2m横杆，并倒装顶托扣于方木上，通过支撑侧模的普通扣件钢管将翼板支撑架与主架体连接。

3 ADG脚手架的搭设、使用、拆除

3.1 ADG脚手架的搭设方法和要求

(1)脚手架搭设前应在现场对杆件、配件再次进行检查，禁止使用不合格的杆件、配件进行安装。

(2)脚手架安装前必须进行技术、安全交底方可施工。统一指挥，严格按照脚手架的搭设程序进行安装。

(3)在安装前，必须对搭设基础进行检查。基坑及承台周围要求铺设木板和木方，路面部分要求铺设木板。对基础不符合安全施工的段落，坚决不准许施工。待基础处理合格后，才可施工。

(4)搭设时按照施工图纸放线，确定底座位置。将底座按照放线位置摆放后，搭设基础立杆和扫地横杆。搭设过程中采用水平尺或者水平仪校核水平横杆的水平度，同时调节可调底座，使之达到要求，挂线调整纵、横排立杆在一条直线上，检查每个格构方格的方正。在底座和扫地横杆调整完成后，方可进行上部标准层架体的杆的搭设。在施工中，随着架体的升高，随时检查和校正架体的垂直度(控制在3‰内)。锁销一定要打紧。按照图纸搭设至梁底后，立杆顶部安装并调整顶托，满足支撑高度后，摆放工字钢，并调整工字钢到托座中心位置。施工过程中针对桥梁纵向坡度的变化以及高程的变化，采用不同长度的立杆进行调节。

(5)搭设是由一个角开始施工，搭满桥宽范围在沿桥长向一边延伸搭设。边搭设边校正并予以加固。

(6)在搭设过程中不得随意改变原设计、减少材料使用量、配件使用量，或卸载、节点搭设方式混乱、颠倒。

3.2 搭设质量要求

搭设前检验允许偏差，见表1。

允许偏差 表1

名称		规格		允许偏差(mm)	其他要求
1	杆件弯曲	ϕ48系列	3m	≤8	杆件的焊接配件必须齐全、无明显变形、焊缝无裂纹
			2m	≤5	
			1m	≤3	
		ϕ60系列	2m	≤6	杆件的焊接配件必须齐全、无明显变形、焊缝无裂纹
			1m	≤3	
2	钢管外表锈蚀深度			≤0.4	

ADG脚手架质量要求及验收标准见表2。

ADG脚手架的质量要求及验收标准 表2

项目		允许偏差(mm)
垂直度	每步架 ϕ60系列	h及62.0
	脚手架整体 ϕ60系列	H/1 000及650
水平度	一跨内水平架两端高差 ϕ60系列	6l/600及63.0
	脚手架整体	6L/600及650

注:h——步距;H——脚手架高度;l——跨度;L——脚手架长度。

3.3 脚手架拆除

(1)脚手架拆除前应派专人检查脚手架上的材料、杂物是否清理干净。脚手架拆除前,必须划出安全区,并设置警示标志,派专人进行警戒。架体拆除时,下方不得有其他人员作业。

(2)脚手架拆除顺序与安装顺序相反,遵循后搭设的先拆,先搭设的后拆原则。顺序为:防护网,护身栏,脚手板,纵横梁,顶托,横杆,斜拉杆,塔架,基础立杆,底托,垫板。

(3)拆除的脚手架杆件及配件用安全的方式逐层拆除、分类、打包、运输装车,并保护现场物品安全。在拆除时做好协调、配合工作,禁止单人拆除较重杆件、配件。严禁向下抛掷脚手架杆件、配件。

(4)脚手架拆除时,为使架体保持稳定,拆除的最小留置区段的高宽比不应大于2∶1。拆除的每根杆件都用安全绳和安全钩放置地面,决不能抛掷。在每个步距内要先拆除斜杆,其次是横杆,最后将立杆拆除,以此类推。

4 内力计算

ϕ60.3×3.2mm,Q345b钢管材料属性:$f=310\text{MPa}$,$A=574\text{mm}^2$;$i=2.021\text{cm}$,$I=23.47\text{cm}^4$。

荷载标准:混凝土自重为26kN/m^2,内膜及内膜支承为1.5kN/m^2。

施工荷载:2.5kN/m^2,混凝土振捣:2kN/m^2。

4.1 方木验算

取边跨位置2m跨径进行验算(实际为1.85m),采用10cm×15cm方木,按间距30cm布置。腹板位置混凝土自重:

$$1.2\times0.4\text{m}\times1.6\text{m}\times26\text{kN/m}^3=22.464\text{kN/m}$$

翼板位置混凝土自重:

$$1.2\times0.4\text{m}\times0.3\text{m}\times26\text{kN/m}^3=3.744\text{kN/m}$$

内膜自重:

$$1.2\times0.4\text{m}\times1.5\text{kN/m}^2=0.84\text{kN/m}$$

施工活载:

$$1.4\times0.4\text{m}\times(2.5+2)\text{kN/m}^2=2.52\text{kN/m}$$

$q_1 = 22.464 + 0.84 + 2.52 = 25.824\text{kN/m}$

$q_2 = 2.744 + 0.84 + 2.52 = 6.104\text{kN/m}$

$M = 3.86\text{kN} \cdot \text{m}$

$I = 4.219 \times 10^{-5}\text{m}^4$

$W = 5.625 \times 10^{-4}\text{m}^3$

$\sigma = \dfrac{M_{\max}}{W} = 6.86\text{MPa} \leqslant [\sigma] = 8\text{MPa}$，方木强度满足施工要求。

$f_{\max} = 0.039\text{mm} \leqslant [f] = \dfrac{l}{400} = \dfrac{1\,850}{400} = 4.625\text{mm}$，方木挠度满足施工要求。

4.2　主梁验算（两边跨）

(1)取桥梁腹板位置进行分析计算，采用6m长I40a跨径5.7m。

荷载分析：取腹板位置计算，腹板厚度为68cm，计算按70cm考虑，计算宽度为1 100mm，见图5。

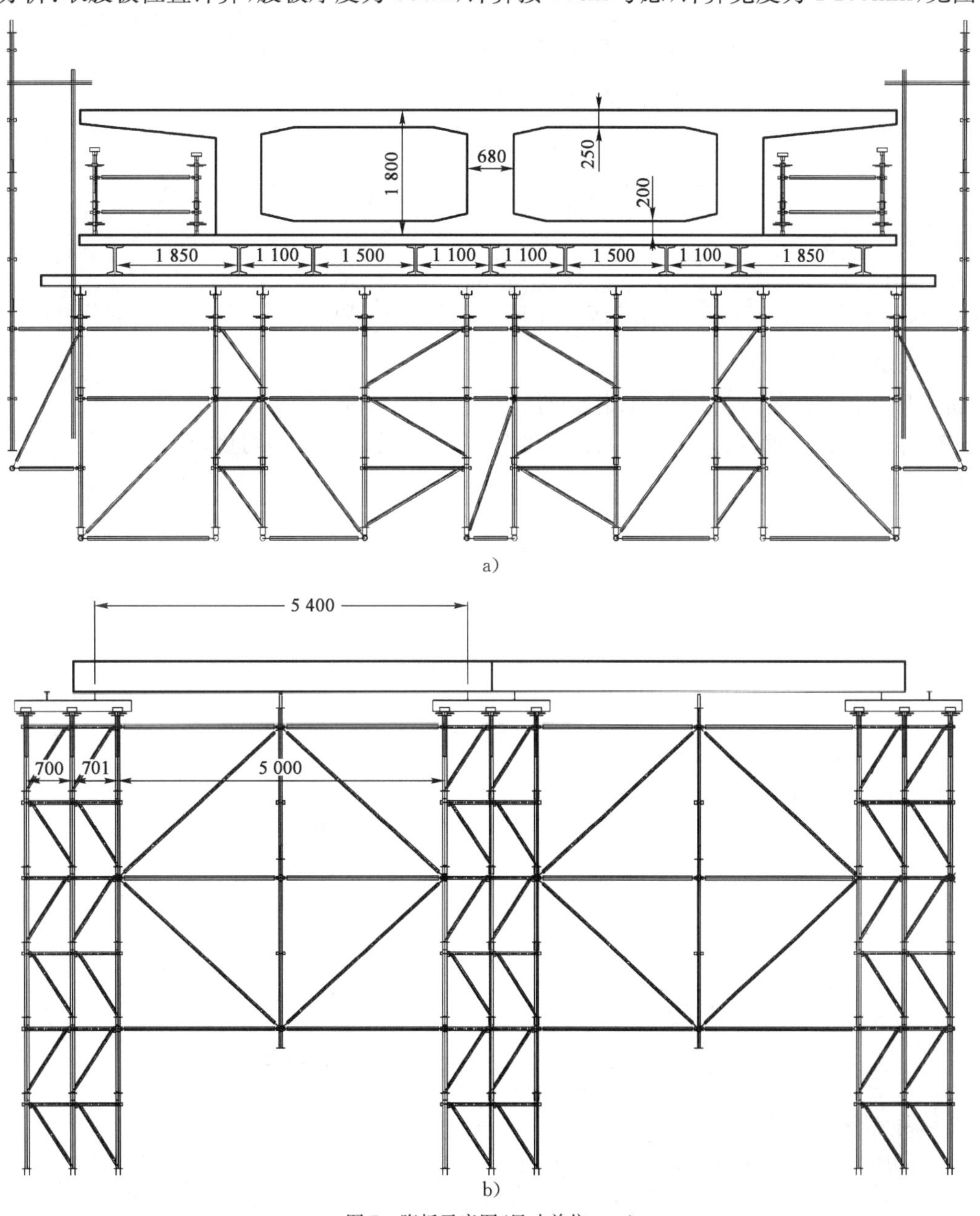

图5　腹板示意图（尺寸单位：mm）

结构自重：

$$q_1=0.7\times1.6\times26+0.4\times0.45\times26=37.44\text{kN/m}$$

40 号工字钢自重：

$$q_2=0.676\text{kN/m}$$

内模及支撑：

$$q_3=1.5\text{kN/m}$$

施工活载：

施工荷载(人员、机械设备)2.5kN/m^2

振捣棒振捣的荷载：2kN/m^2

$$q_4=(2.5+2)\times1.1=4.95\text{kN/m}$$

荷载组合：

$$\sum q=1.2(q_1+q_2+1.1\times q_3)+1.4q_4=54.65\text{kN/m}$$

$$M=\frac{1}{8}ql^2=199.2\text{kN}\cdot\text{m}\quad R_{\max}=147.555\text{kN}$$

$$I=21\,720\text{cm}^4\quad W=1\,090\text{cm}^3$$

$$E=206\times10^5\text{N/mm}^2$$

$$\sigma=\frac{M_{\max}}{W}=\frac{199.2\text{kN}\cdot\text{m}}{1\,090\text{cm}^3}=182.75\text{MPa}\leqslant[\sigma]=205\text{MPa}$$

[40a 强度满足要求。

$$f_{\max}=\frac{5ql^4}{384EI}=\frac{5\times54.65\text{kN/m}\times5.4^4\text{m}^4}{384\times206\times10^5\text{N/mm}^2\times21\,720\text{cm}^4}=0.135\text{mm}\leqslant[f]=\frac{l}{400}=\frac{5\,400}{400}=13.5\text{mm}$$

[40a 挠度满足要求。

(2)取桥梁底板位置进行分析计算，采用 6m 长[40a 跨径 5.4m。

荷载分析：取底板板位置计算，顶板＋底板厚度为 45cm，计算按 70cm 考虑，计算宽度为 1.3m。

结构自重：

$$q_1=1.3\times0.45\times26=15.21\text{kN/m}$$

40 号工字钢自重：

$$q_2=0.676\text{kN/m}$$

内模及支撑：

$$q_3=1.5\text{kN/m}^2$$

施工活载：

施工荷载(人员、机械设备)2.5kN/m^2

振捣棒振捣的荷载：2kN/m^2

$$q_4=(2.5+2)\times1.3=5.85\text{kN/m}$$

荷载组合：

$$\sum q=1.2(q_1+q_2+1.3\times q_3)+1.4q_4=29.6\text{kN/m}$$

$$M=\frac{1}{8}ql^2=107.89\text{kN}\cdot\text{m}$$

$$R_{\max}=79.92\text{kN}$$

$$\sigma=\frac{M_{\max}}{W}=\frac{107.89\text{kN}\cdot\text{m}}{1\,090\text{cm}^3}=98.98\text{N/mm}^2\leqslant[\sigma]=205\text{MPa}$$

[40a 强度满足要求。

$$f_{\max}=\frac{5ql^4}{384EI}=\frac{5\times29.6\text{kN/m}\times5.4^4\text{m}^4}{384\times206\times10^5\text{N/mm}^2\times21\,720\text{cm}^4}=0.085\text{mm}\leqslant[f]=\frac{l}{400}=\frac{5\,400}{400}=13.5\text{mm}$$

[40a 挠度满足要求。

4.3 横梁验算(第 2 层工字钢 18 号)

按 3.7m 3 跨连续梁(图 6)采用计算机进行计算,见图 7～图 10。

$$M_{max}=22.36\text{kN}\cdot\text{m}$$

$$R_{max}=126.68\text{kN}$$

$$I=1\,660\text{cm}^4$$

$$W=185\text{cm}^3$$

$$E=206\times10^5\text{N/mm}^2$$

$$\sigma=\frac{M_{max}}{W}=\frac{22.36\text{kN}\cdot\text{m}}{185\text{cm}^3}$$

$$=120.86\text{N/mm}\leqslant[\sigma]=205\text{MPa}$$

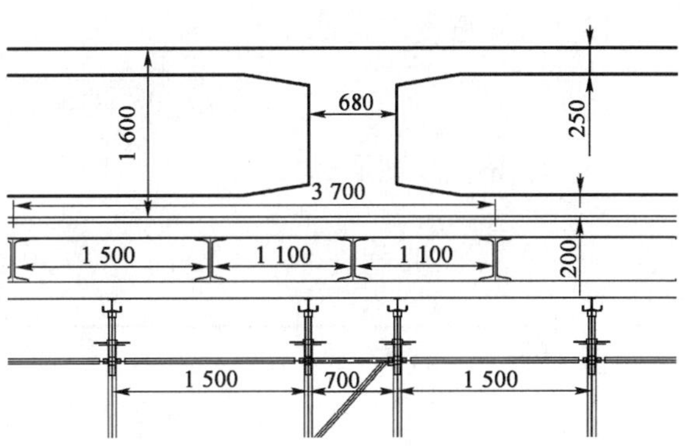

图 6 横梁示意图(尺寸单位:mm)

[18 强度满足要求。

$$f_{max}=1.17\text{mm}\leqslant[f]=\frac{l}{400}=\frac{1\,500}{400}=3.75\text{mm}$$

[18 挠度满足要求。

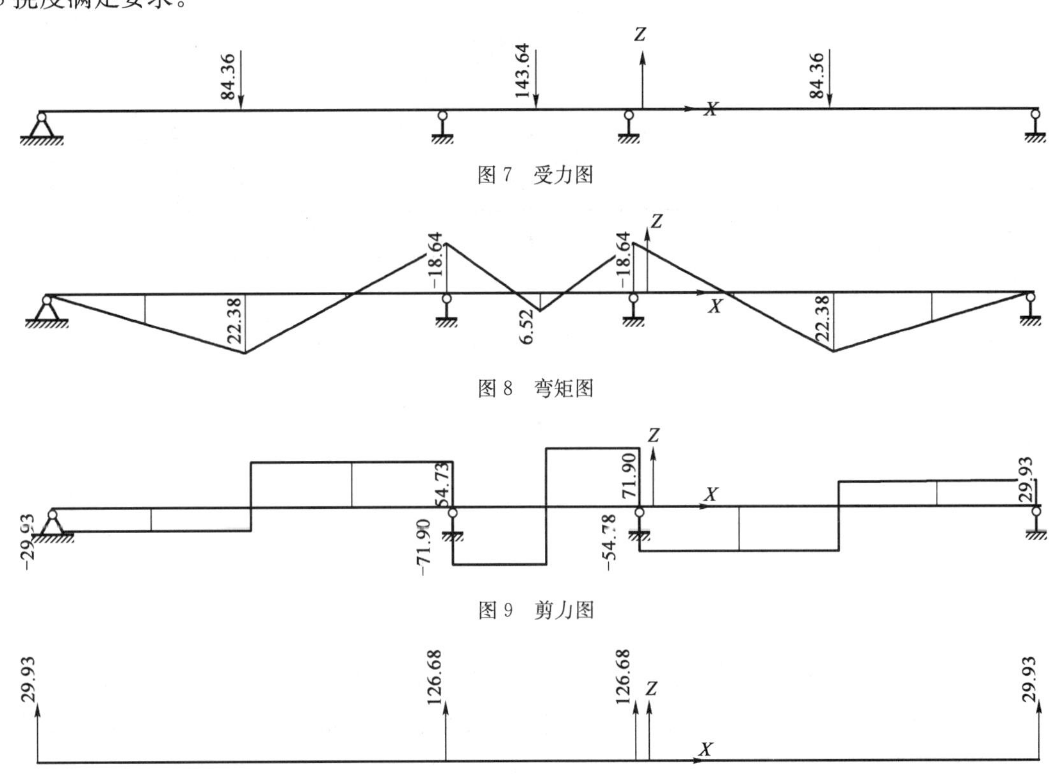

图 7 受力图

图 8 弯矩图

图 9 剪力图

图 10 支座反力图

4.4 小纵梁验算

小纵梁示意图见图 11,计算分析见图 12～图 15。

$$M_{max}=15.39\text{kN}\cdot\text{m}$$

$$R_{max}=99.78\text{kN}$$

$$I=1\,660\text{cm}^4$$

$$W=185\text{cm}^3$$

$$E=206\times10^5\text{N/mm}^2$$

$$\sigma=\frac{M_{max}}{W}=\frac{15.39\text{kN}\cdot\text{m}}{185\text{cm}^3}=83.2\text{MPa}\leqslant[\sigma]=205\text{MPa}$$

图 11 小纵梁示意图(尺寸单位:mm)

[18 小纵梁强度满足要求。

$$f_{max}=0.28mm\leqslant[f]=\frac{l}{500}=\frac{700}{500}=1.4mm$$

[18 小纵梁挠度满足要求。

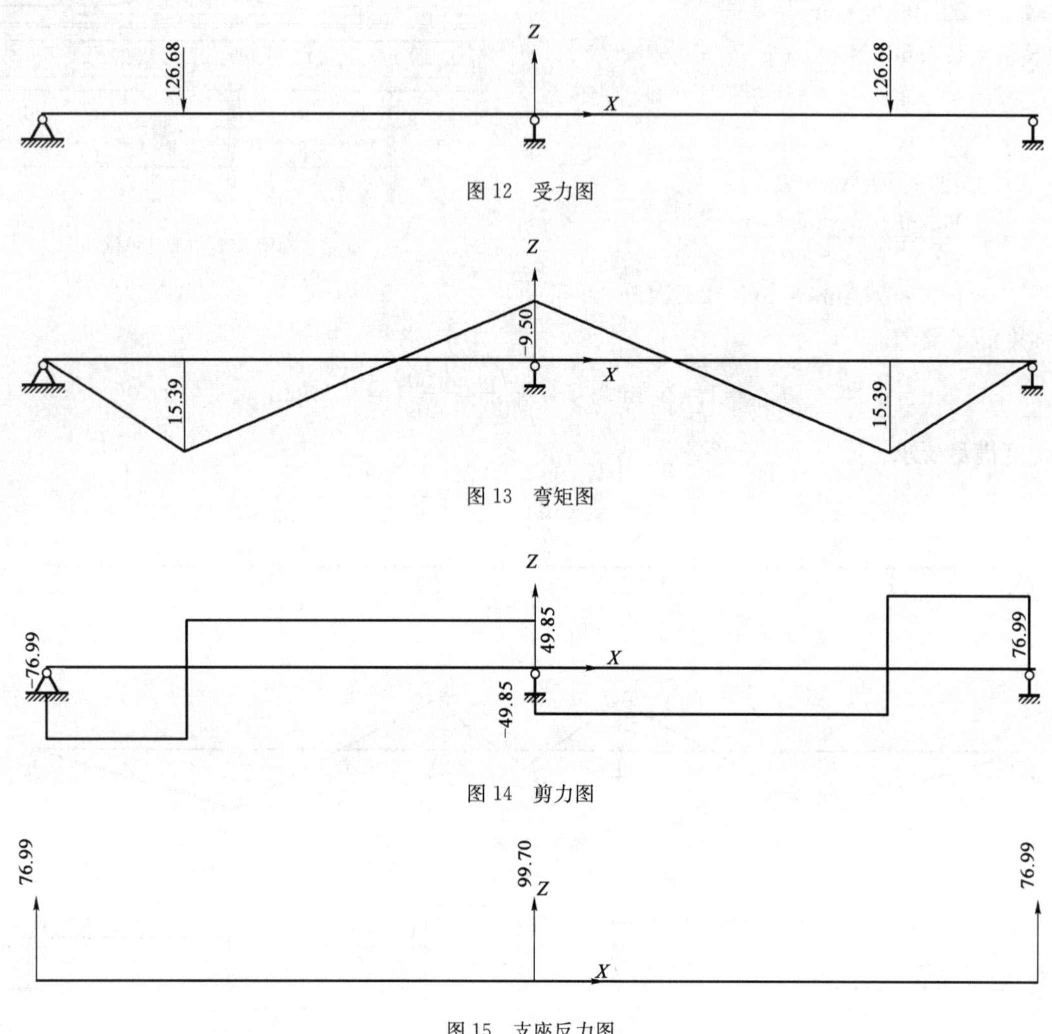

图 12 受力图

图 13 弯矩图

图 14 剪力图

图 15 支座反力图

4.5 支架验算

根据受力特点，大跨径架体受力不利，故只对大跨径架体进行验算。由上面计算 700 塔架位置最大荷载为 99.78kN，也就是箱梁荷载 $N_1=99.78kN$，脚手架自重按最大高度约 27m 考虑，$N_2=9.47kg/片\times27=253.8kg=2.538kN$，故荷载组合：

$$\sum P=102.32kN$$

细长比计算：

$$\lambda=\frac{l_0}{i}=49.48(查表\ \varphi=0.807)$$

式中：l_0——立杆计算长度，取 1m；

i——立杆截面回转半径，查规范，取 2.021cm。

稳定性计算：

$$\frac{N}{\varphi A}=\frac{102.32kN}{0.807\times574mm^2}=220.9MPa\leqslant[f]=320MPa$$

根据“ELU-ELS-Protégé pages”极限状态的概念：查表 ADG-Crab60 立杆 B 类步距 1 000mm 时，[ELU

(最大极限)]=164.88kN≥102.32kN;[ELS(工作极限)]=109.92kN≥102.32kN。

4.6　地基承载力验算

由于本桥支架搭设结构形式有两种,对地基承载力要求也不一样,为保施工安全,按大者考虑,故只对大跨径架体地基承载力进行验算,见图16～图18。

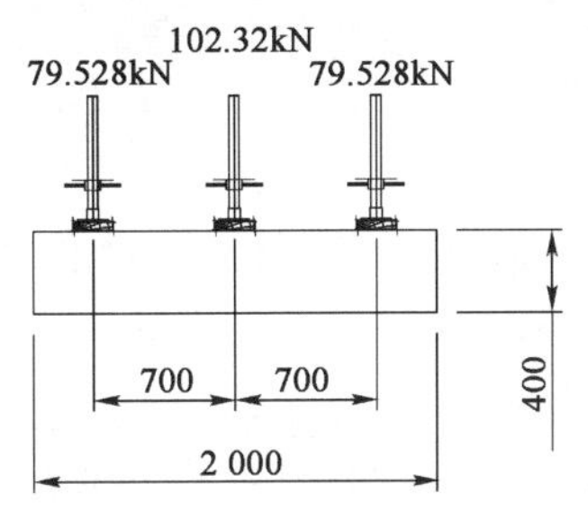

图16　纵断面(尺寸单位:mm)

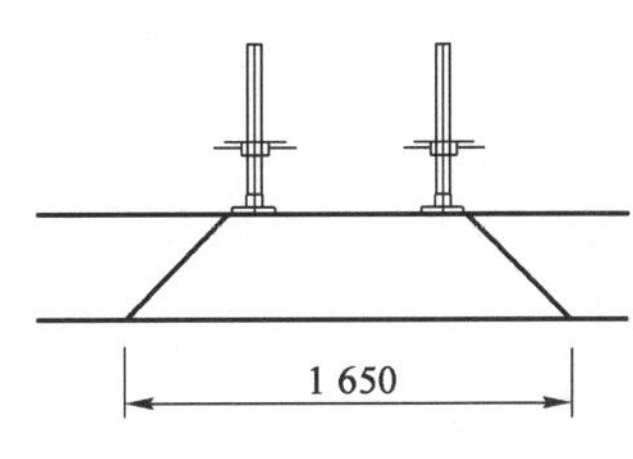

图17　横断面(尺寸单位:mm)

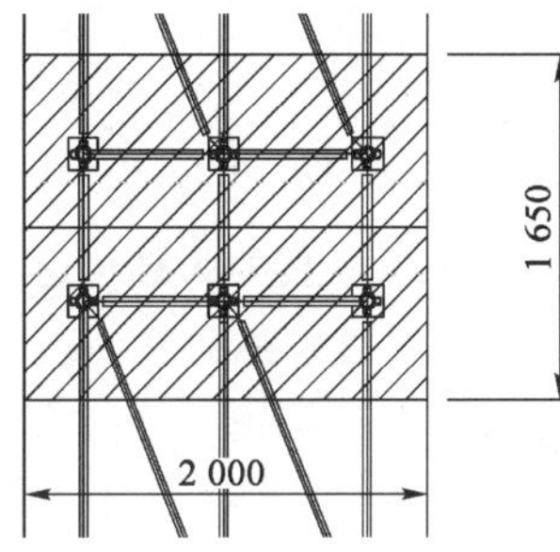

图18　平面(尺寸单位:mm)

$$N=2\times102.32\text{kN}+4\times79.528\text{kN}=522.752\text{kN}$$

$\sigma=\dfrac{N}{A}=\dfrac{522.752\text{kN}}{2\text{m}\times1.65\text{m}}=158.41\text{kN/m}^2=15.841\text{t/m}^2$,即在大跨径架体位置要求地基承载力达到$15.841\text{t/m}^2$(0.16MPa)。

5　结语

实践证明,采用ADG脚手架作为箱梁支架,取得了预期效果,解决了超高支架的受力问题。通过内力检算,受力状况比普通碗扣式支架理想。杆件都是定型尺寸,质量轻,搭设、拆除方便,施工简捷。结构合理,受力理想,能保证结构物良好的线形。该种支架搭设高度在20～30m时,比普通碗扣式支架要好,具有明显的优势。本文可为今后类似桥梁支架施工提供有益参考。

参考文献

[1]《建筑结构静力计算手册》编写组.建筑结构静力计算手册[M].2版.北京:中国建筑工业出版社,1998.

[2] 中华人民共和国国家标准.GB 50009—2001 建筑结构荷载规范[S].北京:中国建筑工业出版社,2001.

[3] 中华人民共和国国家标准.GB 50017—2003 钢结构设计规范[S].北京:中国计划出版社,2003.

[4]《建筑施工手册》编写组.建筑施工手册[M].4版.北京:中国建筑工业出版社,2003.

[5] 刘蓉华.结构力学[M].成都:西南交通大学出版社,2007.

[6] 李庆华.材料力学(3版)[M].成都:西南交通大学出版社,2005.

长大管棚在硬质围岩中的运用

巫志农　张昌国　雷　鹏

（中铁二局股份有限公司　成都　610032）

摘　要：本文主要从机械选择、制管工艺、成本分析三个方面对北京首例双连拱山岭隧道35m长大管棚在硬质围岩中的技术运用进行了详细介绍。

关键词：长大管棚　机械选择　工艺　成本分析

0　引言

大管棚用于隧道施工中，通常用于处理软弱、破碎、易塌围岩，可起到防孔内塌陷或防地面沉降的作用。但在黑古沿隧道中，由于隧道短(164m)，覆盖层太薄(最大埋深仅27m)，虽然围岩硬度为40～80MPa，仍采用大管棚加固地层。传统的大管棚钻机是针对软弱围岩的，而此处却是针对硬质岩层。因此，钻机的选型是大管棚施工成败的关键。

1　工程概况

黑古沿隧道座落于北京市密云县太师屯镇黑古沿村。隧道全长164m，最大开挖跨度29.42m，隧道最大埋深仅27m。主要地质条件：进口为全风化—弱风化片麻岩，出口为第四纪坡洪积亚黏土、碎石混亚黏土及全风化—强风化片麻岩，全隧道围岩级别为Ⅴ级。进出口拱部设置超前大管棚ϕ108mm×6mm，$L=35$m，环向间距为0.4m，外插角为1°～3°。进口大管棚施工自2007年11月23日至12月31日，出口自2007年11月17日至2008年1月3日。

2　施工工艺

导向墙施工→钻机就位→钻孔→清孔→大钢管安装→管内钢筋安装→注浆。流程图如图1所示。

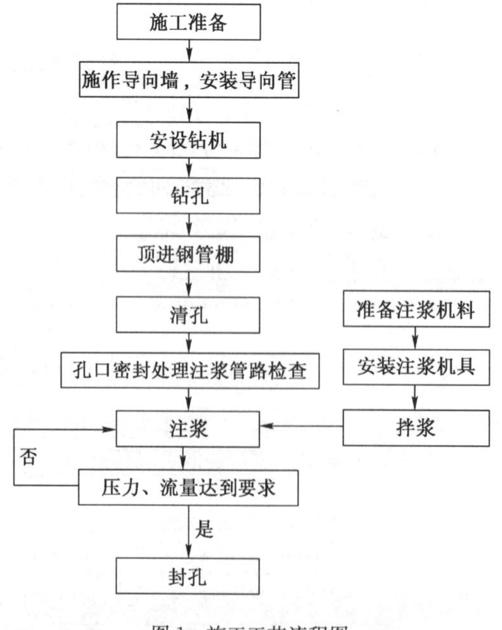

图1　施工工艺流程图

3 钻机选择

2007 年 11 月 17 日，隧道出口采用两台潜孔钻进行钻孔。由于出口掘进方向为 2% 下坡，大管棚要求 1%～3% 仰角。两者综合，钻机基本上是水平钻进。该型钻机采用高压风洗孔方式，出渣比较困难，钻孔进展十分缓慢。

2007 年 11 月 23 日，隧道进口使用黄海导向钻机钻孔。进口掘进仰角约 4% 上坡。该钻机利用水洗出渣。由于冬季寒冷，水循环系统稍显累赘。钻孔进度一般。当第三天成孔两孔后开始装管，发现大钢管无法安装到位(大钢管无法插安装到设计孔深)。

11 月 28 日，隧道出口更换钻机，改为成都哈迈锚固钻机，进展顺利。装管也顺利。

12 月 1 日，隧道进口更换钻机，改为开山牌履带式钻车。装管仍然困难，换 150mm 钻头扩孔。

12 月 15 日，隧道出口钻孔结束。哈迈钻机转移到进口继续钻孔，至 2008 年 1 月 2 日钻孔全部结束。

四种钻机的技术参数和作业效果见表 1 和表 2。

四种钻机技术参数一览表　　表 1

生产厂商	浙江开山集团	连云港黄海机械厂	浙江开山集团	成都哈迈
规格	潜孔钻机	非开挖导向钻机	履带式潜孔钻车	锚固钻机
型号	KQD-70	FDP-15d	KY100Z	YXZ50A
动力	气动	柴油动力机组	柴油	电动
钻进方式	潜孔锤	合金回转钻进	潜孔锤	潜孔锤
使用气压(MPa)	0.5～0.7	—	0.7～1.0	0.5～0.7
耗风量(m^3/min)	3.5	—	13	7
钻杆长度(m)	1	2	2	2
扭力	4 500N·m			
钻头直径(mm)	130			
钻杆直径(mm)	60	60	60	90
出渣方式	风洗	水洗	风洗	风洗
优点		环保	移动就位快捷	快速，成孔顺直
缺点	粉尘污染	速度慢	粉尘污染	粉尘污染
进场时间	2007-11-17	2007-11-23	2007-12-1	2007-11-28

四种钻机作业效果　　表 2

钻机类型	作业时间(d)	成孔数(孔)	钻机数量(台)	成孔速度(m/d)	成孔质量	装管效果
开山潜孔钻	10	4	2	7	一般	一般
黄海导向钻	7	3	1	15	差	差
开山钻车	2	2	1	35	差	差
哈迈锚固钻	34	143	3	73	好	好

4 人员设备配置情况

加工管锥头、注浆阀：两人，一副台钻，一台电焊机，一套气割设备。每班产量 10m。

搭架、钻机就位、钻孔：8 人/班/机。

安装大钢管:5人/班,挖机一台。

注浆:6人/班,搅拌机,注浆机。

5 成本分析

管棚费用按照工序分解,包括大钢管的制作加工费用、钻孔机械人工费用、大钢管的安装费用、注浆费用4部分。这里统计的机械台班和人工,其数量和单价均以实际统计为准。

工程量、管棚长度、进出口:35m×76根×2=5 320m。

5.1 大钢管的制作加工费用(割焊锥头、钻注浆孔)

大钢管购置费(以进口为例):269 978.3元/2 660m=101.5元/m。

大钢管丝扣加工费(以进口为例):45 600元/2 660m=17.1元/m。

注浆孔钻孔人工费(2名工人每班钻2节,长10m):2人×60元/10m=12元/m。

台钻台班、钻头消耗:(30元/班+40元/钻头×0.5个)/10m=5元/m。

5.2 钻孔机械人工费用

钻孔机械费、人工费及钻具消耗:75元/m。

配套空压机台班费:106班×900元/5 320m=17.9元/m。

5.3 大钢管的安装费用

按照设计要求,采用4m和6m两种长度的管棚,错节布置。通常,钻机的推进行程只有1~2m,所以无法用钻机安装大钢管。采用挖掘机进行顶推。由于大管棚施工须间隔施钻,及时注浆,所以安装大钢管也是随钻随装,挖掘机是专机专用。隧道进口安装钢管自2007年11月26日至2008年1月3日,历时39d,装管挖掘机27台班;出口安装钢管自07年11月24日至12月16日,历时23d,装管挖掘机21台班。

机械台班:(27+21)×2 200=10.56万元,折合105 600/5 320m=19.8元/m。

人工费:5人×60元×(27+21)=14 400元,折合14 400/5 320m=2.7元/m。

5.4 注浆费用

搅拌机注浆机台班:(30+30)元×(26+20)班/5 320m=0.5。

注浆水泥:973包/20包×460元/t/5 320m=4.2元/m。

人工费:6人×(26+20)×60元/5 320m=2.1。

5.5 合计

总费用:101.5+17.1+5+12+75+17.9+19.8+2.7+0.5+4.2+2.1+上述增加费用=257.8元/m

6 经验教训

6.1 钻机选择

当前大管棚的钻孔机械有回旋钻机、锤击钻机,有电动钻机、气动钻机,还有跟管钻机等,种类繁多。硬质围岩隧道的大管棚作业,潜孔锤是较好的选择。

本隧道最终选定的成都哈迈钻机(成都·哈迈YXZ50A),其钻杆直径为90mm,相对其他三种钻机钻杆直径60mm,刚度优势明显。

6.2 注浆工艺

隧道进出口分别采用了两种不同的注浆方法。

进口是随钻随注。钻孔隔三钻一,孔距3×40cm为120cm,安装管棚后立即注浆。其优点在于各管独立性强,各孔浆液饱满;缺点是注浆作业分散,材料浪费,施工组织消耗过大。

出口则在全部管棚安装完毕之后一起注浆。其优点是作业集中,材料浪费少,施工组织便捷;缺点是当管棚间有串浆现象,浆液逸出严重时,处理困难。

这两种方法各有利弊,首要前提是保证浆液饱满,达到设计注浆压力。出口开始注浆时,发现管与管之间串浆严重,达不到注浆压力。之后重新制订方案,经过专家论证,增加了同时作业的机具,多管联合注浆,最终完成了注浆作业,历时 18d,但影响了工期。

7　结语

本文通过黑古沿隧道大管棚施工中采用三种不同类型钻机成孔的优劣对比,反应了在硬质围岩中,钻机选型对成孔的重要意义,对今后类似工程中钻机选型具有一定的借鉴作用。同时,本文通过黑古沿隧道大棚管施工单价分析,说明了硬质围岩中大管棚的施工成本较一般软弱岩层中大管棚的施工成本高。

浅谈沥青混凝土路面平整度的控制措施

王　全[1]　常宝月[2]

（1. 北京逸群工程咨询有限公司　北京　100176；
2. 北京市政建设集团有限责任公司　北京　100048）

摘　要：路面平整度是评价路面使用性能的重要指标。可以通过控制路基和基层施工质量、沥青混凝土面层施工材料、施工设备、施工方法、技术准备等提高沥青混凝土路面平整度。

关键词：沥青混凝土路面　平整度控制

1　路面平整度的概念及对行驶的影响

凡是由适当比例的各种不同大小颗粒的矿料（如碎石、轧制砾石、石屑、砂和矿粉等）和沥青在严格条件下拌和，经摊铺压实成型的面层称为沥青混凝土面层。沥青混凝土面层适用于高速公路、各种交通量的干线公路和城市道路。路面平整度是指纵向和横向的凹凸程度，即路表面对设计平面的偏离程度。它直接影响着车辆在路面上的行驶质量和道路基本功能的发挥。沥青路面平整度对行驶车速、行驶平顺性、驾驶操纵稳定性、汽车制动性、汽车动力特性和运营费用、乘客舒适性有很大影响，因此，施工过程中必须严格控制沥青混凝土路面平整度。

2　沥青混凝土路面平整度要求

依据《公路工程质量检验评定标准》（JTG F80/1—2004），沥青混凝土路面平整度要求如表1所示。

沥青混凝土路面平整度要求　　表1

路面种类	平整度检验项目	规定值或允许偏差	
		高速公路、一级公路	其他公路
沥青混凝土面层和沥青碎（砾）石面层	σ(mm)	1.2	2.5
	IRI(m/km)	2.0	4.2
	最大间隙 h(mm)	—	5
沥青贯入式面层（或上拌下贯式面层）	σ(mm)	3.5	
	IRI(m/km)	5.8	
	最大间隙 h(mm)	8	
沥青表面处置面层	σ(mm)	4.5	
	IRI(m/km)	7.5	
	最大间隙 h(mm)	10	

3　沥青混凝土面层平整度控制措施

3.1　下部结构质量控制

3.1.1　路基质量控制

（1）路堤填筑前原地面处理

路基的施工质量，是整个道路工程的关键，关系到路基路面工程能否经受住时间、车辆运行荷载、雨季冬季的考验。要做好路基工程，必须扎扎实实地进行路基的填筑，尤其对原地面的处理和坡面基地的处理。

(2)填料路堤

填料一般应采用砂砾及塑性指数和含水量符合规范的土,不使用淤泥、沼泽土、冻土、有机土、含草皮土、生活垃圾及含腐殖质的土。对于液限大于50、塑性指数大于26的土,一般不宜作为路基填土。

(3)填土路基压实

公路运输和市政道路路基施工时,应分别严格按现行《公路路基施工技术规范》(JTG F10—2006)或《城市道路路基工程施工及验收规范》(CJJ 44—91)要求进行,并应通过试验路段来确定不同机具压实不同填料的最佳含水量、适宜的松铺厚度和相应的碾压遍数、最佳的机械配套和施工组织,还要有一定素质的施工队伍。

(4)完善排水设施

为了保持路基能经常处于干燥、坚固和稳定状态,需将影响路基稳定的地面水予以拦截,并排除到路基范围之外,防止漫流、聚积和下渗。同时,对于影响路基稳定的地下水,应予以截断、疏干、降低水位,并引导到路基范围以外,注意防渗以及水土保持问题。

3.1.2 基层质量控制

在施工中,一般容易忽视基层对路面平整度的影响,经常采用"基层不平整靠面层调整;下层不平整靠上层弥补"的办法,这对平整度要求很高的高速公路则是绝对行不通的。如基层顶面的平整度允许偏差为10mm,当用沥青混合料填平这10mm的间隙(低洼)时,尽管沥青混合料表面是罩平了,压实后仍将出现低洼,其深度为10mm-(10/1.2)mm=1.7mm(1.2为沥青混合料的平整度压实系数)。这仅是基层表面的微量间隙(10mm是允许标准)导致沥青面层出现的不平整(低洼),实际情况是基层表面的最大间隙不可能处处都在10mm以内。由此可见,基层顶面的平整度对沥青混凝土层表面平整度有着较大的影响。

(1)控制集料的最大粒径

为确保基层的平整度和便于摊铺施工,基层混合料中集料的最大粒径宜适当减小。集料粒径愈大,对拌和机、摊铺机的磨损愈烈,混合料愈易产生离析,而且过大的颗粒在熨平板拉动下会在铺层表面刮出纵向沟槽。因此,减小集料的粒径,更能适应摊铺,基层顶面的平整度更易保证,并为沥青混凝土层顶面达到好的平整度创造重要条件。

(2)采用摊铺机施工

采用摊铺机铺筑基层,是为了保持铺层材料的均匀性和表面的平整度,使相应的高程、路拱、纵坡和厚度等参数都能顺利地达到设计要求,避免平地机施工中的反复找平、厚度难以控制等问题,不仅可以提高工程质量,而且可加快工程进度。混合料的利用率也高于用平地机施工的情况。

(3)采用性能良好的连续式稳定土拌和设备

好的厂拌设备能拌出均匀的混合料,这对半刚性基层混合料的质量保证及成型后的路面性能影响极大。

3.2 沥青混凝土面层原材料的控制

为保证道路路面具有高强度、高温稳定性、低温抗裂性、抗滑性能和良好的耐久性,减少因承重而产生的变形,在原材料选择上应做到:有较高强度、耐磨耗,采用锤式或反击式破碎机加工的具有良好颗粒形状的硬质石料,选用黏度高、针入度较小、软化点高和含蜡量低的优质沥青。

3.3 沥青混凝土路面施工工艺

3.3.1 摊铺前的准备工作

(1)摊铺基准的选择

高速公路沥青混凝土路面层一般分为下面层、中面层和磨耗层。摊铺这三层时,应根据实际情况对摊铺基准进行选择。

①摊铺下面层时,一般采用悬挂钢丝绳为基准线。在摊铺过程中,除了控制摊铺厚度外,还必须使摊铺压实后的下面层高程符合设计要求。以悬挂钢丝绳为基准容易达到以上两种要求。

②中面层摊铺的基准应根据下面层的高程是否符合设计要求而定。如果相差太多,中面层还应以悬挂

钢丝绳为基准；如果下面层高程达到设计要求，中面层摊铺时可采用浮动梁辅助摊铺机自动找平，这样能获得较好的平整度。

(2)摊铺前对基层的处置

摊铺之前，应认真测量、细心计算，设置的基准线也应仔细核对。对基层不符合要求的部分，应事先进行适当处理，以提高路面摊铺的平整度。

(3)两基准线的间距

如果摊铺机两侧的自动找平传感器同时以基准线为基准，那么两基准线间的距离比熨平板宽度稍宽，基准线距熨平板以 30cm 为宜，而且要保证两基准线的稳定性，且保证基准线的平顺。

(4)基准线的平顺度

直线摊铺时，基准线一定要直，可每 10m 设一个支承桩；弯道摊铺时，基准线应缓慢变化，应每隔 5m 设置一个支承桩。这样既能提高基准线的稳定性，又能保证基准线的平顺。

3.3.2 确保摊铺质量

(1)保持摊铺机的良好状态

在正式试铺前，精心调整好摊铺机的各项结构参数：熨平板的宽度、拱度、初始工作迎角、左右伸长部位的高度、布料螺旋与熨平板前缘的距离、振动梁行程以及熨平板前刮料护板的高度等。

(2)选择合适的压缩比(松铺系数)

根据传递作用，传递要素第一类为压缩比 q 或松铺系数 k，压缩比是指该结构层的压实厚与虚铺厚之比。但在施工单位中普遍将它们称作松铺系数，计算公式如下：q=压实后厚度 $h_{实}$/碾压前厚度 $h_{虚}$ 或 k=碾压前厚度 $h_{虚}$/压实后厚度 $h_{实}$。为了保证和提高平整度，要准确掌握松铺系数，碾压前厚度和碾压后的厚度要有代表性，取点要尽量多，并用测量和钻芯进行对比。在碾压前和压实后测量和压实后的钻芯应在同一位置。同时松铺系数大，则不平整传递就大，松铺系数小，不平整度传递就小，故施工时应尽量选择先进的摊铺设备，增大摊铺后的预压密实度，以减小不平整的传递。

(3)优化施工工艺

①摊铺机履带行驶线上因卸料而撒落的粒料应及时清除，以免影响履带或轮胎的接地高程，影响摊铺层的横向平整度。摊铺层未压实前，不得随意进入踩踏。

②尽可能在表面层整幅摊铺。整幅(11.2m) 用一台机摊铺，可避免纵向接缝，排除了一个导致不平整的因素，也减少了机械的通过次数，但摊铺机的性能要好，调试要求十分严格。采用全幅摊铺方式，保证连续摊铺，尽可能不中途停顿。为此必须有足够的拌和能力及运料车，做到“宁可运料车等候摊铺，也不能摊铺机等候运料车”，必须采用 20t 以上的大吨位运料车供料。这一点是保证平整度的关键。

③提高压实质量的关键技术是提高碾压温度。因此必须紧跟在摊铺机后面趁混合料温度较高时及时进行碾压。材料允许的碾压温度范围是沥青混合料能支承压路机而不产生水平推移且压实阻力较小的温度。因此，在合适的温度下，可用较小的碾压遍数，获得较高的密实度和较好的压实效果，使碾压层表面见不到轮迹，提高层面的平整度。压路机与摊铺机的最小间距仅 3～4m。压路机折返处不应在同一横断面上，以免影响铺层的平整度。

碾压过程要保证均衡地进行，速度要慢，不超过 5km/h，掉头倒退时关闭振动，方向要渐渐地改变，不许拧着弯行走。

初压时必须用钢轮压路机，且以两轮压路机为宜。

使用轮胎压路机时，必须检查各轮胎的磨损及压力是否相等，防止因轮胎软硬不一而影响面层的横向平整度。

在混合料温度较高的条件下开始碾压易发生粘轮现象。解决高温混合料粘轮的简单有效的方法是向碾轮喷洒雾状水。当喷水呈线状时水量偏大，会加速热混合料的冷却，影响压实效果，对平整度不利。

④在桥梁、涵洞、通道等构造物的接头处匝道以及港湾式紧急停车带等摊铺机和压路机难以按正常施工工艺操作的部位，要辅以小型机械或人工操作，这些地方必须特别小心，以免影响大局。

⑤除了迫不得已的情况外，所有施工工艺都必须由机械连续稳定的操作，人工修整往往是越修整越难看，平整度反而不好，要尽量避免。

⑥所有施工机械不能在未冷却结硬的路面上停留。原则上所有机械，尤其是压路机从开始碾压进入角色后便不能停机休息，直至一天的施工结束。

⑦对高等级道路尤须减少纵向接缝，可采用多台摊铺机成"梯队"联合摊铺，相邻两台摊铺机的距离应使前铺的混合料尚未冷却，后铺的跟上摊铺，一般两机的距离宜在 10～30m 以内，愈近愈佳，纵向搭接宽度不小于 10cm。摊铺机宜缓慢均匀，常用摊铺速度为 2～6m/min，并按此条件要求均衡供料。摊铺过程中不得随意变换速度，防止中途停顿，不使铺筑厚度和沥青混合料的温度突变，而影响平整度。中下面层采用两台机梯队摊铺时，要注意两台摊铺机的运行参数、基准的布设等，否则平整度不易保证。

⑧处理好冷接缝

冷接缝常发生在隔天工作结束的端部，或铺筑施工时因中断时间过长而形成的接缝。冷接缝须平接，必须凿出整齐的边口（或预先设挡板），边口处涂刷粘层油；继续摊铺时摊铺机应调整至上一班收工的铺筑厚度；开始摊铺时应慢速前进，铺筑若干米后暂停作业，检查铺筑层与接缝处的高差值，并进行调整至合适为止；然后压路机沿冷接缝进行横向碾压，并从冷路面上开始再逐渐进入新铺筑的路面。平接缝应做到黏结紧密、压实充分、连接平顺。

⑨处理好横向接缝

摊铺程序组织再好，横向接缝还是不可避免。横向接缝质量的好坏对路面的平整度影响很大，它比纵向接缝对汽车行驶速度和舒适性的影响更大。处理好横向接缝的关键是要坚决切除已冷却的先铺层混合料，在先铺层端部沿纵向放置 3m 直尺呈悬臂状，以摊铺层与直尺脱离接触处为横接缝位置，接缝以外的端部材料必须彻底切除（锯成垂直面并与纵向边缘成直角），绝不可因舍不得切除太多而将接缝位置向端部移位，这样将严重影响横接缝处铺层的平整度。

(4)沥青混合料的供应能力必须与摊铺机作业速度相匹配

现行《公路沥青路面施工技术规范》(JTG F40—2004)中提出的沥青混合料的摊铺"必须缓慢、均匀、连续不间断地铺摊，摊铺过程中不得随意变换速度或中途停顿"。只有不停顿，才能减少横向接缝的数量；只有均匀不间断，才能保证铺层纵向平整度的连续与稳定。摊铺作业的速度对摊铺机的作业效率和摊铺质量都有很大影响。特别是速度的瞬间变化将导致熨平板受力系统平衡的破坏，从而引起熨平板的上下浮动，路面的平整度随之降低。速度变化时，单位面积的沥青混合料受到的振捣、振动次数随之变化，这势必导致因路面初始密实度的不同，压实后的路面平整度较差。另外，正常工作过程中，频繁地停机、开机将使铺出的路面形成台阶（尤其是停机时间长，沥青混合料温度低于 100℃时），且料温下降，不易压实，因此，拌和设备的生产能力要与摊铺机匹配。

3.4　桥头路段平整度控制措施

高等级道路桥头高填土路段，由于桥台和路段沉降差异大，易导致桥头跳车，通常按实际情况，采取如下措施：

(1)对软土地基采取技术措施处理，控制工后沉降，使其符合《公路路基施工技术规范》(JTG F10—2006)的要求。

(2)分层碾压密实或间隔填土（一层土一层碎石，或一层土一层粉煤灰，比例为 1∶1 或 2∶1）碾压密实。间隔填土有利含水率稍大于最佳含水率时的迅速压密，以便加速填筑进度。严格控制压实标准是控制土路堤本身在荷载和自然因素作用下压密、固结沉降的重要因素。

(3)当桥梁纵坡较大，且地形适合以"桥"代"路"时（例如原设计桥头位于鱼塘等处），可经过论证增加一跨桥梁，以压低桥头填土高度，消减工后沉降。

(4)桥头设钢筋混凝土搭板，可适当缓和纵坡在桥头处的突变。

(5)桥梁沥青混凝土铺装层厚度宜与路面的面层厚度相适应，使路面和桥面的沥青混凝土同步等厚铺筑，以提高路桥连接处的匀顺、平整。

(6)在运营期内应加强沉降观测和桥头养护，当桥头出现大于3%～6%的纵坡变化时，及时作沉降处理，以消除引起桥头跳车的直接因素，这是防止桥头跳车最有效和实际的措施。

4 结语

通过以上对沥青混凝土路面平整度控制措施的讨论，可以得出以下的结论：稳定的路基，平整的基层，优质的混合料，良好的施工机械，合理的施工工艺，充分的技术准备，严格科学的管理，是确保和提高沥青路面平整度的有效措施。

参考文献

[1] 杨文渊，钱绍武.道路施工工程师手册[M].2版.北京：人民交通出版社，2002.
[2] 中华人民共和国行业标准.JTG F80/1—2004 公路工程质量检验评定标准(第一册 土建工程)[S].北京：人民交通出版社，2004.
[3] 王善丽.确保沥青混凝土路面平整度施工工艺[J].工程科技，2006(2).

土石混合料填筑路基的路用性能探讨

乔匡义

（中交一公局第五工程有限公司　廊坊　065201）

摘　要：通过京承高速公路（密云沙峪沟—市界段）第二合同段土石混合料的施工实践，总结了土石混合料的施工工艺、质量检测标准，为土石混合料在路基填筑的应用提供借鉴。

关键词：土石混合料　填筑路基　路用性能

0　引言

土石混合料，是指大于37.5mm的颗粒质量比大于30%的路基填料。在密云山区，经爆破、开挖、解小的路基填料一般属于土石混合料。在《公路路基施工技术规范》(JTG F10—2006)中，使用土石混合料填筑路基的一些规定侧重于施工方法和工艺。下面，就笔者在工程实践中对土石混合料的一些认识，在其路用性能和质量检测方面作一阐述。

1　强度高，因而承载能力也相应提高

与黏性土或砂性土相比，土石混合料的承载比(CBR)一般在20%～60%之间，对于高速公路96区填料最小强度要求(≥8%)，土石混合料一般都能满足。笔者在京承高速公路（密云沙峪沟—市界段）工程2合同段的施工实践中，对土石混合料的承载比做了大量的试验。表1～表4所列是其中一个挖方段土石混合料的CBR试验数据。

1K75+450～1K75+580挖方段土石混合料承载比(CBR)试验(一)　　表1

测变形百分表读数(0.01mm)		贯入量(mm)	荷载测力计百分表读数及相应单位压力(kPa)					
L_1	L_2	L	R_1(0.01mm)	P_1(kPa)	R_2(0.01mm)	P_2(kPa)	R_3(0.01mm)	P_3(kPa)
0.0		0.0	0.0	0.0	0.0	0.0	0.0	0.0
40.0		40.0	6.0	816.5	5.8	789.3	5.9	802.9
80.0		80.0	9.5	1 292.8	9.3	1 265.6	9.4	1 279.2
120.0		120.0	16.5	2 245.4	16.6	2 259.0	16.5	2 245.4
160.0		160.0	21.0	2 857.8	21.2	2 885.0	21.2	2 885.0
200.0		200.0	24.0	3 266.0	24.3	3 306.8	24.1	3 279.6
250.0		250.0	28.0	3 810.3	27.9	3 796.7	28.1	3 823.9
350.0		350.0	33.0	4 490.8	32.8	4 463.5	32.9	4 477.1
500.0		500.0	38.0	5 171.2	37.7	5 130.3	37.8	5 144.0
600.0		600.0	41.0	5 579.4	40.8	5 552.2	40.9	5 565.8
最大干密度2.04g/cm³　最佳含水率9.3% 量力环校正系数C=267.2N/0.01mm　贯入杆面积A=19.635cm²　$P=CR/A$								

续上表

结果计算		1	2	3
L=2.5mm时 CBR=P/7 000×100%	P(kPa)	3 810.3	3 796.7	3 823.9
	CBR(%)	54.4	54.2	54.6
	代表值(%)	54.4		
L=5mm时 CBR=P/1 050×100%	P(kPa)	5 171.2	5 130.3	5 144.0
	CBR(%)	49.2	48.9	49.0
	代表值(%)	49.0		
结论:该试验结果L=5mm时CBR=49.0%小于L=2.5mm时CBR=54.4%合格(击实次数98次)				

1K75+450～1K75+580挖方段土石混合料承载比(CBR)试验(二) 表2

测变形百分表读数(0.01mm)		贯入量(mm)	荷载测力计百分表读数及相应单位压力(kPa)					
L_1	L_2	L	R_1(0.01mm)	P_1(kPa)	R_2(0.01mm)	P_2(kPa)	R_3(0.01mm)	P_3(kPa)
0.0		0.0	0.0	0.0	0.0	0.0	0.0	0.0
40.0		40.0	4.2	571.6	4.0	544.3	4.0	544.3
80.0		80.0	8.0	1 088.7	7.8	1 061.4	7.7	1 047.8
120.0		120.0	12.2	1 660.2	12.0	1 633.0	12.1	1 646.6
160.0		160.0	15.6	2 122.9	15.5	2 109.3	15.3	2 082.1
200.0		200.0	18.8	2 558.4	18.6	2 531.2	18.5	2 517.5
250.0		250.0	22.0	2 993.8	21.8	2 966.6	21.9	2 980.2
350.0		350.0	27.2	3 701.5	27.0	3 674.2	27.1	3 687.9
500.0		500.0	32.1	4 368.3	32.0	4 354.7	31.9	4 341.1
600.0		600.0	33.5	4 558.8	33.3	4 531.6	33.2	4 518.0
最大干密度2.04g/cm^3　最佳含水率9.3% 量力环校正系数C=267.2N/0.01mm　贯入杆面积A=19.635cm^2　$P=CR/A$								

结果计算		1	2	3
L=2.5mm时 CBR=P/7 000×100%	P(kPa)	2 993.8	2 966.6	2 980.2
	CBR(%)	42.8	42.4	42.6
	代表值(%)	42.6		
L=5mm时 CBR=P/1 050×100%	P(kPa)	4 368.3	4 354.7	4 341.1
	CBR(%)	41.6	41.5	41.3
	代表值(%)	41.5		
结论:该试验结果L=5mm时CBR=41.5%,小于L=2.5mm时CBR=42.6%合格(击实次数50次)				

1K75＋450～1K75＋580 挖方段土石混合料承载比(CBR)试验(三)　　表 3

<table>
<tr><td colspan="2">测变形百分表读数(0.01mm)</td><td>贯入量(mm)</td><td colspan="6">荷载测力计百分表读数及相应单位压力(kPa)</td></tr>
<tr><td>L_1</td><td>L_2</td><td>L</td><td>R_1(0.01mm)</td><td>P_1(kPa)</td><td>R_2(0.01mm)</td><td>P_2(kPa)</td><td>R_3(0.01mm)</td><td>P_3(kPa)</td></tr>
<tr><td>0.0</td><td></td><td>0.0</td><td>0.0</td><td>0.0</td><td>0.0</td><td>0.0</td><td>0.0</td><td>0.0</td></tr>
<tr><td>40.0</td><td></td><td>40.0</td><td>3.0</td><td>408.2</td><td>2.8</td><td>381.0</td><td>2.9</td><td>394.6</td></tr>
<tr><td>80.0</td><td></td><td>80.0</td><td>5.0</td><td>680.4</td><td>4.9</td><td>666.8</td><td>4.9</td><td>666.8</td></tr>
<tr><td>120.0</td><td></td><td>120.0</td><td>8.0</td><td>1 088.7</td><td>7.8</td><td>1 061.4</td><td>7.9</td><td>1 075.0</td></tr>
<tr><td>160.0</td><td></td><td>160.0</td><td>10.0</td><td>1 360.8</td><td>9.9</td><td>1 347.2</td><td>9.8</td><td>1 333.6</td></tr>
<tr><td>200.0</td><td></td><td>200.0</td><td>13.8</td><td>1 878.0</td><td>13.6</td><td>1 850.7</td><td>13.7</td><td>1 864.3</td></tr>
<tr><td>250.0</td><td></td><td>250.0</td><td>16.5</td><td>2 245.4</td><td>16.3</td><td>2 222.0</td><td>16.4</td><td>2 231.8</td></tr>
<tr><td>350.0</td><td></td><td>350.0</td><td>19.2</td><td>2 612.8</td><td>19.0</td><td>2 585.6</td><td>19.0</td><td>2 585.6</td></tr>
<tr><td>500.0</td><td></td><td>500.0</td><td>23.7</td><td>3 225.2</td><td>23.5</td><td>3 198.0</td><td>23.6</td><td>3 211.6</td></tr>
<tr><td>600.0</td><td></td><td>600.0</td><td>26.1</td><td>3 551.2</td><td>26.0</td><td>3 538.2</td><td>25.8</td><td>3 511.0</td></tr>
<tr><td colspan="9">最大干密度 2.04g/cm³　最佳含水率 9.3%
量力环校正系数 C=267.2N/0.01mm　贯入杆面积 A=19.635cm²　$P=CR/A$</td></tr>
<tr><td colspan="3">结果计算</td><td colspan="2">1</td><td colspan="2">2</td><td colspan="2">3</td></tr>
<tr><td colspan="2" rowspan="3">L=2.5mm 时
CBR=P/7 000×100%</td><td>P(kPa)</td><td colspan="2">2 245.4</td><td colspan="2">2 222.2</td><td colspan="2">2 231.8</td></tr>
<tr><td>CBR(%)</td><td colspan="2">32.1</td><td colspan="2">31.7</td><td colspan="2">31.9</td></tr>
<tr><td>代表值(%)</td><td colspan="6">31.9</td></tr>
<tr><td colspan="2" rowspan="3">L=5mm 时
CBR=P/1 050×100%</td><td>P(kPa)</td><td colspan="2">3 225.2</td><td colspan="2">3 198.0</td><td colspan="2">3 211.6</td></tr>
<tr><td>CBR(%)</td><td colspan="2">30.7</td><td colspan="2">30.4</td><td colspan="2">30.6</td></tr>
<tr><td>代表值(%)</td><td colspan="6">30.6</td></tr>
<tr><td colspan="9">结论:该试验结果 L=5mm 时 CBR=30.6%小于 L=2.5mm 时 CBR=31.9%合格(击实次数 30 次)</td></tr>
</table>

承载比(CBR)试验(四)　　表 4

现场桩号	1K75＋450～1K75＋580
试样描述	土石混合料

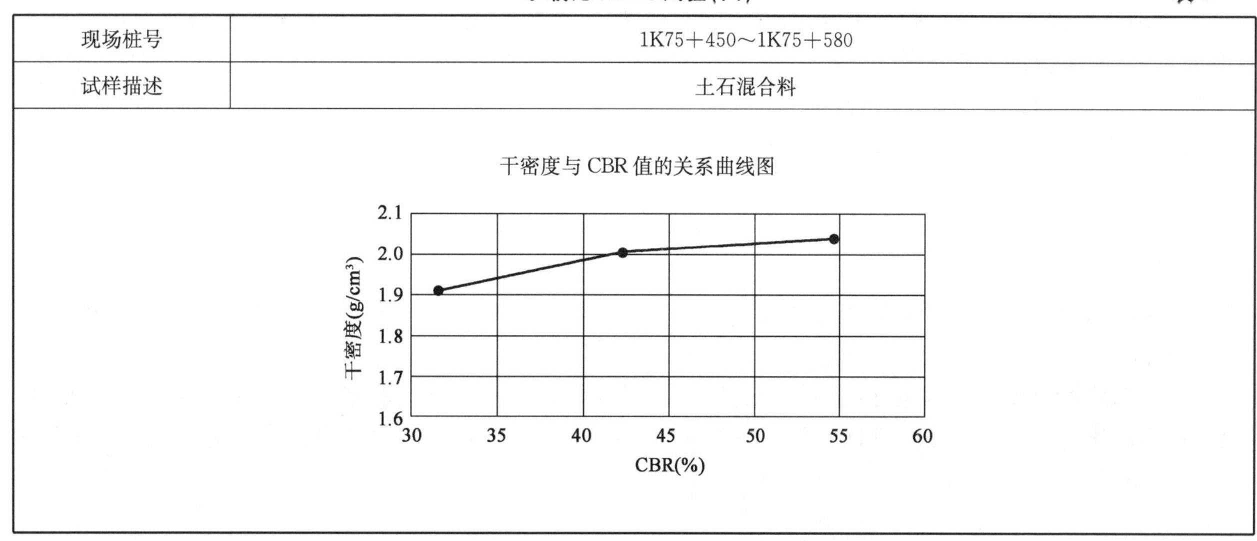

续上表

最大干密度	2.04g/cm³				
93 区干密度	1.92g/cm³	94 区干密度	2.01g/cm³	96 区干密度	2.04g/cm³
击实次数	CBR 平均值(%)	干密度平均值(g/cm³)	结论：符合要求		
30	31.9	1.92	93 区 CBR 值为：31.9%		
50	42.6	2.01	94 区 CBR 值为：42.6%		
98	54.4	2.04	96 区 CBR 值为：54.4%		

分析以上 CBR 试验数据，在最佳含水率相同的情况下，增加击实功（即增加击实次数），其 CBR 将随之增加。在工程实际上的意义是：土石混合料填筑路基的整体强度随碾压遍数的增加而增加。在对土石混合料填筑的路基进行弯沉检测时，若局部弯沉超过设计值，只要不是"弹簧"。就可通过增加碾压遍数的方法使其满足设计要求，而不需要采用挖除换填的办法。这也是土石混合料不同于其他填料的一个路用性能。众所周知，砂性土或黏性土填筑的路基，随着碾压遍数的增加，反而会出现"翻浆"的质量病害。

2 液限、塑性指数都较低

土石混合料是土与石的混合物。因其含石，所以其液限、塑性指数都较低。根据笔者大量试验掌握的数据，土石混合料的液限一般在 20%～30%，塑性指数一般在 10～16，这远远满足《公路路基施工技术规范》(JTG F10—2006)第 4.1.2.3 款规定的"液限不得大于 50%，塑性指数不得大于 26"的要求。这样，由山体经爆破、开挖、解小的土石混合料就成为路基工程的首选填料。也就是说，山区修筑路基几乎全部用的是土石混合料。

3 碾压设备要求用大吨位的振动压路机

因为土石混合料中大于 37.5mm 的颗粒含量较多，整个材料的性状表现为松散、无黏聚性，属于骨架—空隙结构。要想碾压密实，除了《公路路基施工技术规范》(JTG F10—2006)第 5.5.6 款规定使用嵌缝料填充空隙外，对碾压设备的要求是选用大吨位的振动压路机。一般静碾 25t 以上，激振 30t 以上。特殊情况激振甚至超过 50t。只有这样，才能将土石混合料碾压密实。这又是土石混合料不同于其他填料的一个路用性能。

4 渗水性好，且能排水固结

土石混合料因其内部空隙较多，所以其渗水性较好，这是其他路基填料无法比拟的一大优点，土石混合料很少被雨水浸泡致坏，而且雨后恢复生产周期短、速度快，这也是大量使用土石混合料填筑路基的一个主要原因。另外，土石混合料还有一个特点，就是排水固结。雨水过后，碾压成型的土石混合料显得更加密实。这类似于北方地区利用水密法压密砂砾料。

以上是笔者对土石混合料路用性能的一些认识。

参考文献

[1] 中华人民共和国行业标准. JTG F10—2006 公路路基施工技术规范[S]. 北京：人民交通出版社，2006.

[2] 中华人民共和国行业标准. JTG E40—2007 公路土工试验规程[S]. 北京：人民交通出版社，2007.

[3] 中华人民共和国行业标准. JTG F80/1—2004 公路工程质量检验评定标准[S]. 北京：人民交通出版社，2004.

道路边坡稳定性分析与治理

谷传新

（山东恒建工程监理咨询有限公司　潍坊　261061）

摘　要：路基边坡的结构破坏主要表现在边坡部分土体的滑塌及路堤整体性滑动。本文论述了道路边坡稳定性分析与治理的方法。

关键词：道路边坡　稳定性分析　失稳防护

0　引言

滑坡对人类社会发展和经济建设的危害是世界性的，滑坡灾害给世界各国造成的经济损失估计每年可达数十亿美元，如美国在20世纪80年代，滑坡损失达15亿美元/年，防灾减灾费用惊人。日本滑坡灾害的经济损失平均每年也达数亿美元。在联合国教科文组织的调查资料中显示，意大利在20世纪70年代的滑坡损失为每年11.4亿美元，印度因交通干线滑坡所造成的滑坡损失达到10亿美元/年。我国有关评价资料表明，滑坡损失在3 050亿人民币/年。深入探讨开挖边坡的稳定性及其治理方法，研究滑坡治理措施，具有重大的实践和理论意义。欧美国家从19世纪中叶开始了对滑坡灾害防治的研究，我国从50年代起对其进行研究，结合我国国情和地方的实际情况研究出一系列可行的原则和方法。

1　道路边坡稳定性分析及治理的必要性

对于道路边坡失稳灾害，必须提出治理必要性与防治措施并对防治效益进行评价。经研究认为其应当与工程不同的研究阶段相适应，不同研究阶段，其治理的必要程度和措施不尽相同。

工程的可行研究选线阶段，根据不同待选路线设计方案及沿线工程地质条件的初步调查分析，对不同路线方案沿线道路边坡失稳灾害的风险程度做出评价，并对工程的可接受风险水平进行研究，如果风险评价结果超过可行研究阶段所能接受的风险水平，那么对可行性研究选线阶段来说，其防治最有效的措施就是选择其他方案；在工程的初勘、详勘阶段，由于路线已经确定，不易更改，如果风险评价结果超过其相应的可接受风险水平，那么只有考虑采取适当的防治措施。此时，灾害的风险防治评价，主要包括对治理措施的技术评价和对治理措施的经济效益评价。而只有技术可行，经济效益显著的防治措施才能最终被选取和应用。由此可见，对于治理必要性的研究，重点应在风险防治评价过程中。

2　边坡稳定性分析

2.1　滑坡体物理力学性质参数

路基处在复杂的自然环境中，其稳定性随环境条件和时间的增长而变化。路堑是天然土层中开挖而成，土石的性质、类别和分布是自然存在的。而路堤是由人工建筑而成，填料性质可由人为方法控制。因此，在边坡稳定性分析时，对于土的物理力学数据的选用，以及可能出现的最不利情况，应力求与路基将来实际情况一致。

边坡稳定性分析所需土的资料：

(1)对于路堑或天然路边边坡取：原状土的重度 γ，内摩擦角 φ 和黏结力 c。

(2)对于路堤边坡取：压实后土的重度 γ，内摩擦角 φ 和黏结力 c。

(3)由多层土体所购的边坡可采用加权平均值。如下公式：

$$c=\frac{c_1h_1+c_2h_2+\cdots+c_nh_n}{h_1+h_2+\cdots+h_n} \tag{1}$$

$$\tan\varphi = \frac{h_1\tan\varphi_1 + h_2\tan\varphi_2 + \cdots + h_n\tan\varphi_n}{h_1 + h_2 + \cdots + h_n} \tag{2}$$

$$\gamma = \frac{\gamma_1 h_1 + \gamma_2 h_2 + \cdots + \gamma_n h_n}{h_1 + h_2 + \cdots + h_n} \tag{3}$$

2.2 边坡稳定性的力学分析法

均质砂类土路堤边坡,破裂棱体沿平面破裂面滑动,由静力平衡条件得,其稳定系数 K 按下式计算:

$$K = \frac{F}{T} = \frac{G\cos\omega \cdot \tan\varphi + cL}{G\sin\omega} \tag{4}$$

式中:F——沿破裂面的抗滑力,kN;

T——沿破裂面的下滑力,kN;

G——破裂棱体重量及路基顶面换算土柱的荷载之和,kN;

L——破裂面的长度,m;

ω——滑动面的倾角,°;

φ——填料的内摩阻角,°;

c——填料的黏结力,kPa。

均质砂类土路堑边坡,破裂体沿破裂平面滑动,其稳定系数 K 按下式计算:

$$K = \frac{F}{T} = \frac{G\cos\omega \cdot \tan\varphi + cL}{G\sin\omega} = f\cot\omega + \frac{cL}{\frac{\gamma h \cdot L}{2} \cdot \frac{\sin(\theta-\omega)\sin\omega}{\sin\theta}}$$

$$= f\cot\omega + \frac{2c}{\gamma h} \cdot \frac{\sin\theta}{\sin(\theta-\omega) \cdot \sin\omega} = f\cot\omega + a_0[\cot\omega + \cot(\theta-\omega)]$$

$$= (f + a_0)\cot\omega + a_0\cot(\theta-\omega) \tag{5}$$

式中:G——破裂棱体重量,kN,按1m长度计;

ω——破裂面的倾斜角,°;

γ——边坡土体的高度,kN/m^3;

h——边坡的竖向高度,m;

θ——边坡的坡度角,°;

f——边坡土体的内摩擦系数,$f=\tan\varphi$;

c——边坡土体的单位黏聚力,kPa;

L——破裂面的长度,m。

3 道路边坡灾害防治

3.1 灾害防治的基本原则

灾害防治的根本目标是取得最充分的减灾效果。要实现这个目的,必须遵照下列原则科学地规划、设计和实施防治工程。

(1)预防为主的原则

地质灾害虽然是一种不可避免和无法准确预测的自然现象。但随着人类科学技术水平及社会生产力水平的不断发展,人类对地质灾害的认识水平不断提高,因此,在灾害面前拥有了越来越大的自主能力。实践证明,适时采取预防措施是防治灾害破坏,减少灾害损失的最有效途径。

(2)防灾减灾的相对性、持续性原则

尽管人类对地质灾害的防治手段越来越丰富、技术越来越高超,但要想制止地质灾害的发生,或者是全面预测预报地质灾害,彻底防治地质灾害是不可能的。无论是现在,还是将来,对地质灾害的防治都是一项长期的、艰巨的任务。为了促进社会经济的健康发展,地质灾害的防治要长期持续地进行下去,在不同社会经济发展阶段,力求取得与之相应的减灾效果。

(3)全面规划与重点防治相结合的原则

地质灾害防治除了有长期性特点外,还具有广泛性特点。因此,要取得充分的减灾效果,首先要做好防治规划,根据不同地段地质灾害发育情况和不同时期社会经济发展需要,提出地质灾害防治目标、防治对策与措施,从总体上指导地质灾害防治工作。

(4)防治地质灾害与其他社会经济活动相结合的原则

实践证明,地质灾害的防治工作常常不是孤立进行的,它与其他社会经济活动具有不同程度的联系。因此,把防治地质灾害措施与其他环境治理结合起来,并且把地质灾害防治纳入国家和地区社会经济规划,可以取得充分的效果。

(5)防治工程最优化原则

地质灾害防治工程一般需要比较巨大的投入。它所防治的对象是复杂的自然现象,所以地质灾害防治工程既是复杂的技术工作,又是复杂的经济工作。无论是哪个部门实施哪种防治工程都需要本着最优化原则审慎对待。最优化原则的核心就是实现科学性、可操作性与最小风险、最大效益的有机结合。

3.2 滑坡灾害防治措施

虽然各种地质灾害的防治途径基本相同,但具体措施不一。所以,无论是哪种地质灾害,都必须首先进行深入细致的勘查工作,以查清灾害体范围、性质、活动条件和受灾体类型、分布情况等。在勘察的基础上选择防治措施,并合理地设计工程规模,取得充分地减灾效果。对于滑坡灾害防治措施主要有:

(1)消除或减轻地表水、地下水对滑坡的诱发作用

①修建排水沟,拦截地表水,减少进入滑坡体的地表水量,并及时将滑坡体发育范围内的地表水排走,减轻地表水对斜坡的破坏。

②修建截水盲沟和支撑盲沟、开挖渗井或截水盲沟等。

(2)加强监测预报

①滑坡体形变监测:通过地面观察、形变测量等方法监测裂缝变形,滑坡体水平位移、垂直形变以及滑坡体上树木、房屋等工程设施形变等情况。

②激发滑坡活动的外界要素监测:主要包括降水监测、水文动态监测等。

③综合分析与预测预报:方法与崩塌预测预报基本相同。

(3)改善斜坡状况,增加滑坡平衡稳定条件

①在滑坡体上部削坡减重,在坡脚加填,改善斜坡外形,降低斜坡重心,提高滑坡稳定程度。

②修建抗滑垛、抗滑桩、抗滑墙、抗滑洞等支挡工程,阻止滑坡体滑动,提高斜坡稳定程度。

③实施锚固工程,“加固”滑坡,提高斜坡稳定性。

④采用焙烧法、电渗排水法等改善滑坡体岩土性质,提高软弱岩土层强度,提高斜坡稳定程度。

4 结论

随着科学技术的进步,在道路边坡稳定性分析或失稳防护上的手段和方法会越来越丰富,但任何一种边坡的稳定性分析必须以具体的地质条件为基础,只有从整体上把握坡体的几何构造特点,才可能建立起合理的地质模型。最终才能结合实际情况给出加固预防滑坡方案。

参考文献

[1] 孙广忠.中国自然灾害灾情估计[J].地质灾害与防治,1990,第1期.

[2] 林鲁生,等.滑坡治理的发展概况以及加固方案的选择[J],广东水利水电,2001(4)第2期.

[3] 万德臣.路基路面工程[M].北京:高等教育出版社,2006.

[4] 栗振锋,等.路基路面工程[M].北京:人民交通出版社.2007.

[5] 王代军,等.公路边坡侵蚀及坡面生态工程的应用现状[M].草原与草坪,2000年,第3期.

二灰碎石抗裂性改进对策探讨

刘治伸[1]　乔匡义[2]

（1. 北京市道路工程质量监督站　北京　100076；
2. 中交一公局第五工程有限公司　廊坊　065201）

摘　要：通过对二灰碎石缩裂的机理分析，研究了“富余”二灰导致二灰碎石产生缩裂的原因及其作用模式，提出了二灰碎石中二灰含量与集料空隙率相当，采用断级配集料是解决缩裂问题的有效手段，探讨了满足强度和抗裂性综合要求的二灰碎石配合比设计方法。

关键词：二灰碎石　缩裂机理　断级配　振实空隙率　配合比设计

1　概述

目前国内绝大部分的二级以上公路沥青路面基层和底基层都采用半刚性基层材料，而石灰、粉煤灰稳定碎石(以下简称二灰碎石)以其具有强度高、水稳定性好、抗冲刷能力强、施工工艺相对简单等优点，得到了广泛的采用。随着二灰碎石的普遍使用和不断深入的研究，在工程实践中已取得了许多成熟的经验和可喜的成果，但也存在一些亟待解决的问题，尤为突出的是二灰碎石基层的缩裂问题。作为半刚性材料，二灰碎石要有足够的强度，满足承载要求，少量缩裂的产生往往难以避免，但过多的裂缝将对路面尤其是沥青路面造成较大的破坏。随着由二灰碎石基层收缩裂缝引起的沥青面层的反射裂缝的产生，雨水不断浸入路基、路面结构，在行车荷载的反复作用下，产生冲刷和唧浆现象，使路面很快产生结构性破坏，严重地影响了道路的使用性能和耐久性。

目前国内对于如何有效地减轻和控制二灰碎石基层缩裂的研究大都局限于调整集料级配、加大主骨料含量的方法。而笔者通过对二灰碎石基层缩裂机理的深入分析，认为：要保证二灰碎石基层具有足够的强度，满足承载要求，同时又能具有较好的抗裂性，必须采取两个方面的措施，一是二灰含量与集料空隙率相对应，二是采用断级配集料，在二灰碎石内形成稳定的框架。

2　缩裂机理分析

由于二灰碎石混合料中的石灰和粉煤灰(以下简称二灰)具有较集料大得多的温缩和干缩系数，因而二灰碎石基层的收缩可以认为是由二灰的收缩导致的。二灰的自身收缩以及引起二灰碎石基层的收缩过程可用图1和图2所示两种模式表述。

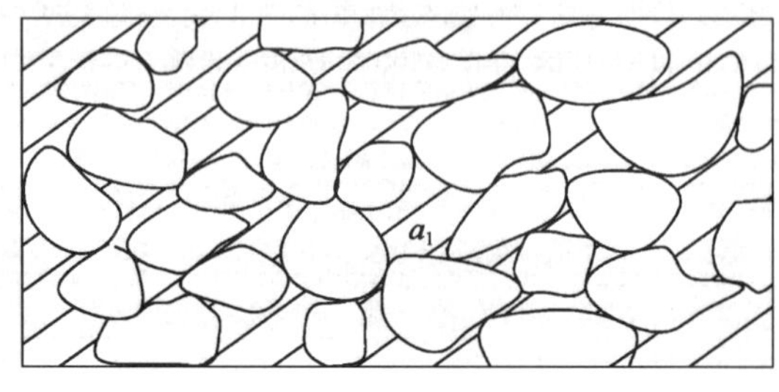

图1　集料密实状态

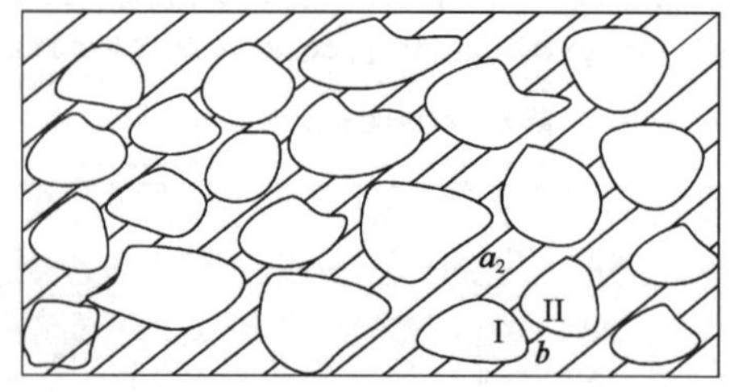

图2　集料隔离状态

图1模式为集料处于压实状态，此时集料颗粒之间相互嵌挤，形成稳定的框架，而分布于其空隙间的二灰则以独立的形式存在，相互间互不接触。当二灰发生收缩时，仅限于在集料空隙间产生收缩应力，而其变形受集料框架的限制，集料稳定的框架承担二灰产生的收缩应力，框架结构不受影响，各自独立的框架内的

二灰收缩变形也不会发生连续叠加。而以原生矿物为主的集料与次生矿物含量多的二灰相比，具有较小的线膨胀系数。因而在这种情况下，二灰碎石不会因二灰的收缩而发生收缩变形。

但图 1 仅是理想状态的模型，而在实际中混合料即使在最密实的状态下，由于二灰以固态存在于混合料中，不具有较好的流动性，因而集料颗粒之间不会相互紧密接触以至使二灰全部隔断，而是如图 2 所示的状态。

在图 2 中集料之间不是相互接触，由于 b 部分二灰体积的存在，使集料之间产生一定的隔离层。这时二灰在混合料中可以认为分布于两个区域内，一部分是在被集料所包围的空隙内，如图 2 中 a_2 部分；一部分在集料与集料之间距离最短部分的隔离层内，如图 2 中 b 部分。

当二灰发生收缩变形时，a_2 部分与 b 部分二灰均发生体积收缩，收缩量分别为 Δa_2 和 Δb，此时 a_2 部分的二灰虽不像图 1 中 a_1 部分二灰那样受到稳定的框架限制，但也受集料与 b 部分二灰组成类似框架型结构的制约和影响。该类似框架型结构在二灰收缩下可产生一定的变形，其变形量等于 Δb，此时虽然 $\Delta a_2 > \Delta b$，但变形后的 b 部分二灰与集料组成的类似框架已处于稳定状态，不再产生收缩变形。集料 I 和 II 之间的相对位移量等于 Δb，因受 b 部分二灰的抗变形能力的制约，集料 I、II 之间的位移不受 Δa_2 部分二灰的影响，也就是说，二灰碎石的体积变化是由 b 部分二灰引起的，各集料之间的隔离层二灰的收缩量叠加值就是二灰碎石体积变化量。当一定长度的叠加值超过二灰碎石的极限拉应变时，便产生收缩裂缝。

由此可见减少二灰碎石基层的收缩裂缝可通过减少各集料隔离层间二灰体积的措施来实现，即减少集料间隔离层的厚度。由于隔离层在现实中不可消除，所以要使二灰碎石具有较好的抗裂性，就必须使隔离层厚度处于最小值。

对于图 1 理想状态而言，隔离层厚度为零，所以二灰碎石收缩变形很小，二灰在混合料中仅以一种形式存在于集料间的框架内，即图中阴影 a_1 部分。相对于理想状态而言，超出集料框架空隙以外的二灰称为“富余”二灰，而正由于“富余”二灰的存在，在实际状态下，二灰以两种形式分布于集料间（图 2），一部分存在于集料围成的空隙 a_2 内，另一部分则以 b 形式存在于集料的隔离层内（b 部分）。

“富余”二灰的多少是影响二灰碎石收缩变形大小的重要因素。“富余”二灰增加，则集料间的隔离层厚度增加，收缩变形增大，二灰碎石的收缩变形就加剧。

由以上“富余”二灰导致二灰碎石基层缩裂的过程可知，减少二灰碎石的收缩裂缝，就应尽量减少“富余”二灰的存在，使分布于二灰碎石混合料中的二灰尽可能地存在于被集料围成的空隙内（图 2 中 a_2 部分），此时混合料中集料的空隙率就成为确定二灰含量的依据。当二灰数量超过集料空隙的量增加时，“富余”二灰增加，收缩裂缝产生的可能性也增大；当二灰数量不足以填充集料空隙时，集料的空隙不被充满或充满的二灰不够密实，导致二灰碎石的半刚性性能差，不能满足荷载要求。而只有当二灰含量与集料空隙相当时，可使二灰以压实状态充满集料空隙，并使“富余”二灰处于最低值，满足强度与抗裂性的综合要求。

3　减轻二灰碎石缩裂的对策

3.1　采用断级配集料

由上述对二灰碎石缩裂的机理分析可知，要使二灰碎石的收缩变形量减小，就必须尽可能地使二灰存在于集料框架内，而集料是否能较好地形成框架，框架是否稳定，是否具有足够的抵抗二灰收缩变形的能力，则成为减少二灰碎石收缩变形的先决条件。在现行的二灰碎石组成设计中，集料多采用连续级配。在连续级配的集料中，由于集料之间粒径连续，相互干涉，主骨料被细集料分离，主骨料之间形成不了框架，而主骨料与细集料之间所组成的框架，由于集料之间接触的结点较多，框架稳定性较差，在受到二灰的收缩应力作用时，容易产生变形。在这种情况下，二灰的收缩受集料的约束较小，而收缩变形势必相互累积、叠加，容易导致二灰碎石基层收缩裂缝的产生。

当集料的级配形式采用断级配时，有利于主骨料形成紧密、稳定的框架，而细集料以及二灰则用以填充主集料空隙。此时二灰碎石混合料中的二灰发生收缩变形时，将受到骨料框架的制约，减少收缩变形的累积和叠加量，从而减轻二灰碎石的缩裂程度。

根据上述对集料的要求，建议断开 5～10mm 粒径间集料，增加粒径 10mm 以上集料形成混合料主框架，控制5mm以下集料，仅用于填充框架空隙。

在试验室对二灰碎石的温缩、干缩变形测定中，也可看出采用断级配集料有利于抗裂性的提高，见表1。

不同级配类型二灰碎石温缩、干缩系数对比 表1

集料级配类型	二灰含量(%)	温缩系数 a_1(10^{-6}℃)(−10～10℃)	干缩系数 a(10^{-5})(最大含水率7%)
连续级配	20	34.17	24.68
	18	27.93	18.64
	15	22.13	13.97
断级配	20	20.58	11.38
	18	11.54	7.68
	15	10.26	6.64

3.2 依据集料振实空隙率确定二灰含量

采用断级配集料，有利于集料形成框架结构，而如何保证框架不因二灰的加入而被破坏，如何使框架内的二灰以密实的状态充满空隙来保证半刚性基层的强度，则使二灰含量的确定成为关键。二灰含量过多，则骨料框架被破坏，导致"富余"二灰增加，二灰碎石抗裂性下降；二灰含量过少，则集料空隙不被充满，或二灰在混合料中不能达到一定的压实状态，导致二灰碎石的强度不能满足要求。

二灰碎石混合料经压实机械压实后，既要使集料以紧密的框架存在于混合料中，又能将二灰充分压实并充满集料空间，此时集料的排列应是紧密的，集料所处的状态应是振实状态。也就是说，此时集料的空隙率应是振实空隙率。当二灰含量与集料振实空隙率相当时，二灰碎石具有良好的抗裂性，并且能够满足强度要求。表2所示为不同含量的二灰碎石温缩、干缩系数对比。

不同二灰含量的二灰碎石温缩、干缩系数对比 表2

集料级配类型	二灰含量(%)	集料振实空隙率(%)	温缩系数 a_1(10^{-6}℃)(−10～10℃)	干缩系数 a(10^{-5})	最大含水率(%)
断级配	20	31.3	23.26	15.29	9.0
	18	31.7	13.79	10.11	8.5
	16	31.5	5.78	3.19	7.0
	14	31.1	4.32	2.38	6.6

所以，要使二灰碎石在满足强度的基础上具有良好的抗裂性，应从两个方面加以控制，一是集料采用断级配形式，保证骨料框架的形成；二是控制二灰含量，使其与集料的振实空隙率相当。

4 二灰碎石配合比设计方法

4.1 集料级配设计

4.1.1 控制集料最大粒径

为了防止混合料运输、摊铺过程中产生离析现象，必须控制集料的最大粒径。集料最大粒径以31.5mm为宜。

4.1.2 断开5～10mm粒径间的集料

以粒径10mm以上集料为骨料，形成混合料框架，5mm以下集料含量应控制在不超过骨料空隙的范围内，建议用表3级配范围取用集料。

二灰碎石集料级配范围 表3

筛孔尺寸(mm)(方孔筛)	31.500	19.000	9.500	4.750	2.360	1.180	0.600	0.075
通过百分率(%)	100	57～67	20～30	20～30	16～22	10～16	5～10	0～4

4.2　测定集料振实空隙率

完成集料级配设计后，应对集料的振实空隙率按规范规定方法进行测定。

4.3　计算所需二灰含量

根据二灰含量应与集料振实空隙率相当的原则，测定集料振实空隙率后，即可按下式计算所需二灰含量。

$$X=\frac{100\rho_1 n}{\rho_1+\rho_2(1-n)} \tag{1}$$

式中：X——二灰含量，%；

ρ_1——二灰最大干密度，g/cm^3，由重型击实试验测得；

ρ_2——集料表观密度，g/cm^3；

n——集料振实空隙率。

4.4　进行强度校核

计算得出二灰含量 X 后，应以 $X-2\%$、$X-1\%$、X、$X+1\%$、$X+2\%$五个不同含量的二灰按规范规定方法制件，测 7d 无侧限抗压强度，看是否满足设计要求。

4.5　确定施工配合比

强度评定合格后，即可根据计算二灰含量，确定施工配合比。强度以能满足设计要求为宜，不应追求强度的高值。随着二灰含量的增加，二灰在二灰碎石中的被压实程度也随之增加，因而二灰自身强度提高，从而二灰碎石的整体强度也随之增加。但同时，二灰含量超出集料空隙过多时，二灰碎石中集料框架随之被破坏，“富余”二灰增加，抗裂性也随之下降。故强度评定不能满足设计要求时，从抗裂性角度出发，二灰含量也不应超过计算二灰含量的 2%，而应对原材料进行分析或增加一定数量的水泥等外加剂，来提高二灰碎石的强度。

因此，施工配合比应取用能满足强度要求的二灰含量的低值，使二灰碎石具有足够的强度、适宜的刚度和良好的抗裂性。

根据以上设计思想，建议用图 3 所示的设计进行二灰碎石配合比设计。

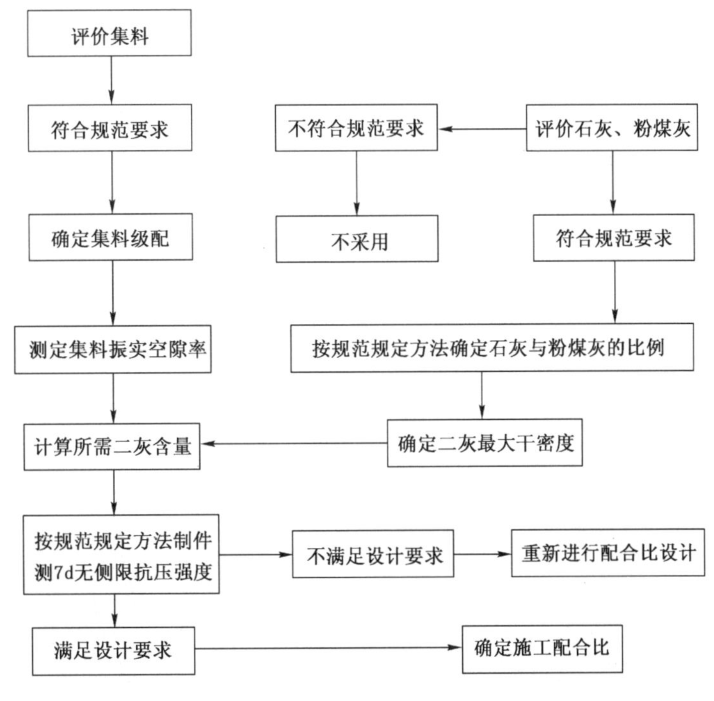

图 3　配合比设计流程图

5 结语

(1)“富余”二灰是导致二灰碎石基层缩裂的根本原因，要解决缩裂问题，就必须减少“富余”二灰，使二灰尽可能地存在于骨料框架内。

(2)为使集料能够较好地形成稳定的框架，应该使用断级配集料，以断开 5～10 mm 粒径为宜，5mm 以下细集料填充主骨料空隙。

(3)二灰含量应与集料振实空隙率相对应，才能减少“富余”二灰的存在，同时保证二灰充满骨料空隙。

(4)配合比设计中，按计算所取的五种二灰含量，取值时应尽量采用符合强度要求的二灰含量的低值，以保证二灰碎石具有足够的强度和较好的抗裂性。

参考文献

[1] 沙爱民.半刚性路面材料结构与性能[M].北京:人民交通出版社,1998.

[2] 沙庆林.高等级公路半刚性基层及沥青路面[M].北京:人民交通出版社,1998.

浅析温度对混凝土性能的影响

丁岩松

（中铁十五局集团有限公司　洛阳　471013）

摘　要：本文主要谈及温度对混凝土坍落度、强度、裂缝等性能的影响，以及如何控制好温度，确保混凝土性能优良。

关键词：普通混凝土　混凝土性能　温度　温度控制　裂缝

京承高速公路（密云沙峪沟—市界段）第十五合同段混凝土总用量约有 7 万 m^3，根据工期安排，约有 4 万 m^3 在夏季和冬季施工。由于北方天气在夏季、冬季温度变化幅度大，本合同段位于整个工程海拔最高处，比其他合同段温度气候环境更为恶劣，对混凝土工程影响极大，故如何有效控制好温度，对混凝土工程质量控制至关重要。本文结合本合同段在混凝土工程施工时，特别在夏季，对温度控制的实际经验，以及取得的一定效果，予以总结、浅谈，予以抛砖引玉。

1　温度对混凝土坍落度、用水量的影响

如果对混凝土的组成材料不采取降温措施，在用水量不变的情况下，环境温度越高，混凝土的温度越高，混凝土水分的蒸发速度越快，水泥早期的水化速度也越快，坍落度也就越小，坍落度的经时损失也就越大。从试验、施工现场所总结出的一般规律是混凝土拌和物温度提高 4℃，坍落度大约减少 1.5cm，如果保持坍落度不变，则需增加 3～5kg 的拌和水。

2　温度对混凝土强度的影响

2.1　静停期间环境温度对混凝土强度的影响

本合同段采用的混凝土均使用商品混凝土，试验时，取同一罐车 4 组试件，存放在不同的环境温度，均只盖 1 层塑料薄膜，覆盖效果基本一致，24h 脱模后均置于不同的环境温度下养护，28d 的强度如表 1 所示。从表 1 中看到，静停期间的温度越高，混凝土 28d 的强度越低。

静停期间环境温度对混凝土强度的影响　　表 1

静停环境	室外阳光下 23～27℃	成型室 30℃±3℃	水泥试验室 23℃±2℃	标准养护室 20℃±3℃
28d 的强度(MPa)	25.0	27.3	27.5	28.2

以上例子说明混凝土凝结阶段的环境温度是影响混凝土强度的一处很重要的因素。环境温度不能太高或太低，当太高时，水化热过快，后期强度增长慢，此时应采取降温措施；太低时，应采取有效保温措施。

2.2　养护温度对混凝土强度的影响

以时令河桥承台施工为例，现场任取一罐车，制作 6 组试件（同条件养生 3 组，另 3 组室内养护），脱模后，3 组置于承台上，与承台同条件养生；另 3 组在标准养护室养护，假定湿度基本保持一定，它们的强度如表 2 所示。从表 2 看出，养护温度高的试件，早期强度高，而 28d 的强度就不如养护温度低的试件。

养护温度对混凝土强度的影响　　表 2

龄　期	3d	7d	28d
标准养护室养护	11.5	17.7	30.9
室外同条件养护(30℃)	14.2	19.6	28.7

由试验统计绘制出的理论曲线也证明了这一点,如图1所示。

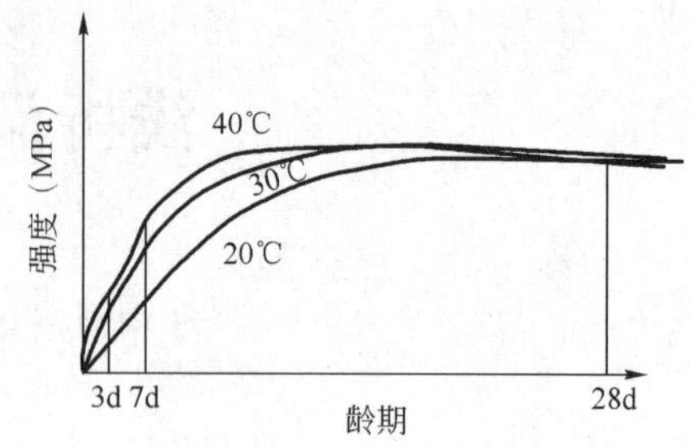

图1　养护温度对混凝土强度的影响

2.3　混凝土出机温度对混凝土强度的影响

据桑园拌和站对同一配合比的不同出机温度与强度关系进行了统计,统计的数据如表3所示。从表3中看到,符合混凝土出机温度每升高5℃,28d强度下降1.9MPa的规律。这是因为较高的温度下混凝土初始水化速率加快,从而导致正在水化的水泥颗粒周围集聚了高浓度的水化产物,减缓了此后的水化速率,对后期强度产生了不利影响。

混凝土的出机温度对强度的影响　　表3

混凝土出机温度(℃)	17.6～22.5	22.6～27.5	27.6～32.5
平均温度(℃)	20	25	30
试块组数	27	119	105
28d平均强度(MPa)	36.1	34.4	32.6

3　温度对混凝土裂缝的影响

(1)干缩裂缝。置于湿度不饱和空气中的混凝土,温度越高,水分散失越快,混凝土坍落度损失增大;在坍落度保持不变的情况下,用水量随温度的升高而增加,而较多的用水量和较快的水分散失,促使混凝土干燥收缩值增大,也就增加了产生干缩裂缝的可能性。

(2)塑性裂缝。温度高的混凝土,会加速水泥的水化作用,拌和物的水分蒸发速度也较快,当混凝土表面水的蒸发速度超过混凝土的泌水速度时,混凝土体积收缩加快,当混凝土因体积收缩而产生的应力大于尚处在萌发阶段的抗拉强度,混凝土就可能产生塑性裂缝。

(3)温度应力裂缝。水泥的水化热和混凝土出机温度会影响混凝土内部温度的峰值,出机温度越高,峰值也越高,导致混凝土内外温差也越大,温差应力随之增大。当温差应力大于混凝土的抗拉强度和变形能力时,混凝土就会产生温度应力裂缝。因此《混凝土结构工程施工及验收规范》(GB 50204—2002)中规定大体积混凝土浇筑温度不宜超过28℃,这无疑也要控制较低的出机温度。

4　影响混凝土温度的因素及控制

4.1　混凝土组成材料

如果事先测出混凝土各组成材料的温度,混凝土的出机温度侧可预测出来,计算公式如下:

不加冰:
$$T=\frac{0.22(T_aW_a+T_cW_c)+T_wW_w+T_{wa}W_{wa}}{0.22(W_a+W_c)+W_w+W_{wa}} \tag{1}$$

加冰:
$$T=\frac{0.22(T_aW_a+T_cW_c)+T_wW_w+T_{wa}W_{wa}-79.6W_i}{0.22(W_a+W_c)+W_w+W_i+W_{wa}} \tag{2}$$

式中:T——混凝土的温度,℃;

T_a、T_c、T_w、T_{wa}——集料、水泥、水和集料中自由水的温度,℃;

W_a、W_c、W_w、W_i、W_{wa}——集料、水泥、水集料中自由水及冰的质量,kg。

如果原材料温度发生变化,混凝土出机温度随之发生变化。

(1)拌和水。在混凝土组成材料中,拌和水从单位质量上来讲,对混凝土温度的影响很大,因为水的比热容是水泥或集料比热容的5倍。据试验可知,当水的温度改变15℃,当其他组分温度不变,计算的结果是混凝土的温度改变2.9℃。所以在高温天气,尽可能采取措施使拌合用水降温,或用冰水来降温,出机温度是非常理想的。

(2)水泥。目前,一般拌和站均使用散装水泥。水泥只占混凝土拌和物质量的10%～15%,但计算,水泥温度每高10℃,混凝土要升高1℃,因此,根据日气温情况、使用时间,对到场的散装水泥应有温度控制要求。

(3)集料。在混凝土各组成材料中,集料占75%左右,因此,集料的温度对混凝土温度影响也很大。经计算,集料升高2℃,混凝土温度便升高1.3℃,所以集料应堆放在有篷盖的堆场,尽可能保持较低的温度和较稳定的含水量。

(4)外加剂。化学外加剂在混凝土中所占比例很小,因此它本身的温度对混凝土温度影响不大,但外加剂有减少拌和水和水泥用量的功能,可以调节拌和水和水泥对混凝土温度的影响及推迟混凝土温升峰值的时间。而矿物外加剂能改善混凝土的和易性和可泵性,也能减少水灰比,或替代部分水泥用量,从而起到间接降低混凝土温度的作用。

4.2 运输

搅拌车的颜色跟混凝土温度变化有一定的关系。据统计,如果在夏天混凝土从出机到浇筑间隔1h的话,在白色鼓形圆筒中的混凝土比在其他颜色内的混凝土要低0.5～1.4℃,因此尽量将使用白色的罐车运输。

4.3 浇筑

浇筑前应做好各项准备,考虑混凝土浇筑温度的极限值,并进行有效地控制。本合同段混凝土施工时,混凝土的输送基本上采用泵送混凝土,故在夏季泵送时,管外包裹麻袋片并浇水以降低混凝土在泵送中摩擦引起温度升高的速度。对大体积混凝土(尤其在承台、箱梁施工),混凝土方量大、强度等级高,要合理分层、分段及留置施工缝。对如何合理分层分段及留置施工缝,都要对所假设的原材料温度及施工引起的混凝土温度变化进行温差应力计算,使混凝土的抗拉强度大于等于温差应力的1.5倍。

4.4 养护

混凝土浇筑完毕后,应及时进行连续养护,防止表面干燥。对于去掉模板后新暴露的混凝土要及时覆盖养护,以防日晒和风吹,避免产生干裂缝。因北京地区气温高、风大,施工时应特别注意这点。对大体积混凝土,根据不同环境、现场地形采取蓄水或盖塑料薄膜,当覆盖塑料薄膜时,应使塑料薄膜紧贴混凝土表面,四周应封严,做到不漏气、不串风,然后盖上草袋或麻袋进行保温保湿养护,在寒冷季节可搭设挡风保温棚。覆盖层的厚度、加热设施数量应根据温度指标的要求来确定。保温养护的目的主要是降低混凝土实体的内外温差,以降低混凝土块体的温度应力。其次是降低混凝土块体的降温速度,充分利用混凝土的抗拉强度,以提高混凝土的抗裂能力,达到防止和控制温度裂缝的目的。

4.5 温度监控

在一般浇筑中每天工作班(8h)应不少于两次测试混凝土的温度,对大体积要埋设测温元件,按规定进行测温,以便及时采取保温措施,使混凝土体内外温差、降温速度达到规范要求,并保证混凝土内外温差控制在25℃以内,降温速度不大于1.5℃/d,避免温度裂缝的产生。

5 结语

本标段由于采取了有效的预控措施,在混凝土工程施工前,及时与拌和站沟通,检查粗、细集料及降温、保温设施,有效控制温度变化对混凝土性能的影响,使到场的混凝土坍落度、和易性、包裹性均满足要求,为保证混凝土工程实体质量奠定基础。混凝土施工中,没有一起因温度失控而影响混凝土性能,工程质量得到有效的保证,取得良好的经济效益,得到项目处、监理等单位的一致好评。

大体积混凝土裂缝成因及控制措施探讨

高　飞　程　诚

（北京市政建设集团有限责任公司　北京　100048）

摘　要：混凝土结构工程在施工和使用过程中会出现不同程度、不同形式的裂缝。裂缝会影响混凝土的整体性、防水性和耐久性，因此如何有效地控制混凝土裂缝是混凝土工程成败的关键。本文分析了大体积混凝土裂缝产生的原因，概括介绍了防止裂缝发生的措施，为大体积混凝土施工及控制提供了一定指导意义。

关键词：大体积混凝土　裂缝成因　裂缝控制

1　大体积混凝土的基本定义

对于大体积混凝土的定义，目前为止国内尚未给出一个明确的定义，国外的定义也不尽相同。日本建筑学会标准JASSA规定："结构断面最小尺寸在80cm以上，水化热影响的混凝土内最高温度与外界温度之差，预计超过25℃的混凝土，称为大体积混凝土。"美国混凝土协会ACI对大体积混凝土的定义："体积大到必须对水泥的水化热及其带来的相应体积变化采取措施，才能尽量减少开裂的一类混凝土。" 由此可见，大体积只是一个相对的概念。

我国行业标准YBJ 224—91中虽然没有对大体积混凝土作明确的定义。但对于大体积混凝土结构设计施工，作出了较为明确的规定。

综上所述，大体积混凝土是指：混凝土结构尺寸要求采取一定的措施处理温差、干缩、沉降等的变化，正确合理地减少或消除变形引起的内应力，且把裂缝控制到最小的现浇混凝土。

2　混凝土裂缝产生的原因分析

2.1　水泥水化热的影响

水泥在水化工程中要释放一定的热量，而大体积混凝土结构断面较厚，表面系数相对较小，所以水泥放出的热量聚集在结构内部不易散失。水泥水化过程中放出大量的热量，主要集中在浇筑后7d左右，一般每克水泥可以放出500J左右的热量，如以水泥用量350～550kg/m^{3}来计算，每立方米混凝土将放出17 500～27 500kJ的热量，从而使混凝土内部的温度升高（可达70℃左右，甚至更高）。混凝土内部的水化热无法及时散发出去，以至于越积越高，使内外温差增大，混凝土内部产生压应力，表面产生拉应力，当拉应力超过混凝土的极限强度时混凝土表面就会产生裂缝。

2.2　外界环境气温的变化

大体积混凝土在施工阶段，外界气温的变化对大体积混凝土裂缝的产生起着很大的影响。混凝土内部的温度是由浇筑温度、水泥水化热的绝热温升和结构的散热等各种温度叠加之和组成。它的浇筑温度随着外界气温变化而变化。特别是气温骤降，会大大增加内外层混凝土温差，温度应力是由于温差引起温度变形造成的，温差越大，温度应力越大，极其容易引发混凝土开裂。同时，在高温条件下，大体积混凝土不易散热，混凝土内部最高温度一般可达60～65℃，并且有较长的延续时间。因此，应采取温度控制措施，防止混凝土内外温差引起的温度应力。

2.3　混凝土收缩的影响

混凝土中约20%的水分是水泥硬化所必需的，而约80%的水分是要蒸发的。多余的水分的蒸发会引起混凝土体积的收缩，这种混凝土在空气中硬结的过程中体积减小的现象称为混凝土收缩。混凝土收缩的主要原因是内部水蒸发引起混凝土收缩。

在大体积混凝土(特别是泵送大液态混凝土)中，这种由于收缩引起的裂缝相当多。主要原因是振捣不密实、沉实不足，或者集料下沉，表层浮浆过多，混凝土浇筑后，没有及时抹压实(特别是初凝前的二次拌压)，且表面覆盖不及时，受风吹日晒，表面水分散失快，产生干缩，混凝土早期强度又低，不能抵抗这种变形而开裂。

2.4　其他因素的影响

混凝土产生裂缝的原因有很多种，主要是温度和湿度的变化、混凝土的脆性和不均匀性，以及结构不合理、原材料不合格(如碱—集料反应)、模板变形、基础不均匀沉降等。

3　防止产生裂缝的措施

从控制裂缝产生的观点看，表面裂缝危害小，但是也会影响结构使用或外观，而贯穿裂缝则要影响结构的整体性、耐久性和防水性，可能导致结构不能正常使用。

大体积混凝土的开裂主要是由水化热使混凝土温度的升高引起的，所以采用适当的措施控制混凝土温度和温度变化速度，在一定范围内就可以避免出现裂缝。

3.1　严格控制原材料的质量

3.1.1　选择合适水泥和严格控制水泥用量

在大体积混凝土施工过程中应尽量选用水化热低和安定性好的水泥，优先采用中热硅酸盐水泥、低热矿渣硅酸盐水泥、粉煤灰硅酸盐水泥、火山灰质硅酸盐水泥等。在满足强度要求的前提下尽量降低水泥用量的方法来降低混凝土的绝对升温值，这样可以使混凝土浇筑后的内外温差和降温速度控制的难度降低。为保证减少水泥用量后的混凝土的强度和坍落度不受损失，可适度增加活性细掺料替代水泥。

选用抗裂性能好的水泥(低碱、低比表面积)和矿物掺和料(磨细矿渣比表面积较大时，宜与粉煤灰复合使用，尽量避免使用硅灰)；注意水泥质量的稳定性；优先采用52.5R普通水泥、42.5R普通水泥等高强度等级水泥，以减少水泥用量；选用低热水泥，减少水化热，降低混凝土的温升值。

3.1.2　严格控制集料级配和含泥量

影响集料质量最重要的指标是粒形、颗粒级配、吸水率和线膨胀系数等，其中碎石的粒形甚至比级配还重要。砂子的细度模数大而级配很差时，影响很大。集料含水率的检测和温度、湿度的控制也很重要。

选用粗集料时，尽量选用粒径较大、质量优良、级配良好，含泥量少的碎石，这样既可以减少用水量，也可以相应减少水泥用量，还可以减少混凝土收缩和泌水现象。优先选用4～40mm连续级配碎石。

选用细集料时，采用平均粒径较大、含泥量少的中粗砂，从而降低混凝土的干缩，减少水化热量，对混凝土的裂缝控制有重要作用。选用细度模数2.80～3.00的中砂，砂石含泥率控制在1%以内，并不得混有其他有机物杂质，禁止使用海砂。

计量控制也很重要，特别是下料的计量。

3.1.3　选择适当的外加剂

混凝土中掺加一定用量外加剂，如防水剂、膨胀剂、减水剂、缓凝剂等外加剂。掺加适量粉灰，既可以改善混凝土的工作性能，减少混凝土的用水量，减少泌水和离析现象，减少混凝土空隙，改善碎石与砂浆的界面强度，提高混凝土密实度和耐久性，又可代替部分水泥，减少水化热。选用高效缓凝减水剂，不仅可降低单位水泥用量，降低水化热，而且还可延迟水化热释放速度使裂缝减少。

3.2　设计控制

3.2.1　配合比的确定

精心设计混凝土配合比，在保证混凝土具有良好工作性的情况下，应尽可能地降低混凝土的单位用水量，采用“三低（低砂率、低坍落度、低水胶比）、二掺（掺高效减水剂和高性能引气剂）、一高（高粉煤灰掺量）”的设计准则，生产出高强、高韧性、中弹、低热和高抗拉值的抗裂混凝土。

3.2.2 配筋率的控制

增配构造筋提高抗裂性能，采用小直径、小间距、全截面配筋，配筋率应控制在0.3%～0.5%。

3.2.3 集中应力的控制

避免结构突变产生应力集中，在易产生应力集中的薄弱环节采用加强措施，如加埋适当预埋件。为提高混凝土表面抗裂性，可以在面筋上加设铁丝网或小直径钢筋网。

3.3 施工控制措施

细致分析混凝土集料的配合比，控制混凝土的水灰比，降低混凝土的坍落度，合理掺加塑化剂和减水剂；采用综合措施控制混凝土的入模温度；根据工程特点可减少用水量，减少水化热和收缩；加强混凝土的浇筑振捣，提高密实度；混凝土尽量晚拆模，拆模后混凝土表面温度不应下降15℃以上；采用两次振捣技术，改善混凝土的强度，提高抗裂性；根据工程特点，可采用UEA补偿收缩混凝土技术；对于高强混凝土，应尽量采用中热微膨胀水泥，掺超细矿粉和膨胀剂，使用高效减水剂，通过试验掺加粉煤灰，掺量15%～50%；采用塑料薄膜覆盖养护，塑料薄膜内有凝结水为限，保持浇筑后的湿润状态。

3.4 混凝土养护阶段的温度控制

大体积混凝土的养护是一个很重要的环节，加强早期养护，提高混凝土抗拉强度。实践证明，混凝土常见的裂缝大多数是不同深度的表面裂缝。其主要原因是温度梯度造成温度骤降而形成的。因此，混凝土的保温对防止表面早期裂缝相当重要。

混凝土浇筑后，表面及时用草垫、草袋或锯屑覆盖，并洒水养护；深基坑可采用灌水养护法。在夏季应适当延长养护时间；在寒冷的季节，混凝土表面应采用保温措施，以防寒潮袭击。对薄壁结构要适当延长拆模时间，使之缓慢降温。拆模时块体中部和表面温度温差控制不大于20℃，以防止急剧冷却，造成表面裂缝。基础混凝土拆模后应及时回填。为保证混凝土在气温影响下不产生裂缝，应及时掌握内外温差变化，加强温度管理。浇筑后控制混凝土与大气温差在25℃以内，混凝土本身温差在20℃以内，加强养护过程中的测温工程，发现温差过大，及时覆盖保温保湿，使混凝土缓慢的降温，缓慢的收缩，以有效降低约束应力，提高结构抗拉能力。

4 结语

大体积混凝土的开裂是目前工程界的一个重要问题。大体积混凝土结构的施工技术与措施直接关系到混凝土结构的使用性能。我们通过研究发现，对于大体积混凝土裂缝，应以预防为主，根据实际情况采取有效措施，就能使施工质量得到保证。虽然大体积混凝土容易产生裂缝，但大量成功的工程实例表明，在优化配合比设计，改善施工工艺，如施工过程控制，做好温度监测工作及加强养护等方面的有效措施，坚持严谨的施工组织管理就完全可以控制和减少大体积混凝土裂缝的产生，从而保证施工质量。

参考文献

[1] 余永桢.建筑施工手册[M].北京：中国建筑工业出版社，1999.

[2] 段峥.现浇大体积混凝土裂缝的成因和防治[J].混凝土，2003(5)48.

[3] 李晓颖.大体积混凝土温度裂缝的控制和温度监测[J].山西建筑，2007，33(6)：145-146.

[4] 张福军.大体积混凝土裂缝原因及处理技术措施[J].科技咨询导报，2007(11).

[5] 文德安.大体积混凝土施工质量控制措施研究[J].中国高新技术企业，2007(5).

[6] 陆江.谈大体积混凝土结构施工及其控制[J].广东科技，2008，187(5)：91-92.

[7] 白石夯,蔡建营.大体积混凝土裂缝成因分析与控制[J].福建建材,2008,106(5):94-95.
[8] 中华人民共和国行业标准.JGJ 55—2000 普通混凝土配合比设计规程[S].北京:中国建筑工业出版社,2000.
[9] 中华人民共和国国家标准.GB 50119—2003 混凝土外加剂应用技术规程[S].北京:中国建筑工业出版社,2003.
[10] 李振.大体积混凝土裂缝分析及控制[J].科技资讯,2007(7):37.

浅谈预制混凝土箱梁冬季施工

郑玉鹏

（北京市政建设集团有限责任公司　北京　100048）

摘　要：为按期、按要求完成任务，需对预制预应力混凝土箱梁进行冬季施工。施工时，通过在原材料拌和运输、养护等各环节采取相应的控制措施，使施工质量和进度均达到了既定要求。

关键词：高速公路　预应力　箱梁　冬季施工

1　工程概况

京承高速公路（密云沙峪沟—市界段）第九合同段，设有大南沟桥、南庄1～3号桥及坑子地1号桥，上部结构为预制预应力混凝土小箱梁。其中，33m箱梁56片，30m箱梁232片，共计288片小箱梁。由于本工程为山区高速公路，为达到2009年9月底具备通车条件的工期目标，我标段选择现场建立预制场，并进行冬季施工。

根据《公路桥涵施工技术规范》（JTJ 041—2000）的规定，室外日平均气温连续5d稳定低于5℃时，即进入冬期施工；当室外日平均气温连续5d稳定高于5℃时，解除冬期施工。

依据北京地区天气情况，冬期施工时间为当年11月15日至翌年3月15日。

2　梁场选址与建设

结合现场实际情况，我标段梁场设置在南庄3号桥与坑子地1号桥之间的路基上，占地面积约4 940m²。生产区长190m，宽19.5m，面积约3 705m²（图1）。

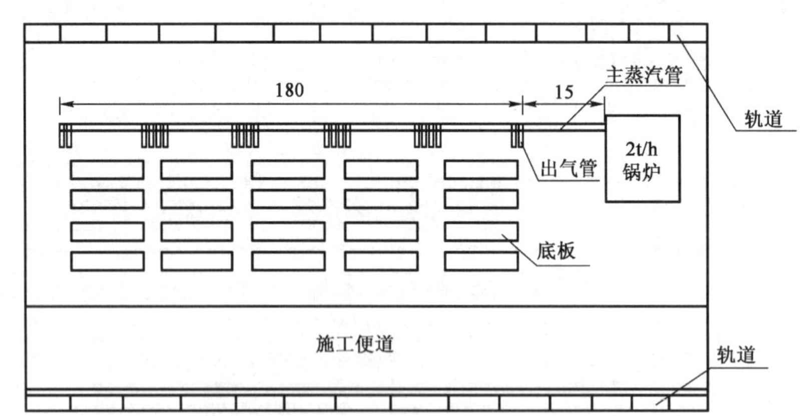

注：1. 主管线采用保温材料保温。
2. 预制箱梁采用两个蒸发量为2t/h、蒸汽压力为0.4MPa的锅炉进行蒸汽养护。

图1　梁场冬施平面布局示意图（尺寸单位：m）

梁场设置16个钢台座，垂直路的方向布置4个底模，底模横向间距4.5m，顺路方向设置4排底模，间距6m。配备30m箱梁侧模板6套，芯模5套，33m箱梁侧模板2套，芯模2套。

预制场设置2台跨径26m，60t门式龙门吊，主要负责箱梁预制施工和移梁存放等工作；设置1台16t小型龙门吊，主要负责立模、浇筑混凝土及拆模等工作。龙门吊轨道外侧存放材料及小型机械，现场设置完善的消防、排水设施，临时用电按照规范要求布置。

3　冬季施工措施

(1)蒸汽养护

①采用集中安装蒸汽压力锅炉和蒸汽管道进行蒸汽养护，安装2台蒸发量为2t/h、蒸汽压力0.4MPa的锅炉和主蒸汽管道。箱梁养护采用单独温室养护，即每片箱梁浇筑之前将两侧的蒸汽花管与主蒸汽管道连接安装好，保证能够通过控制花管阀门而控制箱梁温室温度，待混凝土浇筑完毕，及时进行统一覆盖并进行蒸汽养护(图2、图3)。

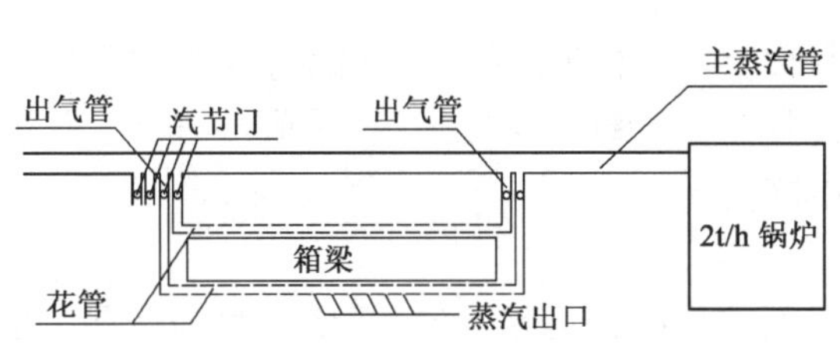

图2　预制箱梁蒸汽养护大样图

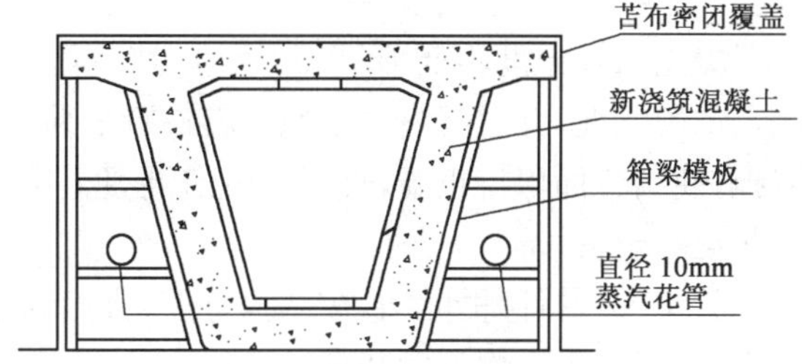

图3　箱梁蒸汽养护断面图

蒸汽通过主蒸汽管进入出气管，模板两端出气管各接15m花管，使其穿过侧模的花架腿。蒸汽以10℃/h持续升温5h，达55℃时保持恒温30h，然后适时减少蒸汽量或根据情况停止蒸汽供应，保证以10℃/h持续降温5h，总共40h。其后继续覆盖保温，到规定养护期为止。

②为防止冬季供水管道冻胀破坏，保证蒸汽养护用水的需求，对梁场供水管道进行改造。管道使用软塑料泡沫进行包裹，外缠塑料布，并将管道埋入土中，埋置深度约为50cm。

(2)钢筋负温焊接

在环境温度低于－5℃的条件下进行钢筋焊接为钢筋负温焊接，负温焊接时调整焊接工艺参数，使焊缝和热影响区缓慢冷却。焊后未冷却的接头避免碰到冰雪。

钢筋焊接前搭设保温棚，所有钢筋焊接工作在保温棚中作业；根据实际情况，现场共需保温棚两个，规格：长30m，宽4m，高3m；保温棚周围采用一层保温苫布密封覆盖，棚内安装两台热风炮作为热源，保证棚内温度。

(3)模板工程

混凝土入模温度要求不低于5℃，浇筑混凝土前对模板进行检查，清除冰碴及积雪等杂物。浇筑混凝土前对模板进行保温处理，对模板用蒸汽进行加热，保证模板温度。随浇筑混凝土随将覆盖苫布除掉，使浇筑顺利进行。

(4)混凝土工程

本工程中所使用混凝土均为商品混凝土，配合比必须按照冬季施工的配合比进行配置，并且要严格控制其他外加剂的数量。

①混凝土的原材料要求

a. 水泥：选用硅酸盐水泥或普通硅酸盐水泥。

b. 集料：要求没有冰块、雪团，应清洁、级配良好、质地坚硬，不应含有易被冻坏的矿物。

c. 拌和水：经化验合格的水。

d. 外加剂：选用通过技术鉴定、符合质量标准的外加剂。

②混凝土拌制

混凝土拌制由我标段项目总工程师向混凝土搅拌站进行详细的技术交底。混凝土掺加复合抗冻剂，采取蓄热法进行混凝土养护。商品混凝土中各种原材料必须经过检验合格后方可投入使用，水泥用量不少于300kg/m^3，水灰比不大于0.5，混凝土搅拌时间比常温搅拌时间延长50%。混凝土拌和物出机温度不低于10℃，浇筑混凝土可适量掺加引气剂、引气型减水剂等外加剂，以提高混凝土的抗冻性。

③混凝土运输

混凝土拌和物出机后，及时运到浇筑地点。在运行过程中要采用保温措施，在混凝土运输罐车外包裹保温被，以减少在运输过程中混凝土热量散失、表层冻结、混凝土离析、水泥砂浆流失、坍落度发生变化等现象。

④混凝土浇筑

混凝土浇筑前清除模板和钢筋上的冰雪和污垢，模板支搭完毕后及时进行混凝土浇筑，浇筑前再次检查模板的尺寸，防止模板由于冻胀而产生结构尺寸变化。

混凝土浇筑时间的确定：混凝土浇筑应选在每天温度最高时进行，冬施期间根据北京市近年来日温度统计数据，浇筑时间一般应以 10:00～14:00 为宜。

混凝土入场温度不低于 10℃，入模温度不低于 5℃，项目部质检工程师严格审核混凝土冬季混凝土的配合比及试验情况，并对其混凝土原材料进行抽检，保证混凝土质量。持续浇筑完成后，采取苫布覆盖蒸汽养护措施，使结合面保持正温，直至新浇筑混凝土达到规定的抗冻强度。

⑤混凝土拆模

混凝土模板拆除的时间，按结构特点、自然气温和混凝土所达到的强度来确定，一般以缓拆为宜。冬期拆模板时，混凝土表面温度和自然气温之差不超过 20℃。当混凝土表面温度与外界环境温度大于 15℃时，覆盖混凝土表面保温养护。

(5)混凝土温度测定

气温、原材料和混凝土温度的测量工作应按如下规定执行：

①气温的测量，选取有代表性的每天四个时间点进行量测，其中必须包括当日最低温度量测，选取每昼夜 8、14、20、24 点共测 4 次。

②对即将入模的混凝土每车进行测量，浇筑完后对成型混凝土的温度进行温度量测。浇筑过程中，每 2h 对混凝土温度进行一次测量。

③对养护期间混凝土温度的测量。在终凝前，前 3d 每 2h 测一次，以后每昼夜 0 点和 2 点各进行 1 次测温。

④在超过养护期后，混凝土温度可以在气温发生大变化时抽测。

⑤为了测量混凝土内部的温度，应在浇灌混凝土时预埋一些一端封闭的温管，并立即加以覆盖，以免受外界气温影响，温度计在管中停留 5min，然后取出，迅速记下温度。

⑥测温孔应设在混凝土温度较低和有代表性的地方。

⑦对所有测温孔编号，绘制测温孔布置图。测温人员同时检查覆盖保温情况，并了解结构的浇筑日期、养护期限，以及混凝土的允许最低温度。

(6)预应力张拉及孔道压浆

①预应力张拉

预应力钢绞线张拉时的环境温度不得低于－15℃，张拉时油表工作环境温度不低于 10℃，因此我标段施工时搭设两个 1.5m×1.5m×2m 的工作棚，每个棚内安放一台电暖器，保证张拉操作时在正温条件下进行。张拉油泵及千斤顶用油必须用低凝油，在操作中油泵要断续开停几次，再令其正常运转。

②孔道压浆

预应力混凝土的孔道压浆必须在正温环境下进行。压浆前对孔道进行清孔，用蒸汽管对孔道进行预热，保证孔道温度不低于 5℃，压浆前用手持式温度计进行温度量测，并做好详细记录。

压浆时对水进行加热，用蒸汽管道向储水罐内吹蒸汽使水加热，保证水泥浆液温度不低于 10℃，压浆过程中及压浆后 72h 内，用苫布遮盖并充蒸汽，保证结构混凝土温度保持正温。

4 箱梁预制出现的问题及解决办法

我标段箱梁预制前期在跨中隔板左右出现不同程度的裂缝，引起了领导重视，经过现场分析，裂缝问题得到了很好的控制，取得了满意的结果。

(1)出现问题的原因分析

混凝土结构物产生裂缝的原因很多,包括混凝土收缩、温差、材料质量和施工质量等方面,同时也有设计方面的因素。从前期我标段箱梁裂缝来看,主要是施工方面的原因:

①我标段使用混凝土搅拌站离预制梁场较远,实际运输时间约为 2h,混凝土从搅拌到浇筑时间过长,导致网状的不规则裂缝。

②现场检查发现施工后期箱梁混凝土养护较差,未安排专人采取有效的保湿措施。由于梁场设置在路基上,地势空旷、日照强烈,混凝土在高温和大风影响下常会在梁体薄弱处产生早期裂缝。

③模板拆除过早,我标段 30m 箱梁模板 6 套。为了加快数量有限的模板的周转次数,过早拆模,导致箱梁过早受力而产生裂缝。在模板拆除过程中还存在野蛮施工、用重物等撞击模板拼接处等现象,造成裂缝。

④拆除模板不当,由于箱梁施工中采用大块整体钢模板,需用龙门吊配合作业。在用龙门吊拆除模板时,常常由于操作不当,使翼缘板受到向上的外力作用,产生裂缝。

⑤箱梁混凝土施工中,分三层浇筑,振捣时振捣人员往往重视底板、腹板振捣,却忽视了箱梁顶板的振捣,振捣不合要求,致使顶板混凝土松散、不密实。

⑥冬季施工时,采用蒸汽养护,工人责任心不强,养护覆盖不严及测温控制未按要求,导致混凝土温度与外界温度相差过大。

(2)处治措施

问题出现后,我项目部非常重视,经研究,采取如下措施:

①首先对有裂缝的梁体进行处理,用环氧树脂配固化剂、丙酮以 1∶0.5∶0.25 的比例配合进行修补。

②上岗前,对相关人员进行岗前技能培训,增强业务技术水平,提高全员质量意识。

③全面认真地进行预应力混凝土箱梁预制各道工序的技术交底工作,使各道工序作业有章可循,实现规范化作业,程序化施工。

④加大质量管理监督力度,建立健全质量保证体系。

⑤浇筑、振捣混凝土过程尽量迅速紧凑,混凝土收浆后及时进行养生、覆盖。达到拆模强度后及时拆模。

通过以上的控制方案和防处治措施,在以后的箱梁预制过程中再没有出现裂缝,对裂缝的处治也不影响梁体的正常使用。

预应力混凝土箱形结构产生裂缝很常见,但可避免或减少。对易出现裂缝的部位,通过施工过程的严格控制,尽可能地避免开裂或减少裂缝的数量,减少裂缝的长度和宽度;通过对裂缝的妥善处理,控制裂缝的发展,使裂缝不至于对结构产生危害,保证结构的正常使用。

参 考 文 献

[1] 中华人民共和国行业标准.JTJ 041—2000 公路桥涵施工技术规范[S].北京:人民交通出版社,2000.

[2] 李海强.预制预应力混凝土箱梁的裂缝分析与处理[J].广东土木与建筑,2004,4(4).

[3] 周水兴,何兆益,邹毅松,等.路桥施工计算手册[M].北京:人民交通出版社,2001.

拱形通道拱圈模板施工方法浅析

刘　峰

（北京市首都公路发展集团有限公司　北京　100078）

摘　要：本文以京承高速公路（密云沙峪沟—市界段）K89＋497.156 通道桥为例，对实际施工过程中最为关键的拱圈模板安装、支撑及加固方法进行介绍。

关键词：拱形通道　拱圈模板

1　结构简介

K89＋497.156 通道桥，净宽 5.0m，净高 9.0m，详细结构尺寸见图 1。

2　工艺流程

基坑开挖——C15 垫层混凝土浇筑（10cm）——底板防水毯铺设——C15 垫层混凝土浇筑（5cm）——外支架搭设——C35 底板混凝土浇筑（20cm×20cm）——内支架搭设——墙身模板安装——扇形拱架安装——拱圈内模安装——C35 墙身混凝土浇筑——拱圈外模安装——C35 拱圈混凝土浇筑——墙身及拱圈防水毯铺设。

由此可见，C35 闭合拱架混凝土分四次浇筑完成，即底板——抹角——墙身——拱圈。在墙身浇筑之前，拱圈内侧模板与墙身模板同时支固。

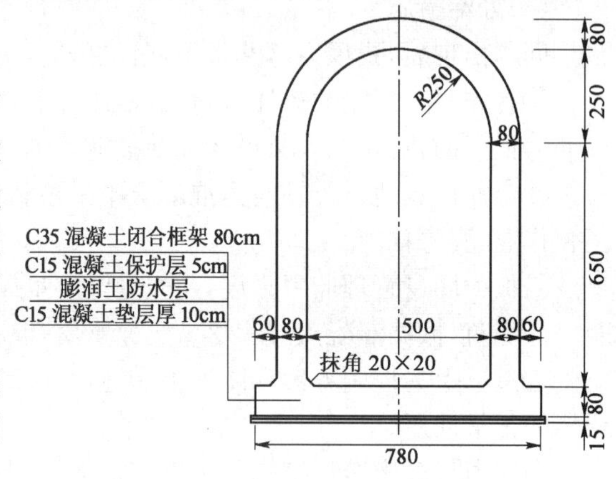

图 1　闭合拱架结构示意图（尺寸单位：cm）

3　拱圈模板与支撑系统

3.1　内模系统

3.1.1　内拱模板

内拱模板以 1.2cm 厚竹胶板为面板，顺向 10cm×10cm 方木为背楞，方木间距 25cm（净距 15cm），见图 2。

此处由于将原本平直的竹胶板弯曲成弧形，竹胶板中产生应力，故必须将其用铁钉与 10cm×10cm 方木背楞钉牢，以克服弯矩，避免翘起，进而保证内模不错台。

3.1.2　支撑体系

内模支撑体系由钢管拱架、斜撑、横撑、连接部分等组成，见图 2a）。

（1）拱架制作

钢管拱架由 4 根钢管焊接而成，其中每根弧形钢管采用电动弯管机按设计弧长及曲率弯制，加工前在场地上放出弯管大样，经反复比对，试弯合格后方可批量生产。弯管加工过程中每生产一根弯管均需与大样比对，发现问题立即调整，从而保证加工精度满足要求。

弯管加工完成后，在地面上放出拱架大样，按设计尺寸焊接成型，并在设计 10cm×10cm 方木背楞位置下方点焊 10cm 长∠50×50 角钢（用于固定背楞），注意角钢位置及方向必须准确，以保证拱架安装时能与方木背楞紧密接触，见图 2c）。

顺向钢管 a 与碗扣支架立杆、骨架片、斜撑采用扣件连接；顺向钢管 b 与骨架片、横撑、斜撑采用扣件连接。

墙身钢筋绑扎完成后，搭设内模支架。内模支架采用碗扣式满堂脚手架，沿通道桥横断面方向间距按 2×90cm＋60cm＋2×90cm布置，沿通道轴线方向间距均按 90cm 布置，横杆步距为 1.2m。支架立杆配置为 3.0m＋2.4m＋1.2m＝6.6m，故支架总高度为 6.6m＋0.12m(套筒高度)＝6.72m，略高于墙身高度 6.5m，以便与扇形钢管拱架连接。

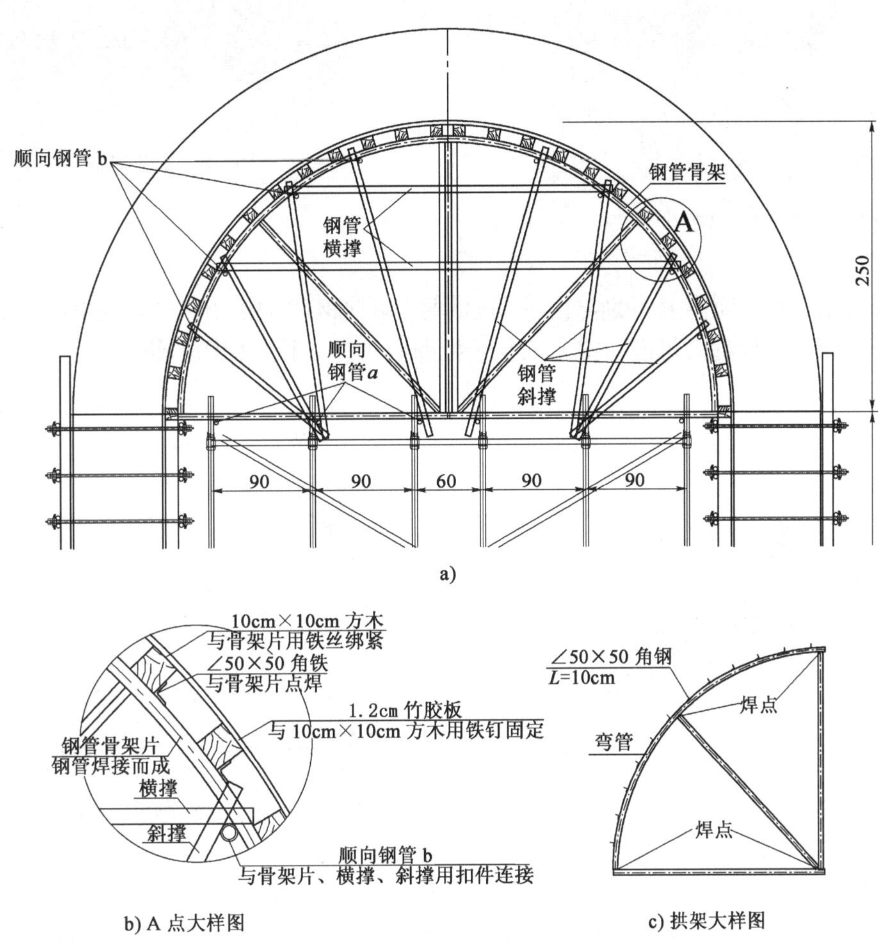

b) A 点大样图　　c) 拱架大样图

图 2　内模支撑体系示意图(尺寸单位：cm)

(2)拱架安装

用水准仪在内模支架顶部立杆上标记高程控制点，沿通道桥轴线方向安装顺向钢管 a，配双扣件加强，见图 3。

在顺向钢管 a 上，沿横断面方向按 60cm 间距安装钢管拱架，拱架与钢管 a 采用十字扣件连接，见图 4。

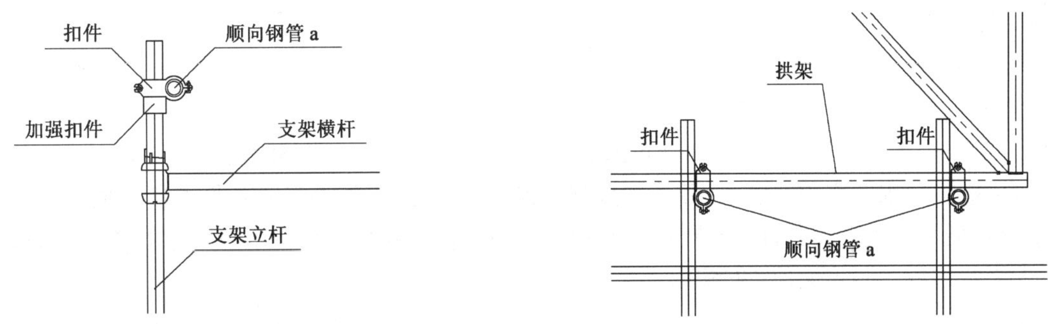

图 3　顺向钢管 a 安装图　　图 4　拱架安装图

拱架安装完成后，安装顺向钢管 b，与拱架之间采用十字扣件扣牢，使各拱架形成整体，并作为斜撑、横撑的支撑点。安装时注意调整拱架间距及垂直度，见图 5 和图 6。

图 5　拱架安装施工照片

图 6　内模支架照片

(3)横撑、斜撑设置

拱圈部分设置 2 道横撑，每道横撑分别与相同高度的两根顺向钢管 b 用扣件扣牢，并由加强扣件加固，见图 7。

拱圈部分对称设置 8 道斜撑，每道斜撑分别与一根顺向钢管 a 和一根顺向钢管 b 用扣件扣牢，并由加强扣件加固，见图 8。

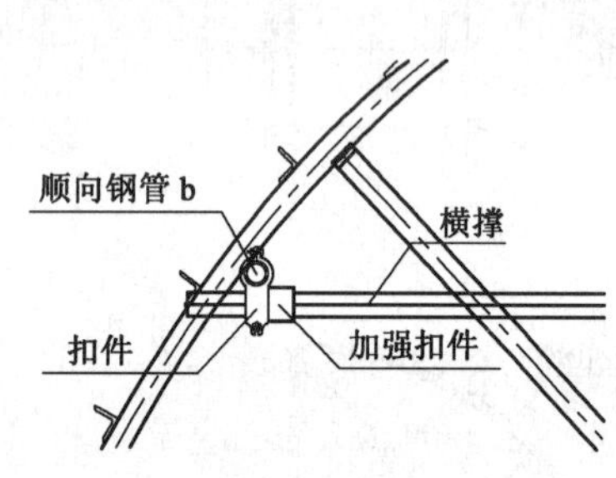

图 7　钢管横撑示意图

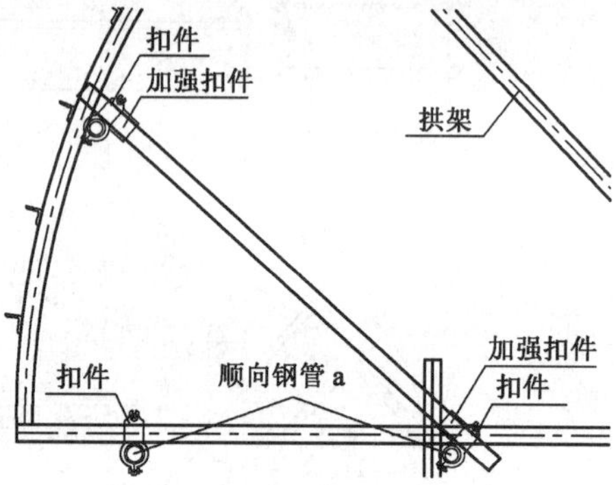

图 8　钢管斜撑示意图

3.2　外模系统

拱圈外模在墙身浇筑完成后支固。

外模面板与内模一致，为 1.2cm 厚竹胶板，每侧放置两排，一排竖向放置，一排横向放置，拱顶预留 3m 宽作业面。此处需要将竹胶板弯曲成弧形，可采用钩头螺栓将竹胶板提起并固定在钢管背楞上，横向间距为 100cm，竖向间距为 60cm，(图 9b)。

横肋为 5cm×10cm 方木，间距 20cm，方木大面与竹胶板接触，并用铁钉固定，见图 9b)和图 10。背楞为竖向双排弧形钢管，间距 50cm，垂直于横肋方木布设，见图 9c)和图 10。背楞外侧横向布置 3 道通长水平钢管，与背楞间用十字扣件扣牢，以增强外模整体性，见图 10。拉杆采用 ϕ16mm 拉杆，横向间距按 50cm 布置，竖向间距按 40cm 布置，见图 10。图 11 所示为拱圈外模安装施工照片。

3.3　沉降缝施工

拱圈钢筋绑扎完成后，拱圈外模安装前，进行沉降缝及止水带安装施工。

沉降缝内填充沥青木丝板，预埋 E12 型止水带。沥青木丝板分为两部分制作，首先将下层沥青木丝板安装固定，然后进行止水带安装与固定，并严格按规范连接，最后将上层沥青木丝板安装并加固，见图 12。

沥青木丝板用木条边框加固，用定位钢筋与拱圈钢筋点焊固定，E12 型止水带用钢筋卡与拱圈钢筋固定牢固，混凝土浇筑过程中防止偏位，见图 13。

4　结语

模板采用标准尺寸竹胶板，支撑采用钢管扣件，取材容易，操作方便，通道施工过程正常，施工结果完全满足设计及规范要求。

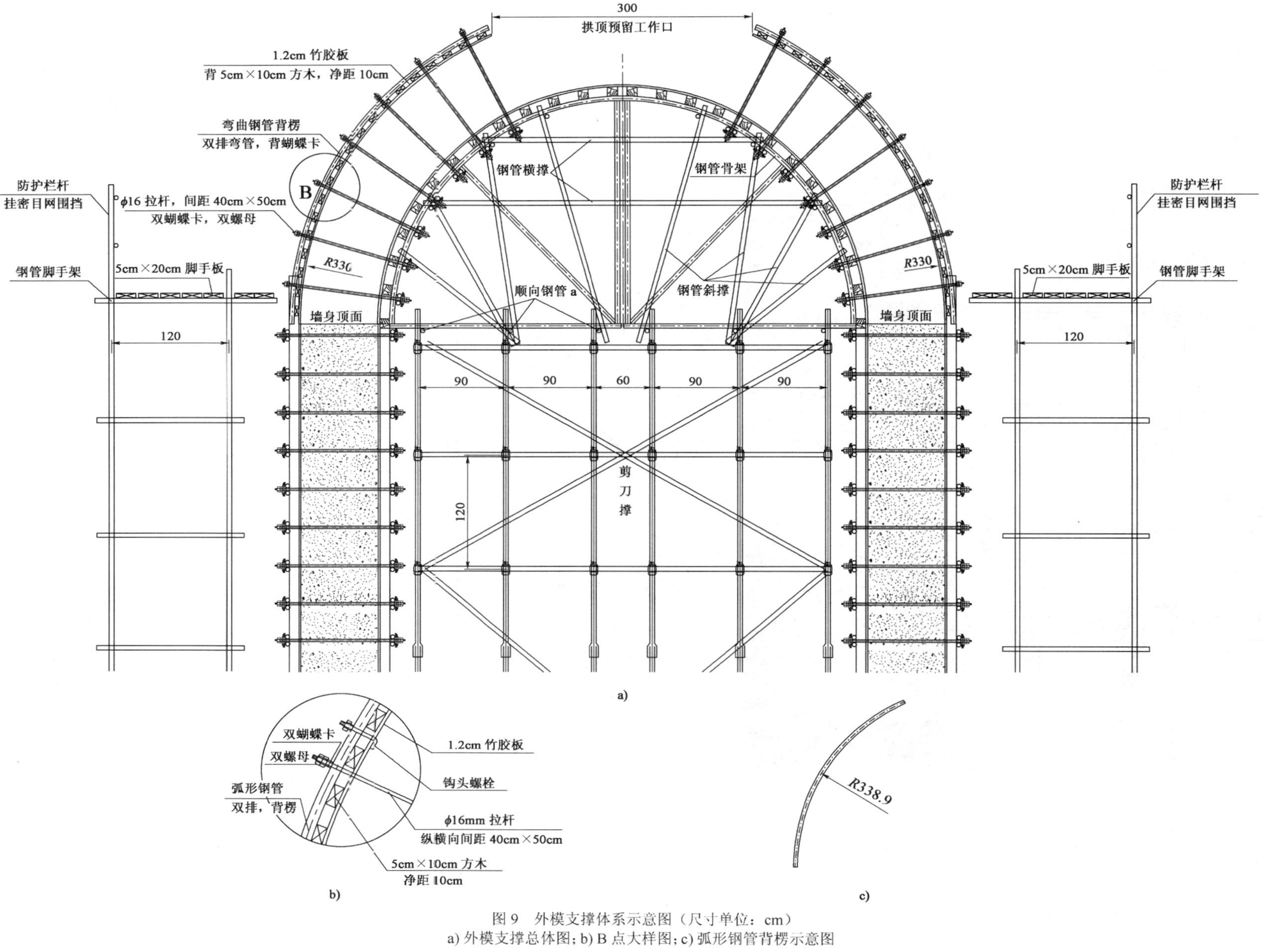

图 9 外模支撑体系示意图（尺寸单位：cm）

a) 外模支撑总体图；b) B 点大样图；c) 弧形钢管背楞示意图

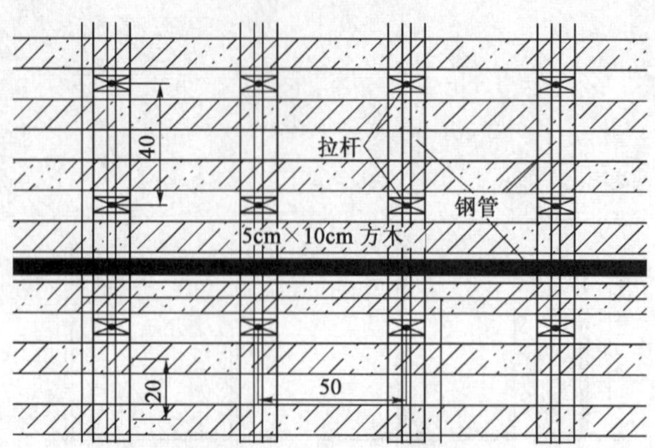

图 10　拱圈外模展开图(尺寸单位:cm)

图 11　拱圈外模安装施工照片

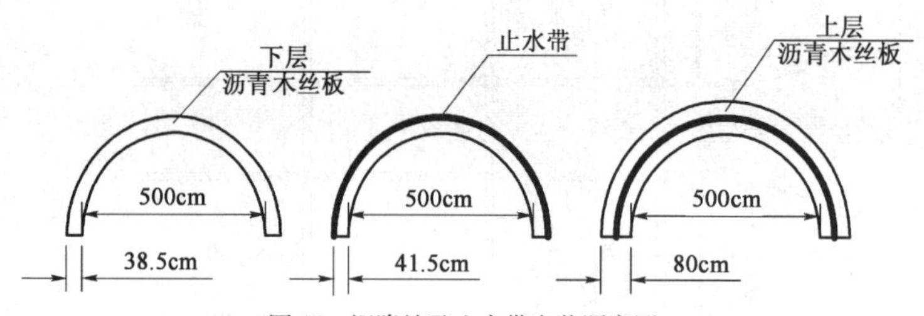

图 12　沉降缝及止水带安装顺序图

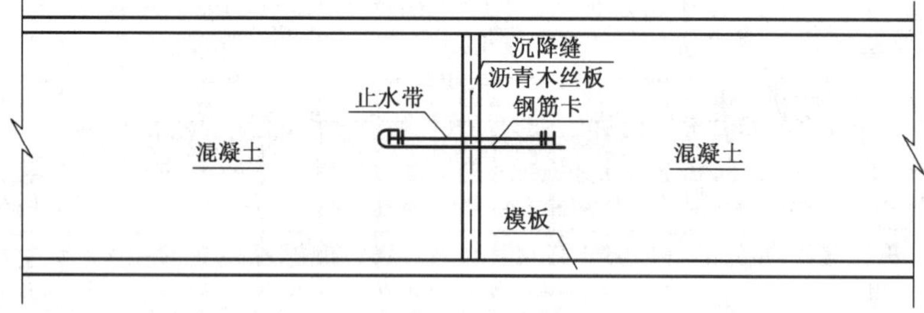

图 13　沉降缝及止水带示意图

参 考 文 献

[1] 中华人民共和国行业标准. JTJ 041—2000 公路桥涵施工技术规范[S]. 北京:人民交通出版社,2000.

[2] 中华人民共和国国家标准. GB 50017—2003 钢结构设计规范[S]. 北京:中国计划出版社,2003.

[3] 中华人民共和国行业标准. JGJ 130—2001 建筑施工扣件式钢管脚手架安全技术规范[S]. 北京:中国建筑工业出版社,2001.

[4] 周水兴,何兆益,邹毅松,等. 路桥施工计算手册[M]. 北京:人民交通出版社,2001.

预应力锚杆在隧道边坡支护中的应用

曹　炯

（中铁二十二局集团有限公司　北京　100001）

摘　要：以公路隧道边坡处理实例为背景，探讨了预应力锚杆支护在不稳定边坡上的施工技术，实践证明此项技术是可行的，收到较好的效果。

关键词：预应力锚杆　一次注浆　二次填充注浆　二次高压注浆　张拉

1　工程地质概况

塔洼2号隧道为分离式隧道，总长871m。塔洼2号隧道隧址区为构造剥蚀形成的低山丘陵区，地表植被发育。隧道穿越塔洼村旧址北侧的山体，清水河在隧址南侧蜿蜒流过。隧址区山体较完整，但岩体受构造影响严重，隧道出口处山体部沟坎发育，围岩以浅紫色白云质石英砂岩为主，砂质白云岩、叶片状含粉沙泥质白云岩组成数十个旋回性基本层序，厚度稳定，为潮间—潮上环境沉积。

隧道进出口段岩体破碎，坡面陡立，围岩的节理裂隙较发育，尤其是隧道左线出口靠山体侧边坡实际地质情况与地勘资料不一致，围岩情况极差，表层覆盖1～2m厚多年腐蚀土与3～4m厚碎石土，雨季山体极为不稳定，可能滑移，对此段边坡采取施加预应力锚杆支护方式加固。

2　设计要求

桩号6K97＋623～6K97＋640之间靠山体侧边坡采用预应力锚杆加固，预应力锚杆采用ϕ32高强精轧螺纹钢筋，梅花形布置@200cm×200cm。锚杆长度$L=$1 500cm，其中自由段长1 200cm，锚固段长300cm。锚杆锚固段须进入基岩内，现场根据实际情况酌情调整锚杆长度。每开挖2m一层时，施工一排预应力锚杆，同时进行挂钢筋网，喷混凝土支护。

3　施工方法

3.1　工艺流程

工艺流程见图1。

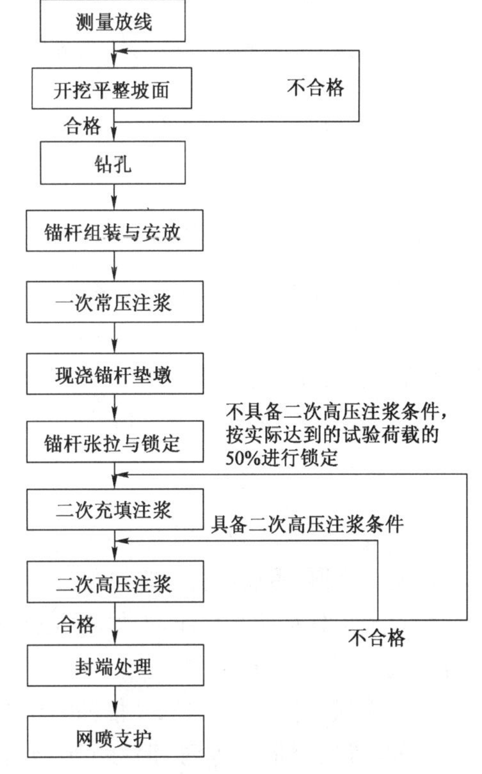

图1　施工工艺流程图

3.2　测量放线

按设计要求进行边坡放线，在山体上用白灰撒线，即开挖坡度。开挖完成后进行测量符合，并请监理人员到现场一起进行坡度验收。

3.3　开挖平整坡面

按变更要求开挖平整坡面至设计坡面。K97＋623～K97＋640西侧边坡开挖坡率由1∶0.6逐渐过渡为1∶1。

3.4　钻孔

钻孔选用潜孔钻，钻头采用ϕ130mm钻头。

首先用钢管和木板搭设钻孔作业平台，并且用全站仪精确定位每个孔位并作好标记。钻机就位要求钻头定位准确，最终成孔位置水平、垂直方向的孔距误差不应大于100mm，钻孔轴线的偏斜率不应大于锚杆长度的2%，锚杆钻孔深度不应小于设计长度，也不宜大于设计长度500mm。钻孔完毕后应及时将孔内岩粉和土屑清洗干净以待锚杆安装。

3.5 锚杆组装与安放

锚杆组装前应先对钢筋进行平直、除油和除锈，接长采用YGL型专用连接器；接着进行防腐处理；最后进行锚杆安放。

防腐处理：先对锚杆自由段涂刷防腐油漆，再将钢筋装入HDPE管内，HDPE管内应充满防腐油脂（本次采用复合钙基润滑脂），并采取专门措施将防腐油脂滞留于套管内；沿杆体轴线每隔1.5～2.0m应设置一个对中支架，确保锚固段预应力筋的保护层不小于20mm。

锚杆安放：安装杆体时，应防止扭压和弯曲；注浆管随杆体一同放入钻孔内；杆体放入孔内应与钻孔角度保持一致；安放杆体时，不得损坏防腐层，不得影响正常的注浆作业；预应力锚杆插入孔内的深度不应小于锚杆长度的98%；杆体安放后，不得随意敲击，不得悬挂重物。

锚杆存放：杆体制作完成后应尽早使用，不宜长期存放，对存放时间较长的杆体，在使用前必须进行严格检查；制作完成的杆体不得露天存放，宜存放在干燥清洁的场所，应避免机械损伤杆体或油渍溅落在杆体上，当存放环境相对湿度超过85%时，杆体外露部分应进行防潮处理。

3.6 注浆

注浆材料为水泥浆，设计要求强度不低于30MPa，本次采用C35水泥净浆，水灰比为1∶0.45；注浆浆液应搅拌均匀，随伴随用，并在初凝前用完。严防石块、杂物混入浆液。

一次注浆时，采用常压，注浆管随锚杆一同插入孔内，注浆管的出浆口距孔底300～500mm处，浆液自下而上连续灌注，确保从孔内顺利排气，当空口溢出浆液时，可停止注浆。一次常压注浆完成后，应对注浆管、注浆枪和注浆管清洗干净。

锚杆张拉后，应从补浆口对锚头和锚杆自由段间的空隙进行二次充填注浆，目的是使自由段杆体有效防腐。

待一次注浆形成的水泥结石体强度达到5.0MPa后，即可进行对锚固体的二次高压注浆（即二次高压劈裂注浆），注浆压力不低于2.0MPa。

3.7 现浇锚杆垫墩

预应力锚垫墩尺寸为120cm×120cm×40cm，嵌入坡面20cm。其基础先铺砌2cm厚砂浆调平层，再进行钢筋安装、立模，立模预留空隙5cm。在锚杆自由段端部外面安装补浆孔与补浆管（补浆孔管与补浆管焊接，并且放置好螺旋筋），最后将补浆管与锚垫板焊接在一起。

垫墩采用C30混凝土浇筑，若遇局部架空，则采用M10浆砌片石嵌补。

3.8 锚杆张拉与锁定

当锚杆垫墩达到设计强度后，进行锚杆张拉与锁定，设计每孔施加150kN的预应力。锚杆张拉采用一台25t级千斤顶，用油压表控制拉力大小。张拉前，对千斤顶和油压表需进行标定。

张拉前应保证锚头台座的承压面应平整，并与锚杆轴线方向垂直。考虑邻近锚杆的相互影响，锚杆张拉应有序进行，隔位张拉。

锚杆正式张拉前，应取0.2倍轴向拉力设计值30kN，对锚杆预张拉1次，使杆体完全平直，各部位接触紧密；锚杆张拉至165kN时，保持10min，然后卸荷至锁定荷载设计值进行锁定，锚杆张拉荷载的分级和位移观测时间按表1执行。

锚杆张拉时注浆体和混凝土台座抗压强度值　　表 1

荷载分级(kN)	位移观测时间(min)	加荷速率(kN/min)
30	2	不大于 100
75	5	
112.5	5	
150	5	不大于 50
165	10	

每根锚杆的弹性位移量(mm),由下式计算:

$$s_i = \frac{P_n L_i}{E_s A_s}$$

式中:P_n——锚杆拉力设计值,N;

L_i——每根锚杆的长度,mm;

E_s——钢筋的弹性模量,N/mm;

A_s——钢筋的截面积,mm^2。

3.9　封端处理

距支撑式锚具 10cm 处,切除多余的预应力筋,用混凝土封住锚头、封平端部,混凝土保护层厚度不应小于 50mm。

3.10　网喷支护

待二次高压劈裂注浆完成后,及时进行网喷支护。

4　检查验收

锚杆工程完成后,应进行质量检查和验收试验;锚杆验收试验不合格时,应增加锚杆试件数量,增加的锚杆试件应为不合格锚杆的 3 倍;对不合格的锚杆,在具有二次高压注浆的条件下进行注浆处理,然后再按验收试验标准进行试验。否则,应按实际达到的试验荷载最大值的 50%进行锁定。

5　质量标准

锚杆工程质量检验标准见表 2。

锚杆工程质量检验标准　　表 2

项　目	序　号	检 查 项 目		允许偏差或允许值	检 查 方 法
主控项目	1	锚杆杆体长度(mm)		+100 −30	用钢尺量
	2	锚杆拉力设计值		设计要求	现场抗拔试验
一般项目	1	锚杆位置(mm)		±100	用钢尺量
	2	钻孔倾斜度(°)		±1	测斜仪等
	3	浆体强度		设计要求	试验送检
	4	注浆量		大于理论设计浆量	检查计量数据
	5	杆体插入长度	全长黏结型锚杆	不小于设计长度的 95%	用钢尺量
			预应力锚杆	不小于设计长度的 98%	

6 结语

通过对边坡进行预应力锚杆及网喷支护后，边坡稳定，有效的防止了滑坡；同时，对于以后出现在其他类似的隧道、路基等处的边坡处理也可使用。

参考文献

[1] 中华人民共和国行业标准. CECS22:2005 岩土锚杆(索)技术规程[S]. 北京:中国计划出版社,2005.

[2] 中华人民共和国行业标准. JTG F60—2009 公路隧道施工技术规范[S]. 北京:人民交通出版社,2009.

隧道洞口大管棚超前支护施工技术研究

赵建斌

（中铁五局集团股份有限公司　贵阳　550003）

摘　要：在浅埋、严重偏压、破碎岩层地段，必须采取措施对地层进行预加固，特别是洞口段，采取大管棚预注浆进行超前支护，能使进洞时安全得到保障，也使洞内软弱围岩地段顺利施工。然而，大管棚超前支护施工好坏，对隧道进洞开挖具有重要的意义。

关键词：破碎围岩　大管棚　超前支护　施工技术

0　引言

京承高速公路沙厂1号、2号隧道位于沙厂村南侧山上，隧址区为剥蚀丘陵、低山地貌。沙厂1号隧道左洞长273m，右洞长245m；沙厂2号隧道左洞长1 124m，右洞长1 130.8m。沙厂2号隧道是京承高速公路最长隧道，为重点控制性工程。沙厂1号、2号隧道洞口段以全风化—强风化花岗岩，围岩破碎，埋深浅，隧道围岩分级为Ⅴ级，自稳能力差，在雨季或受其他振动影响容易发生滑坡，隧道施工时应对其进行加固处理。对于围岩破碎的洞口段，同时开挖断面大、跨度大，在开挖前进行大管棚预注浆超前支护是隧道施工保护围岩、稳定掌子面、保证开挖成功的一项重要技术措施。本文以沙厂2号隧道右线进口为例，简要叙述大管棚预注浆超前支护施工技术。

1　大管棚预注浆设计参数

1.1　管棚设计参数

施工时，应严格参照设计要求备料、施工，以保证大管棚的质量。管棚设计参数如下。

(1)钢管规格：热轧无缝钢管 ϕ108mm，壁厚6mm。设计一环共24m。

(2)管距：环向间距50cm，一环共47根。

(3)外插角：1°～3°。方向：平行于路线中线。

(4)钢管施工误差：径向不大于20cm。

(5)隧道纵向同一横断面内的接头数不大于50%，相邻钢管的接头至少错开1m。

1.2　注浆参数

大管棚预注浆为单液注浆：

(1)长管棚注浆采用30MPa水泥浆。

(2)水泥浆水灰比为1∶1。

(3)水泥强度等级为32.5级。

(4)注浆压力：0.5～1.0MPa。

注浆前应先进行现场注浆试验，参数通过试验后可适当调整。注浆结束后及时清除管内浆液，并用M10水泥砂浆紧密充填，增强管棚的刚度和强度。大管棚超前支护设计如图1所示。

2　施工工艺及方法

首先施作一环长2m的C30套拱混凝土，用套拱作为长管棚的导向墙，套拱在明洞外廓线以外施作，套拱内埋设4榀I20b工字形钢支撑，拱架间用 ϕ22 钢筋连接，连接钢筋环向间距1.0m；钢支撑与管棚导向钢管焊成整体。套拱施工后，应待混凝土强度达到75%后进行长管棚施工。大管棚施工工艺如图2所示。

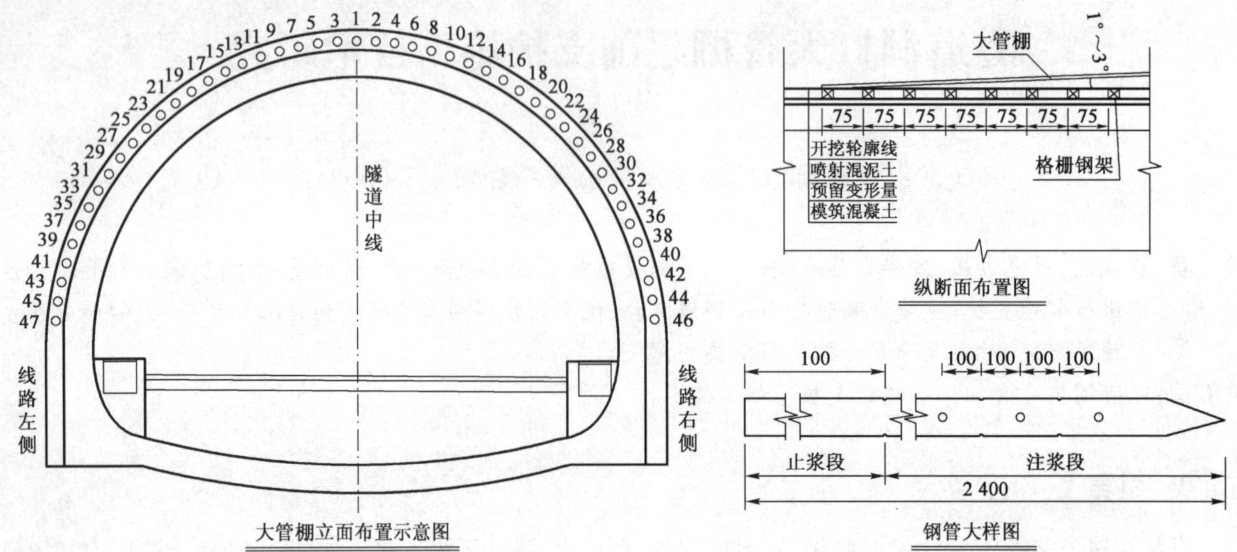

图1　大管棚超前支护设计图（尺寸单位：cm）

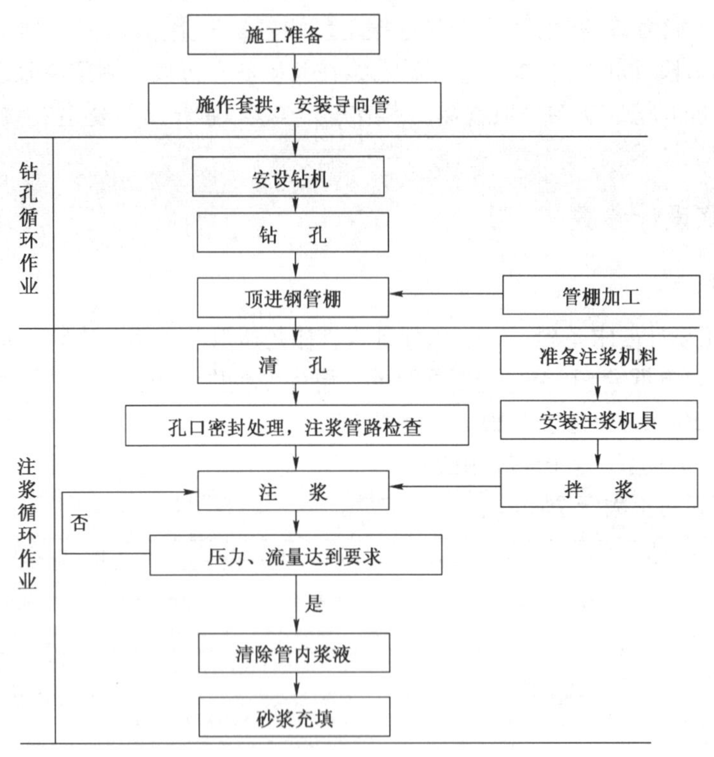

图2　大管棚施工工艺框图

2.1　导向管施工

导向管通过测量放样定位后，采用钢筋骨架进行固定，定位钢筋与管棚导向管焊成整体。用$\phi133\times4$钢管作为管棚的导向管，安设的平面位置、倾角、外插角的准确度直接影响管棚的质量。用光电测距仪以坐标法在钢筋骨架上定出其平面位置；用水准尺配合坡度板设定导向管的倾角；用前后差距法设定导向管的外插角。孔口管应通过定位钢筋牢固焊接，防止浇筑混凝土时产生位移。混凝土浇筑时，捣固器不能和导向管相接触，防止钢管移位，影响管棚精度。

2.2　钢管加工、孔位放样及钻机架设

本工程长管棚采用外径为 ϕ108mm、壁厚 6mm 的无缝钢管，钢管前端加工呈尖锥形，注浆段管壁四周钻三排～四排 ϕ10mm 的圆孔，间距 100cm，呈梅花形布置，靠近管棚尾部 1m 为止浆段，不钻圆孔。管棚节长 3m、6m，钢管接头采用丝扣连接，丝扣长度不小于 15cm，同一断面上的接头至少错开 1m。

采用钢管脚手架搭设管棚作业平台。为保证管棚施工质量，先在拱脚部位施工试验孔，选用管棚钻机成孔；为保证注浆质量，在钢花管安装后，管口用麻丝和锚固剂封堵钢筋与孔壁间空隙，压浆管上安装三通接头。

钻机平台可用方木或钢管脚手架搭设，搭设平台应一次性搭好，钻孔由两台钻机由高孔位向低孔位对称进行，可缩短移动钻机与搭设平台时间，便于钻机定位。

平台支撑要着实地，连接要牢固、稳定。防止在施钻时钻机产生不均匀下沉、摆动、位移等影响钻孔质量。

钻机定位：钻机要求与已设定好的孔口管方向平行，必须精确核定钻机位置。用经纬仪、挂线、钻杆导向相结合的方法，反复调整，确保钻机钻杆轴线与孔口管轴线相吻合。施工过程中必须保持钻杆和隧道中轴线成 1°～3°的夹角（不包括线路纵坡）。

2.3　钻孔施工

钻孔前先对孔位进行编号，先从拱顶中央部位开始，依次向两侧先施工奇数孔位，后施工偶数孔位，钻孔具体施工过程如下。

(1)管棚采用管棚机进行施工。施工作业时大臂顶紧在掌子面上，开孔时低速钻进，钻进 20～100cm 后转入正常钻速，钻孔时随着孔深的增长，对回转扭矩、冲击力及推力进行控制和协调，尤其是钻进推力要严格控制，不能过大。

(2)钻杆钻入岩层尾部剩余 20～30cm 时钻进停止，用管钳卡紧钻杆，钻机低速反转，脱开钻杆，人工装入下一根杆节，并在钻杆前端安装好连接套，钻机低速送至前一根钻杆尾部，方向对准后连接成一体。

(3)管棚施工采用导向墙的预埋管导向，导向管直径较棚管外径大 15～20mm，孔深较设计管棚长 0.5m，以确保管棚施工精度，防止窜孔事故发生。为防止塌孔等质量问题，成孔一个，顶管一个。

2.4　清孔验孔

(1)用钻杆配合钻头(ϕ117mm)进行来回扫孔，清除浮渣至孔底，确保孔径、孔深符合要求、防止堵孔。

(2)用高压气从孔底向孔口清理钻渣。

(3)用经纬仪、测斜仪等检测孔深、倾角、外插角。

2.5　钢管安装

(1)钢管应在专用的管床上加工好丝扣，管头焊成圆锥形，便于入孔。

(2)当第一根钢管推进孔内，孔外剩余 30～40cm 时，开动管棚机反转，使顶进连接套与钢管脱离，人工装上第二节钢管，再以冲击压力和推进压力低速顶进钢管，根据管棚设计长度，以同样施工方法顶进其他管节。为避免钢管接头在同一截面，第一根管及最后一根为调节管，中间管为标准节。成孔后及时顶管作业，防止塌孔影响顶管作业。钢管未到设计长度而无法顶进时，视顶进长度作拔管清孔或向上移位另钻处理。

(3)棚管顶进采用大孔引导和棚管机钻进相结合的工艺，即先钻大于棚管直径的引导孔(ϕ117mm)，然后可用 10t 以上卷扬机配合滑轮组反压顶进，也可利用钻机的冲击力和推力低速顶进钢管。

(4)接长钢管应满足受力要求，相邻钢管的接头应前后错开，同一横断面内的接头数不大于 50%，相邻钢管接头至少错开 1m。

2.6　注浆

(1)安装好有孔钢花管后即对孔内注浆，注浆后再施工无孔钢管，无孔钢管可以作为检查管，检查注浆质量。

(2)注浆参数:水泥浆水灰比1∶1的水泥浆。

(3)采用液压注浆机将水泥浆注入管棚钢管内,注浆压力为0.5～1.0MPa,持压15min后停止注浆。注浆量一般为钻孔圆柱体的1.5倍,若注浆量超限,未达到压力要求,应调整浆液浓度继续注浆,直至符合注浆质量标准,确保钻孔周围岩体与钢管周围孔隙均为浆液充填,方可终止注浆。

(4)注浆结束后及时清除管内浆液,并用水泥砂浆充填,增强管棚的刚度和强度。

(5)施工中为避免长管棚钢管全部安装后注浆,导致先注浆孔的浆液流入相邻未注浆孔,引起堵塞钢管四周的小圆孔,造成注浆困难,采取安装一孔,立即注浆一孔的办法。

2.7 钢管填充

钢管注浆完毕后,清洗钢管,然后在钢管内充填M10水泥砂浆,最后封口。

2.8 质量控制

(1)钻孔前,精确测定孔的平面位置、倾角、外插角,并对每个孔进行编号。

(2)钻孔仰角的确定应视钻孔深度及钻杆强度而定,控制在1°～3°之内,钻机最大下沉量及左右偏移量为钢管长度的1%左右,并控制在20～30cm。

(3)严格控制钻孔平面位置,管棚不得侵入隧道开挖线内,相邻的钢管不得相撞和立交。

(4)经常量测孔的斜度,发现误差超限及时纠正,至终孔仍超限者应封孔,原位重钻。

(5)掌握好开钻与正常钻进的压力和速度,防止断杆。

(6)在遇到松散的堆积层和破碎地质时,在钻进中可以考虑跟管钻进,确保钻机顺利钻进和钢管顺利顶进。

(7)注浆锚固效果采用钻孔取芯、管棚抗拔力试验并结合实际经验确定。

3 人员设备配备及工序循环时间安排

为加快施工进度,配置两台钻机由高到低对称同步施工,主要设备及劳动力配备如表1所示。搭设脚手架1d,拆架1d,每台钻机施工3根(包括钻孔、钢管安装及注浆),两台钻机施工,每环47根,共计用时10d。

主要设备及劳动力配备 表1

序号	机械名称	规格型号	额定制表	数量	工种	数量
1	管棚钻机	KR50412—3	钻深300m	2台	钻机操作	4人
2	注浆机	ZJB—3型	$3m^3/h$,2.0MPa	1台	注浆操作	3人
3	搅拌机			1台	浆液配制	1人

4 施工效果及结语

沙厂2号隧道右线进口洞口大管棚施工场景如图3所示。存在围岩破碎、浅埋、偏压等困难的沙厂2号隧道右线进口,大管棚预注浆超前支护顺利完成,实现了开挖安全进洞为缓解京承高速公路工期压力起到了重要作用。沙厂1号、2号隧道8个洞口中,有1号隧道左右洞进口、2号隧道右洞进口、2号隧道左右洞出口等5个洞口均通过大管棚预注浆超前支护方式实现安全快速进洞,另三个洞口段经勘察设计院重新勘定围岩为Ⅴ级,偏好。超前预支护由大管棚调整为ϕ42超前小导管,大管棚取消后套拱须保留,作为洞口段进洞防护。这种由大管棚调整为小导管超前支护的变更也充分体现出了设计、施工的灵活应变性和科学合理性。

a)

b)

图 3 大管棚施工现场情况

a)钻机就位;b)钻孔—装管—注浆流水作业

大跨度软岩连拱隧道施工方法探讨

李　伟　张昌国　陈柏刚

（中铁二局股份有限公司　成都　610032）

摘　要：本文以黑古沿双连拱隧道施工为实例，详细讨论了大跨度软岩连拱隧道的施工方法及施工工艺。

关键词：大跨度　软岩　连拱隧道　施工方法

黑古沿隧道为双连拱四车道公路短隧道，是北京市第一座双连拱隧道，相对于常用的分离式隧道形式，这种设计可大大节省线路的占地面积，具有可观的经济效益。该隧道设计新颖，结构复杂，技术难度大，科技含量高，具有“二大二新”的特点。

“二大”是：一是净空跨度大，成洞断面大；二是地质条件差，浅埋暗挖，工序繁琐、跨越时间长，安全威胁大。

“二新”是：采用了新技术，新工艺。结构设计新颖，三导洞开挖施工方法新颖。

1　工程概况

黑古沿隧道起讫里程为 K116＋824～K116＋988，全长为 164m，其结构形式为 16m（明洞）＋35m（A 型衬砌形式）＋63m（B 型衬砌形式）＋35m（A 型衬砌形式）＋15m（明洞）。该隧道最大净空跨度达 29.42m，最大净空高度达 11.08m，高跨比仅为 1∶2.66，成洞净空面积达 258m^2，最大埋深为 27.0m。图 1 和图 2 分别为隧道纵断面图和 A 型衬砌断面图。

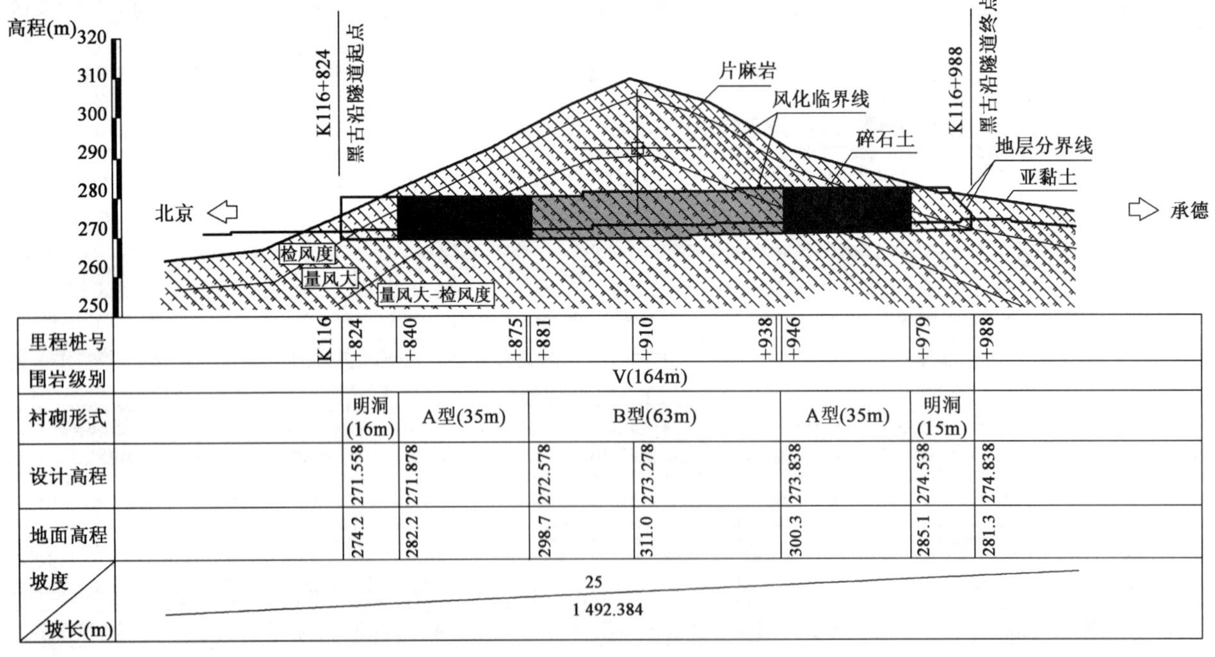

图 1　隧道纵断面

隧道围岩均为 V 级，主要为太古代沙厂组的片麻岩岩体，夹黄红色混合岩，岩体较破碎，局部较完整。经岩石物理力学试验统计表明，隧道围岩饱和单轴抗压强度一般为 5.0～28.0MPa，整体上属于较软岩，局部风化程度较低的混合岩为较硬岩，岩石的软化性较明显，整体工程地质性质较差。

隧址区地下水主要为松散岩类孔隙水，分布很不均匀，无规律性，受场区地质构造、岩性及地形、环境、大气季节降水等因素的影响。地区抗震设防烈度为 VI～VII 度。最大冻结深度为 1.0m。

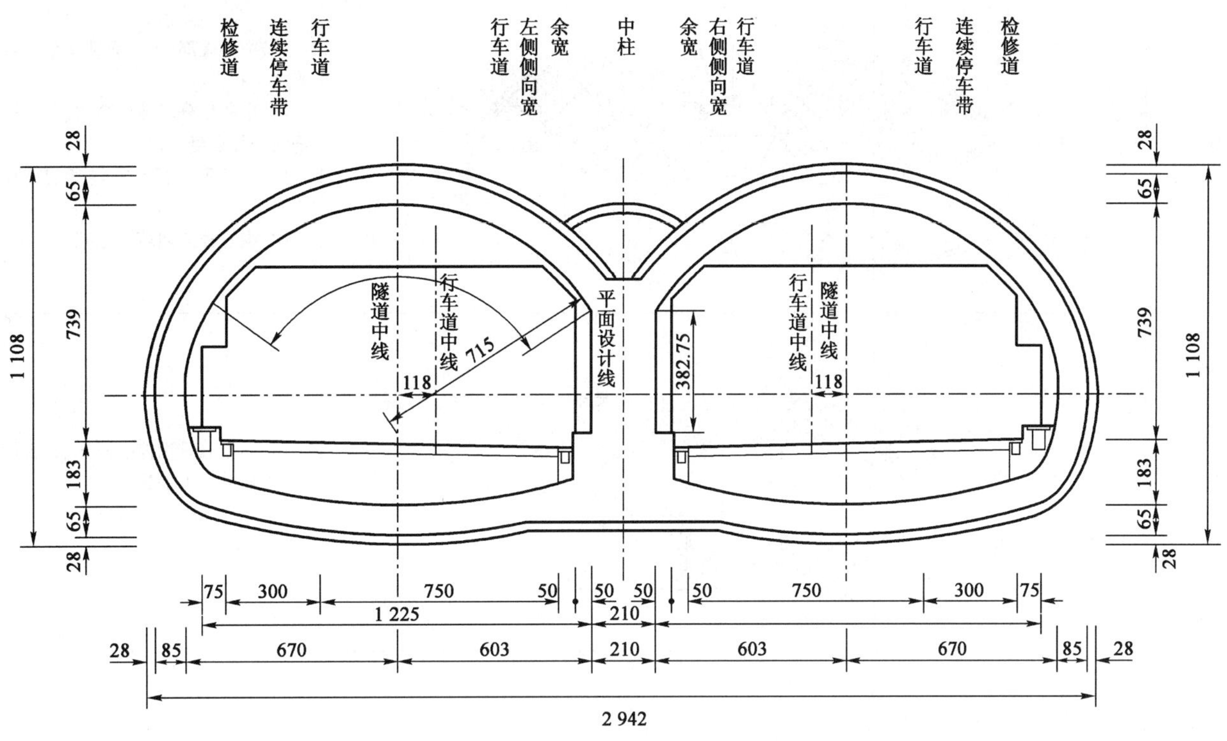

图 2　A 型衬砌断面图(尺寸单位:cm)

2　施工方案设计

隧道开挖过程中围岩稳定、初期支护、二次衬砌的安全性备受关注，开挖顺序和及时支护的施工方案是成败的关键。开工前提出了两种方案，详细开挖及支护顺序等叙述如下。

方案一：三导洞施工法。主要的施工工序如表 1 所示。

三导洞施工法的主要施工工序　　表 1

序　号	施 工 示 意 图	施 工 内 容
第一步	隧道中心线；33.7m²；75.9m²；48.8m²	(1)明洞开挖及边坡支护； (2)管棚施工； (3)间隔两根管棚施工超前小导管
第二步	侧导洞；隧道中心线；中导洞；侧导洞	(1)中导洞上下台阶开挖及支护； (2)中导施工 35m 后，侧导洞施工； (3)侧导洞按照上下台阶施工

续上表

序　号	施工示意图	施工内容
第三步	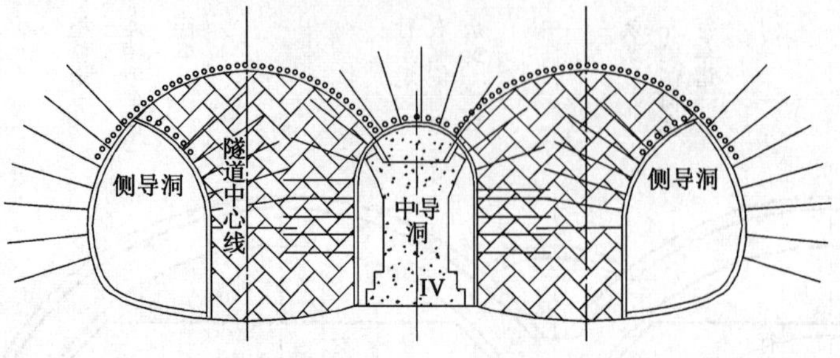	(1)中导底部施工，底部注浆小导管施工； (2)中柱顶分段铺设防水层，分段浇筑中柱混凝土； (3)中柱顶预留左右隧道初支接头； (4)中柱顶部回填并注浆
第四步	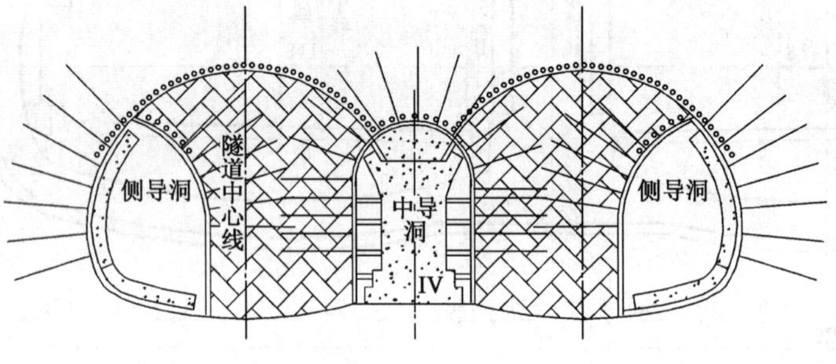	(1)左右侧导洞仰拱防水、布置钢筋、二衬混凝土浇筑； (2)中导洞临时支撑施工
第五步	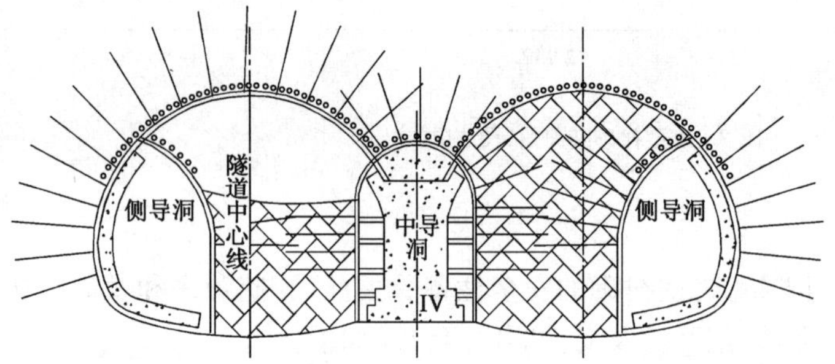	(1)左洞超前支护施工； (2)左洞上台阶开挖及支护
第六步	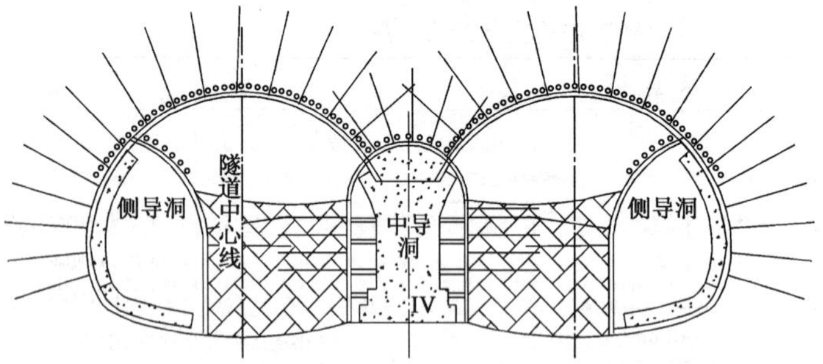	(1)右洞超前支护施工； (2)右洞上台阶开挖及支护
第七步	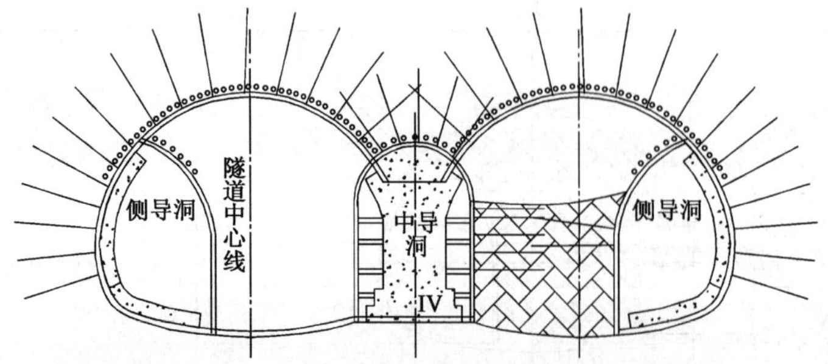	左洞下台阶开挖及初期支护，必要时增加临时横撑

续上表

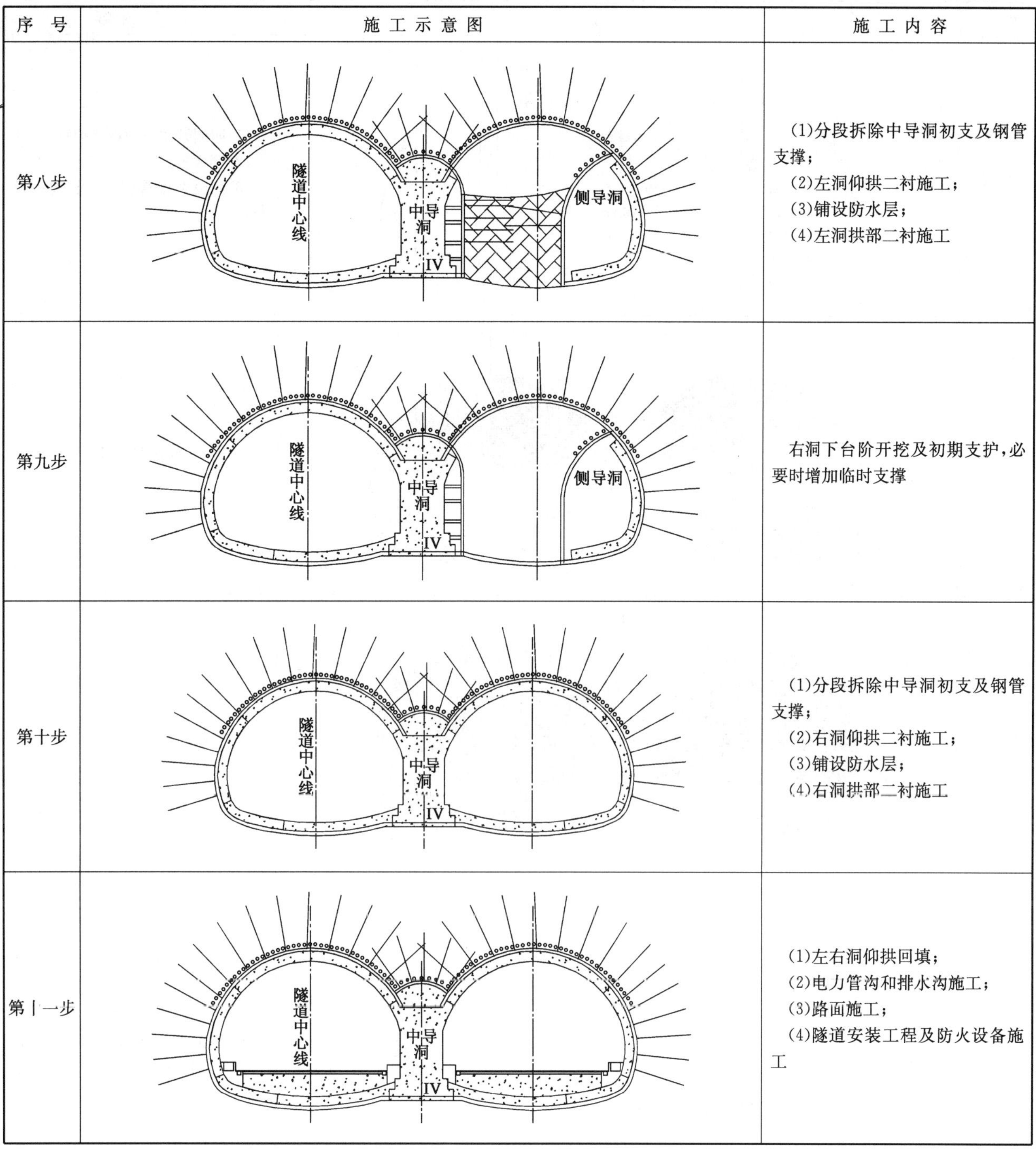

序　号	施工示意图	施工内容
第八步	隧道中心线　中导洞　IV　侧导洞	(1)分段拆除中导洞初支及钢管支撑； (2)左洞仰拱二衬施工； (3)铺设防水层； (4)左洞拱部二衬施工
第九步	隧道中心线　中导洞　IV　侧导洞	右洞下台阶开挖及初期支护，必要时增加临时支撑
第十步	隧道中心线　中导洞　IV	(1)分段拆除中导洞初支及钢管支撑； (2)右洞仰拱二衬施工； (3)铺设防水层； (4)右洞拱部二衬施工
第十一步	隧道中心线　中导洞　IV	(1)左右洞仰拱回填； (2)电力管沟和排水沟施工； (3)路面施工； (4)隧道安装工程及防火设备施工

方案一是一种新颖的隧道开挖和支护方案。采用三导洞开挖及支护，先中导洞贯通后浇筑中柱混凝土，使之能承受左右洞围岩拱圈集中传递来的应力；然后进行左右侧导洞开挖及初支，用锚杆加固两侧岩体，使得部分围岩压力可以通过侧导洞的临时支撑加以平衡，通过侧导洞的临时支护较好地起到了减跨作用。开挖 35m 后施工左、右主洞上台阶，使得原中柱岩柱承受的应力可以沿横向向相邻未开挖的中柱岩柱传递，产生围岩应力重新分布。为保证岩柱的承载力，左主洞二衬施工完毕后，再开挖右主洞下台阶，围岩应力再一次重新分布，向相邻的二次衬砌节段传递。最后浇筑右洞二衬，与先期浇筑的二次衬砌节段连成完整的二次衬砌体系。

方案二：左右洞及中导洞台阶式施工法。主要施工工序如表 2 所示。

左右洞及中导洞台阶式施工法　表2

序　号	施　工　示　意　图	施　工　内　容
第一步	隧道中心线 109.6m² 48.8m²	(1)明洞开挖及边坡支护； (2)管棚施工； (3)间隔两根管棚施工超前小导管
第二步		中导洞全断面开挖及支护
第三步	中导洞 IV	中柱施工
第四步	隧道中心线 中导洞 IV	(1)左洞分上、下台阶开挖及初支； (2)左洞仰拱及二衬； (3)右洞上、下台阶开挖及初支； (4)右洞仰拱及二衬
第五步	隧道中心线 中导洞 IV	(1)路面施工； (2)隧道附属设施施工

方案二属于常用的台阶式隧道开挖和支护方案。先开挖中导坑，形成跨度较小的临空面，及时浇筑钢筋混凝土中柱衬砌，使之尽早承受松动围岩的应力，保证围岩的稳定性。再采用上下台阶式开挖左右洞，用喷锚临时支护体系稳定左右洞拱顶围岩。最后才浇筑左右洞边墙和拱圈混凝土衬砌，与先期浇筑的中柱衬砌相连形成完整的二次衬砌体系。

经详细技术安全比选，我们决定采用方案一。为了防止隧道坍塌，施工中还采用“管超前，严注浆，短进尺，强支护，早封闭，勤量测”的暗挖法施工原则，确保施工安全。

3　施工顺序

分两端四口并进，先进行临时设施修建→洞口截排水施工及土石方开挖→明洞开挖及边坡处理→洞口大管棚施工→进洞→暗洞开挖→超前支护、三导洞法开挖隧道、施作洞内初期支护→仰拱及矮边墙→洞身防水及洞身二次衬砌(包括明洞)→洞内排水→洞内路面→洞内装饰及其他。

4　主要施工工艺

隧道进出口明洞采用分层小切口明挖，锚喷混凝土加固边坡，整体式衬砌施工。

隧道暗洞采用三导洞法施工，在超前支护后，先实施中导洞及两边侧导洞，两边侧导洞与中导洞开挖面拉开适量的安全距离，相隔 35m 左右。待中导洞全线贯通后，浇筑中柱混凝土及安设临时支撑或回填低强度等级混凝土；然后在主洞中部采用台阶法分部开挖、拆除临时支撑及浇筑二衬，由于本隧道较短，左洞安全开挖且浇筑二衬完成后再实施右洞的下部开挖等。

洞内出渣均采用无轨运输，洞身开挖成型后，模筑仰拱及填充混凝土，再利用衬砌台车一次连续浇筑二次衬砌混凝土。现分别叙述如下。

4.1　洞口管棚施工

明洞转暗挖洞口处，根据设计需要沿隧道开挖线施作一环大管棚，选用 $\phi108\times6$mm 钢管，长 35m，外插角 1°～3°，在施工过程中尽量取大值以保证开挖净空不侵限。

(1)施作套拱(导向墙)

①混凝土套拱作为长管棚的导向墙，套拱在明洞外廓线以外施作，工字钢上埋设定位钢筋将 $\phi108$mm 钢管固定。

②孔口管作为管棚的导向管，它安设的平面位置、倾角、外插角的准确度直接影响管棚的质量。用经纬仪以坐标法在工字钢架上定出其平面位置；用水准尺配合坡度板设定孔口管的倾角；用前后差距法设定孔口管的外插角。孔口管应牢固焊接在工字钢上，防止浇筑混凝土时产生位移。

(2)搭钻孔平台安装钻机

①钻机平台可用枕木或钢管脚手架搭设，搭设平台应一次性搭好，钻孔由两台钻机由高孔位向低孔位对称进行，可缩短移动钻机与搭设平台时间，便于钻机定位。

②平台支撑要着实地，连接要牢固、稳定。防止在施钻时钻机产生不均匀下沉、摆动、位移等，影响钻孔质量。

③钻机定位：钻机要求与已设定好的孔口管方向平行，必须精确核定钻机位置。用经纬仪、挂线、钻杆导向相结合的方法，反复调整，确保钻机钻杆轴线与孔口管轴线相吻合。

(3)钻孔

①为了便于安装钢管，钻头直径采用 $\phi115$mm。

②岩质较好的可以一次成孔；钻进时产生坍孔、卡钻，需补注浆后再钻进。

③钻机开钻时，可低速低压，待成孔 1.0m 后可根据地质情况逐渐调整钻速及风压。

④钻进过程中经常用测斜仪测定其位置，并根据钻机钻进的现象及时判断成孔质量，并及时处理钻进过程中出现的事故。

⑤钻进过程中确保动力器、扶正器、合金钻头按同心圆钻进。

⑥认真作好钻进过程的原始记录，及时对孔口岩屑进行地质判断、描述，作为开挖洞身的地质预探预报，为指导洞身开挖的依据。

⑦采用干法钻进。

(4)清孔验孔

①用地质岩芯钻杆配合钻头(ϕ115mm)来回扫孔，清除浮渣至孔底，确保孔径、孔深符合要求，防止堵孔。

②用高压气从孔底向孔口清理钻渣。

③用经纬仪、测斜仪等检测孔深、倾角、外插角。

(5)安装管棚钢管及钢筋笼

①钢管应在专用的管床上加工好丝扣，棚管四周钻 ϕ8 出浆孔(靠掌子面 4～5m 的棚管不钻孔)；管头焊成圆锥形，便于入孔。

②棚管顶进采用大孔引导和棚管机钻进相结合的工艺，即先钻大于棚管直径的引导孔(ϕ115mm)，然后可用 10t 以上卷扬机配合滑轮组反压顶进；也可利用钻机的冲击力和推力低速顶进钢管。

③接长钢管应满足受力要求，相邻钢管的接头应前后错开。同一横断面内的接头数不大于 50%，相邻钢管接头至少错开 1m。

④向钢管内安置钢筋笼。

(6)注浆

①安装好有孔钢花管后即对孔内注浆。

②注浆参数：水泥浆水灰比 1∶1。

③采用 kby-50/70 液压注浆机将双液浆注入管棚钢管内，初压 0.5～1.0MPa，终压 2MPa，持压 15min 后停止注浆。注浆量一般为钻孔圆柱体的 1.5 倍，若注浆量超限，未达到压力要求，应调整浆液浓度继续注浆，直至符合注浆质量标准，确保钻孔周围岩体与钢管周围孔隙均为浆液充填，方可终止注浆。

④注浆结束后及时清除管内浆液，并用水泥砂浆充填，增强管棚的刚度和强度。

4.2 明洞边坡仰坡开挖支护

(1)明洞段开挖应在洞顶截水沟施工完成后进行，应尽量避开雨季施工。

(2)边坡防护应与明洞开挖同步进行，及时施工明洞边坡的锚杆、挂设钢筋网、喷射混凝土，及时封闭坡面。

(3)对边坡渗水要及时引排到坡面外，加强对坡面的防护。

(4)采用分层小切口 明挖。

4.3 超前小导管

洞内隧道拱部 120°范围内采用 $\phi 42\times 4$、$L=300$cm 小导管预注浆做超前支护，环向间距 40cm。

小导管注浆作业包括钢管加工、打孔布管、封面、注浆四道工序，施工中拟于现场加工小钢管，喷射混凝土封闭岩面后，用管棚机引孔并压管入孔后，压注水泥浆，以加固原地层。

4.4 初期支护

(1)中空锚杆

①施工准备：在施工前准备一台混凝土输送泵，7655 型风动岩机、大直径的锚杆以及熟练的机械操作员。

②打眼：采用台车或手持式凿岩机将安装好钻头的锚杆，钻至设计深度或比设计深度稍深一点。

③钻进：卸下钻机抽出锚杆，然后将中空锚杆利用人工打入眼孔(钻眼比锚杆眼孔稍大)，安装止浆塞，将其安装在锚孔内离孔口 25cm 处。特殊情况如注浆压力或围岩破碎较大也可用锚固剂封孔。

④连接：通过连接套将注浆接头和锚杆尾端连接使其接触严密，在注浆过程中不致漏浆。中空锚杆在打入时，留 10cm 左右不打入，保证注浆塞的安装。

⑤注浆：开动机器注浆，待注浆饱满且压力达到设计值时停止，注浆压力根据设计参数和注浆机性能确定。我部施工中采用的灰砂比值为：1∶0～1∶1，水灰比为：0.45～0.5。

(2)钢筋网施工

钢筋网在洞外加工成单元片。钢筋网的铺设与开挖面紧贴，挂网前应先初喷一层混凝土厚5cm，钢筋网与锚杆焊接牢固，钢筋网挂好后，再复喷混凝土至设计厚度。

(3)工字钢钢架施工方法

①工字钢钢架的制作

钢拱架在加工棚1∶1的样台上，按设计尺寸冷弯分段制作，按单元拼焊后，运至现场安装。

a. 先试拼几榀后再进行批量生产。加工做到尺寸准确，弧形平顺；钢筋焊接(或搭接)长度满足设计要求，连接孔位准确。

b. 钢拱架单元组装，单元间用螺栓连接。

②钢拱架的安装

a. 定位测量：首先测定出线路中线，确定高程，然后再测定其横向位置。

b. 钢拱架安设：钢拱架与封闭混凝土之间紧贴，在安设过程中，当钢拱架与围岩间有较大间隙时安设垫块，两榀钢架间沿周边设纵向连接筋，形成纵向连接体系，拱脚高度不够时设置钢板调整，拱脚高度低于上半断面以下10cm。

(4)喷混凝土施工方法

①喷射机械安装好后，先注水、通风、清除管道内杂物，同时用高压风吹扫岩面，清除岩面尘埃。

②严格控制喷嘴与岩面的距离和角度。喷射时自下而上，即先墙脚后墙顶，先拱脚后拱顶，避免死角，料束呈旋转轨迹运动，一圈压半圈，纵向按蛇形，每次蛇形喷射长度为3～4m。

③喷混凝土特殊技术要求

a. 初喷混凝土紧跟掌子面，复喷前先完成系统锚杆、钢筋网、钢拱架的安装工作。

b. 渗漏水地段的处理：当围岩渗水无成线涌水时，在喷射混凝土前用高压风吹扫，开始喷射混凝土时，喷射混凝土由远而近，临时加大速凝剂掺量，缩短初凝、终凝时间，逐渐合拢喷射混凝土，有成线涌水时，斜向窜打深孔将涌水集中，再设软式橡胶管将水引排，再喷射混凝土，最后从橡胶管中注浆加以封闭。止住后采用正常配合比喷射混凝土封闭。

c. 每隔5m，采用断面仪测量开挖断面和喷射混凝土的断面，两断面相减结果为喷射混凝土的厚度，若喷射混凝土厚度不够应补喷达设计要求。

4.5　中柱加固措施及临时支撑

(1)中柱加固措施

本隧道由于地质条件差，施工中采用三导洞开挖法，势必对中柱附近岩体产生多次扰动，而中柱又是双连拱隧道受力的重要支点，因此必须做好中柱柱顶和柱底的加固措施(图3)。

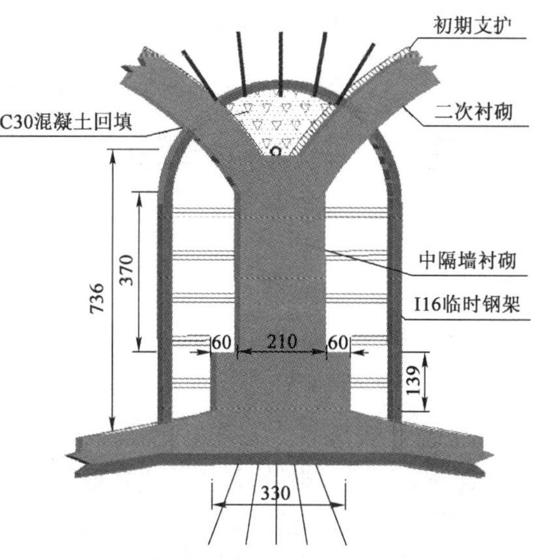

图3　柱顶和柱底加固(尺寸单位：cm)

①中导洞开挖后及时对拱顶围岩进行加固注浆。柱顶采用$\phi 42\times 4$mm小导管，$L=3.0$mm，纵环向间距0.5m×1.2m。

②在分段浇筑中柱前，应对中柱底进行加固注浆。柱底采用$\phi 42\times 4$mm小导管，$L=3.5$mm，纵横向间距1.0×0.8m，矩形布置。

(2)中柱临时支撑

中柱为双连拱隧道整个结构中的主要受力部分，为防止由于主洞开挖产生的推力过大而使中柱产生附加弯矩，继而发生变形和破坏，中柱施工完毕后，两侧必须采用有效措施对中柱进行临时支撑：

①根据现场监控量测情况，我部在施工中采用 ϕ219×10mm 热轧无缝钢管进行临时支撑。

②横向间距为 1.0m，竖向间距为 1.0m，至中柱底 1.65m 位置向上设置 4 排。

4.6 二次衬砌

(1)采用混凝土运输车运输，泵送混凝土入模施工，混凝土浇筑严格按分层对称连续的原则组织实施，插入式振捣器进行捣实。

(2)混凝土在输送过程中要保证不发生离析、漏浆，严禁泌水及过多损失坍落度等现象。

(3)监测混凝土入模温度及后期养护温度。

(4)衬砌工作中，泵送模注混凝土封顶采用钢管压注方法，通过选择合适的混凝土坍落度和用金属管从拱模的灌注口压注封顶。在拱部 70°范围设三根充填注浆管，纵向每 5m 设一组。

4.7 防排水措施

针对黑古沿隧道防水的特点，施工方案遵循“以排为主，防、堵、截相结合”的综合治理原则。双连拱隧道中以中柱顶的防水质量尤难控制，施工中除正常铺设防水板外，增设一层 2mm 厚 BAC 自粘防水卷材，并在墙顶沿隧道纵向设一根 ϕ80mmTS 弹性软式透水管，中柱内每隔 5.9m 设置竖向 ϕ80PVC 排水管与 ϕ80mmTS 弹性软式透水管连通，将墙顶汇水引至隧道路面下边沟。为避免中柱顶汇水通过附近纵向施工缝渗入隧道，该处纵向施工缝需高出中柱一定距离，形成“Y”形。为保证防水效果，该处纵向施工缝设外贴式止水带、中埋式橡胶止水带各一道，并预埋注浆软管。见图 4 所示。

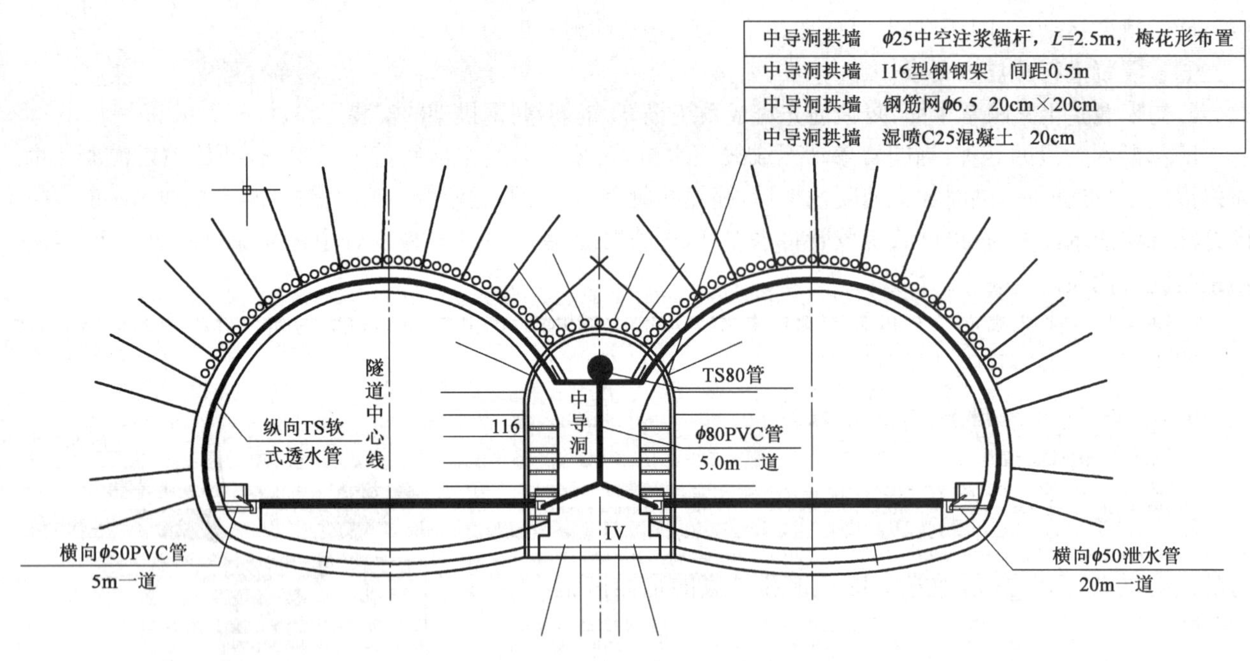

图 4　暗洞防水结构示意图

4.8 监控量测

(1)施工测量

①洞内平面控制：在洞内设立主副导线环，测角以方位观测为主，测边以全站仪为主，洞内中线点根据洞内平面控制点来测定，中线点的高程根据洞内水准点来测量。为了提高测量精度，洞内导线采用全站仪测距，全闭合导线环，角度平差采用简易平差法，坐标闭合差采用坐标简易平差法；为提高测量效率和控制隧道

超欠挖,采用红外线免棱镜精确布孔,随时检查超欠情况,修改开挖轮廓,进行隧道开挖控制。

②洞内的水准测量由洞口高程控制点,向洞内布置,洞内水准测量根据洞口高程控制点测定洞内各水准点的高程,以此作为施工的依据,并定期复核。

(2)围岩的监控量测

围岩位移变形的监控量测是隧道开挖的重要组成部分,作好开挖工作面的地质调查与素描,记录与围岩稳定状态有关的地质现象,量测围岩变形量,以判定围岩的稳定性,预见事故和险情,对支护参数、预留变形量以及开挖方法的正确性进行检验。我部监控量测以水平收敛测量和拱顶下沉测量为主,并结合安设围岩压力观测盒、量测锚杆轴力等措施辅助进行围岩稳定性观测。除了用仪器仪表量测外,每个测点都作肉眼观察,并记录观察结果,作为监控量测的补充。

(3)地表沉降观测

黑古沿隧道属于浅埋隧道,施工过程中需加强地表沉降观测。

①点位布置:地表下沉量测在隧道开挖之前进行,沿纵向每 10m 埋设一组观测点,按照普通水准点埋设。并且在预计破裂面以外 3～4 倍洞径处设水准基点,作为观测点高程测量的基准,从而计算出各观测点的下沉量。

②地表下沉采用精密水准仪、用瓦尺量测,测量精度 0.01mm。

(4)超前地质预报

在隧道施工中,地质工程师将严密注意围岩开挖情况,通过浅孔钻探和声波探测手段,预报开挖工作面前方几米至几十米的围岩工程地质和水文地质条件,结合掘进中地质条件的变化,及时预报,有准备地做好各种预防和施工措施,保证隧道施工顺利进行。

①对照图纸提供的地质资料,预报地质条件变化情况及对施工的影响程度;

②预报可能发生塌方、滑动的部位、形式、规模及发展趋势,提出处理措施;

③预报可能出现涌水的地点、涌水量大小及对施工的影响;

④位移量测中发现围岩变形速率加快时,预报对围岩稳定性的影响程度;

⑤对不稳定岩层、断层预报,及时改变施工方法或做应急措施。

5 结语

方案二采用台阶法开挖施工工艺成熟,施工顺序简单,操作空间大,施工方便,施工工期较短,但安全威胁大,易发生坍塌事故。方案一采用三导洞施工,施工工艺技术新颖,各施工阶段应力传递明确,但施工顺序比较繁杂,施工工期较长。

对于连拱式隧道的施工,本工程所采用的"三导洞开挖法"与常用的台阶法隧道开挖方案相比,具有明显的技术安全优势。中柱加固措施具有施工工艺技术新颖,各施工阶段应力传递明确,安全威胁小的特点。结合对比成熟的施工工艺,结果表明了黑古沿双连拱隧道的施工方案是科学合理的。黑古沿隧道工程是大跨度、软岩、连拱隧道成功采用三导洞开挖法施工的一个成功的典型实例。

加筋土陡坡技术在山区高速公路中的应用

段春辉

(北京市路政局大兴公路分局　北京　102600)

摘　要:本文从加筋土陡坡技术的应用原因、工作机型、施工要求等方面介绍了该技术在山区公路的应用情况。

关键词:加筋土陡坡　山区　高速公路

0　引言

高速公路工程,具有路线长、占地多、土石方工程量大等特点,尤其山区高速公路建设对原生植被的破坏尤为突出。为了有效地减少山区高速公路建设占地,减少对环境的破坏,在京承高速公路(密云沙峪沟—市界段)工程建设中采用了加筋土陡坡技术,即在填筑的路堤中加入土工合成材料。这不仅增加了填料的强度和路基的整体稳定性,而且还可以把路基边坡做成陡边坡,这样既取代了路肩墙,又减少了土石方施工数量和占地数量,大大降低了工程造价,符合建设节约型、环保型社会的要求。因此,加筋土陡坡技术在山区高速公路建设中有着广泛的应用前景。

1　工程概况

工程设计路线绝大部分位于山区,地表植被极为丰富。为了减少对原生植被的破坏,尽可能少占用林地,在部分填方高度较高的半填半挖路段采用了加筋土陡坡技术,设置了路堤式或路肩式加筋土陡坡,设计边坡坡度为 1∶0.6(图 1)。本工程设置加筋土陡坡路段的单侧长度共约 3.6km,设置加筋土陡坡路段的填方最高达 30m,最矮的也在 8m 以上,平均高度约为 15.4m。

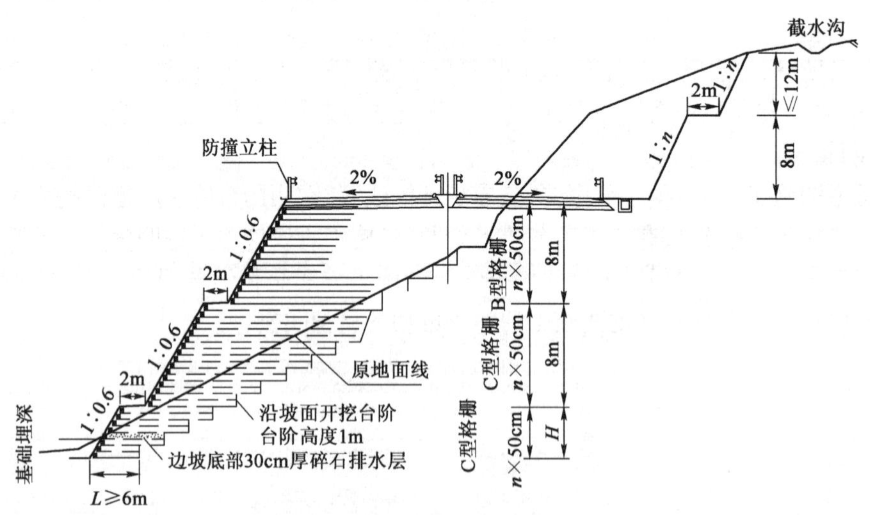

图 1　加筋土陡坡示意图

2　选择加筋土陡坡技术的原因

本工程设计路线绝大部分位于山区。为了保护环境,尽可能使路基土石方数量达到填挖平衡,减少土石方工程数量,在路线选择过程中,把路线绝大部分设置在半山坡,路基横断面设计多为半填半挖断面。由于沿线山区的原地面变化复杂，使得路基断面的半填部分的填方高度变化较大，局部段落的填方高度达到20m以上。针对不同的填方高度，结合现场原地面的实际情况，在设计过程中选择了不同的设计方案。结合现场实际情况，对填方高度较小的路段，现场具备正常放坡条件的，设计采用正常放坡填方方案；对于现场山体边坡较陡的，通过设置下挡墙以减少建设占地。对填方高度较大的路段，设计过程中选用了正常放坡、重力式挡土墙、加筋挡土墙、架设桥梁、加筋土陡坡等多种方案，并进行了可行性和经济性分析和比较，其比较结果见表1。

各种方案优缺点比较结果　　表1

序号	比选方案	优　点	缺　点
1	正常放坡	施工较为方便	占地面积较大，土石方数量大，对环境的破坏较大，费用较高
2	重力式挡土墙	可就地取材	填方较高段在技术上不可行，设计的挡土墙断面尺寸较大，人工痕迹明显
3	加筋挡土墙	占地面积较小，对环境的破坏较小，外观整齐	山区材料运输困难，费用较高，施工工序较多，人工痕迹明显
4	架设桥梁	占地面积较小，对环境的破坏较小，长期质量可靠	施工条件较差，费用较高
5	加筋土陡坡	占地面积较小，对环境的破坏较小，比较经济	施工工序较多

因此，选择加筋土陡坡技术有以下几点理由。

(1)技术方面。加筋土陡坡技术很好地解决了高填方路段现场不具备放坡条件且不宜设置挡土墙的路基边坡设计难题。

(2)环保方面：

①加筋土陡坡技术采用土工格栅反包土，边缘采用麻袋装种植土进行码砌，减少了大量的圬工砌筑，解决了坡面绿化问题。

②采用加筋土陡坡技术，减少了大量的建设占地，对山区的原生植被进行了很好的保护。

(3)经济方面。由于采用加筋土陡坡技术减少了大量的建设占地，减少了大量土石方数量，与其他方案相比具有一定的经济性。

3　加筋土陡坡的工作机理

在路基填筑过程中设置土工格栅材料，从而使路基填料与土工格栅构成了土—筋材的复合体。由于路基填料的抗拉抗剪性能差，在路基填料中加入筋材，可以扩散路基内部应力并传递拉应力，以筋材为抗拉构件，与路基填料产生相互摩擦作用，限制其上下路基填料的侧向变形，等效于给路基填料施加了一个侧压力增量，从而增强了路基内部的强度和整体性，提高了路基填料的抗剪强度，保证了路堤的稳定性(图2)。

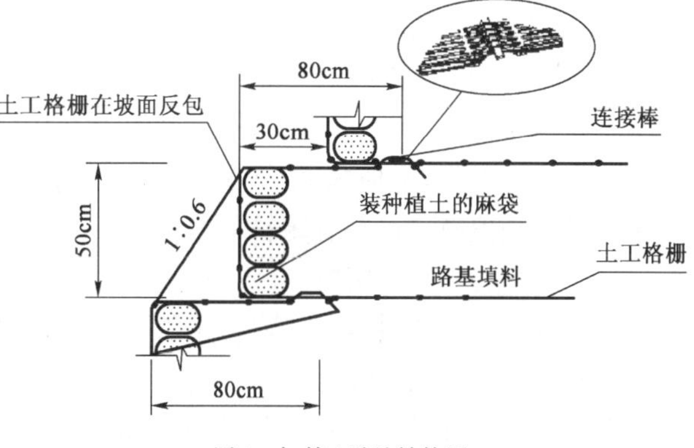

图2　加筋土陡坡结构图

4　加筋土陡坡的施工

本文选取京承高速公路(密云沙峪沟—市界段)工程第十三合同出京侧K122+120～K122+290段右侧半填半挖段为例，作为加筋土陡坡施工的试验段(图2)。该段陡边坡设计坡比1∶0.6，一共有三级，第一级边坡高为4～14m，第二级高为8m，第三级高为

8m。试验段重点解决如何保证加筋土陡坡的工程质量、填料的选择、不同填料对格栅的破坏程度以及土工格栅铺设、固定的施工要领，以在全线其余加筋土陡坡段落推广和应用，其施工流程见图 3。

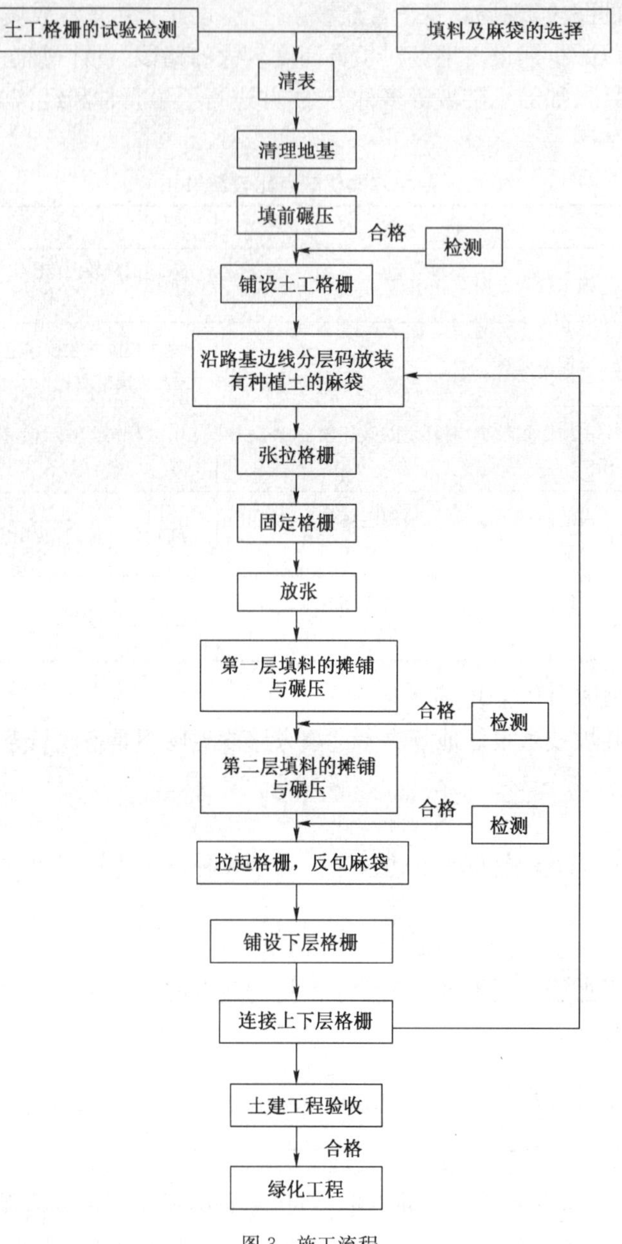

图 3　施工流程

4.1　土工格栅的性能及质量要求

用于陡边坡的土工格栅，应采用整体性好的高密度聚乙烯（HDPE）塑料拉伸土工格栅，其作用是承受垂直荷载和水平拉力，并与路基填料产生摩擦力。其应具备以下性能：

(1)抗拉能力强，延伸率小，蠕变小，不易产生脆性破坏；

(2)与路基填料之间具有足够的摩擦力；

(3)耐腐蚀和耐久性能好；

(4)具有一定的柔性，加工容易，接长与连接简单；

(5)使用寿命长，施工简便。

本试验段采用的是单向土工格栅。土工格栅进场后，首先检查其几何尺寸和外观有无破损和污染。经检查合格后进行相关试验检测，各项性能指标要求及试验检测结果如表 2 所示。

单向土工格栅技术指标要求及试验检测结果 表2

项　目	单　位	技术指标	检测结果	单项结论
每延米拉伸屈服力	kN/m	≥114	114	合格
屈服伸长率	%	≤11.5	8.9	合格
2%伸长率时的拉伸力	kN/m	≥26	33.8	合格
5%伸长率时的拉伸力	kN/m	≥52	62.2	合格
炭黑含量	%	≥2	2.3	合格

4.2 填料的选择

常规的加筋土结构主要用于填土路基和土石混填路基。由于现场现有的填料主要为路基开挖的大量弱风化橄榄粗安岩和局部路基开挖的土石混合料。在填筑试验前，分别对两种材料进行了相关试验，经试验，橄榄粗安岩的单轴抗压强度为68.7MPa；而土石混合料的最大干密度为2.10g/cm^3，最佳含水率为10.4%。为了减少施工中填料对土工格栅的破坏，根据现场的实际情况对加筋土结构的填料进行了试验。

4.2.1 弱风化橄榄粗安岩作为填料

由于第十三合同段内路基开挖为大量弱风化橄榄粗安岩，岩石坚硬并且棱角较多，为了能够充分地利用路基挖方材料，在土工格栅上直接填筑了路基开挖的石料进行试验，由于石料强度较高，施工碾压过程中造成土工格栅的损伤过大(表3)，经外观检查，损伤率不能满足设计要求，如此可能造成加筋土结构内部应力体系失稳，从而有可能造成陡坡坡体失稳，试验失败。

路基开挖石料(橄榄粗安岩)填筑后格栅的损伤情况 表3

损伤分类	一般损伤根数	严重损伤根数	完全断裂根数	一幅总根数
根数	41	10	9	60
比例(%)	68.3	16.7	15.0	

4.2.2 路基开挖的两种材料组合作为填料

为了有效地降低土工格栅的损伤率，现场采用了土石混合料和弱风化橄榄粗安岩作为组合填料重新进行了填料试验段施工。首先将土石混合料摊铺在铺设好的土工格栅表面(为了保护土工格栅，第一层填料压实厚度不小于15cm)，压实并检验合格后再用路基开挖石料(橄榄粗安岩)填筑剩余的35cm。两层填料填筑完成后对土工格栅取样进行检测，其损伤情况如表4所示。

土石混合料填筑后格栅的损伤情况 表4

损伤分类	一般损伤根数	严重损伤根数	完全断裂根数	完好无损数量	一幅总根数
根数	8	4	2	46	60
比例(%)	13.3	6.7	3.3	76.7	

现场取样每延米拉伸屈服力试验结果为106kN/m。其损伤率系数计算如下：

$$\frac{\text{进场时的每延米格栅拉伸屈服力}-\text{施工碾压后每延米格栅拉伸屈服力}}{\text{进场时的每延米格栅拉伸屈服力}}$$

$$=\frac{(114-106)\text{kN/m}}{114\text{kN/m}}$$

$$=7.01\%\leqslant 8\%$$

经计算土工格栅的损伤率为7.01%，满足设计给定小于8%的要求，试验确定粗粒土满足加筋土结构的施工要求。

考虑本合同段土石混合料的数量有限，试验段确定了加筋土结构采用两种填料组合填筑，这样，填料组合既对土工格栅进行了有效的保护(损伤率满足设计要求)，也充分地利用了路基开挖的石料，从而有效地减少了弃方和因弃方引起的占地，节约了工程造价。

根据以上对填料选择的试验，结合设计文件要求，现场选用了透水性较好的填料，填料最大粒径控制在

150mm以内,在碾压过程中注意对土工格栅的保护,保证填料的压实度满足规范要求,确保加筋土结构中土工格栅与填料之间有很好的嵌固效果。

4.3 麻袋尺寸的选择及码放

首先在麻袋内装入种植土,必要时需对种植土进行过筛(图4、图5)。用来码砌边坡的麻袋在试验段开始时采用尺寸为40cm×60cm,主要考虑麻袋较小方便施工。但由于麻袋尺寸偏小,在上层填料碾压过程中,下层麻袋有“外鼓”现象。为了减少因麻袋“外鼓”造成土工格栅“开口”(图6)。试验段施工过程中将麻袋的尺寸调整为60cm×90cm,并按两顺一丁的方式码放,有效地避免了上述情况的发生(图7)。

图4 人工装种植土

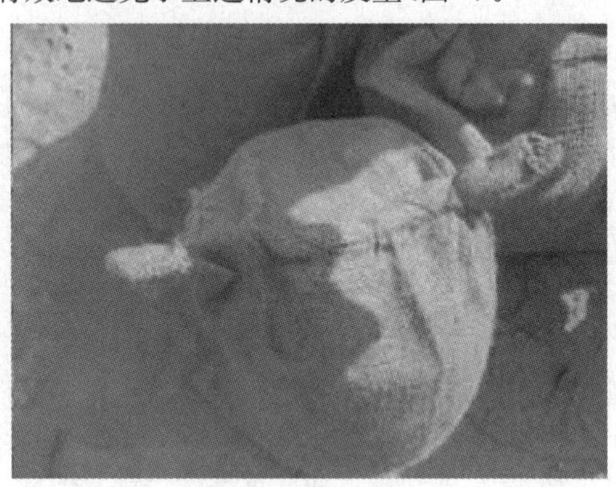

图5 麻袋铁丝封口

图6 小麻袋施工效果

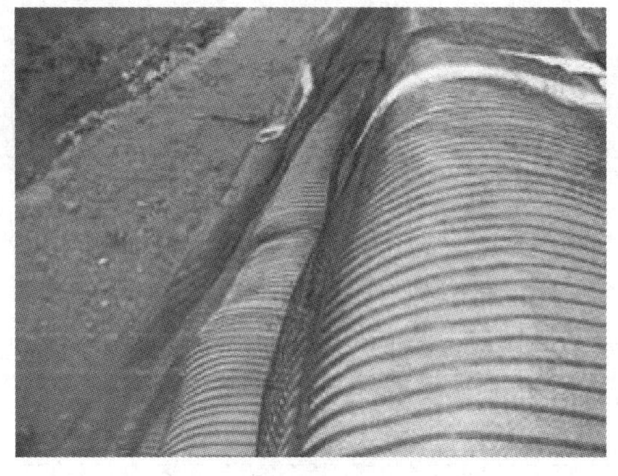

图7 大麻袋施工效果

4.4 基底处理

由于试验段的原地面横坡较陡,施工中须开挖台阶。台阶按照规范要求设有2%～4%向内倾斜的横坡。杜绝台阶开挖不到位,保证土工格栅的锚固长度满足设计要求。基底清除后,不能出现浮渣,然后对基底进行平整压实,保证基底压实度达到90%以上。

4.5 土工格栅的铺设与固定

基底处理完成后,按以下要求进行土工格栅的铺设:

(1)根据地基的尺寸,按要求裁剪出(铺设设计长度+反包回折长度+格栅上下层搭接长度1m)底层加筋土格栅,按规定位置铺设,并在墙面外预留出格栅反包所需的长度。格栅强度大的方向应垂直坡面,隔层格栅必须保持水平且相互平行铺设。土工格栅必须按设计要求的位置、长度及方向进行铺设。

(2)铺塑料土工格栅时,顺路线方向无需搭接宽度,但相邻格栅需紧靠。

(3)在铺好的土工格栅上,根据路基边坡位置码砌装好土的麻袋,麻袋分层堆码,按两顺一丁码放,层与层之间错开布置,麻袋装土的饱满度大致一致,以便麻袋堆码平齐,然后在麻袋后填筑一定数量的土,避免硬质尖锐棱角的粒料直接接触土工格栅。

(4)张拉土工格栅是加筋土陡坡施工的关键工序。在自由端用张拉梁通过拉住格栅的网孔拽紧格栅。在开始施工时,每层格栅不管多长,只在格栅自由端一次张拉,结果土工格栅施工后出现了松弛现象。为了使土工格栅能够拉紧绷直,在试验段中调整了张拉方法,根据格栅长度不同,采用分次张拉。即格栅长度不超过6m,张拉一次;长度为6~11m,张拉两次;长度为11~15m,张拉三次;长度为15~20m,张拉四次,以此类推。多次张拉时,从麻袋侧开始张拉。为了保证格栅密贴麻袋,受力均匀,避免开口,采用木头夯敲打麻袋调整位置(图8),通过调整张拉方式,使得土工格栅做到了拉紧绷直。

图8　格栅张拉中木夯敲打麻袋

保持张拉格栅的同时,用U形钉将格栅固定。试验段开始时,土工格栅只张拉一次,且U形钉布设沿格栅铺设长度每2m固定一个,呈“之”字形布置,由于固定的U形钉数量偏少,造成放张后土工格栅松弛(图9)。在试验段中增加了U形钉数量,每幅(宽1.33m)土工格栅均采用U形钉固定,沿格栅铺设长度方向每2m固定一排U形钉,每排两个,位置为幅宽的三分点处。U形钉固定后释放张拉力,再进行覆土回填,这样有效地解决了土工格栅松弛的问题(图10)。

图9　一次张拉的施工效果

图10　多次张拉的施工效果

4.6　填料的摊铺及碾压

格栅铺设固定后,用装载机从一端开始上填料,填料通过倾倒的方式摊铺在土工格栅上,用TY220推土机配合人工摊铺整平。施工中避免机械履带直接接触土工格栅(保证粗粒土的压实厚度不小于150mm)。在每层的上部分350mm范围内使用路基开挖的弱风化橄榄粗安岩作为填料,填料的最大粒径不大于200mm。施工中采用YZ20振动压路机碾压6遍,碾压时从格栅的中后部(相对于自由端的中后位置)开始碾压。同时为了麻袋内的土有一定的密实度,使用挖掘机斗拍压麻袋表面(图11)。在临近结构面的1m范围内采用小型压实机(型号:HCR90型内燃机械冲击夯,冲击力13kN,前进速度10~12m/min,功率4.5kW,跳机高度10~60mm,夯板尺寸300mm×280mm)进行碾压,保证坡面后1m范围的压实不小于90%。碾压时保证填料含水率控制在最佳含水率的±2%范围内。图12为用小型机具碾压边角。

4.7　反包麻袋

碾压完毕后,对路基填筑质量进行沉降差检测。检测合格后,拉起格栅使其反包土袋固定在填筑好的填料上。裁剪并按要求定位铺设上层格栅,用土工连接件将这层土工格栅与反包格栅连接在一起;堆码土袋,再张拉、固定、填土;重复以上的步骤直至完成全部填土施工。

图 11　用挖掘机斗拍压麻袋表面

图 12　用小型机具碾压边角

4.8　主要质量检测项目、检测方法及频率

加筋土陡坡路段的质量控制，除了对外观质量和路基的高程、中线偏位、宽度、平整度、横坡及边坡等按《公路工程质量检验评定标准》(JTG F80/1—2004)中要求进行检测外，还需对表 5 中的项目进行检测。

补充检测项目　　表 5

项次	检查项目	规　定　值	检查方法和频率	权值
1	压实度	沉降差≤2mm	采用 20t 振动压路机强振 2 遍，观测各布点前后的高差	3
2	土工格栅的损伤率	损伤率≤8%	试验段及更换填筑材料时进行检测	3
3	土工格栅的长度	土工格栅的长度不少于设计长度＋反包回折长度＋格栅间距之和	用尺量，每 20m 检查 5 处	2
4	下层土工格栅与上层土工格栅的连接	下层格栅反包回折后与上层格栅用连接棒连接，连接处必须拉紧无松弛	目测，每 20m 检查 5 处	2
5	相邻土工格栅的连接	相邻格栅无需搭接，只要相邻铺设即可，但不得有空隙	目测，每 20m 检查 5 处	1
6	土工格栅的铺设	每层格栅必须拉紧，确保格栅紧密地贴在压实好的表面上，格栅不能有褶皱或松弛	目测，每 20m 检查 5 处	2

以上各项检测合格后进行下一工序施工，现场施工工程质量满足以上要求。

4.9　坡面绿化

由于本工程为交通运输部“典型示范”工程，因此对绿化工程的要求相对较高。而本工程沿线的路基填筑主要以填石路基和粗粒土路基为主，路基边坡的土质很难满足绿化工程的要求，致使绿化工程的成活率较低。同时为了保证路基边坡的稳定，常规施工需采用大量的圬工砌筑，这不符合公路建设“新理念”。加筋土陡坡技术能够很好地解决以上难题。由于加筋土陡坡技术在路基边坡处码砌了装有种植土的麻袋，不必对路基边坡再进行圬工护砌，减少了人工痕迹。在施工完成后只要按照绿化设计要求在麻袋装的种植土内掺入植物种子，加强养护，边坡绿化就能够达到比较好的效果(图 13)。

图 13　坡面绿化效果

5　结语

(1)加筋土陡坡技术的路堤边坡坡度为 1∶(0.5～0.6)，与常规的路基边坡设计的 1∶(1.5～2)相比，减少了路基土石方数量，节约了大量建设用地，符合建设节约型、环保型社会的潮流。

(2)加筋土结构适用于填土路基和土石混填路基，同时对土工格栅上层填料要求较高。在山区高速公路中如采用土石混填料进行施工，需经过试验段对土工格栅的损伤率系数进行检测。

(3)加筋土陡坡技术施工中应重点控制填料的压实度和土工格栅的损伤率及土工格栅拉紧绷直情况，保证加筋土结构内部结构稳定。

(4)加筋土陡坡技术很好地解决了山区高速公路中填石路堤和土石混填路堤边坡坡面绿化的难题。

(5)土工格栅为易燃塑料制品，一旦高速公路运营过程中出现火灾等意外事故，将可能导致土工格栅烧伤而造成结构失稳。建议加强高速公路运营期间的火灾防治和做好相应的紧急预案，确保运营期间的安全。

参考文献

[1] 陈忠达. 公路挡土墙设计[M]. 北京：人民交通出版社，1999.

[2] 刘玉卓. 公路工程软基处理[M]. 北京：人民交通出版社，2002.

浅谈隧道建设的动态管理

谢佳彬

(中铁十六局集团第一工程有限公司　北京　100018)

摘　要:由于京承高速公路(密云沙峪沟—市界段)隧道工程建设的艰巨性,需要采取必要的工程措施,并在建设管理方面有所创新。本文重点介绍了京承高速公路(密云沙峪沟—市界段)隧道建设中的动态设计与动态施工,从而为类似工程提供借鉴参考。

关键词:隧道　动态设计　动态施工

0　引言

京承高速公路(密云沙峪沟—市界段)工程共设后焦家坞隧道(长 225m)、邓家湾隧道(长 335m)、沙厂1号隧道(长 273m)、沙厂2号隧道(长 1 124m)、塔洼1号隧道(长 237m)、塔洼2号隧道(长 461m)、西圈隧道(长 280m)、黑古沿隧道(长 170m,连拱)、横城子隧道(长 425m)及司马台隧道(长 1 109m)等 10 座隧道,形成距离短、较为密集的隧道群。由于线路较长,各隧道所处地形、地质条件存在差异,因此,在整个京承高速公路(密云沙峪沟—市界段)隧道建设过程中,针对不同隧道所出现的设计、施工问题,必须进行有针对性的建设管理。本文拟结合施工过程中的相关问题,就隧道动态管理作一论述。

1　工程概况

京承高速公路(密云沙峪沟—市界段)隧道建设于 2004 年 5 月开始相关前期研究工作,2006 年完成可行性研究报告,2006 年 12 月完成初步设计,2007 年 6 月完成施工图设计,2007 年 7 月正式进场施工。全线 10 座隧道从 2007 年 7 月开始进场至 2009 年 9 月完成全部隧道施工,共历时 26 个月。该 10 座隧道分别由北京市市政工程设计研究总院和北京国道通公路设计研究院设计,中交一公局五公司、中铁五局、中交一公局一公司、中铁二十二局、中铁二局、中铁十八局、中铁十四局等七个单位分别承担施工任务,北京逸群工程咨询有限公司、北京华通公路桥梁监理咨询有限公司、中国公路工程咨询集团有限公司、北京正宏监理咨询有限公司等四个单位负责施工监理。

2　隧道建设的总体思路

为了实现总体建设目标,在开工之初,一方面在工程上采取必要的措施、创造有利的条件,争取让更多的隧道具备开工条件;另一方面,在管理上实施动态管理,强化过程控制,优化设计、施工方案,激发参建各方的最大潜能,提高施工能力,在确保工期的前提下,实现安全、质量、环保、投资等控制目标。

3　动态管理

3.1　动态管理的内涵

隧道动态管理主要包括两个内容:一是动态设计,即结合工程实际,对设计方案进行动态优化调整,实施“地质变,设计变”。通过两者结合,强化安全、质量、环保控制,有效降低工程成本。二是动态施工,即结合工程实际,对施工组织设计进行动态调整,重新分配各隧道单位劳动要素等资源及施工任务,并辅以严格的考核制度,奖优罚劣,奖快罚慢,创造有序竞争的局面,加快工程进度。

3.2　动态设计

鉴于京承高速公路(密云沙峪沟—市界段)不同隧道的工程地质、水文地质条件的差异,项目处在施工中,时刻关注施工条件的变化,根据工程需要对施工图设计进行优化、调整,确保设计方案满足工程结构要求。

3.2.1　原则与程序

京承高速公路(密云沙峪沟—市界段)隧道动态设计遵循"先预测预报、后动态设计、再交付施工,并根据监控量测适时调整"的原则。

首先,各施工单位结合设计图纸,结合自身工程实践经验,对设计图纸提出相关会审意见,并与设计院协商,做到设计与可行性统一。其次,在施工中,根据超前地质预测预报、隧道开挖所揭示的实际地质情况,以隧道监控量测结果为依据,组织由业主、设计、地勘、监理、施工各方参加的现场地质会审,考虑隧道运营安全、施工安全、环境保护及合理运用工程投资等诸因素,对设计图纸进行修正与优化,原则上一次到位,实施中不再变更。同时,对重大设计方案或技术难题,由施工方组织召开专家研讨会进行技术会审,设计院据此调整原有设计。

3.2.2　动态设计的依据

(1)超前地质预测预报

超前地质预测预报是动态设计的基础。京承高速公路(密云沙峪沟—市界段)隧道的超前地质预报,主要采用TSP203地质超前预报仪器与地质雷达(GPR)探测相结合的方法。用TSP地质超前预报仪器探测出隧道掌子面前的软弱岩层的分布、地质断层及其影响带、裂隙发育、地下水状况、围岩级别等地质资料,同时,又用地质雷达进行对比探测,为隧道动态设计提供准确的地质资料。通过各隧道实际开挖后的地质显示,地质超前预报结果与实际地质情况基本吻合。

(2)监控量测

监控量测是检验初期支护和围岩稳定性最有效的办法。在施工过程中,由施工单位负责监控量测,主要对周边净空收敛、拱顶下沉、地表下沉等进行量测,并对量测数据及时进行处理,及时掌握围岩动态及支护结构在不同情况下的受力状态,对围岩的稳定性作出评价,在监控量测中发现异常,以便及时采取措施。通过隧道监控量测,验证隧道支护结构形式、支护参数,评价支护结构、参数以及施工方法的合理性和安全性,为隧道动态设计提供可靠的技术支持。

3.2.3　动态设计的具体应用

(1)围岩级别的调整

在隧道施工开挖过程中,各隧道(如后焦家坞隧道、沙厂2号隧道)局部的地质条件发生变化比较频繁。针对现场施工的实际情况,对每一开挖循环掌子面地质条件和原设计不符的情况,不管是围岩级别的提高和降低,均要求先由现场监理工程师进行初步确认,及时向总监办报告,并在五方(建设、设计、勘察、施工、监理单位)共同参加的会议上由总监办提出,通过讨论共同确认调整方案,以纪要形式作出相应的围岩级别调整通知,施工单位方可按相应的围岩级别设计参数进行施工。经总结,主要的围岩级别调整形式有以下几点:①断层变化引起的调整;②节理裂隙发育程度引起的调整;③地下水发育程度引起的调整。

(2)初期支护参数的调整

在隧道设计中,由于岩土节理、裂隙的各向异性,力学参数的取值困难,结构模型的简化,理论上的不成熟等,很多情况下,隧道的设计支护、衬砌结构数值是无法通过计算来准确确定的,在很大程度上依赖于工程类比法和经验法。因此,针对地下工程的特殊性,在隧道施工时,如果一味地按照设计进行施工,会造成隧道结构受力上的不合理以及施工安全风险的增加。为了更好地适应地质情况的变化,在设计文件提供的预设计的基础上,采用动态设计方法,更好地适应复杂多变的地质环境,是隧道设计与施工的精髓。新奥法也正是满足隧道施工的这一特点,才具有强大的生命力和广阔的推广前景。

在本工程的隧道中,出现了以下几种初期支护参数调整情况:

①增加新的初期支护设计形式,如沙厂2号隧道、塔洼2号隧道中部分地段,设计围岩类别为Ⅲ级,初

期支护设计为拱墙部位布设系统锚杆,铺挂钢筋网,喷混凝土,不设置超前支护和钢架支撑,其参数符合常规的设计要求。但对产状水平、软硬相间变化频繁的地层,其适应性较差,特别对隧道顶部为薄层砂岩或为泥岩的情况,极易造成塌方,增加工程造价,威胁施工人员的生命安全。为此,在施工中,根据开挖面揭露的地质情况,对隧道顶部为薄层砂岩或为泥岩的特殊地质条件,在不改变原设计初期支护参数的基础上,在拱部增加超前小导管或全断面增加了钢格栅支撑。虽然施工支护变化频繁,但确保了隧道结构稳定和施工安全。

②局部加强初期支护。在隧道施工中,在小范围内多次出现开挖断面左右围岩稳定性差异较大的情况,在原设计的基础上,有针对性地对薄弱部位进行了支护的加强。除增加钢拱架支撑外,软弱的部位加长、加密锚杆,设置超前支护,避免了由于改变围岩级别和全断面提高支护等级引起的更多费用增加,减少了资金浪费。本工程的隧道在施工中遇到了较多的此类情况,处理后隧道稳定情况良好。

③局部减弱初期支护。由于岩层的不均一性,隧道全断面各部位的稳定性差异较大。在水平地层中,当侧墙部位为完整的岩体时,侧压力一般较小,稳定性较好,故可将锚杆的布设间距加大;在单斜地层中,左右两侧墙的围岩稳定性差异也较大,层理、节理向内倾斜的一侧,墙部稳定性较好,也可适当将锚杆的布设间距加大。这样的处理可减少较多的初期支护费用。京承高速公路(密云沙峪沟—市界段)隧道在施工中也曾遇到了上述两类情况,处理后隧道稳定情况良好。

3.3 动态施工

在建设中,项目处组织设计、施工、监理单位,适时对各隧道施工单位的施工情况进行深入分析,据实对施工方案进行优化调整。同时,要求各参建单位结合自身实际,在确保安全、质量的前提下,本着控制投资的原则,可以对不同围岩开挖方法、运输方式等进行调整,经各方认定后即可实施。

在两年的建设过程中,根据地质情况的变化和施工进展情况,各隧道出现了多次动态施工调整,如沙厂1、2号隧道、塔洼1号隧道洞口段大管棚变更为双排小导管的调整;邓家湾隧道、沙厂1、2号隧道、西圈隧道的开挖方式优化;塔洼2号隧道与西圈隧道的进出口明洞地基处理方式的修正调整等。通过动态施工管理,使各单位的优势得以充分发挥,各作业面的潜力得以挖掘,在确保安全和质量的前提下,尽可能缩减了工程规模。

施工组织的动态调整,极大地增强了各单位的责任意识和压力,激发了各单位的主动性和创造性,加快了工程进度,强化了安全措施,降低了工程造价。

4 结语

通过京承高速公路(密云沙峪沟—市界段)建设过程中各隧道的动态管理,积累了丰富的管理经验,也认识到了存在的不足,主要体现在:

(1)隧道工程由于围岩地质、水文的复杂性和目前地质勘察的局限性,原设计的开挖方式、支护参数与实际不一定吻合。因此,应进行隧道的动态设计,及时修正、调整隧道支护参数及隧道开挖方式,使之更符合工程实际,才能保证隧道的施工安全和结构安全。

(2)隧道工程坚持信息化、规范化文明施工是隧道建设成功的关键。只有做到科学管理,用科学数据、科学信息指导和控制施工,始终坚持规范化文明施工,确保每道工序的质量,才能保证隧道工程的最终工程质量。

(3)组建高素质的施工现场控制团队至关重要。一个高素质的隧道施工现场控制团队,需要由懂设计、懂施工、懂管理的人组成,要具有良好的职业道德与敬业精神,并在工程建设中具有绝对的权威性,以保证最合理、经济地完成好隧道的建设任务。

(4)快速反应的要求。隧道施工中,初期支护的稳定性随时间和开挖空间的变化而发生变化,是一个动态过程,对出现的不良地质、支护变形等紧急情况,需要在施工现场作出快速的反应,及时采取措施,才能保证隧道不出现塌方等险情,保障施工人员、设备及隧道结构的安全。

参考文献

[1] 袁永新.动态设计在特长公路隧道建设中的尝试[J].公路交通科技,2008,43(7):127-129.

[2] 温树林.大风哑口隧道动态设计与信息化施工[J]//第二届全国公路交通科技创新高层论坛论文集.北京:朝华出版社,2004.

[3] 董兆昆.乌鞘岭隧道动态管理的构思与实践[J].现代隧道技术,2004(增刊):94-96.

[4] 侯德劲,朱建群.隧道信息化动态设计及施工[J].湖南城建高等专科学校学报,2000,9(4):23-25.

石方路堑爆破施工技术研究

韩昌军　马瑶林

（中铁五局（集团）有限公司　贵阳　550003）

摘　要：京承高速公路（密云沙峪沟—市界段）工程第十三合同段位于燕山山脉山区，沿线地势陡峭，沟谷深切，开挖高度大，且大部分路段为半挖半填。路基挖方90%为石方，岩石主要以片麻岩和橄榄粗岩为主，岩性坚硬。该段紧邻村庄（东庄禾村），给路基石方施工增加了难度。本文针对具体地质、地势、环境情况，采取了有效的爆破施工方法，以确保施工安全，加快施工进度。

关键词：山区　陡坡　石方　施工

1　工程概况

京承高速公路第十三标段，起止里程为K119＋100～K122＋830，线路长3.73km，途径密云县二道岭村和东庄禾村。该段线路在燕山山脉中穿行，沿线地势陡峭，路基开挖高度大，且大部分为半挖半填地段，石方路堑的爆破施工是路基工程中的重点、难点工程。全段挖方主要集中在以下几段：K119＋700～K120＋070（线路中心最大挖方高度为15.49m）、K120＋740～K120＋980（线路中心最大挖方高度为16.67m）、K121＋260～K121＋600（线路中心最大挖方高度为24.75m）、K122＋360～K122＋580（线路中心最大挖方高度为17.34m）。全段土石比例为1∶9，岩石主要以片麻岩和橄榄粗安岩为主，岩性坚硬。

2　施工准备

路基正式开工前，认真做好线路复测和现场核对，发现问题，按有关程序及时提出修改意见，并上报审批。同时，把中桩和水准点基桩增设加密，以满足施工生产的需要。

若实际断面与设计相符，开工报告批复后，进行路基清表工作。清表时只清理路基开挖边坡内的所有表层杂物、腐殖土、树木等，征地红线和路基开挖边坡中间的地表植被暂时不作处理。清表腐殖土集中堆放，作绿化用土。

3　开挖方法

3.1　软石及风化石

采用挖掘机开挖，局部采用小型松动爆破，并集中成堆，自卸汽车运输。

3.2　次坚石及坚石

次坚石、坚石采用松动控制爆破法，挖掘机装车，自卸汽车运输。

根据路堑挖深和工程量不同分别采用深孔爆破或浅孔爆破，路堑深度小于5m的，采用凿岩机钻孔，实施浅孔小台阶控制爆破施工；深度大于5m的，采用潜孔钻机钻孔，实施深孔台阶爆破。为确保石质永久性边坡的平整美观，边坡均采用预留光爆层1～1.5m厚实施光面爆破，采用凿岩机沿坡面钻孔，台阶状光面爆破。

4　石方路堑爆破

石方路堑爆破主要采取深孔松动爆破，局部配合浅孔小台阶爆破，边坡采取预裂爆破预留光爆破层的施工方法。工艺流程图见图1、图2。

标段内挖方路堑采用的具体爆破形式见表1。

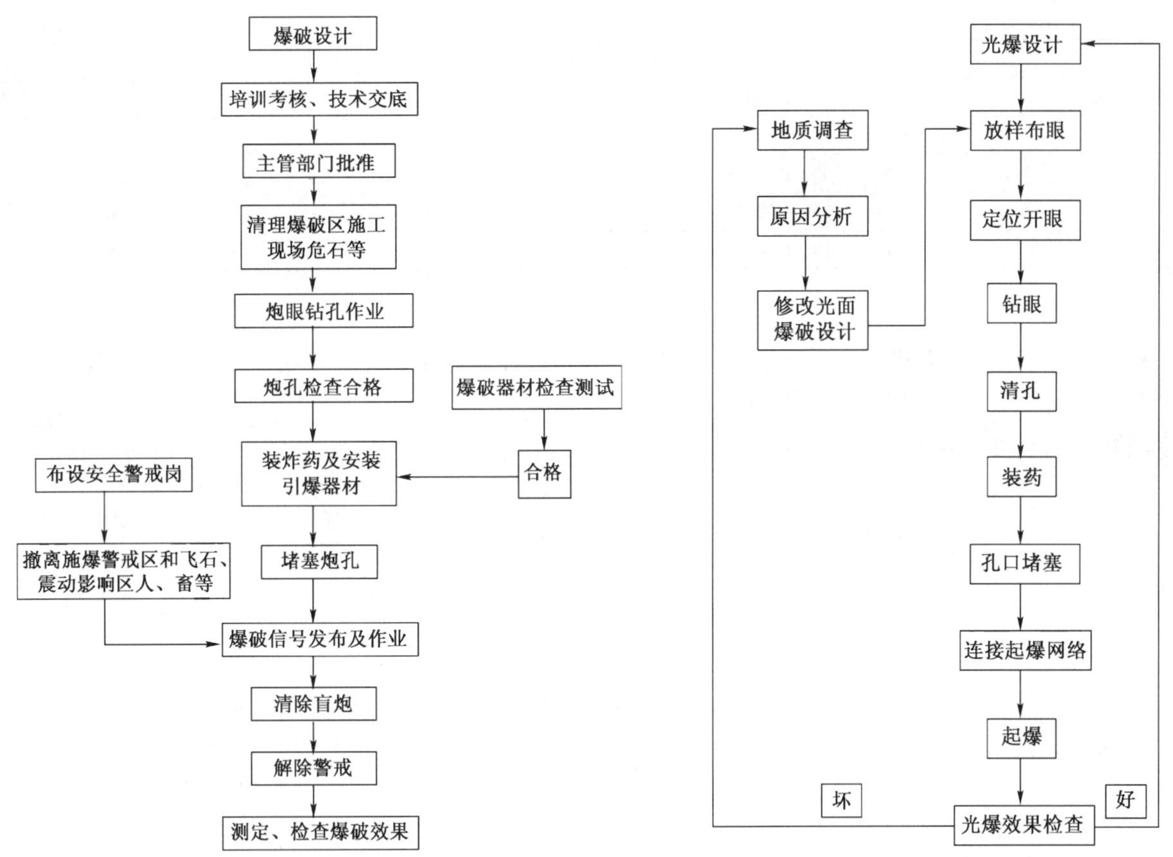

图1　爆破施工工艺流程图　　图2　预裂爆破预留光爆层施工工艺流程图

标段内挖方路堑用的爆破形式　　表1

序　　号	施 工 范 围	边坡最大挖深(m)	工程量(m²)
浅孔爆破(半填半挖)			
1	K119+100～ K119+148	12.98	1 775
2	K119+260～ K119+290	10.59	2 856
3	K119+320～ K119+400	11.26	4 798
4	K119+500～ K119+580	12.15	3 338
5	K121+057～ K121+200	9.03	6 991
6	K122+118～ K122+270	16.94	5 051
深孔爆破(半填半挖)			
1	K119+650～ K119+850	22.95	26 483
2	K121+880～K121+940	27.41	20 287
3	K122+585～K122+702	27.84	26 815
4	K122+760～K122+820	26.36	20 104
浅孔爆破(全路堑挖方)			
1	K120+363～K120+430	9.51	11 005
深孔爆破(全路堑挖方)			
1	K119+420～K119+460	23.21	12 889
2	K119+850～K120+040	42.32	137 784
3	K120+780～K120+820	20.31	31 506
4	K120+920～K120+960	31.71	42 653

续上表

深孔爆破(全路堑挖方)			
序　　号	施 工 范 围	边坡最大挖深	工 程 量
5	K121+260～K121+400	24.8	49 298
6	K121+500～K121+620	24.0	54 215
7	K121+820～K121+880	36.83	25 701
8	K122+360～K122+600	36.22	201 951

4.1 浅孔小台阶爆破

路堑深度小于5m的采用凿岩机钻孔，实施浅孔小台阶控制爆破施工。炮孔布置采用梅花形布置。

全路堑浅孔分层开挖布置示意图见图3～图5。

半路堑浅孔开挖布置示意图见图6～图8。

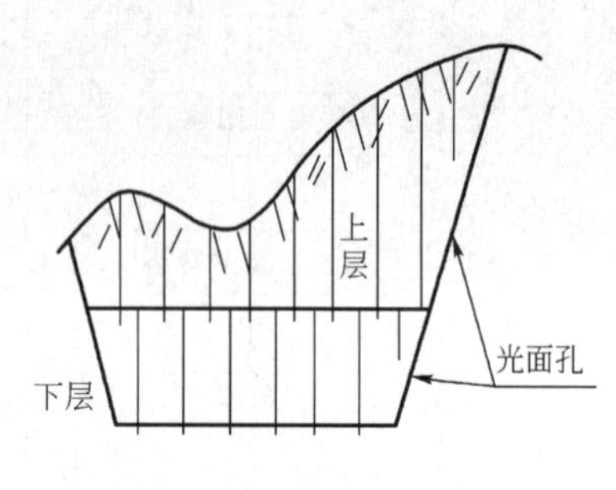

图3　全路堑分层开挖布孔

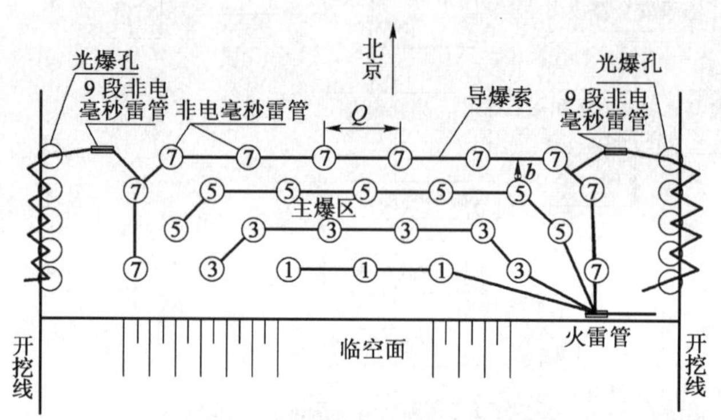

图4　全断面开挖炮孔平面布置及起爆顺序

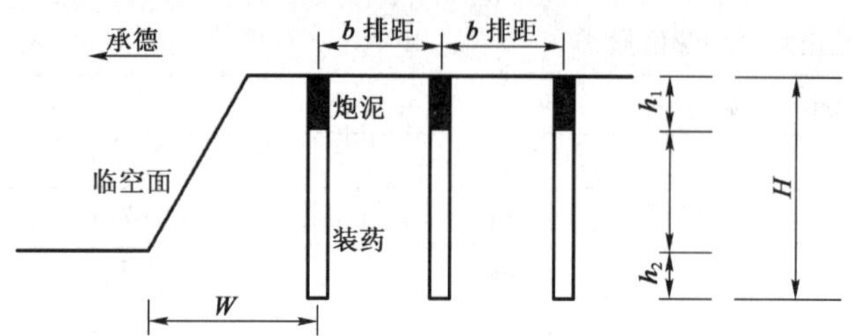

图5　装药结构图

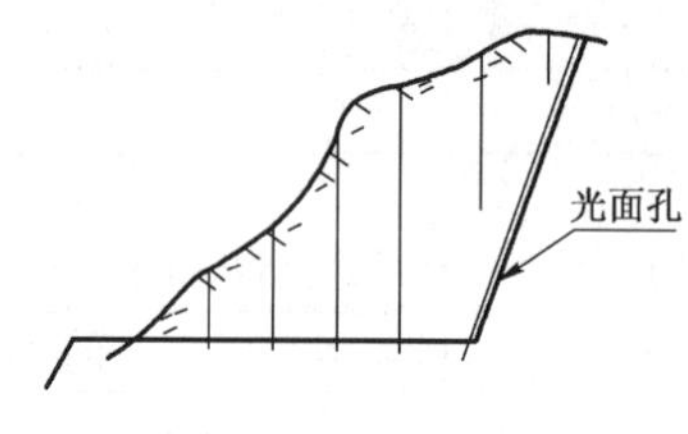

图6　半壁路堑布孔

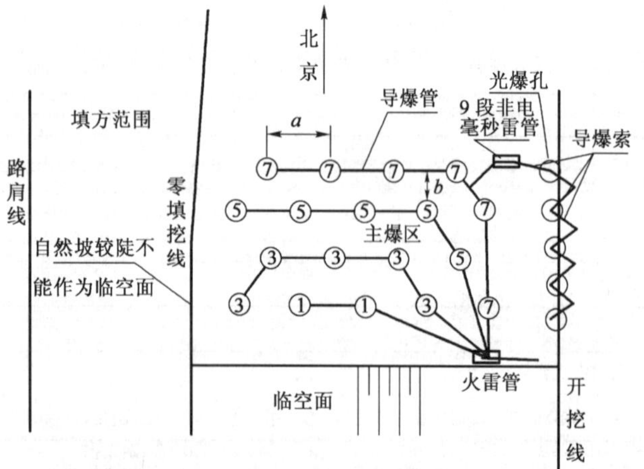

图7　半路堑开挖炮孔平面布置及起爆顺序

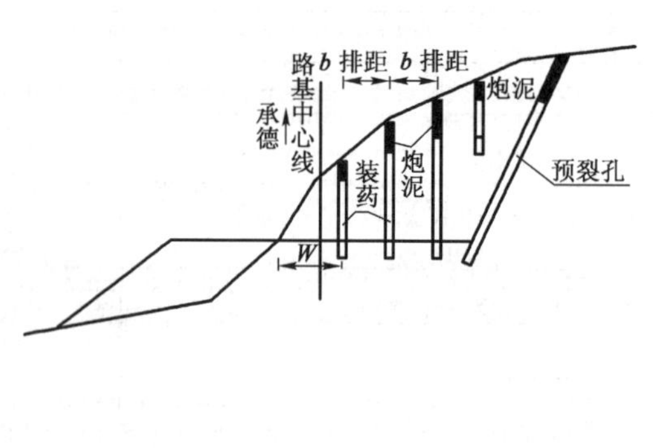

图8　装药结构图

起爆采用梯形顺序起爆，图中数字为非电毫秒雷管段数，采用导爆管连接，各段之间用火雷管引爆。光面爆破采用导爆索双向环形连接法，最后起爆。

4.1.1　浅孔路堑开挖爆破参数

浅孔爆破采用气腿式凿岩机钻孔，炮孔直径 38 mm，孔深不大于 5m，根据开挖深度分一个或两个台阶进行爆破，边坡采用光面爆破，预留 1～1.5m 边坡光爆层。中间主炮孔采取垂直孔，边坡光爆孔与设计边坡坡率相同。

主爆区爆破参数拟订（次坚石）如下。

（1）炮孔深度：$H=3$m；

（2）底板抵抗线：$W_p=(0.4\sim1.0)H=1.2\sim3.0$m，取 $W_p=2.0$m；

（3）超钻深度：$h=(0.1\sim0.15)H=0.3\sim0.45$m，取 $h=0.3$m；

（4）炮孔深度：$L=H+h=3+0.3=3.3$ m；

（5）炮孔间距：$a=(0.5\sim1.0)L=1.65\sim3.3$m，取 $a=2.0$m；

（6）炮孔排距：$b=0.866a=0.866\times2.0=1.73$m，取 $b=1.5$m；

（7）单位用药量：软石为 0.28～0.38kg/m^3，次坚石为 0.35～0.45kg/m^3，坚石为 0.4～0.55kg/m^3；

（8）前排炮孔单孔用药量：$Q_1=q\cdot W_P\cdot a\cdot H=0.35\times2\times2\times(3.3-1.5)=2.52$kg；

（9）后排炮孔单孔用药量：

$Q_1=(1.1\sim1.15)q\cdot a\cdot b\cdot H=1.1\times0.35\times2\times1.5\times(3.3-1.0)=2.08$kg。

4.1.2　浅孔路堑边坡光面爆破爆破参数

光爆孔的爆破参数（按坡率 1∶0.75 计算）拟订如下。

（1）钻孔间距：$a=0.6\sim1.0$m，取 $a=0.8$m；

（2）孔深：$H=3.0\times1.25=3.75$m

（3）线装药密度 $q=155\sim215$g/m，取 $q=180$g/m；

（4）光爆孔的单孔装药量：$Q=180\times3.75=675$g，取 $Q=600$g，即 3 条炸药；

（5）光爆孔的堵塞长度介于 0.8～1.3m，取为 1m。

以上爆破参数通过爆破效果检验后进行调整。

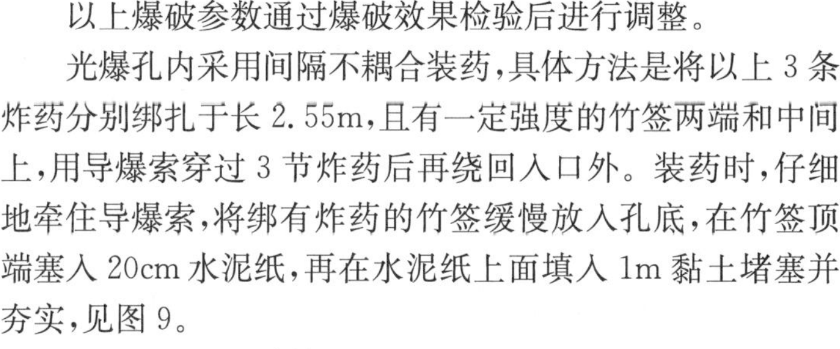

光爆孔内采用间隔不耦合装药，具体方法是将以上 3 条炸药分别绑扎于长 2.55m，且有一定强度的竹签两端和中间上，用导爆索穿过 3 节炸药后再绕回入口外。装药时，仔细地牵住导爆索，将绑有炸药的竹签缓慢放入孔底，在竹签顶端塞入 20cm 水泥纸，再在水泥纸上面填入 1m 黏土堵塞并夯实，见图 9。

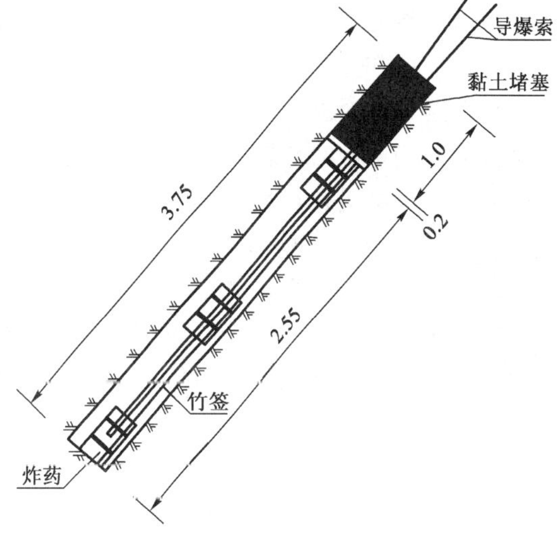

图 9　光面孔装药结构图（尺寸单位：m）

4.1.3　爆破计算

爆破计算结果见表 2。

爆 破 计 算 表　　表 2

炮孔孔深	底板抵抗线	超钻深度	炮孔间距	炮孔排距	单位用药量	前排炮孔单孔用药量	后排炮孔单孔用药量
H(m)	$W=(0.4\sim1)H$ (m)	$H=(0.1\sim0.15)H$ (m)	$A=(0.5\sim1)L$ (m)	$B=0.866A$ (m)	q(kg/m^3)	$Q_1=q\cdot a\cdot W_p\cdot H$ (kg)	$Q_2=1.1q\cdot a\cdot b\cdot H$ (kg)
次坚石爆破计算结果（炮孔直径为 38mm）							
1	1	0.2	1.0	1.0	0.35	0.25	0.28
2	1.5	0.2	1.5	1.0	0.35	0.94	0.69
3	2.0	0.3	2.0	1.5	0.35	2.52	2.08

续上表

炮孔孔深	底板抵抗线	超钻深度	炮孔间距	炮孔排距	单位用药量	前排炮孔单孔用药量	后排炮孔单孔用药量
H(m)	$W=(0.4\sim1)H$ (m)	$H=(0.1\sim0.15)H$ (m)	$A=(0.5\sim1)L$ (m)	$B=0.866A$ (m)	q(kg/m³)	$Q_1=q\cdot a\cdot W_p\cdot H$ (kg)	$Q_2=1.1q\cdot a\cdot b\cdot H$ (kg)
次坚石爆破计算结果(炮孔直径为38mm)							
4	2.0	0.4	2.0	1.5	0.35	4.2	3.47
5	2.0	0.5	2.5	1.5	0.35	6.12	5.05
坚石爆破计算结果(炮孔直径为38mm)							
1	1	0.2	1.0	1.0	0.4	0.28	0.31
2	1.5	0.2	1.5	1.0	0.4	1.08	0.79
3	2.0	0.3	2.0	1.5	0.4	2.56	2.11
4	2.0	0.4	2.0	1.5	0.4	4.8	3.96
5	2.0	0.5	2.5	1.5	0.4	7.0	5.78

4.2 深孔松动爆破

4.2.1 爆破参数

在路堑深度大于5m时，采用深孔松动爆破。本标段岩石主要以片麻岩和橄榄粗安岩为主，岩石硬度较高。潜孔钻钻孔时控制好倾斜角度及钻孔速率，以防止卡钻。认真做好钻孔记录，分析岩石特性，为选择爆破参数提供参考。

(1)台阶高度 H 的确定

本标段深孔爆破台阶高度 H 基本选择为6～8m。根据现场实际地形，当临空面具有一定坡度较陡时，H 选择高一点；坡度较缓时，H 选择低一点。同时，综合钻机的直径、装载运输能力等来对钻孔台阶高度来进行确定。当钻机直径小，装载运输能力差时，台阶高度取低限；反之，取高限。

(2)超钻深度 h 的确定

超钻深度是指钻孔超出开挖底板的那一段孔深。超深选取过大，将造成钻孔和炸药的浪费，增大对下一个台阶顶面的破坏，给钻孔带来困难，同时增强爆破地震效应的影响范围；超深不足将产生根坎，影响挖运施工，所以确定超钻深度是很关键的一道工序。在本标段超钻深度根据公式 $h=(8-12)D$ 来计算（D 为钻孔直径）。根据现场钻孔实际情况，当岩石比较坚硬时，取大值；反之，取小值。

(3)孔径和孔深的确定

本标段的潜孔钻机孔径有两种：一种为90mm，另一种为110mm。

孔深由台阶高度及超深确定，垂直孔 $L=H+h$，倾斜孔 $L=(H+h)/\sin\alpha$（α 为钻孔的倾斜角度）。

(4)底盘抵抗线 W_1 的确定

底盘抵抗线是影响深孔台阶爆破效果最重要的参数之一。底盘抵抗线过大，会造成根坎多，大块率高；底盘抵抗线过小，则不仅浪费炸药增大钻孔工作量，而且容易产生飞石危害。底盘抵抗线的大小与炸药威力、岩石可爆性、岩石破碎要求及钻孔直径、梯段高度和坡面角等因素有关。在施工中，W_1 按下式确定。

$$W_1=(20\sim50)D$$

式中：W_1——底盘抵抗线；

D——钻孔孔径。

(5)孔距 a 和排距 b 的确定

孔距指同一排深孔相临两钻孔中心的距离，按下式计算。

$$a=(1.2\sim1.3)W_1$$

排距是指多排孔爆破时，相临两排钻孔间的距离。在三角形布孔时排距为

$$b=0.866a$$

(6)B 和台阶坡面角 α 的确定

台阶上眉线至前排孔中心线的距离 B 可以通过下式估算。

$$B=W_1-H\tan\alpha$$

台阶爆破中的坡面角是前一次爆破时形成的自然坡角，用 α 表示，一般要求坡面角介于 60°～75°。

(7)堵塞长度 L_2 的确定

确定合理的堵塞长度和保证堵塞质量，对改善爆破效果，确保安全，提高炸药利用率有很重要的作用。用下式计算堵塞长度。

$$L_2=(20\sim40)D$$

式中：D——钻孔孔径。

(8)单位炸药消耗量 q 值的确定

影响单位炸药消耗量的因素很多，主要有岩石的爆破性、炸药种类、自由面条件、起爆方式及块状要求等。合理的单位炸药消耗量 q 要通过实验来验证，本标段石方爆破用 2 号岩石硝铵炸药，见表 3。在施工过程中应根据实际情况进行调整。

2 号岩石硝铵炸药深孔台阶爆破单位耗药量 q 值表 表 3

岩性 f 值	0.8～2	3～4	5	6	8	10	12	14	16	20
q(kg/m³)	0.4	0.43	0.46	0.5	0.53	0.56	0.6	0.64	0.67	0.7

单排孔爆破或多排孔爆破的第一排孔的每孔装药量按下式计算。

$$Q=q\cdot a\cdot H\cdot W_{底}$$

式中：q——单位炸药消耗量，kg/m³；

a——孔距；

H——台阶高度；

$W_{底}$——底盘抵抗线。

多排孔爆破时从第二排孔起每孔装药量按下式计算。

$$Q=q\cdot a\cdot b\cdot H$$

(9)爆破参数拟订

以次坚石为例，台阶高度 $H=10$m。

①孔网参数的选择。

钻孔直径：$D=90$mm；

最小抵抗线：$W=(20\sim50)D=1.8\sim4.5$m，取 $W=3$m；

孔距：$a=(1.2\sim1.3)W=3.6\sim3.9$m，取 $a=4$m；

排距：$b=0.866a=3.5$m（三角形布眼）；

超深：$h_2=(8\sim12)D=0.72\sim1.08$m，取 $h_2=1$m；

堵塞长度：$L_2=(20\sim40)D=1.8\sim3.6$m，取 $L_2=3.0$m；

钻孔角度：75°～90°；

钻孔深度：$L=H+h=10+1.0=11.0$ m。

②炸药单耗。

$q=0.35$kg/m³。

③单孔装药量计算。

第一排孔：$Q_1=q\cdot a\cdot W\cdot H=0.35\times3\times4\times(11-3)=33.6$kg

第二排孔往后：$Q_2=q\cdot a\cdot b\cdot H=0.35\times3.5\times4\times(11-3)=39.2$kg

式中：Q——单孔装药量，kg；

q——单位耗药量，kg/m^3。

4.2.2　爆破计算

爆破计算结果见表4。

爆 破 计 算 表　　表4

炮孔孔深	底板抵抗线	超钻深度	堵塞长度	炮孔间距	炮孔排距	单位用药量	前排炮孔单孔用药量	后排炮孔单孔用药量
H(m)	W(m)	h_2=(m)	h_1(m)	a(m)	b(m)	q(kg/m^3)	$Q_1=q\cdot a\cdot W\cdot H$ (kg)	$Q_2=q\cdot a\cdot b\cdot H$ (kg)
次坚石爆破计算结果(炮孔直径为90mm)								
6	3	1.0	3.0	4.00	3.5	0.35	16.8	19.6
7	3	1.0	3.0	4.00	3.5	0.35	21.0	24.5
8	3	1.0	3.0	4.00	3.5	0.35	25.2	29.4
9	3	1.0	3.0	4.00	3.5	0.35	29.4	34.3
10	3	1.0	3.0	4.00	3.5	0.35	33.6	39.2
坚石爆破计算结果(炮孔直径为90mm)								
6	3	1.0	3.0	4.00	3.5	0.4	19.2	22.4
7	3	1.0	3.0	4.00	3.5	0.4	24.0	28.0
8	3	1.0	3.0	4.00	3.5	0.4	28.8	33.6
9	3	1.0	3.0	4.00	3.5	0.4	33.6	39.2
10	3	1.0	3.0	4.00	3.5	0.4	38.4	44.8

4.2.3　爆破钻孔布置

半路堑深孔开挖基本采用纵向台阶法布孔，即平行线路方向钻孔。对于开挖深度超过10m的半壁路堑，则采用多台阶分层布孔，见图7、图10、图11。

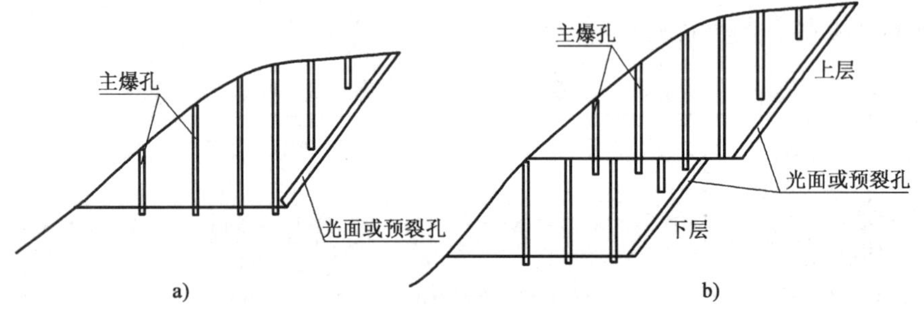

图10　半路堑分层开挖布孔

全路堑深孔开挖采用纵向浅层开挖。每层6～8m，上下层顺边坡采用倾斜孔进行预裂或光面爆破，靠边的垂直孔深度应该控制在边坡线0.5m以内。布置示意图见图12、图13。

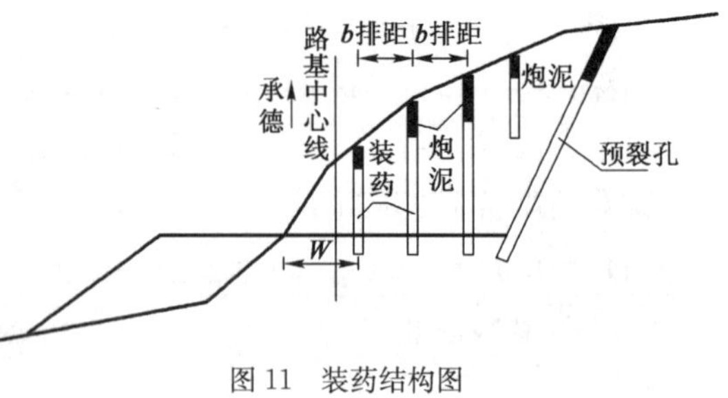

图11　装药结构图

4.2.4　起爆方法及起爆模式

使用非电毫秒起爆系统，按矩形拉槽起爆网路布置，孔底反向起爆，方向确定为沿线路纵向推进，台阶及起爆顺序从前往后，毫秒间隔时差为50～100ms。微差时间由下式可以计算。

$$\Delta t=K_p W_{底}(24-f)$$

式中：K_p——岩石裂隙系数，裂隙少的岩石，K_p=0.5；中等裂隙岩石，K_p=0.75；裂隙发育的岩石，K_p=0.9。

起爆模式采用排间微差起爆。在施工过程中排间微差起爆的两种起爆方式，即全区排间顺序起爆和分区段顺序微差起爆均有使用,见图14。

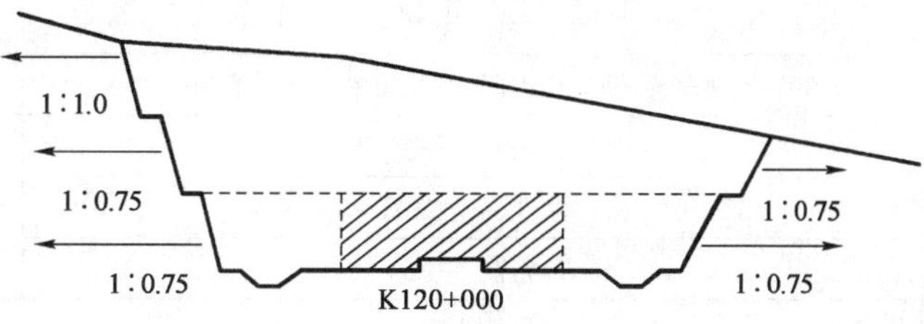

图12　全路堑标准槽横断面图

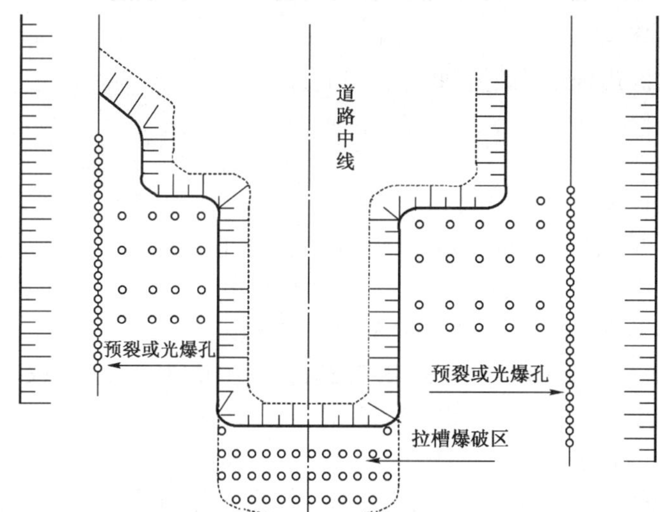

图13　平面示意图

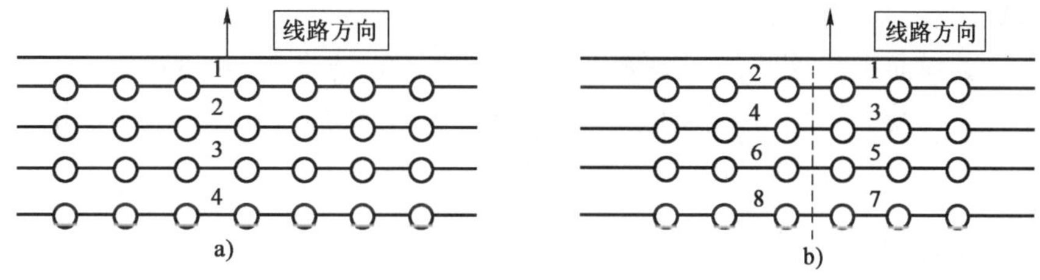

图14　排间顺序微差起爆

a)全区排间顺序微差起爆;b)排间分区顺序微差起爆

4.3　深孔边坡光面爆破

4.3.1　爆破参数的确定

为确保石质永久性边坡的平整美观,边坡均采用预留光爆层实施光面爆破,采用凿岩机沿坡面钻孔,台阶状光面爆破。在第一次爆破施工前,应对爆破参数控制如下。

(1)钻孔直径:深孔时,$d=(80\sim100)$mm,浅孔时,$d=(38\sim42)$mm;

(2)台阶高度:深孔时,$5\text{m}<H\leqslant15\text{m}$,浅孔时,$2\text{m}<H\leqslant4\text{m}$;

(3)超钻深度:$h=(0.5\sim1.5)$m,岩石坚硬取大值,反之,取小值;

(4)最小抵抗线:$W_{光}=K\cdot d$,$K=15\sim25$,岩石坚硬取小值,反之,取大值;

(5)孔距:$a_{光}=m\cdot W_{光}$,炮孔密集系数,$m=0.6\sim0.8$;

(6)炮孔长度:$L=H/\sin\alpha+h$,α为钻孔角度;

(7)装药密度:$q_{光}=K_{光}\cdot a_{光}\cdot W_{光}$(g/m),$K_{光}$为光面爆破的单位耗药量,见表5;

(8)炮孔装药量:$Q_{光}=q_{光}\cdot L$(g)。

光面爆破炸药单耗量表　　表5

岩石名称	岩石特性	$K_光$(g/m³)
白云岩	节理发育、轻疏松破碎、裂隙频率大于4条/m	160～320
	完整、坚硬	190～380
片麻岩	片理、节理发育	160～320
	完整、坚硬	200～400
橄榄粗安岩	受节理切割	190～380
	完整、坚硬致密	240～480

4.3.2　爆破药量的计算

以完整、坚硬的片麻岩深孔光面爆破为例,计算如下。

(1)孔径:$D=90$mm;

(2)台阶高度:$H=10$m;

(3)超钻深度:$h=1.5$m;

(4)最小抵抗线:$W_光=K\cdot d=(15\sim25)d=1.44$m,取$K=16$;

(5)孔距:$a_光=m\cdot W_光=(0.6\sim0.8)\times1.44=0.7\times1.44=1.008$ m,$m=0.7$m;

(6)炮孔长度:$L=H/\sin\alpha+h=10/\sin70°+1.5=12.141$m;

(7)线装药密度:$q_光=K_光\cdot a_光\cdot W_光=0.3\times1.008\times1.44=0.4354$kg/m,取$K_光=0.3$kg/m³;

(8)单孔炮孔装药量:$Q_光=q_光\cdot L=0.4354\times12.141=5.286$kg。

4.3.3　装药方法及起爆顺序

装药方法与浅孔光面爆破方法相同,沿开挖边界布置密集炮孔,采用不耦合装药,在钻孔内均匀连续的分布炸药,采用导爆索双向环形连接法顺序起爆。

4.3.4　施工注意事项

(1)边坡定位准确,孔位布设精细;

(2)钻机平台要做到横向平整、纵向平缓,使钻机达到“对位准、方向正、角度精”;

(3)使用熟练钻孔机驾驶员,操作时候要做到“软岩慢打、硬岩快打”,使孔口完整、孔壁光滑;

(4)堵塞应密实,防止爆炸气体冲出,影响爆破效果。

5　石方爆破技术质量基本要求

(1)爆破达到预期设计爆破参数及效果。

(2)确保基床、边坡和堑顶山体稳定、不受破坏。爆出的开挖面完整平顺,底板平整、无根坎。

(3)确保现场及附近人员、设备、建筑物的安全,控制爆破飞石、爆破冲击波和震动,杜绝爆破飞石、爆破冲击波和震动造成人身财产损失。

(4)浅孔、深孔爆破均应保证岩石块度适合机械铲挖、装运,作为路基填料符合规范要求,大块率控制在5%以下。

(5)预裂爆破和光面爆破保证坡面平顺整齐且稳定无隐患,坡面局部凹凸差不大于15cm,边坡上留明显的半个炮孔痕迹,总长度不小于钻孔总长的70%,且炮孔附近围岩无明显裂碎。检验数量:沿线路纵向每100m抽样检验5处。检验方法:观察、尺量。

6　石方开挖施工安全防护

6.1　爆区调查以及危险源分析

6.1.1　爆区调查情况

管段内石方爆破量较大段主要集中在K11+680～K120+060,K122+300～K122+600,其他段多属于半填半挖段。爆破作业最危险段在 K119＋400～K119＋700 半填半挖段及东庄禾 3 号桥至东庄禾 5 号桥(K121＋400～K121＋900)两段,两段离民房都不远。其中,K119＋400～K119＋700 段民房就在地界边,但是爆破量不大;另一段东庄禾 3 号桥至东庄禾 5 号桥段离民房最近的地方只有 75m。另外,有两组高压电线与路线平行,几乎贯穿整个管段,距离路基地界最近的电杆不足 20m,见图 15。

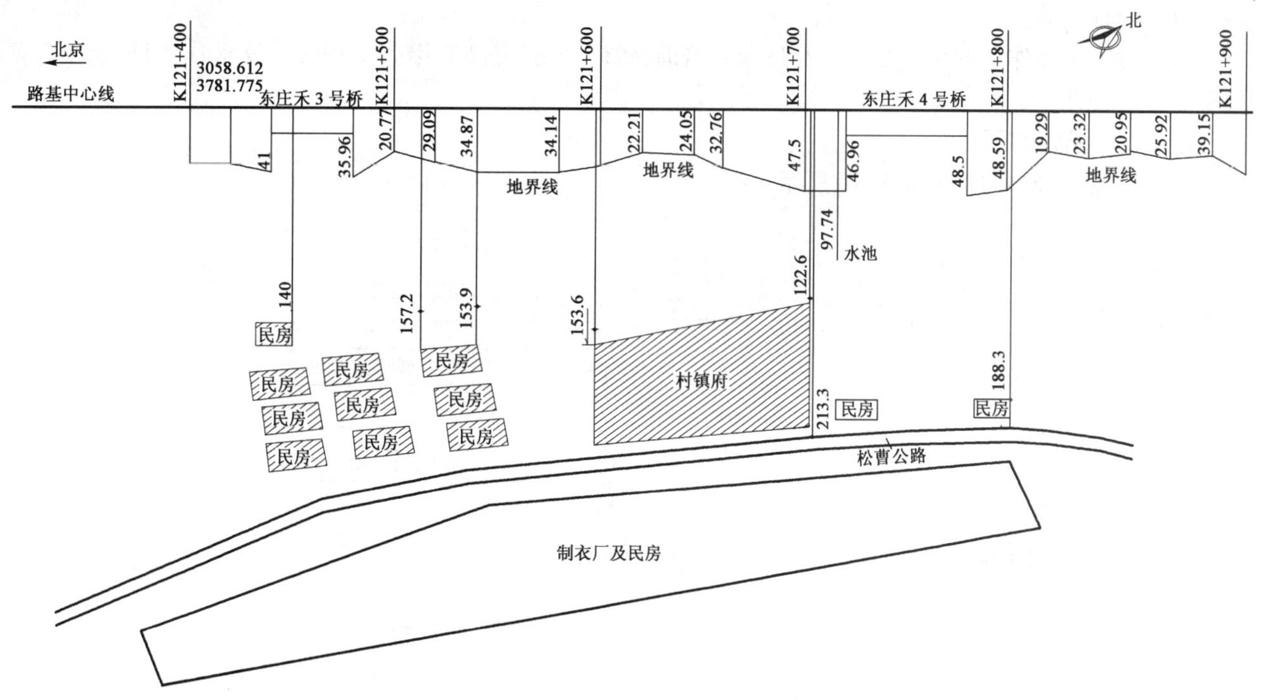

图 15　爆破最危险区调查平面图(尺寸单位:m)

6.1.2　危险源分析

爆破安全是土石方施工安全控制的重点。爆破安全事故的发生,一类是外界因素导致药包早爆、拒爆,另一类就是爆破产生的飞散物、震动、冲击波、毒气等效应造成对周围环境和人员的影响。另外,也有人员对爆破器材管理疏漏造成意外事故。

6.2　安全预防措施

6.2.1　严格爆破安全管理

(1)爆破法施工的路段,爆破前应查明路段内有无电缆线,地下预埋管线及其平面位置、埋置深度。同时,应调查开挖边界外的建筑物结构类型、完好程度、距开挖边界距离,制订爆破方案,确保既有建筑物、管线的安全。

(2)除炮孔加压沙袋、竹笆、炮被等防护措施外,必须在施爆前封闭爆破区域警戒范围的乡村道路,以防止意外情况发生,确保爆破工作万无一失。

(3)组织专人检查看该段沿线路两侧山体爆破后有无滚石滑落。如有异常,应及时清除、排险。

(4)在警戒区域外围设置明显标志,确定并封锁爆破作业区,派专人看守警戒区域出入口。爆破前必须同时发出音响和视觉信号,使警戒区域内外的人员都能清楚地听到和看到。应使全体工作人员和附近人员事先知道警戒范围、警戒标志和声响信号的意义,以及发出信号的方法和时间。其中,第一次信号——预告信号;第二次信号——起爆信号;第三次信号——解除警戒信号。

(5)施工前应选定开挖施爆顺序,对每一个实施爆破孔进行仔细的检查。实测验收合格后,确定每孔装药量。

(6)钻爆工作与挖装工作紧密配合,形成清理平台及时、提供工作面到位的良性钻爆施工流程。

(7)严格遵守《爆破安全操作规程》的各项规定,严格组织警戒、装药工作,炮响 15min 后,方准检查人员进入炮区。经检查人员检查无险后，方能解除爆破警戒工作。

(8)路堑开挖放炮后，在清理过程中，如发现有瞎炮、残药、雷管等应及时报告，设立警戒区，由爆破人员处理。

(9)爆破作业区必须设有专门的安全巡视人员，检查各操作人员是否在岗、是否按规范操作，设备运转是否符合安全标准等。

(10)参加爆破作业的员工必须由经过专业培训、考核合格，并持有爆破工程技术安全作业证，有责任心的专业人员担任。

6.2.2　早爆的预防

早爆的原因和预防措施如图 16 所示。

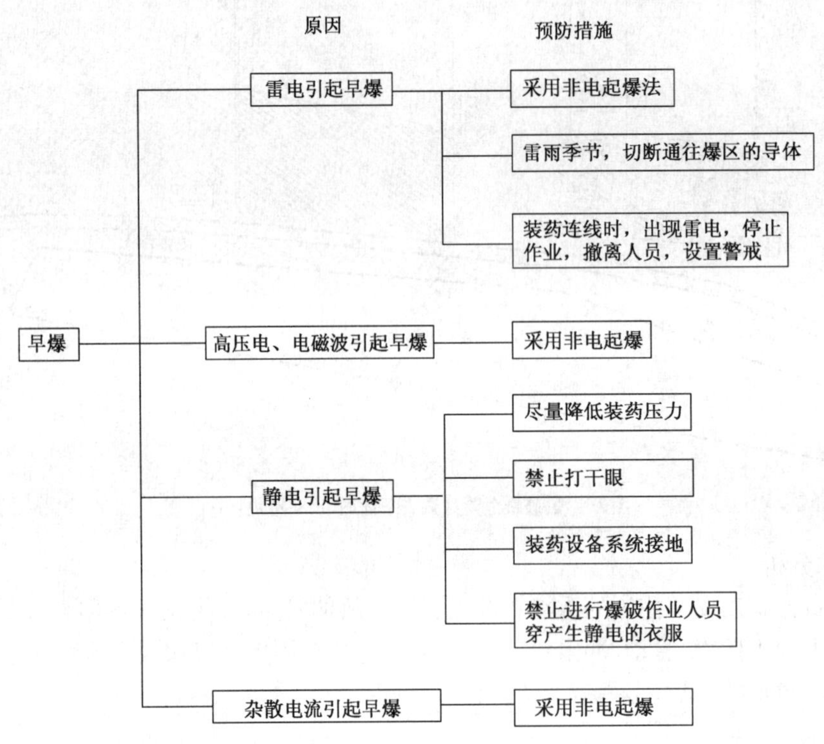

图 16　早爆的原因及预防措施

6.2.3　拒爆预防措施

(1)原因及预防措施

拒爆的原因及预防措施见图 17。

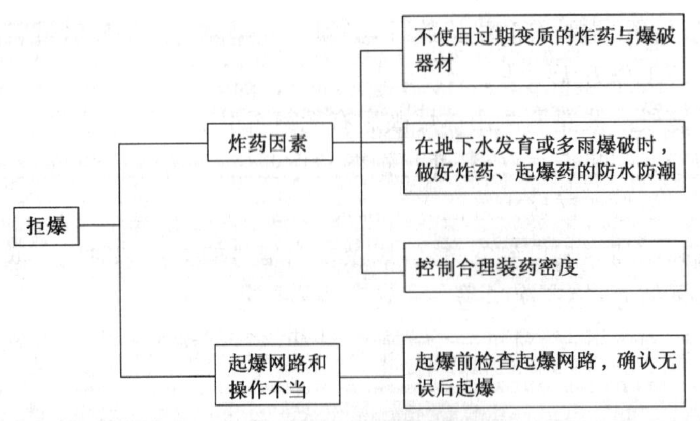

图 17　拒爆的原因及预防措施

(2)盲炮的处理办法

一般规定：

①发现盲炮立即报告领导及时处理。若不能及时处理，应在盲炮周围设危险警戒标志，妥善处理后，撤除标志。

②浅孔盲炮应在当班处理，当班不能处理或未处理完毕应将盲炮情况、数目、炮孔方向、装药数量、起爆药包位置、处理方法与意见在现场交代清楚，由下一班处理。

③处理盲炮时，无关人员不准在场，危险边界设警戒，危险区内禁止进行其他作业。

④必须由有经验的爆破员处理盲炮。

⑤未判明爆堆是否有残留爆破器材前，应采取如下预防措施。

a. 设置警戒线、警戒标志，并报上级主管部门；

b. 施工无关人员不得进入该段范围内；

c. 派有经验的爆破员技术人员进行勘察；

d. 在施工此段时要慢，挖掘机操作要轻、稳。

⑥盲炮处理后仔细检查爆堆，搜集爆破残余爆破器材，将处理情况登记存档。

浅孔爆破的盲炮处理：

①经检查确认起爆网络完好时，可重新起爆。

②打平行孔装药爆破，平行孔距盲炮不得小于0.3m；对于浅孔药壶法，平行孔距盲炮药壶边缘不得小于0.5m。为确定平行炮孔的方向，可从盲炮孔口掏出部分填塞物。

③用木、竹或者其他不产生火星的材料制成的工具轻轻地将炮孔内填塞物掏出，用药包诱爆。

④在安全地点外，用远距离操纵的风水喷管吹出盲炮填塞物和炸药，但应采取措施回收雷管。

⑤处理非抗水硝铵炸药得盲炮，可将填塞物掏出，再向孔内注水，使其失效，但应回收雷管。

深孔爆破的盲炮处理：

①爆破网络未受破坏，最小抵抗线无变化者，可重新联线起爆最小抵抗线有变化者，应验算安全距离，并加大警戒范围后，再连线起爆。

②在距盲炮孔口不小于10倍炮孔直径处另打平行孔装药起爆，爆破参数由爆破技术人员确定，并经爆破负责人批准。

③所有炸药均为非抗水硝铵炸药。孔壁完好时，可取出部分填塞物向孔内灌水使之失效，再进一步处理。

6.2.4　爆破振动

东庄禾3号桥至东庄禾5号桥段离民房最近的地方只有75m，为一般砖房结构，主要预防措施为限制一次爆破的最大用药量。爆破振动安全允许距离具体计算如下。

$$R=(K/v)^{1/a}Q^{1/3}$$

式中：R——爆破震动安全允许距离，m；

Q——炸药量，kg，延迟爆破为最大一段药量，取440kg，按每孔44kg，一排10孔；

v——保护对象所在地质点震动安全允许速度，cm/s，取2.5cm/s；

K、a——爆破点与计算保护对象间的地形、地质条件有关的系数和衰减指数，查表得$K=100$，$a=1.65$。

计算出$R=69.5$m，在安全距离内，故每次起爆药量控制在440kg内。

其他减震措施还有采用单排防震孔。

6.2.5　爆破冲击波预防措施

(1)合理确定爆破参数，减少一次起爆药量。其中，爆破区离房屋最近距离为75m，最大装药量计算如下。

$$R_B=K_B\sqrt[3]{Q}$$

式中：R_B——冲击波安全距离，m；

K_B——爆破条件及影响程度系数，对人员为0.5～1.0，对建筑物为10；

Q——药包质量。

保证安全距离的用药量，对人员不予以计算考虑，撤离人员到安全距离。对建筑物：$Q=(R/10)^3=421kg$，综合震动爆破药量取421kg。

(2)保证合理的堵塞长度和填塞质量。

(3)选择微差起爆方式。

6.2.6 爆破飞石的控制

《爆破安全规程》(GB 6722—2003)规定个别飞散物对人员的安全允许距离见表6。

个别飞散物对人员的安全允许距离 表6

爆破类型及方法	个别飞散物的最小安全距离(m)
a 破碎大块岩矿	
裸露药包爆破法	400
浅孔爆破法	300
b 浅孔爆破	200(复杂地质条件下未修成台阶工作面时，不少于300)
c 深孔爆破	按设计，但不少于200

注：沿山坡爆破时，下坡方向的安全距离应比表内数值增大50%。

控制飞石的措施如下。

(1)爆破设计合理，炮孔位置测量验收严格，是控制飞散物事故的基础工作。装药前，应认真校核各药包的最小抵抗线。如有变化，必须修正装药量，不准超装药量。

(2)避免药包位于岩石软弱夹层或基础的接触面，以免从这些薄弱面冲出飞散物。慎重对待断层、软弱带、张开裂隙、成组发育的节理、溶洞、采空区、覆盖层等地质构造，采取间隔堵塞、调整药量、避免过量装药等措施。

(3)保证堵塞质量，不但要保证堵塞长度，而且保证堵塞密实，堵塞物中要避免夹杂碎石。

(4)采用低爆速炸药，不耦合装药、挤压爆破和毫秒微差起爆等，可以起到控制飞散物的作用。多排爆破时，要选择合理的延迟时间，防止因前排带炮(后冲)，造成后排最小抵抗线大小与方向失控。

(5)应对爆破体采取覆盖或防护措施。采用覆盖和遮挡方法如下。

①草席、草垫、荆笆、竹夹板或草袋；

②采用废旧胶管编成，或利用报废的手推车轮胎、废旧运输皮带等做成帘子。

6.2.7 爆破破坏岩石，造成边坡坍方的控制

减少爆破对岩体破坏，避免造成山体边坡坍方，一般采取以下措施。

(1)爆破前对爆区地质调查，根据地质选取合理的爆破设计方案；

(2)严格按照开挖轮廓范围布置药包、计算药量；

(3)沿开挖轮廓线采用预裂爆破、光面爆破，周边眼采用间隔装药；

(4)爆破后，及时调查边坡稳定情况，发现滑坡体、危石、危坡，及时上报处理。

7 结语

通过对石方开挖现场具体地形、地势和周边环境的充分调查，并采用合适的爆破开挖参数，提前做好开挖爆破设计，合理安排现场爆破施工各工序施工，落实安全防护的技术和施工措施，为施工提供了有力的技术保证，确保了标段的石方开挖施工的顺利进行。

山区公路人工挖孔桩施工工艺探讨

何志敏

（北京鑫畅路桥建设有限公司　北京　101101）

摘　要：山区公路由于地形原因，设计桥梁的数量一般比平原地区的比例大，因此桥梁的桩基数量相对较多，桩基施工的工艺选择需要根据地形条件等综合因素来确定。人工挖孔桩由于不受地形等限制，其在京承高速公路（密云沙峪沟—市界段）的桩基施工中得到了广泛的应用。本文就人工挖孔桩的施工工艺、质量控制及安全环保等方面展开探讨。

关键词：山区　公路　人工挖孔　探讨

1　人工挖孔桩施工工艺

人工挖孔桩是用人和适当的爆破，配合简单机具设备（如风镐、卷扬机等）下井挖掘成孔的一种施工工艺。其适用于山区地形、无地下水或地下水量很少的密实土层或岩石地层。当孔内产生的空气污染超过《环境空气质量标准》（GB 3095—96）规定的任何一次检查的三级标准浓度限值时，不得采用人工挖孔施工；当孔深超过 15m 不宜采用人工挖孔桩。

人工挖孔桩与钻孔桩相比具有以下优点：①成孔后可直观检查孔内土质情况，保证桩的施工质量；②需用机具少且相对比较简单；③不需要太大的作业平台，对地形要求相对不高；④施工过程中不产生泥浆，挖出的材料可用于路基填料，有利于环境保护；⑤施工过程中可减少噪声污染；⑥可节约用水、用电；⑦施工成本相对较低。

人工挖孔桩与钻孔桩相比主要缺点为安全管理的要求很高，特别是井下人员的人身安全、火工器材的施工及管理安全。

1.1　人工挖孔施工

施工顺序：平整场地—测量放样与桩位确定—开挖第一节土方—施工锁口及用混凝土护壁—检查桩位—架设提升设备—开挖第二节土方—施工混凝土护壁—逐节向下循环施工—终孔检验—吊装钢筋笼—灌筑混凝土—成桩检验。

1.1.1　测量放样与桩位确定

使用全站仪精确定位桩基位置，并用十字桩引至桩基开挖边线以外，以备施工过程中随时复核桩位。以桩孔中心为圆心，以桩基设计半径加护壁厚度为半径，画出开挖轮廓并撒白灰标示。护圈高度不小于 30cm，防止孔口杂物掉入孔内伤人及地表水流入孔内，确保桩中心位置偏差不超过规范规定的允许误差，即群桩≤100mm、单排桩≤50mm。经现场监理检查批准后，开始进行挖孔作业。

1.1.2　桩孔开挖

覆盖表层采用人工开挖，到强风化层时采用风镐或风钻钻眼，弱风化层采用浅眼松动爆破进行开挖。挖桩孔时，如地下水丰富、渗水或涌水较大时，可根据情况分别采取以下措施：少量渗水可在桩孔内挖集水坑，随挖土随用吊桶将泥水一起吊出；较大渗水时，可在桩孔内先挖较深集水井，用小型水泵将地下水排出桩孔外，随挖土随加深集水井，孔内无水后再进行开挖，成孔后及时浇筑相应段的混凝土护壁，然后继续下一段的施工。对于桩基较集中处采取对周围桩孔同时抽水，同时对渗水量较大的桩基进行超前开挖、抽水，以降低其他孔水位。并采取交替循环施工的方法，组织安排合理，能达到很好的效果。

施工前，先在孔口四周做好排水设施及出渣道路，合理布置施工场地，机械设备距孔壁保持大于 1m 的距离，尽量减少对孔壁的侧压。在开挖过程中，以 2 人为一组采取边开挖边护壁的方式操作，一次开挖深度不超过 1m，同时支模进行护壁，护壁混凝土的厚度为 10～15cm，护壁做至弱风化岩层以下 0.5m，同时留混凝土试块，进行下节施工前先压试块，保证混凝土强度达到大于 4MPa 后再进行下节施工。挖进时分层开挖，每层先开挖中间部分后周边。挖孔过程中，应经常检查桩孔尺寸、平面位置和竖轴线倾斜情况，如有偏差应随时纠正。

设计护壁厚度为 t，可按下式计算：

$$t \geqslant kN/f_c \quad 或 \quad t \geqslant KpD/(2f_c)$$

当挖孔无水时：

$$p=\gamma H\tan^2(45°-\phi/2)$$

当有地下水时：

$$p=\gamma h\tan^2(45°-\phi/2)+(\gamma-\gamma_w)(H-h)\tan^2(45°-\phi/2)+\gamma_w(H-h)$$

式中：N——作用在护壁截面上的压力；

p——土和地下水对护壁的最大总压力；

γ——土石的重度；

γ_w——水的重度；

H——挖孔桩护壁深度；

h——地面至地下水位深度；

D——挖孔桩直径；

f_c——混凝土的轴心抗压强度设计值；

K——安全系数，取 1.7。

挖孔时采用混凝土护壁的原理，利用边支模边浇注支护混凝土的方法进行施工，支护形式为搭接的圆形，由活动钢模板组合而成，活动钢模板的形状为圆台形，其倾斜角度、模板长度根据实际情况而定，拆上节，支下节，循环周转使用。模板间用 U 形卡连接，或用螺栓连接，以便浇灌混凝土和下一节挖土操作。

护壁混凝土加入早强剂，减小水灰比，以保证混凝土强度增长速度。混凝土用桶输送至模板顶，人工入模。护壁混凝土人工捣实，振捣时不许使用振捣棒振捣，防止振动过大造成塌孔。为了确保安全和提高工效，规定挖孔深度达 10m 时，就应当采取机械通风。

当吊桶提渣出孔时，需要设置水平活动安全盖板，以防石渣和工具掉入孔内伤人。装渣的比例不应超过吊桶的 2/3。

1.1.3　开挖过程中的岩样留取、记录方式

为确保桩基均位于弱风化岩层上。现场施工时，由技术员随时跟班作业，正常情况下每孔 2m 取样一次，做好标记及记录，记录的内容有：岩石分类、桩号、桩径、取样时间、桩孔深度等。如果岩层与地堪不符，应及时报请监理，约请业主方与设计单位检查论证，地基强度满足承载力要求后方可继续施工。

1.1.4　坚硬岩层的挖掘方式

土层、堆积体全风化岩层可以采用锹镐或者风镐开挖。风镐开挖困难采用爆破开挖。具体爆破方案如下：

孔内遇到岩层需爆破时，应专门设计，宜采用浅眼松动爆破法，严格控制炸药用量，并在炮眼附近加强支护。孔深大于 5m 时必须采用电雷管引爆。孔内爆破后应先通风排烟 15min，并经检查无有害气体后，施工人员方可下井继续作业。

当孔深进入弱风化岩层时，人工开挖凿除较为困难，此时可采取少药多炮的浅眼松动爆破方式掘进，人工配合卷扬机提升出渣，在挖深超过 6.0～10.0m 时，爆破后要持续通风排烟 30min 以上，待粉尘散尽后方可继续开挖。当挖掘距孔底设计高程 0.50m 以上时，停止爆破，采用人工凿除的方法开挖到位，防止松动孔底，影响地基承载力。

孔内爆破施工时应注意以下事项：

(1)导火线起爆时,应将所有人员、设备撤离,导火线应作燃烧速度试验,据此决定导火线所需长度。

(2)必须打眼放炮,严禁裸露药包。对于软岩石炮眼深度不得超过 0.8m,对于硬岩石炮眼深度不得超过 0.5m。炮眼数目、位置和斜插方向,应根据岩层产状确定,中间一组集中掏心,四周斜插挖边。

(3)严格控制用药量,以爆破松动为主。一般中间炮眼装硝铵炸药 1/2 节,边眼装药 1/3 节至 1/4 节。

(4)有水眼孔时,应用防水炸药,尽量避免瞎炮,如有瞎炮按安全规程处理。

(5)终孔检验及清孔

挖孔达到设计深度后,应进行孔底清理,必须做到孔底表面无松渣、泥、沉淀土。孔底清理完成后应邀请监理、设计、地堪等单位的相关人员对桩底进行判别,是否满足设计要求,否则应进行设计变更处理。

1.2　吊装钢筋笼

钢筋骨架应根据现场实际情况,采用分节或者整体制作。其施工工艺及质量控制要求与其他成孔方式相同,本文不再细述。

1.3　灌注混凝土

灌注混凝土前对孔内再次进行检查,符合设计及规范要求后即可灌注混凝土。可根据地下水渗入量的大小判断选择灌注方式。

1.3.1　当地下水渗入量小于 $1m^3/h$,按干孔进行混凝土灌注

干孔灌注混凝土时应使用串筒,串筒要对准桩心,串筒底部与桩底悬空距离控制在 2m 以内,使混凝土在串筒中自由坠落。混凝土坍落度宜控制在 70～90mm。在灌注过程中应采取振捣,保证混凝土的密实度。灌注混凝土至桩顶时,适当超过桩顶设计高程 0.3m 左右,以保证在凿除浮浆层后,桩顶高程和桩顶混凝土质量均符合设计要求。

1.3.2　当地下水渗入量大于 $1m^3/h$,按水下混凝土进行灌注

水下灌注混凝土的施工工艺及质量控制要求与其他成孔方式相同,本文不再细述。

1.4　桩头清理及检测

按照常规施工方法,根据设计高程将桩头清理后进行桩检,满足设计要求则进行下一道工序施工。

2　质量保证措施

(1)加强质量教育,强化全员质量意识。

(2)加强原材料质量控制。

(3)认真领会设计意图,全面掌握设计文件内容,认真细致地做好各级技术交底工作,按批准的施工组织设计及施工方案组织施工。

(4)严格管理,加强施工过程控制。每道施工工序施工前,编制相应的《技术交底书》、《安全交底书》,并下发至工班认真学习,作为施工依据,用以指导施工。

(5)在整个施工过程中,做到施工操作程序化、标准化、规范化,要贯穿工前有交底、工中有检查、工后有验收的“一条龙”操作管理办法。

(6)加强工程质量检查与检测。施工中施工人员要坚持“三检”制度,即自检、互检、交接检制度。每道工序必须经质检人员检查,并经监理工程师检查合格并签证后,方可进行下道工序的施工。

3　安全生产保证措施

3.1　预防坍塌的安全保证措施

(1)在施工过程中严格按施工要求做好混凝土护壁,一护到底。特别是第一节护壁必须认真作好,应高出自然地面 30cm,混凝土护壁最小厚度不小于 10cm。

(2)挖孔运到地面的土石,应暂堆在距孔口边缘 1m 以外,堆放高度不应超过 1m,并应及时运走,载重汽车不得进入场内。

(3)混凝土护壁应按配合比通知单计量投料，粗集料粒径不得过大。施工时要用机械搅拌，灌注时必须将护壁混凝土振捣密实。

(4)严格控制拆模前护壁质量，护壁混凝土强度达到4MPa以上方可拆模。尤其是早春、晚秋、初冬季节施工时，混凝土应加防冻剂、早强剂，同时还应在桩孔内采取加热保湿措施，以利于水泥水化和凝结硬化。

(5)多孔同时并排挖孔施工时，应采取间隔挖孔方法，相邻桩不能同时挖桩基孔。

(6)桩底扩孔应间隔削土，留一部分作支撑，待浇灌混凝土前再挖，此时宜加钢支架支护，浇注混凝土时再拆除。

(7)采用爆破方法穿过孔内孤石或开挖孔底岩层时，应精心编制爆破设计，充分考虑爆破对孔壁体及护壁产生的不利影响，避免爆破引起塌孔。平时施工时要留意孔内各种动态，特别是孔内爆破以后，如发现护壁开裂变形或出现流砂、漏水等不良预兆时，施工作业人员应迅速撤离工作面，并报告工地领导采取措施妥善处理。

(8)挖孔过程中应经常检查净空尺寸和平面位置，保持孔壁垂直度和圆度，使孔壁受力均衡，免于塌方。

(9)挖桩孔时如遇透水应及时排水、及时护壁，以防止水润土质变软而造成塌方。

(10)搞好特殊情况下的护壁工作，预防坍塌事故。

3.2 杜绝触电事故的安全保证措施

(1)施工电缆必须架空或埋于地下，不能平地而放。施工作业电线应架空，不能随地拖线使导线浸水或被土石掩埋，严禁导线随意绑在钢筋或其他铁支架上。

(2)为防止桩孔内潜水泵、振动棒等用电设备漏电伤人，应采用三相五线制，“三级配电”，“两级保护”，实行一机一闸一保险，设备的照明线分开关安装，放在孔口处，遇有紧急情况可随手拉闸。

(3)必须设两级保护配电箱，配电箱应安门、上锁，有防雨、防潮设施，并指令专人负责。按用电量安装熔断丝，不得用钢、铝、铜、锌丝代替熔断丝。

(4)桩孔内照明应使用橡胶软电缆，不许有接头；照明必须采用24V以下电压；有水的桩孔，应采用12V电压，严禁采用220V照明；工作灯应用防水移动式，悬挂在孔壁一侧；作业人员上下及升降桶(篮)时，切勿碰撞照明灯。所有伸入桩孔的导线在孔口均应离地悬挂，防止与孔口凸缘磨破橡胶漏电伤人。

(5)潜水泵应用防水尼龙绳(钢丝绳)作受力活动索，严禁用电缆或胶管提升潜水泵。

(6)操作手持电动工具的人员，作业前必须认真检查设备的绝缘情况，穿戴好工作服、绝缘手套和绝缘鞋。

(7)工地电工必须持证上岗，其技术等级应与其承担的工作相适应。值班电工每天应对所有电器设备及线路检查一次，发现老化、破旧、缺损的元器件应及时更换。尤其强调对漏电保护装置的检测，一旦发现失灵，及时维修或更换。非电工不许触动、装拆、修理电器设备。

3.3 预防坠落安全的保证措施

(1)为防止桩孔口地面作业人员掉入桩孔内，可在桩孔口设1m左右高的护栏，护栏上留一个1m左右宽的作业口，在作业口旁，地面作业人员须系好安全带。每个作业班收工前，孔内作业人员上至地面后将孔口加盖封闭。暂不施工的孔口也应加盖封闭。

(2)为防止施工作业人员上下桩孔时坠落，应配置安全可靠的升降设备，并由培训合格的操作人员操作。运送作业人员上下桩孔要用专用乘人吊笼或扶梯，严禁采用运渣吊桶运人和让作业人员自行手扶、脚踩护壁凸缘上下桩孔。

(3)施工作业前，应认真检查工作台板、升降用的支架、卷扬机、轮轴、绳索、提升钩的自锁装置、制动装置、桶(篮)是否固定牢固并完好。如发现绳索断股、断丝超过规定要求应及时更换；提升绳索放至桩孔最深处时，应在轮轴上保留3圈以上。应保证提升设备机件运转灵活，操作使用方便，装有安全装置，制动动作灵敏可靠，以防升降过程中万一出现供电故障，能稳妥及时制动吊物不致坠落。

(4)提升渣土时不能装的过满。升降桶时应先挂好钩，使之位于桩孔中心匀速升降。提升大石块时，应绑好石块,并要求桩孔内施工人员回到地面,然后再提升,以防超重,绳索拉断。

(5)在桩孔口设置高出30cm的凸缘,挡住地面上的石块、泥沙、工具、器具、短钢筋等物,以防掉入桩孔中伤人。及时清理作业现场,对挖出的泥沙、石块随时清运离场,保证孔口周边整洁,不堆放杂物。

(6)在桩孔内护壁的凸缘上设置半圆形的水平防护罩,以遮盖桩孔水平面一半的面积。防护罩随桩孔挖深逐步下移,使其保持在距作业面大约3m处。吊桶在孔内吊运泥土时,孔内作业人员应暂停作业,躲避到防护罩下。防护罩必须坚固牢靠,可利用角钢或粗钢筋焊成框架,再铺焊一层密眼钢筋网,使其能承受一定的冲击力,从而阻挡坠物伤人。

(7)桩孔内作业人员必须戴好安全帽方可作业。桩孔下需要工具应用提升设备递送,严禁向桩孔内抛掷。

(8)送大直径、超长的钢筋笼时,应使用吊车进行起吊作业。如钢筋笼短,用人工下入桩孔时,应先绑好叉杆,统一指挥,把稳扶正,缓慢入孔。

(9)挖孔间隙吊架不能搬动,成孔后盖上钢筋网。施工作业区设防护栏,备有红灯警示,防止人坠入桩孔内。

3.4　预防中毒窒息安全保证措施

(1)在有毒有害气体较多的地质条件下施工,应配备风量足够的通风机和长度能伸至桩孔底足够长的风管。作业前用有毒害气体检测仪对桩孔内气体进行检测,发现异常先通风处理,桩孔内空气正常后再入桩孔作业。桩孔口设专人监护,监护人要坚守岗位,不可擅自离开。

(2)孔深超过10m以后,应先通风,风量要足,不应小于25L/s。对于爆破产生的烟尘,要及时通风排烟洒水,待炮烟全都排出或凝聚沉落,经检查确认无毒烟后,作业人员方可进入桩孔作业。

(3)在桩孔内作业,如作业人员感到不适,应及时停止施工,立即返回地面,待检测桩孔内气体,针对情况加以处理后,确认安全,方可换人下孔作业。

(4)作业中如遇有毒、有害、有腐蚀性物质,可采用防碱、防酸衣服和手套,或采用化学方法,即碱水加酸性物质,酸水加碱性物质进行中和。

(5)工地设专职安全员,对工地进行安全巡视。一般情况下,作业人员在桩孔内连续作业不能超过2h。孔口监护人员对孔内发生不适的作业人员,应提供正确的救助措施。当孔内作业人员遇有不适感时,应沉着冷静想方设法将不适人员用运人吊笼尽快运上地面,不可让不适人员抓住吊土石的桶或篮勉强提上地面。

3.5　预防水淹安全保证措施

(1)挖孔时如遇透水严重,水排不干,可挖降水井集水,降水井要比桩孔深2m,用水泵将水及时抽出地面,这样既有利于挖孔,并可防止水润土质变软而造成塌孔。

(2)通盘考虑,综合设计场地施工降水方案。在设计降水方案时,要通过计算和分析,推断施工降水对桩孔的影响情况。对土质不良时,不能采取在桩孔内抽提的降水方式,以防发生孔壁坍塌、流沙等事故。

(3)开工前,制订详细的防汛预案,并报监理审批备案,汛期时严格按预案执行。

3.6　爆破事故预防措施

(1)严格按爆破安全操作规程的各项规定,进行组织警戒、装药、爆破工作。

(2)爆破前设专人在所有路口进行警戒,严防人员误入警戒区。

(3)在实施爆破区域直径300m范围内,应设置明显警戒告示牌,提醒过往车辆、人员注意该处施工。

(4)参加爆破的作业人员,必须是经过专业培训,考试合格,持有爆破工程技术安全作业证,有责任心的专业人员担任。

(5)爆破5min后,经安全检查员检查,确认安全起爆或处理哑炮后,方可发出解除信号。

4　文明施工保证措施

4.1　加强文明施工教育

(1)进场前及施工中,坚持对全员职工进行精神文明教育,常抓不懈,使职工树立起“爱岗敬业、热爱集体、珍惜企业荣誉”的良好风尚。

(2)组织施工员工积极开展职业道德、职业纪律教育,制订并执行岗位和劳动技能的培训计划。

4.2 强化文明施工管理

(1)严格按照国家的政策、法规和公司现场管理细则组织施工。

(2)施工场地和生活场地做到整洁、平整,施工现场的道路及时修整,保持通畅、平整;

(3)生产和生活用电、用水按照建筑施工临时用电、用水要求,将用电线路、用水管路排列整齐,污水集中排放。

(4)现场悬挂安全标志、警示标志,做好施工安全宣传和防护工作。

5 环境保护保证措施

(1)加强环境保护法规宣传与教育,严格按照国家《环境保护法》组织施工,切实执行国家及地方政府颁布的有关环保的政策、法规和法令。

(2)由安全环保部门牵头组建环保领导小组,对本工程的环保工作进行督促检查,并制定措施,认真执行。积极组织职工认真学习《环境保护法》,定期对职工进行培训,宣传环保、水保政策和知识,强化职工的环保意识,将工程对当地环境带来的危害降低到最低程度。

(3)各种车辆进出村镇,驾驶员应做到文明驾车、慢速行驶,遇地方车辆礼让三先,尽可能不鸣笛或少鸣笛,以免惊扰附近村镇居民。

(4)各种运输车辆,应采取相应措施防止扬尘和污染空气。施工便道应保持路面干净,经常洒水,减少扬尘。

(5)紧邻村庄施工,应尽可能避开深夜施工,以免影响附近居民的正常生活、工作和休息。

(6)施工废水集中排放,各种施工废油、废液集中储存,集中处理,严禁乱流、乱淌,污染水源,破坏环境。

(7)施工及生活垃圾及时清理,严禁随处丢弃,污染环境。

(8)搞好现场文明施工,爱护农作物和经济作物,保护当地资源。完工后按与地方政府有关协议及时做好清理和复耕工作。

(9)施工过程中全力配合业主和当地环保部门检查环保措施的落实情况,完工后经业主对施工现场的环保工作进行检查验收,合格后方可撤离现场。

6 突发事件应急预案

(1)出现突发紧急情况,发现人员立即采取有力措施控制事态蔓延,并立即上报以项目经理为组长,项目总工、副经理为副组长,各部门负责人为成员的突发性事故领导小组。

(2)突发性事故领导小组接到事故报告后,立即停止一切事务和工作,10min 内赶赴事故现场,了解情况,并制订出事故抢救方案。

(3)突发性事故领导小组根据制订方案,调遣各现场抢救组及应急物资,实施事故抢救。

(4)检查、搜索和救护事故现场的受伤害的人员以及物资设备,并采取措施制止事故蔓延扩大。

(5)对必须在现场进行紧急抢救的伤者,急救员采取应急方法如止血、人工呼吸等进行先期紧急施救,同时突发性事故领导小组迅速安排组织车辆将伤者送到最近的医院进行抢救。

(6)疏散人员,划出危险区域,禁止无关人员进入。

(7)事态继续蔓延,难以控制时,向 110、119、120 等救援机构请求救援,并派专人在路边接车。

(8)认真保护事故现场。凡与事故有关的物体、痕迹、状态,不得破坏,并划出保护区域,禁止无关人员进入。

(9)为抢救受伤害者需要移动现场某些物体时,必须做好现场标志,并做好摄影及记录等。

(10)检查事故发生地段的安全防护设施,采取措施,防止事态进一步扩大。

(11)在事故发生 2h 内,将事故发生的时间、地点、起因、经过、初步损失情况,以书面形式报监理、业主及相关部门。

(12)组织专业人员分析事故原因,配合上级有关部门进行事故处理。

浅谈施工安全管理

滕　达[1]　吕彦伟[2]

(1. 北京市首都公路发展集团有限公司　北京　100078；
2. 中铁五局(集团)有限公司　贵阳　550003)

摘　要：本文以京承高速公路(密云沙峪沟—市界段)工程建设项目为例，从建设方角度详细论述了高速公路建设工程中的安全管理体系、制度的建设，以及施工现场安全管理工作的重点，对建筑工程的安全管理工作具有很好的借鉴作用。

关键词：高速公路　施工安全　管理与控制

0　引言

随着2008年11月18日国家4万亿金融刺激计划的推出，铁路、公路和机场等重大基础设施建设以及工民建等基础设施建设纳入了国家重点支持项目。而随着全国安全管理水平的不断提高，各省、市、地区以及各个建筑单位的安全生产指标也在不断提高，伤亡指标不断减少，这就为工地现场安全管理提出了更高的要求。本文以京承高速公路(密云沙峪沟—市界段)工程项目为例，论述建筑工程安全管理体系、制度以及现场安全管理的重点，以资与同行交换意见，共同提高。

1　工程项目标段设置情况

土建监理划分为5个标，其中：一驻地办负责1～3号标，二驻地办负责4～7号标、16号标，三驻地办负责8～11号标，四驻地办负责12～15号标。附属工程包括路面工程4个标，路面工程沥青混合料4个标，交通安全设施6个标，收费大棚工程4个标，机电工程1个标、1个监理标，绿化工程4个标，照明工程2个标，环保工程2个标。除机电单独配监理单位外，其他附属工程均交由所属土建监理标管理。此外，房建工程及监理单位将在后期进行招标。

由此可见，由于生产力的不断提高，工程总承包的项目将日趋变人，线路更长，划分标段数量及其工程量也在逐步增加，专业性更加明确，再附以高速公路多为山岭重丘区，地形、地质因素复杂，远离城区，规范化施工难度大，随之而来的安全生产管理难度也以几何倍数增加。如何保障安全生产管理体系的有效运行，保障现场施工安全，是安全管理的重中之重。

2　安全生产管理体系、职责及制度要明确划分、有效执行

战国·邹·孟轲的《孟子·离娄上》中，"不依规矩，不成方圆"这一精辟论述，反映出"规矩"即体系、制度的重要性，即体系制度的执行要彻底、到位。下面就京承高速公路(密云沙峪沟—市界段)项目的安全生产管理体系及职责的执行情况进行简要论述。

2.1　成立具有工程特点的安全管理体系

安全管理体系的制订，要充分分析工程项目特点，了解工程所包含的项目内容，按照国家规定的建设、监理、施工单位应履行的职责，能够通过安全管理体系有效地得以执行。

2.1.1　如何明确建设单位与监理单位在安全管理体系中的关系

在一个工程项目中，根据工程量大小，往往确定一个或几个监理单位负责监理工作，其监理单位的数量及管理体系的制订，往往要依据工程的实际情况确定。以京承高速公路(密云沙峪沟—市界段)工程为例，由于工程存在线路长、划分标段多的特点，交由4个土建监理单位分管4个驻地，总监理单位负责协调、统管4

个驻地，并对施工单位进行统一管理。也就是说，总监理单位的管理内容，分配了4个驻地监理单位共同分担，有效地解决了监理范围过大、监理人员不足的现象。

由于建设项目是通过5个监理单位实施监督管理工作的，建设单位指令的下达往往要通过总监理单位做二次下达，监理单位之间存在管理差异，反映出监理水平参差不齐，总监理单位与驻地监理单位属平级单位，之间存在管理上的异议等，加重了建设单位协调与管理的负荷。为此，京承高速公路（密云沙峪沟—市界段）工程建设单位项目管理处是通过以下几项工作，进一步明确建设单位、监理单位在安全管理体系中的职责。

(1)建设工程监理是经过建设单位委托和授权，针对工程建设所实施的监督管理活动，建设单位有权对监理单位体系的运转进行监督和管理，在《文明安全施工与环境保护工作管理办法实施细则》中，明确指出监理单位职责；在监理单位《监理工作实施细则》中，明确监理单位安保工作的具体实施办法；在京承高速公路（密云沙峪沟—市界段）项目建设单位的安全管理体系中，明确监理单位安全体系的组织关系，并将具体职责落实到人。

(2)明确建设单位、总监理单位、驻地监理单位的合同关系，阐明所有的监理单位应服从于建设单位的统一管理。总监办对驻地办进行管理，并在安全管理体系和各种管理办法中明确双方的关系。

(3)安全环保工作在具体的实施过程中，建设单位积极协调、组织各项工作内容，并对监理单位的工作情况进行监督、考核。

2.1.2 监理单位与施工单位安全管理体系的细化

在驻地监理和项目经理部属地建设中，由于建设单位以及总监理单位的检查与监督，其安全管理体系、制度的制定、执行是完全按照《文明安全施工与环境保护工作管理办法实施细则》及招标文件相关规定执行的，在一般情况下，是能够满足安全管理需要的。

然而，在安全管理体系的制订中，容易忽视的就是基层管理人员在体系中的重要作用。如：监理安全管理体系中的驻标监理、专业监理工程师的安全职责，监理员的安全职责区域性划分，施工单位各工区主要负责人的安全职责，专职安全工程师的安全职责区域性划分，工程量较大时，增补的专（兼）职安全员的安全职责，这些都应反映在安全管理体系中。基层的安全管理者是安全生产现场管理的有效执行者，他们是安全管理体系中的重要基础，也是安全管理体系得以有效执行的基本保障。

例如，京承公路建设方在工程前期的检查工作中，建设单位安全工程师找到一名工地现场安全员，并提问：(1)你所负责的区域是哪里？哪里、哪项工作是重大危险源？(2)如果出现安全生产事故，你应该向谁报告？(3)你有没有项目经理部的通信录，或项目经理部安全管理体系中，有没有你的联系方式？就现场安全员的三个不知道，建设单位安全工程师立即下了整改单通知其停工整改。由此可见，安全管理体系的薄弱环节就在基层，末端的有效管理，是安全管理体系运行的关键。

2.2 安全管理体系跟踪与考核

在建设工程项目中，各参施单位的安全人员管理是安全体系运转的前提，在实际工作中，我们通常会发现每个单位都曾或多或少地更换过安全管理体系中的人员，或安全工作人员不能满足其岗位职责的需要，这给安全体系的运转带来了不便，甚至会暂停某一项工作。

京承公路建设方是通过对人员的跟踪与考核，来保障安全体系的正常运转的。

(1)对安全管理体系中的管理人员进行阶段性考核，不能满足其岗位职责的人员，责令予以更换。

(2)对于自主更换主要安全管理人员的单位，必须填报人员变更，审批合格后，方可退场更换人员；对于更换基层安全员的单位，要求其必须重新上报安全管理体系，并保障其安全员的工作能力和通信正常。

2.3 将安全职责、安全管理制度落实到人

人是社会关系的基本单元，也是组建社会关系的基本保障。我们所谈及的职责、制度都是用以约束相关人员的工作内容，是以人为单位制订和运行的。

京承公路建设方制订了一系列的安全生产职责、管理制度，包括所有安全生产相关人员的安全生产职责，安全生产责任制度、例会制度、检查制度、事故报告制度等，以及制订了一系列的管理办法和奖惩措施。

但是，我们在此着重强调，所有的职责、制度都应该是以人为本的，即：从另一个角度来看，就是要将每个岗位人员的具体工作进行细化。这一点尤为重要，避免出现事故后无人负责，或由两个人管理，无法确定责任人的现象发生。

3　完善监理安全生产工作内容，引导施工单位搞好生产安全管理，进一步巩固建设项目安全管理成果

3.1　如何落实监理职责

监理工作是经过建设单位的委托和授权，针对工程建设所实施的监督管理活动。“通过监管工程”，也是建设单位一再倡导的管理模式，可见监理在安全管理工作中的重要性。

为了更好地落实监理职责，建设单位成立自身安全管理体系的同时，也要对监理单位的工作内容进行监督，完善其在安全生产方面的工作内容。如全国性的安全生产活动，当地政府安全管理部门文件的执行，以及确定不同时期的安全管理重点，建设单位带头组织，并督促监理方贯彻、落实。为了了解监理工作情况，建设单位通过日常检查、抽查的方式，对监理工作情况进行考核。

3.2　施工单位的安全管理

施工单位的安全管理不仅要通过检查、整改、通报、罚款等方式逐步完善，还要在具体操作中，加强引导，相互学习，共同进步。

在现场的安全管理工作中，监理和建设单位的监管力度，往往是通过招标文件或《文明安全施工与环境保护工作管理办法实施细则》、《安全违约金处理方法》等明文规定，对于出现隐患的部位执行检查、整改、通报、罚款等管理措施，形成闭合的检查制度。我们首先要肯定这种管理模式，因为这种检查制度能够最直接、有效地处理问题，且有相关记录，形成文档备案，亦是有理所依、有据可查的。

然而，在实际现场安全管理中，我们却发现一个共性问题：同一种隐患在各个标段普遍存在；经反复整改后，仍然存在；新开工点不接受先前经验，仍然犯同样错误。这种现象是安全管理的力度不足吗？可是以上的各项管理措施均已落实到位。难道是施工单位已经麻木了吗？但在单项整改工作中，其整改情况符合规范要求。

下面，以建设方管理角度，阐述一下安全工作引导的重要性及如何进行引导。

3.2.1　安全工作引导的力量不可忽视

对于安全工作，虽然国家制定了各项规范和管理措施，但由于施工现场实际情况复杂，各单位管理水平不一，安全人员工作能力参差不齐，安全管理各项费用支出拖延等因素，现场安全管理工作并不能完全依照理想中的状态运行。如何把安全工作做得更好、更完善，成为安全工作的主题。

采取统一标准、相互学习、比学赶帮的方式，从客观上工地现场按照国家规定统一完善，从主观上，调动全体参施人员强化安全意识，认知现场不足，进一步强化现场安全管理，有效地减少了以上不良现象的发生。

3.2.2　如何引导施工单位安全生产工作

(1)强化例会制度，探讨现场存在的各项问题，提出相应的解决方案。

(2)对于现场出现的共性问题，统一制订标准，形成文件告知所有在施工单位，有则改之，无则加勉。

(3)对于现场出现的个性问题，强化检查、整改、通报、罚款等管理措施的力度，让其单位安全管理人员充分认识到自己的缺陷和不足。

(4)积极开展现场安全交流会，对于共性问题，应邀请所有参施单位安全负责人，现场观摩学习先进的施工经验，并认知其不足之处，形成比学赶帮的良好安全生产氛围。

(5)强化建设单位和监理单位的日常检查、专项检查、拉练式检查工作，主动深入现场，帮助施工单位改正现场安全工作的不足。

(6)提高驻标监理的业务水平，抓好基层监理服务工作。

(7)奖罚分明，树立起建设单位、监理单位的管理威信，不误导、不犯原则性的错误；同时，通过阶段考核、年终考核给予先进单位及个人奖励。

(8)施工现场安全工作要不断摸索、不断提高，积极听取施工单位的意见，是制订一系列安全措施并保证安全措施落实到位的基础。

3.2.3　巩固建设项目安全管理成果

工程的各项分项工程均有成为安全管理重点的时间段，在这段时间内，分项工程安全管理在摸索中不断成长，在分项工程大干直至快要结束的时期，具有工程特点的分项工程安全管理模式已经日趋成熟。然而，就现场安全管理的实际情况来看，由于后期安全管理重点的转移，分项工程的安全管理水平均有不同程度的回落，如排架拆除过程中，部分架子工无安全技术交底；箱梁施工完毕后，部分临边防护不到位；工程接近尾声时，民工驻地脏乱差等。为了保障分项工程或工程尾声时期安全管理水平的平稳发展，如何巩固建设项目的安全管理成果，成为这个时期安全工作的重点。

(1)针对接近尾声的分项工程项目，要继续执行先前的管理力度。

(2)加强对接近尾声的分项工程项目出现安全隐患的整改力度、惩罚力度，使之充分认知自身安全工作的不足。

(3)加强对接近尾声的分项工程项目的验收工作，尤其是工程接近尾声时，应做好安全方面各项交验工作。

4　现场安全管理几大要点

基层的安全是安全管理的重点，也是安全工作的基础，从管理体系、制度、规程上来讲，作用的最终目的，仍是要保障现场施工安全。依据该工程项目的经验，阐述几项现场安全管理的重点内容。

4.1　做好安全教育、培训、交底工作

从以往安全生产事故发生的原因来看，大部分是由于基层工作人员安全意识不强、野蛮施工所造成。由此可见，做好安全教育、培训、交底工作，是提高全员安全管理水平的基础。但由于工程现场人员流动性大，更换岗位和更换人员经常发生，这给安全教育、培训、交底工作带来一定的困难。在此，我们应该重点强化三方面的教育工作。

(1)入场教育。施工人员入场前，应集中培训三天，等应知考试合格后，再进行三级安全和文明施工教育。

(2)经常性教育。积极开展各种安全生产竞赛活动，利用专栏板报、生产例会、专题座谈会、班前交底等形式，宣传安全和文明施工的重要意义。

(3)适时安全教育。就是根据建筑施工生产特点，进行“五抓紧”的安全教育。即工期紧赶任务，往往不注意安全，要抓紧教育；工程接近尾声时容易忽视安全，要抓紧教育；施工条件好时，容易麻痹，要抓紧教育；季节气候变化，外界不安全因素多，要抓紧教育；节假日前后，思想不稳定，要抓紧教育，使之做到警钟长鸣。

(4)违章纠正教育。经常结合典型安全事故事例进行违章纠正教育，使受教育者充分认识到自己以往的过失和应吸取的教训。

4.2　严格落实各项安全管理制度

安全管理制度是安全生产管理中重要的执行标准，是安全管理体系得以有效运行的依据，在该工程项目中，重要的安全管理制度有责任制度、例会制度、交底制度、事故报告制度等。

4.3　根据工程特点，确定不同时期的工作重点

工程项目在工程进展的不同时期、季节环境的不同时期、节假日期间以及政治敏感期均有不同的安全工作重点，制订这些工作重点，有利于集中力量，保障阶段性安全生产目标的实现。该工程根据不同时期制订的工作重点有：桩基施工安全、高排架施工安全、箱梁施工安全、隧道施工安全、临时用电安全、爆破施工安全、汛期防汛、奥运平安、平安北京、冬季施工安全、森林防火等，以及阶段性安全生产活动如“安康杯”、“安全月”、“大干一百天”、“三项行动”等，在一定时期，分别将2～3个工作内容作为此阶段的工作重点进行重点排查，重点整治。

4.4 加强自检自查、日常检查、专项检查、拉练式检查的执行力度

施工单位组织的自检自查以及建设单位、监理单位组织的日常检查、专项检查、拉练式检查，在招标文件以及《文明安全施工与环境保护工作管理办法实施细则》中均有明确规定，要严格落实文件中要求的各项工作内容，并依据《奖罚制度》给予强化。

4.5 做好各项应急预案的演练工作

安全生产事故一旦发生，如何减少伤亡、降低经济损失是事故处理的重点工作内容，而各项应急预案则是执行这一行动的重要依据。预案的演练能够有效地强化基层安全管理意识，保障应急体系的有效运转，提高施工现场文明安全施工水平，可以说是一举多得。该工程项目主要进行演练的预案有《防汛应急预案》、《森林防火应急预案》、《突发事件应急预案》。

4.6 保障安全资金的投入

安全生产措施费是保障安全管理体系有效运转，安全生产措施及时、到位的重要经济基础。一方面，建设单位、监理单位要及时审批、下拨安全生产措施费；另一方面，施工单位要严格按规定提取安全设施经费，做到专款专用。要保障安全生产措施费的有效落实，需要三方单位共同制订相关管理办法，并能有效地得以运行。

4.7 安全管理与其他部门的配合

安全管理是全员性管理，也是与当地各级管理部门的协调性管理，处理好与其他部门的配合关系，才能使安全管理最大化的发挥作用。

(1)单位内部安全管理要有效地联合各功能管理部门。如现场施工与安全技术是密不可分的，包括设计、方案的确定，现场施工管理与施工安全；文明施工、征地拆迁引发的民扰、扰民以及其他刑事案件；各项机械租赁合同需要增签安全生产合同；安全措施费的审批与下拨等。

(2)积极配合政府有关部门的安全管理工作，如交安委、建委、安全生产监督管理局、环保局以及当地其他政府职能部门，都能在其职能范围内协助工程项目的安全生产管理。

5 组织好文明安全工地的创建工作

创建安全文明工地活动，是将安全生产工作形成体系化、规范化的管理模式，是总结前人经验，形成规范化的、一体化的管理方法。我们应充分认识到创建安全文明工地"横向到边，纵向到底，专管成线，群管成网"的重要性，真正将安全工作形成网络式覆盖、突出重点、落实到底。要做好创建安全文明工地工作，以本项目为例，应着重强调以下几方面工作内容：

(1)成立创建安全文明工地活动领导小组，强化组织领导责任，确定基层落实人员工作内容，真正将具体工作落实到基层。

(2)注重全员化教育培训工作，从组织领导到基层工作人员，真正将全员教育落实到位。学习内容应包括各项法律法规、管理模式、具体管理措施，以及基层分项、分工种的安全技术交底等。

(3)做好创建文明安全工地的验收工作，从体系制度到现场安全管理，从安全基础设施的配备到现场各项安全措施的验收，真正将文明安全工作的评估标准落实到实处。

温拌沥青混合料在施工中的应用

张桂兰　李喜强

(北京路星沥青制品有限公司　北京　101300)

摘　要:本文就温拌沥青混合料这项施工新技术产生的必然性、生产过程、混合料性能验证、混合料运输及施工控制、应用前景及意义,作了翔实全面的论述,对道路施工企业具有很好的借鉴作用。

关键词:温拌　沥青混合料　道路施工　应用

1　温拌沥青混合料产生的必然性

随着交通量、大型车辆及重载车辆的不断增加,对路面的要求越来越高,如何提高沥青路面的使用性能已经成为广大道路工作者的重要课题。随着环境保护意识的不断提高,保护环境,减少污染,已是我们每个公民不可推卸的责任。面对施工环境和施工条件的限制,目前不仅对沥青改性剂做了大量研发,而且从沥青混合料拌和温度方面作了各种尝试。沥青混合料按照拌和、摊铺温度的不同,可以分为热拌沥青混合料、冷拌沥青混合料和温拌沥青混合料。以下对温拌沥青混合料的性能加以阐述。

1.1　温拌沥青混合料简介

温拌沥青混合料是一类拌和温度介于热拌沥青混合料(150～180 ℃)和冷拌(常温)沥青混合料之间,性能达到(或接近)热拌沥青混合料的新型节能减排沥青混合料。

1.2　热拌沥青混合料隧道施工的主要问题

1.2.1　施工环境恶劣

隧道施工空间封闭,通风条件差,通风成本高。由于摊铺温度高,释放出大量的热量和烟尘,对施工人员的健康状况产生较大影响。

1.2.2　路面施工质量难以控制

在施工中,摊铺和碾压设备因各种原因造成停机,导致路面的压实度和平整度较差。

隧道封闭潮湿,热拌混合料摊铺时,界面存留水分会迅速蒸发,带走大量的热量,造成混合料底部温度迅速下降,压实不足。

1.3　温拌沥青混合料的技术特点

温拌沥青混合料的施工温度在100℃以下时,沥青胶结料的物理和化学性质仍然稳定,基本实现了施工无烟化,提高了能见度。同时,环境温度比使用热拌沥青混合料有所下降,改善了工人和施工机械的工作环境。

温拌沥青混合料有效压实时间显著延长,有利于在照明不利的条件下提高施工质量。

1.4　推广应用温拌沥青混合料的原因

(1)针对隧道内相对封闭的空间,温拌沥青混合料比热拌沥青混合料释放出更少的热量和有害气体,保证现场施工机械连续作业,同时减轻有害气体对现场施工人员的影响。

(2)温拌沥青混合料技术可以节约燃油。据统计,温拌沥青混合料技术可以减少燃油消耗30%以上,这对于缓解我国目前面临的能源紧缺问题具有非常现实的意义。

(3)与热拌沥青混合料相比,温拌沥青混合料可以减少废气排放,降低废气控制成本,起到保护环境的作用。另外,较低的废气排放也可以使拌和厂安置在环境控制较严格的地区,从而减少混合料的运输距离。

(4)温拌沥青混合料技术可以使沥青路面的铺筑在冬季寒冷的环境中进行,从而可以延长沥青路面的施工期。

1.5 推广应用温拌沥青混合料的意义

由于热拌沥青混合料要求的施工温度较高，相应对外界施工环境的要求也较高，较长的运输距离或外界气温太低均会导致混合料温度下降过快，来不及碾压密实，从而限制道路施工的进行，拖延工期。因此，温拌沥青混合料对于我国的公路建设来说具有特殊的意义。

1.6 温拌沥青混合料的技术特点

改善了施工条件，降低了混合料拌和、运输和摊铺温度，缩短了作业时间，不需要牺牲路面压实质量和性能质量。

(1)降低了混合与碾压温度；

(2)减少了有害气体的产生；

(3)减少了燃料成本；

(4)改善了施工和易性；

(5)提高了路面碾压密实度；

(6)延长了施工季节；

(7)提高了路面质量。

2 温拌沥青混合料添加剂和温拌沥青混合料生产过程

温拌沥青混合料添加剂(简称温拌剂)是生产温拌沥青混合料的关键原料，对混合料的性能起着重要作用。在京承高速公路(密云沙峪沟—市界段)工程中，我公司应用的是美德维实伟克 Evotherm 温拌剂，Evotherm 温拌剂有如下特点。

2.1 Evotherm 温拌剂的特点

适用于所有石油沥青，掺入量低，效果好，易拌和，不离析，可以显著提高沥青的高温性能，降低感温性，显著提高路面的抗变形能力，降低车辙，防止波浪、拥包现象，显著改善沥青混合料的施工和易性，保持沥青的低温性能不变，降低能量消耗，提高工效。

2.2 温拌沥青混合料的拌和

2.2.1 温拌浓缩液喷洒量

掺加温拌剂不需要重新设计配比。现场沥青混合料拌和时，在原配比基础上，温拌浓缩液与沥青质量比为 5∶95。温拌浓缩液在沥青开始喷洒后延时 1s 开始喷入，根据喷洒量，调整喷洒设备的压力，使得喷入时间控制在 5～8s，须保证在沥青喷洒结束之前完成浓缩液的喷洒。在沥青喷洒结束后延时 5s 添加矿粉，避免在水蒸气排出时添加，以减少矿粉损失和减少矿粉堵塞概率。生产过程中放料口温度明显无烟雾散发，减少了环境污染，效果见图 1。

热拌

温拌

图 1　热拌与温拌环境比较

2.2.2　拌和温度范围控制

在拌和过程中，严格控制沥青及石料加热温度，使生产的沥青混合料达到温拌料要求，具体拌和及施工温度控制见表1。

温拌沥青混合料的施工温度(℃)　　表1

施工工序		改性沥青 AC-20C	改性沥青 SMA-16
沥青加热温度		160～165	160～165
石料加热温度		140～160	145～165
沥青混合料出料温度		135～145	135～145
混合料到场温度	不低于	130	135
初压温度	不低于	120	125
复压温度	不低于	110	110
终压温度	不低于	70	70

拌和后出料温度必须严格控制，使其达到温拌效果。

3　温拌沥青混合料性能验证

3.1　添加温拌剂前后混合料性能室内验证

本次室内试验由我公司与美德维实伟克公司共同实施。本次温拌沥青混合料试验在原配合比试验的基础上，直接添加温拌剂，以下各项指标结果以改性AC-20C沥青混合料为例。

3.1.1　油石比混合料筛分试验

改性AC-20C设计油石比4.4%，试验检测油石比4.45%，油石比混合料筛分级配见表2，级配曲线见图2。

油石比混合料筛分级配(室内验证)　　表2

筛孔(mm)	26.5	19	16	13.2	9.5	4.75	2.36	1.18	0.6	0.3	0.15	0.075
级配范围(%)	100	90～100	76～90	64～80	50～64	33～43	21～31	13～23	9～17	6～12	4～9	3～7
通过率(%)	100	96.0	84.2	72.4	55.4	37.8	28.3	19.9	14.3	10.8	7.9	5.3

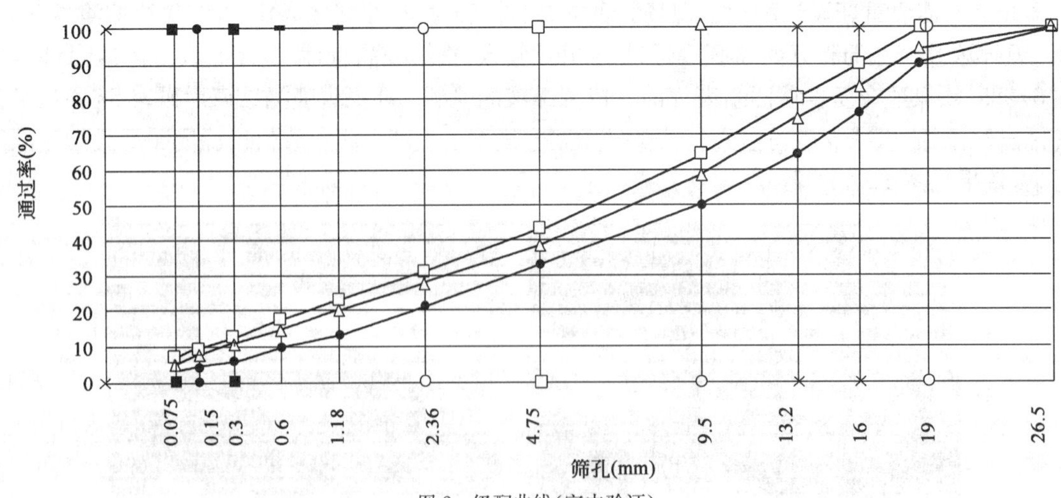

图2　级配曲线(室内验证)

通过试验结果看，混合料级配曲线较好，符合规范要求。

3.1.2　混合料变温击实试验

该实验主要反映沥青混合料在添加温拌剂的情况下，降温后的性能指标(表3)。采用标准马歇尔击实方法进行。

混合料变温击实性能试验汇总(改性 AC-20C)　　表 3

试验温度(℃)	试验数值			
	空隙率(%)	稳定度(kN)	流值(0.1mm)	混合料类型
170	4.2	11.13	28.0	热拌沥青　目标配合比
	4.4	11.35	30.5	热拌沥青　生产配合比
140	4.2	9.27	40.6	温拌剂

注:温拌剂∶沥青=10∶90(室内试验)。

与热拌沥青混合料比,添加温拌剂的混合料可降低拌和、击实温度约 30℃。

3.1.3　动稳定度试验

车辙试验主要反映沥青混合料的高温稳定性能(表 4),是常规的验证试验方法。温拌试件成型温度为 140℃。

车辙试验结果表(改性 AC-20C)　　表 4

添加剂种类和掺量		动稳定度(次/mm)
温拌剂		5 466
热拌	目标配合比	5 981
	生产配合比	5 195

添加温拌剂的沥青混合料高温稳定性能与热拌沥青混合料略有变化。

3.1.4　浸水马歇尔试验残留稳定度

温拌沥青混合料浸水马歇尔试件在 140℃下成型,在 60℃恒温水槽中保温,测定稳定度的比值,其试验结果见表 5。

浸水马歇尔稳定度试验结果表(改性 AC-20C)　　表 5

添加剂种类和掺量		试验结果
		残留稳定度　MS_0(%)
温拌添加剂		92
热拌	目标配合比	95.8
	生产配合比	91

添加温拌剂的沥青混合料抗水损害性能与热拌混合料基本相当。

3.1.5　冻融劈裂试验

温拌沥青混合料冻融劈裂试验是在 140℃下成型,在规定条件下对沥青混合料进行冻融循环,测定温拌沥青混合料试件在受到水损害前后劈裂破坏的强度比,其结果见表 6。

冻融劈裂试验结果表(改性 AC-20C)　　表 6

添加剂种类和掺量		试验结果
		TSR(%)
温拌添加剂		86
热　拌	目标配合比	83.7
	生产配合比	85

添加温拌剂的沥青混合料抗水损害性能与热拌混合料相比略有变化。

3.2　经拌和楼拌和后沥青混合料现场施工试验结果

(1)改性 AC-20C 设计油石比 4.4%,试验检测油石比 4.47%,筛分级配及曲线见表 7 和图 3。

混合料筛分级配（现场施工）　表7

筛孔(mm)	26.5	19	16	13.2	9.5	4.75	2.36	1.18	0.6	0.3	0.15	0.075
级配范围(%)	100	90～100	76～90	64～80	50～64	33～43	21～31	13～23	9～17	6～12	4～9	3～7
通过率(%)	100	96.0	84.8	72.2	55.6	36.6	26.1	19.3	13.9	11.1	8.3	5.0

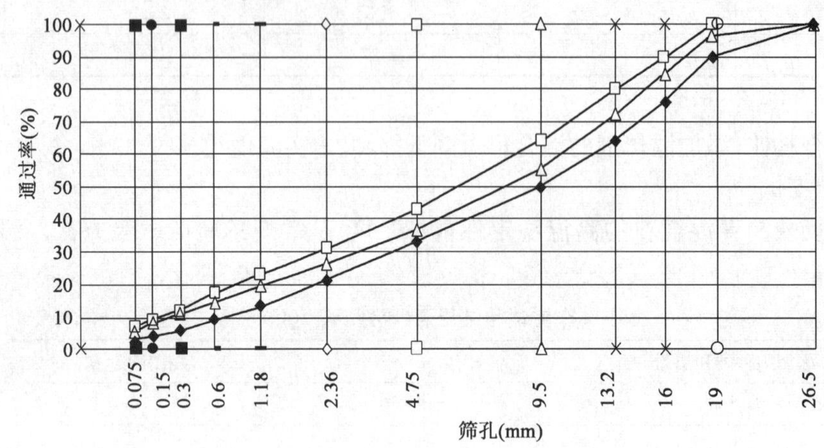

图3　级配曲线（现场施工）

通过试验结果看，沥青混合料筛分级配曲线较好，符合规范要求。

(2)沥青混合料力学性能（表8）

添加温拌剂的沥青混合料力学性能　表8

项　目	稳定度(kN)	流值(0.1mm)	动稳定度(次/mm)
规范设计值	≥8	15～40	≥2 800
热拌	12.62	31.4	4 908
温拌	12.75	30.9	4 775

添加温拌剂的沥青混合料力学性能与热拌沥青混合料基本相当。

3.3　结论

温拌添加剂能降低混合料的拌和及压实温度约30℃以上。温拌添加剂改性沥青混合料具有优越的压实性能。温拌添加剂改性沥青混合料可提高混合料的高温抗车辙能力、抗水损害能力和抗老化能力等。

温拌添加剂改性沥青混合料作业温度低，从而可减少有害气体和烟雾的产生，由于碾压温度降低，可以延长施工作业时间，适宜在隧道施工。

4　温拌沥青混合料的运输及施工控制

4.1　沥青混合料的运输

(1)参加本工程的运输车辆采用大吨位自卸汽车，在装料前运料车必须清洗干净，在车厢板上涂一薄层防止沥青黏结的隔离剂和防黏剂，但不得有余液积聚在车厢底部。

(2)从拌和机向运料车上装料时，应多次挪动汽车位置，平衡装料，以减小混合料离析。运料车运输混合料需保温、防雨、防污染。

(3)考虑到混合料温度较低，温拌料降温速度较快，因此，温拌料运输的时候，运输车顶部采用两层苫布中间夹一层棉被，其中最外层为防雨苫布，防止运输途中被雨淋。

(4)对于温拌沥青混合料，运料车每次卸料必须倒净，如有剩余，应及时清除，防止硬结。

(5)连续摊铺过程中，运料车在摊铺机前10～30cm处停住，不得撞击摊铺机。卸料过程中运料车应挂空挡，靠摊铺机推动前进。

(6)应该根据现场摊铺时间以及天气条件紧凑安排生产时间，做好混合料覆盖工作，保证到场摊铺温度不低于110℃，否则应予以废弃。从施工结果看，采用两层苫布中间夹一层棉被盖车厢，沥青混合料温度3h内无变化，与出厂时温度相同，能满足施工要求。

4.2　沥青混合料的摊铺

(1)温拌沥青混合料正常摊铺部分，一般不用人工整修。对于边缘和伸缩缝位置有人工(过渡)凿除的部分；跨缝作业和摊铺边缘不能避免人工作业时，要求人工整修部分适当多预留松铺厚度。

(2)螺旋布料器内的混合料表面高于螺旋布料器2/3为度，使熨平板挡板前混合料的高度在全宽范围内保持一致，避免摊铺层出现离析现象。

(3)检测松铺厚度是否符合规定，以便随时进行调整。摊前熨平板应预热至100℃。摊铺机熨平板必须拼接紧密，不许存有缝隙，防止卡入粒料将铺面拉出条痕。

(4)摊铺遇雨时，立即停止施工，并清除未压成型的混合料。遭受雨淋的混合料应废弃，不得卸入摊铺机摊铺。

4.3　沥青混合料的碾压

根据混合料的级配类型，选择合理的压路机组合方式及碾压步骤。为保证压实度和平整度，初压应在沥青混合料摊铺后采用紧跟方式进行碾压，以保证压实效果。

5　温拌沥青混合料应用前景及意义

温拌沥青混合料的拌和温度介于热沥青混合料和冷拌沥青混合料之间，成品混合料性能良好，节约能源和环保的特性十分明显。温拌沥青混合料与热拌沥青混合料相比，拌和温度降低了30～50°C，生产时很大程度地减少了烟量的排放，同时因温度的降低减少了燃烧油的用量，节约了能源。

热拌沥青混合料在沥青路面施工过程中施工温度高，有大量烟雾排放，容易造成隧道内施工环境恶劣，特别是温度高、空气流通困难、有害气体含量高等，严重影响施工人员的正常作业和身体健康。沥青混合料施工产生的烟尘也难以消散，导致隧道内视线较差，给施工安全也带来较大隐患，同时施工机械在高温条件下也将无法正常作业。温拌沥青混合料大大降低施工温度，施工过程无烟雾排放，同时由于碾压温度降低，能够延长施工季节，适合于不利季节的施工。

当前，节能、环保已成为全社会关注的热点话题，同时也成为衡量一种应用技术成熟与否的关键指标因素。温拌沥青混合料技术的成功应用，实现了公路建设中资源成本的节约，同时也降低了对环境的污染，成为近年来沥青路面材料领域又一项很有前景的新兴技术。

翻动式模板在清水河大桥墩柱施工中的应用

朱光雷

（北京鑫旺路桥建设有限公司　北京　101400）

摘　要: 近年来，随着我国高速公路建设的迅猛发展，当公路通过深沟宽谷、河流等地区时，相应的超过20m的高桥墩工程也大量出现。高桥墩工程具有墩柱高，圬工数量多而工作面积小，作业条件差等特点，需要采取有别于其他结构的独特的施工工艺。本文以清水河大桥为工程背景，结合工程实际经验，对不同高桥墩施工方法的优缺点进行了对比分析，归纳总结出翻动式模板施工技术的工艺原理及技术特点。在此基础上，详细介绍了高墩翻模施工的施工工艺及技术要点。

关键词: 高桥墩　翻动式模板　施工技术

0　引言

高桥墩的施工方法，从大的角度上可分为两大类，即阶段施工法和连续施工法。阶段施工法中包括普通模板施工法、爬升式模板施工法和翻动式模板施工法；连续施工法一般是指滑动式模板施工法。高桥墩的施工设备与一般桥墩大体相同，但是模板却另有特色，如翻升模板、爬升模板等。这些模板依附于已浇筑的钢筋混凝土墩壁上，随着墩身的逐步加高而上升。表1给出了各类高桥墩施工工法的优缺点比较。

高桥墩各类施工工法比较　　表1

比较	普通模板施工	爬升式模板施工	翻动式模板施工	滑动式模板施工
优点	1. 混凝土浇筑时间不限制、养护方法简单； 2. 混凝土养护管理方便； 3. 混凝土初期管理方便； 4. 现有的机具材料就可以施工	1. 混凝土浇筑时间不限制、养护方法简单； 2. 混凝土养护管理方便； 3. 混凝土初期管理方便； 4. 能确保高空作业安全； 5. 不需要大量的脚手架	1. 混凝土浇筑时间不限制、养护方法简单； 2. 混凝土养护管理方便； 3. 桥墩混凝土的表面光洁，外形美观； 4. 施工方便，操作简单，施工周期短； 5. 在施工过程中可依据监测数据纠正偏差，确保混凝土的浇筑质量	1. 由于所浇筑的混凝土没有施工缝，故其水密性、气密性均较好； 2. 能大大缩短工期； 3. 能确保高空作业安全； 不需要大量的脚手架
缺点	1. 工期较长； 2. 需要大量的脚手架； 3. 在高空作业较多，安全性差	需要特殊的起吊装置或上升装置	1. 需要较多的支架； 2. 为保证施工缝的质量，需对前段混凝土顶面人工凿毛； 3. 需较多的设备，如手拉葫芦、全站仪、水准仪等	1. 需要一些特殊的装置，初期设备费较高； 2. 需要周密的计划与经验； 3. 混凝土的初期养护要特别注意； 4. 施工时间受限制； 5. 在短时间内，需要大量的各供需作业人员

1　工程概况

清水河大桥桥梁全长876.48m，宽26m。上部结构为29m×30m预应力混凝土简支T梁；下部结构为板式桥墩，柱桩式桥台，矩形承台，桩基础。桥墩为八边形现浇实心板式墩，横桥向宽7m，厚度为1.6～2.2m，4角采用大倒角。全桥超过20m的高桥墩有43根，最高为32m。

2　工艺原理及特点

2.1　工艺原理

在承台周围架设钢管支架，搭设工作平台，施工人员在平台上进行钢筋绑扎、模板安装、拆卸等工作，并利用混凝土随时间硬化的性质，分工作段逐段浇筑。在承台表面凿毛后，进行第一工作段的钢筋绑扎、模板安装及混凝土浇筑施工。待混凝土达到强度要求，顶部表面凿毛后，绑扎安装第二工作段的钢筋，将第一工作段模板拆除，利用吊机部分周转到第二工作段上，以第一工作段最上一节模板为支撑进行支立，然后浇筑第二工作段的混凝土。重复以上工作，完成其余工作段的钢筋绑扎、模板安装、混凝土浇筑工作，直至桥墩施工完成。

2.2　技术特点

翻模法的施工设备由工作平台、钢管支架、模板系统、提升设备、中线控制系统和附属设备等部分组成。混凝土的浇筑可根据施工条件采用自升式塔吊垂直运输灌注或泵送式浇筑。桥墩脱模后，涂刷养护剂养护、四周包裹塑料薄膜。当施工第二工作段时，先不拆除第一工作段的最上部的一节模板，以保证第二工作段模板的支撑。

翻动式模板施工法吸取了滑动式模板施工法和爬升式模板施工法的优点，把平台和模板分成两个独立的体系，克服了滑模施工要求的连续性、施工组织复杂性及混凝土外表质量欠佳的不足，解决了爬模形成施工平台困难、工作强度大、费料费工的问题，为高桥墩施工提供了一种安全可靠、简单易控的模板施工技术。

3　施工工艺

3.1　测量放样

采用全站仪精确测量放样，放出桥墩的纵横中心线和中心点。模板组装完毕、加固时，用全站仪、水准仪检查、校正模板中线和高程，使垂直度、高程和各项尺寸符合要求。

3.2　钢筋工程

钢筋加工和安装工程严格按照设计和规范进行。其中，主筋机械连接采用直螺纹套筒连接。钢筋要绑扎结实，并辅助少量的电焊焊牢(图 1)。

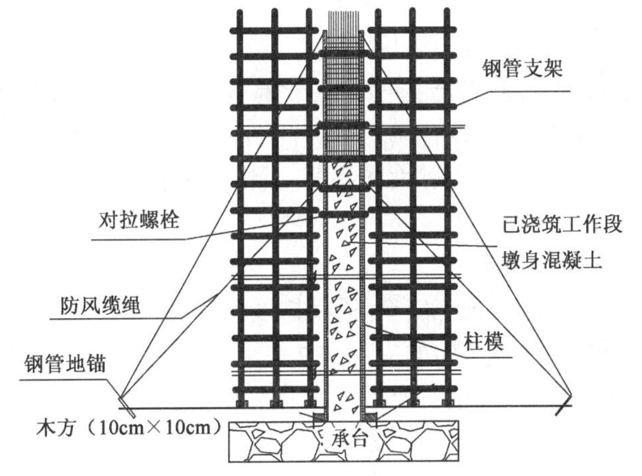

图 1　墩柱钢筋绑扎及模板安装施工示意图

3.3　模板工程

模板为定型组合钢模。不同厚度的桥墩，采用不同尺寸的模板，以满足墩柱高度需要。对于厚度为1.6m、2.0m的桥墩，标准节高度为 2.0m；对于厚度为2.2m的桥墩，标准节高度为 2.5m。模板采用 6mm 钢板，肋板为 10 号槽钢，背楞为双根 14 号槽钢，对拉螺栓采用 ϕ25 高强螺栓，模板的细部设计必须满足设计和施工的需要。模板构造示意图见图 2，模板横截面分段图见图 3。

安装时采用吊车吊装，法兰盘连接。模板最底部的一节段用方木与预埋于承台的 ϕ28 的地锚钢筋固定。同时，为了拆模需要，在承台上模板位置处浇一层厚 1cm 的水泥砂浆，以保证拆模时既不困难又不损害承台混凝土。模板间连接缝加海绵胶垫，以保证模板密贴。加固采用内撑外拉法，外拉采用高强对拉螺栓，对拉螺栓的排列应经过计算满足施工需要。螺栓孔处为防止漏浆在模板内用高强密封胶条缠封。对拉螺栓抽出后，由水泥砂浆注入灌注孔洞，经打磨保证表面平整。桥墩模板顶部四周对称采用手拉葫芦拉紧揽风绳固定在四周地锚上，确保中线垂直度和模板的稳定性。模板四周共设置四根缆风绳，四角对拉八字缆风绳，缆风绳规格为 ϕ17.5mm 钢丝绳，与地面夹角根据场地由 45°～60°不等，但要求其受力均匀，不得单边受力过大，模板每升高 10m，增设一道缆风绳。缆风绳的地锚周围设置围栏，防止碰撞破坏。

模板组装完毕加固时，用全站仪、水准仪检查、校正模板中线和高程，使垂直度高程和各项尺寸符合要求。具体做法是在桥墩的附近选择一个监理备案的导线点，在控制点上架设仪器，用坐标放出桥墩的基础位置，接着在模板架设的过程中，在模板上沿的几个角点处架设棱镜并测出坐标，若与地面上基础点的坐标的差值在允许范围之内，则认为模板垂直。

桥墩墩身较高，模板周转次数较多，模板应具有足够的刚度，避免变形造成拼装困难和产生错台。

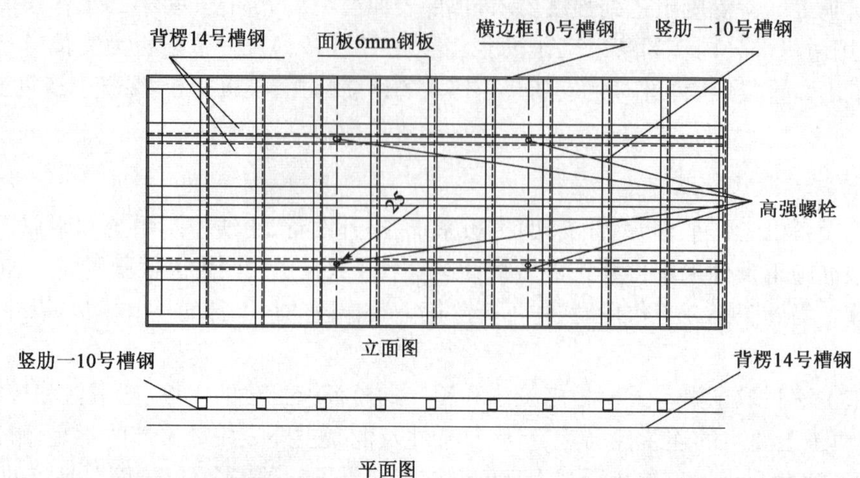

图2　模板构造示意图

3.4　混凝土工程

墩柱混凝土采用混凝土输送罐车运输，输送泵泵送至串筒入模，用插入式振捣器振捣。由于混凝土的倾落高度较高，需设置减速装置，在串筒内设置减速叶片，防止混凝土的离析和尽量减小混凝土浇筑速度，以避免过大的混凝土侧压力，防止跑模。墩柱混凝土施工示意图见图4。

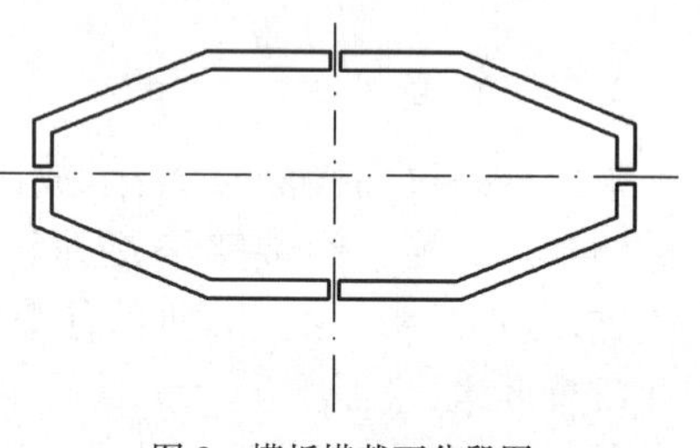

图3　模板横截面分段图

(1)工作平台

为保证施工安全，采用搭设钢管支架的方法建立工作平台。墩柱周围搭设两排钢管支架，以满足施工安全需要。横桥向的支架建立在承台基础上，在支架搭设前，对地基进行平整碾压或夯实，保证地基具有足够的承载力，防止支架下沉。采用方木平铺在钢管脚手架底部，钢管规格为 ϕ48mm×3.5mm，立杆间距横、顺桥向 0.6m×0.6m，横杆步距 1.2m，剪刀撑设置为间距 4 跨一排，外侧立面整个长度和高度上连续设置剪刀撑，3 步一设。根据墩柱的高度按每次混凝土浇筑高度搭设支架。在支架顶部搭设施工平台，平台外围支架加高 1.50m，平台上设防护栏，沿支架外围设置安全网，确保高空作业人身安全。在两墩柱之间搭设人行步道以方便人员的上下。

(2)泵送混凝土

混凝土采用输送泵分料至 5 个串筒浇筑入模，泵送混凝土时，应注意以下事项：

①泵送施工应根据施工进度安排，加强组织和调度安排，确保连续均匀供料。满足泵送工艺要求的前提下，混凝土的坍落度应尽量小，以免混凝土在振捣过程中产生离析和泌水。在混凝土进入输送泵进料口前，应在输送罐车内高速搅拌不少于 30s。

②混凝土泵的位置应靠近浇筑地点。

③泵送混凝土时，输送管路起始水平段长度不应小于 15m，除出口处可采用软管外，输送管路的其他部位均不得采用软管。

④泵送混凝土前，应先用水泥浆或与泵送混凝土配合比相同但粗集料减少 50％的混凝土通过管道。在泵送混凝土时，泵的受料斗内应具有足够的混凝土，并不得吸入空气。

⑤混凝土一般宜在搅拌后 60min 内泵送完毕，且在 1/2 初凝时间前入泵，并在初凝前浇筑完毕。

⑥因各种原因导致停泵时间超过 15min，应每隔 4～5min 开泵一次，正转和反转两个冲程，同时开动料斗搅拌器，防止斗中混凝土离析；如停泵时间超过 45min，或混凝土出现离析现象时，应将管中混凝土清除，并用压力水冲洗管内残留的混凝土。

(3)混凝土的浇筑及振捣

混凝土振捣工用插入式振动器分层捣固密实，分层、连续浇筑完毕。在浇筑过程中，要严格控制分层厚度，每层不大于0.30m，按照水平分层的浇筑方法控制浇筑过程。振捣时快插慢拔，均匀落点，移动间距不超过振捣器作用半径的1.5倍，严禁振捣器碰撞模板或钢筋，导致钢筋变形、模板扣件松脱造成胀模。要求振捣器与模板的距离不小于10cm。对每一个振捣部位，必须振捣到该部位混凝土密实为止。密实的标志是混凝土停止下沉，不再冒出气泡，表面呈现平坦、泛浆为止。浇筑要连续进行，如因故必须间断时，其间断时间应小于前层混凝土的初凝或重塑时间。

墩身混凝土浇筑过程中随时用全站仪检查模板中线，及时进行纠偏、调正，防止出现偏斜。

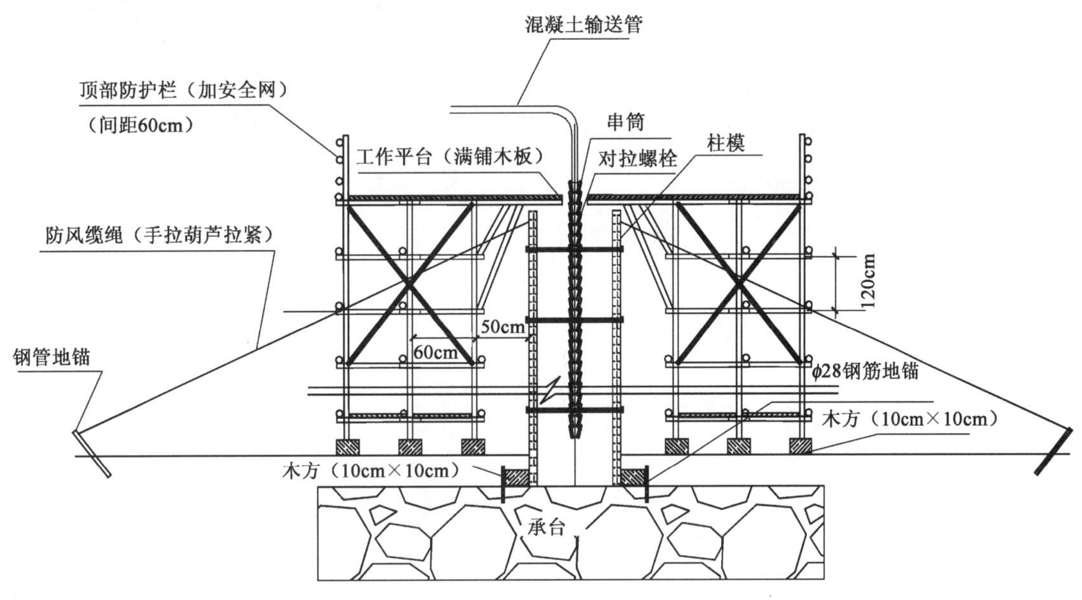

图4　墩柱混凝土施工示意图

(4)拆模

待混凝土达到一定强度后，拆除模板。人工配合机械拆除，拆除严禁猛烈敲打和强扭等，保证其表面和棱角不受到损坏。拆除边角部位要特别小心，防止混凝土棱角面受到碰击。结构混凝土浇筑完成后，对混凝土裸露面应及时进行修整、抹平。

(5)墩柱混凝土养生

桥墩脱模后，涂刷养护剂养护、四周包裹塑料薄膜，一方面增强养生效果，防止因缺水造成表面干裂纹，确保混凝土内实外光；另一方面，可以保护已完成墩身工程，避免受到污染。

4　结论

翻动式模板施工技术是在进入20世纪90年代后发展起来的高桥墩施工法。应用翻模施工技术浇筑高桥墩，工艺简单，大大减小了高墩柱的施工难度，在施工机具设备有保障的情况下，可以更好地确保桥墩混凝土的浇筑质量，缩短施工周期。

其施工速度因桥墩截面尺寸和形状的不同略有差异，一般每5天模板可翻一次。可连续或间断施工，便于施工管理。施工的桥墩外观质量好，无扭转和不规则错台的现象，墩身表面光滑平顺。同时，分段浇筑可以控制混凝土的水化热，防止混凝土的干裂。

参考文献

[1]　范立础.桥梁工程[M].北京：人民交通出版社，2001.

[2]　陈开利.桥梁工程鉴定与加固手册[M].北京：人民交通出版社，2005.

[3] 中华人民共和国行业标准.JTJ 041—2000 公路桥涵施工技术规范[S].北京:人民交通出版社,2000.
[4] 王丽.矩形薄壁空心墩翻模施工[J].山西建筑,2008(10):342-343.
[5] 方旭东.淤泥河大桥105m薄壁空心墩身翻模施工技术[J].铁道标准设计,2008(3):96-99.
[6] 张铮.138m双薄壁空心高墩翻模施工技术[J].铁道建筑,2005(5):45-47.
[7] 常学利.浅谈翻模法施工在高桥墩上的应用[J].科技资讯,2008(2):17-18.
[8] 牛致森.新型高桥翻模的设计与制造[J].机械设计与制造,2004(2):22-23.

山区公路路基填筑质量控制措施浅析

张海斌　郝友彬

（北京逸群工程咨询有限公司　北京　100176）

摘　要：京承高速公路（密云沙峪沟—市界段）工程是北京市十年来勘察、设计、施工难度最大的一段高速公路，也是本市一次建设里程最长的山区高速公路。鉴于本工程典型的山岭重丘地形和结构物频繁的特点，路基填筑质量成为质量管理的重点。本文对路基填筑质量控制措施的相关方法进行了阐述。

关键词：山区公路　路基填筑　质量控制

0　引言

京承高速公路（密云沙峪沟—市界段）工程地处燕山山脉与华北平原交接地，地貌以丘陵为主，属山岭重丘区，V字形及“鸡爪子”形沟谷多，地形陡峭，植被茂密。此外，在局部路段路线经过鱼塘、沟渠，梯田、地势低凹地带，常有局部的淤泥土质，需进行处理。由于地形多变的特点，沿线填挖变化频繁，加之本工程为最大限度地减少建设用地，保护生态环境，部分路段采用加筋陡坡的路基结构形式，从而使本工程路基存在大量的高陡坡路堤、高填路基、半填半挖路基、加筋陡坡路基，这给填方施工质量控制带来了很多困难。另外，由于结构物数量多（合计大中桥梁108座，隧道10座），使得填方施工不能连片形成规模，也给质量控制带来较大的难度。鉴于本工程典型的山岭重丘地形和结构物频繁的特点，路基填筑质量成为本高速公路工程建设质量管理的重点。

京承高速公路（密云沙峪沟—市界段）工程作为交通运输部确定的“勘察设计典型示范工程”之一，是北京市十年来勘察、设计、施工难度最大的一段高速公路，也是本市一次建设里程最长的山区高速公路。多年来，北京高速公路建设主要以平原高速建设为主，面对这样一条山区高速公路，建设单位多年积累的成熟管理方法有很多在本工程建设管理中已不适用，如此大的施工难度也是部分参建施工单位首次经历的，加之监理单位对山区高速公路有针对性的管理措施及管理经验不足，这些都给本工程质量管理工作带来了挑战。

为此，本工程项目管理处、监理单位，扎实工作、制订行之有效的管理措施，落实规范和设计的要求，切实控制好填方工程的质量，避免今后路基大范围产生不均匀沉降，影响行车舒适乃至安全。本文观就本工程山岭重丘段的路基填筑情况及过程中的质量控制措施研究与总结如下。

1　路基填筑情况

本工程路段填方路基总长40.1km，共180处填方段落，填方总量843万m^3，其中填方高度大于20m的有25处，最高填方高度41.4m（K121＋186～K121＋263）；半填半挖路基段落59处，最高填方高度24m（K103＋240～K103＋440）；加筋陡坡路堤19处，总长度2 453m，最高填方高度30.7m（K122＋108～K122＋300）；特殊地段基底处理12处；桥（涵）回填492处（涵背以每座涵洞为一处，桥台背以单幅一个台背），其中桥台背回填266处。

1.1　填筑材料

本工程填筑材料种类较多、变化较大（同一挖方山体不同深度材料变化较大，不同挖方段落材料变化较大），大体分为：土质材料（细粒土与山皮土）、土石混合料及砂砾。对于不同种类材料进行分段、分层填筑，大多填方路段均由上述几种材料填筑而成。

1.2 填筑时间

1.5%的填方段落自2007年开始填筑，68.2%的填方段自2008年开始填筑，剩余的填方段于2009年当年开始填筑；在整个填方中，36.4%的填方段于2008年完成，63.6%的填方段于2009年完成，其中14.8%填方段落集中在2009年4月～7月进行施工，截至2009年9月中旬，全线路面工程施工完成。

1.3 技术措施

施工过程中对填方大于6m的段落，每填筑2m采用蓝派处理；部分段落基底采取强夯处理（如K72＋000～K73＋030、K84＋150～340）；局部段落采取基底换填处理（如司马台立交E匝道）；为避免短期填筑的高台背的工后沉降，个别台背回填后采用水泥注浆处理（如沙厂1号隧道入口高架桥小桩号台背，考虑到填筑时间短，填筑材料以山碎石为主，采用注浆处理措施）。

2 填筑施工质量管理措施

2.1 强调施工方案的编制和落实的严肃性

针对本工程路基填筑施工的复杂性和施工难点，项目管理处、总监办努力抓好施工前的准备工作。进场伊始，要求施工单位结合本合同段的路基填筑结构形式、地形地貌特点、施工难点及重点，认真详细地编制施工组织设计，项目管理处、监理单位组织召开施工组织设计审查会，全面把关。在此基础上，要求施工单位依据路基施工规范及设计的相关要求，分别对本合同段高填方路基、加筋陡坡路基、半填半挖及窄沟路基施工编制专项施工方案，在施工单位组织召开的专家论证会的基础上，认真执行专项方案研讨会制度，通过项目管理处、设计勘察单位、总监办、驻地办多方参与的专项方案会的研讨，确保在方案可行的基础上，落实项目管理处、监理单位及参会各方的相关要求。在工程实施过程中，项目管理处、总监办通过巡视检查，要求驻地办督促检查施工单位方案的落实，保证施工方案和设计文件的严肃性，对不满足要求和未按方案实施作业的项目，要求施工单位及时整改。

2.2 严格落实规范及设计相关要求，下发管理文件，统一路基施工质量标准，明确验收程序，推进路基施工有序开展

根据路基施工规范及设计相关要求，结合施工专题研讨会各方意见和建议，及施工过程中存在的问题，总监办会同项目管理处编制下发管理要求文件，统一路基施工的质量标准，明确验收程序，在保证施工质量的同时，推进路基施工的有序进行。

为使路基施工有序进行，且确保其施工质量，经与业主及设计单位沟通，总监办编制并下发路基施工质量控制要求，对本工程的全断面、半填半挖、加筋陡坡、桥涵背回填等路基施工质量要求及路基影像资料收集整理进行明确。

为保证半填半挖、鸡爪形沟、加筋陡坡填筑体与原山体交界处的填筑质量，严格落实规范及设计要求，填筑施工前，总监办下发管理文件，对台阶开挖质量的控制做了明确要求，同时明确本工程所有加筋土陡边坡、半填半挖及窄沟路基填筑施工前，所开挖的台阶必须报请建设单位、设计单位、地勘单位确认合格后，再进行填筑作业。

为保证加筋陡坡施工质量过程控制，要求本工程加筋陡坡每一施工段落每四层做一次隐检验收，由驻地监理办组织，邀请业主代表、设计、地勘等相关单位参加，并填写相关《隐检单》。

鉴于本工程填挖交界段落频繁，施工质量难以控制的特点，项目管理处对路基填挖交界部施工质量控制及现场管理进行明确。

本工程总监办下发关于路基填筑施工管理性文件共计13份。对路基填筑施工的顺利实施进行全面指导和管理。

2.3 选择合适填料，制订相应的控制标准

填料性质是影响压实作业的内在因素，填筑施工应首选利于压实的良好填料，但是本工程受现场实际条件的限制，如挖方材料、经济运距、借方条件等，不可能都使用理想的填筑材料，本工程主要填料为坡残积碎

石土、风化岩，部分地段形成了土石混填路堤，个别地段为填石路堤。本工程针对不同的填料制订了以下管理要求及控制标准。

(1)根据本标段挖方土源材料类型(土方、石方、土石混合料)分类选料填筑，单位体积密度较大材料填至底层(石方、土石混合料)，不适宜材料严禁填至路基内，同种规格材料最小填筑厚度不小于50cm。

(2)材料试验：严格按照试验规范要求频率取样进行各项指标试验。

(3)超粒径材料要求必须清除或采用机械破解至合格方可用于路基填筑。

(4)加筋土填筑段落，填筑材料符合设计要求。内摩擦角通过试验或设计、地勘单位确定。所用格栅做破损率试验。

(5)台背、墙背回填采用透水性材料，设计明确的按设计要求执行。对于三背回填时，受地形所限，碾压机械无法实施作业的狭窄工作面，采用浆砌片石砌筑，以保证回填质量。

2.4 施工机械要求

路基施工设备的组合方式、压实设备的类型对压实效果的影响十分重要。由于本工程中路基填筑施工受填料(巨粒土、土石混填、填石等)限制，以往平原高速施工的机械组合方式很难做到碾压密实，据此，本工程对路基施工机械做如下要求：

(1)依据路基填筑试验段总结方案配备机械，且应满足施工现场需求，压路机型号不得低于YZ18型。

(2)土石混合、石方填筑路基必须配备羊足碾。

(3)台背、墙背回填及加筋土结构填方段必须配备小型碾压机具，确保边角碾压密实。

(4)洒水车数量应能满足路基填方要求，使填筑材料基本达到最佳含水率。砂砾及其他透水性填筑材料应饱水碾压。

(5)高填方段落需要进行增强补压，根据相关文件及施工现场确定增强补压设备(蓝派、强夯)，严格按设计、招标文件及总监办下发的相关文件要求组织实施。

2.5 管理及施工人员要求

2.5.1 管理人员

鉴于本工程路基填筑施工中，段落数量多，路基结构形式多样，管理难度大的特点，在管理中严格落实质量责任制，要求施工单位每一填筑段落必须配备相应的专职技术、质量管理人员，并明确相关责任人；同时，监理单位明确每一填筑段落的监理责任人，落实现场监理工作。

2.5.2 施工人员

每一施工段落应配备充足人力，满足施工需要。施工现场上料、推平过程中，配备专人挑拣超粒径材料，每工作面不少于10人，必要时配备铲车辅助。平地机精平过程中，配备人员人工找平坑洼处，每工作面不少于5人。

2.6 强化路基填筑施工首件验收制度，实行样板开路

可以说，严格贯彻执行首件验收制度，实行样板开路，一直是工程质量管理工作的重要手段和方法，对于本项工程路基施工线路长、路基施工地形条件复杂、断面及结构形式多、施工难度大、施工单位施工水平参差不齐的特点，路基施工首件验收工作显得尤为重要。工作中，总监办严格履行重要首件验收制度，业主代表、设计代表、总监办道路专监、驻地监理办负责人组成路基施工首件施工质量验收专项小组，对各合同段各部位首件施工质量进行统一验收，经专项验收小组验收合格后，该类施工部位作业方可全面展开施工，并逐步形成"验收—总结—树立样板—召开现场观摩会"的程序管理。本工程路基工程首件验收共计45次，召开现场观摩会8次。通过这一监控手段的实施，总监办力求做到使全工程的质量控制标准得到统一和明确，为后续施工开展打下基础。

2.7 施工工艺控制

2.7.1 加筋土陡边坡

(1)优选填料，严格按设计单位提供的技术指标进行选料，并对材料的综合内摩擦角进行检测，并通过试

验或设计、地勘单位确定。所用格栅做破损率试验，避免破损土工格栅太多，造成加筋土结构内部应力结构失稳。

(2)本工程加筋陡坡麻袋尺寸为60cm×90cm，每层均放线码放，确保边坡坡度满足设计及规范要求。

(3)麻袋内装土采用种植土；装土量控制误差2kg，麻袋码方厚度控制误差2cm；麻袋采用小形夯实机具夯实。

(4)格栅要求拉紧绷直，保证平顺。若格栅铺设长度不超过6m，可一次张拉；铺设长度6～11m，分两次张拉；铺设长度11～15m，分三次张拉；15～20m分四次张拉。

(5)每幅(宽1.33m)土工格栅采用U形钉固定，沿格栅铺设长度方向每2m固定一排U形钉，每排两个，位置为幅宽的三分点处。采用U形钉固定后，释放张拉力，再进行覆土回填碾压。

2.7.2　半填、半挖路基

(1)半填半挖路段填筑前应先施作截水沟，防止坡面地表水侵入路基；地下水采取截流或导排措施。

(2)填方基底基岩覆盖层较薄时清除，较厚且稳定时应保留。施工时由设计、地勘、监理单位判断，做专项验收。

(3)台阶开挖宽度不小于2m，台阶高度根据现场情况确定。每层台阶切入稳固土层或岩层，形成台阶工作面，报请建设单位、设计单位、地勘单位确认合格后，再进行填筑作业。

2.7.3　填筑段落接茬及填挖交界处理

(1)相临标段之间、标段内段与段之间路基填筑的衔接，两作业段的交接处，若不在同一时间填筑，先填路段根据填筑材料种类按1∶1坡度分层留台阶或放坡；若两段路同时铺筑，则应分层互相衔接，其搭接长度不小于3m，报驻地监理组验收合格后方可继续施工。

(2)填挖交界过渡段处理：填挖交界过渡段清出路槽后由驻地监理办邀请各方验收。

2.7.4　台背、墙背回填

(1)填方高度较大、工作面较小及周边地形复杂不宜正常碾压回填的台背、墙背，可根据其特性由业主代表、监理单位或施工单位提出具体的砌石方案，通过各方确定后实施。

(2)正常碾压回填的台背、墙背必须采用透水性材料，回填至路床顶时应根据工期情况选择堆载预压或围堰注水。采取围堰注水时不小于2倍的搭板长度。堆载预压期结合施工情况保证合理时间。

2.7.5　填筑层厚

为保证在各种压实功能机具条件下达到有效压实深度，正常段落填筑层厚根据审批通过的试验段总结参数控制，严格控制土方分层松铺厚度不超过30cm，石方及土石混填分层松铺厚度不超过50cm。窄沟及不足100m小段落填筑层厚要求：具备大型机械碾压的工作面采用自重不小于18t的振动压路机碾压，土方填筑虚铺厚度不大于30cm、填料最大粒径不大于15cm；石方或土石混合料填筑虚铺厚度不大于35cm、填料最大粒径不大于20cm。大型机械碾压不到的部位需采用小形压实机械：虚铺厚度不大于15cm、填料最大粒径不大于10cm，台背、墙背回填压实层厚不超过15cm。

2.8　增强补压措施

为提高路基压实度，减少工后沉降、路基填挖交界处的不均匀沉降及防止路基后期病害，本路段采取了增强补压措施，总监办根据招标文件及设计图纸要求对强夯及蓝派处理质量控制作出具体要求。

2.8.1　强夯

本工程强夯应通过现场试验确定其适用性，待各方确认后，再进行大面积施工。强夯的单位夯击能量，根据本工程地基土类别、结构类形荷载大小和要求处理的深度等综合考虑，并通过现场试夯确定，如1号标(K72+000～K73+030)鱼塘抛石挤淤处理后进行强夯处理，夯击能根据现场条件和试验确定，点夯能量1 500～2 000kN·m/m^2，满夯能量1 000kN·m/m^2；12标(K84+150～340、K84+500～890)矿坑基底处理(土质)，夯击能根据现场条件和试验确定，点夯能量3 000～4 000kN·m/m^2，满夯能量2 000kN·m/m^2。

填土路基冲碾后的压实度预期指标应达到：最后两击的平均夯沉量不大于50mm，当单击夯击能量较大时不大于100mm，夯坑周围地面不应发生过大的隆起。

本工程中，采用强夯处理措施段落，通过静载试验，结果表明基本达到预期效果。

2.8.2　蓝派

当填方地段总高度大于6m进行增强补压，每2m蓝派冲击碾压（蓝派）一次，每次冲碾遍数为10遍。填土路基冲碾后的压实度预期指标应达到：沉降量平均达到3～5cm。对冲碾设备的要求：蓝派冲击速度应达到12～15km/h。

部分合同段采用了蓝派处理措施，通过现场检测，结果表明基本达到预期效果。

2.8.3　堆载预压

本工程中，受地形条件及涵洞、通道等结构埋深限制，不宜采用蓝派、强夯处理措施的段落，为减少工后沉降，根据设计要求采取了堆载预压的处理措施。如5号合同段施工单位对大于6m填方段落采取堆载预压，堆载高度2.5m，堆载期3～5个月，堆载期内沉降量2～3cm，通过现场沉降观测的结果表明，堆载预压基本达到预期效果。

2.9　加强巡视检查，及时发现和解决问题

鉴于本工程路基填筑施工的复杂性和管理难度，总监办在督促驻地办做好现场检查验收的基础上，加大巡视检查力度，通过巡视路基填筑现场，发现的问题主要表现为：

(1)填筑材料粒径偏大；

(2)虚铺厚度严重超标；

(3)施工机械不足；

(4)填挖交界面未清理干净，碾压不密实；

(5)填方段落施工前旧有临时便道未清理干净。

对于以上问题，发现一处，现场立即督促整改，整改完成后，方允许继续施工。

3　结语

本工程填筑施工由于其受地形、地质条件影响，多出现高填方、加筋陡坡路堤、半挖半填、填挖交界、地基处理等状况，其成败的关键在于管理，因此在施工过程中必须制订行之有效的质量管理措施，确保规范和设计要求不折不扣地付诸实施。同时，试验、检测、观测是必要的，以数据为依据，及时发现问题，及时总结整改，避免留下质量隐患，以确保运营后行车的舒适及安全。

浅谈施工音像资料编制办法

高明霞[1]　常宝月[2]

（1. 北京城建三建设发展有限责任公司　北京　102209；
2. 北京市政建设集团有限责任公司　北京　100048）

摘　要：随着交通行业工程资料的日趋完善，音像资料愈来愈得到业主、监理、施工单位的重视。本文从施工音像资料的角度，介绍了音像资料编制的具体方法。

关键词：施工单位　音像资料　编制办法

0　引言

随着交通行业工程资料的日趋完善，书面资料已不能满足业主、监理对施工单位的考核、评比、追究责任的要求。音像资料以其真实、具体、难以造假、具有追溯性等优点愈来愈引起交通行业各界的广泛关注。因此，将音像资料整理的具体编制办法系统化、规范化显得尤为重要。现以京承高速公路（密云沙峪沟—市界段）工程为背景，介绍施工音像资料编制的几点体会。

1　完善管理体制

俗话说：无规矩不成方圆。做好任何事情首先都要有制度的约束和指导，音像资料的编制过程也如此。在新工程进场的第一天，施工单位总工或技术负责人就应该指定专人负责音像资料的编制工作。为了避免出现“三个和尚没水喝”的尴尬局面，施工单位总工或技术负责人应指定一人全面负责此项工作。责任不明确是造成工作失误的主导因素之一。对于音像资料较多，一个资料员不够的工程项目，如预应力施工项目，就需要根据施工单位自己的实际施工情况，配备足够的音像资料员。在这种情况下，资料员之间的配合显得尤为重要。谁负责统一安排，谁负责照相，谁负责整理，分别负责照什么具体项目，都要有明确的分工。一旦资料出现问题，可以将责任落实到具体的某个人或某些人身上。可以说，完善的管理体制是音像资料成功的前提。

2　提高重视程度

音像资料之所以不像书面资料那样容易引起资料员的重视，主要是由于资料员还没有认识到音像资料的重要性。许多资料员认为音像资料不是正式的资料，平时资料检查、日后竣工归档都较书面资料容易得多，所以对其不够重视。事实上，音像资料不仅是应付检查、归档的简单照片，还是施工单位的护身符。例如，某工程完工使用后不久某段路基出现了不均匀沉降，需要查找原因。如果施工单位能把该段路基从原地貌、清表碾压、路基填筑、质量检验过程、特殊施工工艺、填料种类、质量控制措施等一系列相关音像资料完整、真实地保存下来，无疑就有了施工单位澄清责任的最有效证据（当然这是建立在施工单位确实按照设计图纸、施工规范的要求施工的基础上）。因此，施工单位有必要在音像资料的编制工作中投入足够的资料员。而资料员本身也必须意识到，音像资料不仅是供领导听取汇报、应付检查和竣工的简单资料，还是施工单位保护自己的有效手段。

3　明确拍照内容

大多数初次从事音像资料编制的资料员可能还不太清楚应该留存哪些照片。如果有了前文所述“音像资料是施工单位保护自己的有效手段”的主导思想，就不难确定哪些内容必须留存音像资料。现以路基工程、桥梁工程为例，叙述如下：

3.1 路基工程

路基工程包括：涵洞工程、路基土石方工程、砌筑防护工程等。

3.1.1 涵洞工程

(1)验槽

验槽是施工单位音像资料的重要组成部分。音像资料既要体现业主、设计、地堪、总监办、驻地办、施工单位代表联合验槽的场面，又要反映出所验槽的基底地质情况。相对于前者，后者的内容更为重要。若一张照片不能反映全部内容，可以多拍几张侧重点不同的照片作为对照补充。

通常验槽一次并不能达到地基承载力要求，一般要经过二三次或更多次验槽。每次验槽均要留存音像资料。

(2)基底处理

验槽后，验槽代表会在隐蔽工程检查记录单上签署基底处理意见。施工单位基底处理的过程也要留存音像资料。这部分资料主要突出换填材料、换填厚度控制、换填机具、监理检验验收过程、高程控制等内容。这是施工单位按照设计、地堪、业主要求施工的最好证据。

(3)钢筋加工及安装

对于含有钢筋工程的涵洞，则应增加钢筋工程音像资料。加工及安装要体现出监理验收的场面，如钢筋种类、焊接质量、绑扎质量、钢筋间距、钢筋数量、钢筋尺寸、安装完毕后结构尺寸等。

(4)涵管(预制盖板)安装

体现安装机具、安装过程、接缝处理、安装完毕后情形。

(5)混凝土浇注

体现坍落度检测、浇注过程。

(6)混凝土养护

体现覆盖措施，洒水养护过程。

(7)砌石过程

为保证全面反应砌筑质量，砌石过程要按照每班组、每台班留取资料。资料要能反映出砌筑工艺。对砂浆、块石、料石等材料也要留存音像资料。

(8)沟槽回填前清槽

体现清槽后的沟槽，还应体现驻地监理验槽合格的场面。

(9)回填机具、回填质量控制

体现回填材料、回填机具、回填厚度控制措施、压实度自检及监理检验过程。

3.1.2 路基土石方工程

(1)原地貌、相应清表后情形；

(2)路基施工过程；

(3)完工后的路床；

(4)填挖结合处台阶；

(5)格栅；

(6)加筋土挡土墙；

(7)路堑开挖机具、地质情况、排水设施；

(8)质量检验；

(9)沉降观测点施工；

(10)强夯过程。

每一次强夯过程，如高填方蓝派碾压等，都要留存照片。这一组照片的文字说明要体现这是哪一段路基、第几次强夯。

3.1.3　砌筑防护工程

对于砌石过程的拍照类似涵洞砌筑过程，按照台班留存照片。碎石排水层、基底、基底处理、每一层格栅、每一处台阶留存照片。格栅的文字说明中要体现第几层，并且要有监理现场确认的场面。

3.2　桥梁工程

3.2.1　桩基

(1)钻孔(挖孔)过程。

(2)泥浆相对密度试验。

(3)钢筋笼加工及吊装。除了钢筋加工及吊装照片，还应体现监理验收场面，钢筋种类、钢筋数量、钢筋间距、钢筋尺寸、结构尺寸等。

(4)混凝土坍落度检测。

(5)混凝土灌注。

(6)桩基无损伤检验。

3.2.2　系梁、墩柱、承台、盖梁、桥台、台帽

(1)钢筋绑扎；

(2)模板施工；

(3)混凝土浇注；

(4)拆模后外观；

(5)混凝土养护；

(6)柱顶凿毛；

(7)回填前清槽、验槽；

(8)回填机具、厚度控制措施。

3.2.3　预应力施工

(1)穿钢绞线

穿钢绞线过程宜留取录像，因为照片不能体现钢绞线顺利穿通波纹管的过程。录像中应反映出以下内容。

①梁号；

②穿束过程；

③出束过程；

④每孔钢绞线数量。

(2)张拉

张拉过程也宜留取录像。录像包括以下内容。

①梁号；

②张拉控制数据；

③操作手；

④准备阶段；

⑤油表读数、尺读数；

⑥持荷过程；

⑦监理旁站过程。

(3)注浆

注浆也宜采取录像的方式留存资料。录像应包括以下内容。

①梁号；

②压浆配比；

③浆液配置过程；

④稠度试验；
⑤压力表读数；
⑥孔道出浆。

4 编制方法

4.1 拍摄方法

施工单位大多采取照片的方式留存音像资料。对于照片来说，拍摄时要采取远、近景结合的方式，以起到音像资料的作用。远景要体现这张照片属于工程的哪个部位，近景要能体现出照片所反映的主要内容。如拍摄蓝派碾压高填方路基的照片，就要先照一张远景照片，有明显标志，能够从照片上识别这是哪段路基。如果没有明显标志，可以先做一个标志牌，写上具体段落桩号，然后进行远景拍摄。远景拍摄之后，对想要重点表现的事物近距离拍摄，即对蓝派碾压路基这个场面进行近距离拍摄。

如果是录像资料体现上述内容就要容易一些，利用调整焦距的方法即可达到远、近景结合的效果。

4.2 整理方法

音像资料的整理主要是存储文件夹的划分。多数施工单位音像资料整理的最大问题就是没有系统地将照片和录像分类存放，从而导致资料混杂，不易查找。如果将音像资料也像书面资料那样分门别类地存放，就会收到很好的效果。一般，音像资料可分为照片、录像、预应力施工音像资料三类。这样划分是由于预应力施工这部分音像资料数据很庞大，所以单独存放。

4.2.1 照片

照片涉及的范围很广，所以在照片文件夹下设有桥梁工程、路基工程、路面工程、工地试验室试验、会议及检查、验收、地方路、地上物及地下管线、安全文明施工、拆迁、变更、争议等子文件夹。

桥梁工程、路基工程、路面工程主要借鉴本单位的《单位、分部、分项工程划分》，将桥梁工程下继续细化为具体每座桥，然后再分为全貌、基础下部构造、上部构造预制和安装、总体桥面系附属工程。全貌文件夹下无需细化。基础下部构造则要细分为每个轴，再分为桩基、承台、桩系梁、墩柱、柱系梁、盖梁等子文件夹。上部构造预制和安装分为每跨，之后再分为每片梁，继续分为钢筋加工及安装、混凝土浇筑、预埋件、箱梁架设。总体桥面系附属工程分为桥台搭板、桥面铺装、防水层、伸缩缝、挂板、落水管、防撞栏杆等子文件夹。

路基工程可分为涵洞工程、土石方工程、砌筑防护工程、排水工程。其中，涵洞工程再分为具体的每座涵洞，接着分为开槽、管座及涵管安装（钢筋及模板、砌筑过程）、八字墙、回填。路基土石方工程首先以桥梁为间断点划分路基段落，然后再分别按照填挖段落细分文件夹。为方便查找，台阶与格栅单独建立文件夹。砌筑防护工程分为拱形护坡、加筋土挡墙、加筋土边坡。排水工程分为盖板方沟、急流槽、雨水井、边沟、踏步。

路面工程分为底基层、下基层、上基层、底面层、路缘石、路肩。

4.2.2 录像

录像资料主要留存全标原地貌、首件施工场景、拆迁场景、上级领导视察、检查工地、重要会议、不合格材料退场、村民阻挠施工、重要施工场面等资料。文件夹划分同样如此。

4.2.3 预应力施工音像资料

预应力施工音像资料要按照桥梁划分文件夹，然后在各桥梁文件夹下建立盖梁、箱梁子文件夹。盖梁下直接建立穿钢绞线、张拉、注浆子文件夹。而箱梁要先建立腹板、顶板文件夹，然后再分别建立穿钢绞线、张拉、注浆子文件夹。

(1)盖梁

穿钢绞线子文件夹下分别建立每轴子文件夹，然后分为左幅、右幅，再分录像、照片。张拉分为左幅、右幅，接着分为第1次、第2次，再分为录像、照片。注浆分为左幅、右幅即可。

(2)箱梁

腹板穿钢绞线子文件夹下先建立每跨子文件夹，然后分为每片梁，再分为录像、照片。顶板穿钢绞线子文件夹下建立（A～B跨文件夹），然后分为每号钢绞线，再分为录像、照片。

腹板张拉文件夹下先建立每跨子文件夹，然后分为每片梁，再分为A端、B端，再分为录像、照片。顶板张拉文件夹下先建立A～B跨文件夹，然后分为每号钢绞线，再分为A端、B端，再分为录像、照片。

腹板注浆文件夹下建立每跨子文件夹，然后分为每片梁。顶板注浆文件夹下建立A～B跨文件夹，然后分为每号钢绞线。

5 编制技巧

5.1 原始照片要有备份

由于用画图程序编写文字说明保存之后便无法更改，因此，为了防止文字说明出错，保存一份原始照片备用就很有必要。

5.2 同类工程建立一份空文件夹为母版

由于相同单位工程文件夹格式相同，只是文件名、具体数量不同，所以可以先建立某一个单位工程的文件夹，其余单位工程可复制、更改该文件夹。但切忌在复制母版文件夹中存有音像资料，以免日后与其他同类工程混淆。

6 结语

音像资料是施工资料的重要内容，只要体制完善、各方重视，并辅以科学的编制方法，这项工作必会圆满完成。

SELECTED PAPERS ON CONSTRUCTION TECHNOLOGY OF BEIJING-CHENGDE EXPRESSWAY

第三篇　科　　研

大跨径连续刚构桥成桥验收高程评定方法探讨

张新志

（中交路桥技术有限公司　北京　100029）

摘　要：在大跨径连续刚构桥的施工监控中，以何种高程作为成桥验收高程，进而评定监控质量，并没有具体的标准可以遵循。本文结合实际监控项目，提出了大跨径连续刚构桥应以理论竣工高程作为成桥验收高程的观点，并以此为评定标准对桥梁线形监控质量进行评定。

关键词：大跨径连续刚构桥　验收高程　竣工高程　评定方法

0　引言

随着国家基础设施建设的快速发展，变截面预应力混凝土连续刚构桥以其结构刚度大、行车平顺性好、伸缩缝少和养护简单等特点，已成为公路建设中最主要的桥型之一。随着工程技术人员对大跨径连续刚构桥在施工及运营期间的安全、应力及线形越来越重视，众多监控单位介入到了施工监控项目中来。而在成桥线形的验收时，怎样对高程的监控质量进行评定，相关规范并没给出要求，而且关于这方面的研究较少。许多单位都是以设计高程来对桥梁的竣工高程进行评定，在这种指导思想下，常常会出现桥梁在后期运营阶段因预拱度设置不合理，从而导致行车舒适性较差的问题。本文结合实际项目对大跨径连续刚构桥成桥验收高程评定标准进行探讨，为工程技术人员提供一定的参考。

1　相关概念

在提出成桥验收高程评定标准之前，需要对桥梁的设计高程、竣工高程、立模高程、成桥预拱度等概念及其相关关系进行简单介绍。

1.1　设计高程

设计高程即桥梁在正常使用情况下的高程，总体上服从于路线纵断面的线形设计。也可以说，设计高程就是桥梁竣工多年（一般为8～10年）以后，在承受1/2静活载情况下的高程。这里要求"竣工多年（一般为8～10年）以后"是为了保证混凝土后期收缩徐变已经大体完成，桥梁不再发生明显的后期高程变化；"承受1/2静活载"是为了模拟桥梁在正常使用情况下的静活载工况。桥梁施工监控的目的之一就是要使桥梁的线形满足设计要求，设计高程是线形施工监控的依据。

1.2　竣工高程

竣工高程即桥面铺装、栏杆、人行道等桥面系施工完毕后，桥梁刚刚竣工时的高程，它可以分为理论竣工高程和实测竣工高程两种。桥梁完工后，由于后期收缩徐变作用会发生后期收缩徐变变形，由于汽车荷载作用会发生活载变形，因此我们可得出竣工高程与设计高程的关系：

$$h_i^{竣工}=h_i^{设计}+f_i^{后期收缩徐变}+f_i^{1/2静活载} \tag{1}$$

式中：$h_i^{竣工}$——桥梁竣工高程，下脚标 i 表示纵桥向位置，下同；

$h_i^{设计}$——桥梁设计高程，由设计单位给出；

$f_i^{后期收缩徐变}$——桥梁竣工后由于后期收缩徐变引起的变形，以向下为正；

$f_i^{1/2静活载}$——桥梁在承受1/2静活载引起的变形，以向下为正。

$h_i^{设计}$由路线的线形、水文情况及通航要求等多种因素决定，与结构受力无关，设计高程设置直接影响桥梁与路线的衔接情况及桥梁的行车舒适性。

$f_i^{后期收缩徐变}$可以通过理论计算的方法求得控制截面的变形值，但由于目前混凝土的收缩徐变理论研究不够完善，各种计算理论还存在较大的分歧，造成各种理论计算出的结果与实际观测的结果都存在较大的出入。而且，大量实例表明，大跨径连续刚构桥由于后期收缩徐变，引起跨中严重下挠，影响了桥梁线形。比如，跨径布置为 150m＋270m＋150m 的虎门大桥辅航道桥因混凝土收缩徐变，跨中挠度逐年增长，截至 2003 年 11 月，与成桥时相比，左幅桥跨中累计下挠达 22.2cm，右幅桥跨中累计下挠 20.7cm。当初该桥后期徐变预拱度值设计为 10cm，现已大大突破。跨径布置为 162.5m＋3×245m＋162.5m 的黄石大桥运营 7 年后，各跨跨中均有明显下挠，与成桥时相比，大桥北岸次边跨 2 号墩和 3 号墩之间主梁跨中下挠累计已达 30.5cm，中跨 3 号墩和 4 号墩之间主梁跨中下挠已达 21.2cm，南岸次边跨 4 号墩和 5 号墩之间主梁跨中下挠累计已达 22.6cm。因此，在实际施工监控中对后期收缩徐变变形常采用理论计算与实际经验相结合的方法，通常以实际经验为主，理论计算为辅。确定了中跨最大值后根据余弦形式分配于中跨，边跨类似。

$f_i^{1/2静活载}$可以通过理论计算的方法准确计算出来，但在实际操作中通常也是根据计算出来的中跨最大变形值，以余弦形式或抛物线形式分配于中跨，边跨类似。

1.3 立模高程

立模高程即在施工过程中确定模板的放样高程。对于不同的施工工艺，立模高程的计算方法是不同的，当然也就有不同的立模高程，本文仅以采用挂篮进行悬臂浇筑施工工艺为例。

桥梁的立模高程、竣工高程等的关系如式(2)和式(3)所示：

$$h_i^{立模}=h_i^{竣工}+f_i^{挂篮}+f_i^{成桥累计位移} \tag{2}$$

$$h_i^{立模}=h_i^{设计}+f_i^{后期收缩徐变}+f_i^{1/2静活载}+f_i^{挂篮}+f_i^{成桥累计位移} \tag{3}$$

式中：$h_i^{立模}$——桥梁立模高程；

$f_i^{成桥累计位移}$——桥梁结构某点在施工后由于其后各工况的施工而引起该点的变形，这种变形到桥梁竣工为止，它可以通过模型模拟计算出来，即模拟不计活载成桥工况下计算节点处的变形，以向下为正。

1.4 成桥预拱度及施工预拱度

成桥预拱度是为了消除后期运营过程中的收缩徐变、1/2 静活载变形而设置，是成桥工况下对设计高程的一个预拱度，是相对成桥工况而言的一个较为形象的定义。施工预拱度主要为消除施工过程中各种荷载对成桥预拱度的影响而设置，是施工过程中对设计高程的一个预拱度，是相对施工过程而言的一个较为形象的定义；两者的表达式如式(4)和式(5)所示：

$$f_i^{成桥预拱度}=f_i^{后期收缩徐变}+f_i^{1/2静活载} \tag{4}$$

$$f_i^{施工预拱度}=f_i^{成桥预拱度}+f_i^{成桥累计位移} \tag{5}$$

式中：$f_i^{成桥预拱度}$——桥梁成桥预拱度；

$f_i^{施工预拱度}$——桥梁施工预拱度。

在实际计算过程中，因为 $f_i^{后期收缩徐变}$与 $f_i^{1/2静活载}$最大值的发生位置相似，中跨两者的最大值都发生在跨中，边跨两者的最大值发生在距边跨起点 2/8～3/8 边跨跨径处，所以在监控过程中通常两者以成桥预拱度形式一并分配于桥梁中跨及边跨，而不是分别计算。根据多座连续刚构桥后期观测数据，成桥预拱度中跨最大值通常取为 1/1 500～1/1 000 中跨跨径左右，边跨最大值通常为中跨最大值的 1/4～1/3 左右。

2 评定标准的提出

目前，许多单位都是以设计高程作为验收高程来对桥梁的竣工高程进行评定，以此来评定桥梁施工监控的质量。虽然桥梁的设计高程是施工监控的依据，但是它不能对桥梁高程监控成果进行及时有效的评价，原因如下：

(1)由式(1)可知，在桥梁刚刚竣工时，桥梁的 $f_i^{后期收缩徐变}$还没有发生，它需要桥梁竣工后 8～10 年甚至更长时间才能基本发生完全，因此不能以设计高程来评定监控效果。

(2)1/2 静活载与桥梁运营阶段的车辆荷载有着明显的出入，在桥梁上比较准确的布置 1/2 静活载十分繁琐，给桥梁线形监控质量的评定带来了麻烦。

因此本文认为，以设计高程作为验收高程评定桥梁的线形监控成果是不科学的，建议采用竣工高程作为验收高程来对桥梁的线形监控成果进行评定。同样由式(1)可知，以竣工高程作为验收高程对桥梁的线形施工监控成果进行评定，不仅可以对监控质量进行直接、及时的评定，还能保证在若干年后较大精度满足设计高程要求，保证整体路线线形要求。

当然在实际施工监控中，由式(2)～(5)可以看出，一般是通过控制立模高程来间接的控制竣工高程，通过控制施工预拱度来间接控制成桥预拱度，最终归结到通过控制成桥累计位及挂篮修正值等间接地控制桥梁的竣工高程。然而，施工监控质量的好坏取决于很多因素，混凝土的弹性模量、混凝土容重、箱梁截面尺寸及有效预应力的建立等因素在理论计算与实际施工过程中必然会存在出入，这些误差有些并不能在前期的理论计算中预测，只能在施工监控过程中通过试验、主梁实测变形等手段，并运用误差调整理论(如卡尔曼滤波法、神经网络系统、灰色理论等)，对施工中产生相对理论计算的误差进行反复的识别、反馈、调整，及时修正理论计算结果，使理论计算更精确地逼近实际测量结果，从而保证预期成桥竣工高程的实现。

3　工程实例

某 PC 连续刚构桥，跨径布置为：60.5m＋110m＋60.5m，主梁采用单箱单室截面，桥面宽 12m，采用双薄壁桥墩，以挂篮悬臂浇筑法施工。运用 MIDAS 有限元程序对桥梁进行正装施工过程模拟计算，采用 2004 年新规范对混凝土的收缩徐变、1/2 静活载变形等进行计算。通过理论计算得出，$f_i^{1/2静活载}$ 的最大计算值为：边跨变形为向下 1.1cm，距离边跨起点大约 1/4 边跨跨径处，中跨变形为向下 2.8cm，发生在跨中附近；$f_i^{后期收缩徐变}$ 的最大计算值为：边跨变形向下为 1.2cm，中跨变形为向下 3.5cm，其最大值分布位置与 $f_i^{1/2静活载}$ 相似。参考其他同类型桥梁的后期监测资料，边跨成桥预拱度最大值取为 4.5cm，据边跨起点为 1/4 边跨跨径处，中跨成桥预拱度取为 14cm，设置在跨中。各跨成桥预拱度按照余弦曲线进行分配，以跨中为对称轴，全桥一共有 6 个分段余弦函数，其成桥预拱度沿纵桥向的设置如图 1 所示。

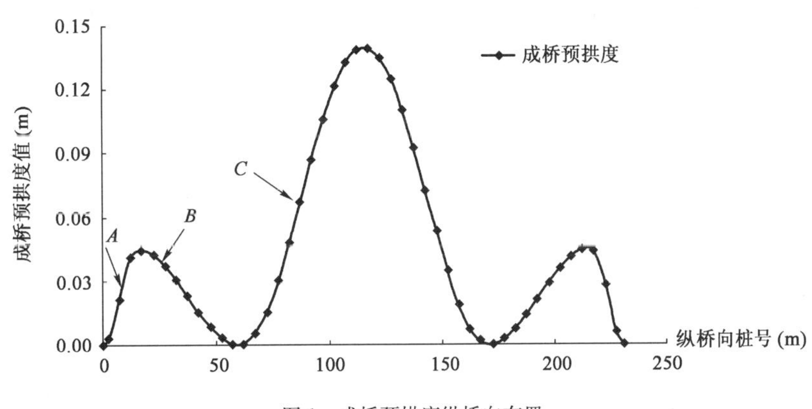

图 1　成桥预拱度纵桥向布置

其中：

A 线方程为：$f_i^{成桥预拱度}=\dfrac{0.045}{2}\left(1-\cos\dfrac{2\pi x}{30.25}\right)$，$x$ 为距桥梁起点距离，下同。

B 线方程为：$f_i^{成桥预拱度}=\dfrac{0.045}{2}\left(1-\cos\dfrac{2\pi(60.5-x)}{90.75}\right)$

C 线方程为：$f_i^{成桥预拱度}=\dfrac{0.14}{2}\left(1-\cos\dfrac{2\pi(x-60.5)}{110}\right)$

成桥竣工高程及设计高程比较，见图 2 所示。

从图 1 及图 2 可以看出，在桥梁竣工时，理论竣工高程与实测竣工高程比较吻合，最大误差不超过 2cm，达到了高程监控的要求。而实测竣工高程与设计高程相差较大，两者的差值与成桥预拱度的纵桥向布置吻合。所以评定大桥的监控质量时，应以理论竣工高程作为验收高程进行评定，监控单位应在监控初期提供理论竣工高程。

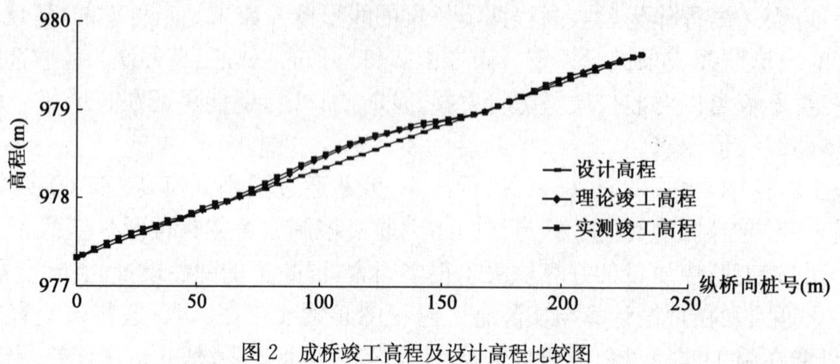

图 2　成桥竣工高程及设计高程比较图

4　结语

实践中，采用设计高程作为成桥验收高程对桥梁高程监控质量进行评定是不科学的。究其原因，本文认为主要是部分技术人员缺乏对桥梁高程施工监控的概念的认识。本文介绍了在桥梁线形监控中常用的几个概念及它们之间的关系，从中得出以理论竣工高程作为成桥验收高程对监控质量进行评定的科学性。本文所介绍的评定方法适用于其他桥型，可为广大工程技术人员参考。

参考文献

[1]　朱汉华，陈孟冲，袁迎捷. 预应力混凝土连续箱梁桥裂缝分析与防治[M]. 北京：人民交通出版社，2006.

[2]　中华人民共和国行业标准. JTG F80—2004 公路工程质量检验评定标准[S]. 北京：人民交通出版社，2004.

[3]　张永水，曹淑上. 连续刚构桥线形控制方法研究[J]. 中外公路，2006，(6)：64.

温拌沥青混合料配合比设计及性能研究

张方方　张　捷

(北京奥科瑞检测技术开发有限公司　北京　100176)

摘　要:本文介绍了发泡、有机降黏、表面活性平台三种温拌技术。采用改性沥青 SMA—13 级配,研究了 Evotherm 温拌沥青混合料在不同施工成型温度下的体积指标变化规律,提出室内马氏试验最佳成型温度为 140℃,击实次数为 75 次,并进行了相关性能验证,结果表明温拌乳化沥青混合料可以达到降低拌和、压实温度的目的。相比热拌,温拌技术的应用具有节能减排、保护环境的优点,发展前景光明。

关键词:温拌沥青混合料　节能减排　配合比设计　路用性能

0　引言

近 50 年来,随着石油能源消耗急剧增加,全球气候明显转暖,由此导致的气候异动和次生灾害频繁发生。1997 年联合国气候大会通过了《京都议定书》,严格限制包括 CO_2 在内的 6 种气体的排放量,并于 2005 年正式生效,要求到 2010 年温室气体的排放量减少 5.2%。我国作为《京都协议书》的签约国之一,同样也面临着既要节能减排,又不能减缓经济发展的严峻考验。

目前,我国尚处在基础设施建设高峰期,其中道路行业在修建过程中会产生大量的烟尘及温室气体,并且随着改性沥青的大量使用和对沥青路面压实度要求的提高,沥青混合料的生产与施工温度也在不断提高,虽然提高了路用性能,但也带来了能源消耗增加、烟尘废弃物排放增多的问题。相关试验测试表明,在生产沥青混合料的过程中,温度每升高 10℃,每吨混合料将多产生 0.9kg 的 CO_2 排放量(见表 1)。

沥青混合料生产过程中的 CO_2 排放量与温度的关系　表 1

混合料拌和温度(℃)	130	140	150	160	170	180
CO_2 排放量(kg/t)	15.9	16.7	17.6	18.5	19.4	20.3

同时,在高温且有氧条件下,裹覆在集料表面的厚度小于 10μm 的沥青膜老化严重,不可避免地导致其路用性能劣化。因此,为了降低能源消耗和废气排放,同时又不影响沥青混合料性能,节能环保型沥青混合料即温拌沥青混合料(Warm Mix Asphalt,WMA)应运而生。

1　温拌技术简介

温拌沥青混合料是指通过采用物理或化学的技术手段,降低沥青的黏度,从而使沥青混合料施工温度介于热拌沥青混合料(HMA)和冷拌(常温)沥青混合料之间,并保持其不低于 HMA 的路用性能的新型沥青混合料。根据其实现温拌的工作机理,温拌技术可以归纳为三大类。

1.1　沥青发泡技术

基本原理是在混合料拌和过程中或者沥青进入拌和锅之前导入水,诱发沥青发泡,通过发泡形成的沥青膜结构来实现较低温度下对集料的裹覆,以及降低沥青混合料操作温度。按照发泡方法的不同,又可分为拌和过程细微发泡和拌和前机械发泡两种类型。前者是利用水的瞬间汽化来发泡沥青,发泡倍数大、半衰期短;而后者发泡的倍数小,属于微发泡,水的释放可以持续到 100℃,可以持续发泡,长时间维持混合料的工作性。Aspha-min、WAM-Foam、LEA 和 Astec 的绿色双滚筒等均可以归入此类。

1.2 有机降黏技术

基本原理是通过往沥青或沥青混合料中加入有机添加剂，这些添加剂的熔点通常高于基质沥青，可以提高沥青在60℃时的黏度，降低沥青在135℃时的黏度。由此实现在高温拌和时降低其黏度，使沥青有更好的工作性能，并提高其高温性能（沥青在60℃时的黏度降低，硬度增大）。此类相关产品包括Sasobit、Asphaltan-B、REDISET等。

1.3 表面活性技术

基本原理是采用少量的表面活性添加剂（0.5%～1%）、水与热沥青在拌和过程中共同作用，借助拌和的强大分散能力实现彼此融合。表面活性剂富集于残留微量水和沥青的界面，三者共同作用，暂时性地在胶结料内部形成较为稳定的结构性水膜，从而实现温拌效果。目前主要的产品是美国Meadwestvaco公司的Evotherm。

上述三类技术中，WAM-Foam对拌和楼改造较大，且其使用的硬质沥青和软质沥青需要专门生产；有机降黏剂Sasobit用量受限，用量大，对胶结料材料性质改变过大；用量少，降温效果一般；而Evotherm采用直投式添加（即用添加剂配制一定浓度的乳化剂水溶液，在沥青和集料拌和过程中喷入该溶液），生产便利，对设备及材料适应性好。因此，本文针对第三类基于表面活性技术平台的温拌沥青混合料进行研究。

2 温拌SMA—13沥青混合料配合比设计

室内试验以SMA—13为研究对象，其中粗集料为玄武岩碎石，细集料为石灰岩机制砂，填料为石灰岩磨细矿粉，纤维为木质素纤维，沥青为壳牌SBS成品改性沥青，温拌添加剂为美国Meadwestvaco公司的Evotherm（8F型号）。为比较温拌与热拌下的沥青混合料性能，试验中温拌沥青混合料采用与热拌沥青混合料完全一致的各种原材料。

按照《公路沥青路面施工技术规范》（JTG F40—2004）中规定的方法对热拌沥青玛蹄脂碎石混合料SMA—13进行常规的配合比设计，通过进行马歇尔试验（马氏标准击实次数双面50次），确定最佳油石比为6.0%，纤维用量为3.0‰。

Evotherm温拌添加剂并不对沥青混合料的矿料级配和沥青用量产生影响。因此，根据前面确定的热拌沥青玛蹄脂碎石混合料SMA—13的配合比，按照Evotherm ：沥青＝1：9的添加剂量，分别进行击实温度为110℃、125℃、140℃、140℃（不加温拌添加剂），击实次数为50次、75次、100次下的马歇尔试验。表2是热拌与温拌各阶段室内试验温度，表3是不同温度和击实次数下马歇尔试件物理力学指标的对比。

热拌与温拌试验各阶段温度 表2

类别	沥青加热温度（℃）	矿料加热温度（℃）	混合料拌和温度（℃）	马歇尔试件击实温度（℃）
热拌165℃	170	180	170	165
温拌110℃	170	125	115	110
温拌125℃	170	140	130	125
温拌140℃	170	155	145	140

不同温度和击实次数下马歇尔试件物理力学指标对比 表3

项目	马氏击实110℃（加温拌添加剂）			马氏击实125℃（加温拌添加剂）			马氏击实140℃（加温拌添加剂）			马氏击实140℃（不加温拌添加剂）		
击实次数（次）	50	75	100	50	75	100	50	75	100	50	75	100
试件密度（g/cm^3）	2.340	2.366	2.380	2.349	2.374	2.384	2.397	2.443	2.450	2.393	2.425	2.432
空隙率（%）	8.3	7.3	6.8	8.0	7.0	6.6	6.1	4.3	4.1	6.3	5.0	4.7
稳定度（kN）	4.44	5.13	5.54	4.85	5.35	5.67	5.12	7.35	8.79	5.59	6.91	7.19
流值（0.01mm）	26.0	30.1	22.7	35.0	24.2	27.3	24.0	24.4	29.7	28.2	29.0	27.7

图 1 是不同击实温度和次数下马歇尔试件空隙率的变化，图 2 是温拌添加剂和击实温度对马歇尔试件空隙率的影响。由图 1、图 2 可见：①相比 110℃和 125℃，当击实温度上升至 140℃，试件空隙率显著降低；②同样的击实温度 140℃、击实次数 75 次下，添加温拌添加剂相比不添加的试件空隙率降低 0.7%；③根据同样配比条件下，温拌与热拌沥青混合料的空隙率差异不得超过 0.5%，并确定马歇尔击实成型方式时，使用 Evotherm 添加剂的温拌沥青玛蹄脂碎石 SMA 的室内试验击实温度为 140℃，击实次数为 75 次。

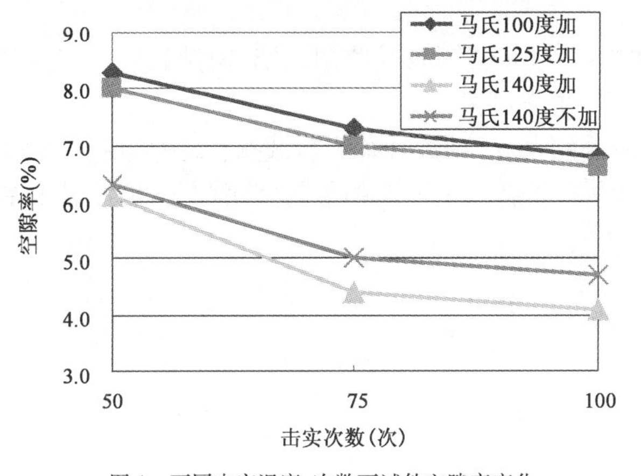

图 1　不同击实温度、次数下试件空隙率变化

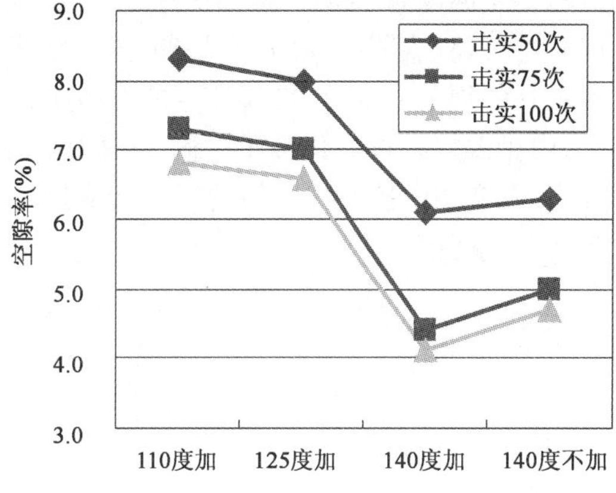

图 2　添加剂、击实温度对试件空隙率的影响

对比常规热拌与采用 Evotherm 添加剂的温拌沥青玛蹄脂碎石 SMA—13 马歇尔试件物理力学指标(见表 4)，可见采用该温拌技术下的各项技术指标均满足同类型热拌沥青混合料的规范要求。

常规热拌与温拌(Evotherm)SMA—13 马歇尔试件物理力学指标对比　　表 4

试验项目	击实次数(次)	击实温度(℃)	油石比(%)	毛体积密度(g/cm^3)	理论密度(g/cm^3)	VV(%)	VMA(%)	VFA(%)	VCA_{DRC}(%)	VCA_{mix}(%)	稳定度(kN)	流值(0.01mm)
常规热拌	50	165	6.0	2.455	2.553	3.8	17.1	77.4	39.7	39.4	8.00	25.6
温拌(Evotherm)	75	140	6.0	2.443	2.553	4.3	17.6	75.0	39.7	39.6	9.17	28.9
技术标准	～	～	～	～	～	3～4.5	≥17	75～85	VCAmix≤VCAdrc		≥6	实测

3　温拌改性沥青玛蹄脂碎石 SMA—13 性能检验

对常规热拌与采用 Evotherm 添加剂的温拌沥青玛蹄脂碎石 SMA—13，通过浸水马歇尔试验、冻融劈裂试验、车辙试验等，进行水稳定性、高温稳定性等路用性能验证，对比结果见表 5。可见，采用该温拌技术下的 SMA—13 各项路用性能均满足同类型热拌沥青混合料的规范要求，且两者性能指标相差很小。

SMA—13 性能检验对比　　表 5

检验项目	检验结果		技术要求
	常规热拌	温拌(Evotherm)	
谢伦堡析漏试验(%)	0.05	0.03	不大于 0.1%
肯塔堡飞散试验(%)	5.2	5.4	不大于 15%
车辙试验(次/mm)	7 355	7 516	不小于 3 000 次/mm
浸水马歇尔试验(%)	89.1	88.4	不小于 80%
冻融劈裂试验(%)	85.7	83.2	不小于 80%
渗水系数	基本不透水	基本不透水	不大于 80mL/min

4　结语

(1)基于表面活性技术平台的 Evotherm 温拌沥青混合料技术采用直投式添加，生产便利，对设备及材料适应性好。

(2)本文试验表明，相同的击实温度140℃、击实次数75次下，Evotherm温拌添加剂的加入可使沥青玛蹄脂碎石SMA—13的马歇尔试件空隙率降低0.7%，可见Evotherm可以有效改善改性沥青混合料的施工和易性，实现温拌的效果。

(3)本文试验确定，马歇尔击实成型方式下，使用Evotherm添加剂的温拌沥青玛蹄脂碎石SMA—13的室内试验击实温度为140℃，击实次数为75次。

(4)本文试验表明，采用Evotherm温拌沥青混合料的各项技术指标及其路用性能，均满足同类型热拌沥青混合料的规范要求，且与同类型常规热拌混合料的路用性能相差很小。

(5)由于温拌沥青混合料在拌和、摊铺及碾压过程中所需的温度较低，具有节能减排、保护环境、有利健康等优点，且室内试验及国内外的试验和应用也证明了WMA具有与HMA相似的路用性能，因此其发展前景是十分光明的。

参考文献

[1] 中华人民共和国行业标准.JTG F40—2004 公路沥青路面施工技术规范[S].北京：人民交通出版社，2004.

[2] 中华人民共和国行业标准.JTJ 052—2000 公路工程沥青及沥青混合料试验规程[S].北京：人民交通出版社，2000.

[3] 刘江. 在庆祝《京都议定书》生效活动中的讲话[J]. 中国建设信息供热与制冷，2005.

[4] 黄文元，秦永春. 沥青温拌技术在国内外的应用现状[J]. 上海公路，2008.

[5] GrahamC. Hurley，Brian D. Prowell. Evaluation of Evotherm For Use in Warm Mix Asphalt. NCAT Report 06-02，2005.

连续刚构桥施工过程线形及位移监控探讨

景 彪

(中交路桥技术有限公司 北京 100029)

摘 要:连续刚构桥施工过程监控可以保证施工中桥梁结构的安全和受力合理。本文以东庄禾5号桥为例,对连续刚构桥施工过程线形及位移监控进行了分析和探讨。

关键词:连续钢构桥 线形

1 东庄禾5号桥概述

东庄禾5号桥位于京承高速公路(密云沙峪沟—市界段) K122+026.80处,属于第十三标段,跨越水库下游一个冲沟。主桥为48m+88m+48m三跨预应力混凝土连续刚构,双向分离式断面,单幅宽13m。下部结构为双薄壁矩形实心墩,群桩基础,1号墩平均高约24m,2号墩平均高约21m。该桥的总体布置如图1所示。

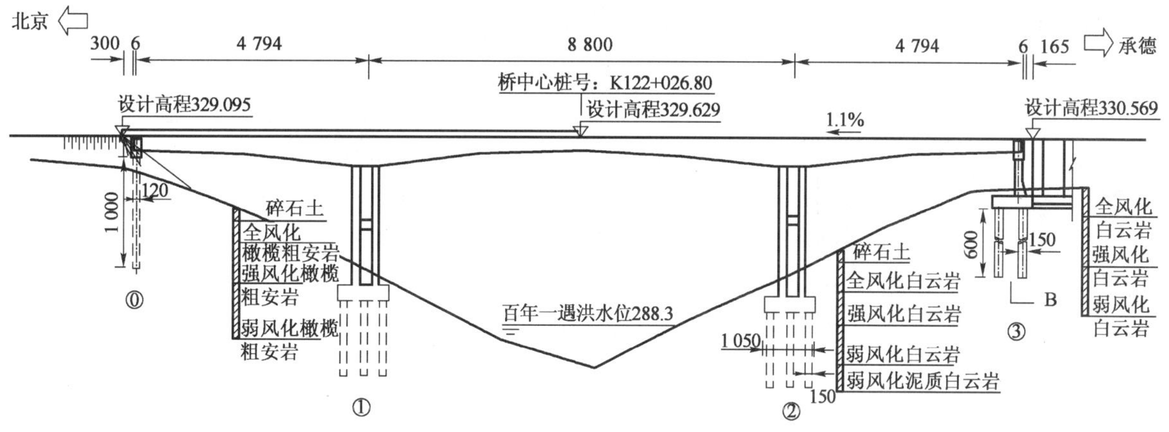

图1 东庄禾5号桥总体布置图(尺寸单位:cm,高程单位:m)

单幅桥为单箱双室箱形截面,箱梁根部梁高5.0m,高跨比为1/17.6;跨中梁高2.2m,高跨比为1/40。箱梁顶板宽12.7m,底板宽8.7m,翼缘板悬臂长为2.0m。箱梁高度从距墩中心3.0m处到跨中合龙段处按二次抛物线变化。墩顶0号块设两道厚1.2m的横隔板,边跨端部设厚1.5m的横隔板,其余部位均不设横隔板。

0号块范围内箱梁底板厚度为0.90m,1号块范围内底板厚度由0.90m线性变化到0.557m,2号块到合龙段范围内底板厚度由0.557~0.30m按二次抛物线变化。全桥顶板厚度为0.25m。0号块到5号块范围内腹板厚度为0.60m,6号块到7号块范围内腹板厚度由0.60m线性变化到0.40m,8号块到合龙段范围内腹板厚度为0.40m。

箱梁采用挂篮悬臂浇筑法施工,各单T构,箱梁分为0号块和1~11号块,0号块长度为6m,1~11号块箱梁纵桥向分段长度为3×3.0m+2×3.5m+6×4.0m。中跨、边跨合龙段长度均为2.0m。边跨现浇段路线中心线处长度为2.94m。悬臂现浇梁段最大重量为132.0t,挂篮自重按65t考虑。施工时要求两幅桥同时施工,浇筑梁段数相差不宜超过1~2个梁段;每半幅桥的两个单T构同时施工,浇筑梁段数相差不宜超过1~2个梁段;每个单T构要求对称悬臂浇筑,允许的不对称自重不得大于本梁段自重的10%。

2 施工监测方法

施工监测是在施工现场通过对主拱结构的线形及位移(或变形)监测与应力监测，来得到桥梁结构实际变形和内力分布。通过监测来保证在施工中桥梁结构的安全和受力合理。本文仅介绍桥梁结构的线形及位移的监测。

挠度的观测资料是施工控制中控制成桥线形最主要的依据。在梁段立模、混凝土浇筑、预应力张拉前后，需要观测主梁挠度变化，以便与分析预测值作比较，并为结构状态修正提供依据。考虑到悬臂箱梁的施工自重会引起墩身的压缩变形以及可能的基础沉降，观测基准点每隔一段时间都要进行校核检查。

2.1 主梁高程观测

主要包括：

(1)梁段底模高程定位后箱梁顶面高程；

(2)梁段混凝土浇筑前后底模高程；

(3)梁段混凝土浇筑前后、预应力钢筋张拉前后顶板测点高程；

2.2 观测点的布置

实施中，在每个施工梁段顶面布置3个对称的高程观测点(两箱梁翼板及箱梁中线处)，既可以观测箱梁挠度变化，又可以观测箱梁是否发生扭转变形。观测点距梁段前沿10cm，为确保测点的可靠性，A、B、C三点应在混凝土浇筑时用直径2cm短钢筋预埋，其外露混凝土表面为2cm，钢筋头应平整，下端应接触模板。观测点布置如图2所示，观测基准点设在墩顶零号块顶面。

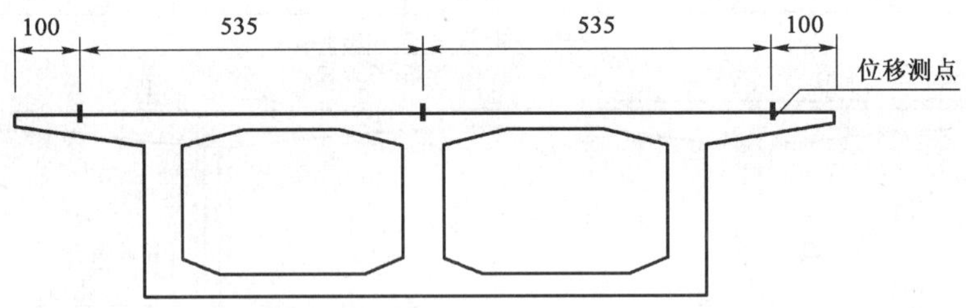

图2 主梁悬浇节段高程测点布置示意图(尺寸单位：cm)

2.3 施工控制结构分析

通过施工控制分析，确定各施工理想状态的线形及位移，为施工提供目标与决策依据；对随后施工状态(线形及位移)做出预测，必要时实施控制，使施工沿着设计的轨道进行。施工过程结构分析采用倒退分析与前进分析两种方法，包括以下几项内容：

(1)复核结构设计主要计算数据；

(2)复核结构初始状态的预拱度；

(3)确定各施工理想状态的内力与位移；

(4)通过比较确定出结构最大内力与位移的相应状态；

(5)给出有关施工的建议。

通过施工监测确定桥梁结构各组成部分当前状态的行为，判断桥梁的安全状况，为施工过程控制和下一步施工方案的决定提供决策依据。

2.4 结构线形及位移监测

大跨径预应力混凝土连续刚构桥的主梁在每一节段的施工过程中，都需要观测箱梁顶面、底面的挠度，为控制分析提供实测数据。

线形监测分为竖直面内的线形监测与水平面内的线形监测两个部分，通过两个面内的测量准确掌握桥跨的真实空间状况，有效地控制桥跨的施工过程。

2.4.1 线形监测的目标及精度要求

(1)线形监测的目标

①建立满足施工精度的施工测量控制系统；

②控制箱梁的高程，使箱梁顶面、底面高程符合设计要求线形，符合设计的横向坡度要求；

③控制箱梁的平面位置，使箱梁的中轴线符合设计桥梁轴线；

④监测箱梁在悬臂施工时不同施工状态下的挠度变形情况，并进行挠度—温度影响规律研究，对挠度实施有效的控制。

(2)线形监测精度要求

《公路工程质量检验评定标准》对悬臂施工梁的高程有明确的规定：当跨径 $L\leqslant100$m 时，顶面高程值允许偏差为±2cm；梁跨经 $L>100$m 时允许偏差为 $L/5\,000$(本大桥主跨 88m，允许误差为±2cm)，相邻节段高差≤±1cm。

立模高程误差要求小于±5mm，断面尺寸的误差在±1cm 以内，实测挠度测量精度应达到±1mm(国家二等水准测量高差偶然误差)，要求能精确反应±1mm 的挠度变化。

2.4.2 线形监测系统

(1)线形监测系统的建立

悬臂箱梁挠度变形监测系统的建立主要包括测量基准点、工作基点及观测点的设置。

本桥梁跨越一冲沟，主墩的承台处于不断的沉降变形之中，因此箱梁挠度变形监测的基准网或基准点应建立在两岸的稳定处，基准点的数量不少于两个，构成基准网。

由于本桥梁为大跨径桥梁，基准网或基准点离监测点距离不断变化且距离远，需要设工作基点。工作基点一般布设在承台面和零号块顶面上。根据岸上的基准点，通过跨河水准测量的方法，监测承台上工作基点的稳定性；根据承台上的工作基点，通过悬挂钢尺测量的方法，监测零号块上工作基点的稳定性。在各墩零号块上可布设两个工作基点。考虑到悬臂箱梁的施工自重会引起墩身的压缩变形以及可能的基础沉降、墩身温度伸缩、墩身收缩徐变的影响，工作基点每隔一段时间都要进行校核检查。

(2)箱梁挠度测试次数的确定

由于节段施工速度快，每个箱梁节段的测量工作量也很大，因此，确定采用三次测量法(图 3)，它包括①挂篮就位立模、②混凝土浇筑后、③张拉预应力后三个阶段。阶段①、②的测量数据之差反映箱梁节段自重产生的挠度效应；阶段②、③的测量数据之差反映箱梁节段张拉预应力产生的挠度效应；本阶段③、下阶段①的测量数据之差反映挂篮移动产生的挠度效应。每次测量都要测现浇段和已浇段上(当前现浇段前两个已浇段)的测点，其目的是察看每施工一个箱梁节段后实测线形与理论线形是否吻合，并且随着箱梁块数的增加，愈靠近零号块的箱梁，其上的监测点被观测的次数愈多，其高程的变化就代表了该点所在的箱梁在不同

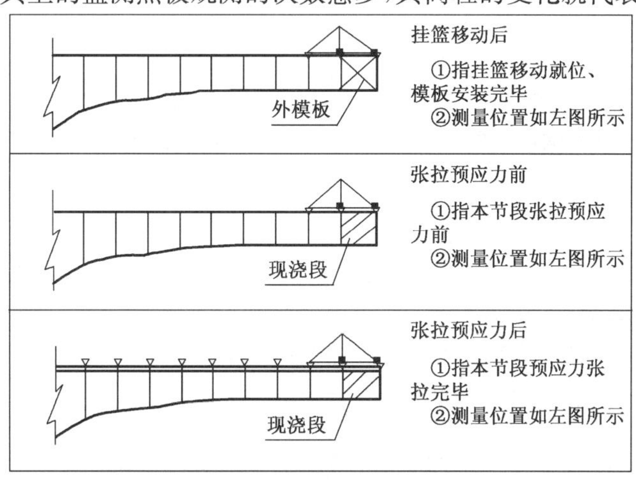

图 3 箱梁三阶段测量位置及内容示意图

施工阶段中挠度变形的全过程。这种挠度变形观测程序，称之为连续刚构桥三阶段挠度观测法。而工作基点的稳定性监测，通常与承台沉降监测同期进行，根据荷载增加的速度和施工速度，一般地每 2～3 个月观测 1 次。

需要注意的是张拉力所引起的箱梁挠度，有时间上的滞后效应，亦即张拉后上挠变形不会立即发生，而是在张拉后的 4～6h 内逐渐完成，这是因为张拉力在箱梁内有一个释放的过程，因此张拉阶段的挠度观测，应安排在张拉完成 6h 后的清晨进行，以真实地反映张拉所引起的箱梁挠度变形。

另外，为了保证挂篮的安全性，在当前节段钢筋绑扎完需测量挂篮的变形值。

(3)观测水准路线及测量方法

主梁挠度变形监测的水准路线以各自墩零号块上的工作基点为起闭点，采用闭合水准路线的形式进行挠度变形监测。

闭合水准路线具有容易检测粗差、提高外业观测数据的自检核能力和可进行单程观测、减少外业工作量及缩短外业观测时间等优点。挠度变形观测的工作量大，缩短外业观测时间、减少外业工作量和消减温度变化对挠度观测结果的影响，对及时进行挠度观测、不漏测、保证观测精度和配合施工，具有重要意义。挠度观测所采用的闭合水准路线本身已构成检核条件，因此可不进行往返观测，这样可减少一半的外业观测工作量。

相对于常规水准测量而言，挠度变形监测的视线长度短，监测点与监测点之间的间距小，在实际观测中，对大多数监测点可采取“前视变后视”的方法，即在当前测站，该监测点为前视读数，读数完后仪器不动，把该点的前视读数当作后一测站的后视读数，这样可保证高差观测的连续性、减少仪器和水准尺搬动的次数以及读数的次数，从而达到缩短外业观测工作量的目的。

(4)箱梁挠度观测时间确定

为了尽量减少温度对观测的影响，挠度观测严格安排在清晨 6:30 以前完成。这一时间段是根据多座大跨度连续刚构桥悬臂的箱梁挠度—温度观测试验结果及桥梁所在地实际情况确定的，此时悬臂箱梁正好处于夜晚温度降低上挠变形停止和白天温度上升下挠变形开始之前，是悬臂箱梁挠度—温度变形相对稳定的时段，此外在该时段内，工人还未上班，因此可认为施工对观测的干扰较小。当悬臂达到一定长度后最好作箱梁挠度—温度观测试验，以便更好的确定测试时间。

2.5 观测结果

观测结果的正确性是完成施工控制目标的先决条件。对于每一施工阶段的挠度和高程的测量结果都要进行详细分析，现给出部分施工阶段各测点高程测量结果，见表 1～表 3。

1 号墩 3 号段张拉前后 1～3 号节段变形比较(单位:mm)　　表 1

截面号	理论变形值	实测变形值	差　值	截面号	理论变形值	实测变形值	差　值
1′	0.2	0.0	−0.2	1	0.2	0.5	0.3
2′	0.5	1.0	0.5	2	0.5	0.8	0.3
3′	1.1	2.0	1.0	3	1.1	1.0	−0.1

1 号墩 8 号段张拉前后 6～8 号节段变形比较(单位:mm)　　表 2

截面号	理论变形值	实测变形值	差　值	截面号	理论变形值	实测变形值	差　值
6′	4.3	4.1	−0.2	6	4.3	4.0	−0.3
7′	6.4	6.0	−0.4	7	6.4	6.2	−0.2
8′	9.1	8.3	−0.8	8	9.1	8.0	−1.1

1 号墩 11 号段张拉前后 9～11 号节段变形比较(单位:mm)　　表 3

截面号	理论变形值	实测变形值	差　值	截面号	理论变形值	实测变形值	差　值
9′	11.7	5.0	−6.7	9	11.7	3.7	−8.0
10′	15.7	14.0	−1.7	10	15.7	9.0	−6.7
11′	20.4	22.3	1.9	11	20.4	22.3	1.9

差值情况可用图形直观地反映出来，见图 4～图 9 所示。

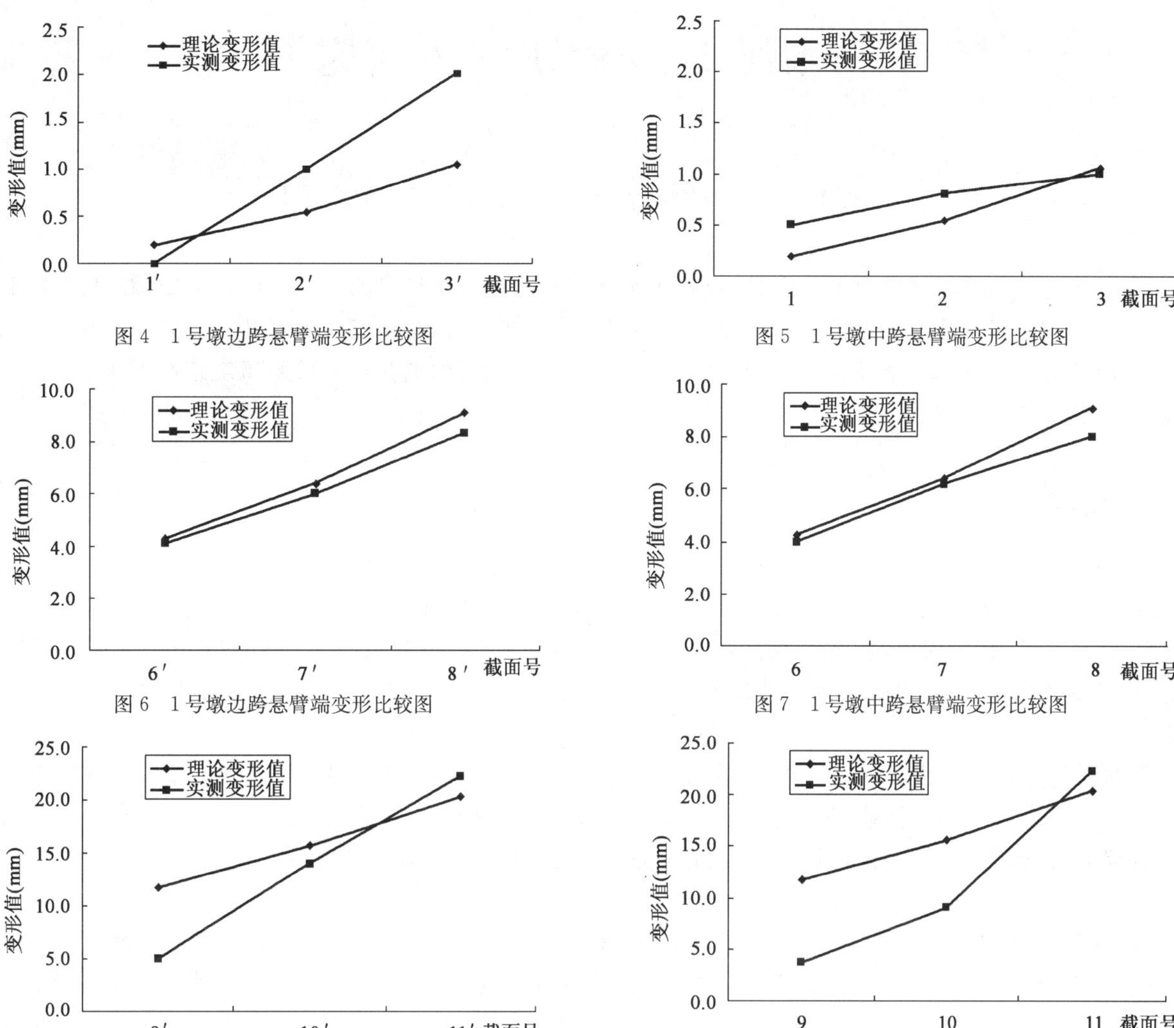

图 4　1 号墩边跨悬臂端变形比较图

图 5　1 号墩中跨悬臂端变形比较图

图 6　1 号墩边跨悬臂端变形比较图

图 7　1 号墩中跨悬臂端变形比较图

图 8　1 号墩边跨悬臂端变形比较图

图 9　1 号墩中跨悬臂端变形比较图

3　结语

东庄禾 5 号桥施工建设已经顺利完成并已按计划通车，从施工监控的结果来看，东庄禾 5 号桥边、中跨合龙时两悬臂端部的高差均在容许范围内（设计要求高差小于 1.0cm），而成桥线形也在设计允许误差范围内（误差大部分均在 1.0cm 以内），线形情况良好，达到了施工监控的预期目标。

东庄禾 5 号桥工程实践证明了本次监控是成功的，监控的理论与方法及其组织管理系统是有效的，具有较强的实用性和推广价值。

参 考 文 献

[1]　柳学发. 大跨度连续刚构桥的应用和发展[J]. 铁道标准设计，北京：中国铁道出版社，1999.

[2]　马保林. 高墩大跨度连续刚构桥[M]. 北京：人民交通出版社，2001.

[3]　张永水，曹淑上. 连续刚构桥线性控制方法研究[J]. 中外公路，2006，26(6)：84-86.

[4]　陈哲. 现代控制理论基础[M]. 北京：冶金工业出版社，1987.

[5]　王序森，唐寰澄. 桥梁工程[M]. 北京：中国铁道出版社，1995.

[6]　向中富. 桥梁施工控制技术[M]. 北京：人民交通出版社，2001.

清水河2号桥温度分布研究

陈川宁　周　翀

（北京市市政工程设计研究总院　北京　100082）

摘　要：结合清水河2号桥悬臂施工监控，进行了主梁温度分布的现场实测。观测结果表明，在日照作用下，主梁温度沿高度方向呈非线性变化。在实测分析的基础上，给出了该桥温差的建议计算模式。沿桥轴线方向不同位置和不同高度的监测截面研究结果表明，它们具有一致的温度分布形式。

关键词：桥梁　混凝土箱梁　温度分布

0　引言

桥梁结构处于自然环境中，由于受日照及气温变化的影响，加之混凝土的热传导性能较差，使得桥梁内部结构处于不同的温度状态。有关文献在对日照作用下温度分布特征、影响因素和分析方法作了许多研究后表明，在日照作用下，桥梁结构的温度呈非线性分布。新西兰规范、英国BS5400、美国AASHTO规范、国内铁路规范也在观测结果的基础上，给出了桥梁结构沿梁高方向半经验半理论的温度分布计算模式。

我国现行公路桥梁设计规范参照美国AASGTO规范给出了桥梁结构温度梯度的计算模式，但有关文献通过分析计算表明该温度梯度应用于混凝土箱梁的设计是不合理的，文献[1]、[2]均给出了桥梁结构温度梯度符合《铁路桥涵钢筋混凝土和预应力钢筋混凝土结构设计规范》中温度梯度的计算模式的结论。

由于桥梁结构温度梯度受日照强度、大气温度、桥位走向及地形地貌等因素影响，其温度梯度计算模式各不相同，不能照搬其他国家的计算模式和相关文献的研究结果，而必须通过现场实测来分析得到符合其实际情况的温度梯度计算模式。本文结合京承高速公路（密云沙峪沟～市界段工程）清水河2号桥连续刚构施工监控，现场实测了该桥混凝土主梁的温度分布，给出了该桥的温度梯度计算模式。

清水河2号桥跨越清水河，基本为南北走向，分左右两幅独立式桥，每幅桥宽13m，为三孔悬浇刚构，跨径75m+120m+75m。上部结构为变截面悬臂浇筑预应力混凝土连续刚构，单箱单室，梁高为2.50～7.00m。下部结构中墩为双矩形片墩，片墩下接承台，承台下与D为1.8m的桩相接。

1　监测截面与测点布置

1.1　监测截面与测点布置

为真实反应桥梁的温度分布状态，沿桥梁纵向选择不同位置、不同高度的截面进行温度测量。温度监测断面见图1，各断面测点布置见图2。

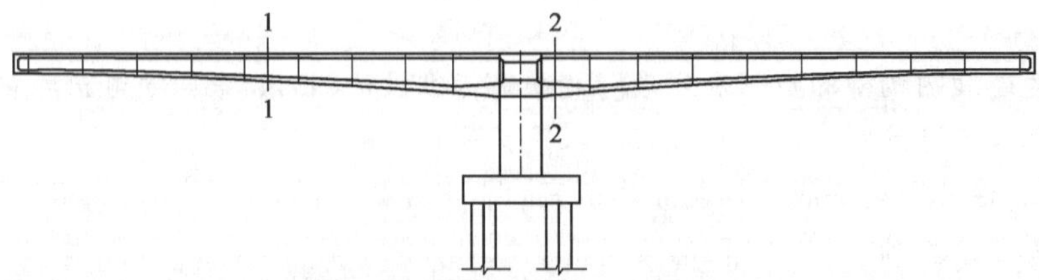

图1　温度监测断面布置（尺寸单位：cm）

1.2 监测时间

根据施工进度，分别对断面1、2进行了24小时的温度分布观测。监测从6月20日晚20:00开始，至6月21日0:00前监测频率为1次/2小时，6月21日0:00～8:00为1次/1小时，6月21日8:00～20:00为1次/2小时。

1 276
50 20
313
650
313

图2　温度测点布置(尺寸单位:cm)

2　监测结果

2.1 2断面主梁平均温度与大气温度关系

主梁整体平均温度与大气温度监测结果，见表1及图3。

主梁平均温度与大气温度监测结果　　表1

时　间	大气温度(℃)	主梁平均温度(℃)	时　间	大气温度(℃)	主梁平均温度(℃)
20:00	30.0	27.7	7:00	22.0	25.9
22:00	29.0	27.5	8:00	23.0	26.0
0:00	28.0	27.0	10:00	26.0	26.5
1:00	24.0	26.8	12:00	28.5	27.3
2:00	20.0	26.4	14:00	31.0	28.1
3:00	20.0	26.3	16:00	29.0	28.6
4:00	19.0	26.2	18:00	28.0	28.7
5:00	17.0	25.9	20:00	26.0	28.0
6:00	17.5	25.8	最大温差	14.0	3.0

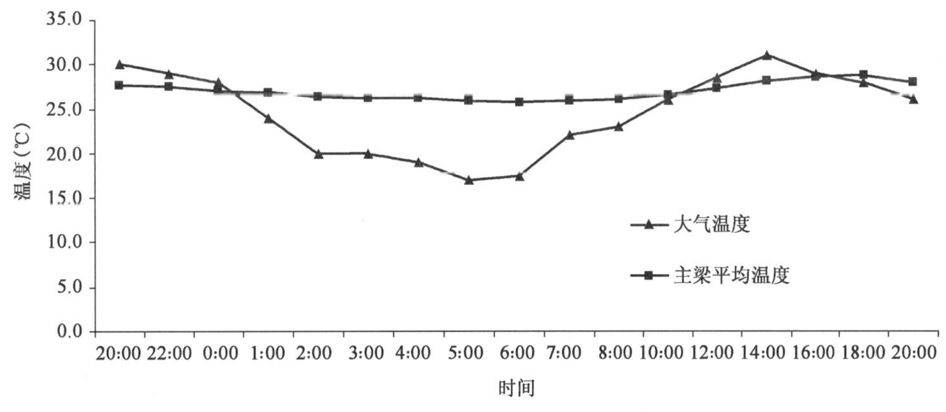

图3　主梁平均整体温度与大气温度关系图

从表1及图3可以看出，尽管24小时之内大气温差达14℃，但主梁平均温度变化较小，最大温差只有3℃。在大气温度达到最大温度(14:00)后4小时(18:00)，主梁平均温度达到最大，为28.7℃，这主要由于混凝土材料导热性能较差的缘故造成。

2.2 主梁上下缘温度监测结果

本次对主梁断面2沿高度方向进行了顶板上缘、顶板内侧、主梁腹板、底板内侧、底板下缘的温度监控，结果见表2及图4。

主梁温度监测结果表(单位:℃)　　表 2

时　间	顶板上缘(0.02)	顶板内侧(0.60)	主梁腹板(3.54)	底板内侧(5.68)	底板下缘(6.87)
20:00	33.9	25.5	25.6	25.2	28.0
22:00	31.6	25.7	25.9	26.3	28.0
0:00	30.0	26.0	26.1	25.0	27.8
1:00	29.2	26.3	25.9	25.0	27.5
2:00	28.2	26.3	25.6	24.7	27.3
3:00	27.4	26.3	25.9	24.7	27.0
4:00	27.1	26.3	25.9	24.7	26.7
5:00	26.1	26.5	25.9	24.7	26.2
6:00	25.6	26.5	26.1	24.7	26.0
7:00	25.8	26.8	26.1	25.0	25.7
8:00	26.6	26.8	26.1	25.0	25.7
10:00	28.4	26.8	26.1	25.2	26.0
12:00	31.8	27.1	26.4	25.0	26.5
14:00	34.7	27.1	26.4	25.2	27.3
16:00	37.0	27.1	26.4	25.2	27.5
18:00	36.8	27.1	26.4	25.2	28.3
20:00	33.1	27.1	26.4	25.7	27.8
温差	11.4	1.6	0.7	1.5	2.6

注:表中括号内数值为该点距主梁顶板上缘距离,单位:m。

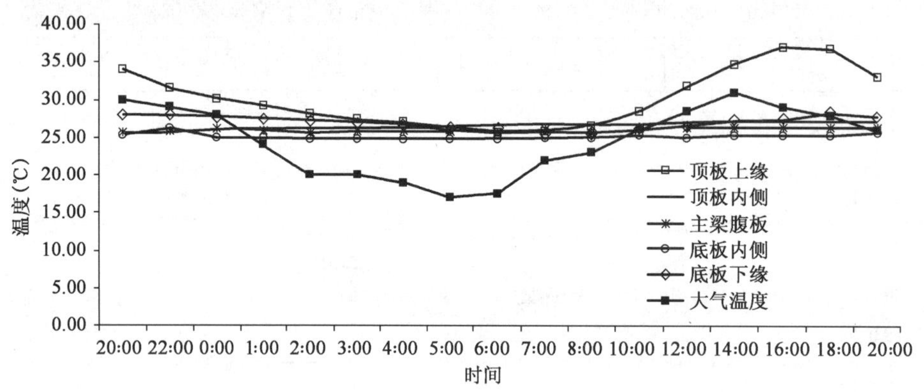

图 4　主梁温度监测结果

从表 2 及图 4 可以看出,顶板上缘温度 24h 内变化较大,温差达 11.4℃,主梁腹板及箱室内部温度变化较小,底板下缘温度 24h 内稍有变化,温差为 2.6℃。主梁腹板与底板内侧、底板下缘的温度基本相同。这主要是由于主梁悬臂板较长,桥梁为南北走向,日照作用对主梁腹板及底板影响较小。

3　温度计算模式

根据表 2,可以得到主梁上缘温差、下缘温差、腹板与上下缘内侧温差(见表 3),各主梁在日照作用下沿梁高竖向温度分布曲线如图 5 所示。

从表 5 中可以看出,主梁上缘与上缘内侧最大温差 9.9℃,主梁下缘与下缘内侧最大温差 3.1℃,分别发生在 6 月 21 日 16:00 和 18:00。腹板与主梁上、下缘内侧温差均较小,因此在确定主梁温度计算模式时,可以不考虑腹板与主梁上、下缘内侧的温差。

主梁温差表(单位:℃)　　表 3

时　间	主梁上缘温差	腹板与上缘内侧温差	腹板与下缘内侧温差	主梁下缘温差
20:00	8.4	0.1	0.4	2.8
22:00	5.9	0.2	−0.4	1.7
0:00	4.0	0.1	1.1	2.8
1:00	2.9	−0.4	0.9	2.5
2:00	1.9	−0.7	0.9	2.6
3:00	1.1	−0.4	1.2	2.3
4:00	0.8	−0.4	1.2	2.0
5:00	−0.4	−0.6	1.2	1.5
6:00	−0.9	−0.4	1.4	1.3
7:00	−1.0	−0.7	1.1	0.7
8:00	−0.2	−0.7	1.1	0.7
10:00	1.6	−0.7	0.9	0.8
12:00	4.7	−0.7	1.4	1.5
14:00	7.6	−0.7	1.2	2.1
16:00	9.9	−0.7	1.2	2.3
18:00	9.7	−0.7	1.2	3.1
20:00	6.0	−0.7	0.7	2.1

从图 5 可以看出,主梁竖向日照温度梯度分布规律在主梁顶板与现行《公路桥涵设计通用规范》(JTG D60—2004)的规定基本相同,底板存在反向温差。因此,清水河 2 号桥主梁竖向温度梯度上缘取 10.0℃,在 60cm 范围内呈线性变化,下缘温差取 3.0℃,在 100cm 范围内呈线性变化(图 6)。

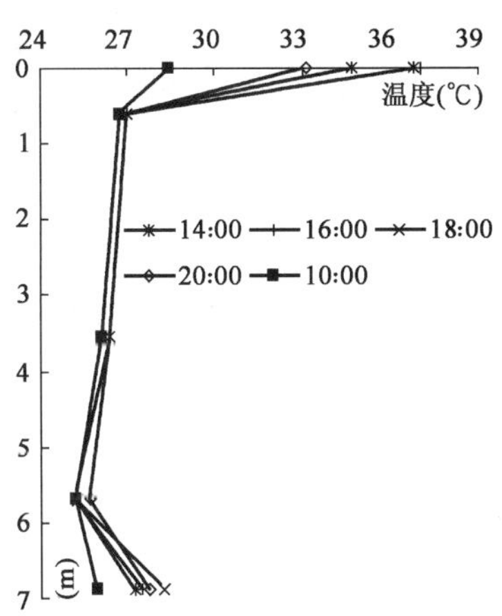

图 5　主梁日照温度竖向温度检测结果

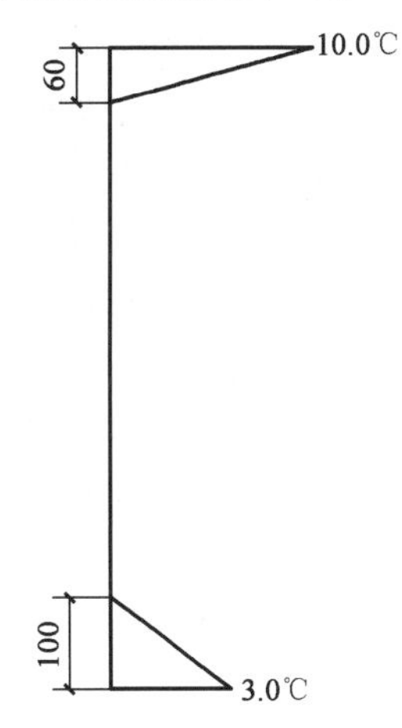

图 6　主梁温差计算模式

4　断面 1 温差分布

断面 1 主梁在 6 月 21 日 18:00 温度梯度的监测结果与温度梯度对比,如表 4 所示。其温度梯度与图 6 的计算模式对比见图 7。

断面 1 温度梯度实测结果与计算模式对比表(单位:℃)　　表 4

距主梁顶面距离(m)	实 测 结 果	图 4.2 模式计算结果
0	10.0	10.0
0.28	4.5	5.3
0.60	0	0
2.05	0	0

续上表

距主梁顶面距离(m)	实 测 结 果	图 4.2 模式计算结果
3.10	0	0.0
3.66	2.0	1.7
4.10	3.0	3.0

从图 7 可以看出，断面 1 与断面 2 位于桥梁不同位置，梁高不同，但它们因日照作用在箱梁沿高度方向产生的竖向温度梯度具有相同的规律。

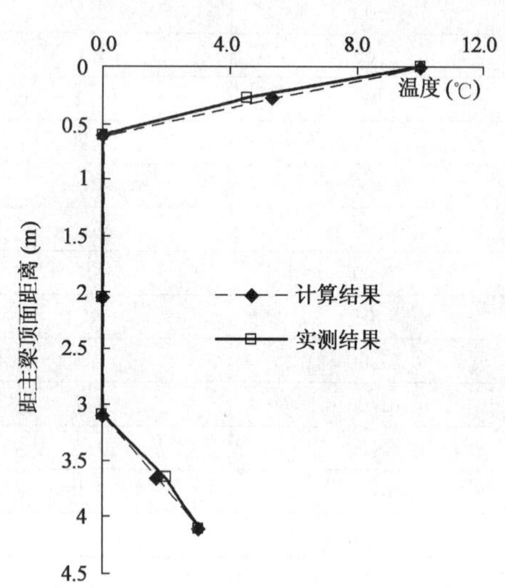

图 7　断面 1 温度梯度实测结果与计算模式对比图

5　结语

通过对清水河 2 号桥主梁温度监测与分析，得出以下结论：

(1)清水河 2 号桥主梁整体平均温度昼夜 24 小时变化较小，温差仅为 3℃。主梁整体最高温度发生在大气温度达到最高后 4 小时。

(2)通过对主梁温度实测数据的分析，在日照作用下，箱梁截面沿其高度的温差分布为非线性分布，温差计算模式与《公路桥涵设计通用规范》(JTG D60—2004)的规定基本相同，温差偏小。

(3)底板下边缘存在反向温差，最大温差为 3.0℃，并在距离底面 100cm 高度内按线性变化。

参 考 文 献

[1]　叶见曙，钱培舒，贾琳. 双幅混凝土箱梁温度分布研究. 第十五届全国桥梁学术会议论文集[M]. 上海：同济大学出版社，2009.

[2]　陈家齐，顾全颜. 湛江海湾大桥施工中钢箱梁温度分布观测与分析. 计算机技术在工程建设中的应用(第十三届全国工程建设计算机应用学术会议论文集)[M]. 广州：华南理工大学出版社，2006.

[3]　中华人民共和国行业标准. JTG D60—2004 公路桥涵设计通用规范[S]. 北京：人民交通出版社，2004.

[4]　中华人民共和国行业标准. TB 10002.3—2005，J462—2005 铁路桥涵钢筋混凝土和预应力钢筋混凝土结构设计规范. 北京：人民交通出版社，2005.

厚层基质喷附技术在半干旱地区高速公路边坡植被恢复中的应用及建议

孟　强[1]　闫亚丽[2]　戴泉玉[1]　蔡　衡[1]

(1.交通运输部公路科学研究院　北京　100088；

2.北京市首都公路发展集团有限公司　北京　100078)

摘　要：本文以京承高速公路(密云沙峪沟—市界段)的岩石边坡示范工程的实施为依托，针对厚层基质喷附技术在半干旱地区应用中存在的一些问题进行了研究，并在植生基质配置、基质喷附厚度、基质喷附方式、植被物种选取、物种比例控制等方面提出了部分改进建议。

关键词：厚层基质喷附　半干旱地区　岩石边坡　建议

0　引言

厚层基质喷附技术是起源于日本的一类坡面植被恢复技术的总称，经过不断的完善和改进，目前已成为较为成熟的岩质坡面植被恢复技术，并在世界工程坡面恢复领域得到广泛应用，该技术主要包括纤维土绿化工法、高次团粒绿化工法及连续纤维绿化工法等。

日本在1973年开发出的纤维土绿化工法(Fiber-soil Greening Method)标志着岩体绿化工程的开始，这也是日本最早开发的厚层基材喷射工法。此工法于1981年获得美国发明专利，技术上又几经改进，在20世纪80年代获得广泛应用并沿用至今。但纤维土绿化工法也存在喷射基盘无法形成最适宜植物生长所需的团粒结构，喷射初期基盘的pH值很高，影响植物发育及基盘材料易流失等不足之处。

为解决纤维土绿化工法的缺陷，1983年日本又在纤维土绿化工法的基础上开发出高次团粒SF绿化工法(Soil Flock Greening Method)，该工法在促进基材团粒结构的形成、基材抗侵蚀性及pH值等方面做了改进。此技术开发至今，在日本施工2万余处，施工总面积超过200万m^2。

1987年6月，日本从法国引进连续纤维加筋土工法，随后把它与已有的坡面绿化工法结合在一起，开发出连续纤维绿化工法(TG绿化工法)。该工法的最大特点在于基材的抗侵蚀性更强，能适应坡体的微小变形，施工体系由绿化基材供给系统、团粒剂供给系统和连续纤维供给系统组成。连续纤维绿化工法于1988年开始实用化，至1992年4月就已施工300万m^2。之后，此工法又获得加拿大、日本等国发明专利，并推广到中国香港、台湾等地。

我国在20世纪90年代末期开始引进厚层喷附技术，并开展了相关的技术研究和工程试验。近年来，在四川、山西、内蒙古、陕西、北京等地的高速公路生态建设中，应用该技术陆续开展了边坡厚层基质喷附示范工程，并结合我国的自然环境特点，对厚层基质喷附的一些技术环节进行了改良或充实，取得了较好的工程防护和植被恢复效果。总体来说，目前该技术在国内尚处在试验阶段，技术推广和普及程度较客土喷播要低。

我国在干旱和半干旱地区高速公路边坡恢复中很少应用厚层基质喷附技术，顾卫等于2003年在我国北方半干旱地区开展了以该项技术为重点的路域生态恢复技术与示范工程研究，在坡面生态恢复上取得了初步成功，但也存在一些问题。

本文以北京市京承高速公路(密云沙峪沟—市界段)为依托，选取典型坡面采用厚层基质喷附技术实施示范工程，并在植生基质配置、基质喷附厚度、基质喷附方式、植被物种选取、物种比例控制等方面进行了改进，并提出相应的建议。

1 示范工程

京承高速公路(密云沙峪沟—市界段)工程所在地属于温带大陆性季风气候,春季多风沙,夏季炎热多雨,冬季干燥寒冷,年平均气温11.4℃,最热为7月,极端最高气温40.5℃,6~8月最高气温高于30℃的日数50d;1月份平均气温-4.8℃,极端最低气温-19.1℃;无霜期191d;12月上旬地面始冻,2月下旬解冻,最深冻土73cm;年平均降水量611.8mm,76%集中在夏季,日最大降水量164.7mm。

项目边坡坡面最高为三级,局部为二级或一级,边坡上层为亚黏土(混碎石)、碎石土,下层为弱风化白云岩,但坡面有节理发育,有利于植物根系生长,局部坡面存在滑坡体,但经地质分析认为可以不做特殊处理。边坡坡率从下到上三级分别为1∶0.75、1∶1、1∶1。

喷附植物设计为草、灌混播,具体物种用量见表1。

喷附植物用量表 表1

草 种	1m² 用量(g)	1罐(1.5m²)用量(g)	150m² 用量(kg)
苜蓿	3.4	5.1	0.51
沙打旺	3.6	5.4	0.54
冰草	3	4.5	0.45
批碱草	14	21	2.1
高羊茅	3.3	5	0.5
荆条	适量		
合计	27.3	41	4.1

本次施工工序与常规厚层基质喷附技术一致,只在下述方面做出相应调整:

(1)采取双层喷附方式,下层采用土基比1∶1混合喷附,只加有机肥不加种子和其他添加剂,喷附厚度根据坡面形状随机掌握,平均厚度5cm;上层采用厚层基质喷附的工艺正常喷附(8~10cm)。在坡面构造更厚(最厚处大于20cm)的营养层,满足人工建植植被的初期生长需求,同时在基质层和坡面母质之间增加一层过渡层,不利于植物根系的过渡生长。

(2)在边坡喷附的同时,预留灌木种植穴,待喷附完毕后,将紫穗槐苗木栽植在坡面上,栽植密度为1株/2m²,如图1~图6所示。

图1 施工前边坡情况

图2 预留灌木种植穴

本次施工的植生基材及使用的部分材料见表2。

从完成的工程坡面情况看,坡面草被出苗均匀整齐,草种发芽比例恰当,坡面草本植物恢复的初期效果良好,坡面初期景观达到预期效果。由于本次示范工程开工季节较晚,错过了最佳施工季节,我们还将主要关注来年植物返青率,特别是豆科植物的返青率情况以及移栽灌木成活率的情况,因为这两点是决定坡面能否形成初期以草本为主,草灌结合然后过渡到以灌木为主的植被建植思路的关键。而坡面能否随着乡土物种的逐渐入侵,坡面植被逐渐演替为当地自然群落,使坡面生态系统趋于稳定,我们将继续跟踪调查。

图 3　施工半个月后的效果

图 4　施工一个月后的效果

图 5　施工 2 个多月后的效果

图 6　移栽的灌木

植生基材配比及材料用表　　表 2

类　别	品名或规格	用　量
绿化基材	绿化基材(主要成分草炭等有机质)	95%
	耕层土壤	5%
黏结材料	黏结剂(白色粉末)	适量添加
肥料	缓释肥、高效化肥	适量添加
其他添加剂		适量添加
金属网	2.0mm×50mm×50mm	1.1m^2/1m^2
主锚杆	ϕ10×300mm	0.3 根/m^2
辅助锚杆	ϕ10×200mm	1 根/m^2

2　建议

本次工程所在地的年平均降雨量在 600mm 左右，虽然高于典型半干旱区的年降雨量，但我们认为该地区仍具备半干旱区的特点，针对本次示范工程所提出的建议，仍可应用在半干旱地区内厚层基质喷附技术的施工中。

根据本次示范工程的实施中碰到的问题及坡面初期的恢复效果，对厚层基质喷附技术在半干旱地区的应用提出以下建议。

2.1　控制施工季节

由于北京奥运会的召开及其他一些因素，导致本次示范工程开工季节较晚(2008 年 9 月底开始施工)，错过了最佳施工季节，将会影响来年返青率和物种比例。同时，由于坡面植被生长较慢，地表以上无法在 45 天内郁闭坡面；根系生长不够也无法达到预期固定基质层的效果，直接导致坡面基质层开裂等不良后果，工程效果变差。

由于越冬前植物生物量无法积累越冬标准，为了增加植物返青率，在越冬养护中需要进行防寒保墒处理，大大增加了养护费用。

由于施工季节的问题，不仅影响了工程效果，还增加了养护成本，因此建议在工程施工时，一定要尽可能选取最佳施工季节来组织施工。

2.2 调整植生基质配比

由于半干旱地区的气候特点和基质中草炭含量较高等原因，植生基质在喷附完毕一段时间后开裂现象严重，不仅会影响植物种子的发芽情况，并且在降水量集中的夏季和初秋，伴随着大雨和暴雨的出现，会导致坡面植生基质滑落等不稳定现象的发生。本次示范工程坡面开裂现象也较为严重，如图7、图8所示。

图7 基质开裂现象

图8 基质开裂处有部分纤维连接

本次工程基质层开裂的原因大致有以下几个方面：

(1)本次示范工程开工季节较晚，错过了最佳施工季节，导致坡面植被生长较慢，地表以上无法在45d内郁闭坡面，同时根系生长不够也无法达到预期固定基质层的效果，直接导致坡面基质层开裂等不良后果。

(2)基质中草炭土等有机质含量较高，本次工程中绿化基材与壤土的体积比为95∶5。由于草炭土的保水性较差，失水较快，失水后的收缩率较大，这些因素导致基质层开裂现象严重。

(3)黏合剂的作用效果差。国内通常所使用的黏合剂作用时效一般为3个月左右，我们在施工2个多月后所进行的调查显示，黏合剂作用已基本失效。

(4)有机纤维的加筋作用不明显。在基质中添加纤维的目的是减小基质干裂，但本次工程中，纤维多以团絮状存在，其加筋作用不明显，如图9所示。分析认为有以下原因导致上述情况的出现：

①在物料搅拌、混合工序中，纤维在绿化基材中搅拌不充分；

②纤维的长度为2～3cm，由于长度较短，导致加筋效果不理想。

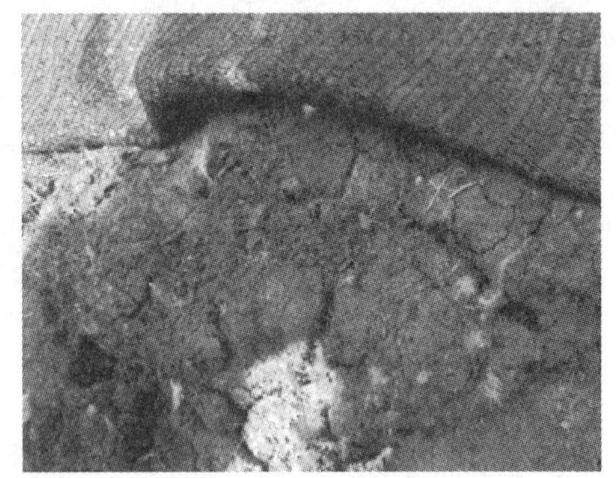

图9 纤维呈团絮状

针对上述原因，为减轻基质开裂现象，建议：①适量增大基质中无机物的含量。通常厚层基质的主要成分是有机质，如草炭、木屑或秸秆堆肥、植物纤维、腐殖土等，其含量占物料总体积的80%～90%，建议增大壤土的含量，将有机质含量下调至75%～80%，以增加基质的保水性，也可使基质在失水后的收缩率变小，从而大大缓解基质层开裂的问题。②适当增加纤维的长度，使其既能满足喷附设备的要求（但应注意纤维过长时喷附会造成喷射管的堵塞），又能起到更好的加筋作用。

2.3 适当增大基质喷附厚度

通常所谓厚层基质喷附是指厚度在7cm以上、喷附材料以有机质为主的喷播技术，也有称之为厚层基材喷附，由于该技术在物料喷射时不掺入水分，因此也属于干法喷播。

针对岩石坡面，若基质的喷附厚度不够，不利于植物根系的初期生长，可能导致灌木的主根系不能够很好地深入坡体中，坡面的长期稳定性不佳，在风力、水力、重力侵蚀的综合作用下，最终基质将部分脱落，严重影响边坡植被恢复效果；若增大基质的喷附厚度，将加大基质层的自重，随着植物体的不断发育，植物自重也在增加，在重力的作用下，基质和植物也将最终脱落，边坡的植被恢复效果不复存在。因此，根据边坡立地条件设计出合理的喷附厚度是工程成败的关键。

本次工程设计的喷附厚度为12～15cm，由于坡面较不平整，局部厚度达到20cm。施工2个多月后，坡体稳定，植物已停止生长，针对植物和基质重力脱落的潜在危险，还有待观察。

2.4 调整基质喷附方式

适当增大基质喷附厚度会带来喷附不均匀的问题，若一次喷附成型，很难取得满意的效果。同时，从坡面上部往下喷附过程中，若一次喷附厚度较大，难免出现基质在重力的作用下滑落的现象。鉴于上述问题，试验过程中采用了双层喷附技术，较好地解决了这方面的问题。

2.5 调整草、灌植物种子比例

为保证坡面生态恢复的长期效果及稳定性，建议植被设计为草本与灌木混合，以灌木为主的综合型设计。顾卫等已提出半干旱地区高速公路坡面植被护坡比较理想的物种组配模式是，前期以草本覆盖为主，后期转为灌木覆盖为主。但厚层基质喷附技术中草本和灌木存在相互竞争的问题，如果将牧草和灌木种子同基质混在一起进行喷附，由于草本种子发育快、生长迅速，可在2～3个月内将灌木的幼苗完全覆盖，得不到光照的灌木幼苗往往发育不良，并最终被淘汰。若坡面最终完全或大部分被草本植物所覆盖，在施工后的3～5年，草本根系将填满整个基质层，形成一个与坡体联系紧密度极小的“草毯”，基质最终与坡体分离、剥落。

为增强灌木种子的竞争力，需要控制基质中草、灌植物种子的比例，根据示范工程经验，建议草、灌种子的比例为1∶2～1∶3，虽然这样会损失一定的坡面植被恢复的初期效果，但有益于提高灌木幼苗的成活率，并形成后期持续的景观效果。

2.6 增加移栽灌木

为提高灌木建植成功率，除了调整喷附草、灌植物的种子比例，还应在基质喷附过程中预留种植穴，进行灌木移栽来增强灌木在坡面的覆盖度。考虑到种植穴需要破网来设置，为不影响网材的抗拉力，保证坡面的稳定性，建议种植穴的密度不宜大于1个/m^2。

2.7 使用乡土物种

鉴于坡面植被的预期效果逐渐演替为当地自然群落，在植物选择上除了要考虑具有抗旱、抗寒、耐热、耐贫瘠的物种外，还应选取一些具有类似上述特点的当地乡土物种，尤其是灌木物种，可加快群落演替过程，缩短边坡稳定植被群落形成的时间。

3 结语

本文提出的部分建议，只是根据以往的工作经验在本次示范工程中加以实施得到，具体效果还需要大量的工程实践来检验，也欢迎国内同行专家给予批评和指正。

参考文献

[1] 杨航宇，等. 公路边坡防护与治理[M]. 北京：人民交通出版社，1999.
[2] 仓田益二郎. 绿化工程技术[M]. 顾宝衡，译. 成都：四川科学技术出版社，1989:25～28.
[3] 安保昭. 坡面绿化施工法[M]. 周庆桐，译. 北京：人民交通出版社 1988:10～31.
[4] 王思成，兰剑，王宁. 高速公路边坡生物防护技术研究进展[J]. 宁夏农学院学报，2003(2).
[5] 顾卫，江源，等. 厚层基质喷附技术在半干旱地区高速公路生态恢复与重建中的应用研究[J]. 公路交通科技(应用技术版)，2006,(09):157～159.

山岭重丘区土石混填路基施工工艺研究

何志敏

（北京鑫畅路桥建设有限公司　北京　101101）

摘　要：结合京承高速公路（密云沙峪沟—市界段）工程，对山岭重丘区土石混填路基施工工艺进行了研究，并提出了相关的意见和建议。

关键词：山岭重丘区　摊铺　碾压

0　引言

近年来，随着高速公路建设向山区或重丘区延伸，利用挖方土石材料或其他土石材料填筑路基，不仅便于就地取材、少占田地、社会经济效益显著，并且因土石混合材料具有透水性、抗剪强度高、压实密度大、沉陷量小等工程特性，被公认为是良好的路基填筑材料，因而土石混填路基得到了越来越广泛的应用。

然而，我国公路建设中对填方材料压实特性和压实工艺的研究都是建立在细粒土的基础上，而且目前国内外皆缺乏针对土石混填路基有效压实机具和施工工艺控制技术系统的试验研究，导致在设计和施工中只能借鉴填土路基的技术经验。但土石混合材料中石料的岩性和粒度组成等方面的变异性很大，和细粒土相比有明显的差异，若按照细粒土填方的压实工艺和检测方法对土石混填路基进行施工及质量控制，将导致由于土石混填路基不均匀变形而出现的路面开裂现象。因此，根据土石混填路基的压实机理研究其施工工艺和质量控制显得尤为重要。

1　土石混填路基的压实机理

土石混填路基是指利用爆破开采出来的土石混合材料或其他土石混合材料填筑的路基，即石料含量占总质量30%～70%的土石混合材料填筑的路堤。

土石混填路基具有抗剪强度高、孔隙率相对较大和透水性大等特点，因而在施工工艺、质量检验与控制方面与常规的填土路基有较大区别。

1.1　颗粒间的连接方式不同

土石混填路基填料多属于散体材料，与土颗粒不同，土石混合材料中的石料本身是密实而不可压缩的。

1.2　压实机理不同

与填土路基相比，由于填料中存在较大粒径材料，现场施工时的离散性较大，部分石块之间一般在缺少足够的细料填充的条件下会产生架空现象，导致土石混填路基的空隙尺寸相对较大，具有良好的渗水性。因此，一般认为土石混填路基在压实过程中，只有部分孔隙气体和孔隙水的排出，部分石块仅仅只是克服颗粒间相互作用力之后形成颗粒密实的过程。

1.3　颗粒稳定状态不同

由于填料的工程特性，土石混填路基压实过程中，经常会伴有颗粒破碎，从而导致填料粒径组成不断变化，所以说土石混填路基的压实过程属动态稳定过程。

综上所述，土石混填路基的压实过程是：较为松散的土石混填材料在外力（压实功）的作用下，内部应力状态发生变化，失去了摊铺时最初的应力平衡状态，颗粒之间克服摩擦力彼此移动不断被挤密靠近，同时互相填充出现新的级配排列，导致路基填筑体的孔隙减小，密实程度增大。随着施加的外力不断增大，促使石料颗粒移动，充填的能量亦随之增大，填筑体越趋密实。当路基填筑体密实到一定程度之后，颗粒间的孔隙较小，达到了新的更加稳定的应力平衡，此时再增大压实功能，颗粒也不易再移动、充填。由此可见，土石混填路基压实的根本目的在于使碎石填料之间由松散状态变为接触状态，再变为坚实咬合状态，从而形成稳定的结构状态。

2　土石混填路基施工工艺研究

2.1　工程概况

选取京承高速公路（密云沙峪沟—市界段）工程第 14 标段的一个段落作为试验段开展土石混填路基施工工艺的研究。该工程工程第 14 标段位于北京市密云县境内，起点桩号为 K122＋750，终点桩号为 K125＋800，全长 3.05km，属于典型的山岭重丘区（图 1）。

图 1　原地貌

2.2　土石混填路基的摊铺工艺研究

在土石混填填石材料中的石料岩性一定的条件下，土石混填材料的摊铺工艺很大程度上决定了土石混填路基压实层的结构类型，从而直接影响路基的压实效果。因此明确摊铺方法能够有效地将填料摊铺到路基上，以形成较为理想的结构状态，从而最大限度地避免填料的离析现象，提高压实效果。另外，对摊铺过程中的一些重要技术问题，如填料的最大粒径、松铺厚度也进行了相应的研究。

2.2.1　常用的路基摊铺方法

目前路基施工过程中填料的摊铺方法主要有以下两种。

(1)渐进式摊铺法。这种方法是指运料汽车在新卸的松铺填料面上逐渐向前卸料，并用推土机随时推铺整平。

(2)后退式摊铺法。此法是指运料汽车在上一层已压实好的路基表面上后退卸料，形成许多密集的填料堆，再用推土机整平。一般认为，这类方法比较适合于细料含量较多的填料以及细粒土。

本次试验段分别采用渐进式和后退式这两种摊铺方法，然后使用相同碾压工艺进行压实，进行了现场对比试验。试验结果表明，对于土石混填路基而言，采用后退式摊铺法进行施工时，填料的表面不易整平，离析现象较为严重，层厚也不好控制，同时较大粒径的石料也没有较好地被摊到压实层的层底，容易露出层面，从而增加了整平的难度。相比而言，采用渐进式摊铺法时路基表面较为平整，没有较大的石块突出。分析其原因，这是由于后者在用推土机将筑路材料向前推进时，填料前面没有阻挡物，且已有的卸料面与原有的压实面形成一定的落差，这就能够为较大粒径的石料提供一个较为充分寻求最佳位置的过程，使其落到压实层的层底，最终到达一个较为稳定的位置，同时细料也能较好地填充空隙，使填料嵌挤紧密，从而为压路机提供了一个较好的工作面。所以总的来说，渐进式摊铺方法应用于土石混填路基时的优点是压实层面较易于整平，同时也容易控制填料的填筑厚度，从而减少整平工序的时间，并且为土石混填路基的压实工作提供了一个较好的结构状态，有利于提高路基的压实质量。但是渐进式摊铺方法对施工设备的配置组合及施工组织提出了更高的要求。

2.2.2 土石混填路基摊铺关键控制参数

虽然土石混填路基填料的粒径大小基本上取决于石方开挖现场的爆破技术,但是由于爆破开采现场的填料粒径较大,所以必须要对施工现场填料的最大粒径提出控制要求,以保证路基的压实质量。对于爆破出的大粒径石料要通过二次改小,使其粒径控制在层厚的2/3以下。

土石混填路基不同填筑深度部位允许的最大粒径控制值是不相同的,填料的最大粒径应随路基填筑深度的降低而逐渐减小,同时考虑到压碎性的双重影响,对于强度不同的石料,最大粒径控制值也应不同。

在参考相关文献以及大量调研资料的基础上,结合现场试验路段的试验结果,本论文就土石混填路基填料的最大粒径控制提出以下建议:

(1)土石混填路基路床顶面以下30cm范围内,应填筑符合路床要求的土并分层压实,以改善路床的受力条件和路床面的平整度。

(2)土石混填路基路床顶面以下30~80cm范围内,填料的最大粒径不应大于15cm。

(3)土石混填路基路床顶面以下80~150cm范围内,填料的最大粒径应控制在30cm以内,对于软岩石不应大于20cm。

(4)土石混填路基路床顶面以下150~250cm范围内,对于坚硬类岩石填料的最大粒径应控制在40cm以内,对于次坚硬类岩石不应大于35cm,对于软岩石不应大于25cm。

(5)土石混填路基路床顶面250cm深度以下的范围,对于坚硬类岩石填料的最大粒径应控制在60cm以内,对于次坚硬类岩石不应大于50cm,对于软岩石不应大于25cm。

2.2.3 松铺厚度的控制

松铺厚度是土石混填路基施工工艺中的一个重要指标,因为它直接影响到了路基的压实质量。仅从压实质量角度来看,松铺层厚越薄,压实后的密实程度越大,压实质量也越好。而从施工进度角度来看,则是松铺厚度越厚越好。但是很明显,松铺厚度过厚,非但压实层的下层难以达到压实要求,而且上层也会受到不良的影响,所以说松铺厚度应是在现场试验段结果的基础上,结合路基填料的岩性、最大粒径等填料的工程特性和碾压机械、碾压遍数等压实条件以及工程经济性等多方面因素综合考虑后加以确定的。松铺厚度与这些参数的相互关系研究如下。

(1)松铺厚度与填料岩性的关系。本标段填料主要为砾岩和砂岩,通过查阅地质勘察资料,砾岩的单轴抗压强度在30~50MPa之间,而砂岩的单轴抗压强度在20~30MPa之间。试验段分别采用两种填料,在相同的压实功作用下(18t自行式压路机碾压8遍)得出以下数据(表1)。数据表明:在相同松铺厚度和相同的压实功作用下,填料的强度越高,路基压实层的沉降率也相对越大。

松铺厚度试验数据 表1

岩 性	层厚(cm)	沉降率(%)
砾岩	50	9.74
	60	13.49
	70	10.44
砂岩	50	6.6
	60	8.15
	70	4.21

分析认为,填料强度较低的土石混填路基在填料的摊铺和整平阶段,由于自卸车与推土机的初步压实作用,路基压实层已经得到一定的密实,随后在振动压路机的压实功能下,路基的沉降率并没有较大的增加。而填料强度较高的土石混填路基在填料的摊铺和整平阶段所形成的骨架—密实结构。在振动压路机的压实功能下,其填筑体结构中的空隙明显减小,单位体积内的密实程度得到提高,再加上填料的破碎现象,因此路基的沉降率有较大幅度的增加。

(2)松铺厚度与压实机械的关系。大量现场试验和研究表明:当松铺厚度增大时,必须增大压实机械的激振力来保证较为理想的压实质量。在试验段上,当松铺层厚为 50cm 时,采用 18t 自行式压路机碾压 8 遍时压实层沉降率为 6.60%,而当松铺厚度为 70cm 时,同样采用 18t 自行式压路机碾压 8 遍后,路基沉降率仅为 4.21%。究其原因,激振力越大的压路机具有更为强大的振动力去影响周围大粒径碎石填料,施加压实能量,从而使其进一步密实、稳定。同理,随着压实机械吨位和激振力的增大,土石混填路基的松铺厚度也可在满足较好压实效果的前提下,随之适当增大。但是应该看到,在一定的压实厚度内有一个压实效果较为理想的激振力,并不是每一个具体的压实层厚都对应着一个激振力,因为在实际施工中这样规定没有必要。所以总的来说,松铺厚度既决定压路机的功率,又要与之相适应。

2.3　土石混填路基碾压工艺分析

2.3.1　基底处理

对原地面应进行表面清理,清除树木,回填原地面的坑、洞等,并按规定进行压实。为保证土石混填路基的稳定性,尽量减少地基的压缩变形,提出了对地基承载力较高的技术要求。路基填筑前应对地基进行承载力试验。本试验段填方最大高度为 9.2m,根据《公路路基施工技术规范》(JTG F10—2006)要求地基承载力不宜低于 150kPa,现场检测结果为 210kPa。

2.3.2　试验段的摊铺、碾压及数据采集

现场选取 K126+020～K126+120 路线长度 100m、宽度 20m 为试验路段,按照渐进式摊铺法进行填料的铺筑,根据现场压实机械,安排 YZ18JC、LT220,进行填石铺层的压实作业,主要测量摊铺层厚度、碾压前后高程、压路机碾压速度和碾压遍数。现场压路机的机械性能如表 2 所示。

现场压路机的机械性能　　表 2

压路机性能	YZ18JC 型压路机	LT220 型压路机	压路机性能	YZ18JC 型压路机	LT220 型压路机
工作质量(t)	18	22	激振力(kN)	190	330
振动频率(Hz)	29	34	工作速度(km/h)	3.86	3.86

以松铺厚度 50cm 为例,在压实后的基底面上沿试验路段边线内 2m 的范围内均匀布设 9 个检测点,并测量每个检测点的高程。为准确控制测点在每次测量中的位置不变,在试验段四周合适的位置予以标记。然后每碾压 1 次测量 9 个点的高程 1 次,并计算相邻两次碾压后产生的沉降差。压实至相邻两次振动压实后沉降差≤2mm 为止,此时判断为压实密实状态,并记录各碾压遍数下的沉降差(表 3),绘制碾压遍数与沉降的关系如图 2 所示。

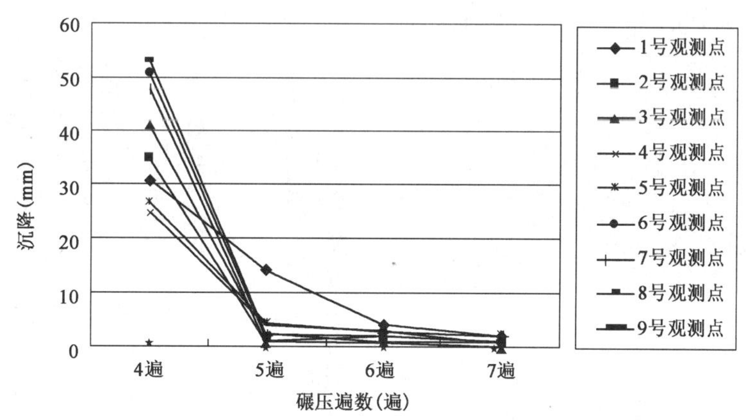

图 2　碾压遍数与沉降的关系

从表 3 可以看出:碾压 4 遍后,各观测点沉降仍然表现为明显的下降趋势;碾压 5 遍后,1 号、4 号、5 号和 8 号观测点下降趋势还比较明显,2 号、3 号、6 号、7 号和 9 号观测点沉降趋势变得很平缓,各观测点表现出沉降差变化趋势存在一定差异。这主要是由于材料组成不均匀造成的。观测点位于大粒径附近时,由于大粒径材料的支撑作用而不易再继续压实。观测点位于小粒径附近时,则可以继续压实。同时发现 2 号观测点在经过第 6 遍压实时沉降差反而出现增大的现象,可能是由于大粒径石料的破碎或相互位置的松动引起的。

表面沉降观测结果

表 3

测点编号	基底高程(m)	松铺层高程(m)	碾压后相对沉降量(mm)				填筑后厚度(mm)
			4 遍	5 遍	6 遍	7 遍	
1	512.761	513.254	31	14	4	2	493
2	512.764	513.279	35	1	2	1	515
3	512.768	513.266	41	1	1	0	498
4	512.794	513.307	22	3	2	1	513
5	512.765	513.253	27	4	3	2	488
6	512.755	513.259	51	2	2	1	504
7	512.766	513.28	48	1	1	0	514
8	512.751	513.251	25	4	3	1	497
9	512.789	513.296	53	2	1	1	507
平均值			37	3.6	2.1	1	503
均方差			11.7	4.1	1.1	0.7	9.8

从施工总体上看出，松铺厚度为 50cm 的填筑材料，采用 YZ18JC 振动压路机，当碾压速度为 3～6km/h、振动频率为 30Hz 左右时，随着碾压遍数的增加，沉降差越来越小，在碾压 5 遍以前沉降迅速减小，经过 6 遍碾压后沉降变得稳定，经过 7 遍碾压后，其沉降差均小于 2mm。随后对这 9 个测点又进行了水袋法试验，压实度试验结果均大于 94%(表 4)，证明此时填筑材料经过上述工艺碾压 7 遍后达到规范要求的密实状态。同理进行松铺厚度 30cm 碾压试验，试验过程如图 3 所示，土石混填路基碾压遍数建议值如表 5 所示。

图 3　碾压及试验情况

土石混填路基密度(水袋法)试验记录　　表 4

测点	试坑直径(mm)	注水质量(kg)	试坑容积(cm^3)	试坑内试样质量(kg)	试样湿密度(g/cm^3)	含水率测定				试样干密度(g/cm^3)	小于40mm颗粒最大密度(g/cm^3)	干试样中大于40mm颗粒质量(kg)	干试样中大于40mm颗粒占试样总质量(%)	校正后最大干密度(g/cm^3)	压实度(%)
						细粒土部分含水率(%)	石料部分含水率(%)	细粒料干质量与全部干质量之比(%)	整体含水率(%)						
1	800	116.70	116 700	272.15	2.33	3.5	1.0	83.6	3.1	2.26	2.16	71.55	27.1	2.29	98.7
2	800	129.80	129 800	306.90	2.36	3.6	0.6	75.6	2.9	2.29	2.16	120.5	40.4	2.35	97.4
3	800	130.45	130 450	299.65	2.30	3.2	0.7	78.2	2.7	2.24	2.16	97.35	33.4	2.32	96.6
4	800	122.10	122 100	288.75	2.36	3.3	0.7	81.0	2.8	2.30	2.16	82.40	29.3	2.30	100.0
5	800	132.75	132 750	306.80	2.31	3.0	0.8	73.4	2.4	2.26	2.16	107.5	35.9	2.33	97.0
6	800	117.20	117 200	263.85	2.24	3.2	0.8	73.7	2.6	2.19	2.16	98.10	38.1	2.34	95.7
7	800	125.40	125 400	281.30	2.24	4.0	0.9	90.3	3.7	2.16	2.16	61.65	22.7	2.26	95.6
8	800	137.65	137 650	312.20	2.27	3.9	0.9	81.9	3.4	2.20	2.16	110.0	36.4	2.33	94.4
9	800	130.90	130 900	294.15	2.25	3.7	0.6	85.3	3.2	2.18	2.16	84.85	29.8	2.30	94.8

注:大于 40mm 颗粒毛体积密度为 2.71g/cm^3。

土石混填路基碾压遍数建议值　　表 5

松铺厚度(cm)	YZ18JC 压路机碾压遍数	LT220 压路机碾压遍数
30	4	0
	0	3
50	3	3
	0	5
	7	

3 结语

本文通过对京承高速公路(密云沙峪沟—市界段)工程土石混填路基试验路段的试验研究,得出以下主要结论:

(1)土石混填路基的摊铺应采用渐进式摊铺方法。摊铺过程中必须使用大功率推土机进行填料的推铺。本文提出了不同岩性土石混填路基填料的最大粒径与松铺厚度控制建议值,指出土石混填路基整平工艺的关键是保证使较大的石块居于每层的底部。

(2)根据试验路段压实机械,安排 YZ18JC、LT220 进行松铺厚度分别为 30cm 和 50cm 的土石混填路基压实试验。试验结果表明,碾压速度宜为 3~6km/h,并以沉降差小于 2mm 为评价标准,得出不同碾压组合的压实遍数。

(3)在参考相关文献以及大量调研资料的基础上,结合现场施工路段的试验结果,提出了土石混填路基填料最大粒径控制的建议值。

综上所述,由于土石混填路基施工工艺涉及的因素较多,仅就压实工艺来说,一方面要考虑不同填料对不同压实机械和压实参数的要求,以此安排合理的施工机械和工艺;另一方面还要本着提高压实质量的目的采用新的工艺和方法,进一步提高路基的整体稳定性和强度。

参 考 文 献

[1] 罗竟,邓廷权.路基工程现场施工技术[M].北京:人民交通出版社,2004.

[2] 廖正环.公路施工技术与管理[M].北京:人民交通出版社,2006.

互通式立交选型研究

刘小梅　裴大伟

（北京国道通公路设计研究院　北京　100053）

摘　要：实际工程项目中，应结合山区地形条件，配合主路平、纵设计，选择合理的立交形式，使其既能满足立交功能，又最大限度地保护环境，减少占地，节省工程造价。本文详细论述了京承高速公路（茾子峪—市界段）工程中三座互通立交的特点和选型中遇到的问题及解决方法，总结了山区互通立交选型设计应该注意的具体事项。

关键词：互通立交　选型　设计应用

0　引言

茾子峪—市界段工程属于京承高速公路（密云沙峪沟—市界段）工程的一部分。项目所在地山势连绵起伏，地形复杂多变，平坦地带较少。在工程前期阶段，根据规划及区域发展需要，并结合路网功能，确定设置三座互通式立交，分别为北庄互通立交、太师屯互通立交和司马台互通立交。如何在崇山峻岭间布置互通立交，使其既能满足立交功能，又能最大限度地减少占地，缩减工程规模呢？本文将阐述了互通立交选型中考虑的主要因素，并详细论述三座互通立交的方案比选，总结山区互通立交选型中应该特别注意的一些问题。

1　互通立交选型

互通立交选型时应该综合考虑立交功能、收费情况、转向交通量大小、近远期结合及规划和现状用地条件等因素。本项目位于山区，互通立交选型受地形、用地条件的限制较多。另外，主线平纵线形随山势变化大，也给立交设计带来困难。如何结合现状地形，配合主路平、纵设计，选择立交形式，既满足立交功能，又最大限度地保护环境，减少占地，节省工程造价，需要进行全面、细致的调查，多方案比选、论证，最终确定最优方案。

北庄互通立交是为密云县北庄镇地区设置的一座互通立交，相交道路为地方三级路。在路网规划中，该立交定位为部分互通，主要功能是解决北庄与北京方向的沟通。

太师屯互通立交位于太师屯镇东北约2km处，相交道路是国道101，现状为一级路。该立交主要服务于太师屯镇，并实现京承高速公路与国道101的交通转换。

司马台互通立交位于司马台长城西南约1.2km处，相交道路是地方三级路，主要是为方便北京及承德地区游人前往司马台长城旅游而设置，同时也服务于周边地区。

由此可见，三座互通立交均为一般服务型互通立交。

京承高速公路为计程式收费高速公路，三座服务型互通立交有出入口功能，匝道均需要设置收费站。根据立交选型形式一致原则，选择单喇叭立交比较合适，但由于立交所在区域地形和用地、拆迁情况不同，立交形式也需要根据具体情况分析、比选确定。

1.1　北庄互通立交

北庄互通立交根据功能需要，考虑设置北京方向的两条匝道与地方道路相接。该立交西侧为群山，东侧为清水河河谷的平坦地带，分布有村庄和农田。主线在该立交区位于西侧山上，线位很高，与相交道路高差34m。为克服高差，实现高速公路与地方道路的连接，需要设置长度约850m的匝道。

方案一是简单的半菱形立交（图1）。进京方向匝道利用主线与地面高差做匝道下穿，后与出京方向匝道合并到一起，设置一处收费站与地方道路相接。该方案优点很明显，立交匝道平面线形标准较高，车辆行驶顺畅、便捷，方向明确，两条匝道设置一处收费站，方便集中管理。缺点是，长匝道与主线的分合流位置位于主线开挖方约 27m 处，匝道的加减速车道及匝道本身都增加了对山体的开挖，对环境影响大。

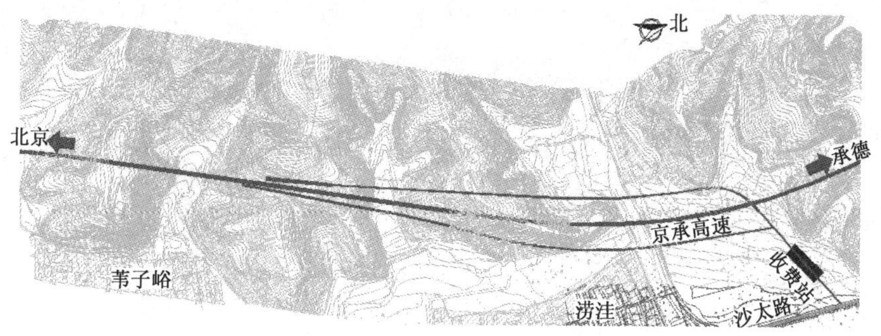

图 1　北庄互通立交方案一

方案二考虑匝道布置充分利用地形，减少开挖，保护环境，将匝道出入口向北移至主线挖方约 12m 处，同时利用主线西侧山坳布置环形匝道展线，克服高差，充分利用主线桥与地面高差大的特点，布置三层立交，净空可以满足 5m 要求(图 2)。另外该方案西侧环形匝道环圈内可以解决部分山区弃方，既方便绿化，美化了立交景观，又减少了弃方占地和对环境的影响，环圈内进行整平绿化，对车辆行驶更安全。该方案不足之处在于两条匝道均需要经环形匝道展线，线形标准较低。考虑北庄互通立交转换交通量很小，2027 年预测最大转向交通量仅 1 118 辆/日，因此环形匝道的设计可以满足功能要求。在布置环形匝道的山坳处，南侧及西侧山坡有成片的松树林，为减少立交对林地的侵占，环形匝道设计速度定为 40km/h，匝道半径 50m，并尽量向北侧偏移。

图 2　北庄互通立交方案二

综合比较两方案，方案二满足功能需要，能更好地与地形结合，环保、自然、形式美观，最终作为推荐方案，并已按此方案实施建设。

1.2　太师屯互通立交

太师屯互通立交所在位置是本期工程最平坦开阔的地带。东、北、南三方为山体，北侧山脚下有安达木河。西侧为国道 101 及松树峪村。安达木河南岸至村庄间为大面积的优质农田。该地区除了布置互通立交，也是京承三期服务区的规划位置。规范规定“互通立交距离服务区、停车区、公共汽车停车站之间的距离应能满足设置出口预告标志的需要，条件受限制时，间距可适当减少，但上一入口终点至下一个出口起点距离不应小于 1 000m”。该位置南北两侧山体之间距离为 1.7km，同时布置互通立交和服务区，并保证足够的间距，设计空间局促。结合周围地形，该立交做两个方案的比选。

方案一是 B 型单喇叭立交(图 3)。为加大互通立交与服务区之间的间距，将互通立交布置在南侧一座地势比较平缓，高度不大的小山上，利用现状山沟做匝道下穿。立交收费站位于主路东侧，与一条现状地方道路相接，再通过该路连通至国道 101。服务区布置在北侧平坦地带。出服务区的匝道入口距离互通立交出口间距离 750m，小于 1 000m，增设辅助车道。该方案优点是仅有服务区位于平坦地带，农田占用面积小，且互通立交与服务区分开设置，功能清晰。缺点是互通立交位于小山上，对山体及山上松树林破坏较大。另外，该方案服务区与互通立交间距小，辅助车道内存在交织，对直行车辆有干扰。

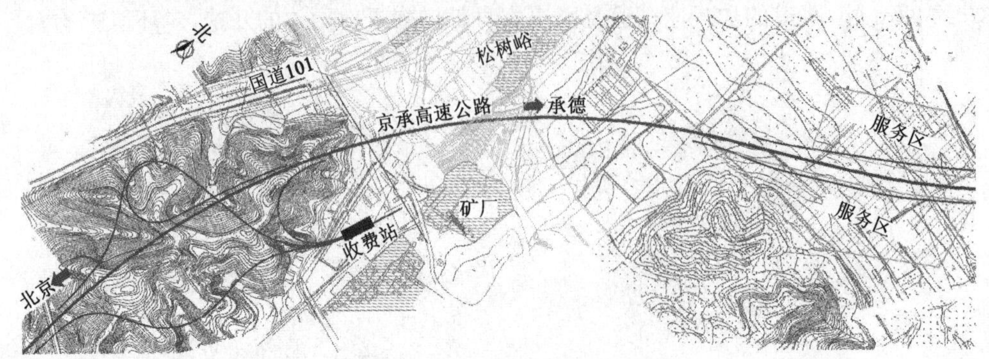

图3　太师屯互通立交(方案一)

方案二是A形单喇叭立交(图4)。该方案将互通立交北移至平坦地带，与服务区合并设置。为避免立交匝道对大面积整块农田的分割，利用安达木河南侧边角地及南侧山脚坡地布置立交匝道，南侧匝道与主线间空间作为服务区使用。

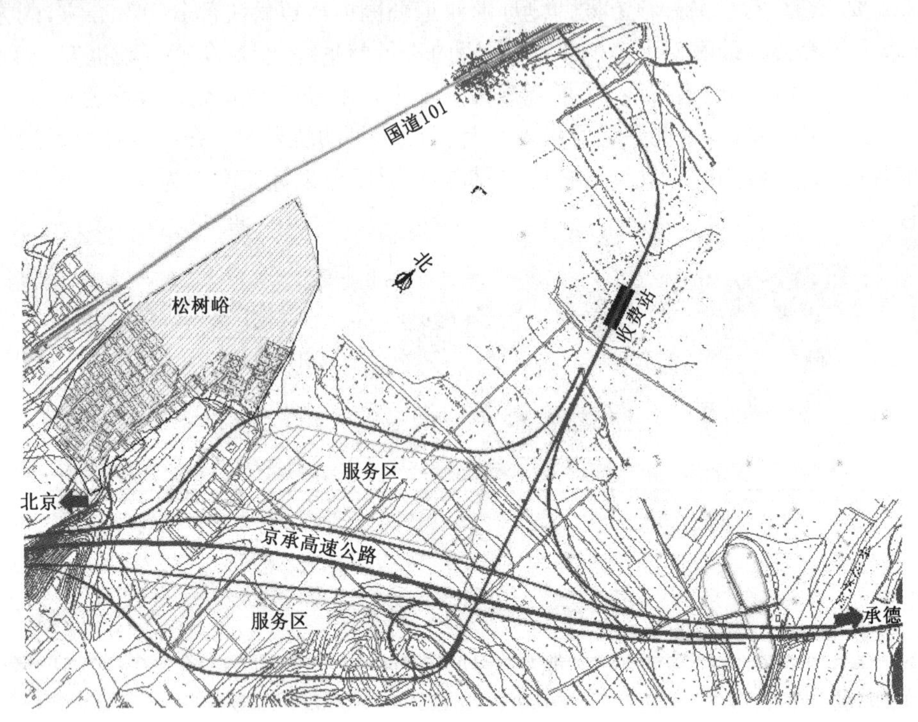

图4　太师屯互通立交(方案二)

太师屯互通立交主要转向交通量是太师屯至北京方向的交通，2027年最大转向交通量为6 732辆/d，可以采用标准较高的定向、半定向匝道；最小转向交通量为太师屯至承德方向，2027年最大转向交通量为1 769辆/d，该方向设计成环形匝道。为减少匝道对南侧山体的开挖，环形匝道设计速度为40km/h，半径为50m。

该方案的优点是解决了互通立交与服务区间距过小的问题，主线无交织段，对立交南侧山体及松树林破坏小；南侧匝道与主线间部分山体保留，形成自然的山前坡地，使互通立交与周围环境更协调，景观效果好。不足之处在于互通立交与服务区占用耕地面积较大。

综合考虑功能、环保及景观的要求，确定方案二为推荐方案。目前已经按此方案开始施工建设。

1.3　司马台互通立交

司马台互通立交是北京段最后一座互通立交，距离市界5km，其所在位置也是沿线最后一块地势比较平坦的地带，因此也是进京车辆检查站位置所在。同时主线出京侧设置主线收费站，并预留主站管理区用地范围。该区域东西两侧山体间宽度为300m，南侧为崇山峻岭，主线通过隧道穿过，北侧为一小垭口，南、北间可以使用的距离为1.3km。如何在此狭长地域内布设一座互通立交并预留综合检查站、主站管理区用地需要精心布局、设计。该立交做三个方案的比选。

方案一：考虑立交功能及全线立交形式一致原则，选用A形单喇叭立交(图5)。为加大互通立交与综合检查站间的间距，将立交布置在南侧山前地带，将主收费站、综合检查站及管理区尽量向北布置。这样，立交减速车道出口距离检查站入口距离仅为390m，设置辅助车道供车辆交织使用。

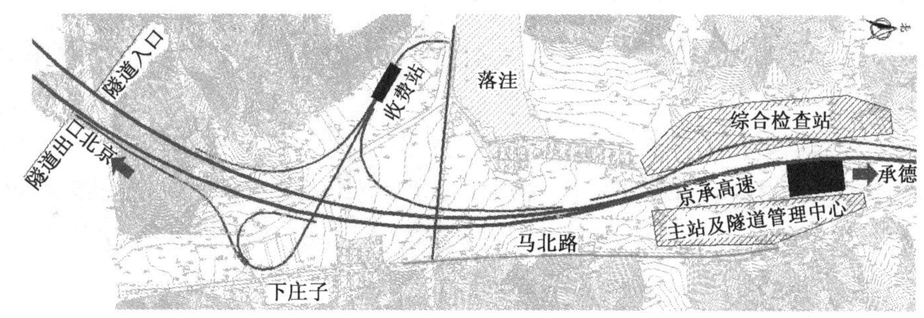

图5　司马台互通立交方案一

该立交主流向为北京与司马台旅游区的沟通，2027年转向交通量为5 599辆/d，承德与司马台方向车流量很小，预计到2027年仅为916辆/d，可选择环形匝道。

该方案的优点是立交形式与太师屯一致，易于识别，行驶更顺利，更安全，匝道设置一处收费站，便于集中管理；立交功能与综合检查站功能分开，互不干扰。但该方案的最大缺点是立交距离南侧横城子隧道出口距离过小，匝道加减速车道起终点几乎与隧道出口相接，虽然规范规定可以在隧道前设置预告标志，但仍存在安全隐患。尤其是隧道出口距离匝道出口间距小，快速驶出隧道的车辆很容易错过匝道出口。另外，该方案主路设置辅助车道，车辆交织对直行车辆有干扰。

能否将立交与综合检查站组合设计，需要进行交通分析确定。

综合检查站从功能上与服务区有很大不同，它包含卫生检疫、治超检查等八大功能，其中治超检查，是最重要也是最复杂的一项内容。进京车辆需要分流、称重、卸载，再重新进入主路。如果互通立交与综合检查站一起设计，从承德至司马台方向车辆需要跟治超检查的车辆利用同一出口驶离主线。如果该方向转换交通量较大，则容易受治超检查车辆影响，引起行驶缓慢，甚至排队等候。根据交通量预测资料，2027年，该方向转向交通量为916辆/d，数量很少。因此该立交可以与综合检查站合并设计。

方案二：考虑现有用地条件狭长，选择菱形立交与综合检查站及主收费站管理区合并设置的方案(图6)。根据现场地形情况，将承德至司马台方向匝道沿西侧山脚处布线，匝道与主线间空间作为综合检查站使用。其他三条匝道沿主路布设。四条匝道通过一条专用路与地方道路相连。主线东侧与地方道路间狭长地带用作主收费站管理区。

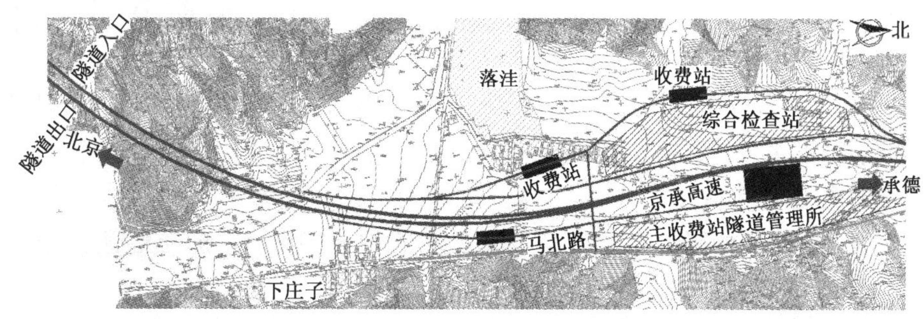

图6　司马台互通立交方案二

该方案的优点是立交与检查站组合在一起设计,取消了主线交织段。互通立交匝道出口距离隧道口距离加大到500m,车辆行驶更安全。北京与司马台方向主流交通行驶顺畅、便捷,而且充分利用了地形用作检查站和主站管理区。不足之处在于匝道设置三处收费站,不便于集中管理。

方案三:为弥补方案二收费站过多的弊病,考虑将三座匝道收费站合并到一起。主线东侧距离现状道路及山体较近,无空间。只能将收费站设置在立交西南侧,该位置是涝洼村,拆迁量大,环圈内增加占地43亩。

综合考虑安全及占地、拆迁等原因,确定方案二为推荐方案,并已经按此方案实施建设。

2 山区互通立交选型需要特别注意的问题

通过三座山区互通立交的选型设计,与平原区互通立交设计原则基本相同,但山区互通立交选型设计更应该特别注意以下问题。

2.1 互通立交设计与主线平纵设计密切配合

互通立交的设计需要一定的空间布设匝道,而山区地形复杂,可用于布设匝道的空间有限,主线定线时一定要与互通立交设计密切配合,考虑立交匝道设计的需要。另外,互通立交区平、纵面指标都比路段高,主线设计时要考虑立交范围内的标准,防止施工图阶段线位及纵断的大幅度调整。

2.2 利用地形,注意环保

山区地形连绵起伏,变化较大,山体植被茂密,立交选型时应该注意充分利用地形,避免大填大挖,保护自然环境。布置立交时可以选择合适的位置,利用现状山沟进行匝道下穿,利用现有山坳及山前坡地布置匝道展线,随山就势,减少对山体和自然环境的破坏。立交匝道设计与主线有很大不同,设计速度一般都在40~60km/h,相对较低,平面选型时就可以比较灵活,不拘一格的布置匝道,以适应现状地形条件,与地形更好地贴合,达到自然、和谐的目的。要避免一味高标准设计,加大工程规模和对环境的破坏。

2.3 附属设施与立交结合设计

高速公路沿线的附属设施是必不可少的。规范规定互通立交距离附属设施间距最小不应小于1 000m。设计中如果平坦地带区域小,同时布置服务区与互通立交,间距不能满足规范要求,可以将服务区等附属设施与互通立交结合在一起设计。

2.4 互通立交选型应兼顾桥梁、隧道的设计

山区高速公路桥隧比例较高,互通立交经常无法避免地位于大桥前后或隧道附近。互通立交选型一定要考虑与大桥尤其是隧道的关系。首先选择合适的位置布置立交,保证互通立交与隧道间的间距满足设置交通预告标志的需要。尤其是隧道出口与匝道出口间一定要保证足够的距离,一般要大于1 000m。如果不能达到1 000m的间距,应采取在隧道入口前或隧道内设置预告标志等措施。虽然这样符合规范要求,仍存在安全隐患,实际设计中,应该尽量避免。

2.5 节约占地

互通立交占地多少是一项重要的指标,在山区互通立交设计中这一指标更加重要。由于山区平坦地带少,土地资源更宝贵。因此立交设计中应该尽量选择占地规模小的立交形式。设计指标选取时,应该慎重,尤其是环形匝道半径的大小,应该结合交通量资料,确定合适的设计速度,从而选择经济合理的平面和纵断面指标,避免不必要的浪费。

2.6 地质情况

山区地形变化大,地质条件复杂。互通立交选型一定要根据地勘资料,选择互通立交位置,避免互通立交区内有比较大的不良地质情况。

2.7 景观问题

山区互通立交选型应该注意景观问题。除了注重立交本身线形的顺畅、舒展,还应该注意互通立交与周

围自然环境的协调,追求互通立交位置及形式能够与环境相融合,使互通立交成为山区风景中的点缀,而不是仅具有单纯功能性,突兀、生硬的土木工程。

3　结语

互通立交选型是一项综合性的设计,需要考虑功能、安全、环境、用地、成本及美观等多种因素。互通立交的位置及形式不但要满足交通需求,还要提供安全与舒适的运行条件,并追求与自然环境的和谐一致,体现以人为本的理念。

浅谈连续刚构桥施工过程应力监控

姜东明

（北京市首都公路发展集团有限公司　北京　100078）

摘　要：在连续刚构桥梁施工过程中，监测数据可保证结构的安全和稳定，还可保证结构的受力合理和线形平顺，为大桥安全、顺利地建成提供技术保障。本文以东庄禾5号桥为例，对应力监控情况进行了分析和探讨。

关键词：连续刚构桥　应力监控

1　施工监测的目的

东庄禾5号桥为48m+48m+48m三跨预应力混凝土连续刚构桥，双向分离或断面，单幅宽13m，其施工监测的目的就是在悬臂施工过程中，通过监测主梁结构在各个施工阶段的应力和变形及时了解结构实际行为。根据监测所获得的数据，可保证结构的安全和稳定，还可保证结构的受力合理和线形平顺，为大桥安全、顺利地建成提供技术保障。

2　施工过程应力监测

京承高速公路（密云沙峪沟—市界段）东庄禾5号桥的施工监测包括应力的观测、挠度的观测两个部分，本文将分别介绍各项测试的内容及结果。

2.1　应力的观测

为了保证东庄禾5号桥在施工过程中的安全，验证结构计算的结果，预见施工中可能发生的危险情况（如断面有应力过大趋势），为施工控制提供判断依据和积累大跨径预应力混凝土连续刚构的设计与施工技术资料，在大桥的上部结构（箱梁）的关键截面均布置了应力测点，以观察在施工过程中这些截面的应力变化及分布情况。

2.1.1　测试仪器的选择

在东庄禾5号桥施工过程中，根据对多种应力测试仪器性能的比较，考虑到所选仪器必须适合长期观察并能保证足够的精度，故选用长沙金码高科技实业有限公司生产的JMZX-215A智能弦式数码应变计（见图1）和配套的JMZX-2001综合测试仪（图2）。该应力计的温度误差小、性能稳定、抗干扰能力强，特别适合于应力长期观测。其主要性能指标如下：

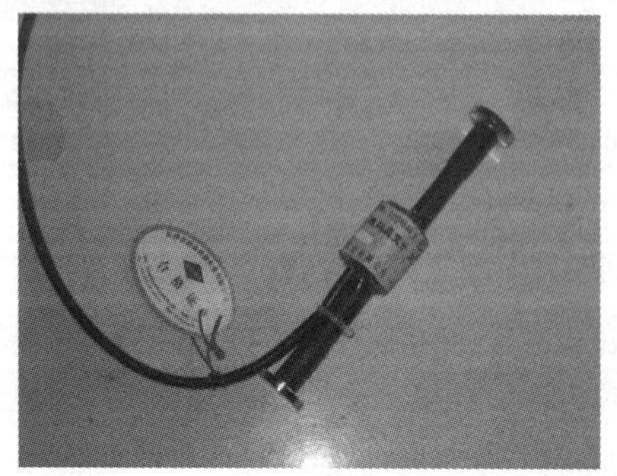

图1　JMZX-215A智能弦式数码应变计

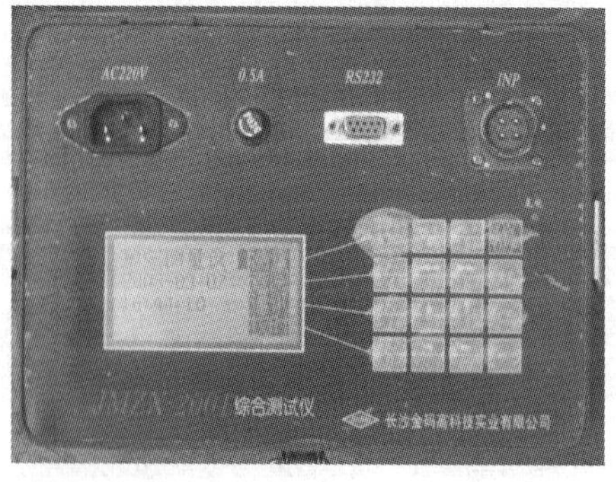

图2　JMZX-2001综合测试仪

(1)量程：±1 500$\mu\varepsilon$；

(2)灵敏度：1$\mu\varepsilon$(0.1Hz)；

(3)测量标距:157mm;

(4)使用环境温度:−10℃~70℃;

(5)温度测量范围:−20℃~110℃;

(6)温度测量:灵敏度 0.5℃;精度:±1℃。

2.1.2 测点的布置

在主跨靠桥墩侧箱梁的根部截面、$L/4$、$L/2$ 截面和边跨靠桥墩侧箱梁的根部截面、$L/2$ 截面布置应力测点,每个截面布置 6 个应力测点。断面布置及应力传感器布置如图 3 所示。

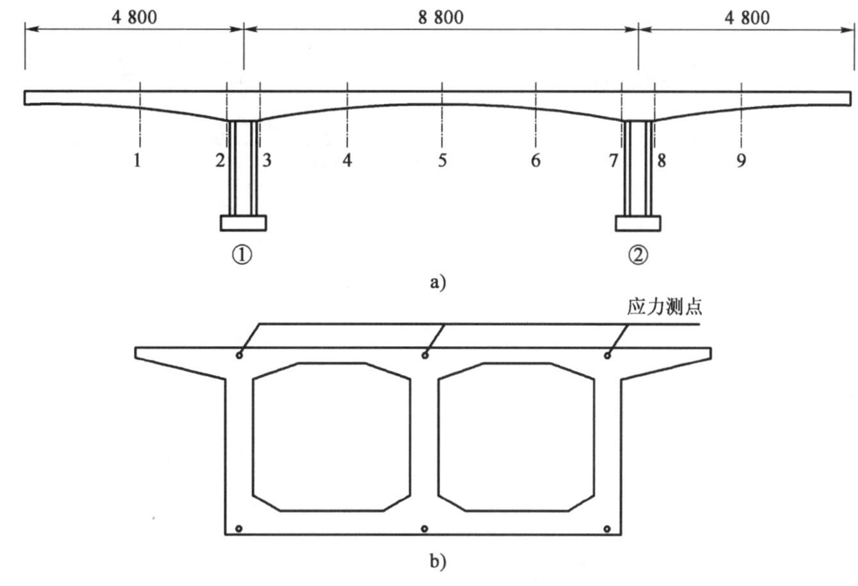

图 3 应力测试断面及测点布置图(尺寸单位:cm)

a)主梁应力测试断面图;b)主梁应力测点布置图(以 1 截面为例)

2.1.3 应力计的埋设

应力计按预定的测试方向固定在主筋上,测试导线引至混凝土表面。施工过程中注意对应力计和引出导线的保护。

2.1.4 应力观测的结果

根据应力测点的埋设,使用应力计便可测得实际施工状态时箱梁内的应力情况,以此来对结构的安全进行监测。从各个工况下测得的各个测试断面顶板及底板混凝土应力值及其变化规律来看,实际情况与设计基本符合,箱梁施工过程中受力状态正常。部分监测数据见表 1、表 2 所示。

东庄禾 5 号桥左幅 1 号测试断面应力计算值与实测值比较表(单位:MPa)　　表 1

施工阶段	第 7 号节段施工完					
测点位置	顶板			底板		
	①	②	③	④	⑤	⑥
实测值	1.67	1.67	1.67	0.02	0.02	0.02
计算值	1.67	1.67	1.67	0.02	0.02	0.02
施工阶段	第 8 号节段施工完					
测点位置	顶板			底板		
	①	②	③	④	⑤	⑥
实测值	2.83	3.03	3.40	2.08	2.43	2.38
计算值	2.96	2.96	2.96	0.48	0.48	0.48

续上表

施工阶段	第9号节段施工完					
测点位置	顶板			底板		
	①	②	③	④	⑤	⑥
实测值	4.23	4.30	4.32	3.31	4.40	3.68
计算值	3.88	3.88	3.88	1.41	1.41	1.41
施工阶段	第10号节段施工完					
测点位置	顶板			底板		
	①	②	③	④	⑤	⑥
实测值	4.44	4.62	4.70	5.61	7.06	6.12
计算值	4.43	4.43	4.43	2.76	2.76	2.76
施工阶段	第11号节段施工完					
测点位置	顶板			底板		
	①	②	③	④	⑤	⑥
实测值	4.58	5.08	5.79	7.60	8.39	8.21
计算值	4.75	4.75	4.75	4.41	4.41	4.41
施工阶段	边跨合龙段张拉完					
测点位置	顶板			底板		
	①	②	③	④	⑤	⑥
实测值	6.34	6.84	7.34	9.08	10.14	9.80
计算值	5.98	5.98	5.98	4.92	4.92	4.92
施工阶段	中跨合龙段张拉完					
测点位置	顶板			底板		
	①	②	③	④	⑤	⑥
实测值	7.75	8.25	8.35	8.64	10.37	9.62
计算值	5.18	5.18	5.18	5.51	5.51	5.51

东庄禾5号桥左幅2号测试断面应力计算值与实测值比较表(单位:MPa)　　表2

施工阶段	第1号节段施工完					
测点位置	顶板			底板		
	①	②	③	④	⑤	⑥
实测值	0.85	0.85	0.85	0.22	0.22	0.22
计算值	0.85	0.85	0.85	0.22	0.22	0.22
施工阶段	第2号节段施工完					
测点位置	顶板			底板		
	①	②	③	④	⑤	⑥
实测值	2.00	2.81	2.79	0.18	0.18	0.20
计算值	2.11	2.11	2.11	0.20	0.20	0.20
施工阶段	第3号节段施工完					
测点位置	顶板			底板		
	①	②	③	④	⑤	⑥
实测值	3.10	4.05	4.00	0.20	0.20	0.21
计算值	3.38	3.38	3.38	0.23	0.23	0.23

续上表

<table>
<tr><td>施工阶段</td><td colspan="6">第 4 号节段施工完</td></tr>
<tr><td rowspan="2">测点位置</td><td colspan="3">顶板</td><td colspan="3">底板</td></tr>
<tr><td>①</td><td>②</td><td>③</td><td>④</td><td>⑤</td><td>⑥</td></tr>
<tr><td>实测值</td><td>3.70</td><td>4.85</td><td>4.79</td><td>0.45</td><td>0.50</td><td>0.55</td></tr>
<tr><td>计算值</td><td>4.48</td><td>4.48</td><td>4.48</td><td>0.43</td><td>0.43</td><td>0.43</td></tr>
<tr><td>施工阶段</td><td colspan="6">第 5 号节段施工完</td></tr>
<tr><td rowspan="2">测点位置</td><td colspan="3">顶板</td><td colspan="3">底板</td></tr>
<tr><td>①</td><td>②</td><td>③</td><td>④</td><td>⑤</td><td>⑥</td></tr>
<tr><td>实测值</td><td>5.50</td><td>5.85</td><td>5.75</td><td>0.48</td><td>0.50</td><td>0.60</td></tr>
<tr><td>计算值</td><td>5.44</td><td>5.44</td><td>5.44</td><td>0.75</td><td>0.75</td><td>0.75</td></tr>
<tr><td>施工阶段</td><td colspan="6">第 6 号节段施工完</td></tr>
<tr><td rowspan="2">测点位置</td><td colspan="3">顶板</td><td colspan="3">底板</td></tr>
<tr><td>①</td><td>②</td><td>③</td><td>④</td><td>⑤</td><td>⑥</td></tr>
<tr><td>实测值</td><td>5.80</td><td>7.20</td><td>7.00</td><td>0.55</td><td>0.60</td><td>0.75</td></tr>
<tr><td>计算值</td><td>6.18</td><td>6.18</td><td>6.18</td><td>1.30</td><td>1.30</td><td>1.30</td></tr>
<tr><td>施工阶段</td><td colspan="6">第 7 号节段施工完</td></tr>
<tr><td rowspan="2">测点位置</td><td colspan="3">顶板</td><td colspan="3">底板</td></tr>
<tr><td>①</td><td>②</td><td>③</td><td>④</td><td>⑤</td><td>⑥</td></tr>
<tr><td>实测值</td><td>6.80</td><td>7.65</td><td>7.45</td><td>1.48</td><td>1.50</td><td>1.80</td></tr>
<tr><td>计算值</td><td>6.73</td><td>6.73</td><td>6.73</td><td>2.02</td><td>2.02</td><td>2.02</td></tr>
<tr><td>施工阶段</td><td colspan="6">第 8 号节段施工完</td></tr>
<tr><td rowspan="2">测点位置</td><td colspan="3">顶板</td><td colspan="3">底板</td></tr>
<tr><td>①</td><td>②</td><td>③</td><td>④</td><td>⑤</td><td>⑥</td></tr>
<tr><td>实测值</td><td>7.70</td><td>8.00</td><td>7.82</td><td>2.34</td><td>2.50</td><td>2.87</td></tr>
<tr><td>计算值</td><td>7.19</td><td>7.19</td><td>7.19</td><td>2.84</td><td>2.84</td><td>2.84</td></tr>
<tr><td>施工阶段</td><td colspan="6">第 9 号节段施工完</td></tr>
<tr><td rowspan="2">测点位置</td><td colspan="3">顶板</td><td colspan="3">底板</td></tr>
<tr><td>①</td><td>②</td><td>③</td><td>④</td><td>⑤</td><td>⑥</td></tr>
<tr><td>实测值</td><td>7.40</td><td>8.10</td><td>8.01</td><td>2.76</td><td>2.90</td><td>3.04</td></tr>
<tr><td>计算值</td><td>7.45</td><td>7.45</td><td>7.45</td><td>3.81</td><td>3.81</td><td>3.81</td></tr>
<tr><td>施工阶段</td><td colspan="6">第 10 号节段施工完</td></tr>
<tr><td rowspan="2">测点位置</td><td colspan="3">顶板</td><td colspan="3">底板</td></tr>
<tr><td>①</td><td>②</td><td>③</td><td>④</td><td>⑤</td><td>⑥</td></tr>
<tr><td>实测值</td><td>7.30</td><td>8.30</td><td>8.09</td><td>3.78</td><td>4.00</td><td>4.30</td></tr>
<tr><td>计算值</td><td>7.63</td><td>7.63</td><td>7.63</td><td>4.95</td><td>4.95</td><td>4.95</td></tr>
<tr><td>施工阶段</td><td colspan="6">第 11 号节段施工完</td></tr>
<tr><td rowspan="2">测点位置</td><td colspan="3">顶板</td><td colspan="3">底板</td></tr>
<tr><td>①</td><td>②</td><td>③</td><td>④</td><td>⑤</td><td>⑥</td></tr>
<tr><td>实测值</td><td>8.90</td><td>8.80</td><td>8.65</td><td>5.35</td><td>5.40</td><td>5.80</td></tr>
<tr><td>计算值</td><td>7.67</td><td>7.67</td><td>7.67</td><td>6.19</td><td>6.19</td><td>6.19</td></tr>
<tr><td>施工阶段</td><td colspan="6">边跨合龙段张拉完</td></tr>
<tr><td rowspan="2">测点位置</td><td colspan="3">顶板</td><td colspan="3">底板</td></tr>
<tr><td>①</td><td>②</td><td>③</td><td>④</td><td>⑤</td><td>⑥</td></tr>
</table>

续上表

施工阶段	中跨合龙段张拉完					
实测值	10.40	8.89	8.81	5.38	5.30	5.76
计算值	8.23	8.23	8.23	5.45	5.45	5.45
测点位置	顶板			底板		
	①	②	③	④	⑤	⑥
实测值	11.20	8.92	8.20	5.40	5.60	5.89
计算值	8.42	8.42	8.42	5.16	5.16	5.16

3 结语

实测应变值扣除收缩徐变的影响,应力值与理论值基本一致,实测应力值在规范限值范围内,使得施工安全得到了保障。

参考文献

[1] 陈哲.现代控制理论基础[M].北京:冶金工业出版社,1987.
[2] 王序森,唐寰澄.桥梁工程[M].北京:中国铁道出版社,1995.
[3] 向中富.桥梁施工控制技术[M].北京:人民交通出版社,2001.
[4] 徐岳,王亚君,万振江.预应力混凝土连续梁桥设计[M].北京:人民交通出版社,2000.
[5] 李国豪.桥梁与结构理论研究[M].上海:上海科学技术文献出版社,2000.
[6] 项海帆.高等桥梁结构理论[M].北京:人民交通出版社,2000.
[7] 李国平,刘健.大跨径连续梁桥线形最优施工控制的理论与方法[J].华东公路,1992(2).

路堑边坡稳定性分析

张华伟

（中航勘察设计研究院　北京　100098）

摘　要：高速公路路堑边坡的稳定问题直接影响着公路的安全运行，因此，对该类边坡的研究具有十分重要的意义。本文以京承高速公路路堑边坡为例，在分析其工程地质条件的基础上，对边坡的可能破坏模式进行了分析，进而采用不平衡推力法对边坡的稳定性进行了计算，并对其开挖和治理提出了合理性建议。该项研究对路堑边坡的设计、施工等工作具有一定的指导意义。

关键词：路堑　边坡　稳定性评价　不平衡推力法

0　引言

高速公路建设是目前我国交通建设中的重要课题。高速公路建设中的重要问题之一是路堑边坡的治理。由于路堑边坡的开挖施工容易产生边坡失稳破坏，因此，对路堑边坡的稳定性研究显得尤为重要。

京承高速公路（密云沙峪沟—市界段）线路涉及的路堑工程点较多，本文以 K106＋220～K106＋300 路堑工程点为例对路堑边坡进行稳定分析。该路堑边坡长约 80m，平均坡度 35°，坡顶高程 242.43～262.46m，最大挖方深度约 28.0m。

1　工程地质条件

该路堑边坡岩性主要为太古界茅子峪组片麻岩（Ar_w），深度变质，片理不太稳定，片理产状 350°∠21°，节理、裂隙较为发育，优势节理面有两组：①产状 245°∠70°，把表面强风化岩石切割成小碎块状，形成边坡的掉块现象。②产状 166°∠77°，裂隙宽度 2～4mm，该节理与①组裂隙把岩石切割成块状，形成掉块。根据勘察结果，该边坡岩性特征如图 1 所示。

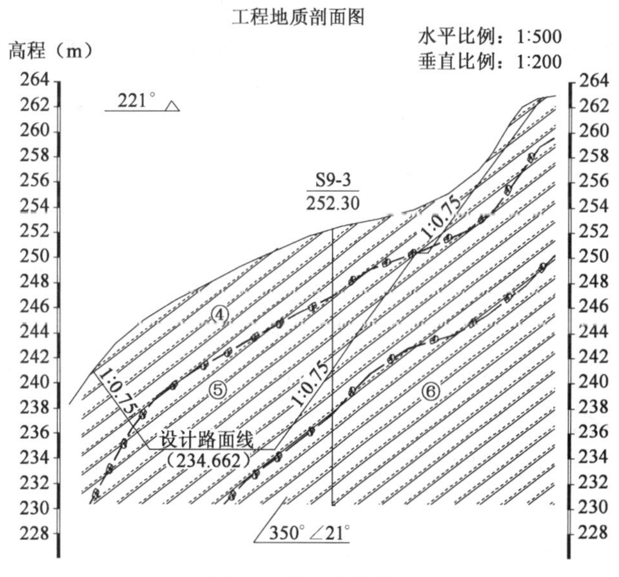

图 1　工程地质剖面图

（1）片麻岩（强风化）④层：黄褐色，粒状变晶结构，片麻状构造，大部分矿物已变质，节理、裂隙很发育，岩体破碎，被节理、裂隙分割成碎石状，粒径一般 2～6cm。

（2）片麻岩（强风化）⑤层：灰色或黄褐色，粒状变晶结构，片麻状构造，部分矿物已变质；岩体结构已部分破坏，构造层理不清晰，节理、裂隙发育，岩体较破碎，被节理、裂隙分割成碎石状，粒径一般 2～20cm。

（3）片麻岩（弱风化）⑥层：灰色或黄褐色，粒状变晶结构，片麻状构造，矿物成分基本未变；岩体结构未破坏，节理、裂隙稍发育，岩体较完整，被节理、裂隙分割成碎块状，粒径一般 20～40cm。

2　路堑边坡稳定性分析

根据边坡地质特征综合分析，边坡的破坏模式主要有三种：（1）碎裂－碎块岩体表层局部滚落、坍塌；（2）沿强风化④层与强风化⑤层界面，造成近圆弧形整体滑动；（3）沿强风化⑤层与弱风化⑥层界面，造成近圆弧形整体滑动。

考虑到开挖施工对边坡稳定的影响，采用不平衡推力法计算边坡安全系数，主要分析目前自然状态下和按经验坡率放坡开挖后边坡的稳定情况。计算参数依照岩石物理力学性质试验选取，岩层风化界面强度参数参照《公路路基设计规范》(JTG D30—2004)，进行适当折减。

2.1 不平衡推力法基本原理

该方法特点是：可适用于不规则滑面；分界面上的推力方向平行于上一条块底面，且所有分块底面达到同一安全系数。此方法物理意义清晰，不仅能计算稳定安全系数，而且可以计算各分块的下滑力。剩余推力法的基本公式如下：

$$P_i = W_i\sin\alpha_i - [c_i l_i + (W_i - U_i)\cos\alpha_i]\tan\phi_i / F_s - P_{i-1}\psi_i \tag{1}$$

$$\psi_i = \cos(\alpha_{i-1} - \alpha_i) - \sin(\alpha_{i-1} - \alpha_i)\tan\phi_i / F_s \tag{2}$$

式中：W_i——第 i 土条的重力；

α_i——第 i 土条底滑面倾角；

c_i、ϕ_i——第 i 土条滑面的强度参数；

P_i——第 i 土条的剩余下滑力，即对下一条块的推力；

U_i——第 i 土条底面的水压力；

l_i——第 i 土条底面滑弧长度；

F_s——滑坡的平均安全系数；

ψ_i——第 i 土条推力传递系数。

计算时先假定 F_s，然后从坡顶第一条开始逐条向下推求，直到求出最后一条的推力 P_n，当 P_n 等于零时的安全系数 F_s 即为所求安全系数。

2.2 计算结果及分析

选择该边坡轴剖面进行计算分析，该剖面从高度、地质结构、变形特征等均具有典型代表性。图 2 为破坏模式(2)的条分图；图 3 为破坏模式(3)的条分图。

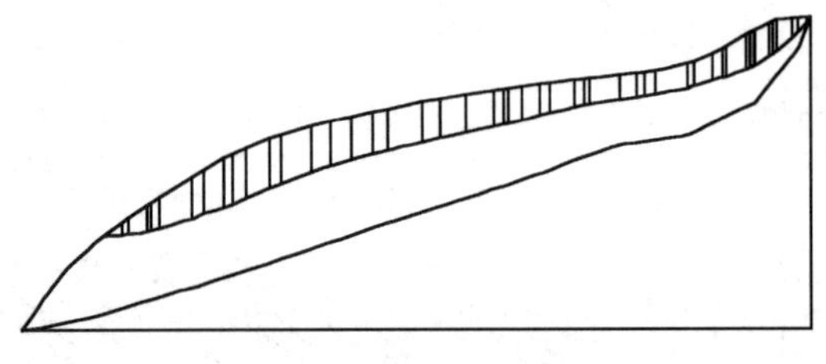

图 2　自然状态下破坏模式(2)条分结果

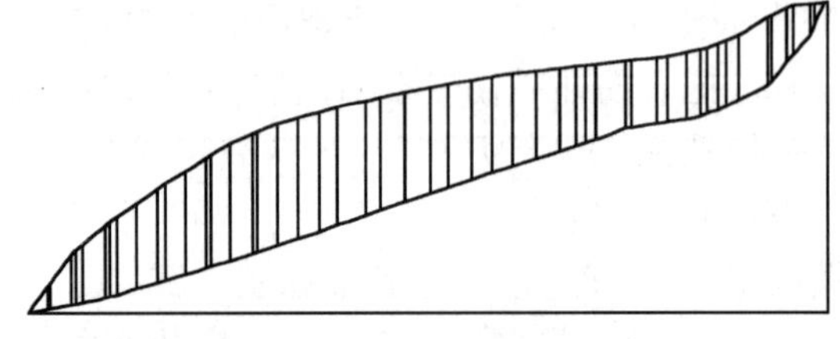

图 3　自然状态下破坏模式(3)条分结果

通过计算得到破坏模式(2)的安全系数 F_s=3.251 4；破坏模式(3)的安全系数 F_s=4.167 8。表明自然状态下，边坡处于稳定状态。

由于开挖施工容易造成边坡失稳，由该路堑岩性、节理裂隙发育程度、边坡高度等因素综合考虑，建议边坡开挖时弱风化片麻岩放坡坡率为 1：0.5，强风化片麻岩放坡坡率为 1：0.75。边坡开挖时同样存在沿风化界线滑移的两种破坏模式：(1)沿强风化④层与强风化⑤层界面，造成近圆弧形整体滑动；(2)沿强风化⑤层与弱风化⑥层界面，造成近圆弧形整体滑动。可由不平衡推力法进行定量评价。

计算得到开挖后破坏模式(1)的安全系数 F_s=1.867 4；开挖后破坏模式(2)的安全系数 F_s=1.652 8。

通过以上分析计算，表明该路堑边坡在目前状态下处于稳定状态；开挖施工时按提供的坡率进行放坡开挖时，不会沿风化界线发生剪切破坏。

3　边坡防治措施

虽然按要求开挖不会导致边坡失稳，但由构造、风化作用产生的节理、裂隙较为发育，边坡表层岩块由于

卸荷产生掉块的破坏不可避免;另由于排水不当及开挖方式差异等原因也有可能造成边坡失稳。建议采取以下防治措施:

(1)边坡表层岩体卸荷、风化、剥落与掉块严重,建议从防止风化角度对其表层进行治理。

(2)建议设置排水系统,引排地下和地表水。

(3)建议分层开挖、分层防护、开挖成折线或台阶式,辅助以植被防护措施。

4 结语

在综合分析路堑工程地质条件的基础上,采用工程界常用的不平衡推力法对路堑边坡进行了稳定性分析评价(图4、图5)。结果表明,在自然状态下,边坡处于稳定状态;按提供的坡率进行开挖施工,边坡不会发生破坏。

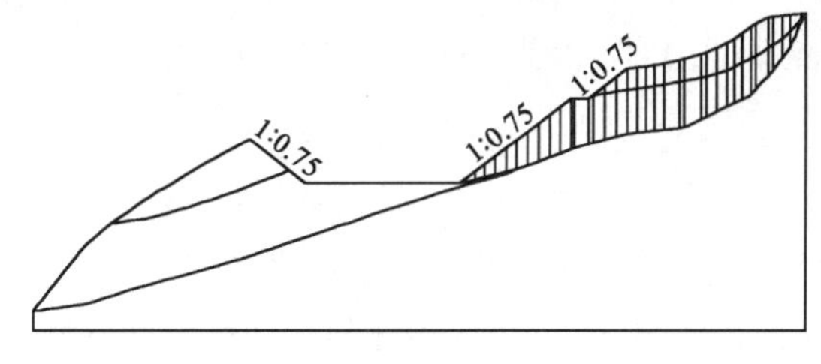

图4　开挖后破坏模式(1)条分结果

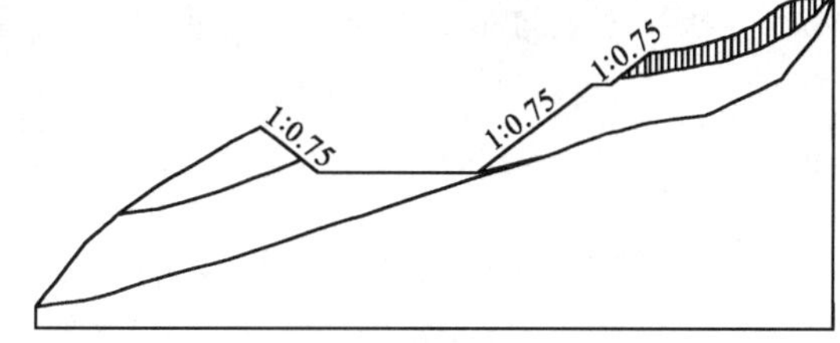

图5　开挖后破坏模式(2)条分结果

该研究方法具有系统性和实用性特点,能够较好地指导实际工程设计、施工,同样可以对施工方案等提出合理的优化建议。

参考文献

[1]　张学年,盛祝平,孙广忠,等.长江三峡工程库区顺层岸坡研究[M].北京:地震出版社,1993.

[2]　郑颖人,时卫民,杨明成.不平衡推力法与Sarma法的讨论[J].岩石力学与工程学报,2004,23(17):3030-3036.

乡土植物在高速公路景观绿化中的应用探讨

汪伟刚　马建荣　王　丹　尚丽丽　杨　帆

（交通运输部公路科学研究院　北京　100088）

摘　要：乡土植物是公路景观绿化的一个重要组成因子和表现要素，它以其自身的优势，在高速公路景观绿化中发挥着巨大的作用。遵循植物的生长规律，依照乡土植物的选择原则，合理选取适合公路沿线环境条件的乡土植物，可达到节省公路工程投资、实现公路生态环境可持续发展的目的。

关键词：公路　乡土植物　景观绿化　应用

0　引言

采取合理的景观绿化技术措施可以解决公路建设造成的环保问题，达到减少水土流失、改善公路行车环境的目的，它是摆在公路建设者面前的一个重要课题。自原交通部2004年开展实施公路勘察设计典型示范工程活动以来，公路景观绿化理论日趋成熟，新的公路绿化技术不断涌现，公路景观由以往的过分追求“景观效果”逐渐向“自然和谐的植被恢复”的理性回归。植物作为公路景观绿化的一个重要组成因子，在其中起到了不可估量的作用。在高速公路景观绿化工程中科学合理地利用乡土植物，受到世界各国的重视。美国专门制订了乡土植物材料在公路景观应用中的技术规范和指南，日本也在乡土化植物应用方面做了大量研究和探索工作，取得了很多突出的成果。

本文旨在结合京承高速公路(密云沙峪沟—市界段)景观绿化设计实践，浅析乡土植物在高速公路景观绿化中的应用，希望能为其他高速公路的景观绿化、路域生态环境的恢复提供有益参考。

1　乡土植物的应用意义

乡土植物又称本土植物，是指经过长期的自然选择及物种演替后，对某一特定地区有高度生态适应性的自然植物区系成分的总称。乡土植物作为公路景观绿化建设的一个重要因子，公路建设管理者、公路景观绿化设计人员、公路景观绿化施工人员都逐渐地认识到其在维护公路生态体系中的重要性。

(1)乡土植物对特定地区环境的高度生态适应性，保证了景观绿化植物的成活率，在生态平衡中发挥了重要作用。乡土植物与公路原来的地域环境景观能较好地协调，避免了后期的生态恢复成果与固有的生态景观格格不入。

(2)在高速公路景观绿化设计中灵活运用乡土植物，对于降低公路建设与运营成本，实现高速公路景观绿化的可持续发展，具有重要的意义。乡土植物的应用，在一定程度上讲，是对公路建设形成的新型构造物区域(如边坡、互通区等)生态系统的一种修复，是生态系统安全的一种保障。

(3)乡土植物的应用可以真实地反应公路经过区域的生态特色，很好地体现了地域文脉。

2　乡土植物的选择原则

乡土植物是公路景观绿化的一个重要组成因子和表现要素，设计之初便须确定适应于项目的植物品种材料。选择乡土植物时应根据生物学特性，结合公路结构特点、立地条件，管理养护条件等诸多因素，主要考虑遵循以下原则：

(1)适应性强的原则。高速公路建设过程中一般会产生大量的填挖方边坡，土壤的原有结构体系受到破坏，同时公路路面辐射强烈，小气候温度较高，因此要求用于公路景观绿化的植物具有耐瘠薄、抗高温、适应性强等特点。

(2)根系发达、生长势好的原则。根系发达、扩展性强、枝叶茂盛,才能达到固土护坡、保证边坡稳定的同时增加边坡景观观赏性的目的。

(3)病虫害少、抗逆性强、便于养护的原则。高速公路景观绿化选取病虫害少、抗逆性强、便于养护的乡土植物,可以达到少养护甚至零养护的目的。

(4)经济合理、苗木来源丰富的原则。高速公路景观绿化植物苗木所需要的数量一般较多,且苗木品种一般较为丰富,因此在乡土植物选择过程中,应尽量选择苗木来源丰富的品种,避免大规模、大范围的远距离调运苗木,增加工程成本。

(5)种类多样、生物多样性的原则。植物种类单一构成的景观绿化体系往往表现得十分脆弱,与高速公路路域恢复所追求的"结构合理、功能完善的自然群落系统"的目标不相符合。选择乡土植物时应进行合理搭配,初步营建出一个基本的群落骨架系统,然后通过自然力的作用,使之得到不断的更新和恢复。

3　乡土植物的选择途径

高速公路绿化无论在功能要求还是在立地条件方面均与城市园林绿化有着较大的区别,设计时筛选确定高速公路项目景观绿化乡土植物种类的途径主要有三条:

(1)调查路线所经地区现有自然植被类型及群落组成;

(2)调查当地现有高速公路及普通公路绿化现状;

(3)调查当地城市园林绿化(含城市道路绿化、公园绿化和城市园林绿化苗圃三大类)现状。

在筛选确定好植物种类的基础上,遵行"整体优先、生态优先、可持续发展"的植物配置原则,选取乔木、灌木、花草地被及藤本植物等进行合理配置,秉承"师法自然、胜于自然"的设计理念,营造自然和谐的高速公路生态景观,改善自然生态环境。

4　案例分析

4.1　概况

京承高速公路(密云沙峪沟—市界段)是国道101线(阿荣旗—深圳)高速公路的一部分,又是《国家高速公路网规划》中大广线(大庆—广州)的重要组成部分。同时,本项目被交通部列为首批12个"公路勘察设计典型示范工程"之一,对本项目的景观绿化设计提出了极高的要求。

4.2　区域环境

项目建设区全部位于北京市密云县东北部,属暖温带半干旱季风型大陆性气候,全年四季分明,昼夜温差大,具有"东冷夏凉"的山地气候特征,气候凉爽宜人,年平均气温8~11℃,年均降水量600~700mm,林木覆盖率56%,生态环境洁净。

4.3　乡土植物的具体应用

本项目设计过程中,通过对区域自然植物群落组成、公路绿化及城市园林绿化现状的调查,结合现场踏勘中对本区域自然植被种类的调查、有关文献资料记载及相关科研成果,并认真总结、分析绿化科研、设计、施工经验的基础上,筛选出可用于景观绿化的乡土植物和非乡土植物,见表1所示。

主要植物名录表　　表1

序号	植物名	拉丁名	科	生长型	生态习性
1	油松	Pinus tabulaeformis	松科	常绿乔木	强阳性,耐寒,耐干旱
2	白蜡	Fraxinus	木犀科	落叶乔木	喜湿润,多分布于山洞溪流旁,生长快
3	元宝枫	Acer truncatum Bunge	槭树科	落叶乔木	耐阴,喜温凉湿润气候,耐寒性强
4	银杏	Ginkgo biloba L.	银杏科	落叶乔木	寿命长,适于生长在水热条件比较优越的亚热带季风区

续上表

序号	植物名	拉丁名	科	生长型	生态习性
5	千头椿	Ailanthus altissima	苦木科	落叶乔木	喜光,耐寒,耐干旱,不耐湿
6	北京桧	Sabina chinensis	柏科	常绿乔木	喜光,抗寒抗热,较耐干旱贫瘠
7	毛白杨	Populus tomentosa Carr	杨柳科	落叶乔木	强阳性树种。喜凉爽湿气候
8	栾树	Koelreuteria paniculata	无患子科	落叶乔木	喜光,耐寒,耐旱,也耐低湿和盐碱
9	刺槐	Robinia pseudoacacia	豆科	落叶乔木	阳性,适应性强,浅根性,生长快
10	丁香	Syringa oblata Lindl	木犀科	落叶灌木	喜光,稍耐阴,耐寒,耐旱
11	紫叶李	Prunus ceraifera cv. Pissardii	蔷薇科	落叶灌木	喜阳光,喜温暖湿润气候,有一定的抗旱能力
12	红王子锦带	Weigela florida cv. Red Prince	忍冬科	落叶灌木	喜光,耐寒,畏水涝
13	紫叶矮樱	Prunus×cistena Pissardii	蔷薇科	落叶灌木	耐修剪,适应性强
14	榆叶梅	Prunus triloba	蔷薇科	落叶灌木	喜光,稍耐阴;耐寒
15	碧桃	Prunus persica Batsch. var.	蔷薇科	落叶灌木	喜光、耐旱,要求土壤肥沃、排水良好
16	紫穗槐	Amorpha fruticosa	豆科	落叶灌木	喜干冷气候,抗旱,耐涝再生性强,耐盐碱
17	胡枝子	Lespedeza	豆科	落叶灌木	喜光,稍耐阴。耐寒,对土壤要求不严,耐旱,耐瘠薄
18	荆条	Verbenaceae	马鞭草科	落叶灌木	适应性强
19	榆树	Ulmus pumila L.	榆科	落叶乔木	阳性树种,喜光,耐旱,耐寒,耐瘠薄,不择土壤,适应性很强
20	臭椿	Ailanthus altissima Swingle	苦木科	落叶乔木	喜光,不耐阴
21	黄栌	Cotinus coggygria	漆树科	落叶灌木	喜光,也耐半阴;耐寒,耐干旱瘠薄和践行土壤,但不耐水湿
22	黄刺玫	Rosa xanthina Lindl	蔷薇科	落叶灌木	喜光,稍耐阴,耐寒力强
23	连翘	Forsythia suspensa	木犀科	落叶灌木	萌生能力强
24	沙地柏	Sabina vulgris	柏科	常绿灌木	耐干旱、贫瘠
25	火炬松	Rhus typhina	漆树科	落叶灌木	适应性极强,喜温耐旱,抗寒,耐瘠薄盐碱土壤
26	多年生黑麦草	Lolium perenne L.	禾本科	草本	喜温暖湿润气候
27	高羊茅	Festuca arundinacea	禾本科	草本	性喜寒冷潮湿、温暖的气候
28	二月兰	Orychophragmus violaceus L. Schulz	十字花科	草本花卉	适应性、耐寒性强
29	五叶地锦	Parthenocissus quinquefolia	葡萄科	藤本	喜温暖气候,也有一定耐寒能力;亦耐暑热,较耐庇荫

注:火炬松、多年生黑麦草、高羊茅、五叶地锦为外来物种,其余均为乡土物种。

从表1中可以看出,本项目景观绿化中乡土植物占有极大的比重,部分外来植物也是经过了长期引种驯化并在本地城乡绿化中被长期使用的种,已被证明无生态入侵的危险,大量的乡土植物和少量的外来种通过合理搭配,达到了建植"结构合理、功能完善的自然群落系统"的目标,这种以乡土植物为主的植物群落,构成了具有地带性的顶级群落,具有最大的多样性和稳定性。

5 结语

乡土植物以其自身的优势,在高速公路景观绿化中发挥着巨大的作用。在高速公路景观绿化设计中应尽量考虑利用乡土植物进行后期的生态恢复,但是也要清楚地认识到植物有其自身的生长规律,它决定了公路后期生态恢复是一个长期的过程,需要不断地进行探索和试验,切不可急功近利,只追求短期的绿化效果。

此外，本项目设计过程中应用于边坡上的一些植物种子（如荆条等）出现了市场上难以购买的情况，给项目带来了一定的困难。因此，如何合理及时地让景观绿化设计人员介入到公路建设中来，做到景观绿化的长远规划，也是一个重要的课题。

最后，我们在大力提倡高速公路景观绿化应用乡土植物材料的同时，并不反对合理地利用一些外来植物材料。相反，选择乡土植物作为主要栽培种类，并逐渐发展为适应当地土壤和气候的具有乔木、灌木和花草地被的种植组合，对改善高速公路沿线生态环境、促进生态平衡具有重要的作用。

参考文献

[1] 龚琴，周劲松，刘东明，易巍. 乡土植物在广梧高速公路生态绿化中的应用[J]. 生态环境，2007，16(2).

[2] 范玉洁，李纶，杨碧聪. 保龙高速公路景观生态建设体系中乡土植物的选择和利用[J]. 中国水土保持，2008，4.

[3] 胡枭，戴怡新. 乡土植物在构建城市生态系统健康中的作用[J]. 国家林业局管理干部学院学报，2008，1.

北京中太古代典型片麻岩单轴抗压强度研究

李建光

（中航勘察设计研究院　北京　100098）

摘　要：本文对京承高速公路北京密云中太古代典型片麻岩单轴抗压强度与试样尺寸效应、饱水状态的关系进行了分析，为工程设计时北京中太古代片麻岩单轴抗压强度取值提供了一些试验依据。

关键词：片麻岩　单轴抗压强度

0　引言

北京中太古代片麻岩主要分布于北京市密云县苇子峪和沙厂附近。拟建京承高速公路土门至黑古沿段恰好穿过此段地层。京承高速公路土门至清水河段主要分布苇子峪组辉长闪长质片麻岩（Arw），清水河至黑古沿段主要分布沙厂组英云闪长质片麻岩（Ars），在苇子峪组辉长闪长质片麻岩和沙厂组英云闪长质片麻岩中常出露抗风化能力较强的肉红色混合岩。由于该地段原大型建筑很少，因此对北京中太古代片麻岩力学性质研究较少。京承高速公路的修建，为北京中太古代片麻岩力学性质的研究提供了很好的契机。

1　岩性描述

（1）中太古代苇子峪组辉长闪长质片麻岩（图 1）：主要以含紫苏黑云辉石片麻岩、角闪黑云二辉片麻岩为主。暗色矿物含量 25%～35%，主要为角闪石、黑云母、辉石，并呈集合体状定向分布，具有残斑或残晶特点；浅色矿物以斜长石为主，有少量石英。由于受后期混合岩化作用，部分地段红色长英质成分有所增加。岩石中钾质和硅质成分呈不规则状分布，含量不均，与主岩为过渡关系，含量少时岩石为灰黑色，含量多时为红色。岩石中暗色矿物含量随混合岩化程度不同而变化，局部混合质成分可占 60%以上。

（2）中太古代沙厂组英云闪长质片麻岩（图 2）：总体上以灰色为特征，暗色矿物含量 20%～30%，石英含量 5%～10%。沙厂组英云闪长质片麻岩以普遍含有表壳岩包体为特征。在此岩石分布地区，或多或少可见到一定数量和规模不等的表壳岩包体。在表壳岩体中产出变质铁矿体，分布方式总体顺片麻理方向散布，部分地区具有带状集中分布的趋势。在带状集中区包体密度及规模相对较大，其他地区则相对稀疏，规模较小。沙厂组英云闪长质片麻岩中普遍发育麻粒岩相条件下的条带状和强片麻状构造，局部零星发育角闪岩相和绿片岩相变形带，但部分地带仍可见到条带状和强片麻状构造残余。

图 1　苇子峪组辉长闪长质片麻岩

图 2　沙厂组英云闪长质片麻岩

(3)混合岩(图 3):在茅子峪组辉长闪长质片麻岩和沙厂组英云闪长质片麻岩中,常出露抗风化能力较强的肉红色混合岩脉。

图 3　混合岩

2　试验成果

依据经验,岩石的单轴抗压强度与试样的尺寸(高径比)有关,并且《公路桥涵地基与基础设计规范》(JTJ 024—85)规定试验尺寸 1∶1(高径比),《建筑地基基础设计规范》(GB 50007—2002)和《公路桥涵地基与基础设计规范》(JTG D63—2007)规定试验尺寸 2∶1(高径比)。本次试验采用 1∶1和 2∶1 两种试样。由于岩石具有一定的软化性,每组试验均包括原湿度状态和饱和状态。

试验由中科院地质与地球物理研究所完成。从试验现象判断,试验破坏方式主要表现为剪破坏(部分沿裂面、片麻理面破坏),少量为张剪破坏。对单轴试验成果进行了统计分析,茅子峪组辉长闪长质片麻岩和沙厂组英云闪长质片麻岩力学性质没有显著的区别,故本次试验将上述两种岩石合并为片麻岩进行统计;由于片麻岩和混合岩矿物成分的不同,本次试验成果将片麻岩和混合岩试验成果分别进行统计。单轴抗压强度统计结果详见图 4～图 11。

片麻岩 2∶1 试样(45 组)原湿度状态单轴抗压强度平均值 42.6MPa,主要范围 5.0～85.0MPa,如图 4 所示。

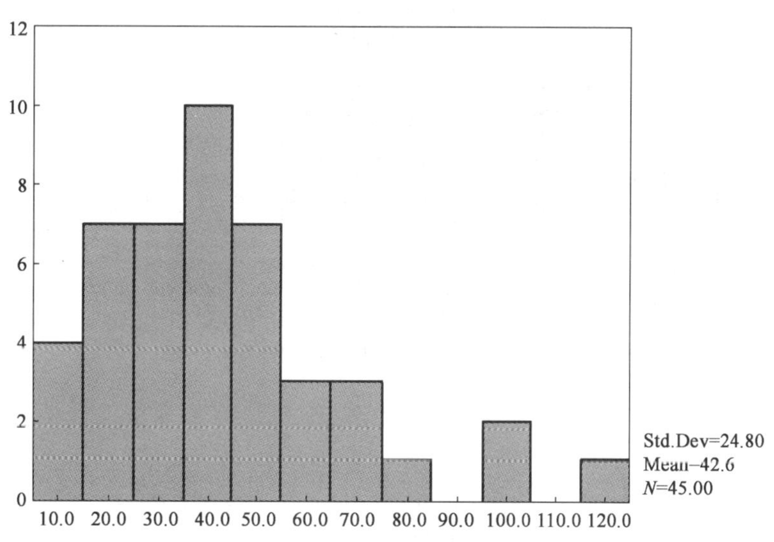

图 4　片麻岩 2∶1 试验原湿度单轴抗压强度直方图

片麻岩 2∶1 试样(67 组)饱和状态单轴抗压强度平均值 28.1MPa,主要范围 2.5～72.5MPa,如图 5 所示。

将图 4 和图 5 进行对比可知,片麻岩 2∶1 试样饱和单轴抗压强度明显小于原湿度状态单轴抗压强度,说明该地段片麻岩具有明显的软化特征。

片麻岩 1∶1 试样(52 组)原湿度状态单轴抗压强度平均值 67.5MPa,主要范围 5.0～115.0MPa,如图 6 所示。

片麻岩 1∶1 试样(23 组)饱和状态单轴抗压强度平均值 54.6MPa,主要范围 5.0～95.0MPa,如图 7 所示。

将图 6 和图 7 进行对比可知,片麻岩 1∶1 试样饱和单轴抗压强度小于原湿度状态单轴抗压强度,说明该地段片麻岩具有较明显的软化特征。

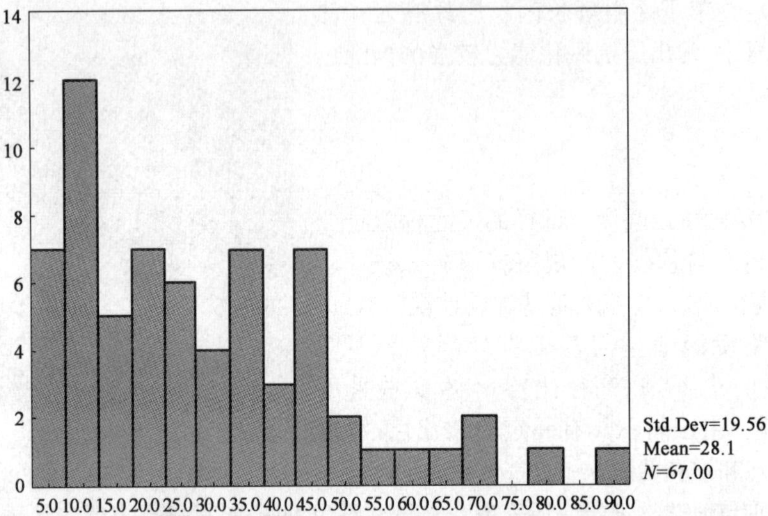

图 5　片麻岩 2∶1 试验饱和单轴抗压强度直方图

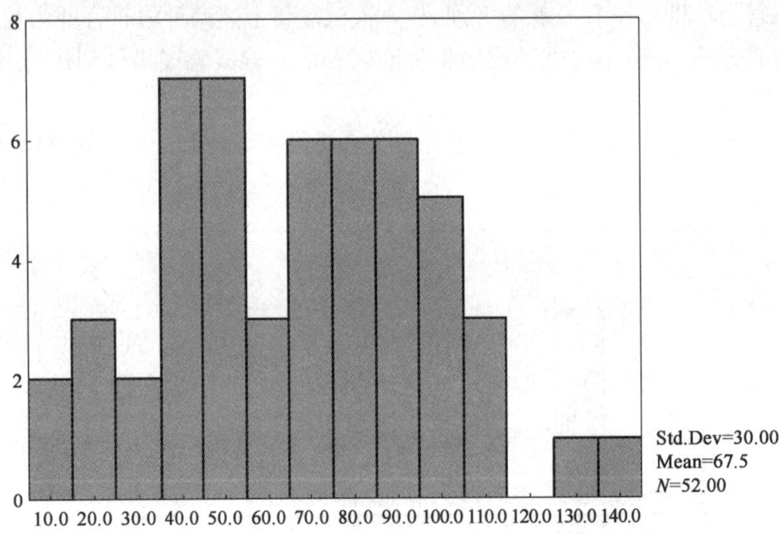

图 6　片麻岩 1∶1 试验原湿度单轴抗压强度直方图

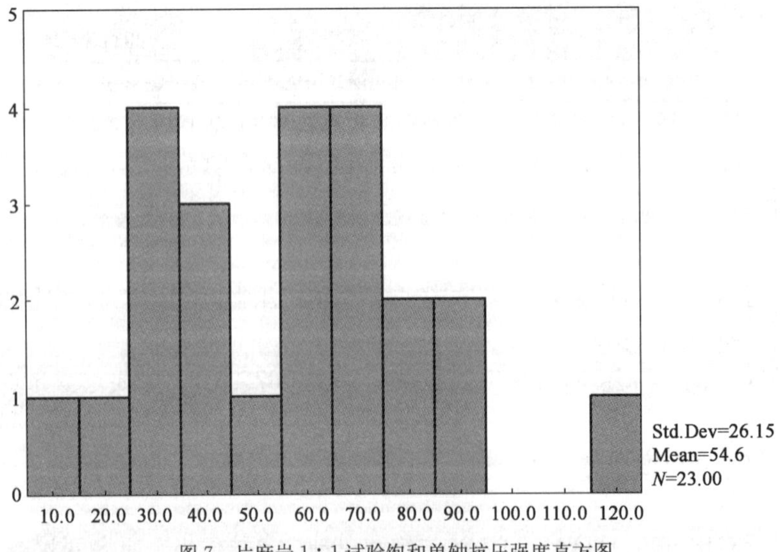

图 7　片麻岩 1∶1 试验饱和单轴抗压强度直方图

将图 6 和图 4 进行对比可知，片麻岩 1∶1 试样较 2∶1 试样原湿度单轴抗压强度要大。将图 7 和图 5 进行对比可知，片麻岩 1∶1 试样较 2∶1 试样饱和单轴抗压强度要大。通过以上分析，该地段片麻岩单轴试验成果有明显的尺寸效应。

混合岩 2∶1 试样(6 组)原湿度状态单轴抗压强度平均值 82.8MPa(主要集中在 75MPa)，主要范围 62.5～87.5MPa，如图 8 所示。

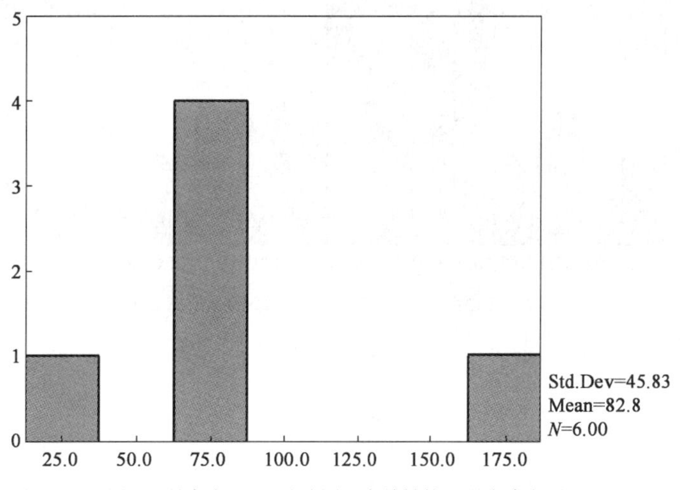

图 8　混合岩 2∶1 试验原湿度单轴抗压强度直方图

混合岩 2∶1 试样(7 组)饱和状态单轴抗压强度平均值 52.4MPa(主要集中在 40MPa)，主要范围 10.0～110.0MPa，如图 9 所示。

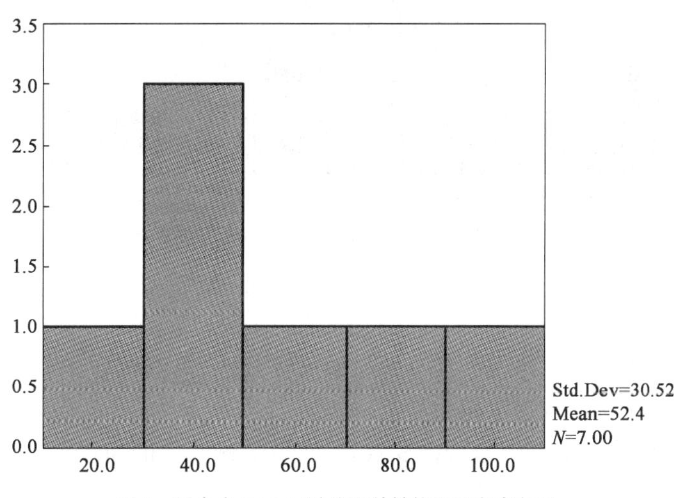

图 9　混合岩 2∶1 试验饱和单轴抗压强度直方图

将图 8 和图 9 进行对比可知，混合岩 2∶1 试样饱和单轴抗压强度明显小于原湿度状态单轴抗压强度，说明该地段混合岩具有明显的软化特征。

混合岩 1∶1 试样(57 组)原湿度状态单轴抗压强度平均值 71.1MPa，主要范围 5.0～130.0MPa，如图 10 所示。

混合岩 1∶1 试样(26 组)饱和状态单轴抗压强度平均值 61.4MPa，主要范围 5.0～95.0MPa，如图 11 所示。

将图 10 和图 11 进行对比可知，混合岩 1∶1 试样饱和单轴抗压强度小于原湿度状态单轴抗压强度，说明该地段混合岩具有较明显的软化特征。

将图 10 和图 8 进行对比可知，混合岩 1∶1 试样和 2∶1 试样原湿度单轴抗压强度变化不大。将图 11 和图 9 进行对比可知，混合岩 1∶1 试样比 2∶1 试样饱和单轴抗压强度稍大。通过以上分析，该地段混合岩单轴试验成果尺寸效应不明显。

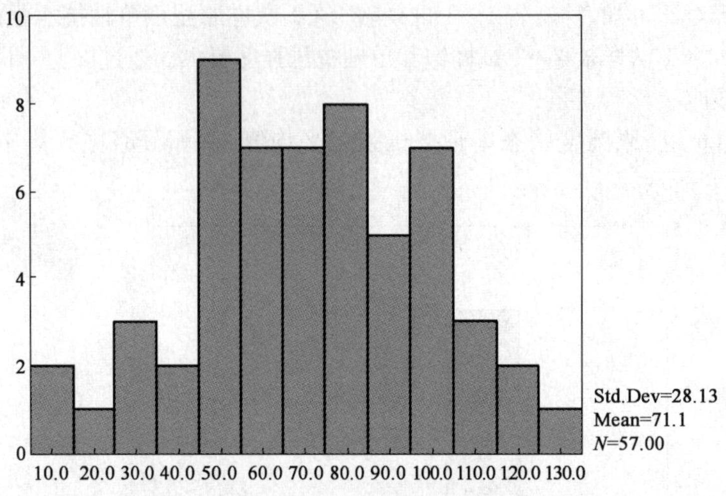

图10　混合岩1∶1试验原湿度单轴抗压强度直方图

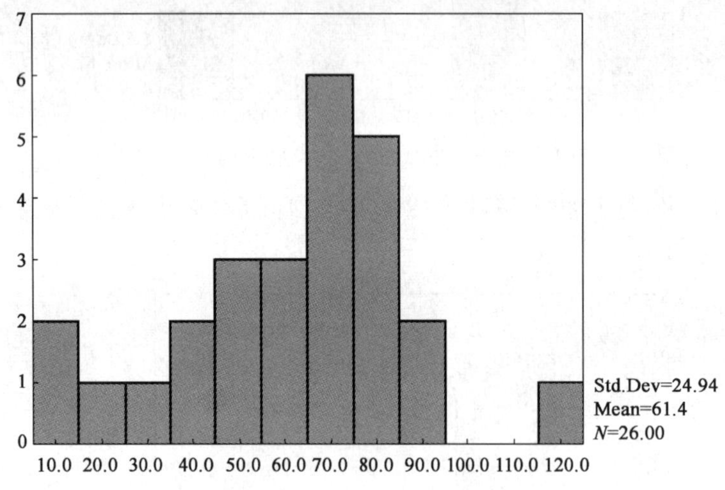

图11　混合岩1∶1试验饱和单轴抗压强度直方图

3　结语

(1)北京中太古代片麻岩单轴抗压强度具有明显的尺寸效应，具有明显的软化特征；混合岩单轴抗压强度尺寸效应不明显，但具有较明显的遇水软化特征。

(2)在工程设计时，应根据片麻岩中是否含混合岩，岩石是否处于饱和状态慎重选取岩石力学参数。

参考文献

[1]　中航勘察设计研究院. 京承高速公路(密云沙峪沟—市界段)工程—道路工程三期第三标段工程地质勘察报告[R],2006～2007.

[2]　中科院地质与地球物理研究所. 京承高速公路(密云沙峪沟—市界段)工程—道路工程三期第三标段岩石力学试验成果[R],2006～2007.

[3]　鲍亦冈，刘振锋，等. 北京地质百年研究[M]. 北京：地质出版社，2001.

声波检测技术在桥梁预应力波纹管压浆密实性检测中的应用

史文建[1]　刘　峰[2]

(1. 北京奥科瑞检测技术开发有限公司　北京　100176；
2. 北京市首都公路发展集团有限公司　北京　100078)

摘　要：使用 DS-1 型声波仪，采用控源声波反射法对波纹管压浆密实性进行检测。从预制梁板两端拾取各条钢筋的声波反射后续波信号，通过短时窗时频滚动谱分析法，分析识别钢筋束在不同条件下的波阻抗弹性特征，计算出预应力钢束压浆包裹率，达到检测波纹管压浆密实性的目的。

关键词：预应力　波纹管　压浆　密实性　无损检测　超磁

0　引言

预应力波纹管压浆密实性一直是业内关注的一个焦点，各施工单位、桥梁厂家也纷纷采取各种手段提高压浆密实性，保证预应力结构符合设计要求，但苦于没有合适的无损检测手段，无法真正实现对其施工质量的有效控制。本文结合京承高速公路(密云沙峪沟—市界段)预应力小箱梁质量检测评价的需要，尝试用声频应力波无损检测技术对预应力波纹管压浆质量进行检测，对声波无损检测技术应用的可行性进行了探讨。

1　检测原理

当工程构件的尺寸为圆柱体且其直径 d 远远小于其长度 L(即 $L \gg d$)时，加之结构体中的弹性波传播速度远大于其在周围握裹介质的传播波速，所以预应力钢筋束可以作为一维杆件的波动理论进行分析处理。钢筋束中传播的一维弹性波波动方程可以表示为：

$$\frac{\partial^2 u}{\partial x^2} - \frac{\gamma}{SE}\frac{\partial u}{\partial t} - \frac{1}{C^2}\frac{\partial^2 u}{\partial t^2} = 0 \tag{1}$$

式中：u——截面的纵向位移；

x，t——空间、时间坐标；

γ——锚杆周围介质的阻尼系数；

S、E——锚杆的截面积以及锚杆材料的弹性模量；

C——锚杆的纵波波速：$C=\sqrt{E/\rho}$，ρ 为锚杆材料的质量密度。

在小阻尼情况下，式(1)的解可近似简化为：

$$u = Ae^{-\frac{\gamma}{2S\rho}\cdot t}e^{i\omega(t\pm\frac{x}{C})} \tag{2}$$

式中：$\gamma/2S\rho$——衰减因子；

ω——无阻尼条件下的圆频率。

由式(2)可见，波在传播过程中幅值随传播时间的增加按指数规律衰减；当 γ 值不变时，S 值或 ρ 值愈小则波幅值随时间衰减愈快。

在由钢筋束、混凝土砂浆和钢筋混凝土组成的体系中，由钢筋束端部发射的声波经束体向四周传播，在钢筋束与砂浆、砂浆与钢筋混凝土等界面发生入射、反射和透射。入射波应力 σ_i、反射波应力 σ_r 与透射波应力 σ_t 之间的关系分别为：

$$\sigma_r = \frac{Z_2/Z_1 - 1}{Z_2/Z_1 + 1}\sigma_i \tag{3}$$

$$\sigma_t = \frac{2(Z_2/Z_1)(A_1/A_2)}{Z_2/Z_1 + 1}\sigma_i \tag{4}$$

式中：Z——波阻抗：$Z=\rho CA$；

ρ、C、A——分别为介质的密度、声速和截面积。

从公式(3)、公式(4)及图1可以看出，当束中某一截面面积或材料性质发生改变时，将在该截面处发生反射和透射，其反射和透射波的大小与截面面积和波阻抗相对变化的程度有关。

图2为钢筋束体系示意图，与变截面杆相类似，在预应力钢筋束体系中钢筋束、砂浆和钢筋混凝土三者之间浇灌均匀密实时，应力波的能量大部分透射到钢筋混凝土中，只有小部分能量反射回来，且反射信号极有规律。当砂浆压浆不均匀、不密实时，在砂浆中出现空穴，在空穴处将出现不同程度的波阻抗变化面，表现在原有的信号中叠加了强度不同的反射信号，或在不应出现反射波处有反射信号。根据反射波位置和反射信号的强弱，就可以确定波纹管内压浆质量。

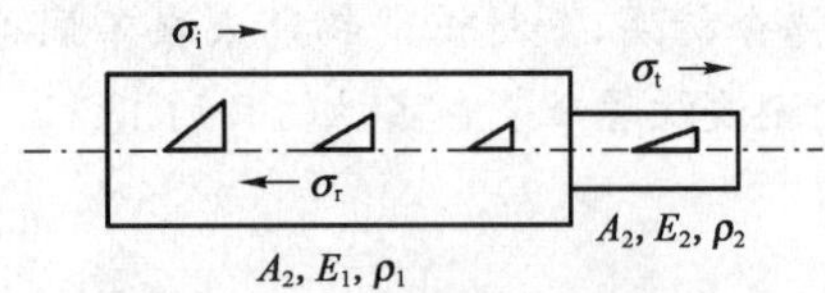

图1　变截面杆中的入射波应力 σ_i、反射波应力 σ_r 和透射波应力 σ_t

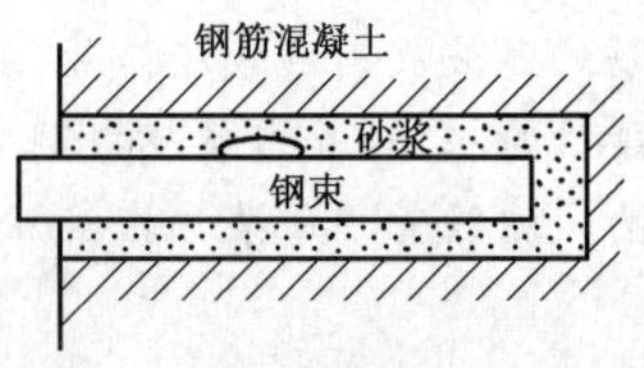

图2　钢筋束体系

2　检测方法及仪器

试验证明，预应力钢筋被水泥浆包裹后会改变其原有的弦振动特征。

声波振动波形特点是单一频率振动波形，所对应的频谱函数也单一。当钢筋被水泥压浆所包裹时，反射子波存在的多个频率合成的振动波形，所对应的谱函数则为各个子波谱函数的合成；而钢筋处于悬空(空腔)状态时，反射波会呈现单一频率的弦自振特征。根据这一特点，便可以通过频谱图来发现它们的存在。

短时窗时频滚动谱分析法：通过对每一条预应力钢筋的声波反射后续波短时傅里叶变换(SFFT)滚动谱分析，由频域分解出钢筋的刚性振动(即水泥浆包裹)谱特征和弦振动(即未包裹自由状态)谱特征，再由时域确定钢筋不同振动波谱特征的位置与长度。

检测使用DS-1型声波仪，采用控源声波反射法对波纹管压浆密实性进行检测。从预制梁板两端拾取各条钢筋的声波反射后续波信号，通过短时窗时频滚动谱分析法，分析识别钢筋在不同条件下的波阻抗弹性特征，计算出预应力钢束压浆包裹率，达到检测波纹管压浆密实性的目的，如图3所示。

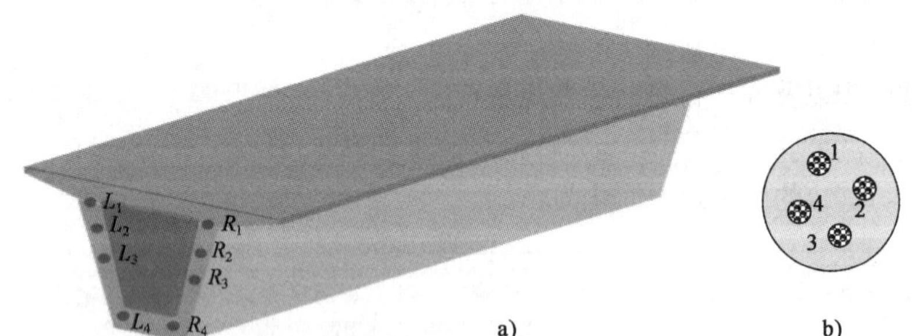

图3　小箱梁预应力波纹管分布及波纹管断面图

a)小箱型预应力梁波纹管分布示意图；b)波纹管断面图

3　评判标准

预应力钢束压浆包裹率：

$$D=\frac{a-b}{a}\times 100\% \tag{5}$$

式中：D——预应力钢束压浆包裹率；

a——钢束钢筋总数；

b——钢筋包裹不实数。

在实践中，当预应力钢束压浆包裹率低于70%且长度大于50cm时，在波纹管内即可形成一定规模的空腔体。钢筋束在无水泥保护层、高应力状态下锈蚀速度加快，从而影响桥梁的耐久性、安全性，随时间推移引起的预应力损失现象，会改变梁体的设计受力状态，从而影响桥梁的使用寿命。因此，将包裹率低于70%，长度大于50cm作为对波纹管压浆密实性质量评判的参数指标。

4　声频应力波无损检测技术的应用

在检测中采用DS-1型声波仪配备特殊的检波器和声波振源，在预应力钢筋束的外露钢筋端部进行端发端收的检测，检测工作现场如图4所示。

图4　检测工作现场

图5为检测原始数据及处理结果图，图中上方的波形为原始实测数据，下方的波形为缺陷检测处理结果，圆圈标记为缺陷位置或底端反射，中竖线标定末端反射，即钢筋束的长度。从上下两个波形中都可以看到存在三个异常信号，但下方的缺陷检测波形更加直观，第一个异常为缺陷位置，对应于预应力波纹管压浆包裹率差；第二个异常为底端反射；第三个异常为第一个异常的二次反射。图6为经过图形化的预应力波纹管压浆密实性结果图，图中深色部分表示压浆密实性好，浅色部分表示密实性差，黄色部分表示管内为空腔。实地破坏验证情况如图7所示。经过实地破坏性检测验证证明，该项技术的检测有效率在95%以上。

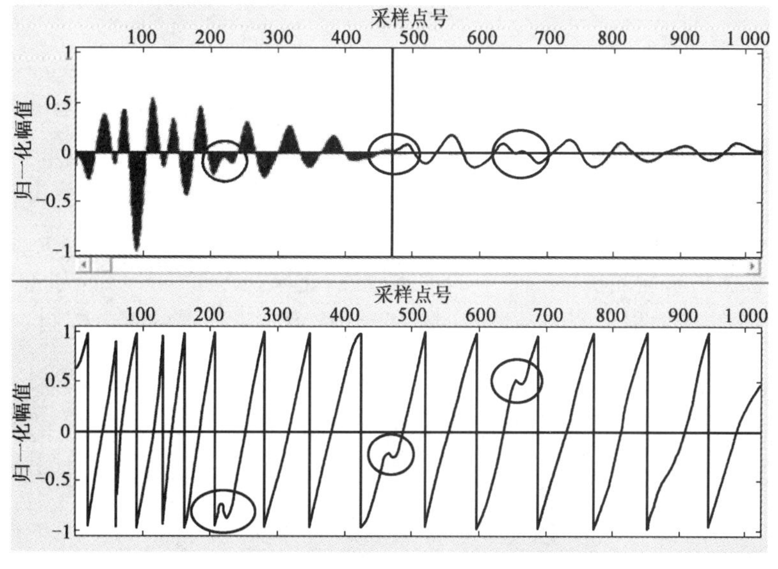

图5　预应力刚束压浆密实性检测数据曲线

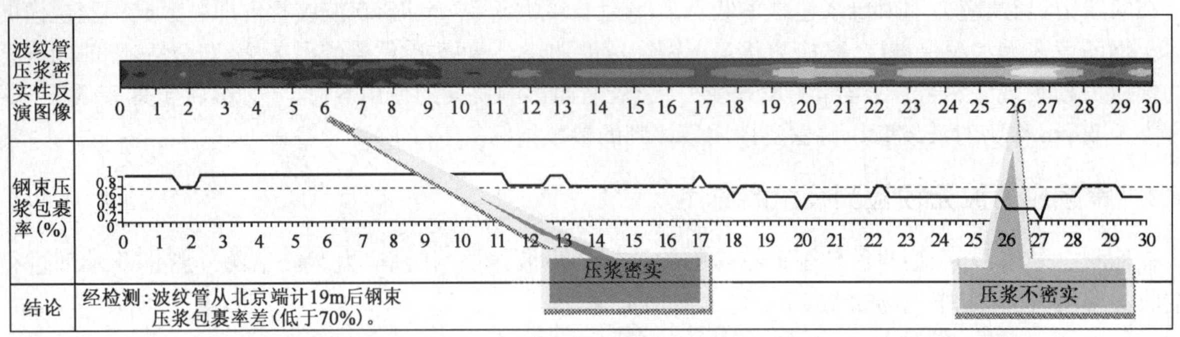

图 6　某预应力波纹管压浆密实性处理结果图

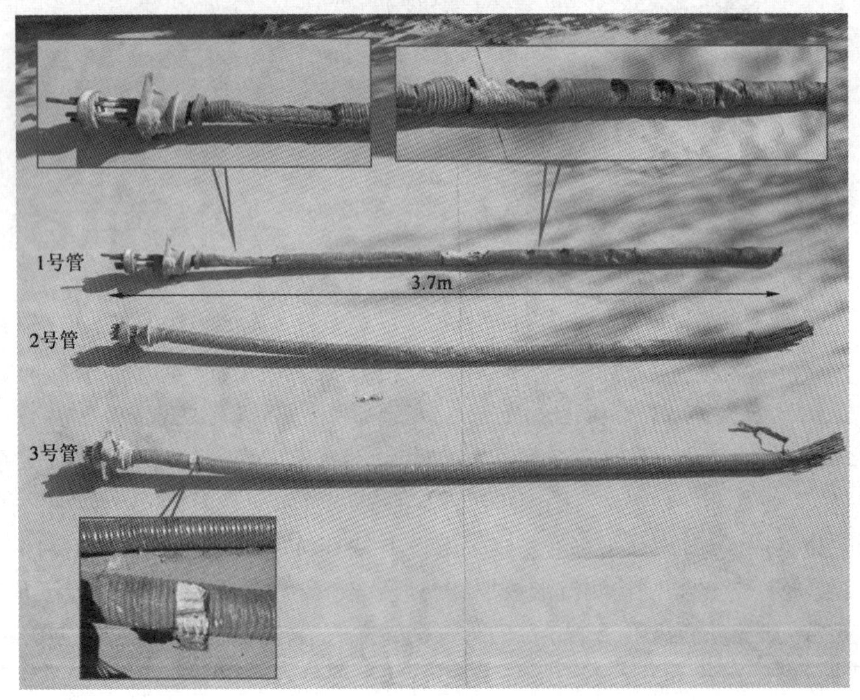

图 7　实地破坏验证结果

5　结语

利用声频应力波可在不同波阻抗界面发生反射的原理，采用特殊超磁材料的声波发射和接收装置，可以很好地检测预应力波纹管压浆密实性来检测压浆质量的好坏。声频应力波测试技术在京承高速公路三期预应力小箱梁波纹管压浆密实性检测中的应用说明，波纹管压浆质量的无损检测不仅可行，而且可以为今后预应力工程施工质量控制提供便捷有效的新途径。

基于预应力波纹管压浆质量在桥梁构件中的重要地位，建议在今后的压浆质量控制中大力推广该项技术，对预应力结构进行全频率无损检测，从而实现对桥梁预应力施工质量的有效控制。

乔灌草结合在边坡景观形成中的应用及相关设计方法研究

马建荣　汪伟刚

（交通运输部公路科学研究院　北京　100088）

摘　要：本文以京承高速公路（密云沙峪沟—市界段）为案例进行实践研究，探讨了公路边坡以乔灌草结合的护坡作用、景观形成上的意义及相关设计技术，本研究成果对今后工程项目的实施及对边坡生态恢复技术的发展具有重要的意义。

关键词：边坡　乔灌草结合　生态恢复　景观形成

0　引言

自2004年4月原交通部在全国开展以"提高设计人员环保景观设计（创作）意识，转变设计理念，合理灵活运用技术标准指标，降低公路建设对社会环境负面影响，提升公路交通行业整体形象"为目的的公路勘察设计典型示范工程活动以来，新的理念和技术正逐步得到广大公路建设人员和设计人员的理解和重视，出现了川九路、思小路及神宜路等多条示范工程，对公路行业的发展起到了积极有效的推动作用，使我国的公路勘察设计尤其是景观设计水平得到了提高。目前，在边坡恢复方面已基本认识到使用生态护坡技术比使用传统的护坡形式在景观效果上更好。国内已经研究出了许多边坡生态防护技术，如人工播种、植生袋、三维网、厚层基材喷播、客土喷播、液压喷播、加筋土生态袋等，这些技术对边坡生态及景观恢复是非常有效的。

但是，由于我国边坡生态恢复技术还处在发展阶段，工程项目往往受到成本及施工技术等因素的制约，一直以来生态防护的植被主要选用草本植被。植草防护边坡出现了很多问题，如植被退化造成坡面逐渐裸露，加剧了水土流失，公路景观效果差；植被防护中仅选用单一草本植被或者单一灌木，造成公路沿线边坡景观雷同，缺少层次感；边坡环境与周边环境的不协调等。虽然边坡上使用草本植被防护可以防止边坡表面的水土流失，防止雨水的冲刷，起到了一定的生态环保作用，但它忽视了对于边坡景观的建立、提高与周围环境的协调及边坡生态系统的恢复等问题的考虑。因此，要建设"安全、自然、和谐"的公路边坡景观，必须加大对工程学、植物景观学等的综合认识，改变以往单一的以草本类植被护坡为主的现状，研究和使用乔灌木混合搭配模式的生态恢复技术是非常必要的。

本文针对京承高速公路（密云沙峪沟—市界段）项目做了有针对性的边坡景观专题研究，在分析以往经验的基础上总结了一些设计手法及相关技术，对今后工程项目的实施及边坡生态恢复技术的发展都具有重要的意义。

1　国内外研究状况

1.1　国外研究状况

发达国家在边坡生态恢复技术及景观设计方面的经验非常值得我们借鉴。如美国提出"根据可持续发展的要求，边坡绿化工程应着眼于自然环境的协调和生态保护的功能。紧紧抓住项目特点，灵活采用边坡防护形式，在稳定的情况下，尽量大面积地绿化恢复，这样既美化了环境，又稳定了边坡"的设计原则。英国、德国和法国等欧洲国家很早就开展人工边坡的绿化种植技术与景观设计方法的研究和实践，并通过国际合作，在尼泊尔、马来西亚等亚洲国家完成了大规模的边坡绿化种植工程，技术非常成熟。

日本在边坡生态防护技术领域一直处于世界领先地位，1985年制订的《高速公路绿化技术五年计划》中就包括了特殊空间绿化技术、植被恢复技术、公路边坡绿化技术、景观仿真技术。在群落绿化方面，也制订了园林式绿化技术开发计划，包括立体绿化技术、生态环境空间形成技术等绿化新技术，许多研究成果已在世界各地推广应用。

1.2 我国研究状况

我国借鉴了许多国外的先进技术和成功经验，已经认识到采用各种柔性边坡支护和绿化措施比浆砌片石和喷射水泥砂浆等护坡方式更能保护自然环境，对实现公路路域景观的协调性有一定的效果。同时在公路边坡植被恢复领域，研究人员采用了多种手段对边坡景观形成技术进行了研究，例如蔡志洲(2001 年)《公路边坡灌木生态绿化研究》证明了“以灌木为主的绿化形成的生态群落比草本类更稳定”；江源、顾卫(2007年)《高速公路边坡植被恢复效果研究》研究了“禾本科与豆科的混播，坡面植被覆盖度优于单使用禾本科或者豆科”。在景观设计领域，贾致荣(2008 年)发表的《公路边坡景观视觉效果的定量评价研究》说明了“灌草结合的景观类型评价比值高”，等等。这些研究思路、方法和成果为我国边坡植被防护技术的发展提供了依据和基础。

2 乔灌草结合在边坡景观形成中的意义

2.1 提高边坡的稳定性

确保边坡的稳定性是创造边坡景观形成、与周围环境和谐的基本前提。边坡植被绿化作为边坡生态防护的内容之一，应以边坡的稳定、与周边自然环境相协调为目标，利用植物的上部和根部对不稳定边坡起到加固作用。因此从固坡机理方面考虑，使用乔灌草结合的边坡根系更加发达、地下呈立体网状，比使用草本植物更能够稳定边坡。

2.2 丰富公路沿线景观

与植草绿化不同，乔灌木植被具有优美的树型，可以创造不同的空间效果及季相效果，增强边坡视觉的层次感，对提高公路沿线景观有极大的作用。

2.3 促成可持续发展的边坡生态环境

填挖边坡对周边的环境造成了严重破坏，通过使用乔灌草相结合的植被防护技术，一方面保护了公路周边环境，促进了与周边环境景观的协调；另一方面能加快促使周边乡土树种的侵入、发芽和生长，进一步促进边坡自我完善，改进土壤性能，恢复边坡原有生态系结构。

3 案例分析

3.1 项目概况

京承高速公路(密云沙峪沟—市界段)沿线所经地区主要为河谷阶地河漫滩和冲积平原耕作区以及河谷两侧分布的缓坡丘陵和低矮山地为主两种地貌类型，是典型的山区公路。沿线岩石边坡较多，边坡质地主要有坚硬弱风化岩石，全风化片麻岩、强风化片麻岩层，弱风化片麻岩，微风化片麻岩，土层瘠薄，地质情况复杂，边坡植被覆盖率低(一般在 10%～50%)，以野生灌木、草本为主，且现有植被种类较为单一，景观效果较差。

3.2 乔灌草结合边坡景观形成的主要设计要点

根据项目特点，通过现场踏勘调查和在总结以往经验的基础上，确立了“灵活自然、因地制宜、顺势而为”的设计原则。具体设计要点如下：

(1)选择乡土植物，采用“乔、灌、草、藤”相结合模式，尽量模拟原生态群落。

选用乡土植物，不仅对植物群落的健康发展、加快生态系统的恢复有着重要的意义，还可以避免由于物种引进而带来的不可预见的问题。同时，“乔、灌、草、藤”相结合模式的应用，更加方便施工时进行多层次配置，增强生态系统的稳定，营造出生态环保的坡面防护系统。本项目模拟周边原生态群落，以先锋植被与目标植被相结合，科学地进行了植物物种的搭配。所选植物物种包括：藤本有五叶地锦；草本有沙打旺、紫花苜蓿、小冠花、多年生黑麦草、高羊茅、野菊花；灌木有胡枝子、紫穗槐、马棘、锦鸡儿、柠条、荆条；乔木有刺槐、榆树、臭椿等。

(2)针对边坡的不同质地和已有的工程防护形式采用相应的植物绿化方案。

为了保证安全、创造舒适视觉效果及与周围环境相协调，本项目针对边坡的不同质地和已有的工程防护形式采用相应的植物绿化方案。具体详见表1。

不同边坡采取植物防护的方式　　表1

<table>
<tr><th>名　称</th><th colspan="2">质地及工程防护</th><th colspan="2">植物绿化方案</th></tr>
<tr><td rowspan="4">填方边坡</td><td colspan="2">加筋填方边坡</td><td colspan="2">扦插紫穗槐，同时在分级平台上栽植五叶地锦</td></tr>
<tr><td colspan="2">拱形骨架防护</td><td colspan="2">骨架内栽植柠条</td></tr>
<tr><td colspan="2">六棱块防护</td><td colspan="2">栽植五叶地锦</td></tr>
<tr><td colspan="2">无工程防护</td><td colspan="2">坡面栽植柠条</td></tr>
<tr><td rowspan="5">挖方边坡</td><td rowspan="3">强风化(含中强度风化)及坡度缓于或等于1∶1</td><td rowspan="3">客土喷播</td><td>沙打旺、紫花苜蓿、小冠花、多年生黑麦草、高羊茅、野菊花</td><td>必选</td></tr>
<tr><td>胡枝子、紫穗槐、马棘、锦鸡儿、柠条</td><td>这几类植物中选择3种</td></tr>
<tr><td>荆条、刺槐、榆树、臭椿</td><td>这几类选择3种</td></tr>
<tr><td>弱风化及边坡陡于1∶1</td><td>厚层基材喷附</td><td colspan="2">同上</td></tr>
<tr><td>锚杆框架防护</td><td>植生袋</td><td colspan="2">配比种子，扦插紫穗槐</td></tr>
</table>

(3)灵活利用施工方法，为边坡景观形成创造条件。

采用乡土植被护坡中乔灌木的生长一般较缓慢，因此为了控制边坡的早期土壤侵蚀必须在护坡中配合采用草本植物来防护坡面，但是草本植物生长过旺又会影响乔灌木的生长，这是一个非常复杂且相互矛盾的过程。为了保证乔灌木植被的成活及生长，就必须灵活运用施工技术，以人工手段来调节“乔、灌、草、藤”植被的生长，保证群落的稳定性。本项目采用了喷播技术与移栽技术相结合的技术手段，先喷播乔灌草种子，后栽植紫穗槐、榆树、刺槐等乔灌木幼苗，这种方式将木本植物与草本植物的种植时期错开，避免相互竞争，保证了边坡前期景观效果，同时确保了边坡木本植被生长，对促进边坡景观的形成更加有效。

4　结语

通过使用乡土树种，优化乔灌木配置及利用施工技术等手段可以达到边坡景观的形成，并且以乔灌草相结合的绿化模式更加能提高边坡的稳定性、与周边自然环境和谐，促进边坡生态系统的恢复。同时，在项目实施中，发现国内现有移栽(扦插)技术很不完善，不能满足植物配置上的多样性及色相的要求，具有很大的局限性。因此，加强乔灌木移栽技术的研究、开发相关施工工艺是边坡景观形成和发展的关键。

参考文献

[1]　周德培，张俊云. 植被护坡工程技术[M]. 北京：人民交通出版社，2003.

[2]　江源，顾卫，等. 高速公路边坡植被恢复效果[J]. 公路交通科技，2007.

[3]　山寺喜成. 百花山自然保护区的道路法面针对自然修复再生的手法[C]//北京门头沟生态修复论文集. 北京门头沟区科学技术委员会，2007(5).

[4]　陈学平，江玉林. 公路边坡灌木化植被建植技术研究[J]. 公路，2007.

[5]　周辉，范琪. 生态护坡中根系的加固机理与能力分析[J]. 公路，2006.

[6]　霍明，等. 中国典型工程边坡[M]. 北京：人民交通出版社，2008.

[7]　贾致荣. 公路边坡景观视觉效果的定量评价研究[J]. 公路交通科技，2008.

高墩大跨连续刚构桥抗震分析

李健刚　魏燕玲　马　杰

(北京市市政工程设计研究总院　北京　100082)

摘　要:高墩大跨桥梁抗震一直是一项值得工程师重视的问题。本文以清水河2号桥为例,结合新规范,采用反应谱法、时程分析法及Pushover方法进行了抗震分析。为今后同类型桥梁的抗震设计提供一定的参考。

关键词:高墩大跨桥梁　反应谱法　时程分析法　Pushover方法　抗震分析

1　工程概况

清水河2号桥跨越清水河,是京承高速公路(密云沙峪沟—市界段)项目中的一座重要桥梁,主桥为75m+120m+75m的连续刚构,分离式双幅桥,单幅桥面宽13m。主桥为变截面悬臂浇注预应力混凝土连续刚构,单箱单室,梁高为2.50m变化到7.00m(其中左幅桥如图1所示)。

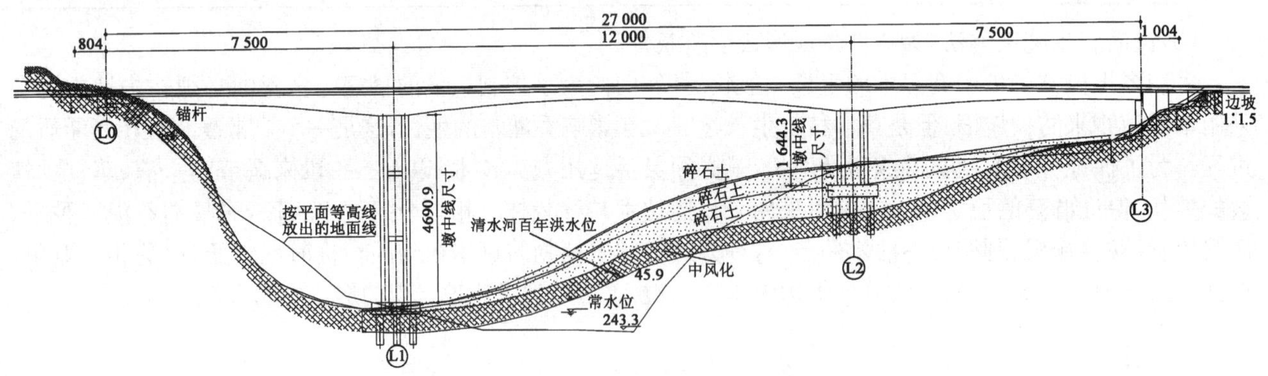

图1　清水河2号桥左幅桥桥型布置图(尺寸单位:cm)

2　分析方法及计算概况

清水河2号桥属于双薄壁高墩结构。其中右幅桥1号墩墩高约43.7m,2号墩墩高35.7m;左幅桥的墩高差异较大,1号墩墩高约46.9m,2号墩墩高仅16.4m左右。墩高的差异往往会使结构在地震等荷载下受力不均。为了进一步了解和掌握墩高差异下结构的受力特性,对左幅桥进行了抗震分析。

抗震分析主要有如下三种方法:

(1)静力法:这是早期抗震分析方法,它忽略了结构的动力特性这一重要因素,把地震加速度看作是结构地震破坏的单一因素,因而有很大的局限性,只适用于刚度很大的结构。

(2)动力反应谱法:这种方法是从地震动出发求结构的最大地震反应,它考虑了地面运动和结构的动力特性,比静力法有很大进步。

反应谱法概念简单,计算方便,可以用较少的计算量获得结构的最大反应值。但是,反应谱法只是弹性范围内的概念,当结构在强震作用下进入塑性工作阶段时,就不能直接应用了。同时,地震作用是一个时间过程,反应谱法却只能得到最大反应,不能反映结构的时间历程变化情况。尽管如此,反应谱法由于其概念的明确性,计算的方便性等原因,在目前的设计与研究中仍然占有十分重要的位置。

(3)动力时程分析法:这是一种随着强震记录的增多和计算机技术的广泛应用而发展起来的公认比较精细的分析方法。动力时程法能够精确的考虑地震过程中的各种复杂因素,但是考虑的因素越多,计算就越加冗繁，这样就对设计及其研究人员的理论要求越高，对计算手段及其计算资源的要求也就越高。

除了上述三种分析方法以外，Pushover 分析方法作为一种结构非线性地震响应的近似计算方法，以其概念简明、操作简便、用图形方式直观地表达结构的抗震能力与需求等特点，也正逐渐受到重视和推广。

本文采用了 MIDAS/CIVIL2006 建立了空间杆件元分析模型，由于中墩均为较短的嵌岩桩，所以建模计算时将中墩墩底直接固接；边墩采用顺桥向滑动支承，横桥向约束，忽略了盆式支座对桥梁顺桥向的位移限制及对抗震性能的影响。空间模型如图 2 所示。

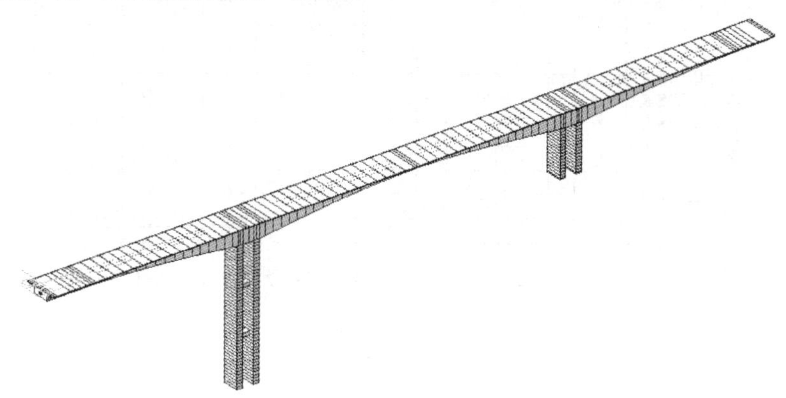

图 2　成桥状态模型

本桥所处场地抗震基本烈度为 7 度，动峰值加速度 0.15g；II 类场地，场地特征周期 $T_g=0.45s$。

按《公路桥梁抗震设计细则》JTG/T B02-02—2008（下文简称《细则》）中表 3.1.2 规定，该桥属于 B 类桥梁；由《细则》表 6.1.3 中规定，该桥属于常规桥梁中的非规则桥梁。《细则》表 6.1.4 中规定，对于 B 类非规则桥，在 E_1 地震作用下，可采用多振型反应谱或功率谱法，也可采用时程分析法；而在 E_2 地震作用下，需要进行时程分析。本文采用反应谱法和时程法同时分析，便于结果对比。

动力特性在反应谱分析或时程分析（振型叠加法）中均有用到，图 3～图 6 列出了该桥前四阶振型（括号内为自振频率）：其中第一阶、第四阶为侧向振动；第二阶为墩柱的顺桥向振动＋主梁的竖向振动；第三阶主要为主梁的竖向振动。

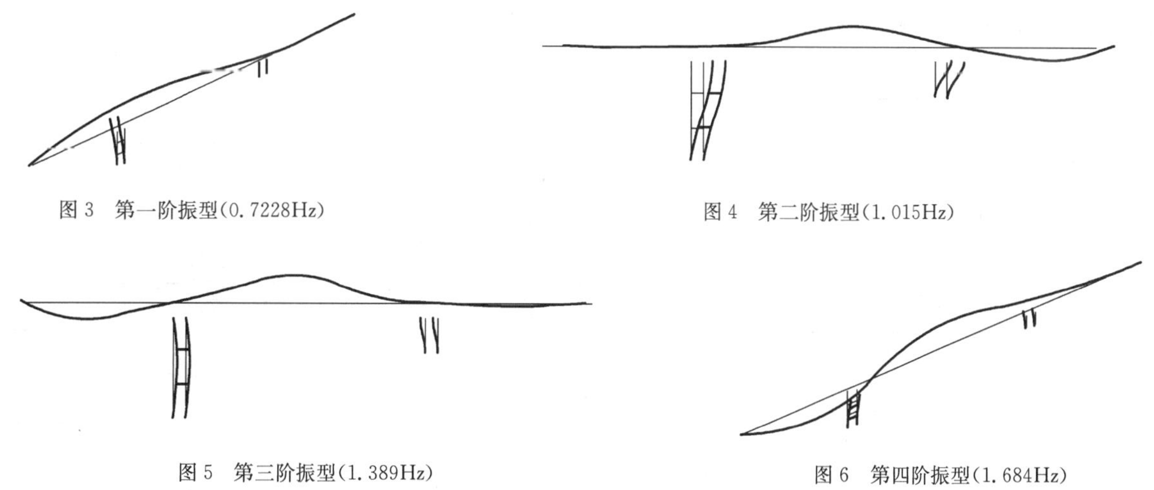

图 3　第一阶振型（0.7228Hz）

图 4　第二阶振型（1.015Hz）

图 5　第三阶振型（1.389Hz）

图 6　第四阶振型（1.684Hz）

3　反应谱分析

根据《细则》5.1.1 条规定，本桥可只考虑水平方向地震作用，同时由于本桥基本处于直线上，即可分开考虑顺桥向与横桥向的水平地震作用。

《细则》5.2.2 条规定，水平设计加速度反应谱最大值计算如下：

$$S_{max}=2.25C_iC_sC_dA$$

E_1 地震作用下的抗震重要性系数 C_i 取 0.5，场地系数 C_s 取 1.0，阻尼比取 0.05，阻尼调整系数取 1.0，水平向设计基本地震动加速度峰值 A 取 0.15g；计算得到 $S_{max}=0.17g$。

E_2 地震作用下的抗震重要性系数 C_i 取 1.7，场地系数 C_s 取 1.0，阻尼比取 0.05，阻尼调整系数取 1.0，水平向设计基本地震动加速度峰值 A 取 0.15g；计算得到 $S_{max}=0.57g$。其谱值如图 7 所示。

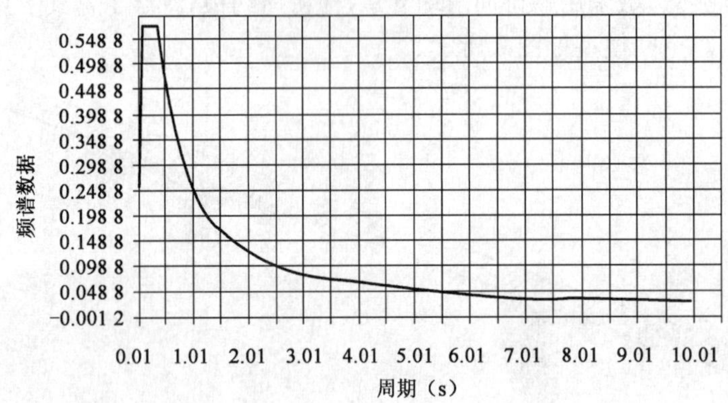

图 7 E_2 地震作用下无量纲加速度反应谱

恒载作用下，中墩墩底[149、197 为 1 号墩底节点(高墩)，215、233 为 2 号墩底节点(矮墩)，下同]反力如表 1 所示：

恒载作用下墩底反力表 表 1

位置	节点号	FX(kN)	FY(kN)	FZ(kN)	MX(kN·m)	MY(kN·m)	MZ(kN·m)
高墩底	149	−341	−1	35 772	46	−5 756	1
	197	−280	−1	49 955	40	−5 104	1
矮墩底	215	338	26	41 252	−239	3 381	−35
	233	284	−22	23 629	180	3 988	−66

注：X 轴为顺桥向，Y 轴为横桥向，Z 轴为竖向。(以下结果坐标轴均相同)

在 E_1 地震作用下，中墩墩底反力如表 2 所示：

E_1 地震作用下墩底反力表 表 2

E_1X—顺桥向							
位置	节点	FX(kN)	FY(kN)	FZ(kN)	MX(kN·m)	MY(kN·m)	MZ(kN·m)
高墩底	149	826	0	3 624	0	11 006	0
	197	830	0	3 519	0	11 026	0
矮墩底	215	4 244	0	19 467	0	37 383	0
	233	4 273	0	19 099	0	37 563	0
E_1Y—横桥向							
位置	节点	FX(kN)	FY(kN)	FZ(kN)	MX(kN·m)	MY(kN·m)	MZ(kN·m)
高墩底	149	0	1 181	0	48 186	0	809
	197	0	1 343	0	51 804	0	790
矮墩底	215	0	2 945	0	56 147	0	3 640
	233	0	3 078	0	56 597	0	3 277

在 E_2 地震作用下，中墩墩底反力如表 3 所示：

E_2 地震作用下墩底反力表　　表 3

E_2X—顺桥向							
位置	节点	FX(kN)	FY(kN)	FZ(kN)	MX(kN·m)	MY(kN·m)	MZ(kN·m)
高墩底	149	2 760	0	12 157	0	36 735	0
	197	2 772	0	11 807	0	36 802	0
矮墩底	215	14 160	0	64 961	0	124 738	0
	233	14 257	0	63 731	0	125 339	0
E_2Y—横桥向							
位置	节点	FX(kN)	FY(kN)	FZ(kN)	MX(kN·m)	MY(kN·m)	MZ(kN·m)
高墩底	149	0	3 941	0	160 464	0	2 702
	197	0	4 478	0	172 497	0	2 640
矮墩底	215	0	9 819	0	187 568	0	12 142
	233	0	10 318	0	189 687	0	10 935

从表中计算结果可以看出，由于墩高差异，在顺桥向地震作用下，矮墩的地震作用明显比高墩的要大，基本上反比于墩高；横向作用，高墩与矮墩受力相当。所以在条件合适的情况下，也可以考虑释放矮墩的顺桥向约束，从而减小顺桥向地震力在矮墩处的作用。

4　时程分析

20 世纪 60 年代后期，重要的建筑物、大跨桥梁和其他特殊结构物采用多节点多自由度的结构有限元动力计算图式，把地震强迫振动的激励——地震加速度时程直接输入，对结构进行地震时程反应分析，这通常称为动态时程分析。

在 MIDAS/CIVIL2006 的地震时程计算分析中，主要有两种计算方法：振型叠加法和直接积分法。振型叠加法适用于线弹性结构的地震反应分析，也可以求解仅含有边界非线性的非线性地震反应分析。直接积分法是用数值积分法求解线形或非线性地震运动方程，直接求得结构的地震反应时程的方法。在线性抗震计算中，振型叠加法只要模态取得足够多的前提下，其计算结果与直接积分法非常吻合，但是计算时间上，直接积分法要远大于振型叠加法。下面在线性时程分析时，均采用振型叠加法计算。

地震时程分析时，地震波的选择是一个比较关键的工作。地震波作为结构物强迫振动的扰动源，恰当的选取地震波，是对结构时程分析结果是否准确的前提。由于地震波并不是简谐波，而是一种频率成分复杂的波形。所以在选择地震波时主要从如下三个方面考虑：一是加速度最大值；二是波形的主要频率；三是地震波的持续时间，它对结构可造成损伤积累的破坏作用。

这里仅对 E_2 地震作用下，按上述原则选取三组地震波进行线弹性时程分析。这三组均采用 MIDAS/CIVIL2006 中已有地震波，分别为：(1)1979，James RD. El Centro，310 Deg 地震波，其中地震波加速度峰值为 0.550 2g；(2)1994，Northridge，Sylmar County Hosp.，90 Deg 地震波，其中地震波加速度峰值为 0.604 7g；(3)T2-I-3(1995，HYOUGOKEN_South，NS) 地震波，其中地震波加速度峰值为 0.795 5g，通过调整系数 0.716 53 调整转换后，峰值加速度调整为 0.570 0g。其中第一组和第二组地震波的峰值加速度在 0.57g 的基础上浮动了约±5%，第三组地震波通过系数调整到 0.57g。从下面的计算结果可以看出，结构的动力响应并不完全正比于地震加速度峰值，而是跟地震波的三个要素密切相关的。

由于该桥基本处于直线上，在建模时主梁按直线情况考虑，故在计算时可以对桥梁纵横向同步加载，其结果相互干扰较小。

第三组地震波时程曲线如图 8 所示。

第三组地震动作用下，部分结果时程曲线如图 9～图 11 所示，单位：kN 或 m。

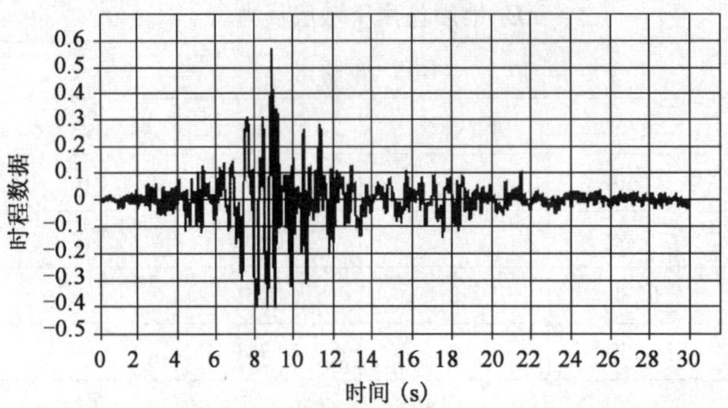

图 8　第三组地震动时程曲线图(峰值加速度：0.570 0g)

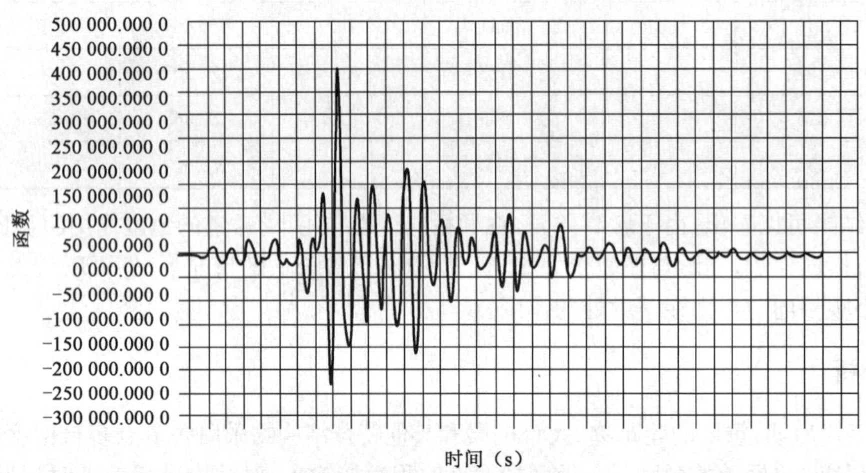

图 9　E_2 地震作用下中墩底 215 节点顺桥向弯矩时程图

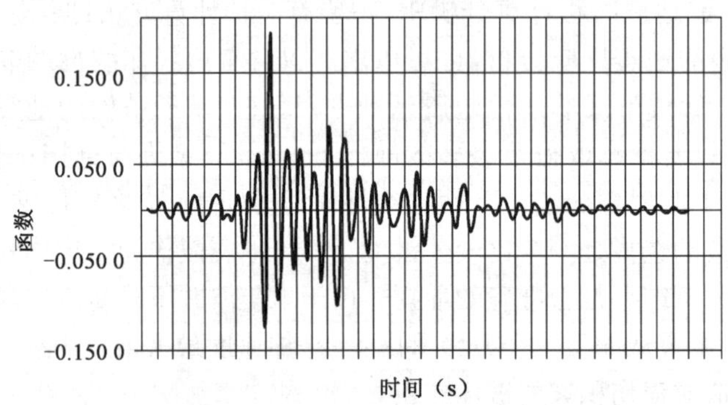

图 10　中墩顶 30 节点顺桥向位移时程图(30 节点为高墩墩顶位置，下同)

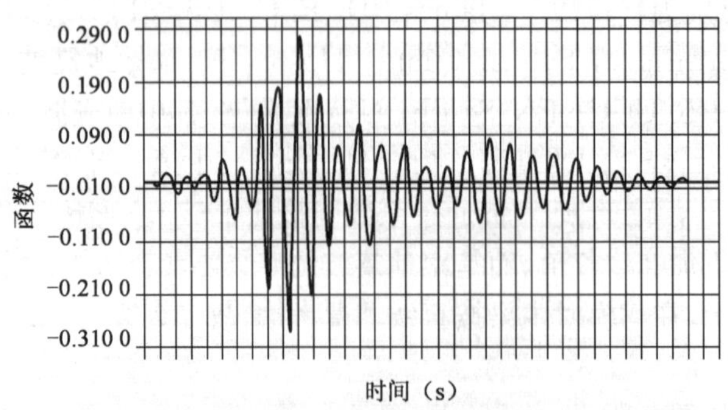

图 11　中墩顶 30 节点横桥向位移时程图

中墩底部分内力计算结果如表 4～表 6 所示:(节点号位置同上)

E_2 地震作用下中墩底部分弯矩计算结果第一组(峰值加速度:0.550 2g)　　表 4

第一组	节点号	FX(kN)	FY(kN)	FZ(kN)	MX(kN·m)	MY(kN·m)	MZ(kN·m)
最大值	149	4 479	6 076	3 9874	163 846	57 875	5 414
	197	4 508	5 841	38 941	183 722	57 960	5 556
	215	25 767	10 917	109 414	452 243	220 100	23 708
	233	25 430	30 668	116 901	604 799	217 896	22 874
最小值	149	−5 406	−5 297	−46 244	−196 688	−67 069	−6 202
	197	−5 421	−6 038	−36 340	−192 054	−67 173	−6 259
	215	−25 296	−17 521	−116 806	−318 339	−219 570	−18 952
	233	−25 374	−32 942	−111 818	−519 040	−220 009	−18 346

E_2 地震作用下中墩底部分弯矩计算结果第二组(峰值加速度:0.604 7g)　　表 5

第二组	节点号	FX(kN)	FY(kN)	FZ(kN)	MX(kN·m)	MY(kN·m)	MZ(kN·m)
最大值	149	6 036	10 918	31 766	451 885	84 948	6 172
	197	6 083	12 513	22 579	483 721	85 184	6 125
	215	34 855	23 940	173 062	522 437	310 096	27 305
	233	35 080	21 114	146 385	304 579	311 509	23 839
最小值	149	−6 435	−10 814	−26 605	−461 466	−85 658	−5 941
	197	−6 452	−12 442	−28 499	−491 044	−85 810	−5 711
	215	−31 072	−30 074	−152 692	−438 001	−275 805	−29 068
	233	−31 530	−21 202	−171 146	−405 462	−278 612	−25 851

E_2 地震作用下中墩底部分弯矩计算结果第三组(峰值加速度:0.570 0g)　　表 6

第三组	节点号	FX(kN)	FY(kN)	FZ(kN)	MX(kN·m)	MY(kN·m)	MZ(kN·m)
最大值	149	8 998	10 827	43 631	422 274	101 562	7 429
	197	9 031	10 964	48 558	447 549	101 723	7 375
	215	32 029	23 246	144 046	568 767	278 309	25 069
	233	31 868	28 489	201 965	426 967	277 356	22 328
最小值	149	−7 246	−10 229	−41 407	−437 051	−101 621	−5 830
	197	−7 302	−11 565	−41 609	−433 515	−101 898	−5 759
	215	−45 852	−30 300	−204 627	−490 723	−402 465	−3 2491
	233	−45 940	−28 510	−138 510	−525 867	−403 177	−30 062

从时程分析的结果可以看出,其值均比反应谱计算值大。同时选择的地震波不同,结构的地震反应差异也较大。但是综合来看,三组时程计算结果在量级上相当。

对于顺桥向 E_2 地震作用下,墩顶位移最大为 19cm,超出了伸缩缝的预留宽度,支座、抗震设施及其桥台稚墙与主梁间的弹性衬垫都将会起作用,实际的顺桥向墩底反力将会比计算结果小。

由于上述计算是在线弹性范围内进行的,结构在受力达到一定程度后,会进入塑性工作状态,即非线性受力状态。对于墩柱而言,主要是指进入塑性铰状态。墩柱的极限承载能力究竟有多大,何时进入塑性铰状态,这就有必要进行下面的 Pushover 分析来解决。

5　Pushover 分析

静力非线性分析方法(Nonlinear Static Procedure),也称 Pushover 分析法,是基于性能评估现有结构和设计新结构的一种方法。静力非线性分析是结构分析模型在一个沿结构高度为某种规定分布形式且逐渐增加的侧向力或侧向位移作用下，直至结构模型控制点达到目标位移或结构倾覆为止的过程。

在大震作用下，结构一般都会出现局部进入塑性状态的情况，目前的承载力设计方法，还不能有效估计结构在大震作用下的工作性能。Pushover 分析可以评估结构或构件的非线性变形性能，结果比承载力设计更趋近实际受力情况；相对于非线性时程分析而言，Pushover 分析可以得到较为稳定的分析结果，减少分析结果的偶然性，同时可以节省大量的分析时间与计算资源。

对于本桥而言，主要是要评估 E_2 地震作用下，桥墩的塑性工作性能。下面就桥墩在横桥向和顺桥向的侧向力作用下，图 12、图 13 分别给出了基底剪力与墩顶位移图，从图中可以判断结构大致的极限承载力情况。

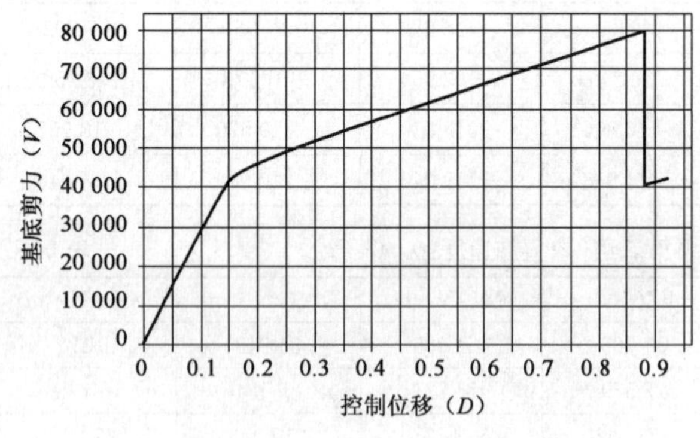

图 12　侧向力（横桥向）作用下基底剪力、墩顶位移图

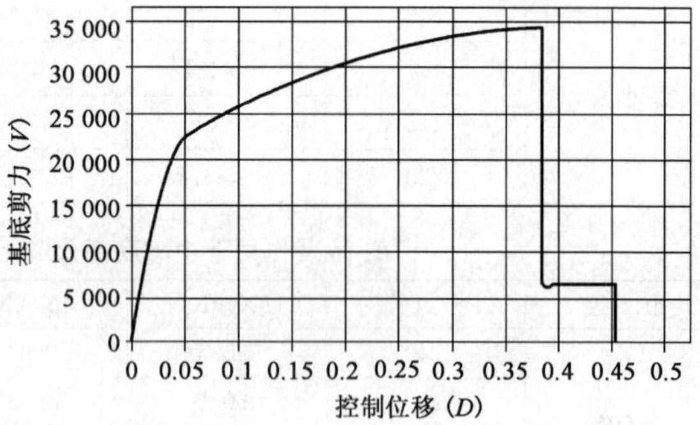

图 13　侧向力（顺桥向）作用下基底剪力、墩顶位移图

从图 12 可以看出：横桥向总的基底剪力进入塑性状态时是 43 000kN，而极限抗力情况下，总的基底剪力为 78 900kN。结合时程分析和反应谱分析结果，我们不难得到，反应谱分析结果是桥梁在 E_1、E_2 地震作用下均处于弹性工作状态，但 E_2 时程分析结果是处于塑性工作状态，但仍没有达到极限状态。从位移结果来看，时程分析的最大值为 27.5cm，Pushover 分析的极限状态下位移约 87cm，时程分析的位移远小于极限状态下位移。这说明桥梁在 E_2 地震作用下，桥梁横向受力是安全的。

图 13 中显示顺桥向进入塑性状态时总的基底剪力是 24 000kN；极限状态下总的基底剪力为 34 600kN，此时对应的主梁水平向位移为 38.5cm。结合时程分析和反应谱分析结果，反应谱分析结果是桥梁在 E_1 地震作用下处于弹性工作状态；E_2 地震作用下，反应谱分析结果和时程分析结果都处于塑性工作状态，反应谱分析结果接近极限状态，E_2 时程分析结果的基底剪力总和已经超出了极限承载力状态下的基底剪力总和。但从位移计算结果可以看出，当顺桥向受力还没有达到极限状态时，桥梁的位移就已经超过了伸缩缝的预留宽度，支座及其抗震设施都会参与抗震受力，同时梁端在顺桥向也会通过桥台稚墙与主梁梁端的弹性衬垫起作用，抵消部分主梁的顺桥向地震力，从而减小了墩柱内力。即由于梁端的位移受到限制，结构在顺桥向无法达到极限状态所对应的位移条件，故在 E_2 地震作用下，结合 PUSHOVER 曲线结果可以看出结构受力仍然是安全的。

6　结论

通过上述地震分析可以看出：

(1)在 E_1 地震作用下，结构处于弹性工作状态；

(2)在 E_2 地震作用下，反应谱分析结果处于弹性工作状态，时程分析结果进入了塑性工作状态。

(3)在 E_2 地震作用下，该桥的时程分析计算结果普遍比反应谱分析结果大 2～4 倍，规范中规定此类桥型在 E_2 地震作用下，需进行时程分析的规定是具有合理性的。

(4)当墩高差异较大时，矮墩在顺桥向的地震反应比高墩大，横桥向的地震反应却相当，故在条件合适的前提下，也可以考虑放开矮墩的约束，采用单向滑动支座，从而改变地震的响应。

(5)对于本桥而言，在顺桥向 E_2 地震作用下，主梁变位超出了伸缩缝预留宽度，其变形将受到限制，将达不到极限状态所对应的变位。故要较为准确分析类似桥梁在顺桥向的地震响应时，应计入梁端的位移约束作用。

本桥已于2009年9月底顺利通车。本文撰写过程中得到了徐德标工程师的帮助，在此特表感谢。

参考文献

[1] 李国豪．桥梁结构稳定与振动[M]．北京：中国铁道出版社，2002.

[2] 范立础，胡适德，叶爱君．大跨度桥梁抗震设计[M]．北京：人民交通出版社，2001.

[3] 中华人民共和国行业标准 JTG/T B02-01—2008 公路桥梁抗震设计细则[S]．北京：人民交通出版社，2008.

[4] 北京迈达斯技术有限公司．Midas Civil & FEA 培训资料．2008.10.

[5] 朱镜清．结构抗震分析原理[M]．北京：地震出版社，2002.

[6] SPA2000 中文版使用指南[M]．北京：人民交通出版社，2002.

北京市高速公路路面使用性能变化特点分析

崔亚萍　张　捷

（北京奥科瑞检测技术开发有限公司　北京　100176）

摘　要：随着高速公路通车里程和高速公路使用年限的增加，高速公路使用性能和养护管理越来越引起人们的重视。道路的路面使用性能是道路管理人员关注的主要问题之一，通过对北京市高速公路路面检测数据的研究，可以为北京市高速公路的养护决策提供必要的依据。

关键词：高速公路　路面使用性能

0　引言

20 世纪 80 年代末以来，北京市高速公路建设快速发展，截至目前为止，已建成了京哈、京石、京津塘、八达岭、京沈、京开、机场高速、京承、机场北线等高速公路和五环、六环两条环线城市高速公路。随着高速公路通车里程和高速公路使用年限的增加，高速公路管理和维修养护任务日益繁重，科学地进行高速公路的养护维修是保证路面使用品质良好的重要手段。正确反映道路路面使用性能变化的特点对合理制定路面养护维修决策具有非常重要的意义。本文结合近年来高速公路养护工作经验，通过对北京市不同交通环境、不同修建年限的高速公路路面实际检测数据的归纳和分析，得到北京市路面使用性能的变化特点。

1　路面数据的检测手段和评价方法

路面破损：采用 Satcom-3A 智能公路检测车对高速公路最外侧行车道进行检测。

道路弯沉：采用自动弯沉检测仪，对高速公路主路进、出京方向的外侧行车道进行检测，频率为每 3～7m 检测一个断面，以 50m 为标准段进行数据结果的统计。

路面平整度：采用 RTP-2004 激光断面仪分别对高速公路进、出京方向外侧行车道进行检测，每 100 延米记录一个检测结果。

路面横向力系数：采用横向力系数检测车对高速公路主路进、出京方向的外侧行车道进行检测，每 100 延米记录一个检测结果。

2　路面使用性能典型衰变模式介绍

随着时间的推移，路面在使用过程中受荷载和环境的影响作用，路面状况不断恶化，使用性能逐渐下降。由于影响因素的复杂性和路面结构本身的差异导致路面使用性能的衰变会出现多种模式。综合国内外路面使用性能的研究成果和实际变化状况，路面衰变曲线基本变化形式主要有以下 4 种：

(1)图 1-a)为凸型曲线(先慢后快型)。此种损坏模式一定程度上反映出路面结构能力强，能有效抵御包括行车载荷、环境因素造成的损坏且损坏速度缓慢。但随着时间的推移和行车载荷作用次数的增加，路面难免产生疲劳、裂缝、变形等损坏，这些损坏降低了路面的结构能力；在荷载和环境的综合作用下，路面损坏的速度将越来越快。

(2)图 1-b)为凹型曲线(先快后慢型)。路面初期、早期的使用性能下降很快，而后期变慢。由于设计和施工的诸多原因，路面投入使用后，很快出现损坏，而损坏的出现会大大降低路面服务能力。养护部门不得不投入较多的资金进行路面维护，以延缓其恶化速度，使道路在较长的时间内能以较低的水平提供服务。

(3)图 1-c)为反 s 型曲线。路面使用初期，由于路面结构抗力较强，路面的损坏较少，服务能力衰变较慢;随着荷载作用年限的增加,损坏速度有所增加;到了使用后期,路面的损坏又趋缓慢。这种形式可以看作是前两种形式的结合,一定程度上也反映出整体强度对路面使用性能的影响。

(4)图 1-d)直线型衰变。它描述的是路面投入营运后使用性能随使用年限的增加近似呈现直线递减,路面早期损坏快,后期又缺乏必要的养护维修措施。

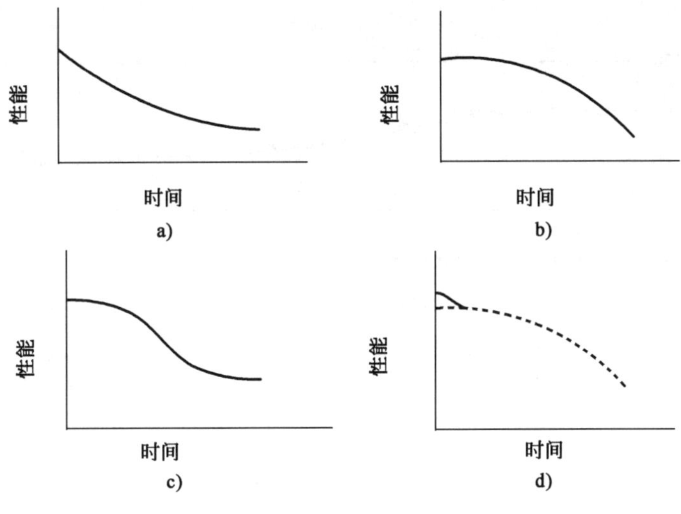

图 1　路面使用性能衰变模式

3　检测数据的分析结果

本文结合 2002～2007 年北京市高速公路检测数据,依照《高速公路养护质量检评办法(试行本)》的评价标准对检测数据进行计算,本文的分析均建立在对计算结果分析的基础上。经验表明,影响高速公路路面使用性能的因素主要有:路面结构状况、交通量、重载交通、路龄以及所在地区的外界因素(气温、降水等),由于本文的研究仅限于北京地区,本地区高速公路的路面结构相似,气候条件相同,所以仅研究路龄、交通量、重载交通对路面使用性能的影响。

3.1　路龄对高速公路路面性能的影响

通过对北京市的路面使用性能分析得出,按照现有规范的评价方法对北京市高速公路的平整度和弯沉进行评价,各高速公路的评价结果均为优良,甚至 2005 年大修的京石高速和京哈高速在 2004 年对这两项指标评价时其结果均为优。所以,这两个指标能反映路龄较小(小于 5 年)的高速公路实际状况的灵敏度较低,而道路路面抗滑性能是一个下降速度较快的数值,它主要提供道路安全性指标,不能够良好地反映道路的使用性能状态。几条高速公路路面质量分项指标评价结果见图 2。

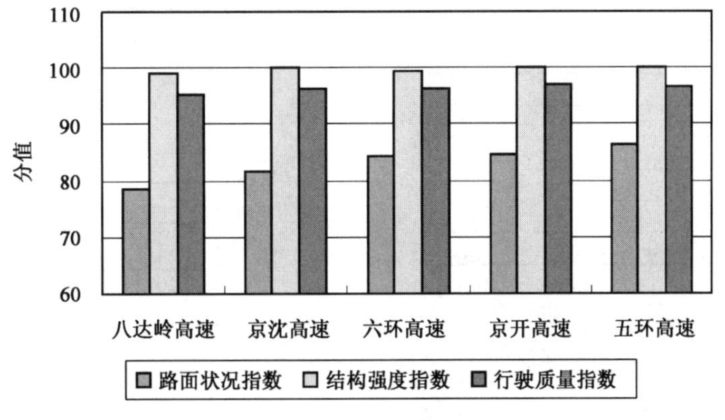

图 2　高速公路路面质量分项指标评价结果

通过对北京市部分高速公路的 PCI 数据进行回归，可得到北京市高速公路 PCI 与路龄关系(图 3)。它表明了在北京市目前的养护水平下 PCI 随路龄的变化趋势，图中显示出高速公路 PCI 与路龄的回归公式的相关系数为 0.967 8。

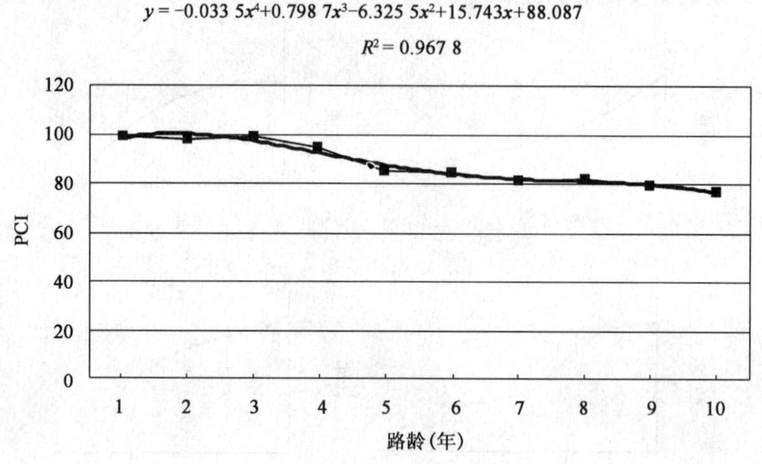

图 3　北京市高速公路 PCI 与路龄关系图

从图 3 可以看出，路龄小于 4 年时道路的路面状况指数下降速度比较平缓，四年后路面状况指数的下降速度加快，通常会出现较多的道路路面破损，根据北京市高速公路破损发生的实际情况，桥头跳车、路面横缝、纵缝等破损现象较多地出现。根据过去的经验，通常这个阶段会出现较多的中修工程。随着高速公路继续运营，道路使用状况逐渐变差，部分路段的中修不能够阻止整体道路路面状况指数的下降。路龄在 10 年左右时道路的路面状况指数下降到 80 分以下，道路出现较多的龟裂，路面的其他各项性能均出现明显的下降，且使用性能下降，进入大修阶段。另外，高速公路使用超过 4 年后，不同路段路况质量的波动性变大。

3.2　交通量对路面使用性能的影响

为了探讨交通量对高速公路路面使用性能的影响，将使用年限以及交通组成相似的京承高速和京开高速进行比较，如图 4、图 5 所示。由于两条道路均处于北京地区，外界环境对他们的影响相同，所以仅考虑了交通量对路面状况指数的影响。从图 5 中可以看出，两条道路通车后的累计交通量呈逐年增长的趋势，2003 年的路面状况指数不相上下，2004 年和 2005 年两年的路面状况指数差别越来越大(图 6)。

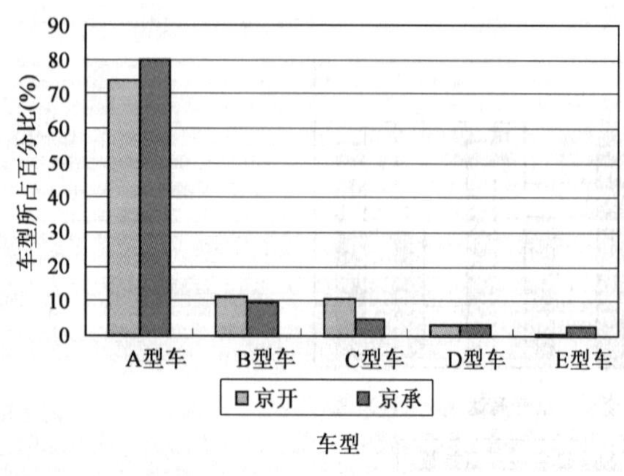

图 4　京承(一期)高速公路和京开高速公路交通组成图

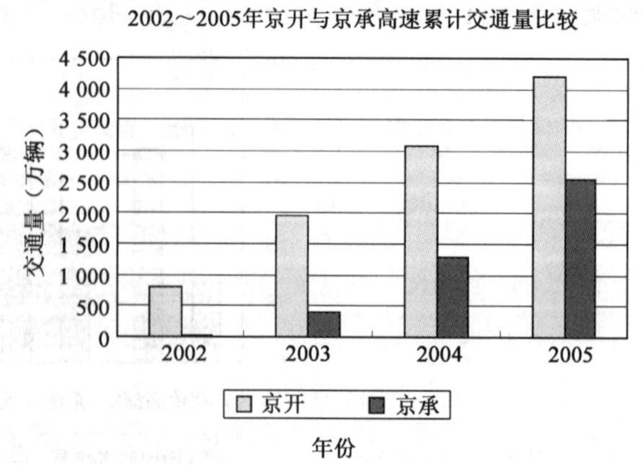

图 5　京承(一期)高速公路和京开高速公路累计交通量变化

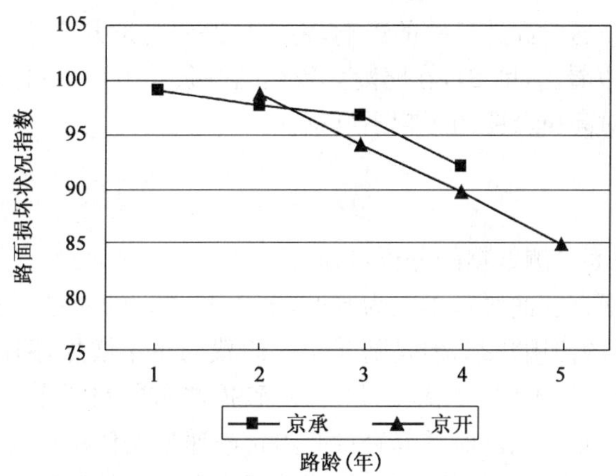

图 6　京承(一期)和京开高速公路 PCI 与路龄关系图

3.3　重载交通对路面使用性能的影响

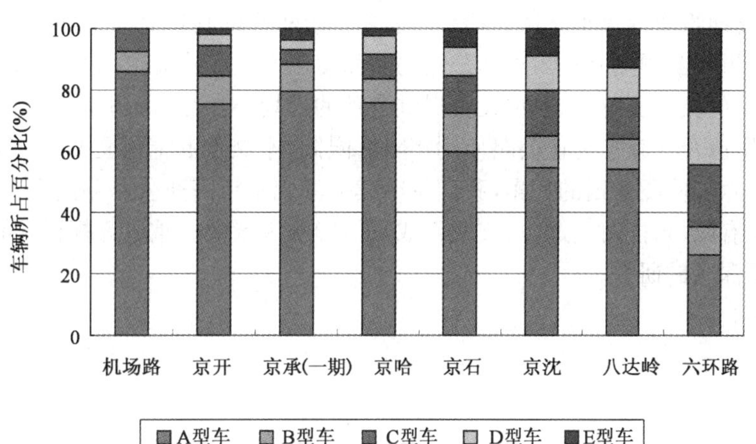

	机场路	京开	京承(一期)	京哈	京石	京沈	八达岭	六环路
重载车比例(%)	0.00	5.82	7.06	8.52	15.46	20.24	22.97	44.51
非重载车比例(%)	100	94.18	92.94	91.48	84.54	79.76	77.03	55.48

图7　不同高速公路交通组成情况

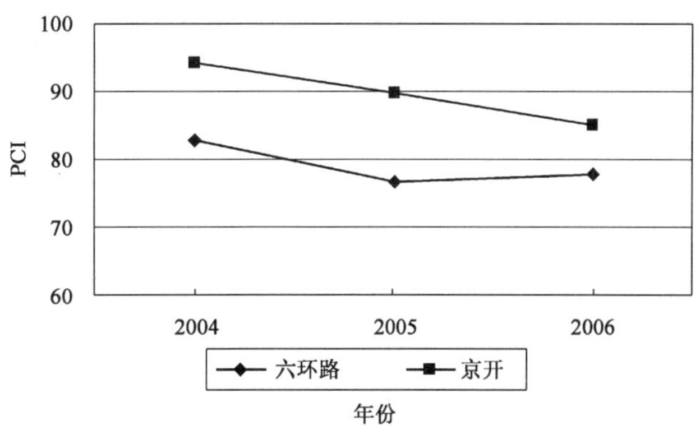

图 8　2004～2006 年京开高速和六环高速 PCI 变化图

本文中将A型、B型、C型车辆定为非载重车辆，通过图7看出，京开高速公路与六环高速公路的交通组成差别较大，为了比较重载交通对高速公路的影响，将六环路中与京开高速公路建设时间大致相同的一段进行比较，通过3年的PCI可以看出(图8)，在路龄大致相同的条件下六环路的PCI值明显低于京开高速公路，很明显地说明了重载交通对高速公路的影响不可忽视。

4 结语

通过对北京市高速公路路面检测数据的分析可知：

(1)北京市高速公路的路面衰变曲线基本上为S形，多数采用半刚性基层，强度高，使用时间较长的高速公路路面结构强度也处于较好的使用状态，但是随着交通荷载的逐年增加，路面的使用性能呈下降趋势，当道路使用四五年后会陆续出现各种不同的问题。此时，对破损严重的路段采取了一系列中修工程来维持高速公路的正常运营；但对破损严重路段的时常修补没有阻止高速公路使用性能的继续下降，当高速公路使用年限到达10年左右时，即使国际平整度指数、路面结构强度指数依然处于优良状态，路面状况指数也将下降到80分以下，道路的路面性能远远不能满足高速公路快速、高效的要求，因而必须进行道路大修。

(2)同等条件下，交通量的大小与高速公路路面状况指数的下降成正相关关系。

(3)同等条件下，交通组成中重车比例大的高速公路比重车小的高速公路提前进入大修期。

(4)本文的研究成果能够预测北京市高速公路的路面使用性能变化规律，并为今后北京市高速公路的大中修工程适时提供科学的决策支持，为养护投资提供合理的规划，对北京市高速公路的养护工作具有指导作用。由于检测数据有限以及北京市高速公路使用年限的限制，本文没有能够更深入地对路面内在特性的外在表现进行深入研究，随着检测数据的积累，我们将继续关注北京市高速公路路面变化的特性。

(5)由于检测数据有限，未能对交通量、交通组成具体影响因素的权重进行探讨，随着检测数据的逐渐积累，我们将继续进行更深入的研究。

大 事 记

2005 年 10 月 24 日　　项目建议书获国家发展与改革委员会批复；

2006 年 9 月 28 日　　可行性研究报告获国家发展与改革委员会批复；

2007 年 2 月 10 日　　北京市交通委、北京市路政局、密云县政府、北京市首都公路发展集团有限公司联合成立京承高速公路建设协调领导小组；

2007 年 4 月 11 日　　初步设计获原交通部批复；

2007 年 6 月 26 日　　北京市首都公路发展集团有限公司与 8～16 合同段中标承包人签订合同协议书；

2007 年 7 月 19 日　　总监理工程师主持召开 8～16 合同段第一次工地会议并下达开工令；

2007 年 8 月 16 日　　北京市首都公路发展集团有限公司与 1～7 合同段中标承包人签订合同协议书；

2007 年 10 月 10 日　　总监理工程师主持召开 1～7 合同段第一次工地会议并下达开工令；

2008 年 7 月 11 日　　京承项目处组织监理、施工单位召开“平安奥运行动”工作会，布置奥运期间的各项工作；

2008 年 12 月 26 日　　市政工程协会评优检查组开始对各合同段创“市优”工作情况进行检查；

2009 年 7 月 15 日　　清河 2 号桥中跨合龙，至此本项目 3 座悬浇 T 构桥均完成合龙；

2009 年 8 月 20 日　　沙厂 2 号隧道贯通，至此本项目 20 座隧道均施工贯通；

2009 年 8 月 22、23 日　　交通运输部对工程项目进行督查；

2009 年 9 月 27 日　　工程项目建成通车。